深入理解
并行编程

Is Parallel Programming Hard,
and, if so, What Can You Do About It?

[美] Paul E.McKenney 编著
谢宝友 鲁阳 译

電子工業出版社
Publishing House of Electronics Industry
北京•BEIJING

内 容 简 介

本书首先以霍金提出的两个理论物理限制为引子，解释了多核并行计算兴起的原因，并从硬件的角度阐述并行编程的难题。接着，本书以常见的计数器为例，探讨其不同的实现方法及适用场景。在这些实现方法中，除了介绍常见的锁以外，本书还重点介绍了 RCU 的使用及其原理，以及实现 RCU 的基础：内存屏障。最后，本书还介绍了并行软件的验证，以及并行实时计算等内容。

本书适合于对并行编程有兴趣的大学生、研究生，以及需要对项目进行深度性能优化的软硬件工程师，特别值得一提的是，本书对操作系统内核工程师也很有价值。

图书在版编目（CIP）数据

深入理解并行编程 /（美）保罗 • E • 麦肯尼（Paul E.McKenney）编著；谢宝友，鲁阳译. — 北京：电子工业出版社，2017.7

书名原文：Is Parallel Programming Hard,and,if so,What Can You Do About It?

ISBN 978-7-121-31508-4

Ⅰ.①深… Ⅱ.①保… ②谢… ③鲁… Ⅲ.①并行程序－程序设计 Ⅳ.①TP311.11

中国版本图书馆 CIP 数据核字（2017）第 105172 号

策划编辑：符隆美
责任编辑：徐津平
印　　刷：北京七彩京通数码快印有限公司
装　　订：北京七彩京通数码快印有限公司
出版发行：电子工业出版社
　　　　　北京市海淀区万寿路 173 信箱　　邮编　100036
开　　本：787×1092　1/16　印张：33.25　　字数：850 千字
版　　次：2017 年 7 月第 1 版
印　　次：2025 年 1 月第 7 次印刷
定　　价：129.00 元

凡所购买电子工业出版社图书有缺损问题，请向购买书店调换。若书店售缺，请与本社发行部联系，联系及邮购电话：（010）88254888，88258888。

质量投诉请发邮件至 zlts@phei.com.cn，盗版侵权举报请发邮件至 dbqq@phei.com.cn。

本书咨询联系方式：010-51260888-819，faq@phei.com.cn

声　明

读者服务

轻松注册成为博文视点社区用户（www.broadview.com.cn），扫码直达本书页面。

- **提交勘误**：您对书中内容的修改意见可在 <u>提交勘误</u> 处提交，若被采纳，将获赠博文视点社区积分（在您购买电子书时，积分可用来抵扣相应金额）。
- **交流互动**：在页面下方 <u>读者评论</u> 处留下您的疑问或观点，与我们和其他读者一同学习交流。

页面入口：http://www.broadview.com.cn/31508

作者序

我希望能够说本书的诞生源于甜蜜和光明，但这无疑是个谎言。和许多需要长年坚持努力的事情一样，本书经过了大量挫折才得以诞生。

你看，大约 10 年前，在并发领域的一个行业专家小组研讨会上，我很荣幸得以提问最后一个问题。一些参会的专家长篇大论地讨论了并行编程的高难度，所以我问为什么并行编程不会在 10 或 20 年内成为司空见惯的事情。大多数小组成员一点都不喜欢这个问题。事实上，第一个小组成员试图用一个简短的回答敷衍了事，但我很容易地做了简短的反驳。无奈，他尝试给出了第二个简短回答，我也继续反驳。几轮之后，他大声喊叫："像你这样的人应该用锤子敲敲头！"我不甘示弱地回答道："那你可要排队才能敲得到。"

我不认为这种交流是特别有启发性的，相反这展示了一个毫无疑问的事实：这位"业内"专家对于并行编程一无所知。不过在场的其他听众却认为这场对话非常有启发性，尤其是那一位感谢我提出这个问题的听众，他的眼里甚至含着泪水。他像学徒一样在 Sequent 计算机系统公司学到了并行编程的诀窍，正如我曾经所做的那样。后来他跳槽去了另一家公司，他的新雇主开始涉足并行编程。出乎他意料之外，事情发展得并非一帆风顺。正如他所说，"我已经足足跟他们说了两年，只要你用正确的办法，这并不是很难，但他们完全不听我的话！"

现在，我们很容易将这个悲伤故事里面的团队作为反面教材。但是在他们的看法中，并行编程等于用你自己的智力伤害自己。除非你了解实现并行性的正确方法，否则在意识到遇到麻烦之前，你越聪明，挖的坑就越深。因此，你越聪明，并行编程看起来就越难。不仅如此，在这件事发生时，极少有人知道如何进行并行编程，这意味着大多数人刚刚开始了解到他们为自己挖的并行编程坑的深度。

即使如此，当这个人用哽咽的声音讲述他的故事，眼泪滑过他的脸庞时，我意识到我不得不做一些事。那就是写眼前这本书，这里面不仅仅浓缩我自己四分之一个世纪的经历，还有其他人加起来数不清几个世纪的经历。

我的母语是英语，英语是我唯一可以声称掌握了的语言。但幸运的是，感谢鲁阳和谢宝友所付出的巨大努力，现在中文版翻译即将面世。我希望这本书不仅可以帮助你学习我所知道的知识，从而不再需要担心并行编程，还能使你能够创建属于自己的并行编程新发现！

Paul E. McKenney

推荐语

在我所看过的各种关于操作系统概念和并行编程的书籍中，我对 Paul 的书评价最高，它不是对学术方法的简单罗列，而是对现代硬件上运行并行系统的各种现实世界问题和面临挑战的细致分析，这一切都源于 Paul 在这一领域的丰富经验和巨大的贡献。

——Opersys CEO，《Embedded Android》作者 Karim Yaghmour

并行编程很难，但阅读 Paul 的书是掌握并行编程最简单的（当然也是最有趣的）办法之一！

——Linux 内核 x86、sched 和 rt-patches 分支的维护者 Ingo Molnar

编程的至高无上境界是毫不费力地驯服 CPU。你正在阅读的是关于各任务在 CPU 进行战争的伟大著作，一旦你开始翻阅，再多的编程挑战也不用怕！

——Linux 内核防火墙 ipchains 和 iptables 的作者，网络货币 prettycoin 的作者 Rusty Russell

对程序员而言，想要了解并行编程中涉及的问题，以及如何正确解决这些问题，本书是不可或缺的。

——《Linux 内核驱动》作者，Linux 内核 stable 分支和其他大量分支的维护者 Greg Kroah-Hartman

这是一本每个并行编程专业人员案头必备的参考书，浓缩了作者在该领域数十年的丰富实践经验。它也是一本学习并行编程的优秀教材，在涵盖主题的广度和深度方面表现优异。极具吸引力的写作风格使得本书的阅读成为非常愉快的体验。

——Facebook 资深工程师，危险指针和无锁内存分配器的发明者 Maged M. Micheal

Linux 内核社区里高手云集，并且里面的人经常个性鲜明，以至于有很多人认为内核社区很不友好。但 Paul 是一个特别亲切、友善和耐心的人，不管是在内核邮件列表里还是面对面交流时。而这本书也体现了 Paul 的这些品质，他以最详尽易懂的方式解释并行编程方方面面的知识。这不表示这本书看起来很轻松，因为并行编程本身就很难。但真正有用的知识大概都没能够轻松获得。

——Linux 内核 cgroups 和 cpuset 分支的维护者，华为 Linux 内核高级工程师 李泽帆

刚看到书名时我在想，并行编程这样一个在计算机领域“古老”且成熟的话题还有什么值得多写的。翻看几页目录后便改变了想法。

该书从并行编程问题的历史背景讲起，一步步引入问题的挑战并带读者游历硬件与软件交互的发展，最后阐述当下并行编程的复杂性。

本书囊括所有系统编程的要素，不仅仅是概念层面的解释，更重要的是深入分析了每个要素存在的必要性及底层原理。对于喜欢钻研的同学或是在业界工作的工程师甚至架构师都是非常好的学习资源。

尽管我在业界有多年的开发设计经验，依然从书中学到很多实用的知识。作者 Paul E. McKenney 用深入浅出地方式将自己在并行编程领域数十年的经验归纳在这五百多页中。译者谢宝友和鲁阳在系统编程上有着扎实的功底，用流畅的语言将本书翻译给广大国内读者。这是一本难得的技术好书！

——VoltDB 研发部总监 石宁

并行编程并没有那么难，如果你花点时间在这本书和它里面的小问题上的话。

——Linux 内核 RCU 代码贡献者 冯博群

Paul 是 Linux 顶级黑客，也是 Linux 社区 RCU 模块的领导者和维护者。他的著作《Is Parallel Programming Hard, And, If So, What Can You Do About It?》首版在 9 年前就发布了。本书主要陈述了在适应多核硬件下提升并行软件的扩展性，避免由于锁竞争所引起的产品性能急剧下降，以及开展多核系统的设计、优化工作。

Paul 所维护的 RCU 模块在 Linux kernel 各个子系统中被大量应用，是保障 kernel 扩展性的基础技术，没有 RCU 就没有 Linux 现在优秀的多核性能和扩展性；在并行计算方面，Paul 对于锁、RCU、SMP、NUMA、内存屏障等并行技术有深刻的了解，兼具近 20 年解决问题的实践经验。中兴同仁翻译此书，对于提升我国开源系统软件的设计水平和开发高端产品，均有重大意义。

——中国开源软件推进联盟主席 陆首群

宝友的“自学成才”路径一直很让我印象深刻，贡献及收获在中兴这样一个正规军遍布的大型通讯上市企业，并通过一年的努力帮助中兴在开源社区提升代码贡献率和质量，又再次让我竖起大拇指！不忘初心的工程师梦想、学术上的坚持，以及职业生涯中的成就，宝友身上的这些闪光的品质都是怀揣梦想的年轻一代工程师们学习的榜样。

——Linaro 全球执行副总裁 大中华区总经理 郭晶

在多核处理器已经成为主流计算架构的今天，理解和掌握并行编程技术，对于相关软件开发人员来说至关重要。《深入理解并行编程》一书系统讲述了并行计算的要点和难点，堪称经典，是入门和学习并行编程的不二推荐。

——Linux IMX 平台维护者 Shawn Guo

这本书举重若轻地将并行编程涉及的软、硬件各个方面的基本原理透彻地呈现在读者面前，相信读者研读和实践后可以对并行编程有庖丁解牛之感。

——Linaro 资深内核工程师 聂军

《深入理解并行编程》全方面讲述了高速缓存、内存屏障、锁、RCU、并发性、实时性等知识，如同少林寺的“洗髓经”，是迈向“武林高手”的必修内功，值得对并行编程感兴趣的计算机从业者、尤其是操作系统底层软件从业者细读。

——Red Hat 资深 Linux 内核工程师 庞训磊

并行编程一直是程序设计的难题，这个难题来源于硬件系统，也来源于人类本身的思维模式。人类的思考模式是线性的，很难做到一心二用，很难在程序设计的过程中自如处理并行化的算法和结构。

此外，并行编程的作用越来越大，AI 的涌现和大数据对计算量的要求导致 GPU、FPGA 及 ASIC 之类异构计算的兴起。这些异构计算都以并行计算为根基，并行计算很可能成为计算领域的下一个风口。

本书探讨了并行计算的根源。从硬件、锁机制、数据分割和 RCU 等多个方面，对并行计算的本质和如何应用做了很多分析工作，对读者理解并行计算和提高对并行计算的掌控力有很大的帮助。

——腾讯高级技术专家 高剑林

推荐序

读着《深入理解并行编程》的样章，我的脑海里不断地浮现出 9 年前的一幕幕。我在网上寻找操作系统的志同道合者，看到一个税收专业中专毕业者的自荐信，其时他已具有 10 年的 IT 行业工作经验，从事过大量手机、通信行业软件研发工作，担任过项目总监研发管理工作，在电信应用开发方面已经做得比较成功。但他对操作系统有浓厚的兴趣、执着的追求，放弃了在高层应用软件方面的既有优势，专注于操作系统的研究。离职在家，利用半年时间开发出一个嵌入式操作系统模型，计划两年内研发一款自研操作系统。有感于他的执着和热爱，我向公司争取破格录取他。我认为做一个操作系统不难，但做生态难，做商业成功难，建议他深入学习开源 Linux 的技术，站到巨人肩膀上，再结合操作系统团队的商业模式探索，争取把操作系统做成功。于是，他如痴如醉地研究 Linux 内核，在一年时间里，每天晚上坚持花三个小时以上的时间钻研《深入理解 Linux 内核》这本书，还将自己的读书心得笔记共享到团队论坛上，并对开源内核进行注解，分享到开源论坛上。

2008 年正是多核架构快速发展之时，操作系统的支持参差不齐，驱动、应用开发模式不成熟，既有单态单核单进程的业务应用如何进行重构和演进，方案设计、开发联调、故障排查、系统调优又会遇到很多复杂和棘手的问题，中兴通讯操作系统团队需要支撑公司所有产品、各种 CPU 架构、各种复杂业务场景，团队面临着前所未有的技术和进度压力。团队成员除了在研发一线通过不断实践进行被动积累和提升外，也加强了主动的理论知识提升，阅读《深入理解并行编程》就是其中之一。令我印象非常深刻的是，多核故障往往比较随机和复杂，难以复现和理解，但以谢宝友为代表的团队成员往往可以通过阅读业务、驱动、内核代码就定位到故障根源，整理出故障逻辑，我认为这与他们的系统理论水平提升是分不开的。非常欣慰的是，我们成功地解决了这个过渡时期涌现的诸如多核内存序相关故障，利用无锁并行编程优化了系统性能。时至今日，我们团队已经从 30 人发展到数百人，嵌入式操作系统已全面应用于公司所有产品，在全球稳定商用，并且扩展应用到电力、铁路、汽车等领域，2016 年获得了第四届中国工业大奖。

另一方面，站在技术的角度来看，在计算机领域，并行编程的困难是众所周知的。

有 4、5 年编程经验的读者，可能或多或少遇到过并行编程的问题，最著名的问题可能就是死锁。读者需要掌握调试死锁问题的技巧，以及避免死锁问题的编程技术。

喜欢深入思考的读者，在理解并解决死锁问题之后，可能还会阅读并行编程方面的书籍，进一步接触到活锁、饥饿等更有趣的并行编程问题。中兴通讯操作系统团队的同事，就曾经在开源虚拟化软件中遇到过类似的问题：虚拟机容器在互斥锁的保护下，轮询系统状态并等待状态变化。这样的轮询操作造成了进程调度不及时，系统状态迟迟不能变化。这是一个典型的活锁问题。在多核系统越来越普及的今天，类似的活锁问题更容易出现。解决这类问题，需要经验丰富的工程师，借助多种调试工具，花费不少的时间。

但是，并行编程仅仅与锁相关吗？

在摩尔定律尚未失效时，并行编程确实主要与锁紧密相关。但是，我们看看霍金向 IT 工程师所提出的两个难题：

1. 有限的光速；

2．物质的原子特性。

这两个难题最终会将CPU频率的理论上限限制在10GHz以内，不可避免地使摩尔定律失效。要继续提升硬件性能，需要借助于多核扩展。

要充分发挥多核系统的性能，必须提升并行软件的扩展性。也就是说，并行软件需要尽量减少锁冲突，避免由于锁竞争而引起性能急剧下降。这不是一件简单的事情！我们知道，Linux 操作系统在接近 20 年的时候内，一直受到大内核锁的困扰。为了彻底抛弃大内核锁，开源社区近几年内做出了艰辛的努力，才实现了这个目标。即使如此，Linux 内核仍然大量使用不同种类的锁，并且不可能完全放弃锁的使用。

也许你会说，在多核系统中，有一种简单的避免锁的方法，就是原子变量。在某些架构中，原子变量是由单条指令实现的，性能“想必”不差，使用方法也简单。曾经有一位具有十多年编程经验的工程师也表达过类似的观点。在此，有两个问题需要回答。

1．这样的原子操作指令，其性能真的不差？它的执行周期是否可能达到上千个时钟周期？

2．对于多个相互之间有逻辑关联的变量，原子操作是否满足要求？

实际上，多核系统中的并行软件，除了常见的锁之外，还需要使用冒险指针、RCU、内存屏障这样的重量级并行编程工具。这些编程工具都属于“无锁编程”的范畴。

即使在 Linux 内核开源社区工作 10 年以上的资深工程师，也不一定能真正灵活自如地使用RCU、内存屏障来进行并行编程。因此，真正了解并行编程的读者，难免在面对并行编程难题时，有一种“抚襟长叹息”的感觉。

然而，我们知道，有很多重要的应用依赖于并行——图形渲染、密码破解、图像扫描、物理与生物过程模拟等。有一个极端的例子，在证券交易所，为了避免长距离传输引起的通信延迟（理论上，光束绕地球一周需要大概130ms），需要将分析证券交易的计算机放到更接近证券交易的地方，并且压榨出计算机的所有性能。这样，才能保证达成有利的证券交易。可以毫不夸张地说，对软件性能有苛刻需求的软件工程师和大型软件开发企业，都需要真正掌握并行编程的艺术，特别是“无锁编程”的艺术。一旦真正掌握了，它就会为你带来意想不到的性能提升。曾经有一位著名企业的高级专家，在应用了本书所述的 RCU 后，软件性能提升了大约 10 倍。

本书正是这样一本深入讲解多核并行编程，特别是无锁编程的好书。

首先，本书作者 Paul 具有 40 年软件编程职业生涯，他大部分的工作都与并行编程相关。即使在领导 IBM Linux 中心时，他仍然坚持每天编程，是一名真正的“工匠”。同时，作者也是Linux 开源社区 RCU 模块的领导者和维护者。认真阅读本书后，不得不钦佩于作者在并行编程方面的真知灼见和实践能力。例如作者亲自编写了一个软件用例，来考察 CPU 核之间原子操作和锁的性能，得出一个结论，原子操作和锁可能消耗超过 1000 个 CPU 时钟周期；作者也编写过另外一个关于全局变量的用例，其中一个 CPU 核递增操作一个全局变量，同时在不同的 CPU 核上观察所读到的全局变量值。这个用例向读者展示了多核系统令人惊奇的、反直觉的效果；作者对内存屏障的讲解，特别是内存屏障传递性的讲解，十分深入。这些深入的内容，难得一见，非大师不能为。

其次，这本书也得到 Linux 内核社区和应用软件专家的一致推荐。这些推荐者既包括 Linux 社区大名鼎鼎的 Ingo Molnar、Rusty Russel、Greg Kroah-Hartman、Maged M.Micheal，也包括国内活跃于社区的庞训磊、Shawn Guo 等开源贡献者，还包括 Linaro 开源组织的领导和资深工程师，以及在 BAT 工作多年的高级应用软件专家。

第三，这本书的内容比较全面。除了介绍常见的锁以外，还重点介绍了 RCU 的使用及其原理，以及实现 RCU 的基础：内存屏障。本书最后还介绍了并行软件的验证，以及并行实时计算等内容。实际上，其中每一部分都是并行编程的宝藏。由于篇幅和难度的原因，作者在当前版本中，将 RCU 部分作了大幅压缩。对 RCU 感兴趣的读者可以阅读早期原版著作。即使如此，本书对 RCU 的讲解也非常深入。对于并行软件的验证，作者提出了不少独特的观点，这些观点和作者多年的编程经验息息相关，与常见的理论著作相比，有一定的新意。形式验证部分，作者以实际的例子，一步一步讲述验证过程，很明显，作者亲自动手做过这种验证。并行实时计算部分，是作者新增的内容，别具一格，值得读者细读。内存屏障部分，是本书一个难点，借助于作者在这方面的功力，需要读者反复阅读，才能真正理解。

第四，这本书讲解得很深入。有些语句，需要读者反复琢磨、推敲，甚至需要多次通读本书才能领会作者的意思。也许，经典书籍的阅读方法均是如此。刚刚开始接触 Linux 内核的读者，不太会喜欢阅读《深入理解 Linux 内核》一书，觉得这本书不易理解。但是，如果你愿意花一年时间，将这本书反复阅读三遍，则会有一种别样的心情。本书也是如此，建议读者在初次阅读时，不要轻易放弃。本书实为并行编程方面不可多得的好书。举两个例子：第一，5.2.2 节中有一句原文是“One way to provide per-thread variables is to allocate an array with one element perthread (presumably cache aligned and padded to avoid false sharing).”。译者将其翻译为“一种实现每线程变量的方法是分配一个数组，数组每个元素对应一个线程（假设已经对齐并且填充过了，这样可以防止共享出现“假共享”）”。第一次阅读本书，可能会不理解括号中那句话，有一种云里雾里的感觉。要真正理解这句话，需要读者仔细阅读本书后面关于 MESI 消息协议部分，参阅更多参考资料。要理解本句中“对齐”和“填充”两个词，也需要深厚的内核功底。第二，14.2.10.2 节，“一个 LOCK 操作充当了一个单方面屏障的角色。它确保：对于系统中其他组件的角度来说，所有锁操作后面的内存操作看起来发生在锁操作之后。LOCK 操作之前的内存操作可能发生在它完成之后。”这句话读起来也比较绕，难于理解，似乎也相互矛盾。实际上，读者需要琢磨“看起来”这个词，它表示其他核看到内存操作的顺序，并不代表内存操作的完成时机。

总之，如果你对并行编程或者操作系统内核有兴趣，或者需要对项目进行深度性能优化，我强烈推荐这本并行编程的经典好书！

中兴通讯操作系统产品部 钟卫东

译者序 1

希望这本著作能够成为经典！

20 年前，当我正式成为一名软件工程师的时候，就有一个梦想：开发一款操作系统。那时候，虽然知道 Linux 的存在，但是实在找不到一台可以正常安装使用 Linux 的 PC。因此只能阅读相关的源码分析书籍而不能动手实践。

我至今仍然清楚记得：大约 10 年前，中兴通讯操作系统团队的钟卫东部长，可能被我对操作系统的热情所感动，不顾我没有上过大学的事实，冒着风险将我招聘到中兴通讯成都研究所。面对 100 多种型号的单板，我既兴奋又惶恐。这些单板涉及 ARM、X86、PowerPC、MIPS、SH、Sparc 等不同的 CPU 架构。从此，我开始了激动人心而有趣的内核之旅。

在之后的 6 年中，我对照 Linux 内核源码，根据《深入理解 Linux 内核》、《深入理解 Linux 网络内幕》、《深入理解 Linux 虚拟内存管理》，以及其他一些 Linux 内核文件系统、网络协议栈方面的书籍，做了 2200 页、87 万字的内核学习笔记，同时将相应的源码注释公布到网络中供自由下载。

然而，这 6 年在看 Linux 内核代码的过程中，以及在工程实践中，总有一个幽灵般的阴影出现在我的脑海中：什么是内存屏障？2011 年，我看过内核源码目录中的文档以后，终于解决了标准内核和工具链一个关于内存屏障的故障。要复现这个故障，项目同事需要在整整一个房间里面摆满单板和服务器，才能搭建一套复现环境，并且需要用多套这样的环境，花费 2 个月时间才能复现一次相关故障。即使在解决了相关故障以后，我仍然觉得自己对内存屏障理解得不深刻。因为内核源码目录下的文档，对内存屏障描述得仍然语焉不详。那个幽灵仍然在脑海中盘旋：到底什么才是内存屏障？

直到有一天，我在办公室晃悠的时候，突然在鲁阳的办公桌上发现一本特别的书——《Is Parallel Programming Hard, And, If So, What Can You Do About It?》。说它特别，是因为它是打印出来的。当我翻看了目录看到里面包含内存屏障和 RCU 的时候，立即明白这就是我几年来苦苦追寻而未得的书！并且，这本书里面花了浓重的笔墨来讲述这两个主题。还有比这更令人高兴的事情吗？

聪明的读者一定知道接下来发生了什么事情。你猜得没错，我鼓动鲁阳一起翻译这本书，当时的目的纯粹是为了学习，并且分享到网络中。在此，我不得不向鲁阳道歉：为了让你坚持下去，我说过一些不留情面的话。这些话不过是云门禅宗棒喝之法而已。如果你早就忘记这些话，那就谢天谢地了！

为了翻译好这本书，我特意去补了一下英语方面的课。最终，这本书能够与读者见面，大概有以下几个原因。

1. 鲁阳和我都有一点 Linux 内核和并行编程基础。
2. 我们的热情和有点自大的自信。
3. 英语不算太难学。
4. 家人的容忍。也许是我常常念叨：翻译好这本书，工资可能涨一大截。
5. 有一些值得感恩的网友，他们督促我们做好翻译工作。

在终于完整地翻译完本书之际，我整理出几条理由，这些理由使得本书有成为经典的潜质。

1．深刻是本书的特点。本书从霍金提出的两个理论物理限制为起点，站在硬件而不是软件的角度，阐述并行编程的难题。让人有一种“知其然并且知其所以然”的感觉。书中不少观点，如内存屏障的传递性，是资深工程师也不容易理解的。但是，看过本书以后，读者会有一种豁然开朗的感觉。

2．在并行编程方面，本书比较全面，并且包含丰富的示例。包括但不仅仅限于硬件基础、缓存、并行设计、锁、RCU、内存屏障、验证及形式验证、实时并行计算。

3．原著作者 Paul 是真正的大师。看过作者简介，并且真正知道 RCU 在 Linux 内核中份量的朋友，不知道你们是否会在心里嘀咕：在 Linux 开源社区，有没有人愿意试着去挖 Paul 的墙角，代替 Paul 把 RCU 维护起来？

4．Paul 在 40 年的职业生涯中，大部分时间都在编写并行编程的代码。当他扛着与奔驰车价值相当的双核计算机往实验室走的时候，我这个有 20 年编程经验的程序员，还没有上小学。

5．国内对并行计算和 Linux 内核的研究逐步深入，读者期待一本深入讲解并行编程的书籍。本书有并行编程的入门知识，更有值得细细回味、反复琢磨的金玉良言。

6．译者多次核对校正，尽量做到符合原著本意，两位译者有多年 Linux 内核经验，尽量做到不错译。

当然，由于译者水平的原因，书中错漏之处在所难免，热忱欢迎读者提出批评建议。

最后，译者诚心感谢原著作者 Paul 给大家奉献了一本好书；也感谢电子工业出版社符隆美编辑的辛勤工作；以及资深互联网软件工程师刘海平，感谢你热心地向出版社推荐这本书；最真心的感谢留给同桌夫人巫绪萍及我们的儿子谢文韬，牺牲了大量陪伴你们的时间，谢谢你们的宽容！

谢宝友
2017 年 4 月 20 日
于深圳

译者序 2

大概在 6 年前，那时我在中兴通讯的操作系统部门工作。当时中兴通讯希望加入 Linux 基金会，由于英语还不算差，操作系统部的钟卫东部长让我负责一些部门与开源社区的合作推进工作，所以除了编程工作以外，我时常密切关注 Linux 开源社区的最新动态。有一天我在 LWN.net 上浏览新闻，一条消息突然跳入了我的视线：Paul McKenney 出了一本关于并行编程的书（原文链接在此，https://lwn.net/Articles/421425）。那时候我还不知道 Paul 是谁，但是书的内容很吸引人，于是我开始把书介绍给周围的同事。过了一阵子，谢宝友找到我，问我有没有兴趣一起把这本书翻译成中文，我们俩一拍即合，开始利用业余时间合力翻译这本大部头。

虽然当时本书的内容尚未完成，有一些章节只列了提纲，但是关于并行程序的设计思想、相关基础知识、RCU 和内存屏障方面的内容已经非常丰富，对于从事内核开发工作的我们来说，简直就是宝库，我们认为即使只翻译这些内容，对其他中国读者来说也很有帮助。

翻译的过程远远比最初想象得困难，原著作者 Paul 是一位有近 40 年从业经验的资深大牛，在书中大量使用了 Linux 内核的术语、并行编程的研究文献，以及对复杂算法和示例代码的解释，在翻译过程中需要字斟句酌，力求准确地传达作者的原意，所以进度很慢。不过当时我还未婚，尚算自由，下班以后的空余时间几乎全部用来做这件事，大概花了 4 个月的时间完成了第一个中文版本。

我们把中文版发布到了网上，也开始和 Paul 联系，请他帮我们宣传，希望能让更多的中国开发者知道这件事。同年在南京举行的 CLK 2011（中国 Linux 内核开发者大会）上，我和宝友见到了 Paul 本人。这里有一个有趣的小插曲，由于会后找 Paul 提问和咨询的人太多，Paul 干脆在会场外席地而坐，逐一侃侃而谈。不摆架子的大牛，是 Paul 给我留下的最深刻印象。

后来因为家庭的原因，我去了美国。生活充满了新的挑战，继续更新内容的事情因此搁置。期间，宝友继续翻译了答案部分的内容，也有出版社联系过我们，想出版本书的中文版，但因为种种原因，后来无疾而终。直到去年夏天，电子工业出版社正式从原著作者处获得版权授权，邀请我和宝友将本书最新版翻译成中文。于是我们再度合作，花了大半年时间，重新审阅翻译稿，将内容更新到最新版本，完整地翻译了所有附录和小问题答案，同时修订了很多错误。相较之前的翻译稿，作者对这一版的内容有大幅改变：

第 6 章新增了对迷宫问题并行化解法的讨论，

完全重写了第 7 章锁和第 8 章数据所有权的内容。

第 9 章新增了关于危险指针和顺序锁，更新了一些例子。

新增了第 10 章，如何将哈希表并行化。

新增了第 11 章，如何验证并行算法的正确性。

新增了第 13 章综合应用。

新增了第 15 章并行实时计算。

从这个列表可以看出，原著作者 Paul 对并行编程技术的思考一直没有停止，还在不停地将这个经典领域的新问题和新进展加入到本书中。比如一些学者对常见数据结构哈希表的最新研究，使得本书不仅成为一部案头必备的工具书，还是一个开拓新知识的出发点。

作者在书中数次强调设计的重要性。工作以来，我曾参与的项目有操作系统内核、浏览器内核，目前开发的是内存数据库，都属于系统软件的范畴。这些项目都大量使用了多线程来充分利用硬件。在这些实践中，我有一点体会，关于分割数据、分割时间、减少跨线程访问、并行快速路径、锁的使用纪律这些设计思想，一旦应用到项目中，代码就变得清晰易懂，很少有BUG。一旦违反，就带来难以维护的代码，随之而来的是层出不穷的BUG。

书中还散落着许多宝贵的经验法则，比如10.6.3节中如何通过重新排列数据结构顺序来避免缓存行“颠簸”。这些前辈摸索出来的经验能让新一代的开发者少走很多弯路。

作者的行文十分幽默，我在翻译过程中，经常忍俊不禁。希望能在中文版中，尽量将作者的幽默感保留下来。

去年我的儿子小鱼儿降生，作为一个新爸爸，白天工作，晚上在照顾孩子之余还要加班翻译文稿，真是分秒必争。最后借这个机会，将最真心的感谢留给我的夫人卢静，感谢你对家庭的付出，没有你的帮助和理解，就没有本书中文版的面世。

鲁阳
2017年6月16日于Woburn，Massachusetts

目　　录

附录 C 为什么需要内存屏障 397

第1章

如何使用本书

本书目的是，在不损伤神智的前提下，帮助你理解如何编写基于共享内存的并行程序[1]。我们希望本书的设计准则可以帮你跃过一些并行编程的陷阱，哪怕只有一点点。因此，你应当把本书作为建筑的地基，而非一座完整的大教堂。你的使命，如果你认可的话，是帮助促进并行编程这一激动人心的领域的发展——最终发展到让本书显得过时。到那时，并行编程将不再像现在人们宣称的那样困难，同时希望本书让你的工作变得轻松和愉快。

简言之，并行编程曾经被用于科学、研究领域，以及具有超高挑战性的工程项目，而现在它迅速地演化为一种工程准则。本书将研究一些与并行编程相关的问题，描述解决问题的思路。在某些常见例子上，问题甚至可以意外地被自动化解决。

编写本书时，笔者希望通过展示许多成功的并行编程工程项目背后的工程准则，让新一代黑客们从痛苦而又耗时的发明旧轮子的过程中解放出来，将他们的精力和创造力专注于新的领域。我们真切希望并行编程能给你带来快乐、激动和挑战，就像它曾经带给我们的一样。

1.1 路线图

本书是一本讲述通用并且常用的设计方法的工具书，而非那种只能解决特定问题的最佳算法大全。你正在阅读的是第 1 章，相信你已经知道本章的内容。

第 2 章是对并行编程的概述。

第 3 章介绍了基于共享内存的并行硬件。归根到底，不了解底层的硬件就不可能写出好的并行代码。因为硬件发展的速度很快，这一章经常处于过时状态。我们将尽全力保证更新内容。

第 4 章是关于基于共享内存的常用并行编程原语的简要描述。

第 5 章深入地讲述了如何并行化一个极其简单的问题：计数。相信绝大多数读者都理解计数是怎么回事，所以这一章可以在深入各种重要并行编程问题的同时，避免读者被问题本身所干扰。作者认为这一章非常适合在并行编程的课程上使用。

第 6 章介绍了一些设计层面的方法，可用来解决第 5 章遇见的问题。实践证明在设计层面解

[1] 也许更准确地说，不会像非并行编程那样损伤神智。非并行编程，就不必说得太多了。

决并行性时，这些方法可让人事半功倍。Dijkstra[Dij68][2]曾经说过：“设计完（算法）再考虑并行性，绝不是最优办法”。

接下来的三章研究三种重要的同步手段。第 7 章讲述锁，到 2014 年为止，锁不仅被认为是产品级并行编程的驱动力，同时也被广泛认为是并行编程领域的最大恶徒。第 8 章对数据所有权进行了简要描述，这是一种常被夸大但又是常用且有用的设计方法。最后，第 9 章介绍一些延迟处理的机制，包括引用计数、危险指针、顺序锁和 RCU。

第 10 章将之前几章学到的内容应用到哈希表中。哈希表因为可以被高效地分割，所以在并行编程领域广泛应用，其性能和扩展性非常优秀。

不经检验的并行算法注定走向失败，相信很多读者对这句话都刻骨铭心。第 11 章涵盖了各种形式的测试。当然光靠测试并不能证明你程序的可靠性，所以第 12 章简要描述了一些形式化验证的实用方法。第 13 章包括一系列中等规模的并行编程问题。这些问题的难度不一，但对于熟练掌握之前章节内容的读者来说应该不成问题。

第 14 章介绍了一种高级的同步手段，包括内存屏障和非阻塞同步。第 15 章介绍了并行实时计算的概念，以及如何实现并行实时系统。第 16 章介绍了一些易于使用的建议。最后，第 17 章展望了一些未来可能的发展方向，比如基于共享内存的并行系统设计，软件和硬件层面的事务内存，还有用于并行化的函数式编程。

本书还有几个附录。其中内容比较受欢迎的是附录 C，讲的是内存屏障。附录 D 是臭名昭著的小测验的答案，1.2 节会详细说明。

1.2 小问题

小问题贯穿全书，答案可在附录 D 中寻找。有些是基于当前章节的问题，但另有一些则需要思考，不局限于当前章节的内容，甚至有些问题超越了当前已知知识的领域。对于大多数读者来说，能从本书得到多少，完全取决于为此付出的努力。所以，不看答案凭借自身努力解决小测验问题的读者会发现他们的努力将得到巨大的回报。

小问题 1.1：哪里可以找到小问题的答案？

小问题 1.2：有些小问题看起来更像是从读者而不是作者角度出发的。这是作者有意为之吗？

小问题 1.3：我不太喜欢这些小问题。我能拿它们来干什么？

简言之，如果你想对本书的内容有深入的理解，就应该花些时间在解答小问题上。别误会我的意思，被动阅读本书也是很有价值的，但是想拥有完整的解决问题的能力，你就必须去实际解决问题。

我在中年时拿到了一个博士学位，在学位课程上我才艰难地认识到上述这个观点。我研究的是一个类似的课题，当时我很吃惊课后习题的难度，我能想出答案的题目屈指可数[3]。强迫自己回答这些问题让我对课程内容的记忆大大加深了。所以你看到的所有小问题我都自己先做了一遍！

---

[2]编辑注：本书类似[Dij68]的标注为参考书目索引编号，对应参考书目参见 http://www.broadview.com.cn/31508。

[3]我猜测这就是教授不让我免修这门课程的原因。

1.3 除本书之外的选择

Knuth[4]在写书时领悟到一个道理，如果不想把一本书写得无限长，那么就必须专注于某一方面。本书专注于基于共享内存的并行编程，重点放在软件栈底层的软件，比如操作系统内核、并行的数据管理系统、底层系统库等。本书使用的编程语言是 C。

如果你对下列方面的并行性感兴趣，可以参考其他书籍。幸运的是，这样的书籍还真不少。

1. 如果你偏好更加学术、严格的并行编程，可能会喜欢 Herlihy 和 Shvit 的教科书[HS08]。这本书开头是一个有趣的搭配，底层原语和硬件的上层抽象，之后是对简单数据结构（如链表、队列、哈希表和计数）的加锁，同时还涉及了事务内存。Micheal Scott 的教科书[Sco13]涵盖了类似的内容，但是更多的是从软件工程的角度出发。而且据我所知，这本书也是第一个用整个章节讲述 RCU 的正式出版的教科书。

2. 如果你喜欢从偏学术的编程语言学的角度了解并行编程，那么可能会对 Scott 的编程语言学教材[Sco06]中关于并发的那一章感兴趣。

3. 如果你喜欢用面向对象的 C++来了解并行编程，那么可以试试 Schmidt 的 POSA 系列中的第 2 卷和第 4 卷[SSRB00][BHS07]。第 4 卷有几章有意思的内容，是用 C++来编写一个仓库管理软件。这个例子的现实性可以从章节的标题看出，“分割大泥巴球”。在人们理解要做什么样的程序之前，并行性无从谈起。

4. 如果你想把并行编程应用于 Linux 内核驱动程序，Corbet、Rubini 和 Kroah-Hartman 的《Linux 设备驱动程序》[CRKH05]，还有 Linux Weekly News 网站（http://lwn.net/）绝对是必选项。这里面有大量关于 Linux 内核内部细节的书籍和网上资源。

5. 如果你的主要目标是科学与工程计算，同时喜欢模式主义的做法，那么应该看看 Mattson 的教科书[MSM05]。这本书包含了 Java、C/C++、OpenMP 和 MPI。这本书采用的理念是设计优先，实现第二。

6. 如果你的主要目标是科学与工程计算，同时喜欢 GPU、CUDA 和 MPI，那么应该试试 Norm Matloff 的《Programming on Parallel Machines》[Mat13]。

7. 如果你喜欢 POSIX 线程，可以看 David R. Butenhof 的这本书[But97]。此外，W. Richard Stevens 的不朽之作[Ste92]讲述了 UNIX 和 POSIX，Stewart Weiss 的课件[Wei13]详尽又通俗地介绍了很多相关的例子。

8. 如果你对 C++11 感兴趣，可以看 Anthony Williams 的《C++ Concurrency in Action: Practical Multithreading》[Wil12]。

9. 如果你对 Windows 环境下的 C++感兴趣，可以看 Herb Sutter 刊登在 Dr Dobbs 报上的《Effective Concurrency》系列[Sut08]。这个系列在展示常识性的并行编程方法上做得很好。

10. 如果你想尝试 Intel 的线程构建模块（Threading Building Blocks），也许 James Reinders 的书[Rei07]就是你想要寻找的。

11. 对于那些喜欢学习各种多处理器硬件缓存架构是如何影响内核的内部实现细节的读者，可以去看看 Curt Schinmel 在这方面的经典书籍[Sch94]。

12. 最后，使用 Java 的读者，你们可能会喜欢 Doug Lea 的教科书[Lea97, GPB07]。

如果你想阅读一本讲述针对底层软件的并行设计准则，同时用 C 语言来写的书，继续阅读本书吧。

---

[4]编辑注：Knuth 为《The Art of Computer Programming》一书的作者 Donald Knuth。

1.4 示例源代码

本书有相当多的内容在讨论源代码，多数时候书中的源代码可以在本书 Git 库中的 CodeSamples 目录找到。比如，在 UNIX 系统上，可以敲打以下命令。

```
find CodeSamples -name rcu_rcpls.c -print
```

这条命令可以找出 rcu_rcpls.c 文件的所在位置，9.3.5 节将用到这个文件。其他类型的系统也有很多通过文件名定位文件的方法。

1.5 这本书属于谁

正如封面所写，编著者是 Paul E. McKenney。不过本书允许读者通过邮件列表 perfbook@vger.kernel.org 给编著者投稿。投稿可以是任何形式的，常见的比如文本邮件、本书 Latex 源码的补丁，或者给本书 git 库提 Pull 请求。请使用任何对你来说方便的方式。

想要创建补丁或者本书的 git pull 请求，你需要本书的 Latex 源码，在 git://git.kernel.org/pub/scm/linux/kernel/git/paulmck/perfbook.git 可以找到。此外你还需要 Git 和 Latex，在大多数主流 Linux 发行版本都可以找到它们。在某些发行版里，你还需要其他的安装包。本书的 Latex 源码里有一个 FAQ.txt 文件，里面列出了各种常见发行版本中所需的安装包。

想要创建并显示本书的 Latex 源码，请使用图 1.1 中列出的 Linux 命令。在某些环境下，生成 perfbook.pdf 的 evince 命令可能需要被替换成其他命令，比如 acroread。git clone 命令只在你第一次生成 PDF 时需要，之后只需运行图 1.2 中的命令来更新代码和生成更新后的 PDF。图 1.2 中的命令必须在图 1.1 中命令生成的 perfbook 目录中运行。

```
1 git clone git://git.kernel.org/pub/scm/linux/kernel/git/paulmck/perfbook.git
2 cd perfbook
3 make
4 evince perfbook.pdf & # 双栏排版版本
5 make perfbook-1c.pdf
6 evince perfbook-1c.pdf & # 单栏排版版本
```

图 1.1 创建最新的 PDF

```
1 git remote update
2 git checkout origin/master
3 make
4 evince perfbook.pdf & # 双栏排版版本
5 make perfbook-1c.pdf
6 evince perfbook-1c.pdf & # 单栏排版版本
```

图 1.2 生成更新后的 PDF

本书的 PDF 不时会发布在 http://kernel.org/pub/linux/kernel/people/paulmck/perfbook/perfbook.html 和 http://www.rdrop.com/users/paulmck/perfbook/上。

给本书提交补丁和发送 git pull 请求的过程和给 Linux 内核提交补丁的过程非常相似，Linux 内核源码目录下的 Documentation/SubmittingPatches 文件中有详细说明。其中一个重要的要求是每个补丁（或者是提交，如果使用 Git 的话）必须包含一条有效的 Signed-off-by:行，格式如下。

```
Signed-off-by: My Name <myname@example.org>
```

关于包含 Signed-off-by:行的示例补丁，请看 http://lkml.org/lkml/2007/1/15/219。

请注意，Signed-off-by：行有着非常明确的含义，即保证：

1. 补丁内容全部或者部分由我创建，我拥有在开源软件许可证下提交文件的权利；

2. 补丁的内容源于他人的工作，尽我所知，确保文件拥有恰当的开源软件许可证，同时无论全部或者部分由我修改，我有权利将他人的工作修改后以相同的开源软件许可证提交（除非我被允许以不同的许可证提交）；

3. 补丁由我提交，补丁由保证（1）、（2）或者（3）的他人完成，我没有修改任何内容；

4. 补丁不包含任何第三方的知识产权；

5. 我理解并同意本项目和补丁将会被公开，同时提交补丁的记录（包含所有我提交时的个人信息，包括我的 sign-off）也会被无限期地维护下去，这些信息可以随着本项目或者开源软件许可证涉及的项目被分发到其他项目中去。

这和 Linux 内核所使用的开发者来源证书（DCO）1.1 很相似。唯一增加的条目是第 4 条。这个条目要求补丁是由你本人完成，而不是从其他地方抄袭而来的。如果补丁由多人完成，那么每人都应该有一条 Signed-off-by：行。

必须使用真名，我不接受以假名或者匿名提交的补丁。

本书的写作语言是美式英语，不过本书的开源性决定了本书允许翻译，我个人鼓励大家翻译本书。另外，如果你愿意，本书使用的开源许可证允许译者销售本书的翻译版。我只希望你给我发送一本翻译后的复印件（纸质版更好），但这个请求只是礼貌性的要求，并非任何授权的必需条件，在 Creative Commons 和 GPL 许可证的覆盖下你已经拥有这项权利。在源码目录的 FAQ.txt 中列出了目前“正在进行中”的翻译。我认可的“进行中”是至少翻译了一章以上的内容。

正如我在一开始所说的，我只是本书的编著者。如果你愿意对本书做出贡献，这也会是你的书。之后，我将为你呈现第 2 章“简介”。

第2章 简　介

并行编程已经获得这样一个声誉：它是编程领域最难处理的问题。各种教科书和论文已经警告过我们关于死锁、活锁、竞争条件、不确定性、限制扩展性的阿姆达尔定律（Amdahl's law）和超长的实时延迟的危险。例子就在身边，本书作者们既拥有多年处理这些问题的经验，也留下了多年情感上的创伤、灰白的头发，以及随这些经验而去的发丝。

新技术在一开始总是很难用，但是随着时间的推移，终究会更容易使用。例如，驾驶汽车曾经是一项罕见的技能，但是在很多发达国家，这项技术已经很普通了。这个引人注目的变化来自于两个基本原因：(1) 汽车变得更便宜、更好用，因此更多的人有机会学习驾驶；(2) 由于自动变速箱、自动刹车、自动启动、大幅提高可靠性及很多其他技术方面的改进等原因，汽车更易于操控。

同样，其他技术（包括计算机技术）也有很多改进。编写程序不再是一件困难的事情。电子表格软件允许大多数非程序员用他们的计算机得到结果。数十年前，这需要专家才能胜任。或许更好的例子是 Web 冲浪，还有内容发布。从 2000 年开始，非专业人士就可以在互联网上使用各种现在很常见的社交网络软件来轻松地发布内容。然而在 1968 年，像这样的内容发布还是一个远期研究项目[Eng68]，那时还在用“就像 UFO 降落在白宫草坪”这样的比喻来描述它[Gri00]。

因此，如果你想说未来并行编程仍然像现今这么困难，那么请提供证据，想一想几个世纪以来在各种领域中的反例。

2.1 导致并行编程困难的历史原因

如标题所示，本书将采取一种不同的方式。不是抱怨并行编程的困难，而是认真分析并行编程困难的原因，然后帮助读者克服这些困难。正如后面将看到的一样，困难分为以下几类。

1. 并行系统在历史上的高价格及相对罕见性。
2. 研究者和从业人员对并行系统的经验欠缺。
3. 缺少公开的并行代码。
4. 并行编程缺少被广泛了解的工程准则。
5. 相对于处理本身，通信的代价高昂，即使在紧凑的共享内存系统中也是如此。

现在几乎所有这些困难都不存在了。首先，在过去的数十年里，并行系统的价格已经从房屋价格的几倍降低到不到一辆二手自行车的价格，感谢摩尔定律吧。早在 1996 年就有文章呼吁人们注意多核 CPU 的优势[ONH96]。同时，IBM 在 2000 年为高端 POWER 系列引入了硬件多线程，在 2001 年引入了多核。2000 年 11 月，Intel 在它的 Pentium 产品线上引入了超线程。AMD 和 Intel 在 2005 年同时引入了双核 CPU。2005 年晚些时候，Sun 在 Niagara 中引入了多核/硬件多线程。实际上在 2008 年左右，想找一个单核 CPU 就已经是一件困难的事情了。单核 CPU 仅仅用于上网本及嵌入式设备。到 2012 年，就连智能手机都开始拥有多个 CPU。

其次，廉价实用的多核系统的出现，意味着对几乎所有研究者和从业者来说，并行编程体验已经变得很实在了。实际上，并行系统已经处于学生及业余爱好者的预算范围之内。因此，我们可以预期，大量与并行系统相关的发明创造将会出现，并行系统的逐步熟悉将让并行编程飞入寻常百姓家。

第三，在 20 世纪，大规模高并行系统软件几乎总被作为高度保密的私有知识产权项目来进行保护。让人欣慰的是，21 世纪恰恰相反，已经有大量开源（对公众开放）的并行软件项目出现。其中包含 Linux 内核[Tor03]、数据库系统[Pos08, MS08]、消息传递系统[The08, UoC08]。本书将主要描述 Linux 内核，但是也提供一些适合用户层应用程序的资料。

第四，即使在 20 世纪 80 和 90 年代，那些大型并行项目几乎也都还是私有的，但是这些项目已经孕育了开发者社区，这些开发者知道产品级的并行代码需要什么样的工程准则。本书的一个主要目的就是展示这些工程经验。

不幸的是第五个困难，相对于数据处理，通信代价高昂的问题仍然存在。虽然在新的千年中这个困难越来越受到重视，但根据 Stephen Hawking 的研究，光的有限速度及原子特性会限制这个领域的进展[Gar07, Moo03]。幸运的是，这个困难自 20 世纪 80 年代以来就存在了，因此之前提过的工程准则已经进化出了有效的处理办法。另外，硬件设计师更清楚这些问题，所以也许在将来，硬件对于并行编程来说会更友好，2.3 节将讨论这一话题。

小问题 2.1：嘿！在过去的几十年里，并行编程已经被证明是极度困难的。你看起来是在暗示它并不那么难。你用意何在？

即使并行编程不像通常宣传得那么困难，它也比串行编程麻烦不少。

小问题 2.2：并行编程如何才能变得与串行编程一样简单？

思考并行编程的替代者并非没有道理。但是，如果不了解并行编程的目标，就不可能合理地思考并行编程的替代者。2.2 节将讨论这个问题。

2.2 并行编程的目标

并行编程（在单线程编程的目标之上）有如下三个主要目标。

1. 性能。
2. 生产率。
3. 通用性。

小问题 2.3：哦，真的吗？正确性、可维护性和健壮性这些方面呢？

小问题 2.4：如果正确性、可维护性和健壮性都不在目标里，为什么生产率和通用性列在上面？

小问题 2.5：考虑到并行编程更难于证明其正确性，为什么正确性不在目标里？

小问题 2.6：如果只是为了乐趣呢？

以上的目标将会在随后的章节中详细说明。

2.2.1 性能

大多数并行编程的努力主要是为了提升性能。毕竟如果不考虑性能，为什么不让你自己轻松一点，编写一个单线程代码呢？这样可能会简单许多，而且你可能会更快地完成任务。

小问题 2.7：难道就没有其他不考虑性能的情况吗？

注意，这里的“性能”是比较宽泛的说法，包含可扩展性（比如每 CPU 性能）及效率（比如每瓦特性能）。

除此以外，对性能的关注焦点已经从硬件转向并行软件。这是由于虽然摩尔定律仍然在晶体管密度方面有效，但是在提高单线程性能方面已经不再有效。这点可从图 2.1 看出来[1]。这意味着先编写单线程代码，然后在一两年内靠升级 CPU 来提升性能不再是一个可行的方法。考虑到最近很多主流厂商都开始朝多核/硬件多线程系统发展，并行化是充分利用现有系统性能的好办法。

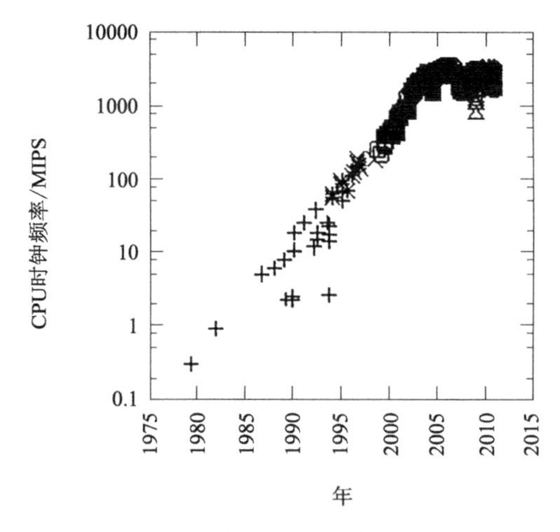

图 2.1 Intel CPU 的时钟频率/每秒百万指令数发展趋势

因此，首要目标是性能而不是可扩展性。尤其是考虑到这样一点，想要获得线性扩展性，最简单的办法是降低每 CPU 性能[2]。假如有一个 4 核 CPU 系统，你是编写一个程序，让它在单个 CPU 上可以每秒执行 100 条交易？还是编写另一个程序，只能在单个 CPU 上每秒执行 10 条交易，但是扩展性非常完美？第一个程序看起来是更好的选择，当然如果恰好有一个 32 核 CPU 系统的话，也许你的答案有所不同。

此外，即使你拥有多个 CPU，也不是必须要把它们全用起来，特别是近来多核系统的价格不断走低。理解这一点的关键是，并行编程主要是为了性能优化，而且只是众多优化措施中的一种。如果当前的程序已经足够快了，就没有必要再优化，也不必将它并行化，抑或采用各种单线程优化方法来优化[3]。出于相同的原因，如果你的单线程程序需要优化成并行程序，就需要将并行算法

[1]对于较新的 CPU，本图显示的是时钟频率，对于较老的 CPU 则是每秒百万指令数。新型 CPU 在一个时钟周期可以执行一条或者多条指令，而以前的 CPU 即使最简单的指令也需要多个时钟周期才能完成。采取这种表示的原因是新 CPU 执行多个指令的能力受到内存系统性能的限制，而且运行在旧式 CPU 上的基准测试往往已经过时，但是较新的基准测试又很难在旧式 CPU 上运行。

[2]译者注：将 CPU 性能降低到与内存速度相同，内存屏障这种现有的同步方法将不再有存在的必要，但是这会带来其他的一些问题。请参见第 17 章“未来的冲突”。

[3]当然，如果你是并行编程的发烧友，就永远可以找到无数的理由来做自己想做的事。

和最好的串行算法进行比较。这里需要小心，到现在为止有太多的书籍在分析并行算法时忽略了采用串行算法的情况。

2.2.2 生产率

小问题 2.8：为什么要提这个非技术问题？而且不是其他的非技术问题，偏偏是生产率？谁会关心它？

最近几十年来，生产率已经变得愈发重要。要明白这点，想想一台价值数百万美元的早期计算机，当时一个工程师的年薪只有几千美元。假如为这样一台机器配上 10 个工程师的团队，即使他们只能将它的性能提高 10%，这也相当于付出薪水的很多倍了。

CSIRAC 就是这样的机器，它是最早能存储程序的计算机，从 1949 年开始服役[Mus04, Mel06]。这台机器制造在晶体管时代以前，它由 2000 个真空管组成，运行频率是 1kHz，每小时消耗 30 千瓦的电量，重量超过 3 吨，拥有 768 字节的 RAM。可以放心地说，折磨现代大型软件项目的生产率问题对这台机器来说根本不存在。

在今天，计算能力这么弱的机器还真不好买。8 位的嵌入式微处理器 Z80 [Wik08]性能可能是最接近的，但即使这样，老 Z80 仍然比 CSIRAC 的时钟频率快 1000 倍。Z80 有 8500 个晶体管，如果以 1000 个为单位批发的话，在 2008 年的价格每个还不到 2 美元。与 CSIRAC 恰恰相反，软件开发人员的费用对 Z80 来说是一笔巨大开支。

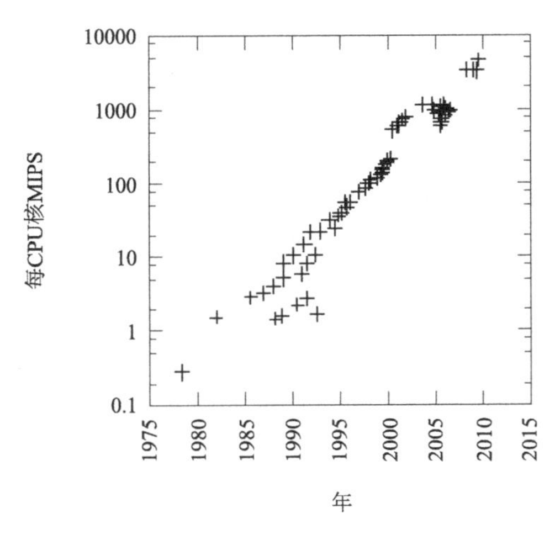

图 2.2 Intel CPU 的每 CPU 核心 MIPS

CSIRAC 和 Z80 是长期趋势中的两个点，这可以从图 2.2 看出来。该图标示出了一条近似曲线，每个 CPU 核计算能力在过去 30 年内增长了 4 个数量级。请注意，即便是从 2003 年开始 CPU 时钟频率遇到了提升瓶颈，但由于多核 CPU 的出现，这种增长趋势没有减弱。

硬件价格不断下降的后果之一，就是软件生产率越来越重要。仅仅高效地使用硬件已经不再足够，高效地利用开发者已经变得同样重要。串行硬件的时代持续了很长时间，直到最近，并行硬件才变成低价商品。因此，仅仅在最近，编写并行软件的效率才变得非常重要。

小问题 2.9：现在并行系统的价格这么低，怎么会有人愿意付钱给别人来为这些硬件编程？

也许在未来某个时候，并行软件的唯一目的就是性能。但是现在，生产率还在牢牢吸引注意力。

2.2.3 通用性

想减少开发并行程序的高昂成本，一种方式是让程序尽量通用。如果其他方面都一样，通用的软件能获得更多的用户，更能摊薄成本。

不幸的是，通用性会带来更大的性能损失和生产率损失。想明白这点，看看下面这些流行的并行编程环境。

C/C++“锁和线程”：包含 POSIX 线程（pthreads）[Ope97]、Windows 线程，以及很多操作

系统内核环境。它们性能优秀（至少在 SMP 系统上是如此），也提供了良好的通用性。可惜生产率较低。

Java：这个编程环境与生俱来就有多线程能力，广泛地认为它是比 C 或者 C++更有生产率的编程语言。它能够自动进行垃圾收集，并且拥有大量的类型库。不过，虽然它的性能在过去十年间有了长足的进步，但是通常被认为低于 C 和 C++。

MPI：这个消息传递接口向大量的科学和技术计算提供能力，它提供无与伦比的性能和可扩展性。理论上讲它实现了通用的目的，但是一般被用于科学计算。通常认为它的生产率低于 C/C++“锁和线程”环境。

OpenMP：这个编译指令集能被用于并行循环，因此被用于特定任务，这也限制了它的性能。但是，它比 MPI 和 C/C++“锁和线程”更简单。

SQL：结构化编程语言 SQL 非常特殊，仅仅运用于数据库查询。但是，它的性能非常好，TPC 测试性能非常出色。生产率也很优秀，实际上，这个并行编程环境让对并行编程知之甚少的人员也能很好地使用大型并行机器。

能提供优秀的性能、生产率、通用性的并行编程环境仍然不存在。在这样的环境出现以前，需要在性能、生产率、通用性之间进行权衡。其中一种权衡如图 2.3 所示。

它说明一个事实：越往上层，生产率变得越来越重要；然而越往下层，性能和通用性变得越来越重要。一方面，大量的开发工作消耗在上层，并且必须考虑通用性以降低成本；另一方面，下层的性能损失很不容易在上层得到恢复。在靠近堆栈的顶端，也许只有少数的用户工作于特定的应用。在这种情况下，生产率是最重要的。这解释了这样一种趋势，越往上层，采用额外的硬件通常比额外的开发者更划算。本书主要为底层开发者准备，主要关心性能和通用性。

不得不承认，在许多领域中，生产率和通用性之间的矛盾长期存在。例如，射钉枪就远远比铁锤的效率高，但相对于射钉枪，铁锤除了敲钉子外还能做很多其他事情。因此我们在并行计算领域看到类似的折中就不足为奇了。这种均衡如图 2.4 所示。这里，用户 1、2、3 和 4 需要计算机帮他们完成特定的任务。对于某个用户来说，最具生产率的语言或环境，就是专注于为此用户服务，而不需要做任何编程、配置或者其他设置。

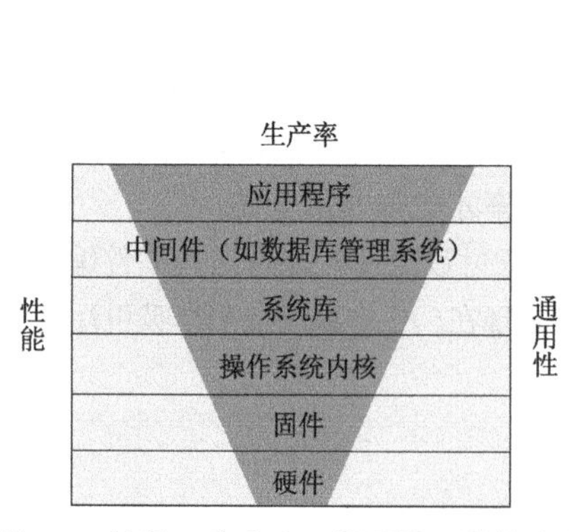

图 2.3 性能、生产率、通用性和软件分层

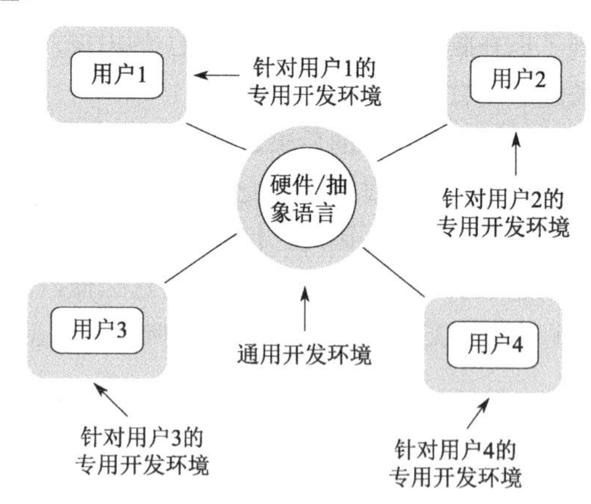

图 2.4 在生产率和通用性之间权衡

小问题 2.10：这个理想真可笑！为什么不专注于一些实际可行的方面？

不幸的是，一个正在为用户 1 服务的系统不大可能同时做用户 2 的任务。也就是说，最具生产率的语言和环境是按域划分的，并且牺牲了一些通用性。

另外一个选择是为硬件系统专门剪裁过的语言或环境(例如,底层汇编语言、C、C++或Java),或者是一些抽象语言（例如，Haskell、Prolog或Snobol），如图2.4中心的圆形区域。这些语言被认为对所有用户 1、2、3、4 都不适合。也就是说，相对于按域划分的语言和环境来说，系统的通用性，随着生产率的减少而此消彼长。

我们要时刻牢记，并行计算的性能、生产率和通用性之间经常互相冲突，现在，是时候进行深入分析来避免这些并行计算冲突的解决方案了。

2.3 并行编程的替代方案

在考虑并行编程的替代方案前，必须先想想希望并行计算能为你做什么。正如2.2节所介绍的，并行编程的首要目标是性能、生产率及通用性。因为本书的目标读者是最关注性能的底层开发者，剩下的章节主要关注性能的提升。

需要牢记的是，并行编程只是提高性能的方案之一。其他熟知的方案按实现难度递增的顺序罗列如下。

1. 运行多个串行应用实例。
2. 利用现有的并行软件构建应用。
3. 对串行应用进行逻辑优化。

后面的小节将介绍这些方法。

2.3.1 串行应用的多个实例

通过串行应用的多个实例可以避免使用并行编程。有很多种方法来实现这种方案，这依赖于应用的结构。

如果你的程序需要分析大量不同场景，或者独立的数据集，一个简单且有效的方式是创建单个顺序执行的分析程序，然后在脚本环境下（例如 bash）启动一定数量的程序实例，让它们并行执行。某些情况下，这个办法可以轻松扩展到集群机器中。

这种方法看上去像是欺骗，实际上确实也有一些人诋毁这种程序为“令人尴尬的并行”。确实，这种方法有一些潜在的缺点，包括增加了内存消耗、CPU指令周期浪费在重复计算中间结果上，以及增加了数据复制操作。但是，这种方案通常是非常有效的，在较少甚至几乎没有额外修改的情况下获得了极大的性能提升。

2.3.2 使用现有的并行软件

目前并行软件已经可以顺畅用于单线程程序，包括关系型数据库[Dat82]、Web服务器，以及Map-Reduce环境。例如，一种常见的设计是为每个用户提供一个单独的处理进程，每个进程生成SQL语句，然后在关系型数据库上并行执行。用户程序只需要负责用户接口，而关系型数据库则负责处理所有的并行和持久性问题。

采用这种方法通常会牺牲性能，至少逊色于精心构思的并行程序。但是，折中牺牲经常被证明是值得的，因为可以显著降低开发难度。

2.3.3 性能优化

追溯到21世纪初期，CPU的性能每18个月翻一番。在这样的背景下，增加新功能的重要性远大于反复对性能进行优化。现在，摩尔定律“仅仅”适用于增加晶体管的密度，对于同时增加晶体管密度和单个晶体管的性能来说，已经不再适用。因此，是时候重新审视性能优化的重要性了。毕竟，新硬件已经无法显著提升单线程程序的性能。不仅如此，很多性能优化同时还能节约能源。

从这种观点来看，并行编程是另外一种性能优化，尽管当并行系统变得更加便宜和可靠后，性能优化变得更有吸引力，但是我们最好保持清醒，来自并行计算的速度提升与CPU个数大约成正比。然而对软件进行优化，带来的性能提升是指数级的。

还有一点，不同的程序会有不同的性能瓶颈。比如，假设你的程序花费最多的时间在等待磁盘驱动的数据。在这种情况下，让你的程序在多CPU下运行并不大可能会改善性能。实际上，如果进程正在读取一个旋转的磁盘上的大型顺序文件，并行设计程序也许会使它变得更慢。相反，你应该添加更多的磁盘、优化数据以使这个文件能变得更小（因此读得更快），或者，如果可能的话，避免读取如此多的数据。

小问题 2.11：还有哪些其他的瓶颈会阻碍通过添加CPU带来性能提升？

并行技术是一个有效的优化技术，但是它并不是唯一的技术，同时也不是对所有的情景都适用。当然，你的程序越是容易并行化，并行就越有可能成为一种优化措施。并行化号称非常复杂，那么有一个问题就浮现出来，“到底是什么让并行编程变得如此复杂？”

2.4 是什么使并行编程变得复杂

需要注意的是，并行编程的困难，既有人为因素的原因，也有并行编程本身技术属性的原因。这是由于我们需要人来告诉计算机要做什么，换句话说，就是编程。但是并行编程需要双向交互，人还需要从计算机处得到程序性能和可扩展性的反馈。一句话概括之，人类通过编写程序告诉计算机去做什么，计算机通过结果的性能和扩展性来评价程序。因此，采用抽象或者数学分析将极大地限制实用性。

工业革命时，人机接口被人体工程学重新定义，也就是所谓的工时/动作研究。虽然有一些基于人体工程学的并行计算研究[ENS05，ES05，HCS05，SS94]，但由于这些研究关注面过窄，因此不能得出任何通用的结论。另外，不同程序员生产率的正常范围波动往往超过一个数量级，期待一个经费有限的研究检测到 10%的生产率差别是不现实的。尽管能可靠地检测出一个数量级以上的差异也是非常有用的，但最令人振奋的提升往往来自于一系列10%的生产率提升。

因此，我们必须采取不同的方法。

一种方法是周密考虑并行程序编写者的任务，这些任务对于串行编程来说是不需要的。这样，我们就能评估任意一种语言或者环境对开发者的支持程度。这些任务分解成4个分类，如图2.5所示，下面的章节会提到这些分类。

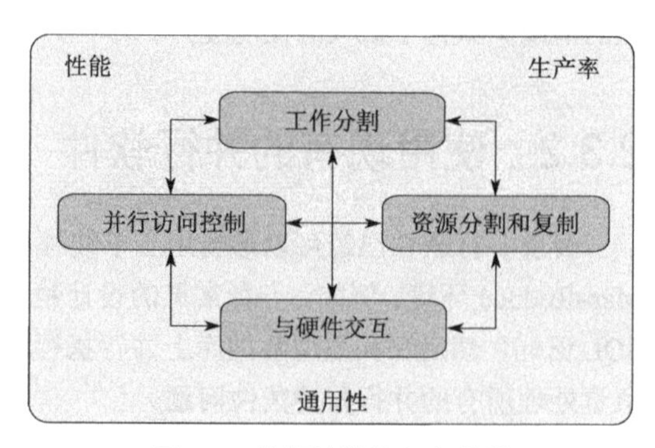

图 2.5 并行计算的任务分类

2.4.1 分割任务

对任务的分割绝对是并行计算最需要的，如果存在一个任务的最小集，那么根据线性执行的定义，它同时只能被一个 CPU 执行。但是，分割代码需要十分小心，比如，不均匀的分割会导致当较小的分割执行完后，剩下的部分被顺序执行[Amd67]。在不是很极端的情况下，负载均衡可以充分利用硬件，因此获得更优化的性能和扩展性。

虽然分割任务能极大地提升性能和扩展性，但是也能增加复杂性。比如，分割任务可能让全局错误处理和事件处理更加复杂，并行程序可能需要一些相当复杂的同步措施来安全地处理这些全局事件。概括地讲，每个任务分割都需要一些交互，毕竟如果某个线程基本不交互，那么它不执行也不会对工作本身产生任何影响。但是由于交互会引起开销，不仔细地选择分割会导致严重的性能下降。

因此，并发线程数量通常必须受到控制，因为每一个这样的线程会占据公共资源，例如占用 CPU 缓存中的空间。如果允许太多的线程并发执行，那么 CPU 缓存将会溢出，导致过高的缓存未命中率，因而降低性能。另一方面，为了达到计算和 I/O 操作的并行以充分利用 I/O 设备，大量线程的存在通常又是必要的。

小问题 2.12：除了 CPU 高速缓存容量外，还有哪些其他因素限制着并发线程的个数？

最后，允许线程并发执行会大量增加程序的状态集，让程序难以理解和调试，会降低生产率。在其他条件相同的情况下，状态集更小的程序的结构更加常规，也更容易理解，不过这只是跟人相关的因素，并非技术或者数学上的因素。好的并行设计可能拥有超大的状态集，不过由于它们采用了通用的结构，所以并不难以理解。糟糕的并行设计就算采用相对小的状态集，也可能会深奥难懂。最好的设计借鉴了“令人尴尬的并行”，或者将问题转为多实例解决方案。无论哪种情况，多实例方案实际上是一种“令人尴尬的财富”。目前顶尖的并行编程都采用了多种良好设计。在判断状态集大小和程序结构上，还有很多工作要做。

2.4.2 并行访问控制

给定一个单线程的串行程序，这个线程对程序所有的资源都有访问权。这些资源主要是内存数据结构，但也可能是 CPU、内存（包括高速缓存）、I/O 设备、计算加速器、文件等。

并行访问控制的第一个问题是访问特定的资源是否受限于资源的位置。比如，在许多消息传递环境中，本地变量的访问是通过表达式和赋值，但是远程变量的访问是通过一套完全不同的语法，经常要用到消息传递机制。POSIX 线程环境[Ope97]、结构化查询语言（SQL）[Int92]，以及 PGAS（partitioned global address-space）环境，比如 UPC（Universal Parallel C）[EGCD03]提供了隐式访问，而 MPI（Message Passing Interface）[MPI08]通常提供显式访问，因为访问远程数据需要显式的消息传递。

另一个并行访问控制的问题是线程如何协调对资源的访问。这种协调是由不同的并行语言和环境通过大量同步机制来实现的，包括消息传递、加锁、事务、引用计数、时序分片、共享原子变量，以及数据所有权。传统并行编程关注的死锁、活锁和事务回滚都来源于此。如果要详细讨论，还可以加上对同步机制的比较，比如加锁与事务内存的比较[MMW07]，但这些讨论不在本节的讨论范围内（更多关于事务内存的介绍，见 17.2 节和 17.3 节）。

2.4.3 资源分割和复制

最有效的并行算法和系统非常善于对资源进行并行化，所以并行程序的编写最好从分割写密集型资源和复制经常访问的读密集型资源开始。这里提到的频繁访问的数据，可能会在计算机系统、海量存储设备、NUMA 节点、CPU（核或者硬件线程）、页面、高速缓存行（cache line）、同步原语的实例或者代码临界区等不同的层面进行分割。比如，分割加锁原语就是“数据加锁”[BK95]。

资源分割通常和应用密切相关，比如，数值计算就经常将矩阵按行、列或者子矩阵进行分割，而商业应用程序经常分割写密集数据结构、复制读密集数据结构。因此，商业应用程序可能会把某个特定用户的数据分配到大型集群中的几台计算机上。应用可以静态地分割数据，也可以动态地改变分割。

资源分割是非常有效的策略，但是随之带来的复杂数据结构也非常有挑战性。

2.4.4 与硬件的交互

与硬件的交互通常是操作系统、编译器、库或者其他的基础软件环境关心的领域。但是当开发者涉及新的硬件特性或者组件时，经常需要直接与这些硬件打交道。并且当需要榨干系统的最后一滴性能时，也需要直接工作于硬件之上。在这时，开发者需要根据目标硬件的高速缓存分布、系统的拓扑结构或者内部互联协议来对应用程序进行量体裁衣。

在某些情况下，硬件可以被视为一种可被分割或访问控制的资源，正如 2.4.3 节描述的。

2.4.5 组合使用

上述 4 种是基础性任务，好的工程实践会组合使用这些方法。比如，数据并行方案首先把数据分割以便减少组件内的交互需求，然后分割相应的代码，最后对数据分区和线程进行映射以便提升吞吐和减少线程内交互，如图 2.6 所示。开发者每次只需要单独考虑一个分割，显著减少了相关状态集的大小，进而提升生产率。尽管有些问题是不可分割的，但是如能巧妙地把它们变换成可分割的形式，可以大大提高性能和扩展性。

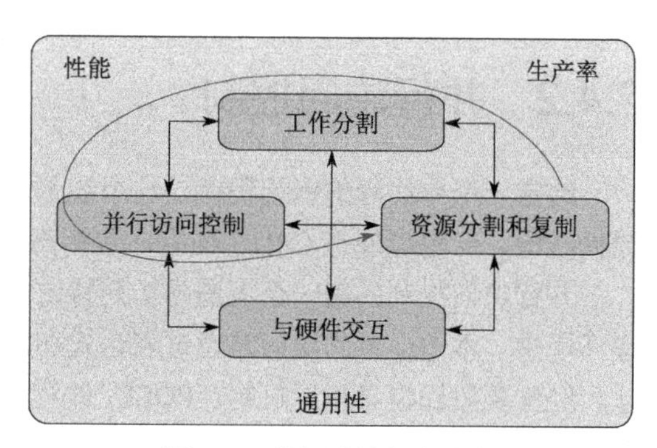

图 2.6 并行计算任务流程

2.4.6 语言和环境如何支持这些任务

尽管在许多环境下，开发者需要手动处理这些任务，但在其他一些环境，可以提供有效的自动化支持。比较典型的代表是 SQL，基本实现了对单个长查询、多个独立查询和更新操作的自动并行化。

这 4 种任务必须在所有的并行编程中体现出来，但当然不是说开发者必须手工实现这些任务。

随着并行系统变得越来越便宜、越来越有效，我们可以预见这 4 种任务会越来越自动化。

小问题 2.13：并行编程还有其他障碍吗？

2.5　本章的讨论

本章综述了一些并行编程面临的困难、目标和替代者。本书后面的内容将讨论是什么让并行编程如此困难，以及概略的解决方法。读者们，请准备好进入第 3 章，我们将带领你潜入并行硬件的海洋，研究相关的特性。

第 3 章

硬件和它的习惯

大多数人都有一种这样的直觉，在系统间传递消息要比在单个系统上执行简单计算更加耗时。不过，在共享内存系统的线程间传递消息是不是也非常耗时呢？这点可就不一定了。本章主要关注共享内存系统中的同步和通信的开销，只涉及一些共享内存并行硬件设计的皮毛，想了解更多信息的读者，可以翻看 Hennessy 和 Patterson 的经典教材最新版[HP95]。

小问题 3.1：为什么并行软件程序员需要如此痛苦地学习硬件的低级属性？如果只学习更高级别的抽象是不是更简单、更好、更通用？

3.1 概述

如果只是粗略地扫过计算机系统规范手册，人们很容易觉得 CPU 的性能就像在一条干净的跑道上赛跑，如图 3.1 所示，总是最快的人赢得比赛。

虽然有一些针对 CPU 的基准测试能够让 CPU 达到图 3.1 中显示的理想情况，但是典型的程序与其说是跑道，更不如说是障碍赛训练场。托摩尔定律的福，最近几十年间 CPU 的内部架构发生了急剧的变化。后面的章节将描述这些变化。

CPU 基准测试田径运动会

图 3.1　CPU 的最佳性能

3.1.1 流水线 CPU

在 20 世纪 80 年代初，典型的微处理器在处理下一条指令之前，至少需要取指、解码和执行三个时钟周期来完成当前指令。与之形成鲜明对比是，20 世纪 90 年代末期和 21 世纪初的 CPU 可以同时处理多条指令，通过一条很长的“流水线”来控制 CPU 内部的指令流，图 3.2 显示了这种差异。

带有长流水线的 CPU 想要达到最佳性能，需要程序给出高度可预测的控制流。如果程序的主要代码是在执行紧凑循环，那么这种程序就能提供可预测的控制流，比如大型矩阵或者向量中做算术计算的程序。此时 CPU 可以正确预测出在大多数情况下代码循环结束后的分支走向。在这种程序中，流水线可以一直保持在满状态，CPU 高速运行。

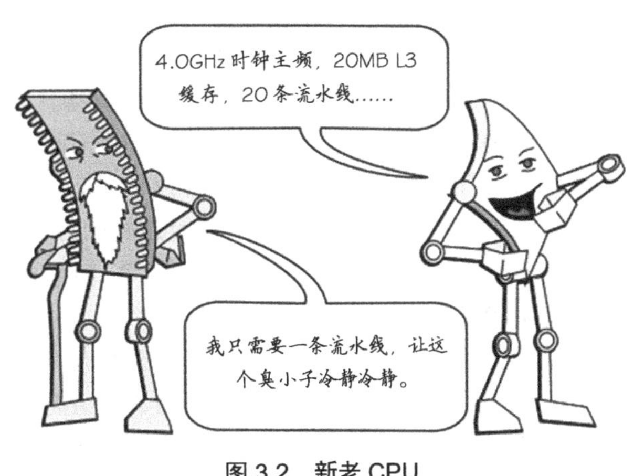

图 3.2　新老 CPU

另一方面，如果程序中带有许多循环，且循环计数都比较小，或者面向对象的程序中带有许多虚方法，每个虚方法都可以引用不同的对象实例，而这些对象实例都实现了一些频繁被调用的成员函数，此时 CPU 很难或者完全不可能预测某个分支的走向。这样 CPU 要么等待控制流进行到足以知道分支走向的方向，要么干脆猜测，由于此时程序的控制流不可预测，CPU 常常猜错。在这两种情况下，流水线都会被排空，CPU 需要等待流水线被新指令填充，这将大幅降低 CPU 的性能，就像图 3.3 中的画一样。

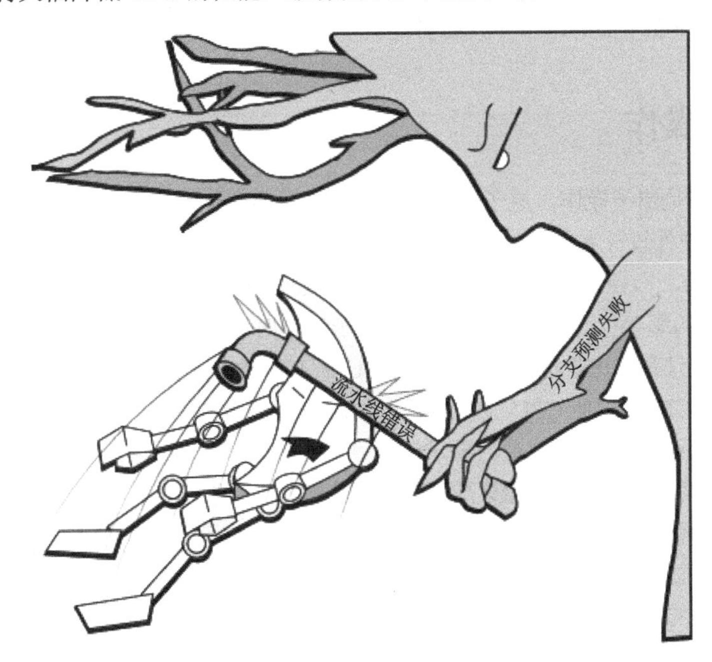

图 3.3　CPU 遭遇流水线冲刷

不幸的是，流水线冲刷并不是现代 CPU 在障碍赛训练场里遭遇的唯一障碍。3.1.2 节将讲述内存引用带来的坏处。

3.1.2　内存引用

在 20 世纪 80 年代，微处理器从内存读取一个值的时间一般比执行一条指令的时间短。在 2006

年，同样是读取内存里一个值的时间，微处理器可以在这段时间执行上百条甚至上千条指令。这个差异主要来源于摩尔定律，使得CPU性能的增长速度大大超过内存性能的增长速度，也有部分来源于内存容量的增长速度。比如，20世纪70年代的微型计算机通常带有4KB主存（是的，是KB，不是MB，更别提GB了），访问需要一个CPU周期[1]。到2008年，即使是在几GHz时钟频率的系统上，CPU设计者仍然可以设计出单周期访问的4KB内存。事实上这些设计者经常设计这样的内存，但他们现在称呼这种内存为“0级高速缓存”，容量也大大超过4KB。

虽然现代微型计算机上的大型缓存极大地减少了内存访问延迟，但是只有高度可预测的数据访问模式才能让缓存发挥最大效用。不幸的是，一般像遍历链表这样操作的内存访问模式非常难以预测——毕竟如果这些模式是可预测的，我们也就不会被指针所困扰了，是吧？因此，正如图3.4中显示的，内存引用常常对CPU性能造成严重影响。

到现在为止，我们只考虑了CPU在单线程代码中执行时会遭遇的性能障碍。多线程会为CPU带来额外的性能障碍，我们将在下面的章节中接着讲述。

图3.4　CPU遭遇内存引用

3.1.3　原子操作

还有一种障碍是原子操作。原子操作的概念在某种意义上与CPU流水线同时执行多条指令的操作冲突了。拜硬件设计者的精密设计所赐，现代CPU使用了很多非常聪明的手段让这些操作“看起来”是原子的，即使这些指令实际上不是原子的。比如有一种常见的技巧是标出所有包含原子操作所需数据的缓存行，确保CPU在执行原子操作时，所有这些缓存行都属于正在执行原子操作的CPU，并且只有在这些缓存行仍归该CPU所有时才推进原子操作的执行。这样，因为所有数据都只属于该CPU，即使CPU流水线可以同时执行多条指令，其他CPU也无法干扰此CPU的原子操作执行。不用多说，这种技巧要求流水线必须能被延迟或者冲刷，这样才能让原子操作正确地完成一系列操作。

非原子操作则与之相反，CPU可以从缓存行中按照数据出现的顺序读取并把结果放入缓冲区，无须等待缓存行的归属切换。幸运的是，CPU设计者已经将注意力重点放在原子操作的优化上，2014年年初的CPU在原子操作上的开销已经下降不少。但即使如此，原子指令仍然频繁对CPU性能造成影响，如图3.5所示。

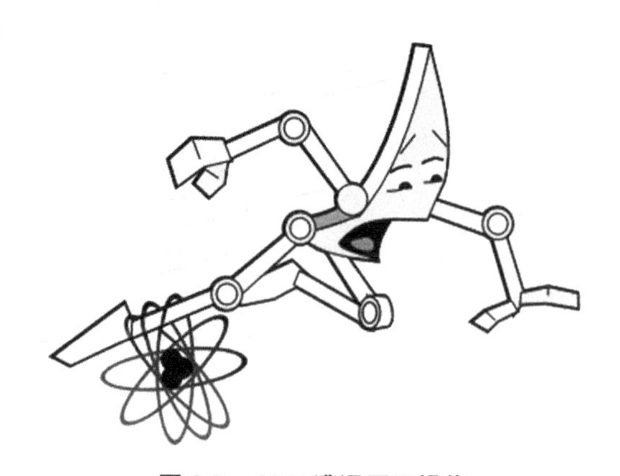

图3.5　CPU遭遇原子操作

不幸的是，原子操作通常只用于数据的单个

[1]更明白一些，每个周期持续时间不超过1.6μs。

元素。由于许多并行算法都需要在更新多个数据元素时，保证正确的执行顺序，因此大多数 CPU 都提供了内存屏障。内存屏障也是影响性能的因素之一，3.1.4 节将对它进行描述。

小问题 3.2：什么样的机器会允许对多个数据元素进行原子操作？

3.1.4　内存屏障

内存屏障的更多细节在 14.2 节和附录 C 中。下面是一个简单的基于锁的临界区。

```
1 spin_lock(&mylock);
2 a = a + 1;
3 spin_unlock(&mylock);
```

如果 CPU 没有按照上述语句的顺序执行，变量“a”会在没有得到“mylock”保护的情况下加“1”，这肯定和我们取“a”的值的目的不一致。为了防止这种有害的乱序执行，锁操作原语必须包含显式或隐式的内存屏障。由于内存屏障的作用是防止 CPU 为了提升性能而进行的乱序执行，所以内存屏障一定会降低 CPU 性能，如图 3.6 所示。

图 3.6　CPU 遭遇内存屏障

3.1.5　高速缓存未命中

对多线程程序来说，还有一个额外的障碍影响 CPU 性能提升——“高速缓存未命中”。正如前文提到的，现代 CPU 使用大容量的高速缓存来降低由于较低的内存访问速度带来的性能惩罚。但是，CPU 高速缓存事实上对多 CPU 间频繁访问的变量起到了反效果。因为当某个 CPU 想去更改变量的值时，极有可能该变量的值刚被其他 CPU 修改过。在这种情况下，变量存在于其他 CPU 而不是当前 CPU 的高速缓存中，这将导致代价高昂的高速缓存未命中（详细内容见附录 C.1 节）。这种缓存未命中也是影响 CPU 性能的主要原因，如图 3.7 所示。

图 3.7　CPU 遭遇缓存未命中

小问题 3.3：CPU 设计者们已经降低缓存未命中带来的开销了吗？

3.1.6　I/O 操作

缓存未命中可以视为 CPU 之间的 I/O 操作，这应该是代价最低廉的 I/O 操作之一。I/O 操作涉及网络、大容量存储器，或者（更糟的）人类本身，I/O 操作对性能的影响远远大于之前几节提到的各种障碍，如图 3.8 所示。

图 3.8 CPU 等待 I/O 完成

这也是共享内存式的并行计算和分布式系统式的并行编程的其中一个不同点，共享内存式并行编程的程序一般不会处理比缓存未命中更糟的情况，而分布式并行编程的程序则很可能遭遇网络通信延迟。这两种情况的延迟都可看作通信的代价——在串行程序中所没有的代价。因此，通信的开销占执行的实际工作的比率是一项关键设计参数。并行设计的一个主要目标是尽可能减少这一比率，以达到性能和可扩展性上的目的。在第 6 章，并行软件设计的一个主要目标是降低代价昂贵的操作的发生频率，比如通信时的缓存未命中。

当然，说某个操作属于性能障碍是一方面，说某个操作属于对性能的影响非常明显的性能障碍则是另一方面。3.2 节将讨论两者的区别。

3.2 开销

本节将概述前面列出的性能障碍的实际开销。不过在此之前，需要读者对硬件体系结构有一个粗略认识，3.2.1 节将对该主题进行阐述。

3.2.1 硬件体系结构

图 3.9 是一个粗略的 8 核计算机系统概要图。每个芯片上有 2 个 CPU 核，每个核带有自己的高速缓存，芯片内还带有一个互联模块，使芯片内的两个核可以互相通信。图中央的系统互联模块可以让 4 个管芯相互通信，并且将管芯与主存连接起来。

数据以“缓存行”（cache line）为单位在系统中传输，“缓存行”对应于内存中一个 2 的乘方大小的字节块，大小通常为 32 到 256 字节之间。当 CPU 从内存中读取一个变量到它的寄存器中时，必须首先将包含了该变量的缓存行读取到 CPU 高速缓存。同样，CPU 将寄存器中的一个值存储到内存时，不仅必须将包含了该值的缓存行读到 CPU 高速缓存，还必须确保没有其他 CPU 拥有该缓存行的复制。

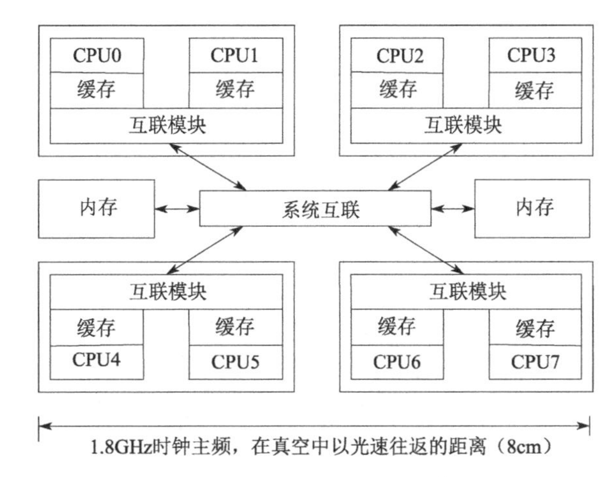

图 3.9　系统硬件体系结构

比如，如果 CPU0 在对一个变量执行“比较并交换”（CAS）操作，而该变量所在的缓存行在 CPU7 的高速缓存中，简单地说，会发生以下事件序列。

1．CPU0 检查本地高速缓存，没有找到缓存行。

2．请求被转发到 CPU0 和 CPU1 的互联模块，检查 CPU1 的本地高速缓存，没有找到缓存行。

3．请求被转发到系统互联模块，检查其他三个芯片，得知缓存行被 CPU6 和 CPU7 所在的芯片持有。

4．请求被转发到 CPU6 和 CPU7 的互联模块，检查这两个 CPU 的高速缓存，在 CPU7 的高速缓存中找到缓存行。

5．CPU7 将缓存行发送给所属的互联模块，并且刷新自己高速缓存中的缓存行。

6．CPU6 和 CPU7 的互联模块将缓存行发送给系统互联模块。

7．系统互联模块将缓存行发送给 CPU0 和 CPU1 的互联模块。

8．CPU0 和 CPU1 的互联模块将缓存行发送给 CPU0 的高速缓存。

9．CPU0 现在可以对高速缓存中的变量执行 CAS 操作。

小问题 3.4：这是一个简化后的事件序列吗？还有可能更复杂吗？

小问题 3.5：为什么必须刷新 CPU7 高速缓存中的缓存行？

3.2.2　操作的开销

一些在并行程序中很重要的常见操作开销如表 3.1 所示。该系统的时钟周期为 0.6ns。虽然现代微处理器在每时钟周期执行多条指令并非罕见，但是在表格的第三列，操作被标准化到了整个时钟周期，称作“比率”。关于表 3.1，第一个需要注意的是各个比率的值都很大。

表 3.1　在 4-CPU 1.8GHz AMD Opteron 844 系统上测量的同步机制的性能

操　　作	开　　销（ns）	比　　率
单周期指令	0.6	1.0
最好情况的 CAS	37.9	63.2
最好情况的加锁	65.6	109.3

续表

操 作	开 销（ns）	比 率
单次缓存未命中	139.5	232.5
CAS 缓存未命中	306.0	510.0
光纤通信	3,000	5,000
全球通信	130,000,000	216,000,000

最好情况下的 CAS 操作消耗大概是 40ns，超过 60 个时钟周期。这里“最好情况”是指对某一个变量执行 CAS 操作的 CPU 正好是最后一个操作该变量的 CPU，所以对应的缓存行已经在 CPU 的高速缓存中了，类似地，最好情况下的锁操作（一个包括获取锁和随后的释放锁的“来回”）消耗超过 60ns，超过 100 个时钟周期。这里的“最好情况”意味着用于表示锁的数据结构已经在获取和释放锁的 CPU 所属的高速缓存中了。锁操作比 CAS 操作更加耗时，是因为锁操作的数据结构中需要两个原子操作。

缓存未命中消耗大概 140ns，超过 200 个时钟周期。测量缓存未命中所使用的代码将缓存行在一对 CPU 中来回传递，这样可以确保缓存未命中不是来自内存，而是来自其他 CPU 的高速缓存。一个 CAS 操作，需要在存储新值时查询变量的旧值，消耗大概 300ns，超过 500 个时钟周期。想想这个，在执行一次 CAS 操作的时间里，CPU 可以执行 500 条普通指令。这不仅体现了细粒度锁的局限性，也体现了所有基于细粒度锁的同步机制的局限性。

小问题 3.6：硬件设计者肯定被要求过改进这种情况！为什么他们满足于这些单指令操作的糟糕性能呢？

I/O 操作开销更大。一条高性能的（也是昂贵的！）光纤通信，比如 InfiniBand 或者其他私有的互联协议，通信延迟大概有 3μs，在这期间 CPU 可以执行 5000 条指令。基于某种标准的通信网络一般需要一些协议的处理，这更进一步增加了延迟。当然，物理距离也会增加延迟，理论上光速绕地球一周需要大概 130ms，这相当于 2 亿个时钟周期。

小问题 3.7：这些数字大得让人发疯！我怎么才能记住它们？

长话短说，硬件和软件工程师其实都在一个战壕里战斗，让计算机在物理定律允许的范围内跑得更快。图 3.10 异想天开地描述了一幅画面，我们的数据如何尽全力超越光速。3.3 节将讨论一些物理工程师能（也可能不能）做到的事情。这场战斗的软件部分将在本书的后面章节介绍。

图 3.10　硬件和软件：同一个战壕

3.3　硬件的免费午餐

最近几年并行计算受到大量关注的主要原因是摩尔定律的终结，摩尔定律带来的单线程程序性能提升（或者叫“免费午餐”[Sut08]）也结束了，如图 2.1 所示。本节简短地介绍一些硬件设计者可能采用的办法，这些办法可以带来某种形式上的“免费午餐”。

不过，前文中概述了一些影响并发性的硬件限制。其中对硬件设计者来说最严重的一个限制莫过于有限的光速。如图 3.9 所示，在一个 1.8GHz 的时钟周期内，光只能在真空中来回传播大约 8cm 远。在 5GHz 的时钟周期内，这个距离更是降到 3cm。这个距离对于一个现代计算机系统的体积来说，还是太小了点。

更糟糕的是，电子在硅中的移动速度是真空中光速的 1/30 到 1/3，常见的时钟逻辑结构运行得更慢。比如，内存引用需要在将请求发送给系统的其他部分前，等待查找本地缓存操作结束。此外，相对低速和高耗电的驱动器需要将电信号从一个硅制芯片传输到另一个芯片，比如 CPU 和主存间的通信。

小问题 3.8：但是这些个体电子的移动速度并没有那么快，即使是在导体里也是！在与半导体中类似的低电压条件下，导体中的电子漂移速度每秒只有 1mm。为什么说电子移动得这么快？

不过，以下（包括硬件和软件的）技术也许可以改善这一情况。

1. 3D 集成。
2. 新材料和新工艺。
3. 用光来替换电子。
4. 专用加速器。
5. 已有的并行计算软件。

接下来将分别介绍这些技术。

3.3.1　3D 集成

3D 集成（3DI）是一种将非常薄的硅制芯片纵向堆叠的工艺。这项工艺带来一些潜在的好处，但是也带来了重大挑战[Kni08]。

也许 3DI 所带来的最大好处是降低系统的路径长度，如图 3.11 所示。一个 3cm 长的硅制芯片可以被 4 块重叠的 1.5cm 长的芯片替代，要知道每一层都非常薄。不仅如此，如果能小心地设计和加工，长的水平向电路连接（缓慢并且耗能）可以被短的纵向电路连接（快且节能）所取代。

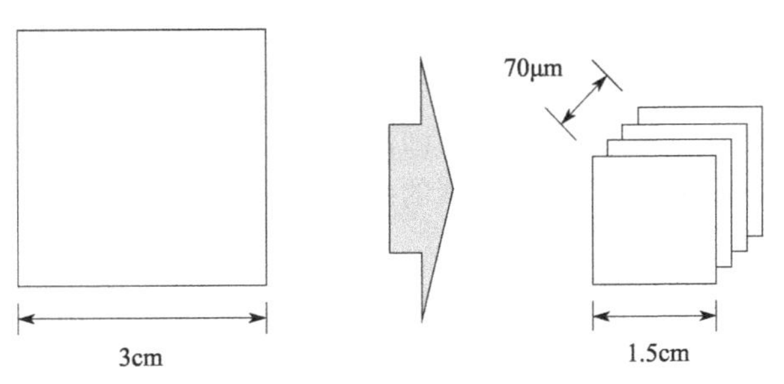

图 3.11　3D 集成对于延迟的好处

不过，由于时钟逻辑结构级别造成的延迟是无法通过 3D 集成的方式降低的，并且诸如生产、测试、电源和散热等 3D 集成中的重大问题必须得到解决才有望产品化。散热问题需要用基于钻石的半导体来解决，钻石是热的良好导体，但却是电的绝缘体。据说生成大型单晶体钻石仍然很困难，更别说将钻石切割成晶圆了。不仅如此，上述这些技术看起来不大可能像某些人习惯的那样让性能出现指数级增长。不过，这也有可能是通向已故的 Jim Gray 所描述的“冒烟的乱糟糟的高尔夫球”[2]的道路上的必要过程[Gra02]。

3.3.2 新材料和新工艺

据说斯蒂芬·霍金曾经声称半导体制造商面临两个基本问题：（1）有限的光速，（2）物质的原子本质[Gar07]。半导体制造商很有可能已经逼近这两个限制，不过有一些研究报告和开发过程关注于如何规避这两个基本限制。

其中一个规避物质原子本质的办法是一种称为“high-K 电介质”的材料，这种材料允许较大设备模拟极小设备的电气属性。这种材料存在一些严重的生产困难，但是能让研究的前沿再向前推进一步。另一个比较奇异的规避方法，是根据电子可以存在于多个能级之上的事实，在电子中存储多个二进制位。不过这种方法还有待观察，确定能否在生产的半导体设备中稳定工作。

还有一种称为“量子点”的规避方法，使得可以制造体积小得多的半导体设备，不过该方法还处于研究阶段。

3.3.3 是光，不是电子

虽然光速是一个很难跨越的限制，但是半导体设备更多是受限于电子移动的速度，而非光速。在半导体材料中移动的电子速度仅是真空中光速的 1/30 到 1/3。在硅质设备中使用铜导线是一种提升电子移动速度的方法，并且出现其他技术让电子移动速度接近光速的可能性是很大的。另外，还有一些实验用微小的光纤作为芯片内和芯片间的传输通道，因为在玻璃中光速能达到真空中光速的 60%甚至更多。这种方法存在的一个问题是光电/电光转换的效率，会产生能耗和散热问题。

不仅如此，在物理学领域还没有突破性的进展时，任何让数据流传输速度出现指数级增长的想法都受限于真空中的光速。

3.3.4 专用加速器

用通用 CPU 来处理某个专门问题，通常会将大量的时间和能源消耗在和问题无关的地方。比如，当对一对向量进行点积操作时，通用 CPU 一般会使用一个带循环计数的循环（一般是展开的）。对指令解码、增加循环计数、测试计数和跳转回循环的开始处，这些操作从某种意义上来说都是无用功，真正的目标是计算两个向量对应元素的乘积。因此，在硬件上设计一个专用于向量乘法的部件会让这项工作做得既快速又节能。

---

[2]译者注：Jim Gray，1998 年图灵奖得主，研究领域是数据库、并行计算和硬件的未来。在某次微软研究院的采访中他提到未来的 CPU 将像一个“冒烟的乱糟糟的高尔夫球”，冒烟是因为能耗高，乱糟糟是因为有很多 I/O 引脚，球形是因为可以最大化利用空间，保证一个时钟周期内信息可以从一边到达另一边。

这就是在很多商用微处理器上出现向量指令的原因。这些指令可以同时操作多个数据，能让点积计算减少解码指令消耗和循环开销。

类似地，专用硬件可以更有效地进行加密/解密、压缩/解压缩、编码/解码和许多其他的任务。不过不幸的是，这种效率提升不是免费的。包含特殊硬件的计算机系统需要更多的晶体管，即使在不用时也会带来能源消耗。软件也必须进行修改以利用专用硬件的长处，同时这种专用硬件又必须足够通用，这样高昂的前期设计费用才能摊到足够多的用户身上，让专用硬件的价钱变得可以承受。部分由于以上经济考虑，专用硬件到目前为止只在几个领域出现，包括图形处理（GPU）、矢量处理器（MMX、SSE 和 VMX 指令），以及相对规模较小的加密领域。

不过，随着摩尔定律带来的单线程性能提升的结束，我们可以安全预测，未来各种各样的专用硬件会大大增加。

3.3.5　现有的并行软件

虽然多核 CPU 曾经让计算机行业惊讶了一把，但是事实上基于共享内存的并行计算机已经商用了超过半个世纪。这段时间足以让一些重要的并行软件登上舞台，事实也确实如此。并行操作系统已经非常常见，比如并行线程库、并行关系型数据库管理系统和并行数值计算软件。这些现有的并行软件在解决我们可能遇见的并行难题上已经走了很长一段路。

也许最常见的例子是并行关系型数据库管理系统。它和单线程程序不同，并行关系型数据库管理系统一般用高级脚本语言书写，并发地访问位于中心的关系型数据库。在现在的高度并行化系统中，只有数据库是真正需要直接处理并行化的。因此它运用了许多非常好的技术。

3.4　对软件设计的启示

表 3.1 上的比率值至关重要，因为它们限制了并行计算程序的效率。为了弄清这点，我们假设一款并行计算程序使用了 CAS 操作来进行线程间通信。假设进行通信的线程运行在不同 CPU 上，那么 CAS 操作一般会涉及缓存未命中。进一步假设对应每个 CAS 通信操作的工作需要消耗 300ns，这足够执行几个浮点超越（transendental）函数。其中一半的执行时间消耗在 CAS 通信操作上，这也意味着有两个 CPU 的系统运行这样一个并行程序的速度，并不比单 CPU 系统运行一个串行执行程序的速度快。

在分布式系统中结果还会糟糕，因为单次通信产生的延迟时间可能和几千甚至上百万条浮点操作的时间一样长。这也说明了通信操作应该尽力避免，每次通信应该能够处理大量数据。

小问题 3.9：既然分布式系统的通信操作代价如此昂贵，为什么人们还要使用它？

这一课应该非常明了，并行算法必须将每个线程设计成尽可能独立运行的线程。越少使用线程间通信手段，比如原子操作、锁或者其他消息传递方法，应用程序的性能和可扩展性就会越好。简而言之，想要达到优秀的并行性能和可扩展性，就意味着在并行算法和实现中挣扎，小心地选择数据结构和算法，使用现有的并行软件和环境，或者将并行问题转换成已经有并行解决方案存在的问题。

小问题 3.10：好吧，既然我们打算把分布式编程的一些技术应用到基于共享内存的并行编程上，为什么不继续用这些技术，把共享内存一脚踢开呢？

总结如下。

1．好消息是多核系统变得廉价且可靠。

2．另一个好消息是，现在很多同步操作的开销远远小于它们在 21 世纪初时系统的开销。

3．坏消息是高速缓存未命中的开销仍然很高，特别是在大型系统上。

本书剩下部分主要讨论如何处理这个坏消息。

具体来说，第 4 章将涵盖一些用于并行编程的底层工具。第 5 章将研究并解决并行计数问题。第 6 章将讨论可以提升性能和可扩展性的设计准则。

第 4 章

办事的家伙

本章简要介绍了一些并行编程领域的基本工具，主要是类 Linux 系统上可以供应用程序使用的工具。4.1 节讲述了脚本语言，4.2 节讲述了 POSIX API 支持的多进程虚拟化和 POSIX 线程，4.3 节讲述了原子操作，4.4 节展示了 Linux 内核中的对应操作，最后 4.5 节告诉你该如何选择这些工具。

请注意，本章只提供了概要性的介绍，更详细的内容请见参考文献，后续章节将会讲述如何更好地使用这些工具。

4.1 脚本语言

Linux shell 脚本语言用一种简单而又有效的方法处理并行化。比如，假设你有一个叫作 compute_it 的程序，你需要用不同的参数运行两次。那么只需要这样写：

```
1 compute_it 1 > compute_it.1.out &
2 compute_it 2 > compute_it.2.out &
3 wait
4 cat compute_it.1.out
5 cat compute_it.2.out
```

第 1 行和第 2 行启动了程序的两个实例，通过&符号指定两个实例在后台运行，分别将程序输出重定向到一个文件。第 3 行等待两个实例执行完毕，第 4 行和第 5 行显示程序的输出。执行结果如图 4.1 所示，compute_it 的两个实例并行执行，wait 在操作执行完毕后返回，然后顺序执行 cat 操作显示结果。

小问题 4.1：可是这个愚蠢透顶的 shell 脚本并不是*真正*的并行程序！这么简单的东西有什么用？

小问题 4.2：有没有更简单的方法创建并行 shell 脚本？如果有，怎么写？如果没有，为什么？

另一个例子，make 脚本语言提供了一个-j 选项，可以指定在构建过程中同时执行多少个并行任务。比如，键入 make -j4 来构建 Linux 内核，代表最多可以同时执行 4 个并行编译过程。

希望这些简单的例子能够让你相信，并行编程并不总是那么复杂或者困难。

小问题 4.3：如果基于脚本的并行编程这么简单，为什么还需要其他的东西呢？

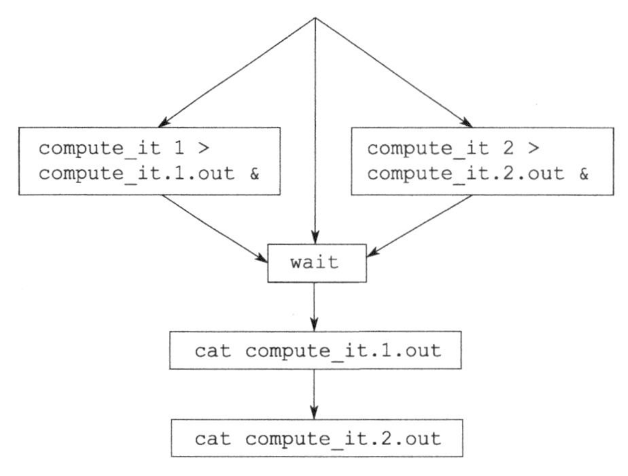

图 4.1 并行 shell 脚本执行的执行图

4.2 POSIX 多进程

本节将介绍 POSIX 环境，包括广泛应用的 pthreads[Ope97]。4.2.1 节将介绍 POSIX 的 fork()和相关原语，4.2.2 节将介绍线程创建和销毁，4.2.3 节将介绍 POSIX 加锁机制，最后的 4.2.4 节将描述一种可用于被多个线程频繁读、偶尔更新的数据的专用锁。

4.2.1 POSIX 进程创建和销毁

进程通过 fork()原语创建，使用 kill()原语销毁，也可以用 exit()原语自我撤销。执行 fork()的进程被称为新创建进程的“父进程”。父进程可以通过 wait()原语等待子进程执行完毕。

请注意，本节中的例子都极其简单。真实世界的应用使用这些原语时，还可能需要操纵信号、文件描述符、共享内存或者其他各种资源。另外，有些在某个子进程终止时还会执行特定操作的应用程序，可能要关心子进程终止的原因。这些情况下的判断逻辑显然会增加代码的复杂性。想要获得更多的信息，请任意找一本[Ste92，Wei13]的教科书阅读。

如果 fork()执行成功会返回两次，一次是父进程，另一次是子进程。fork()的返回值可以让调用者区分出这两种情况，如图 4.2 所示（forkjoin.c)。第 1 行执行 fork()原语，用本地变量 pid 存储返回值。第 2 行检查 pid 是否为 0，如果为 0 则是子进程，并继续执行第 3 行。如上文所说的那样，子进程也可以调用 exit()原语来终止。如果小于 0，则是父进程返回错误，第 4 行检查 fork()调用返回的错误码，在第 5 至 7 行打印错误并退出。如果 pid 大于 0，则 fork()成功执行，父进程执行第 9 行，此时的 pid 包含子进程的进程 ID 号。

父进程还可以通过 wait()原语来等待子进程执行完毕。但是，使用该原语要比在 shell 脚本中使用它复杂一些，因为每次调用 wait()只能等待一个子进程。我们可以将 wait()封装成一个类似 waitall()的函数，如图 4.3 所示（api-pthread.h)，这个 waitall()函数的语义与 shell 脚本中的 wait 一样。第 6 至 15 行的循环每执行一次，就等待一个子进程执行完毕一次。第 7 行调用 wait()原语开始阻塞直到一个子进程退出，它返回子进程的进程 ID 号。如果该进程号为-1，那么说明 wait()无法等待子进程执行完毕。接着第 9 行检查错误码 errno 是否为 ECHILD，这代表没有其他子进程了，所以第 10 行退出循环。不然的话，第 11 行和第 12 行打印错误并退出。

```
1 pid = fork();
2 if (pid == 0) {
3   /* 子进程 */
4 } else if (pid < 0) {
5   /* 父进程，错误处理 */
6   perror("fork");
7   exit(-1);
8 } else {
9   /* 父进程，此时 pid 等于子进程 ID */
10 }
```

图 4.2　使用 fork()原语

```
1 void waitall(void)
2 {
3   int pid;
4   int status;
5
6   for (;;) {
7     pid = wait(&status);
8     if (pid == -1) {
9       if (errno == ECHILD)
10        break;
11      perror("wait");
12      exit(-1);
13    }
14  }
15 }
```

图 4.3　使用 wait()原语

小问题 4.4：wait()原语有必要这么复杂吗？为什么不让它像 shell 脚本的 wait 一样呢？

请注意：父进程和子进程并不共享内存，这很重要，如图 4.4 所示（forkjoinvar.c）。子进程在第 6 行为全局变量 x 赋 1，在第 7 行打印一条消息，在第 8 行退出。父进程从第 14 行开始执行，等待子进程结束，在第 15 行打印，发现全局变量 x 的值还是 0。输出如下。

```
Child process set x=1
Parent process sees x=0
```

小问题 4.5：fork()和 wait()还有什么这里没讲的用法吗？

最细粒度的并行化需要共享内存，这是 4.2.2 节将要讲述的。共享内存式的并行化可要比 fork-join 式的并行化复杂得多。

```
1 int x = 0;
2 int pid;
3
4 pid = fork();
5 if (pid == 0) { /* 子进程 */
6   x = 1;
7   printf("Child process set x=1\n");
```

```
8    exit(0);
9  }
10 if (pid < 0) { /* 父进程，处理处理 */
11   perror("fork");
12   exit(-1);
13 }
14 waitall();
15 printf("Parent process sees x=%d\n", x);
```

图 4.4　通过 fork() 创建的进程不会共享内存

4.2.2　POSIX 线程创建和销毁

在一个已有的进程中创建线程，需要调用 pthread_create() 原语，比如图 4.5 中第 15 行所示（pcreate.c)。它的第一个参数是指向 pthread_t 类型的指针，用于存放将要创建线程的线程 ID 号；第二个 NULL 参数是一个可选的指向 pthread_attr_t 结构的指针；第三个参数是新线程将要调用的函数(在本例中是 mythread())；最后一个 NULL 参数是传递给 mythread() 的参数。

```
1  int x = 0;
2
3  void *mythread(void *arg)
4  {
5    x = 1;
6    printf("Child process set x=1\n");
7    return NULL;
8  }
9
10 int main(int argc, char *argv[])
11 {
12   pthread_t tid;
13   void *vp;
14
15   if (pthread_create(&tid, NULL,
16                      mythread, NULL) != 0) {
17     perror("pthread_create");
18     exit(-1);
19   }
20   if (pthread_join(tid, &vp) != 0) {
21     perror("pthread_join");
22     exit(-1);
23   }
24   printf("Parent process sees x=%d\n", x);
25   return 0;
26 }
```

图 4.5　通过 pthread_create() 创建的线程会共享内存

在这个例子中，mythread() 直接就返回了，但是它也可以选择调用 pthread_exit() 结束。

小问题 4.6：如果图 4.5 中的 mythread()可以直接返回，为什么还要用 pthread_exit()?

第 20 行的 pthread_join()原语是对 fork-join 中的 wait()的模仿，它一直阻塞到 tid 变量指定的线程返回。线程返回有两种方式，要么调用 pthread_exit()返回，要么通过线程的调用函数返回。线程的返回值存放在 pthread_join()的第二个指针类型参数中。线程的返回值要么是传给 pthread_exit()的返回值，要么是线程调用函数返回的值，这取决于问题中的线程如何退出。

图 4.5 中的程序显示的输出如下，说明了一个事实：线程之间共享内存。

```
Child process set x=1
Parent process sees x=1
```

请读者们注意，这个程序小心地构造出一个场景，确保一次只有一个线程为变量 x 赋值。任何一个线程为某变量赋值而另一线程读取该变量的值的场景，都会产生一种被称为“数据竞争”（data race）的情况。因为出现数据竞争时，C 语言并不保证结果的合理性，所以我们需要一些手段来安全地并发读取数据，比如 4.2.3 节将会提到的加锁原语。

小问题 4.7：如果 C 语言对数据竞争不做任何保证，为什么 Linux 内核还会有那么多数据竞争呢？你是准备告诉我 Linux 内核就是一个破烂玩意吗？

4.2.3 POSIX 锁

POSIX 规范允许程序员使用“POSIX 锁”来避免数据竞争。POSIX 锁包括几个原语，其中最基础的是 pthread_mutex_lock()和 pthread_mutex_unlock()。这些原语操作类型为 pthread_mutex_t 的锁。该锁的静态声明和初始化由 PTHREAD_MUTEX_INITIALIZER 完成，或者由 pthread_mutex_init()原语来动态分配并初始化。本节的示例代码将采用前者。

pthread_mutex_lock()原语“获取”一个指定的锁，pthread_mutex_unlock()原语“释放”一个指定的锁。因为这些原语是互相排斥的加锁/解锁原语，所以一次只能有一个线程在一个特定时刻“持有”一把特定的锁。比如，如果一对线程尝试同时获取同一把锁，那么其中一个线程会先“获准”持有该锁，另一个线程只能等待第一个线程释放该锁。

小问题 4.8：如果我想让多个线程同时获取同一把锁会发生什么？

图 4.6 所使用的代码（lock.c）展示了这种互相排斥的加锁/解锁特性。第 1 行定义并初始化了一个名为 lock_a 的 POSIX 锁，第 2 行又定义了一个类似的锁 lock_b，第 3 行定义并初始化了一个全局变量 x。

```
1  pthread_mutex_t lock_a = PTHREAD_MUTEX_INITIALIZER;
2  pthread_mutex_t lock_b = PTHREAD_MUTEX_INITIALIZER;
3  int x = 0;
4
5  void *lock_reader(void *arg)
6  {
7    int i;
8    int newx = -1;
9    int oldx = -1;
10   pthread_mutex_t *pmlp = (pthread_mutex_t *)arg;
11
12   if (pthread_mutex_lock(pmlp) != 0) {
```

```
13      perror("lock_reader:pthread_mutex_lock");
14      exit(-1);
15    }
16    for (i = 0; i < 100; i++) {
17      newx = ACCESS_ONCE(x);
18      if (newx != oldx) {
19        printf("lock_reader(): x = %d\n", newx);
20      }
21      oldx = newx;
22      poll(NULL, 0, 1);
23    }
24    if (pthread_mutex_unlock(pmlp) != 0) {
25      perror("lock_reader:pthread_mutex_unlock");
26      exit(-1);
27    }
28    return NULL;
29  }
30
31  void *lock_writer(void *arg)
32  {
33    int i;
34    pthread_mutex_t *pmlp = (pthread_mutex_t *)arg;
35
36    if (pthread_mutex_lock(pmlp) != 0) {
37      perror("lock_reader:pthread_mutex_lock");
38      exit(-1);
39    }
40    for (i = 0; i < 3; i++) {
41      ACCESS_ONCE(x)++;
42      poll(NULL, 0, 5);
43    }
44    if (pthread_mutex_unlock(pmlp) != 0) {
45      perror("lock_reader:pthread_mutex_unlock");
46      exit(-1);
47    }
48    return NULL;
49  }
```

图 4.6　互斥锁代码示例

第 5 至 28 行定义了函数 lock_reader()，在持有 arg 指定的锁后重复读取全局变量 x 的值。第 10 行将 arg 转换成一个指向 pthread_mutex_t 的指针，该指针随后被传给 pthread_mutex_lock()和 pthread_mutex_unlock()作为参数。

小问题 4.9：为什么不直接将第 5 行的 lock_reader()的参数弄成指向 pthread_mutex_t 的指针？

第 12 至 15 行获取了指定的 pthread_mutex_t 锁，检查错误值，如果有错误则程序退出。第 16 至 23 行重复检查 x 的值，如果值发生改变就将新值打印出来。第 22 行睡眠了 1ms，让这个示例代码能在单核计算机上运转良好。第 24 至 27 行释放 pthread_mutex_t 锁，接着再一次检查错误值，如果有错误则程序退出。最后，第 28 行返回 NULL，满足 pthread_create()所要求的返回值类型。

小问题 4.10：每次获取和释放一个 pthread_mutex_t 都要写 4 行代码！有没有什么办法能减少这种折磨呢？

图 4.6 的第 31 至 49 行是 lock_writer()函数，在持有指定的 pthread_mutex_t 后周期性地更新全局变量 x 的值。和 lock_reader()一样，第 34 行将 arg 转换成指向 pthread_mutex_t 的指针，第 36 至 39 行获取指定的锁，第 44 至 47 行释放这把锁。当持有这把锁时，第 40 至 43 行增加全局变量 x 的值，每次增加后都睡眠 5ms。最后第 44 至 47 行释放这把锁。

图 4.7 显示了一段执行 lock_reader()和 lock_writer()的代码片段，两个线程都使用同一把锁，lock_a。第 2 至 6 行创建一个执行 lock_reader()的线程，第 7 至 11 行创建一个执行 lock_writer()的线程，第 12 至 19 行等待两个线程返回。该代码片段的输出如下。

```
Creating two threads using same lock:
lock_reader(): x = 0
```

因为两个线程都使用同一把锁，lock_reader()线程无法看到 lock_writer()线程在持有锁时产生的任何变量 x 的中间值。

```
1 printf("Creating two threads using same lock:\n");
2 if (pthread_create(&tid1, NULL,
3                         lock_reader, &lock_a) != 0) {
4   perror("pthread_create");
5   exit(-1);
6 }
7 if (pthread_create(&tid2, NULL,
8                         lock_writer, &lock_a) != 0) {
9   perror("pthread_create");
10   exit(-1);
11 }
12 if (pthread_join(tid1, &vp) != 0) {
13   perror("pthread_join");
14   exit(-1);
15 }
16 if (pthread_join(tid2, &vp) != 0) {
17   perror("pthread_join");
18   exit(-1);
19 }
```

图 4.7　使用相同互斥锁的代码示例

小问题 4.11：“x = 0”是如图 4.7 所示代码片段的唯一可能输出吗？如果是，为什么？如果不是，还可能输出什么，为什么？

图 4.8 展示了一段类似的代码片段，只不过这次用的是不同的锁：lock_reader()线程用 lock_a，lock_writer()线程用 lock_b。这块代码片段的输出如下。

```
Creating two threads w/different locks:
lock_reader(): x = 0
lock_reader(): x = 1
lock_reader(): x = 2
lock_reader(): x = 3
```

由于两个线程使用不同的锁，它们并不能互斥，因此可以同时执行。lock_reader()这下可以看见 lock_writer() 存储的全局变量 x 的中间状态了。

```
1 printf("Creating two threads w/different locks:\n");
2 x = 0;
3 if (pthread_create(&tid1, NULL,
4                    lock_reader, &lock_a) != 0) {
5   perror("pthread_create");
6   exit(-1);
7 }
8 if (pthread_create(&tid2, NULL,
9                    lock_writer, &lock_b) != 0) {
10   perror("pthread_create");
11   exit(-1);
12 }
13 if (pthread_join(tid1, &vp) != 0) {
14   perror("pthread_join");
15   exit(-1);
16 }
17 if (pthread_join(tid2, &vp) != 0) {
18   perror("pthread_join");
19   exit(-1);
20 }
```

图 4.8　使用不同互斥锁的代码示例

小问题 4.12：使用不同的锁可能产生很多混乱，比如线程之间可以看到对方的中间状态。所以是否一个编写很好的并行程序应该限制自身只使用相同的锁，以避免这种混乱？

小问题 4.13：在如图 4.8 所示的代码中，lock_reader() 能保证看见所有 lock_writer() 产生的中间值吗？如果能，为什么？如果不能，为什么？

小问题 4.14：等等！图 4.7 里没有初始化全局变量 x，为什么图 4.8 里要去初始化它？

虽然 POSIX 互斥锁还有很多内容，但是本节介绍的原语已经提供了一个美好的起点，在绝大多数情况下这些原语都足够了。4.2.4 节将简要介绍 POSIX 的读/写锁。

4.2.4　POSIX 读/写锁

POSIX API 提供了一种读/写锁，用 pthread_rwlock_t 类型来表示。和 pthread_mutex_t 一样，pthread_rwlock_t 也可以由 PTHREAD_RWLOCK_INITILIZER 静态初始化，或者由 pthread_rwlock_init() 原语动态初始化。pthread_rwlock_rdlock() 原语获取 pthread_rwlock_t 的读锁，pthread_rwlock_wrlock() 获取它的写锁，pthread_rwlock_unlock() 原语负责释放锁。在任意时刻只能有一个线程持有给定 pthread_rwlock_t 的写锁，但同时可以有多个线程持有给定 pthread_rwlock_t 的读锁，至少在没有线程持有写锁时是如此。

正如读者期望的那样，读/写锁是专门为大多数读的情况设计的。在这种情况中，读/写锁可以提供比互斥锁大得多的扩展性，因为互斥锁从定义上已经限制了任意时刻只能有一个线程持有锁，而读/写锁允许任意多数目的读线程同时持有读锁。不过我们需要知道读/写锁到底增加了多少可扩展性。

图 4.9（rwlockscale.c）显示了一种衡量读/写锁可扩展性的方法。第 1 行是读/写锁的定

义和初始化，第 2 行的 holdtime 参数控制每个线程持有读/写锁的时间，第 3 行的 thinktime 参数控制释放读/写锁和下一次获取读/写锁之间的间隔，第 4 行定义了 readcounts 数组，每个读线程将获取锁的次数放在里面，第 5 行定义了变量 nreadersruning，用于控制所有的读线程何时开始执行。

```
1  pthread_rwlock_t rwl = PTHREAD_RWLOCK_INITIALIZER;
2  int holdtime = 0;
3  int thinktime = 0;
4  long long *readcounts;
5  int nreadersrunning = 0;
6
7  #define GOFLAG_INIT 0
8  #define GOFLAG_RUN  1
9  #define GOFLAG_STOP 2
10 char goflag = GOFLAG_INIT;
11
12 void *reader(void *arg)
13 {
14   int i;
15   long long loopcnt = 0;
16   long me = (long)arg;
17
18   __sync_fetch_and_add(&nreadersrunning, 1);
19   while (ACCESS_ONCE(goflag) == GOFLAG_INIT) {
20     continue;
21   }
22   while (ACCESS_ONCE(goflag  == GOFLAG_RUN) {
23     if (pthread_rwlock_rdlock(&rwl) != 0) {
24       perror("pthread_rwlock_rdlock");
25       exit(-1);
26     }
27     for (i = 1; i < holdtime; i++) {
28       barrier();
29     }
30     if (pthread_rwlock_unlock(&rwl) != 0) {
31       perror("pthread_rwlock_unlock");
32       exit(-1);
33     }
34     for (i = 1; i < thinktime; i++) {
35       barrier();
36     }
37     loopcnt++;
38   }
39   readcounts[me] = loopcnt;
40   return  NULL;
41 }
```

图 4.9　衡量读/写锁可扩展性的代码示例

第 7 至 10 行定义了 goflag，用于同步测试的开始和结束。goflag 的初始值为 GOFLAG_INIT，当所有读线程都启动后，设置为 GOFLAG_RUN，最后设置为 GOFLAG_STOP 来终止测试程序运行。

第 12 至 41 行定义了 reader()，也就是读线程。第 18 行原子地增加 nreadersrunning 的值，用来表示线程现在正在运行，第 19 至 21 行等待测试开始。ACCESS_ONCE() 原语强迫编译器在每次循环中都去取 goflag 的值——否则编译器可能会假定 goflag 的值没有改变。

小问题 4.15：如果不使用 ACESS_ONCE()，而是像图 4.9 第 10 行那样将 goflag 声明为 volatile 呢？

小问题 4.16：ACESS_ONCE() 只影响编译器，不能影响 CPU。我们还需要内存屏障来保证将图 4.9 中对 goflag 值的改变及时地传递到 CPU 上吧？

小问题 4.17：在访问每线程变量时，有必要使用 ACESS_ONCE() 吗？比如，访问某个使用 gcc_thread 声明的变量。

第 22 至 38 行的循环执行性能测试。第 23 至 26 行获取锁，第 27 至 29 行在一段指定的时间间隔内持有锁（barrier() 指令阻止编译器优化循环代码），第 30 至 33 行释放锁，第 34 至 36 行在重新获取锁前等待一段指定的时间间隔，第 37 行统计锁的获取次数，第 39 行将获取锁次数的统计值放入 readcounts[] 数组对应本线程的元素中，第 40 行返回，结束本线程。

图 4.10 是测试的结果，在每个核带两个硬件线程的 64 核 Power-5 系统上执行，整个系统有 128 个软件可见的 CPU。在所有测试中 thinktime 参数都为 0，holdtime 参数的取值从 1000（图中的“1K”）到 1 亿（图中的“100M”）。图中绘制的值的计算公式是

$$\frac{L_N}{NL_1}$$

N 是线程数，L_N 是 N 个线程获取锁的次数，L_1 是单个线程获取锁的次数。在理想的硬件和软件扩展性条件下，该公式计算出的值应该一直为 1.0。

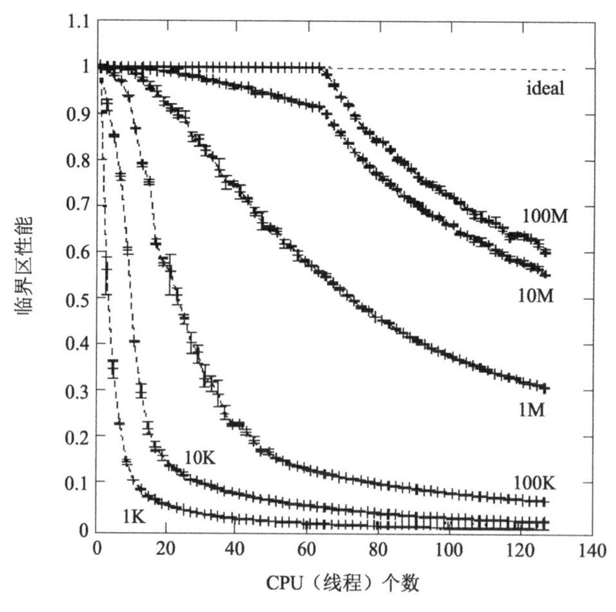

图 4.10 读/写锁的可扩展性

正如在图 4.10 中见到的，读/写锁的可扩展性显然说不上理想，临界区较小时尤其如此。为

什么读锁的获取这么慢呢？这应该是由于所有想获取读锁的线程都要更新 `pthread_rwlock_t` 的数据结构。因此，一旦全部 128 个线程同时尝试获取读/写锁的读锁，那么这些线程必须依次更新读锁中的 `pthread_rwlock_t` 结构。最幸运的线程可能几乎立刻就获取读锁了，最倒霉的线程则必须等待其他 127 个线程更新后才能获取读锁。增加 CPU 只能让这种情况变得更糟。

小问题 4.18：用单 CPU 和其他情况比吞吐量，是不是苛刻了点？

小问题 4.19：可是 1000 条指令对于临界区来说已经不算小了。如果我想用一个比这小得多的临界区，比如只有几十条指令的，那么我该怎么做？

小问题 4.20：在图 4.10 中，除了 100M 以外的其他曲线都和理想曲线有相当偏差。相反，100M 曲线在 64 个 CPU 时开始大幅偏离理想曲线。另外，100M 曲线和 10M 曲线之间的间隔远远小于 10M 曲线和 1M 曲线之间的间隔。和其他曲线相比，为什么 100M 曲线如此不同？

小问题 4.21：Power-5 已经是好多年前的机器了，现在的硬件运行得更快。那么还有担心读/写锁缓慢的必要吗？

尽管存在这些不足，在很多情况下读/写锁仍然十分有用，比如当读者必须进行高延迟的文件或者网络 I/O 时。第 5 章和第 9 章将介绍一些读/写锁的替代者。

4.3 原子操作

图 4.10 显示，读/写锁在临界区最小时开销最大，考虑到这一点，那么最好能有其他手段来保护极其短小的临界区。我们已经见过一种原子操作了，图 4.9 中第 18 行的`__sync_fetch_and_add()`原语。该原语原子地将它的第二个参数增加到它第一个参数所引用的值上去，返回其原值（在图 4.9 的例子中被忽略了）。如果有一对线程并发地对同一个变量执行`__sync_fetch_and_add()`，变量的值将会包括两次相加的结果。

gcc 编译器提供了许多附加的原子操作，包括`__sync_fetch_and_sub()`、`__sync_fetch_and_or()`、`__sync_fetch_and_and()`、`__sync_fetch_and_xor()`和`__sync_fetch_and_nand()`原语，这些操作都返回参数的原值。如果你一定要变量的新值，可以使用`__sync_add_and_fetch()`、`__sync_sub_and_fetch()`、`__sync_or_and_fetch()`、`__sync_and_and_fetch()`、`__sync_xor_and_fetch()`和`__sync_nand_and_fetch()`原语。

小问题 4.22：这一套原语真的有必要存在吗？

经典的“比较并交换”（CAS）操作是由一对原语`__sync_bool_compare_and_swap()`和`__sync_val_compare_and_swap()`提供的。当变量的原值与指定的值相等时，这两个原语原子地将新值写给指定变量。第一个原语在操作成功时返回 1，或者在变量原值不等于指定值时，操作失败并返回 0。第二个原语在变量的原值等于指定的值时，返回变量的原值，表示操作成功。任何对单一变量进行操作的原子操作都可以用 CAS 的方式实现，从这种意义上说，上述两个 CAS 的操作都是通用的，虽然第一个原语在适用的场景中效率更高。“比较并交换”操作通常可以作为其他原子操作的基础，不过这些原子操作通常存在复杂性、可扩展性和性能等诸方面的问题[Her90]。

`__sync_synchronize()`原语是一个“内存屏障”，它限制编译器和 CPU 对指令乱序执行的优化，详见 14.2 节的讨论。在某些情况下，只限制编译器对指令的优化就足够了，CPU 的优化可以保留，此时就需要使用`barrier()`原语，就像图 4.9 中第 28 行那样。在某些情况下，只需要让编译器不优化某个内存访问就行了，此时可以使用 ACCESS_ONCE()原语，就像图 4.6 中第 17 行那样。后两个原语不是由 gcc 直接提供的，但是可以用下面这种方式实现：

```
#define ACCESS_ONCE(x) (*(volatile typeof(x) *)&(x))
#define barrier() __asm__ __volatile__("": : :"memory")
```

小问题 4.23： 既然这些原子操作通常都会生成指令集直接支持的单个原子指令，那么它们是不是最快的办法呢？

4.4 Linux 内核中类似 POSIX 的操作

不幸的是，远在各种标准委员会出现之前，线程操作，加锁、解锁原语和原子操作就已经存在了。因此，这些操作有很多种变体。用汇编语言实现这些操作也十分常见，不仅因为历史原因，还因为可以在某些特定场合获得更好的性能。比如，gcc 的__sync_族原语提供内存顺序执行的语义，这让许多程序员有动力实现自己的函数，来满足许多不需要内存顺序执行语义的场景。

表 4.1 POSIX 原语与 Linux 内核函数对应表

类 别	POSIX	Linux 内核
线程管理	pthread_t	struct task_struct
	pthread_create()	kthread_create
	pthread_exit()	kthread_should_stop()（近似）
	pthread_join()	kthread_stop()（近似）
	poll(NULL, 0, 5)	schedule_timeout_interruptible()
POSIX 加锁	pthread_mutex_t	spinlock_t（近似） struct mutex
	PTHREAD_MUTEX_INITIALIZER	DEFINE_SPINLOCK() DEFINE_MUTEX()
	pthread_mutex_lock()	spin_lock()（系列函数） mutex_lock()（系列函数）
	pthread_mutex_unlock()	spin_unlock()（系列函数） mutex_unlock()
	pthread_rwlock_t	rwlock_t（近似） struct rw_semaphore
	PTHREAD_RWLOCK_INITIALIZER	DEFINE_RWLOCK() DECLARE_RWSEM()
	pthread_rwlock_rdlock()	read_lock()（系列函数） down_read()（系列函数）
	pthread_rwlock_unlock()	read_unlock()（系列函数） up_read()
	thread_rwlock_wrlock()	write_lock()（系列函数） down_write()（系列函数）
	pthread_rwlock_unlock()	write_unlock()（系列函数） up_write()

续表

类　别	POSIX	Linux 内核
原子操作	C 数值类型	atomic_t atomic64_t
	__sync_fetch_and_add()	atomic_add_return() atomic64_add_return()
	__sync_fetch_and_sub()	atomic_sub_return() atomic64_sub_return()
	__sync_val_compare_and_swap()	cmpxchg()
	__sync_lock_test_and_set()	xchg()（近似）
	__sync_synchronize()	smp_mb()

于是表 4.1 中提供了一个近似的对应关系，比较 POSIX、gcc 原语和 Linux 内核中使用的版本。精准的对应关系很难给出，因为 Linux 内核有各种各样的加锁、解锁原语，gcc 则有很多 Linux 内核中不能直接使用的原子操作。当然，一方面，用户级代码不需要 Linux 内核中各种类型的加锁、解锁原语，同时另一方面，gcc 的原子操作也可以直接用 `cmpxchg()` 来模拟。

小问题 4.24：Linux 内核中对应 `fork()` 和 `join()` 的是什么？

4.5　如何选择趁手的工具

根据经验法则，应该在能胜任的工具中选择最简单的一个。如果可以，尽量使用串行编程。如果达不到要求，那么使用 shell 脚本来实现并行化。如果 shell 脚本的 `fork()`/`exec()` 开销（在 Intel 双核笔记本中最简单的 C 程序需要大概 480ms）太大，那么使用 C 语言的 `fork()` 和 `wait()` 原语。如果这些原语的开销也太大（最小的子进程也需要 80ms），那么你可能需要用 POSIX 线程库原语，选择合适的加锁、解锁原语和/或原子操作。如果 POSIX 线程库原语的开销仍然太大（一般低于毫秒级），那么就需要使用第 9 章介绍的原语了。请一定记住，在考虑共享内存多线程执行方案时不要忘了你还有进程间的通信和消息传递这个选项。

小问题 4.25：为什么 shell 总是使用 `vfork()` 而不是 `fork()`？

当然，实际的开销并不只取决于你的硬件，更重要的是如何使用这些原语。因此，做正确的设计和选择正确的原语是非常有必要的，后续章节花了大量篇幅讨论这一问题。

第 5 章

计　　数

计数也许是计算机能做的事情里，最简单也是最自然的工作了。不过在大型的共享内存的多处理器系统上，想要高效并且能高度扩展地计数，仍然具有相当的挑战性。不仅如此，计数这个概念的简单性让我们可以在探索并发中的基本问题时，无须被繁复的数据结构或者复杂的同步原语干扰。因此，计数是并行编程的极佳切入对象。

本章涵盖了许多适用于特殊情况的简单、快速并且可扩展的计数算法。首先，让我们看看你有多了解并发计数？

小问题 5.1：到底是什么让既高效又可扩展的计数这么难？毕竟计算机有专门的硬件只负责计数、加法、减法等，难道没用吗？

小问题 5.2：网络报文计数问题。假设你需要收集对接收或者发送的网络报文数目（或者总的字节数）的统计。报文可能被系统中任意一个 CPU 接收或者发送。我们更进一步假设一台大型计算机可以在 1s 处理 100 万个报文，而有一个监控系统报文的程序每 5s 读一次计数。你准备如何实现这个计数？

小问题 5.3：近似的数据结构分配上限问题。假设你需要维护一个已分配数据结构数目的计数，这个计数用来防止该结构分配的数目超出限制（比如 10000 个）。我们更进一步假设这些结构的生命周期很短，很不容易超出限制，有一个“差不多”的限制就可以了。

小问题 5.4：精准的数据结构分配上限问题。假设你需要维护一个已分配数据结构数目的计数，这个计数用来防止该结构分配的数目超出限制（比如 10000 个）。我们更进一步假设这些结构的生命周期很短，很不容易超出限制，并且几乎在所有时间都至少有一个结构在使用中。我们再进一步假设我们需要精确地知道何时计数值变成 0，比如，除非还有至少一个结构在使用，否则可以释放一些不再需要的内存。

小问题 5.5：可移除 I/O 设备的访问计数问题。假设你需要维护一个频繁使用的可移除海量存储器的引用计数，这样你就能告诉用户何时可以安全地移除设备。这台设备遵循着通常的移除过程，用户发起移除设备的请求，系统告诉用户何时可以安全地移除。

本章剩余的部分将回答这些问题。5.1 节提出问题，为什么在多核系统上的计数问题不简单？5.2 节探索了解决网络报文包计数问题的办法。5.3 节研究近似的数据结构分配限制问题。5.4 节研究精准的数据结构分配限制问题。5.5 节讨论了如何使用前几节介绍的并行计数。最后 5.6 节对本章进行总结，同时测量各种方法的性能。

5.1 节和 5.2 节都是介绍性的内容，之后的内容更适合大学高年级的学生。

5.1 为什么并发计数不可小看

让我们从简单的问题开始，比如图 5.1 中给出的一个算法（count_nonatomic.c）。我们在第 1 行有一个计数器，在第 5 行对它加 1，在第 10 行读出它的值。还有什么比这更简单的？

```
1  long counter = 0;
2
3  void inc_count(void)
4  {
5    counter++;
6  }
7
8  long read_count(void)
9  {
10   return counter;
11 }
```

图 5.1　直接计数

当计数器不停读取计数却又几乎不增加计数时，这种方法快得让人炫目。在小型系统中，性能也非常好。

不过让人扫兴的是，这个方法在多线程执行时会丢失计数。在我的双核笔记本上，程序执行一会儿，一共调用了 inc_count() 函数 100,014,000 次，但是最终计数的值只有 52,909,118。虽然近似值在计算领域有一定价值，但是做得更好总是有必要的。

小问题 5.6：++操作符在 x86 上不是会产生一个 add-to-memory 的指令吗？为什么 CPU 高速缓存没有把这个指令当成原子的？

小问题 5.7：误差有 8 位数的精确度，说明作者确实是用心测试了的。但是为什么有必要去测试这么一个小小的程序呢，特别是 BUG 一眼就可以看出？

精确计数的最直接的办法是使用原子操作，如图 5.2 所示（count_atomic.c）。第 1 行定义了一个原子变量，第 5 行原子加 1，第 10 行读出原子变量的值。因为都是原子操作，所以计数非常精确。不过，程序执行得要慢一些，在 Intel 双核笔记本上，当只用单线程计数时，它的速度是非原子计数的 1/6，当用两个线程计数时，它的速度不到非原子计数的 1/10[1]。

```
1  atomic_t counter = ATOMIC_INIT(0);
2
3  void inc_count(void)
4  {
5    atomic_inc(&counter);
6  }
7
8  long read_count(void)
9  {
```

[1] 两个使用非原子操作的线程计数比两个使用了原子操作的线程快，这很有意思吗？你要是想让计数快速增长，为什么不直接赋给计数一个非常大的数？不过，确实有一种算法有意识地用放松正确性的方法来提升性能和扩展性[And91，ACMS03，Ung11]。

```
10    return atomic_read(&counter);
11 }
```

图 5.2　原子的直接计数

这种糟糕的性能并不让人惊讶，第 3 章已经讨论了这一情况，原子计数的性能随着 CPU 和线程个数的增加而下降这一事实也是如此，如图 5.3 所示。在这张图中，*x* 轴上的水平虚线代表完美的可扩展算法达到的理想性能，在这样的算法中，CPU 和线程数目的增长带来的开销和单线程时的开销相同。对单一全局变量的原子计数显然是不理想的，并且在你增加 CPU 个数后变得更糟。

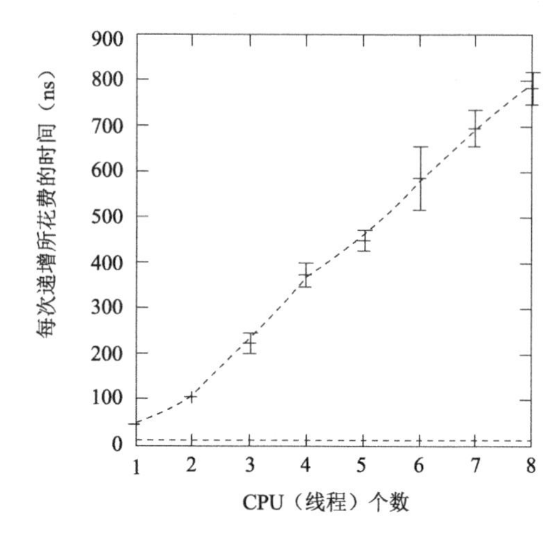

图 5.3　原子计数法在 Nehalem 处理器上的扩展性

小问题 5.8： 为什么 *x* 轴上的虚线没有在 *x*=1 时与对角线相交？

小问题 5.9： 但是原子计数还是很快啊。对我来说，在一个紧凑循环中不断增加变量的值不太现实，毕竟程序是用来执行实际工作的，而不是计算它做了多少事。为什么我要关心让计数变得再快一点？

图 5.4 是另一种全局原子操作计数的视角。为了让每个 CPU 得到机会增加一个指定全局变量，包含变量的缓存行需要在所有 CPU 间传播，如图 5.4 中横向箭头所示。这种传播相当耗时，从而导致了图 5.3 中的糟糕性能，图 5.5 形象地描绘了这种情况。

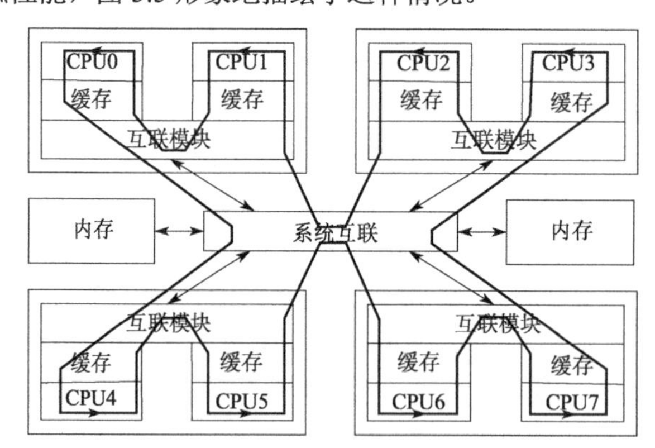

图 5.4　用全局原子操作计数的数据流图

5.2 节将讨论高性能计数，这种计数方法可以避免这种传播导致的内在延迟。

小问题 5.10： 但是为什么 CPU 设计者不能简单地将加法操作与被操作的数据打包，以免在所有 CPU 间来回传播缓存行的需求，该缓存行包含要递增的全局变量？

5.2　统计计数器

本节包括常见的使用统计计数器的场景，计数器极其频繁地更新，但极少读出计数，有时甚至完全不读。统计计数器用于解决小问题 5.2 中的网络报文包计数问题。

图 5.5 计数时的等待

5.2.1 设计

统计计数器一般以每个线程一个计数的方式处理（或者在内核运行时，每个 CPU 一个），所以每个线程只更新自己的计数。根据加法的交换律和结合律，总的计数值就是所有线程计数值的简单相加。这是 6.3.4 节将引入的数据所有权模式的一个例子。

小问题 5.11：但是 C 的整型数范围有限，这让问题变得更复杂了吗？

5.2.2 基于数组的实现

一种实现每线程变量的方法是分配一个数组，数组每个元素对应一个线程（假设数组已经按“缓存行”对齐并且填充过了，这样可以防止共享出现“假共享”[2]）。

小问题 5.12：数组？这会不会限制线程的个数？

该数组可以用一个每线程原语来表示，如图 5.6 所示（count_stat.c）。第 1 行定义了一个数组，包含一套类型为 long 的每线程计数，计数的名字就叫 counter，很有创意吧。

```
1  DEFINE_PER_THREAD(long, counter);
2
3  void inc_count(void)
4  {
5    __get_thread_var(counter)++;
6  }
7
8  long read_count(void)
9  {
10   int t;
11   long sum = 0;
```

[2]译者注：假共享（false sharing）是指一种错误的工程实践，在同一块缓存线中存放多个互相独立且被多个 CPU 访问的变量。当某个 CPU 改变了其中一个变量的值时，迫使其他 CPU 的本地高速缓存中对应的相同缓存线无效化。这种工程实践会显著地限制并行系统的可扩展性。

```
12
13  for_each_thread(t)
14    sum += per_thread(counter, t);
15   return sum;
16 }
```

图 5.6　基于数组的每线程统计计数

第 3 至 6 行是增加计数的函数，使用__get_thread_var()原语去定位当前运行线程对应 counter 数组的元素。因为这个元素只能由对应的线程修改，非原子的自增就足够了。

第 8 至 16 行是读取总计数的函数，使用 for_each_thread()原语遍历当前运行的所有线程，使用 per_thread()原语去获取指定线程的计数。因为硬件可以原子地存取正确对齐的 long 型数据，并且 gcc 充分地利用了这一点，所以普通的读取操作就足够了，不需要专门的原子指令。

小问题 5.13： 尽管如此，gcc 还有没有其他选择？

小问题 5.14： 图 5.6 中的每线程 counter 变量是如何被初始化的？

小问题 5.15： 假设图 5.6 中允许超过一个计数，代码该怎么写？

该方法随着调用 inc_count()函数的更新者线程增加而线性扩展。如图 5.7 中横向箭头所示，其原因是每个 CPU 可以快速地增加自己线程的变量值，不再需要代价昂贵的跨越整个计算机系统的通信。所以本节解决了本章一开始提出的网络报文包计数问题。

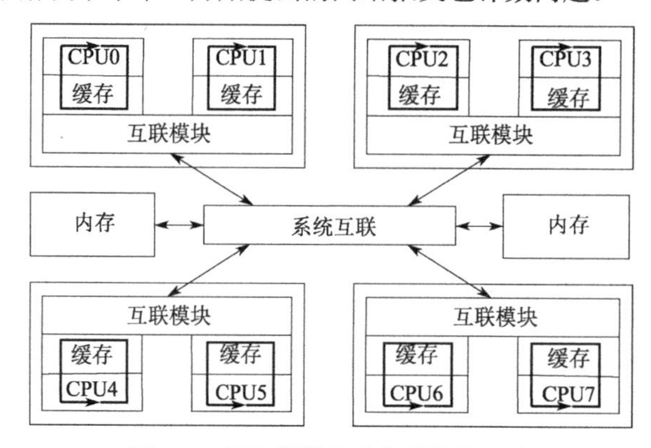

图 5.7　用每线程方法自增的数据流

小问题 5.16： 读操作需要花时间去将每线程变量的值相加，但是此时计数还是会增长。这就代表图 5.6 中 read_count()返回的值不一定准确。假设计数以每单位时间 r 的速率增长，并且 read_count()的执行消耗 Δ 单位时间。那么返回值预期误差是多少？

然而这种在“更新端”扩展极佳的方法，在存在大量线程时，会带来“读取端”的巨大代价。5.2.3 节将展示一种方法，能在保留“更新端”扩展性的同时，减少“读取端”产生的代价。

5.2.3　最终结果一致的实现

一种保留更新端可扩展性的同时又提升读取端性能的方法是削弱一致性的要求。5.2.2 节介绍的计数算法要求保证返回的值在 read_count()执行前一刻的理想计数值和 read_count()执行完毕时的理想计数值之间。最终结果的一致性[Vog09]提供了一种弱一些的保证：不调用 inc_count()时，调用 read_count()最终会返回正确的值。

我们通过维护一个全局计数来利用“最终结果一致性”。但是因为写者只操纵它自己的每线程计数，所以单独有一个线程负责将每线程计数的计数值传递给全局计数，读者只是简单地访问全局计数的值。如果写者正在更新计数，读者读出的值将不是最新的，不过一旦写者更新完毕，全局计数最终会回归正确的值——这就是为什么这种方法被称为“最终结果一致性”的原因。

图 5.8（count_stat_eventual.c）中展示了这种实现。第 1、2 行定义了跟踪计数值的每线程变量和全局变量，第 3 行定义了 stopflag，用于控制程序结束（在我们想终止程序查看精确计数时）。第 5 至 8 行的 inc_count()函数和图 5.6 中的同名函数一样。第 10 至 13 行的 read_count()函数简单地返回变量 global_count 的值。

```
1 DEFINE_PER_THREAD(unsigned long, counter);
2 unsigned long global_count;
3 int stopflag;
4
5 void inc_count(void)
6 {
7   ACCESS_ONCE(__get_thread_var(counter))++;
8 }
9
10 unsigned long read_count(void)
11 {
12   return ACCESS_ONCE(global_count);
13 }
14
15 void *eventual(void *arg)
16 {
17   int t;
18   int sum;
19
20   while (stopflag < 3) {
21     sum = 0;
22     for_each_thread(t)
23       sum += ACCESS_ONCE(per_thread(counter, t));
24     ACCESS_ONCE(global_count) = sum;
25     poll(NULL, 0, 1);
26     if (stopflag) {
27       smp_mb();
28       stopflag++;
29     }
30   }
31   return NULL;
32 }
33
34 void count_init(void)
35 {
36   thread_id_t tid;
37
38   if (pthread_create(&tid, NULL, eventual, NULL)) {
39     perror("count_init:pthread_create");
40     exit(-1);
41   }
42 }
```

```
43
44 void count_cleanup(void)
45 {
46   stopflag = 1;
47   while (stopflag < 3)
48     poll(NULL, 0, 1);
49   smp_mb();
50 }
```

图 5.8　基于数组和每线程变量的结果一致计数

但是，第 34 至 42 行的 count_init() 函数创建了第 15 至 32 行的 eventual() 线程，该线程遍历所有线程，对每个线程的本地计算 counter 进行累加，将结果放入 global_count。eventual() 线程在每次循环之间等待 1ms（随便选的）。第 44 至 50 行的 count_cleanup() 函数用来控制程序结束。

本方法在提供极快的读取端计数性能的同时，仍然保持线性的更新端计数性能曲线。但是，这种卓越的读取端性能和更新端可扩展性带来的是高昂的更新端开销，因为需要一个额外的线程运行 eventual()。

小问题 5.17：为什么图 5.8 中的 inc_count() 不需要使用原子指令？要知道，我们现在是用多个线程访问每线程计数。

小问题 5.18：图 5.8 的 eventual() 函数中的单个全局线程是否会像全局锁一样成为性能瓶颈？

小问题 5.19：图 5.8 的 read_count() 返回的估计值是否会在线程数增加时变得越来越不准确？

小问题 5.20：既然图 5.8 的最终结果一致性算法在读取端和更新端都具有非常低的开销和优秀的扩展性，为什么我们还需要 5.2.2 节介绍的方法，特别是这种方法在读取端开销极大？

5.2.4　基于每线程变量的实现

幸运的是，gcc 提供了一个用于每线程存储的_thread 存储类。图 5.9（count_end.c）中使用了这个类来实现统计计数器，这个统计计数器不仅能扩展，而且相对于简单的非原子自增来说几乎没有带来性能损失。

```
1  long _thread  counter = 0;
2  long *counterp[NR_THREADS] = { NULL };
3  long finalcount = 0;
4  DEFINE_SPINLOCK(final_mutex);
5
6  void inc_count(void)
7  {
8    counter++;
9  }
10
11 long read_count(void)
12 {
13   int t;
14   long sum;
15
```

```
16  spin_lock(&final_mutex);
17  sum = finalcount;
18  for_each_thread(t)
19   if (counterp[t] != NULL)
20     sum += *counterp[t];
21  spin_unlock(&final_mutex);
22  return sum;
23 }
24
25 void count_register_thread(void)
26 {
27  int idx = smp_thread_id();
28
29  spin_lock(&final_mutex);
30  counterp[idx] = &counter;
31  spin_unlock(&final_mutex);
32 }
33
34 void count_unregister_thread(int nthreadsexpected)
35 {
36  int idx = smp_thread_id();
37
38  spin_lock(&final_mutex);
39  finalcount += counter;
40  counterp[idx] = NULL;
41  spin_unlock(&final_mutex);
42 }
```

图 5.9　基于每线程变量的统计计数

第 1 至 4 行定义了所需的变量，counter 是每线程计数变量，counterp[]数组允许线程访问彼此的计数，finalcount 在各个线程退出时将计数值累加到总和里，final_mutex 协调累加计数总和值的线程和退出的线程。

小问题 5.21：为什么我们需要一个显式的数组来找到其他线程的计数？为什么 gcc 不提供一个像内核 per_cpu()原语一样的 per_thread()接口，让线程可以更容易地访问彼此的每线程变量？

更新者调用的 inc_count()函数非常简单，见第 6 至 9 行。

读者调用的 read_count()函数稍微复杂一点。第 16 行获取锁与正在退出的线程互斥，第 21 行释放锁。第 17 行初始化已退出线程的每线程计数的总和，第 18 至 20 行将还在运行的线程的每线程计数累加进总和。最后，第 22 行返回总和。

小问题 5.22：图 5.9 中第 19 行检查 NULL 的语句会增加分支预测的难度吗？为什么不把一个变量赋值为 0，然后将用不上的计数指针指向这个变量而非 NULL 呢？

小问题 5.23：为什么我们需要用像互斥锁这种重量级的手段来保护图 5.9 的 read_count()函数中的累加总和操作？

第 25 至 32 行是 count_register_thread()函数，每个线程在访问自己的计数前都要调用它。该函数简单地将本线程对应 counterp[]数组中的元素指向线程的每线程变量 counter。

小问题 5.24：为什么我们需要图 5.9 的 count_register_thread()函数获取锁？这只是一个将对齐的机器码存储在一块指定位置的操作，而又没有其他线程修改这个位置，所以这应该是一个原子操作，对吧？

第34至42行是count_unregister_thread()函数，每个之前调用过count_register_thread()函数的线程在退出时都需要调用该函数。第38行获取锁，第41行释放锁，因此排除了有进程调用read_count()同时又有进程调用count_unregister_thread()的情况。第39行将本线程的每线程计数加到全局的finalcount里，然后将counterp[]数组的对应元素设置为NULL。随后的read_count()调用可以在全局变量finalcount里找到退出线程的计数值，并且在顺序访问coutnerp[]数组时可以跳过已退出的线程，这样就能获得正确的结果。

这个方法让更新者的性能几乎和非原子计数一样，并且也能线性地扩展。另一方面，并发的读者竞争一个全局锁，因此性能不佳，扩展能力也很差。但是，这不是统计计数器需要面对的问题，因为统计计数器总是在增加计数，很少读取计数。另外，本方法比基于数组的方法要复杂一些，因为在线程退出时，线程的每线程变量也清零了。

小问题 5.25：很好，但是Linux内核在读取每CPU计数的总和时没有用锁保护。为什么用户态的代码需要这么做？

5.2.5 本节讨论

上述的三种实现显示，并发运行的统计计数器完全可以达到在单处理器上的性能。

小问题 5.26：如果每个报文的大小不一，那么统计报文个数和统计报文的总字节数之间到底有什么本质的区别？

小问题 5.27：读者必须累加所有线程的计数，当线程数较多时会花费很长时间。有没有什么办法能让累加操作既快又扩展性良好，同时又能让读者的性能和扩展性很合理呢？

通过学习本节的内容，现在你应该能回答本章开始处关于网络统计计数的问题。

5.3 近似上限计数器

另一个关于计数的情景是上限检查。比如，本章开始处的小问题提到关于数据结构分配的近似上限问题，假设你需要维护一个已分配数据结构数目的计数器，来防止分配超过一个上限，比如说10,000。我们再进一步假设这些结构的生命周期很短，数目极少能超出上限。所以对近似上限来说，偶尔超出少许是可以接受的。（如果你坚持要求上限必须精确，请跳读到5.4节）

5.3.1 设计

一种可能的实现上限计数器的方法是将10,000的限制值平均划分给每个线程，然后给每个线程一个固定个数的资源池。假如有100个线程，每个线程管理一个有100个结构的资源池。这种方法简单，在有些情况下也有效，但是这种方法无法处理一种常见情况：某个结构由一个线程创建，但由另一个线程释放[MS93]。一方面，如果线程释放一个结构就得一分的话，那么一直在分配的线程很快就分配光了资源池，而一直在释放的线程积攒了大量分数却无法使用。另一方面，如果每个被释放的结构都能让分配它的CPU加一分，CPU就需要操纵其他CPU的计数，这将会带来很多代价昂贵的原子操作或者其他跨线程通信的手段[3]。

简而言之，在很多重要的情景下我们都不能将计数问题完全分割。在 5.2 节中，考虑到对计数的分割才是让更新端性能优越的原因，这个事实可能会让我们感到悲观。但是 5.2.3 节中展示的最终结果一致性算法为我们提供了有趣的暗示。该算法的关键是两套计数，给写者提供的每线程计数 counter 和给读者提供的全局计数 global_count,还有一个定期更新 global_count 的 eventual()线程，使得结果最终与每线程变量 counter 的值一致。每线程变量 counter 完美地分割了计数值，而 global_counter 保存全局的数字。

对于上限计数，我们也可以使用这种方法的变体，部分地分割计数。比如在四个线程中，每个线程都拥有一份每线程变量 counter，但同时每个线程也持有一份每线程的最大值，countermax。

如果某个线程需要增加它的 counter，可是此时的 counter 等于 countermax，这时会发生什么呢？这里面有个技巧，此时可把此线程 counter 值的一半转移给 globalcount，然后再增加 counter。举个例子，假如某个线程的 counter 和 countermax 现在都等于 10，那么我们会执行如下操作。

1. 获取全局锁。
2. 给 globalcount 增加 5。
3. 当前线程的 counter 减少 5，以抵消全局的增加。
4. 释放全局锁。
5. 增加当前线程的 counter，变成 6。

虽然这个办法仍然需要一把全局锁，但是这个锁只在每 5 次增加操作后才获取一次，这就大大降低了这把锁的竞争程度。而且只要我们增大 countermax 的值，竞争程度还可以进一步降低。不过，增大 countermax 的值带来的惩罚是 globalcount 精确度的降低。为了证明这一点，假设我们有一台 4 CPU 系统，此时 countermax 的值为 10，globalcount 和真实计数值的误差最高可到 40。如果 countermax 的值增大到 100，那么 globalcount 和真实计数值的误差最高可到 400。

这就提出了一个问题，我们到底有多在意 globalcount 和真实计数值的偏差？其中真实计数值由 globalcount 和所有每线程变量 counter 相加得出。这个问题的答案取决于真实计数值和计数上限（这里我们把它命名为 globalcountmax）的差值有多大。这两个值的差值越大，countermax 就越不容易超过 globalcountmax 的上限。这就代表着任何一个线程的 countermax 变量可以根据当前的差值计算取值。当离上限还比较远时，可以给每线程变量 countermax 赋值一个比较大的数，这样对性能和扩展性比较有好处。当靠近上限时，可以给这些 countermax 赋值一个较小的数，这样可以降低超过统计上限 globalcountmax 的风险。

这种设计就是一个并行快速路径的例子，这是一种重要的设计模式，适用于下面这种情况：在多数情况没有线程间通信和交互的开销，而偶尔进行的跨进程通信又使用了精心设计的（但是开销仍然很大）全局算法。6.4 节介绍了这种设计模式的更多细节。

[3]话又说回来，如果每个结构总是由分配它的 CPU（或者线程）释放的话，那么这种简单的分割办法反而非常有效。

5.3.2 简单的上限计数实现

图 5.10 是实现代码所用的每线程变量和全局变量。每线程变量 counter 和 countermax 各自对应线程的本地计数和计数上限。第 3 行的 globalcountmax 变量代表合计计数的上限，第 4 行的 globalcount 变量是全局计数。globalcount 和每个线程的 counter 之和就是真实计数值。第 5 行的 globalreserve 变量是所有每线程变量 countermax 的和。这些变量之间的关系如图 5.11 所示。

```
1 unsigned long __thread counter = 0;
2 unsigned long __thread countermax = 0;
3 unsigned long globalcountmax = 10000;
4 unsigned long globalcount = 0;
5 unsigned long globalreserve = 0;
6 unsigned long *counterp[NR_THREADS] = { NULL };
7 DEFINE_SPINLOCK(gblcnt_mutex);
```

图 5.10 简单上限计数定义的变量

1. globalcount 和 globalreserve 的和小于等于 globalcountmax 的值。

2. 所有线程的 countermax 值的总和小于等于 globalreserve 的值。

3. 每个线程的 counter 值小于等于该线程的 countermax 的值。

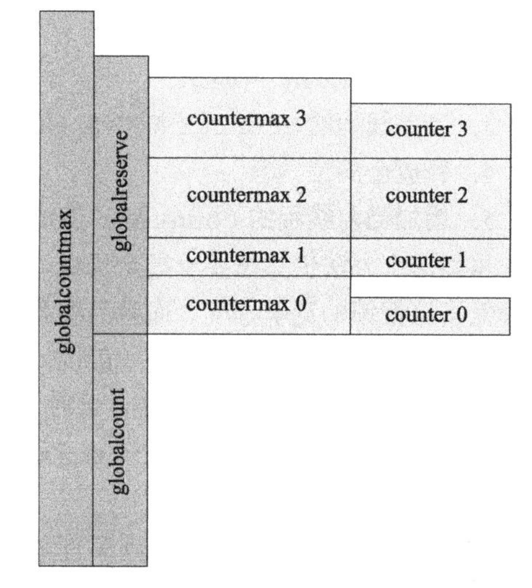

图 5.11 简单上限计数定义的变量之间的关系

counterp[]数组的每个元素指向对应线程的 counter 变量，最后，gblcnt_mutex 自旋锁保护所有全局变量，也就是说，除非线程获取了 gblcnt_mutex 锁，否则不能访问或者修改任何全局变量。

图 5.12 是 add_count()、sub_count()和 read_count()函数（count_lim.c）。

```
1 int add_count(unsigned long delta)
2 {
3   if (countermax - counter >= delta) {
4     counter += delta;
5     return 1;
6   }
7   spin_lock(&gblcnt_mutex);
8   globalize_count();
9   if (globalcountmax -
10        globalcount - globalreserve < delta) {
11    spin_unlock(&gblcnt_mutex);
12    return 0;
13  }
14  globalcount += delta;
15  balance_count();
16  spin_unlock(&gblcnt_mutex);
17  return 1;
```

```
18 }
19
20 int sub_count(unsigned long delta)
21 {
22   if (counter >= delta) {
23     counter -= delta;
24     return 1;
25   }
26   spin_lock(&gblcnt_mutex);
27   globalize_count();
28   if (globalcount < delta) {
29     spin_unlock(&gblcnt_mutex);
30     return 0;
31   }
32   globalcount -= delta;
33   balance_count();
34   spin_unlock(&gblcnt_mutex);
35   return 1;
36 }
37
38 unsigned long read_count(void)
39 {
40   int t;
41   unsigned long sum;
42
43   spin_lock(&gblcnt_mutex);
44   sum = globalcount;
45   for_each_thread(t)
46     if (counterp[t] != NULL)
47       sum += *counterp[t];
48   spin_unlock(&gblcnt_mutex);
49   return sum;
50 }
```

图 5.12 简单上限计数的加、减和读函数

小问题 5.28：为什么图 5.12 给出了 add_count()和 sub_count()函数，而 5.2 节里给出的是 inc_count()和 dec_count()函数？

第 1 至 18 行是 add_count()，将指定的值 delta 加到 counter 上。第 3 行检查本线程的 counter 是否还有足够的空间给 delta，如果有，第 4 行让 counter 加上 delta，第 6 行返回成功。这是 add_counter()的快速路径，不做原子操作，只引用每线程变量，因此也不会触发任何高速缓存未命中。

小问题 5.29：图 5.12 中第 3 行的判断条件为什么那么奇怪？为什么不用下面这个更直观的形式判断是否进入快速路径？

```
3 if  (counter  + delta  <=  countermax){
4   counter  +=  delta;
5   return  1;
6 }
```

如果第 3 行的测试失败，我们必须访问全局变量，这就需要获取第 7 行的 gblcnt_mutex

锁，如果测试失败，在第 11 行释放该锁，否则在第 16 行释放该锁。第 8 行调用了 globalize_count()，如图 5.13 所示，该函数清除线程本地变量，根据需要调整全局变量，这就简化了全局处理过程。(别太相信我的话，试着自己写代码!)第 9 行和第 10 行检查新增的 delta 能不能被容纳进去，小于号前面的表达式的含义就是图 5.11 中两个红柱之间的高度差。如果容纳不下 delta 的大小，第 11 行释放 gblcnt_mutex 锁（前面已经提过），第 12 行返回 0 表示错误。

如果可以容纳 delta 的大小，第 14 行从 globalcount 中减去 delta，第 15 行调用 balance_count()（如图 5.13 所示）来更新全局变量和每线程变量，通常该方法可以重置该线程的 countermax 变量，之后又可以重新进入快速路径。第 16 行释放 gblcnt_mutex 锁（前面已经提过），最后第 17 行返回 1 表示成功。

```
1  static void globalize_count(void)
2  {
3    globalcount += counter;
4    counter = 0;
5    globalreserve -= countermax;
6    countermax = 0;
7  }
8
9  static void balance_count(void)
10 {
11   countermax = globalcountmax -
12                globalcount - globalreserve;
13   countermax /= num_online_threads();
14   globalreserve += countermax;
15   counter = countermax / 2;
16   if (counter > globalcount)
17     counter = globalcount;
18   globalcount -= counter;
19 }
20
21 void count_register_thread(void)
22 {
23   int idx = smp_thread_id();
24
25   spin_lock(&gblcnt_mutex);
26   counterp[idx] = &counter;
27   spin_unlock(&gblcnt_mutex);
28 }
29
30 void count_unregister_thread(int nthreadsexpected)
31 {
32   int idx = smp_thread_id();
33
34   spin_lock(&gblcnt_mutex);
35   globalize_count();
36   counterp[idx] = NULL;
37   spin_unlock(&gblcnt_mutex);
38 }
```

图 5.13 简单上限计数的功能函数

小问题 5.30：为什么在图 5.12 里，globalize_count() 将每线程变量设为 0，只是用来留给后面的 balance_count() 重新填充它们？为什么不直接让每线程变量的值保持原样？

第 20 至 36 行的 sub_count() 从 counter 中减去指定的 delta。第 22 行检查每线程计数减去 delta 后是否大于 0，如果是，第 23 行将执行减法操作，第 24 行返回成功。这就是 sub_count() 的快速路径，和 add_count() 一样，这条快速路径并不执行耗时的操作。

如果无法满足减去 delta 后大于 0 的要求，就要进入第 26 至 35 行的慢速路径了。因为慢速路径必须访问全局状态，所以第 26 行获取了 gblcnt_mutex 锁，在第 29 行释放（失败的情况）或者在第 34 行释放（成功的情况）。第 27 行调用 globalize_count()，如图 5.13 所示，再一次清零线程的每线程变量，根据需要调整全局变量的值。第 28 行检查计数值是否够 delta 减，如果不够，第 29 行释放 gblcnt_mutex 锁（之前提到过）并在第 30 行返回失败。

小问题 5.31：add_count() 中的 globalreserve 越大，对我们来说越是不利，为什么在图 5.12 中的 sub_count() 里不是这样？

小问题 5.32：假设有一个线程调用了图 5.12 中的 add_count()，另一个线程调用 sub_count()。sub_count() 是否会在计数值非零时返回错误？

另一方面，如果第 28 行发现计数的值够 delta 去减，那么在第 32 行执行减法操作，第 33 行调用 balance_count()（如图 5.13 所示）来更新全局变量和每线程变量的值，第 34 行释放 gblcnt_mutex 锁，第 35 行返回成功。

小问题 5.33：为什么图 5.12 中要同时有 add_count() 和 sub_count()？为什么不简单地给 add_count() 传一个负值？

第 38 至 50 行的 read_count() 返回计数的合计值。该函数在第 43 行获取 gblcnt_mutex 锁，在第 48 行释放，保证了与 add_count() 和 sub_count() 中全局操作之间的互斥访问，并且正如我们见到的，还对线程创建和退出进行了互斥保护。第 44 行初始化了本地变量 sum，将 globalcount 的值赋给它，然后第 45 至 47 行循环计算每线程变量 counter 的总和。第 49 行返回总和的值。

图 5.13 中包含了图 5.12 的 add_count()、sub_count() 和 read_count() 所使用的功能函数。

第 1 至 7 行是 globalize_count()，清零当前线程的每线程计数，适当地调整全局变量的值。需要注意的是，此函数并不改变计数合计值，而是改变计数当前值表现的方式。第 3 行将线程的 counter 变量加到 globalize_count 上，第 4 行清零 counter。类似地，第 5 行从 globalreserve 中减去每线程变量 countermax 的值，第 6 行清零 countermax。重新看一遍图 5.11 有助于理解本函数和 balance_count() 函数，也就是下面要讲的函数。

第 9 至 19 行是 balance_count()，简单地说就是 globalize_count() 的反向操作。该函数设置当前线程的 counter 和 countermax 变量（同时调整对应的 globalcount 和 globalreserve），以尽量满足 add_count() 和 sub_count() 的快速路径条件。和 globalize_count() 一样，balance_count() 并不改变计数合计值。

第 11 至 13 行计算本线程的计数值在 globalcountmax 中占的比例，确保没有超过 globalcount 或者 globalreserve，并将计算出的值赋给本线程的 coutnermax。第 14 行对 globalreserve 做相应的调整。第 15 行将本线程的 counter 设置为 0 到 countermax 的中间值。第 16 行检查是否 globalcount 可以够 counter 减，如果不够，第 17 行相应地减少 counter。最后，无论检查结果如何，第 18 行对 globalcount 进行相应的调整。

小问题 5.34：为什么图 5.13 中的第 15 行将 counter 赋值为 countermax / 2？直接赋值成 countermax 不是更简单？

有时候示意图更容易帮助理解，请看图 5.14，该图描绘了 globalize_count() 和 balance_count() 第一次执行时各种计数的变化关系。时间从左向右前进，图的左侧和图 5.11 非常近似。中间显示的是线程 0 第一次执行 globalize_count() 后各种计数的变化。从图中可以看到，线程 0 的 counter（图中写成“c 0”）被加到 globalcount 上，globalreserve 减少了相等的值。线程 0 的 counter 和 countermax（图中的“cm 0”）被重置为 0。此时其他 3 个线程的计数没有发生改变。请注意，这时的改变并没有影响到计数合计值，如左图和中图最下方的虚线所示。换句话说，globalcount 和 4 个线程的 counter 变量之和没有发生改变。同样地，这个改变不影响 globalcount 和 globalreserve 之和，如图中最上方的虚线所示。

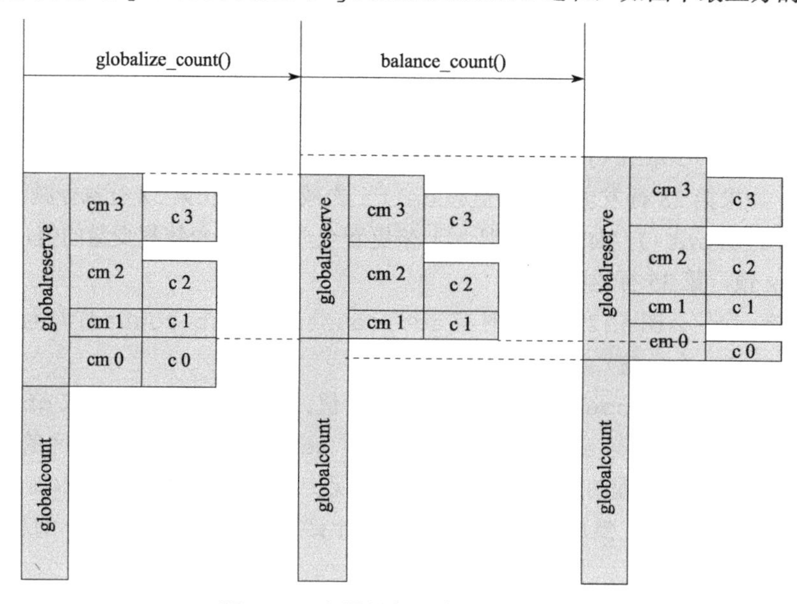

图 5.14　全局化与平衡计数示意图

图的右侧显示了线程 0 在 balance_count() 执行后的计数变化关系。那条贯穿三幅图的水平线条代表剩余差值的四分之一，其中的一半被加到右图线程 0 的 countermax 上，另一半则加到了线程 0 的 counter 上。globalcount 则减去相应的值，以避免改变计数合计值（等于 globalcount 与其他 3 个线程的 counter 之和），由最下方的两条连接中图和右图的虚线所示。globalreserve 变量也得到了相应的调整，使得其数值仍然等于 4 个线程的 countermax 变量之和。因为线程 0 的 counter 比 countermax 小，所以此时线程 0 可以安全增加本地计数。

小问题 5.35：在图 5.14 中，虽然剩余差值中有四分之一分配给了线程 0，但是线程 0 的计数只提升了八分之一，如连接图中间和图右侧的上方的虚线所示。为什么这样？

第 21 至 28 行是 count_register_thread()，为新创建的线程设置状态。该函数在 gblcnt_mutex 锁的保护下，简单地将指向新创建线程的 counter 变量的指针放入 counterp[] 数组的对应元素。

最后，第 30 至 38 行是 count_unregister_thread()，销毁即将退出的线程的状态。第 34 行获取 gblcnt_mutex 锁，第 37 行释放锁。第 35 行调用 globalize_count() 清除本线程的计数状态，第 36 行清除 counterp[] 中对应本线程的元素。

5.3.3 关于简单上限计数的讨论

当合计值接近0时，简单上限计数运行得相当快，只在add_count()和sub_count()的快速路径中的比较和判断时存在一些开销。但是，每线程变量countermax的使用表明add_count()即使在计数的合计值离globalcountmax很远时也可能失败。同样，sub_count()在计数合计值远远大于0时也可能失败。

在许多情况下，这都是不可接受的。即使globalcountmax只不过是一个近似的上限，一般也有一个近似度的容忍限度。一种限制近似度的方法是对每线程变量countermax的值强加一个上限。这个任务将在5.3.4节完成。

5.3.4 近似上限计数器的实现

因为实现代码（count_lim_app.c）和上几节的例子很相像（图5.10、图5.12、图5.13），这里只描述差别部分。除了MAX_COUNTERMAX以外，图5.15和图5.10完全一样，MAX_COUNTERMAX设置了每线程变量countermax的最大允许值。

```
1 unsigned long __thread counter = 0;
2 unsigned long __thread countermax = 0;
3 unsigned long globalcountmax = 10000;
4 unsigned long globalcount = 0;
5 unsigned long globalreserve = 0;
6 unsigned long *counterp[NR_THREADS] = { NULL };
7 DEFINE_SPINLOCK(gblcnt_mutex);
8 #define MAX_COUNTERMAX 100
```

图5.15 近似上限计数器定义的变量

类似地，图5.16和图5.13中的balance_count()几乎完全一样，除了第5行和第6行，对每线程变量countermax增加了MAX_COUNTERMAX的限制。

```
1 static void balance_count(void)
2 {
3   countermax = globalcountmax - globalcount - globalreserve;
4   countermax /= num_online_threads();
5   if (countermax > MAX_COUNTERMAX)
6     countermax = MAX_COUNTERMAX;
7   globalreserve += countermax;
8   counter = countermax / 2;
9   if (counter > globalcount)
10    counter = globalcount;
11  globalcount -= counter;
12 }
```

图5.16 近似上限计数器的平衡函数

5.3.5 关于近似上限计数器的讨论

上述的改动极大地减小了在前一个版本中出现的上限不准确程度，但是又带来了另一个问题：

任何给定大小的 MAX_COUNTERMAX 将导致一部分访问无法进入快速路径，这部分访问的数目取决于工作负荷。随着线程数的增加，非快速路径的执行将成为性能和可扩展性上的问题。不过，我们暂时放下这个问题，先去看看带有精确上限的计数。

5.4 精确上限计数

为了解决本章开头小问题 5.4 中关于计算精确上限的问题，我们需要一个上限计数，它能精确地知道何时计数超过上限。一种实现上限计数的办法是允许线程放弃自己的计数，另一种办法是采用原子操作。当然，原子操作会减慢快速路径，但是另一方面，如果连试都不试又有点过于愚蠢了。

5.4.1 原子上限计数的实现

不幸的是，如果想要某个线程减少另一个线程上的计数，需要原子的操纵两个线程的 counter 和 countermax 变量。通常的做法是将这两个变量合并成一个变量，比如，一个 32 位的变量，高 16 位代表 counter，低 16 位代表 countermax。

小问题 5.36: 为什么一定要将线程的 coutner 和 countermax 变量作为一个整体同时改变？分别改变它们不行吗？

一个简单的原子上限计数所用的变量和访问函数如图 5.17 所示(count_lim_atomic.c)。根据刚才的算法，counter 和 countermax 变量组合成第 1 行的 counterandmax 变量，高字节是 counter，低字节是 countermax。该变量的类型为 atomic_t，实际上由 int 来表示。

第 2 至 6 行是 globalcountmax、globalcount、globalreserve、counterp 和 gblcnt_mutex 的定义，所有变量的含义都和图 5.15 中的一样。第 7 行定义了 CM_BITS，代表 counterandmax 的高位或者低位所占的比特数，第 8 行定义了 MAX_COUNTERMAX，代表 counterandmax 的高位或者低位可能表示的最大值。

```
1 atomic_t __thread counterandmax = ATOMIC_INIT(0);
2 unsigned long globalcountmax = 10000;
3 unsigned long globalcount = 0;
4 unsigned long globalreserve = 0;
5 atomic_t *counterp[NR_THREADS] = { NULL };
6 DEFINE_SPINLOCK(gblcnt_mutex);
7 #define CM_BITS (sizeof(atomic_t) * 4)
8 #define MAX_COUNTERMAX ((1 << CM_BITS) - 1)
9
10 static void
11 split_counterandmax_int(int cami, int *c,
                            int *cm)
12 {
13   *c = (cami >> CM_BITS) & MAX_COUNTERMAX;
14   *cm = cami & MAX_COUNTERMAX;
15 }
16
17 static void
```

```
18 split_counterandmax(atomic_t *cam, int *old,
19                     int *c, int *cm)
20 {
21   unsigned int cami = atomic_read(cam);
22
23   *old = cami;
24   split_counterandmax_int(cami, c, cm);
25 }
26
27 static int merge_counterandmax(int c, int cm)
28 {
29   unsigned int cami;
30
31   cami = (c << CM_BITS) | cm;
32   return ((int)cami);
33 }
```

图 5.17 原子上限计数定义的变量和访问函数

小问题 5.37：图 5.17 中的第 7 行违反了 C 标准的哪一条？

第 10 至 15 行是 split_counterandmax_int()函数，从 atomic_t 类型的 counterandmax 变量中分解出类型为 int 的高 16 位和低 16 位。第 13 行算出 counterandmax 的高 16 位，将结果赋给参数 c，第 14 行算出 counterandmax 的低 16 位，将结果赋给参数 cm。

第 17 至 25 行是 split_counterandmax()函数，从第 21 行指定的变量中读取值，在第 23 行将该值赋给参数 old，然后在第 24 行调用 split_counterandmax_int()分解该值。

小问题 5.38：既然只有一个 counterandmax 变量，为什么图 5.17 中的第 18 行还要传递一个指针给它？

第 27 至 33 行是 merge_counterandmax()函数，可以看作 split_counterandmax()的反向操作。第 31 行传入的参数 c 和 cm 分别对应 counter 和 countermax，先将它们合并成一个整数，然后返回结果。

小问题 5.39：为什么图 5.17 中的 merge_counterandmax()返回的是 int 而不是直接返回 atomic_t？

图 5.18 是 add_count()、sub_count()和 read_count()参数。

```
1  int add_count(unsigned long delta)
2  {
3    int c;
4    int cm;
5    int old;
6    int new;
7
8    do {
9      split_counterandmax(&counterandmax, &old, &c, &cm);
10     if (delta > MAX_COUNTERMAX || c + delta > cm)
11       goto slowpath;
12     new = merge_counterandmax(c + delta, cm);
13   } while (atomic_cmpxchg(&counterandmax,
14                           old, new) != old);
15   return 1;
```

```
16 slowpath:
17   spin_lock(&gblcnt_mutex);
18   globalize_count();
19   if (globalcountmax - globalcount -
20       globalreserve < delta) {
21     flush_local_count();
22     if (globalcountmax - globalcount -
23         globalreserve < delta) {
24       spin_unlock(&gblcnt_mutex);
25       return 0;
26     }
27   }
28   globalcount += delta;
29   balance_count();
30   spin_unlock(&gblcnt_mutex);
31   return 1;
32 }
33
34 int sub_count(unsigned long delta)
35 {
36   int c;
37   int cm;
38   int old;
39   int new;
40
41   do {
42     split_counterandmax(&counterandmax, &old, &c, &cm);
43     if (delta > c)
44       goto slowpath;
45     new = merge_counterandmax(c - delta, cm);
46   } while (atomic_cmpxchg(&counterandmax,
47                           old, new) != old);
48   return 1;
49 slowpath:
50   spin_lock(&gblcnt_mutex);
51   globalize_count();
52   if (globalcount < delta) {
53     flush_local_count();
54     if (globalcount < delta) {
55       spin_unlock(&gblcnt_mutex);
56       return 0;
57     }
58   }
59   globalcount -= delta;
60   balance_count();
61   spin_unlock(&gblcnt_mutex);
62   return 1;
63 }
```

图 5.18 原子上限计数的加、减函数

第 1 至 32 行是 add_count()，第 8 至 15 行是它的快速路径。第 8 至 14 行的快速路径组成了一个比较并交换（CAS）循环，第 13、14 行的 atomic_cmpxchg()原语执行实际的 CAS。第 9 行将当前线程的 counterandmax 变量拆分成线程的 counter（在 c 中）和 countermax（在 cm 中），并把原值赋给 old，第 10 行检查本地的每线程变量能否容纳 delta（要小心避免整型溢出），如果不能容纳，第 11 行开始进入慢速路径，如果可以容纳，第 12 行将更新过后的 counter 和原来的 countermax 值合并成变量 new。第 13、14 行的 atomic_cmpxchg()原语原子的比较该线程的 countermax 和 old，如果比较成功，将交互后的值赋给 new，第 15 行返回成功，否则继续执行第 9 行的循环。

小问题 5.40：图 5.18 第 11 行那个丑陋的 goto 是干什么用的？你难道没听说 break 语句吗？

小问题 5.41：为什么图 5.18 的第 13、14 行的 atomic_cmpxchg()会失败？我们在第 9 行取出 old 值以后可没改过它。

图 5.18 的第 16 至 31 行是 add_count()的慢速路径，由 gblcnt_mutex 锁保护，该锁在第 17 行获取，在第 24 行和第 30 行释放。第 18 行调用了 globalize_count()函数，将本线程的状态赋给全局计数。第 19、20 行检查当前的全局状态能否容纳 delta 的值，如果不能，第 21 行调用 flush_local_count()将所有线程的本地状态刷新到全局计数上，然后第 22、23 行重新检查是否可以容纳 delta。如果这样还是不行，那么第 24 行释放 gblcnt_mutex 锁（前面提过），然后在第 25 行返回失败。

如果可以容纳 delta 的值，第 28 行将 delta 加到全局计数中，如果可以，第 29 行将计数赋给本地状态，第 30 行释放 gblcnt_mutex 锁（前面提过），最后第 31 行返回成功。

图 5.18 的第 34 至 63 行是 sub_count()函数，结构和 add_count()很相像，第 41 至 48 行是一条快速路径，第 49 至 62 行是一条慢速路径。本函数的逐行分析工作就留给读者来完成。

图 5.19 是 read_count()。第 9 行获取 gblcnt_mutex 锁，第 16 行释放。第 10 行用 globalcount 的值初始化局部变量 sum，第 11 至 15 行的循环将每线程计数的值累加到 sum 中，第 13 行用 split_counterandmax()函数分解出每线程计数的值。最后第 17 行返回结果。

```
1  unsigned long read_count(void)
2  {
3    int c;
4    int cm;
5    int old;
6    int t;
7    unsigned long sum;
8
9    spin_lock(&gblcnt_mutex);
10   sum = globalcount;
11   for_each_thread(t)
12     if (counterp[t] != NULL) {
13       split_counterandmax(counterp[t], &old, &c, &cm);
14       sum += c;
15     }
16   spin_unlock(&gblcnt_mutex);
17   return sum;
18 }
```

图 5.19　原子上限计数的读函数

图 5.20 和图 5.21 是功能函数 globalize_count()、flush_local_count()、balance_ count()、count_register_thread()和 count_unregister_thread()。第 1 至 12 行是 globalize_count()，和上一个版本的算法很相似，除了第 7 行以外，这里将 countermax 分解成 counter 和 countermax。

```
1  static void globalize_count(void)
2  {
3    int c;
4    int cm;
5    int old;
6
7    split_counterandmax(&counterandmax,&old,&c,&cm);
8    globalcount += c;
9    globalreserve -= cm;
10   old = merge_counterandmax(0, 0);
11   atomic_set(&counterandmax, old);
12 }
13
14 static void flush_local_count(void)
15 {
16   int c;
17   int cm;
18   int old;
19   int t;
20   int zero;
21
22   if (globalreserve == 0)
23     return;
24   zero = merge_counterandmax(0, 0);
25   for_each_thread(t)
26     if (counterp[t] != NULL) {
27       old = atomic_xchg(counterp[t], zero);
28       split_counterandmax_int(old, &c, &cm);
29       globalcount += c;
30       globalreserve -= cm;
31     }
32 }
```

图 5.20　原子上限计数的功能函数 1

```
1  static void balance_count(void)
2  {
3    int c;
4    int cm;
5    int old;
6    unsigned long limit;
7
8    limit = globalcountmax - globalcount -
9             globalreserve;
10   limit /= num_online_threads();
11   if (limit > MAX_COUNTERMAX)
12     cm = MAX_COUNTERMAX;
13   else
```

```
14     cm = limit;
15   globalreserve += cm;
16   c = cm / 2;
17   if (c > globalcount)
18     c = globalcount;
19   globalcount -= c;
20   old = merge_counterandmax(c, cm);
21   atomic_set(&counterandmax, old);
22 }
23
24 void count_register_thread(void)
25 {
26   int idx = smp_thread_id();
27
28   spin_lock(&gblcnt_mutex);
29   counterp[idx] = &counterandmax;
30   spin_unlock(&gblcnt_mutex);
31 }
32
33 void count_unregister_thread(int nthreadsexpected)
34 {
35   int idx = smp_thread_id();
36
37   spin_lock(&gblcnt_mutex);
38   globalize_count();
39   counterp[idx] = NULL;
40   spin_unlock(&gblcnt_mutex);
41 }
```

图 5.21　原子上限计数的功能函数 2

第 14 至 32 行是 flush_local_count()的代码，将所有线程的本地计数状态赋给全局计数。第 22 行检查 globalreserve 的值，看是否允许其他每线程计数刷新，如果不允许，第 23 行返回；如果允许，第 24 行初始化一个局部变量 zero，将两个为 0 的 counter 和 countermax 合并过后的值赋给 zero。第 25 至 31 行的循环遍历所有线程。第 26 行检查是否当前线程有计数状态，如果有，第 27 至 30 行原子的从当前线程状态中取值，然后将状态值赋为 0。第 28 行将读出的状态值分解为 counter（局部变量 c）和 countermax（局部变量 cm）。第 29 行将本线程的 counter 加到 globalcount 上，第 30 行从 globalreserve 中减去本线程的 countermax。

小问题 5.42：为什么调用线程在图 5.20 第 14 行的 flush_local_count()清零了 counterandmax 以后，不能马上为 counterandmax 赋值？

小问题 5.43：当图 5.20 中第 27 行的 flush_local_count()在清零 counterandmax 变量时，是什么阻止了 atomic_add()或者 atomic_sub()的快速路径对 counterandmax 变量的干扰？

图 5.21 的第 1 至 22 行是 balance_count()函数的代码，重新赋值调用线程的本地 counterandmax 变量。该函数和前一个版本的算法很相似，只除了需要处理合并后的 counterandmax 变量。对该代码的详细分析留给读者做练习，第 24 行开始的 count_register_thread()函数和第 33 行开始的 count_unregister_thread()也留给读者做分析。

小问题 5.44：既然 atomic_set()原语只是简单地将数据存放到指定的 atomic_t 中，对于并发的 flush_local_count()，图 5.21 中第 21 行的 balance_count()怎样才能正确地更新变量呢？

5.4.2 节将定量地分析上述设计。

5.4.2 关于原子上限计数的讨论

这是第一个真正允许一直增长，直到上限的计数，但是这也带来了快速路径上原子操作的开销，让快速路径明显变慢了。虽然在某些场合这种变慢是允许的，但是仍然值得我们去探索让读取端性能更好的算法。而使用信号处理函数从其他线程窃取计数就是其中一种算法。因为信号处理函数可以运行在收到信号线程的上下文，所以就不需要原子操作了，5.4.3 节将讨论这一算法。

小问题 5.45：但是信号处理函数可能会在运行时迁移到其他 CPU 上执行。难道这种情况就不需要原子操作和内存屏障来保证线程和中断线程的信号处理函数之间通信的可靠性了吗？

5.4.3 Signal-Theft 上限计数的设计

虽然每线程的状态只由对应线程更改，但是信号处理函数仍然有必要进行同步。如图 5.22 所示的状态机提供了这种同步。Signal-Theft 状态机从“空闲”状态开始，当 add_count()和 sub_count() 发现线程的本地计数和全局计数之和已经不足以容纳请求的大小时，对应的慢速路径将每个线程的 theft 状态设置为“请求”(除非线程没有计数值，这样它就直接转为“准备完毕”)。只有在慢速路径获得 gblcnt_mutex_lock 后，才允许从“空闲”状态转为其他状态，如图中绿色部分所示[4]。然后慢速路径向每个线程发送一个信号，对应的信号处理函数检查本线程的 theft 和 counting 状态。如果 theft 状态不为“请求”，那么信号处理函数就不能改变其状态，只能直接返回。而 theft 状态为“请求”时，如果设置了 counting 变量，表明当前线程正处于快速路径，信号处理函数将 theft 状态设置为“确认”，而不是“准备完毕”。

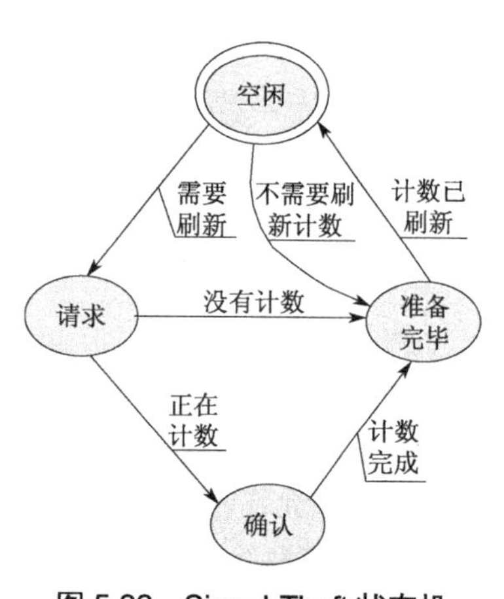

图 5.22 Signal-Theft 状态机

如果 theft 状态是“确认”，那么只有快速路径才有权改变 theft 的状态，如图中蓝色部分所示。当快速路径完成时，会将 theft 状态设置为“准备完毕”。

一旦慢速路径发现某个线程的 theft 状态为“准备完毕”，这时慢速路径有权窃取此线程的计数。然后慢速路径将线程的 theft 状态设置为“空闲”。

小问题 5.46：在图 5.22 中，为什么 theft 的“请求”状态被涂成红色？

小问题 5.47：在图 5.22 中，分别设置 theft 状态“请求”和“确认”的目的是什么？为什么不合并这两种状态来简化状态机？这样无论是哪个信号处理函数还是快速路径，先进入者可以

[4]如果你使用的是本书的单色版本，“空闲”(IDEL) 和“准备完毕”(READY) 是绿色，“请求”(REQ) 是红色，“确认”(ACK) 是蓝色。

将状态设置为“准备完毕”。

5.4.4 Signal-Theft 上限计数的实现

图 5.23（count_lim_sig.c）显示了基于 signal-theft 计数的实现所需的数据结构。第 1 至 7 行定义了上一节所说的每线程状态机所需的状态值和变量。第 8 至 17 行和之前的实现比较类似，只增加了第 14、15 行，允许远程访问线程的 countermax 和 theft 变量。

```
1 #define THEFT_IDLE    0
2 #define THEFT_REQ     1
3 #define THEFT_ACK     2
4 #define THEFT_READY   3
5
6 int __thread theft = THEFT_IDLE;
7 int __thread counting = 0;
8 unsigned long __thread counter = 0;
9 unsigned long __thread countermax = 0;
10 unsigned long globalcountmax = 10000;
11 unsigned long globalcount = 0;
12 unsigned long globalreserve = 0;
13 unsigned long *counterp[NR_THREADS] = { NULL };
14 unsigned long *countermaxp[NR_THREADS] = { NULL };
15 int *theftp[NR_THREADS] = { NULL };
16 DEFINE_SPINLOCK(gblcnt_mutex);
17 #define MAX_COUNTERMAX 100
```

图 5.23 Signal-Theft 上限计数定义的变量

图 5.24 显示了负责在每线程变量和全局变量之间迁移计数的函数。第 1 至 7 行是 global_count()，和之前的实现一样。第 9 至 19 行是 flush_local_count_sig()，它是窃取过程要用到的信号处理函数。第 11、12 行检查 theft 状态是否为 REQ，如果不是，什么也不改变直接返回。第 13 行是一个内存屏障，确保对 theft 变量的采样在修改操作之前执行。第 14 行将 theft 状态设置为 ACK，如果第 15 行发现本线程的快速路径没有执行，第 16 行将 theft 状态设置为 READY。

```
1 static void globalize_count(void)
2 {
3   globalcount += counter;
4   counter = 0;
5   globalreserve -= countermax;
6   countermax = 0;
7 }
8
9 static void flush_local_count_sig(int unused)
10 {
11   if (ACCESS_ONCE(theft) != THEFT_REQ)
12     return;
13   smp_mb();
14   ACCESS_ONCE(theft) = THEFT_ACK;
15   if (!counting) {
```

```
16     ACCESS_ONCE(theft) = THEFT_READY;
17   }
18   smp_mb();
19 }
20
21 static  void flush_local_count(void)
22 {
23   int t;
24   thread_id_t tid;
25
26   for_each_tid(t, tid)
27     if (theftp[t] != NULL) {
28       if (*countermaxp[t] == 0) {
29         ACCESS_ONCE(*theftp[t]) = THEFT_READY;
30         continue;
31       }
32       ACCESS_ONCE(*theftp[t]) = THEFT_REQ;
33       pthread_kill(tid, SIGUSR1);
34     }
35   for_each_tid(t, tid) {
36     if (theftp[t] == NULL)
37       continue;
38     while (ACCESS_ONCE(*theftp[t]) != THEFT_READY) {
39       poll(NULL, 0, 1);
40       if (ACCESS_ONCE(*theftp[t]) == THEFT_REQ)
41         pthread_kill(tid, SIGUSR1);
42     }
43     globalcount += *counterp[t];
44     *counterp[t] = 0;
45     globalreserve -= *countermaxp[t];
46     *countermaxp[t] = 0;
47     ACCESS_ONCE(*theftp[t]) = THEFT_IDLE;
48   }
49 }
50
51 static void balance_count(void)
52 {
53   countermax = globalcountmax -
54                globalcount - globalreserve;
55   countermax /= num_online_threads();
56   if (countermax > MAX_COUNTERMAX)
57     countermax  =  MAX_COUNTERMAX;
58   globalreserve += countermax;
59   counter = countermax / 2;
60   if (counter > globalcount)
61     counter = globalcount;
62   globalcount -= counter;
63 }
```

图 5.24 Signal-Theft 上限计数的计数迁移函数

小问题 5.48: 在图 5.24 的 flush_local_count_sig() 中，为什么要用 ACCESS_ONCE()

封装对每线程变量 theft 的读取？

第 21 至 49 行是 flush_local_count()，由慢速路径调用，刷新所有线程的本地计数。第 26 至 34 行的循环推进每个带有本地计数的线程对应的 theft 状态，同时给该线程发送一个信号。第 27 行跳过任何不存在的线程。对于存在的线程，第 28 行检查当前线程是否持有任何本地计数，如果没有，第 29 行将当前线程的 theft 状态设置为 READY，第 30 行跳过本次循环到另一个线程。如果有，第 32 行将当前线程的 theft 状态设置为 REQ，第 33 行给当前进程发送一个信号。

小问题 5.49：在图 5.24 中，为什么第 28 行直接访问其他线程的 countermax 变量是安全的？

小问题 5.50：在图 5.24 中，为什么第 33 行没有检查当前线程，来给自己发一个信号？

小问题 5.51：图 5.24 中的代码可以在 gcc 和 POSIX 下运行。如果要遵守 ISO C 标准，还需要做些什么？

第 35 至 48 行的循环等待每个线程达到 READY 状态，然后窃取线程的计数。第 36、37 行跳过任何不存在的线程，第 38 至 42 行的循环等待当前线程的 theft 状态变为 READY。第 39 行为避免优先级反转阻塞 1ms，如果第 40 行判断线程的信号还没有到达，第 41 行重新发送信号。当执行到第 43 行时，线程的 theft 状态已经是 READY，所以第 43 至 46 行进行窃取。第 47 行将线程的 theft 状态设置回 IDLE。

小问题 5.52：在图 5.24 中，为什么第 41 行要重新发送信号？

第 51 至 63 行是 balance_count()，和之前的例子类似。

图 5.25 是 add_count() 函数。第 5 至 20 行是快速路径，第 21 至 35 行是慢速路径。第 5 行设置每线程变量 counting 为 1，这样任何之后中断本线程的信号处理函数将会设置 theft 状态为 ACK，而不是 READY，使得快速路径可以正常完成。第 6 行阻止编译器进行乱序优化，确保快速路径执行体不会在设置 counting 之前执行。第 7 行和第 8 行检查是否每线程数据可以容纳 add_count() 的结果，以及是否当前没有任何正在进行的窃取过程，如果结果为真，第 9 行进行快速路径的加法，第 10 行表明执行的是快速路径。

```
 1 int add_count(unsigned long delta)
 2 {
 3   int fastpath = 0;
 4
 5   counting = 1;
 6   barrier();
 7   if (countermax - counter >= delta &&
 8       ACCESS_ONCE(theft) <= THEFT_REQ) {
 9     counter += delta;
10     fastpath = 1;
11   }
12   barrier();
13   counting = 0;
14   barrier();
15   if (ACCESS_ONCE(theft) == THEFT_ACK) {
16     smp_mb();
17     ACCESS_ONCE(theft) = THEFT_READY;
18   }
19   if (fastpath)
20     return 1;
```

```
21   spin_lock(&gblcnt_mutex);
22   globalize_count();
23   if (globalcountmax - globalcount -
24       globalreserve < delta) {
25     flush_local_count();
26     if (globalcountmax - globalcount -
27         globalreserve < delta) {
28       spin_unlock(&gblcnt_mutex);
29       return 0;
30     }
31   }
32   globalcount += delta;
33   balance_count();
34   spin_unlock(&gblcnt_mutex);
35   return 1;
36 }
```

图 5.25　Signal-Theft 上限计数的加函数

无论上个判断结果如何，第 12 行阻止编译器对快速路径执行体的乱序优化，之后是第 13 行，允许任何后继的信号处理函数进行窃取操作。第 14 行再一次禁止编译器乱序优化，第 15 行检查是否信号处理函数延迟将 theft 状态设置为 READY，如果是，第 16 行执行一条内存屏障，确保任何看见第 17 行设置 READY 状态的 CPU，也能看见第 9 行的效果。如果第 9 行的快速路径加法被执行了，那么第 20 行返回成功。

否则，我们进入从第 21 行开始的慢速路径。慢速路径的结构和之前的例子类似，所以对它的分析就留给读者当作练习了。同样，图 5.26 的 sub_count() 函数和 add_count() 一样，所以对 sub_count() 的分析也留给读者了，图 5.27 对 read_count() 的分析也留给读者完成。

```
38 int sub_count(unsigned long delta)
39 {
40   int fastpath = 0;
41
42   counting = 1;
43   barrier();
44   if (counter >= delta &&
45       ACCESS_ONCE(theft) <= THEFT_REQ) {
46     counter -= delta;
47     fastpath = 1;
48   }
49   barrier();
50   counting = 0;
51   barrier();
52   if (ACCESS_ONCE(theft) == THEFT_ACK) {
53     smp_mb();
54     ACCESS_ONCE(theft) = THEFT_READY;
55   }
56   if (fastpath)
57     return 1;
58   spin_lock(&gblcnt_mutex);
59   globalize_count();
60   if (globalcount < delta) {
```

```
61      flush_local_count();
62      if (globalcount < delta) {
63        spin_unlock(&gblcnt_mutex);
64        return 0;
65      }
66    }
67    globalcount -= delta;
68    balance_count();
69    spin_unlock(&gblcnt_mutex);
70    return 1;
71  }
```

图 5.26 Signal-Theft 上限计数的减函数

```
1  unsigned long read_count(void)
2  {
3    int t;
4    unsigned long sum;
5
6    spin_lock(&gblcnt_mutex);
7    sum = globalcount;
8    for_each_thread(t)
9      if (counterp[t] != NULL)
10       sum += *counterp[t];
11   spin_unlock(&gblcnt_mutex);
12   return sum;
13 }
```

图 5.27 Signal-Theft 上限计数的读函数

图 5.28 的第 1 至 12 行是 count_init()，设置 flush_local_count_sig() 为 SIGUSR1 的信号处理函数，让 flush_local_count() 中的 pthread_kill() 可以调用 flush_local_count_sig()。线程注册和注销的代码与之前的例子类似，所以对它们的分析就作为留给读者的练习。

```
1  void count_init(void)
2  {
3    struct sigaction sa;
4
5    sa.sa_handler = flush_local_count_sig;
6    sigemptyset(&sa.sa_mask);
7    sa.sa_flags  =  0;
8    if (sigaction(SIGUSR1, &sa, NULL) != 0) {
9      perror("sigaction");
10     exit(-1);
11   }
12 }
13
14 void count_register_thread(void)
15 {
16   int idx = smp_thread_id();
17
18   spin_lock(&gblcnt_mutex);
```

```
19   counterp[idx] = &counter;
20   countermaxp[idx] = &countermax;
21   theftp[idx] = &theft;
22   spin_unlock(&gblcnt_mutex);
23 }
24
25 void count_unregister_thread(int nthreadsexpected)
26 {
27   int idx = smp_thread_id();
28
29   spin_lock(&gblcnt_mutex);
30   globalize_count();
31   counterp[idx] = NULL;
32   countermaxp[idx] = NULL;
33   theftp[idx] = NULL;
34   spin_unlock(&gblcnt_mutex);
35 }
```

图 5.28　Signal-Theft 上限计数的初始化函数

5.4.5　关于 Signal-Theft 上限计数的讨论

在我的 Intel Core Duo 笔记本上，使用 signal-theft 的实现比原子操作的实现快 2 倍。它总是这么好吗？

由于原子指令的相对缓慢，signal-theft 实现在 Pentium-4 处理器上比原子操作好得多，但是后来，老式的 80386 对称多处理器系统在原子操作实现的路径深度更短，原子操作的性能也随之提升。可是，更新端的性能提升是以读取端的高昂开销为代价的，POSIX 信号不是没有开销的。如果考虑最终的性能，你需要在实际部署应用程序的系统上测试这两种手段。

小问题 5.53：不仅 POSIX 信号速度较慢，而且给每个线程发信号的办法也是无法扩展的。假如现在有 10,000 个线程，要求读取端开销小，你会怎么做？

这就是为什么高质量的 API 如此重要的一个理由，它们让实现代码可以随着持续变动的硬件性能特征一起改变。

小问题 5.54：如果想要一个只考虑精确下限的精确上限计数，该如何实现？

5.5　特殊场合的并行计数

虽然 5.4 节的精确上限计数的实现非常有用，但是如果计数的值总是在 0 附近变动，精确上限计数就没什么用了，正如统计对 I/O 设备的访问计数一样。如果我们并不关心当前有多少计数，这种统计值总在 0 附近变动的计数开销很大。比如我们在小问题 5.5 中说过的可移除 I/O 设备访问计数问题，除非有人想移除设备，否则访问次数完全不重要，而移除设备这种情况本身又很少见。

一种简单的解决办法是，为计数增加一个很大的“偏差值”（比如 10 亿），确保计数的值远离零，让计数可以有效工作。当有人想拔出设备时，计数又减去“偏差值”。计数最后几次的增长将是非常低效的，但是对之前的所有计数却可以全速进行。

小问题 5.55：当使用带偏差的计数时，还有什么需要做的？

虽然带偏差的计数有效且有用，但这只是可插拔 I/O 设备访问计数问题的部分解决办法。当尝试移除设备时，我们不仅需要知道当前精确的 I/O 访问计数，还需要从现在开始阻止未来的访问请求。一种解决办法是在更新计数时使用读/写锁的读锁，在读取计数时使用同一把读/写锁的写锁。执行 I/O 的代码如下。

```
1 read_lock(&mylock);
2 if (removing) {
3     read_unlock(&mylock);
4     cancel_io();
5 } else {
6     add_count(1);
7     read_unlock(&mylock);
8     do_io();
9     sub_count(1);
10 }
```

第 1 行获取读锁，第 3 行和第 7 行释放它。第 2 行检查是否将要拔出设备，如果是，第 3 行释放读锁，第 4 行取消 I/O，或者随便执行一些在将要拔出设备时应该采用的操作；如果不是，第 6 行增加访问计数，第 7 行释放读锁，第 8 行执行 I/O，第 9 行减少访问计数。

小问题 5.56：简直太荒谬了！用读锁来更新计数，你在玩什么把戏？

移除设备的代码如下。

```
1 write_lock(&mylock);
2 removing = 1;
3 sub_count(mybias);
4 write_unlock(&mylock);
5 while (read_count() != 0) {
6     poll(NULL, 0, 1);
7 }
8 remove_device();
```

第 1 行获取写锁，第 4 行释放。第 2 行表明将要拔出设备，第 5 至 7 行的循环等待所有 I/O 操作完成。最后第 8 行进行任何在拔出设备前需要执行的准备工作。

小问题 5.57：如果是真实的系统，还需要考虑哪些问题？

5.6 关于并行计数的讨论

本章展示了传统计数原语会遇见的问题：可靠性、性能和可扩展性。C 语言的++操作符不能在多线程代码中保证函数的可靠性，对单个变量的原子操作性能不好，可扩展性也差。本章还展示了一系列在特殊情况下性能和可扩展性俱佳的计数算法。

让我们回头看看从这些计数算法中学到了什么。5.6.1 节将对性能和扩展性进行总结，5.6.2 节将讨论针对并行算法的专门化，5.6.3 节将列举了学到的经验，然后对后续章节如何扩展这些经验做出铺垫。

5.6.1 并行计数的性能

表 5.1 给出了三种并行统计计数算法的性能。三种算法在更新计数上都有极佳的线性扩展能力。用每线程变量实现（count_end.c）的更新计数上比基于数组（count_stat.c）的实现快很多，但在读取计数上较慢，并且在有多个并发读者时存在严重的锁竞争。这种竞争可以用第 9 章介绍的方法（count_end_rcu.c）解决，见表 5.1 的最后一行。因为采用了最终一致性，延迟处理（count_stat_eventual.c）的性能也相当不错。

表 5.1　统计计数在 Power-6 机器上的性能

算　　法	章　　节	写　延　迟	读　延　迟	
			1 核	32 核
count_stat.c	5.2.2	11.5 ns	408 ns	409 ns
count_stat_eventual.c	5.2.3	11.6 ns	1 ns	1 ns
count_end.c	5.2.4	6.3 ns	389 ns	51,200 ns
count_end_rcu.c	13.2.1	5.7 ns	354 ns	501 ns

小问题 5.58：在表 5.1 的 count_stat.c 一行中，我们可以看到，读延迟随着线程数增加而线性扩展。这怎么可能？毕竟线程越多，要加的每线程计数也越多。

小问题 5.59：即使是表 5.1 上的最后一种算法，统计计数的读端性能也惨不忍睹，它们到底有什么用？

表 5.2 是并行上限计数算法的性能。在这台 Power-6 4.7GHz 系统上，对上限计数的精确性要求带来了不小的性能损失，不过用信号替换原子操作可以减轻这种损失。在面对多个读者并发读取时，所有这些实现都存在读取端的锁竞争问题。

表 5.2　上限计数在 Power-6 机器上的性能

算　　法	章　　节	是否精确	写　延　迟	读　延　迟	
				1 核	64 核
count_lim.c	5.3.2	否	3.6 ns	375 ns	50,700 ns
count_lim_app.c	5.3.4	否	11.7 ns	369 ns	51,000 ns
count_lim_atomic.c	5.4.1	是	51.4 ns	427 ns	49,400 ns
count_lim_sig.c	5.4.4	是	10.2 ns	370 ns	54,000 ns

小问题 5.60：根据表 5.2 的性能数据可以看出，我们应该尽量用信号而不是原子操作，对吗？

小问题 5.61：能不能采用一些高级技术解决表 5.2 中的锁竞争问题？

简而言之，本章使用的算法只在它们特定的领域运转良好。但我们的并行计数算法是不是只能局限于这些特殊场合呢？如果有一种通用算法能在所有场合都性能出色是不是更好？5.6.2 节将探讨这些问题。

5.6.2 并行计数的专门化

上述算法只在各自的领域性能出色，这可以说是并行计算的一个主要问题。毕竟，C 语言的++操作符在所有单线程程序中性能都不错，不仅仅是个别领域，而是所有情况，对吧？

上述推论有一点道理，但在本质上是误导读者的。我们提到的问题不仅是并行性，更是可扩展性。要弄明白这个，先来看看 C 语言的++操作符。事实上++操作符并不是“总能”工作的，而只对一定范围的数字而言有效。假如你要处理 1,000 位的十进制数，C 语言的++操作符对你来说就没用了。

小问题 5.62：++操作符在 1,000 位的数字上工作得很好！你没听过操作符重载吗？

我们提到的问题也不专属于算术。假设你需要存储和查询数据，是不是还会用 ASCII 文件、XML、关系型数据库、链表、紧凑数组、B 树、基树或者其他什么数据结构和环境来存取数据？这取决于你需要做什么，你需要它做得有多快，还有数据集有多大。

同样，如果你需要计数，你的方案取决于统计的数有多大、有多少个 CPU 并发操纵计数、如何使用计数，以及所需要的性能和可扩展性的程度。

这个问题也不仅限于软件。只需要简单地铺一块木板，就是一座让人跨过小溪的桥。但你不能用一块木板横跨哥伦比亚河[5]数千米宽的出海口，也不能用于承载卡车的桥。简而言之，桥的设计必须随着跨度和负载而改变，并且，软件也要能适应硬件或者工作负荷的变化，能够自动进行最好。事实上有一些关于这方面自动化的研究[AHS03，SAH03]，Linux 内核也做了一些启动时的动态设定，其中包括少数机器指令的动态翻译。随着主流系统上 CPU 个数的逐步增加，软件的动态适应变得越来越重要。

正如第 3 章所讨论的，物理定律对并行软件的限制并不逊于对机械构件的限制，比如桥梁。这些限制迫使软件针对特定问题特定处理，不过软件还是可以动态地选择特定算法，以适应不同情况下的硬件和工作负荷。

当然，哪怕是通用的计数算法也只是在一块极小的计算机领域的专门化而已。我们还会用计算机做更多各种各样的事情。5.6.3 节会讨论我们如何把从计数中学到的经验扩展到本书后面涉及的领域。

5.6.3 从并行计数中学到什么

本章的开头第一段承诺读者，对计数的研究是并行编程的绝好切入点。本节把本章学到的经验对应到后续章节的内容。

本章的例子显示，分割是提升可扩展性和性能的重要工具。计数有时可以完全被分割，比如 5.2 节中的统计计数器，或者部分被分割，比如 5.3 节和 5.4 节的上限计数器。第 6 章对分割进行了更加深入的讨论，6.4 节专门讨论了部分并行化，也就是本章提到的并行快速路径。

小问题 5.63：但是如果我们能分割任何事物，为什么还要被共享内存的多线程所困扰？为什么不完全分割问题，然后像多进程一样运行，每个子问题都有自己的地址空间？

部分分割的计数算法用锁来保护全局数据，而锁正是第 7 章的主题。与之相反，分割后的数据一般都完全处于各个线程的控制，所以无须使用同步。6.3.4 节介绍的数据所有权会在第 8 章中得到详细说明。

最后，5.2.3 节提到的最终结果一致性统计计数器展示出延迟处理（在这里是指更新全局计数）可以显著提升性能和可扩展性。第 9 章研究了很多可以提升性能、可扩展性以及（甚至）实时响应速度的延迟处理方法。

---

[5]译者注：北美西北部最大的河流，发源于洛基山脉加拿大一方，由美国俄勒冈州出海，这里也是作者居住的地方。

总结如下。

1．分割能够提升性能和可扩展性。

2．部分分割，也就是只分割主要情况的代码路径，性能也很出色。

3．部分分割可以应用在代码上（5.2 节的统计计数器只分割了写操作，没有分割读操作），但是也可以应用在时间上（5.3 节和 5.4 节的上限计数器在离上限较远时运行很快，离上限较按时运行变慢）。

4．读取端的代码路径应该保持只读，对共享内存的同步写严重降低性能和扩展性，就像在表 5.1 的 count_end.c 中一样。

5．经过审慎思考后的延迟处理能够提升性能和可扩展性，见 5.2.3 节。

6．并行性能和可扩展性通常是跷跷板的两端，到达某种程度后，对代码的优化反而会降低另一方的表现。表 5.1 中的 count_stat.c 和 count_end_rcu.c 展现了这一点。

7．对性能和可扩展性的不同需求，以及其他很多因素，会影响算法、数据结构的设计。图 5.3 展现了这一点，原子增长对于双 CPU 的系统来说完全可以接受，但对 8 核系统来说就完全不合适。

简单来说，正如本章一开始介绍的，计数问题所蕴含的概念虽然简单，却让我们得以探索许多并发方面的基础问题，而不用分神于数据结构或复杂的同步手段。后续的章节会对这些基础问题进行更深入的研究。

第 6 章

对分割和同步的设计

在商用计算机中，多核系统已经越来越常见了，本章将描述如何设计能更好利用多核优势的软件。我们将介绍一些习语，或者叫“设计模式”[Ale79，GHJV95，SSRB00]，来帮助你权衡性能、扩展性和响应时间。在上一章我们说过，编写并行软件时最重要的考虑是如何进行分割。正确地分割问题能够让解决办法简单、扩展性好并且高性能，而不恰当的分割问题则会产生缓慢且复杂的解决方案。本章帮助你设计对代码的分割。“设计”这个词非常重要：对你来说，应该是分割问题第一，编码第二。顺序颠倒会让你产生极大挫败感，同时导致软件低劣的性能和扩展性。

为此，6.1 节给出了一些分割的练习，6.2 节回顾了分割的设计准则，6.3 节讨论了如何选择合适的同步粒度，6.4 节综述了一些重要的设计并行快速路径的方法，在提供主要路径上良好性能和扩展性的同时，也提供特殊情况下更简单但扩展性稍逊的“慢速路径”。最后 6.5 节简略地探讨了分割之外的设计方法。

6.1 分割练习

本节用两个例子（哲学家就餐问题和双端队列问题）作为练习，来说明分割的价值。

6.1.1 哲学家就餐问题

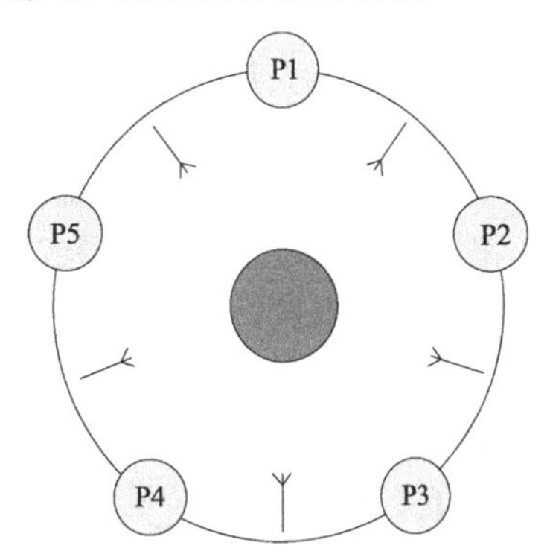

图 6.1 哲学家就餐问题

图 6.1 是经典的哲学家就餐问题的示意图[Dij71]。问题中的五个哲学家一天无所事事，要么思考要么吃一种需要用两把叉子才能吃下的“滑溜溜的意大利面”。每个哲学家只能用和他左手和右手旁的叉子，一旦哲学家拿起了叉子，那么不吃到心满意足是不会放下的[1]。

我们的目标是构建一种算法来——就和字面意思一样——阻止饥饿。一种饥饿的场景是所有哲学家都同时拿起了左

---

[1]对于这种用两把叉子才能吃上的食物，无法理解的读者可以想象用两根筷子来吃。

手边的叉子。因为他们在吃饱前不会放下叉子，并且他们还需要第二把叉子才能开始就餐，所以所有哲学家都会挨饿。请注意，让至少一位哲学家就餐并不是我们的目标。如图 6.2 所示，即使个别哲学家挨饿也是要避免的。

图 6.2　个别饥饿也不行

Dijkstra 的解决方法是使用一个全局信号量，假设通信延迟忽略不计的话，这种方法非常完美，可是在 20 世纪 80 年代末和 90 年代初，这种假设变得无效了[2]。因此，近来的解决办法是像图 6.3 一样为叉子编号。每个哲学家都先拿他盘子周围编号最小的叉子，然后再拿编号最高的叉子。这样坐在图中最上方的哲学家会先拿起左手边的叉子，然后是右边的叉子，而其他的哲学家则先拿起右手边的叉子。因为有两个哲学家试着去拿叉子 1，而只有一位会成功，所以只有 4 位哲学家抢 5 把叉子。至少这 4 位中的一位肯定能拿到两把叉子，这样就能开始就餐了。

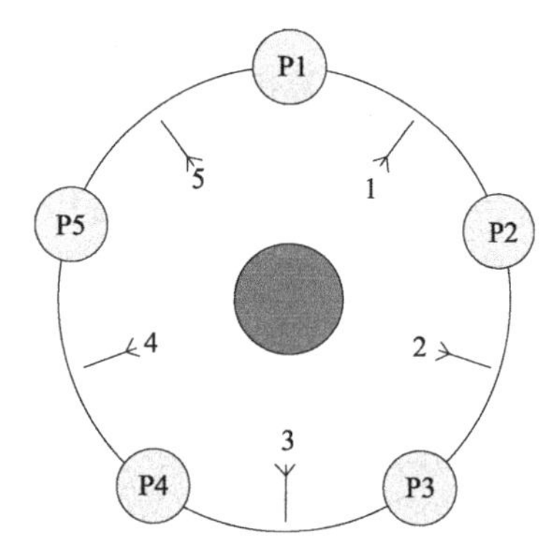

图 6.3　哲学家就餐问题，教科书式解法

这种为资源编号并按照编号顺序获取资源的通用技术经常用在防止死锁上。但是很容易就能想象出一个事件序列来产生这种结果：虽然大家都在挨饿，但是一次只有一名哲学家就餐。

1．P2 拿起叉子 1，阻止 P1 拿起叉子。

2．P3 拿起叉子 2。

3．P4 拿起叉子 3。

4．P5 拿起叉子 4。

5．P5 拿起叉子 5，开始就餐。

6．P5 放下叉子 4 和 5。

7．P4 拿起叉子 4，开始就餐。

简单地说，这个算法会导致每次只有一个哲学家进餐，即使五个哲学家都在挨饿，并且此时有足够的叉子供两名哲学家同时进餐。

请在进一步阅读之前，请思考哲学家就餐问题的分割方法。

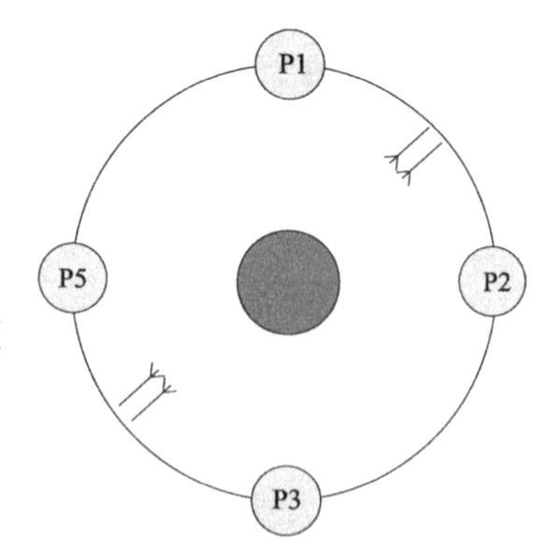

图 6.4　哲学家就餐问题，分割解法

图 6.4 是一种方法，里面只有 4 位而不是 5 位哲学家，这样可以更好的说明分割技术。最上方和最右边的哲学家合用一对叉

[2]从 2012 年的角度来看，也就是 Dijkstra 提出这一方法 40 年后，很容易在他的方法上找出问题。可是如果你就此认为 Dijkstra 不过如此，我的建议是，发表点什么，等待 40 年，然后看看你的大作如何经受时间的考验。

子，而最下方和最左边的哲学家合用一对叉子。如果所有哲学家同时感觉饿了，至少有两位能同时就餐。另外如图中所示，现在叉子可以捆绑成一对儿，这样可以同时拿起或者放下，这就简化了获取和释放算法。

小问题 6.1：哲学家就餐问题还有更好的解法吗？

这是“水平并行化”[Inm85]的一个例子，或者叫“数据并行化”，这么叫是因为哲学家之间没有依赖关系。在数据处理型的系统中，“数据并行化”是指一种类型的数据只会被多个同类型软件组件中的一个所处理。

小问题 6.2：那么“水平并行化”里的“水平”是什么意思呢？

6.1.2　双端队列

双端队列是一种元素可以从两端插入或删除的数据结构[Knu73]。据说实现一种基于锁的允许在双端队列的两端进行并发操作的方法非常困难[Gro07]。本节将展示一种分割设计策略，能实现合理且简单的解决方案，请看下面的小节中的三种通用方法。

6.1.2.1　右手锁和左手锁

右手锁和左手锁是一种看起来很直接的办法，为左手端的入列操作加一个左手锁，为右手端的出列操作加一个右手锁，如图 6.5 所示。但是，这种办法的问题是当队列中的元素不足四个时，两个锁的范围会发生重叠。这种重叠是由于移除任何一个元素不仅只影响元素本身，还要影响它左边和右边相邻的元素。这种范围在图中被涂上了颜色，蓝色 表示左手锁的范围，红色 表示右手锁的范围，紫色 表示重叠的范围。虽然创建这样一种算法是可能的，但是至少要小心 5 种特殊情况，尤其是在队列另一端的并发活动会让队列随时可能从一种特殊情况变为另一种特殊情况。所以最好考虑其他解决方案。

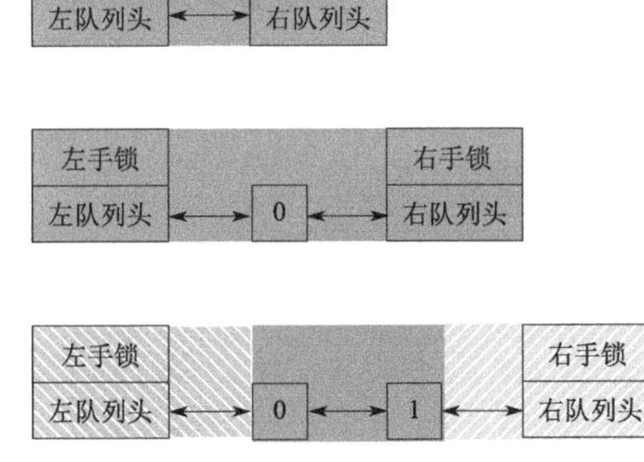

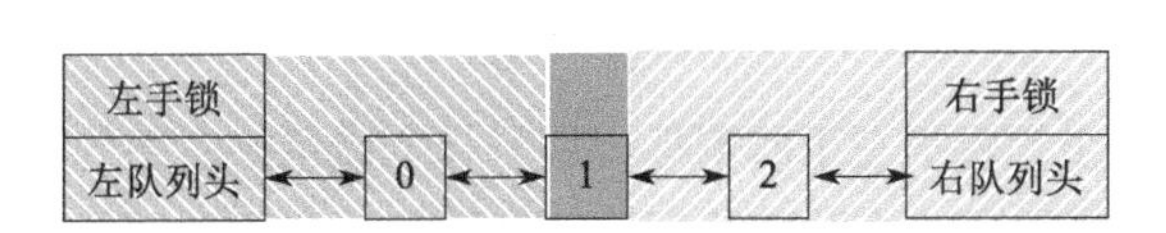

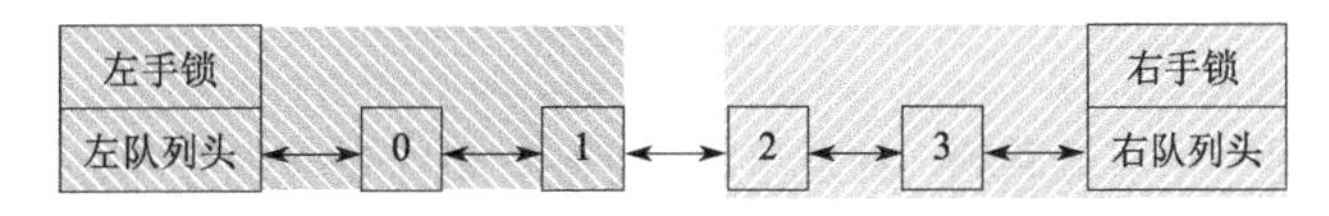

图 6.5　带有左手锁和右手锁的双端队列

6.1.2.2 复合双端队列

图 6.6 是一种强制锁范围不重叠的办法。两个单独的双端队列串联在一起，每个队列用自己的锁保护。这意味着数据偶尔会从一个双端队列跑到另一个双端队列。此时必须同时持有两把锁。为避免死锁，可以使用一种简单的锁层级关系，比如，在获取右手锁前先获取左手锁。这比在同一双端队列上用两把锁简单得多，因为我们可以无条件地让左边的入列元素进入左手队列，右边的入列元素进入右手队列。主要的复杂度来源于从空队列中出列，在这种情况下必须做到如下几点。

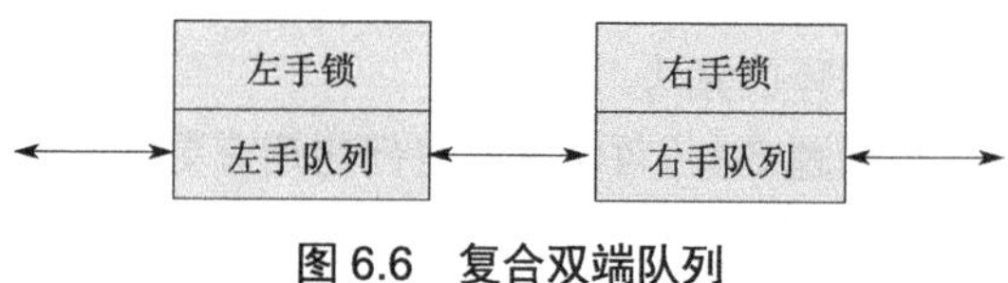

图 6.6 复合双端队列

1. 如果持有右手锁，释放并获取左手锁，重新检查队列是否仍然为空。
2. 获取右手锁。
3. 重新平衡跨越两个队列的元素。
4. 移除指定的元素。
5. 释放两把锁。

小问题 6.3：在复合双端队列实现中，如果队列在释放和获取锁时变得不为空，那么该怎么办？

代码实现(`locktdeq.c`)并不复杂。再平衡操作可能会将某个元素在两个队列间来回移动，这不仅浪费时间，而且想要获得最佳性能，还需针对工作负荷进行不断微调。虽然这在一些情况下可能是最佳方案，但是抱着更大的决心，我们继续探索其他算法。

6.1.2.3 哈希双端队列

哈希永远是分割一个数据结构的最简单和最有效的方法。可以根据元素在队列中的位置为每个元素分配一个序号，然后以此对双端队列进行哈希，这样第一个从左边进入空队列的元素编号为 0，第一个从右边进入空队列的元素编号为 1。接下来从左边入队的元素编号递减（-1，-2，-3……），从右边入队的元素编号则递增（2，3，4……）。关键是，实际上不用真正为元素编号，元素的序号暗含它在队列的位置中。

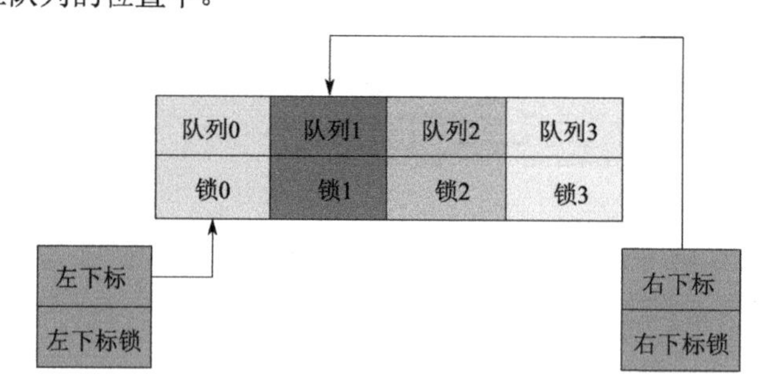

图 6.7 哈希双端队列

对于这种方法，我们用一个锁保护左手的下标，用另一个锁保护右手的下标，再各用一个锁保护对应的哈希链表。图 6.7 显示了 4 个哈希链表的数据结构。注意到锁的范围没有重叠，为了避免死锁，只在获取链表锁之前获取下标锁。每种类型的锁（下标或者链表），一次获取从不超过一个。

每个哈希链表都是一个双端队列，在这里的例子中，每个链表拥有四分之一的队列元素。图 6.8 中最上面的部分是“R1”元素从右边入队后的状态，右手的下标增加，指向哈希链表 2。图中中间部分是又有三个元素从右边入队。正如你所见，下标回到了它们初始的状态，但是每个哈希队列现在是非空的。图中下方部分是另外三个元素从左边入队，而另外一个元素从右边入队后的状态。

从图 6.8 中最后一个状态可以看出，左出队操作将返回元素“L-2”，让左手下标指向哈希链 2，此时该链表只剩下“R2”。在这种状态下，并发的左入队操作和右入队操作可能会导致锁竞争，但这种锁竞争发生的可能性可以通过使用更大的哈希表来降低。

图 6.9 显示了 12 个元素如何组成一个有 4 个并行哈希桶的双端队列。每个持有单锁的双端队列拥有整个并行双端队列的四分之一。

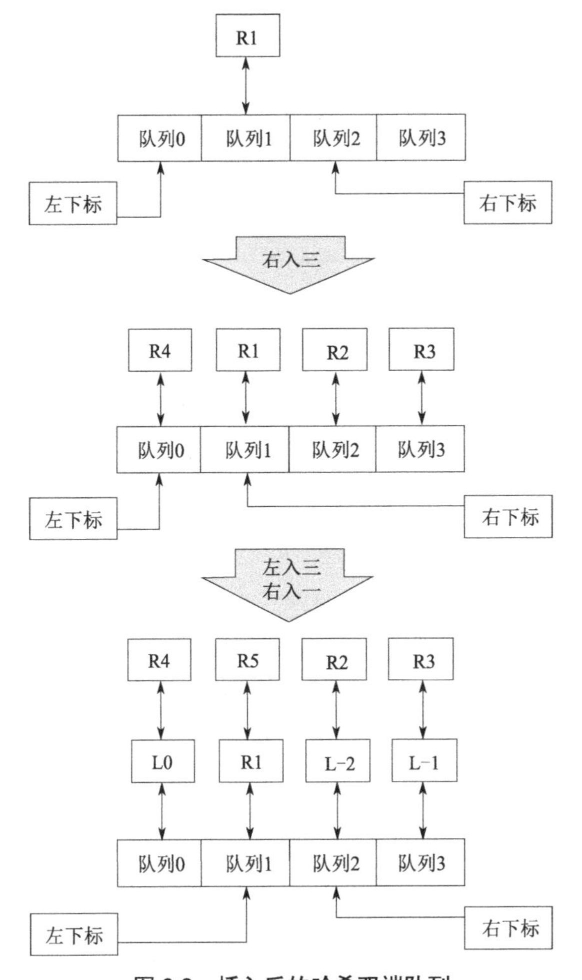

图 6.8　插入后的哈希双端队列

R7	R6	R5	R4
L0	R1	R2	R3
L-4	L-3	L-2	L-1
L-8	L-7	L-6	L-5

图 6.9　拥有 12 个元素的哈希双端队列

图 6.10 显示了对应的 C 语言数据结构，假设已有 `struct deq` 来提供带有锁的双端队列实现。这个数据结构包括第 2 行的左手锁，第 3 行的左手下标，第 4 行的右手锁（在实际实现中是缓存对齐的），第 5 行的右手下标，以及第 6 行，哈希后的基于简单锁实现的双端队列数组。高性能的实现当然还会使用填充或者是特殊对齐指令来避免“假共享”。

```
1 struct pdeq {
2   spinlock_t llock;
3   int lidx;
4   spinlock_t rlock;
```

```
5    int ridx;
6    struct deq bkt[DEQ_N_BKTS];
7 };
```

图 6.10 基于锁的并行双端队列数据结构

图 6.11（lockhdeq.c）显示了入队和出队函数[3]。讨论将集中在左手操作上，因为右手的操作都是源于左手操作。

```
1 struct cds_list_head *pdeq_pop_l(struct pdeq *d)
2 {
3    struct cds_list_head *e;
4    int i;
5
6    spin_lock(&d->llock);
7    i = moveright(d->lidx);
8    e = deq_pop_l(&d->bkt[i]);
9    if (e != NULL)
10       d->lidx = i;
11   spin_unlock(&d->llock);
12   return e;
13 }
14
15 struct cds_list_head *pdeq_pop_r(struct pdeq *d)
16 {
17   struct cds_list_head *e;
18   int i;
19
20   spin_lock(&d->rlock);
21   i = movelef(d->ridx);
22   e = deq_pop_r(&d->bkt[i]);
23   if (e != NULL)
24       d->ridx = i;
25   spin_unlock(&d->rlock);
26   return e;
27 }
28
29 void pdeq_push_l(struct cds_list_head *e,
                    struct pdeq *d)
30 {
31   int i;
32
33   spin_lock(&d->llock);
34   i = d->lidx;
35   deq_push_l(e, &d->bkt[i]);
36   d->lidx = moveleft(d->lidx);
37   spin_unlock(&d->llock);
38 }
39
40 void pdeq_push_r(struct cds_list_head *e,
                    struct pdeq *d)
```

[3]其他语言也可以轻松地用多态来实现，这作为练习留给读者完成。

```
41 {
42     int  i;
43
44     spin_lock(&d->rlock);
45     i  =  d->ridx;
46     deq_push_r(e,  &d->bkt[i]);
47     d->ridx  =  moveright(d->lidx);
48     spin_unlock(&d->rlock);
49 }
```

图 6.11 基于锁的并行双端队列实现代码

第 1 至 13 行是 pdeq_pop_l()函数，从左边出队，如果成功返回一个元素，如果失败返回 NULL。第 6 行获取左手自旋锁，第 7 行计算要出队的下标。第 8 行让元素出队，如果第 9 行发现结果不为 NULL，第 10 行记录新的左手下标。不管结果为何，第 11 行释放锁，最后如果曾经有一个元素，第 12 行返回这个元素，否则返回 NULL。

第 29 至 38 行是 pdeq_push_l()函数，从左边入队一个特定元素。第 33 行获取左手锁，第 34 行获取左手下标。第 35 行让元素从左边入队，进入一个以左手下标标记的双端队列。第 36 行更新左手下标，最后第 37 行释放锁。

和之前提到的一样，右手操作完全是对对应的左手操作的模拟，所以对它们的分析留给读者练习。

小问题 6.4：哈希过的双端队列是一种好的解决方法吗？如果对，为什么对？如果不对，为什么不对？

6.1.2.4 再谈复合双端队列

本节再次回到复合双端队列，准备使用一种再平衡机制来将非空队列中的所有元素移动到空队列中。

小问题 6.5：让所有元素进入空的队列？这种糟糕的方法是哪门子最优方案啊？

相比上一节提出的哈希式实现，复合式实现建立在对既不使用锁也不使用原子操作的双端队列的顺序实现上。

图 6.12 展示了这个实现。和哈希式实现不同，复合式实现是非对称的，所以我们必须单独考虑 pdeq_pop_l()和 pdeq_pop_r()的实现。

```
1 struct cds_list_head *pdeq_pop_l(struct pdeq *d)
2 {
3    struct cds_list_head *e;
4
5    spin_lock(&d->llock);
6    e = deq_pop_l(&d->ldeq);
7    if (e == NULL) {
8        spin_lock(&d->rlock);
9        e = deq_pop_l(&d->rdeq);
10       cds_list_splice(&d->rdeq.chain,&d->ldeq.chain);
11       CDS_INIT_LIST_HEAD(&d->rdeq.chain);
12       spin_unlock(&d->rlock);
13   }
14   spin_unlock(&d->llock);
15   return e;
```

```
16 }
17
18 struct cds_list_head *pdeq_pop_r(struct pdeq *d)
19 {
20   struct cds_list_head *e;
21
22   spin_lock(&d->rlock);
23   e = deq_pop_r(&d->rdeq);
24   if (e == NULL) {
25      spin_unlock(&d->rlock);
26      spin_lock(&d->llock);
27      spin_lock(&d->rlock);
28      e = deq_pop_r(&d->rdeq);
29      if (e == NULL) {
30         e = deq_pop_r(&d->ldeq);
31         cds_list_splice(&d->ldeq.chain, &d->rdeq.chain);
32         CDS_INIT_LIST_HEAD(&d->ldeq.chain);
33      }
34      spin_unlock(&d->llock);
35   }
36   spin_unlock(&d->rlock);
37   return e;
38 }
39
40 void pdeq_push_l(struct cds_list_head *e, struct pdeq *d)
41 {
42   int i;
43
44   spin_lock(&d->llock);
45   deq_push_l(e, &d->ldeq);
46   spin_unlock(&d->llock);
47 }
48
49 void pdeq_push_r(struct cds_list_head *e, struct pdeq *d)
50 {
51   int i;
52
53   spin_lock(&d->rlock);
54   deq_push_r(e, &d->rdeq);
55   spin_unlock(&d->rlock);
56 }
```

图 6.12　复合并行双端队列的实现代码

小问题 6.6：为什么复合并行双端队列的实现不能是对称的？

图中第 1 至 16 行是 pdeq_pop_l() 的实现。第 5 行获取左手锁，第 14 行释放。第 6 行尝试从双端队列的左端左出列一个元素，如果成功，跳过第 8 至 13 行，直接返回该元素。否则，第 8 行获取右手锁，第 9 行从队列右端左出列一个元素，第 10 行将右手队列中剩余元素移至左手队列，第 11 行初始化右手队列，第 12 行释放右手锁。如果有的话，最后将返回第 10 行出列的元素。

图中第 18 至 38 行是 pdeq_pop_r() 的实现。和之前一样，第 22 行获取右手锁（第 36 行释放），第 23 行尝试从右手队列右出列一个元素，如果成功，跳过第 24 至 35 行，直接返回该元素。但是如果第 24 行发现没有元素可以出列，那么第 25 行释放右手锁，第 26、27 行以恰当的顺序获取左手锁和右手锁。然后第 28 行再一次尝试从右手队列右出列一个元素，如果第 29 行发现第二次尝试也失败了，第 30 行从左手队列（假设只有一个元素）右出列一个元素，第 31 行将左手队列中的剩余元素移至右手队列，第 32 行初始化左手队列。无论哪种情况，第 34 行释放左手锁。

小问题 6.7：为什么图 6.12 中第 28 行的重试右出列操作是必需的？

小问题 6.8：可以肯定的是，左手锁必须在某些时刻是可用的！那么，为什么认为图 6.12 中第 25 行的无条件释放右手锁是必需的？

第 40 至 47 行是 `pdeq_push_l()` 的实现。第 44 行获取左手自旋锁，第 45 行将元素左入列到左手队列，第 46 行释放自旋锁。`pdeq_push_r()`（图中第 49 至 56 行）的实现和此类似。

6.1.2.5　关于双端队列的讨论

复合式实现在某种程度上比第 6.1.2.3 节所描述的哈希式实现复杂，但是仍然属于比较简单的。当然，更智能的再平衡机制可以非常复杂，但是和软件实现[DCW+11]相比，这里使用的简单再平衡机制也算很不错了，这个方法甚至不比使用硬件辅助算法的实现[DLM+10]差多少。不过，从这种机制中我们最好也只能获得 2 倍的扩展能力，因为最多只能有两个线程并发地持有出列的锁。这个限制同样适用于使用非阻塞同步方法的算法，比如 Michael[Mic03]的使用比较并交换的出队算法[4]。

事实上，正如 Dice 等人[DLM10]所说，非同步的单线程双端队列实现性能非常好，比任何他们研究过的并行实现都高很多。因此，不管是哪种实现，由于队列的严格先入先出特性，关键点都在于从共享队列中入列或者出列时的巨大开销。相信读者在看过第 3 章关于的材料后，不应对这一点感到意外。

更进一步，对于严格先入先出的队列，只有在线性化点（linearization point）[5][HW90]不对调用者可见时，队列才是严格先入先出。事实上，在之前的例子中“线性化点”都隐藏在带锁的临界区里。而这些队列在单独的指令开始时，并不保证严格先入先出[HKLP12]。这表明对于并发的程序来说，严格先入先出的特性并没有那么有价值。实际上 Kirsch 等人已经证明不提供严格先入先出保证的队列在性能和扩展性上更好[KLP12][6]。这些例子说明，如果你打算把并发数据传入一个单端队列时，真的该重新思考一下整体设计。

6.1.3　关于分割问题示例的讨论

6.1.1 节中小问题的答案，关于哲学家就餐问题的最优解法，是“水平并行化”或者“数据并行化”的极佳例子。在这个例子中，同步的开销接近于 0（或者等于 0）。相反，双端队列的实现是“垂直并行化”或者“管道”的极佳例子，因为数据从一个线程转移到另一个线程。“管道”

[4]这篇论文表明，对于双端队列的无锁实现，并不需要专门的双向比较并交换指令（double-compare-and-swap）。相反，普通的比较并交换（比如 x86 上的 cmpxchg 指令）就足够。

[5]某个函数的线性化点，是指该函数作用生效的那一时刻（译者注：其他 CPU 收到函数对内存的更改的时刻）。在基于锁的双端队列实现中，可以认为任何在临界区中实际完成任务的点就是线性化点。

[6]因为类似的原因，Nir Shavit 用不严格保证先入先出的栈（stack）得到了相同的结果[Sha11]。这使得一些人相信线性化点这一概念只对理论学者有用，对程序员没什么用。这也让另一些人认为，这些设计了奇怪数据结构的学者们，到底在多大程度上考虑过实际用户的需求。

需要密切的合作，因此为获得某种程度上的效率，需要做的工作也更多。

小问题 6.9：串联双端队列的运行速度比哈希双端队列快 2 倍，即使我将哈希表的大小增加到很大也还是这样。为什么会这样？

小问题 6.10：有没有一种更好的方法，能并发地处理双端队列？

这两个例子显示了分割在并行算法上的巨大威力。6.3.5 节简略地讨论了第三个例子，矩阵乘法。不过，通过这三个例子，我们还希望了解更多更好的并行程序设计准则，下一节将讨论此话题。

6.2 设计准则

想要获取最佳的性能和扩展性，简单的办法是不断尝试，直到你的程序和最优实现水平相当。可是如果你的代码不是短短数行，如何能在浩如烟海的写法中找到最优实现？另外，什么才是“最优实现”？第 2.2 节给出了三个并行编程的目标：性能、生产率和通用性，最优的性能常常要付出生产率和通用性的代价。如果不在设计时就将这些选择考虑进去，就很难在限定的时间内开发出性能良好的并行程序。

但是除此以外，还需要更详细的设计准则来指导实际的设计，这就是本节将解决的任务。在真实世界中，这些准则经常在某种程度上冲突，这需要设计者小心权衡得失。

这些准则可以被认为是设计中的阻力，对这些阻力进行恰当权衡，这就称为“设计模式”[Ale79]，[GHJV95]。

基于三个并行编程目标的设计准则是加速、竞争、开销、读写比率和复杂性。

加速倍数：如第 2.2 节所述，之所以花费如此多时间和精力进行并行化，加速性能是主要原因。加速倍数的定义是运行程序的串行版本所需要的时间，除以执行并行版本所需时间的比例。

竞争：如果对于一个并行程序来说，增加更多的 CPU 并不能让程序忙起来，那么多出来的 CPU 是因为竞争的关系而无法有效工作。可能是锁竞争、内存竞争或者其他什么性能杀手的原因。

工作——同步比率：对于任意并行程序，让其运行在单 CPU、单线程、不可抢占和不可中断[7]的环境，完全不需要任何同步原语。因此，任何消耗在这些原语上（通信中的高速缓存未命中、消息延迟、加解锁原语、原子指令和内存屏障等）的时间都是对程序意图完成的工作没有直接帮助的开销。同步开销与临界区中代码的开销之间的关系是重要的衡量准则，更大的临界区能容忍更大的同步开销。工作-同步开销比率与同步效率的概念有关。

读——写比率：对于极少更新的数据结构，更多是采用“复制”而不是“分割”，并且用非对称的同步原语来保护，以提高写者同步开销的代价来降低读者的同步开销。对频繁更新的数据结构的优化也是可以的，详见第 5 章的讨论。

复杂性：并行程序比相同的串行程序复杂，这是因为并行程序要比串行程序维护更多状态，虽然这些状态在某些情况下（有规律并且结构化的）理解起来很容易。并行程序员必须考虑同步原语、消息传递、锁的设计、临界区识别以及死锁等诸多问题。

更大的复杂性通常转换成了更高的开发和维护代价。因此，对现有程序修改的范围和类型非常受代码预算的限制，因为对原有程序的性能加速需要消耗相当的时间和精力。在更糟糕的情况，

[7]屏蔽或者忽略中断。

增加复杂性甚至会降低性能和扩展性。

进一步说，在某种范围内，还可以对串行程序进行一定程度的优化，这比并行化更廉价、更有效。如 2.2.1 节所说，并行化只是众多优化中的一种，并且只是一种主要解决 CPU 是瓶颈的优化。

这些准则合在一起，会让程序达到最大程度的加速倍数。前三个准则相互交织在一起，所以本节剩下的部分将分析这三个准则的交互关系[8]。

请注意，这些准则也是需求说明的一部分。必须，加速倍数既是愿望（“越快越好”），又是工作负荷的绝对需求，或者说是“运行环境”（“系统必须至少支持每秒 100 万次的网络点击”）。

理解这些设计准则之间的关系，对于权衡并行程序的各个设计目标十分有用。

1. 程序在临界区上所花的时间越少，潜在的加速倍数就越大。这是 Amdahl 定律[Amd67]的结果，这也是因为在一个时刻只能有一个 CPU 进入临界区的原因。更确切地说，程序在某个互斥的临界区上所耗费的时间必须大大小于 CPU 数的倒数，因为这样增加 CPU 数目才能达到事实上的加速。比如在 10 核系统上运行的程序只能在关键的临界区上花费小于 1/10 的时间，这样以后才能有效地扩展。

2. 因为竞争所浪费的大量 CPU 或者时间，这些时间本来可用于提升加速倍数，应该少于可用 CPU 的数目。CPU 数和实际的加速倍数之间的差距越大，CPU 的使用越低效。同样，需要的效率越高，可以继续提升的加速倍数就越小。

3. 如果使用的同步原语相较它们保护的临界区来说开销太大，那么加速程序运行的最佳办法是减少调用这些原语的次数（比如分批进入临界区、数据所有权、非对称同步（第 9 章）或者使用粒度更粗的设计——比如代码锁）。

4. 如果临界区相较保护这块临界区的原语来说开销太大，那么加速程序运行的最佳办法是增加程序的并行化程度，比如使用读/写锁、数据锁、非对称同步或者数据所有权。

5. 如果临界区相较保护这块临界区的原语来说开销太大，并且对受保护的数据结构读多于写，那么加速程序运行的最佳办法是增加程序的并行化程度，比如读/写锁或者非对称同步。

6. 各种增加 SMP 性能的改动，比如减少锁竞争程度，能改善响应时间[Mck05c]。

小问题 6.11：所有这些情况都提到了临界区，这是不是意味着我们应该尽量使用非阻塞同步[Her90]，这样可以避免使用临界区？

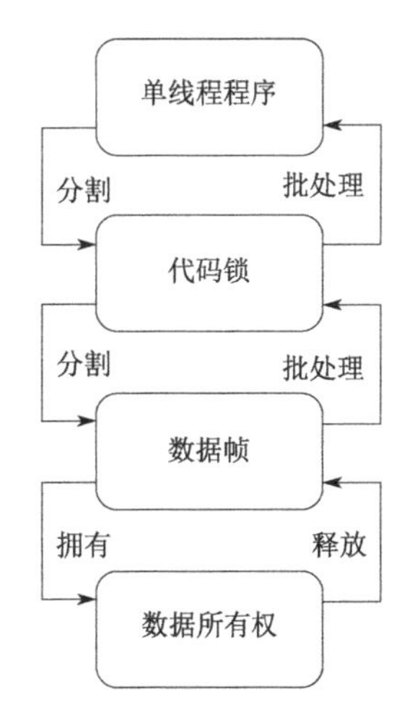

图 6.13　设计模式与锁粒度

6.3　同步粒度

图 6.13 是对同步粒度不同层次的图形表示。每一种同步粒度都用一节内容来描述。下面几节主要关注的是锁，不过其他几种同步方式也有类似的粒度问题。

[8]真实世界的并行系统还会收到其他因素的影响，比如数据结构、内存大小、多级内存的延迟、网络带宽和 I/O 等。

6.3.1 串行程序

如果程序在单处理器上运行足够快，并且不与其他进程、线程或者中断处理程序发生交互，那么你可以将代码中所有的同步原语删掉，远离它们所带来的开销和复杂性。好多年前曾有人争论摩尔定律最终会让所有程序都变得如此。但是，随着 2003 年以来 Intel CPU 的 CPU MIPS 和时钟频率增长速度的停止，见图 6.14，此后要增加性能，就必须提高程序的并行化程度[9]。是否这种趋势会导致一块芯片上集成几千个 CPU，这方面的争论不会很快停息，但是考虑到本文作者 Paul 是在一台双核笔记本上敲下这句话的，SMP 的寿命极有可能比你我都长。另一个需要注意的地方是以太网的带宽持续增长，如图 6.15 所示。这种增长会进一步促进对硬件多线程服务器的优化，这样才能有效处理通信载荷。

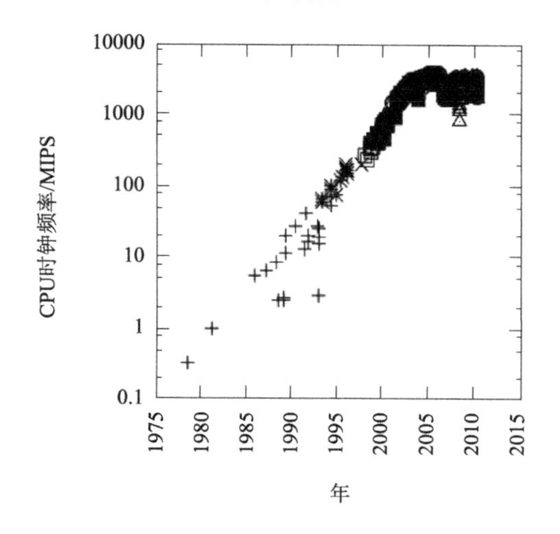

图 6.14 Intel 处理器的 MIPS/时钟频率变化趋势

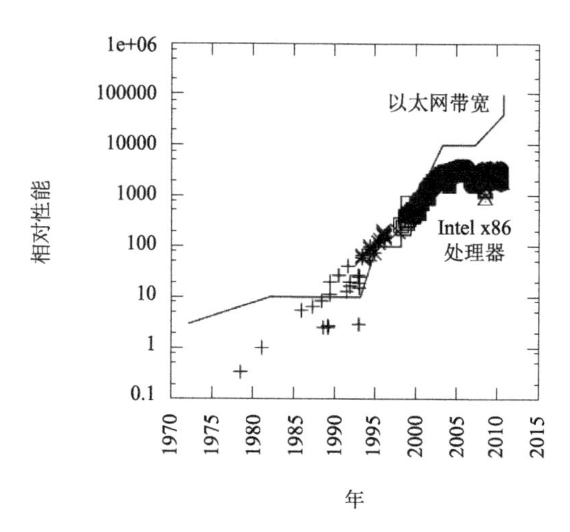

图 6.15 以太网带宽与 Intel x86 处理器的性能

请注意，这并不意味着你应该在每个程序中使用多线程方式编程。我再一次说明，如果一个程序在单处理器上运行得很好，那么你就从 SMP 同步原语的开销和复杂性中解脱出来吧。图 6.16 中哈希表查找代码的简单之美强调了这一点[10]。这里的关键点是并行化所能带来的加速仅限于 CPU 个数的提升。相反，优化串行代码带来的加速，比如精心选择的数据结构，可远不止如此。

另一方面，如果你对此不满意，继续读下去。

```
1  struct  hash_table
2  {
3    long  nbuckets;
4    struct  node  **buckets;
5  };
6
7  typedef  struct  node  {
8    unsigned  long  key;
9    struct  node  *next;
10  }  node_t;
11
```

[9]这幅图显示，新式 CPU 理论上可以在每个时钟周期执行一条或多条指令，而老式的 CPU 则需要多个时钟周期来执行哪怕最简单的指令。之所以采用这种方案，是因为新式 CPU 的这种能力只受内存性能的限制。

[10]本节的例子来自于 Hart 等人的论文[HMB06]，为了易读性，本例将多个文件集中在了一块。

```
12 int hash_search(struct hash_table *h, long key)
13 {
14   struct node *cur;
15
16   cur = h->buckets[key % h->nbuckets];
17   while (cur != NULL) {
18     if (cur->key >= key) {
19       return (cur->key == key);
20     }
21     cur = cur->next;
22   }
23   return 0;
24 }
```

图 6.16　串行版的哈希表搜索算法

6.3.2　代码锁

代码锁是最简单的设计，只使用全局锁[11]。在已有的程序上使用代码锁，可以很容易的让程序在多处理器上运行。如果程序只有一个共享资源，那么代码锁的性能是最优的。但是，许多较大且复杂的程序会在临界区上执行许多次，这就让代码锁的扩展性大大受限。

因此，你最好在这样的程序上使用代码锁，只有一小段执行时间在临界区程序，或者对扩展性要求不高。这种情况下，代码锁可以让程序相对简单，和单线程版本类似，如图 6.17 所示。但是和图 6.16 相比，因为在返回前需要释放锁，hash_search()从简单的 1 行比较语句变成了 3 行语句。

```
1 spinlock_t hash_lock;
2
3 struct hash_table
4 {
5   long nbuckets;
6   struct node **buckets;
7 };
8
9 typedef struct node {
10   unsigned long key;
11   struct node *next;
12 } node_t;
13
14 int hash_search(struct hash_table *h, long key)
15 {
16   struct node *cur;
17   int retval;
18
19   spin_lock(&hash_lock);
20   cur = h->buckets[key % h->nbuckets];
21   while (cur != NULL) {
```

[11]如果你的程序不是用数据结构中的锁，或者是 Java 中的 synchronized 关键字对类实例进行保护，而是采用“数据锁”，请看 6.3.3 节。

```
22        if (cur->key >= key) {
23          retval = (cur->key == key);
24          spin_unlock(&hash_lock);
25          return retval;
26        }
27        cur = cur->next;
28    }
29    spin_unlock(&hash_lock);
30    return 0;
31 }
```

图 6.17　基于代码锁的哈希表搜索算法

并且，代码锁尤其容易引起“锁竞争”，一种多个CPU并发访问同一把锁的情况。如果你要照顾一群小孩子（或者像小孩子一样行事的老人），你肯定能马上意识到只有一个玩具的危险，如图 6.18 所示。

该问题的一种解决办法是 6.3.3 节描述的“数据锁”。

图 6.18　锁竞争

6.3.3　数据锁

许多数据结构都可以分割，数据结构的每个部分带有一把自己的锁。这样虽然每个部分一次只能执行一个临界区，但是数据结构的各个部分形成的临界区就可以并行执行了。如果此时同步带来的开销不是主要瓶颈，那么可以使用数据锁来降低锁竞争程度。数据锁通过将一块过大的临界区分散到各个小的临界区来减少锁竞争，比如，在哈希表中为每个哈希桶设置一块临界区，如图 6.19 所示。不过这种扩展性的增强带来的是复杂性的少量提高，增加了额外的数据结构 struct bucket。

```
1 struct hash_table
2 {
3   long nbuckets;
4   struct bucket **buckets;
5 };
6
7 struct bucket {
8   spinlock_t bucket_lock;
9   node_t *list_head;
10 };
11
12 typedef struct node {
13   unsigned long key;
14   struct node *next;
15 } node_t;
16
17 int hash_search(struct hash_table *h, long key)
18 {
19   struct bucket *bp;
20   struct node *cur;
```

```
21    int  retval;
22
23    bp  =  h->buckets[key  %  h->nbuckets];
24    spin_lock(&bp->bucket_lock);
25    cur  =  bp->list_head;
26    while  (cur  !=  NULL)  {
27       if  (cur->key  >=  key)  {
28         retval  =  (cur->key  ==  key);
29         spin_unlock(&bp->hash_lock);
30         return  retval;
31       }
32       cur  =  cur->next;
33    }
34    spin_unlock(&bp->hash_lock);
35    return  0;
36  }
```

图 6.19　基于数据锁的哈希表搜索算法

和图 6.18 中所示的紧张局面不同，数据锁带来了和谐，见图 6.20，在并行程序中，这总是意味着性能和扩展性的提升。因为这个原因，Sequent[12]在它的 DYNIX 和 DYNIX/ptx 操作系统中大量使用了数据锁[BK85，Inm85，Gar90，Dov90，MD92，MG92，MS93]。

不过，那些照顾过小孩子的人可以证明，再细心的照料也不能保证一切风平浪静。同样的情况也适用于 SMP 程序。比如，Linux 内核维护了一种文件和目录的缓存（叫作“dcache”）。该缓存中的每个条目都有一把自己的锁。但是相较于其他条目，对应根目录的条目和它的直接后代更容易被遍历到。这将导致许多 CPU 竞争这些热门条目的锁，就像图 6.21 中所示的情景。

图 6.20　数据锁

图 6.21　数据锁出现问题

在动态分配结构中，数在许多情况下，可以设计算法来减少数据冲突的次数，某些情况下甚至可以完全消灭冲突（像 Linux 内核中的 dcache 一样[MSS04]）。数据锁通常用于分割像哈希表一样的数据结构，也适用于每个条目用某个数据结构的实例表示这种情况。2.6.17 内核的任务链表就是后者的例子，每个任务结构都有一把自己的 `proc_lock` 锁。

数据锁的关键挑战是对动态分配数据结构加锁，如何保证在获取锁时结构本身还存在。图 6.19

---

[12]译者注：一家作者曾经工作过 10 年的公司。

中的代码通过将锁放入静态分配并且永不释放的哈希桶，解决了上述挑战。但是，这种手法不适用于哈希表大小可变的情况，所以锁也需要动态分配。在这种情况，还需要一些手段来阻止哈希桶在锁被获取后这段时间内释放。

小问题 6.12：当结构的锁被获取时，如何防止结构被释放呢？

6.3.4 数据所有权

数据所有权方法按照线程或者 CPU 的个数分割数据结构，在不需任何同步开销的情况下，每个线程或者 CPU 都可以访问属于它的子集。但是如果线程 A 希望访问另一个线程 B 的数据，那么线程 A 是无法直接做到这一点的。取而代之的是，线程 A 需要先与线程 B 通信，这样线程 B 以线程 A 的名义执行操作，或者，另一种方法，将数据迁移到线程 A 上来。

数据所有权看起来很神秘，但是却应用得十分频繁。

1. 任何只能被一个 CPU 或者一个线程访问的变量（C 或者 C++中的 `auto` 变量）都属于这个 CPU 或者这个进程。

2. 用户接口的实例拥有对应的用户上下文。这在与并行数据库引擎交互的应用程序中十分常见，让并行引擎看起来就像顺序程序一样。这样的应用程序拥有用户接口和当前的操作。显式的并行化只在数据库引擎内部可见。

3. 参数模拟，通常授予每个线程一段特定的参数区间，以此达到某种程度的并行化。有一些计算平台专门用来解决这类问题[UoC08]。

如果共享比较多，线程或者 CPU 见的通信会带来较大的复杂性和通信开销。不仅如此，如果最热的数据正好被一个 CPU 拥有，那么这个 CPU 就成为了“热点”，有时就会导致图 6.21 中的类似情况。不过，在不需要共享的情况下，数据所有权可以达到理想性能，代码也可以像图 6.16 中所示的顺序程序例子一样简单。最坏情况通常被称为“尴尬的并行化”，而最好情况，则像图 6.20 中所示一样。

另一个数据所有权的重要用法是当数据是只读时，这种情况下，所有线程可以通过“复制”来“拥有”数据。

第 8 章将会进一步讨论数据所有权。

6.3.5 锁粒度与性能

本节以一种数学上的同步效率的视角，将视线投向锁粒度和性能。对数学不感兴趣的读者可以跳过本节。

本节使用的方法是用一种关于同步机制效率的粗略队列模型，该模型只操作一个基于 M/M/1 队列的共享全局变量。M/M/1 排队模型是基于服从指数分布的“到达间隔速率”(inter-arrivalrate) λ 和“服务速率”(servicerate) μ。到达间隔速率 λ 可以被认为是系统在无需同步时每秒可以处理的同步操作的平均数量，换句话说，λ 是对每个非同步工作单元的开销的反向度量。例如，如果每个工作单元是一个事务（transaction），并且如果每个事务花费 1ms 来处理，排除同步开销，则 λ 将是每秒 1000 个事务。

服务速率 μ 的定义与之类似，如果每个事务的开销为零，并且忽略 CPU 必须彼此等待以完成它们的同步操作的事实，服务速率等于系统每秒可处理的同步操作的平均数量。换句话说，μ 可以被粗略地认为是在没有竞争的情况下的同步开销。例如，假设每个同步操作都涉及原子增量指令，并且计算机系统能够在每个 CPU 上以每 25ns 的速率对私有变量进行原子增量[13]。因此 μ 的值约为每秒 4000 万个原子增量。

当然，λ 的值随着 CPU 数量的增加而增加，因为每个 CPU 都能够独立地处理事务（同样，忽略同步）。

$$\lambda = n\lambda_0 \tag{6.1}$$

其中 n 是 CPU 的数量，λ_0 是单个 CPU 的事务处理能力。请注意，单个 CPU 执行单个事务的预期时间为 $1/\lambda_0$。

因为 CPU 必须在后面“等待”以获得它们增加单个共享变量的机会，所以我们可以使用 M/M/1 排队模型表达式来获得预期的总等待时间。

$$T = \frac{1}{\mu - \lambda} \tag{6.2}$$

代入 λ 的值。

$$T = \frac{1}{\mu - n\lambda_0} \tag{6.3}$$

现在，效率只是在除开同步以外处理事务所需时间（$1/\lambda_0$）到包括同步（$T+1/\lambda_0$）后处理事务所需时间之间的比率。

$$e = \frac{1/\lambda_0}{T + 1/\lambda_0} \tag{6.4}$$

代入 T 的值并简化。

$$e = \frac{\frac{\mu}{\lambda_0} - n}{\frac{\mu}{\lambda_0} - (n-1)} \tag{6.5}$$

但 μ/λ_0 的值只是处理事务所需时间（无同步开销）对同步开销本身（无竞争）的比率。如果我们把这个比率称为 f，我们有

$$e = \frac{f - n}{f - (n-1)} \tag{6.6}$$

图 6.22 将同步效率 e 作为 CPU /线程数 n 的函数，绘制了几个开销比率 f 的同步效率。再次用 25ns 的原子增量举例，f = 10 的曲线对应于每个 CPU 以每 250ns 的频率尝试原子增量，而 f = 100 曲线对应于每个 CPU 以每 2.5μs 的频率尝试原子增量，每个原子增量对应几千条指令。因为每条曲线都随着 CPU 或线程的数量增长而急剧减少，我们可以得出结论，如果在当前的硬件上大量使用，基于单个全局共享变量的原子操作的同步机制扩展性不佳。这就是我们在第 5 章讨论为什么要采用并行计数算法原因的数学描述。

即使在具有很少或没有同步开销的情况下，效率的概念也是很有用的。例如矩阵乘法，一个矩阵的列与另一个矩阵的行相乘（称为“点积”），生成第三个矩阵中的一个值。因为这些操作相互之间不冲突，所以可以用一组线程来分割第一个矩阵的列，每个线程计算结果矩阵的相应列。因此，线程之间可以完全独立操作，而无需任何同步开销，如 `matmul.c` 中所做的那样。这样，人们可能期望并行矩阵乘法具有 1.0 的完美效率。

---

[13] 当然如果有 8 个 CPU 对同一个变量进行原子增量，每个 CPU 在消耗自己的 25ns 之前，必须等待至少 175ns，来让其他 CPU 完成对变量的增量。事实上，这个等待还需更久，因为需要将数据从一个 CPU 搬到另一个 CPU。

然而，图 6.23 说明了一个不同的故事，特别是对于 64 乘 64 矩阵乘法而言，即使在运行单线程时，它也不会超过约 0.7 的效率。仅仅使用 10 个线程，512 乘 512 矩阵乘法的效率就可靠地小于 1.0，使用几十个线程的 1024 乘 1024 矩阵乘法甚至明显地偏离完美效率。然而，这个数字清楚地表明了批处理在性能和可扩展性上的好处：如果你必须承担同步开销，使用批处理可以物有所值。

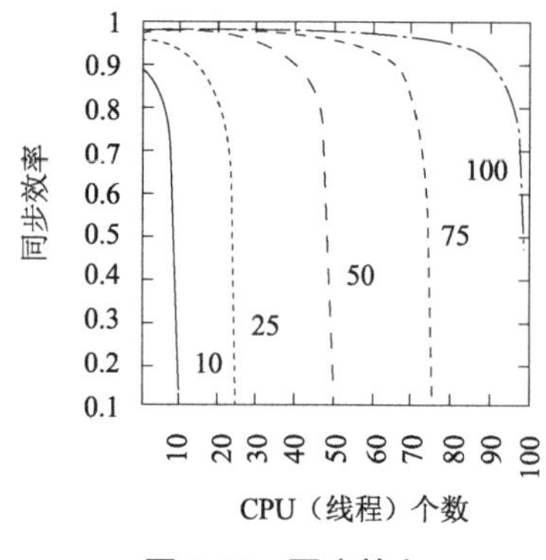

图 6.22 同步效率

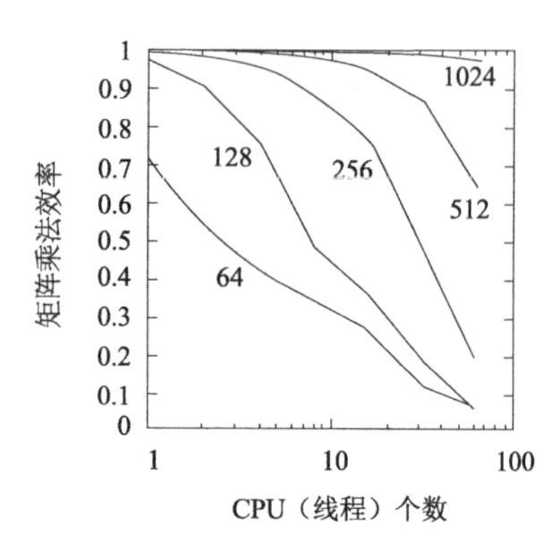

图 6.23 矩阵乘法的效率

小问题 6.13：单线程 64 x 64 矩阵多线程如何能够具有小于 1.0 的效率？当仅在一个线程上运行时，图 6.23 中的所有曲线不应该都具有精确的 1.0 的效率吗？

鉴于这些低下的效率，值得研究更多可扩展的方法，比如 6.3.3 节中描述的数据锁或下一节中讨论的并行快速路径方法。

小问题 6.14：数据并行技术如何帮助矩阵乘法？它已经是数据并行了吧！

6.4 并行快速路径

细粒度（通常带来更高的性能）的设计一般要比粗粒度的设计复杂。在许多情况下，一小部分代码带来了绝大部分开销[Knu73]。所以为什么不把精力放在这一小块代码上？

这就是并行快速路径设计模式背后的想法，尽可能地并行化常见情况下的代码路径，同时不产生并行化整个算法所带来的复杂性。你必须理解这一点，不只算法需要并行化，算法所属的工作负载也要并行化。构建这种并行快速路径，需要极大的创造性和设计上的努力。

并行快速路径结合了两种以上的设计模式（快速路径和其他的模式），因此成为了一种模板设计模式。下列并行快速路径的实例结合了其他设计模式，如图 6.24 所示。

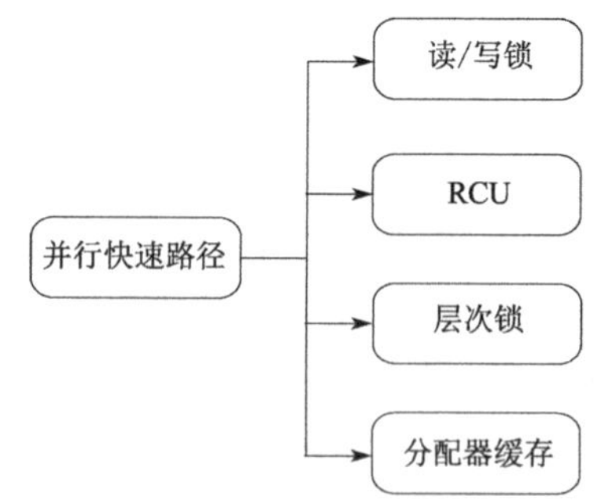

图 6.24 并行快速路径的设计模式

1. 读/写锁（6.4.1 节将描述）。
2. Read-Copy-Update（RCU），多数作为读/写锁的高性能代替者使用，将在 9.3 节介绍，本章中不会对其进行深入讨论。
3. 层次锁[Mck96]，6.4.2 节将进行介绍。
4. 资源分配器缓存[McK96，MS93]。6.4.3 节将进行介绍。

6.4.1　读/写锁

如果同步开销可以忽略不计（比如程序使用了粗粒度的并行化），并且只有一小段临界区修改数据，那么让多个读者并行处理可以显著地提升扩展性。写者与读者互斥，写者和另一写者也互斥。图 6.25 显示了哈希搜索如何用读/写锁实现。

```
1 rwlock_t hash_lock;
2
3 struct hash_table
4 {
5   long nbuckets;
6   struct node **buckets;
7 };
8
9 typedef struct node {
10   unsigned long key;
11   struct node *next;
12 } node_t;
13
14 int hash_search(struct hash_table *h, long key)
15 {
16   struct node *cur;
17   int retval;
18
19   read_lock(&hash_lock);
20   cur = h->buckets[key % h->nbuckets];
21   while (cur != NULL) {
22     if (cur->key >= key) {
23       retval = (cur->key == key);
24       read_unlock(&hash_lock);
25       return retval;
26     }
27     cur = cur->next;
28   }
29   read_unlock(&hash_lock);
30   return 0;
31 }
```

图 6.25　基于读/写锁的哈希表搜索算法

读/写锁是非对称锁的一种简单实例。Snaman[ST87]描述了一种在许多集群系统上使用的非对称锁，该锁有 6 个模式，其设计令人叹为观止。第 7 章进一步介绍了普通锁和读/写锁的许多详细信息。

6.4.2　层次锁

层次锁背后的想法是，在持有一把粗粒度的锁时，同时再持有一把细粒度的锁。图 6.26 显示了如何采用层次锁的方式实现哈希表搜索，不过这也显示了该方法的重大弱点：我们付出了获取第二把锁的开销，但是我们只持有它一小段时间。在这种情况下，简单的数据锁方法则更简单，而且性能更好。

```
1 struct hash_table
2 {
```

```
3   long nbuckets;
4   struct bucket **buckets;
5 };
6
7 struct bucket {
8   spinlock_t bucket_lock;
9   node_t *list_head;
10 };
11
12 typedef struct node {
13   spinlock_t node_lock;
14   unsigned long key;
15   struct node *next;
16 } node_t;
17
18 int hash_search(struct hash_table *h, long key)
19 {
20   struct bucket *bp;
21   struct node *cur;
22   int retval;
23
24   bp = h->buckets[key % h->nbuckets];
25   spin_lock(&bp->bucket_lock);
26   cur = bp->list_head;
27   while (cur != NULL) {
28     if (cur->key >= key) {
29       spin_lock(&cur->node_lock);
30       spin_unlock(&bp->bucket_lock);
31       retval = (cur->key == key);
32       spin_unlock(&cur->node_lock);
33       return retval;
34     }
35     cur = cur->next;
36   }
37   spin_unlock(&bp->bucket_lock);
38   return 0;
39 }
```

图 6.26 基于层次锁的哈希表搜索算法

小问题 6.15：哪种情况下使用层次锁最好？

6.4.3 资源分配器缓存

本节展示了一种简明扼要的并行内存分配器，用于分配固定大小的内存。更多信息请见[MG92，MS93，BA01，MSK01]等书，或者参见 Linux 内核[Tor03]。

6.4.3.1 并行资源分配问题

并行内存分配器锁面临的基本问题，是在大多数情况下快速地分配和释放内存，和在特殊情况下高效地分配和释放内存之间的矛盾。

假设有一个使用了数据所有权的程序——该程序简单地将内存按照 CPU 数划分，这样每个 CPU 都有专属自己的一份内存。例如，该系统有 2 个 CPU 和 2G 内存（和我正在敲字的这台电脑一样）。我们可以为每个 CPU 分配 1G 内存，这样每个 CPU 都可以访问属于自己的那一半内存，无须加锁，以及不必关心锁带来的复杂性和开销。可是这种简单的模型存在问题，如果有一种算法，让 CPU0 分配所有内存，让 CPU1 释放所有内存，就像生产者-消费者算法中的做法一样，这样模型就失效了。

另一个极端，代码锁，则受到大量锁竞争和通信开销的影响[MS93]。

6.4.3.2　资源分配的并行快速路径

常见的解决方案让每个 CPU 拥有一块规模适中的内存块缓存，以此作为快速路径，同时提供一块较大的共享内存池分配额外的内存块，该内存池用代码锁保护。为了防止任何 CPU 独占内存块，我们给每个 CPU 的缓存可以容纳的内存块大小做一限制。在双核系统中，内存块的数据流如图 6.27 所示，当某个 CPU 的缓存池已满时，该 CPU 释放的内存块被传送到全局缓存池中，类似地，当 CPU 缓存池为空时，该 CPU 所要分配的内存块也是从全局缓存池中取出来。

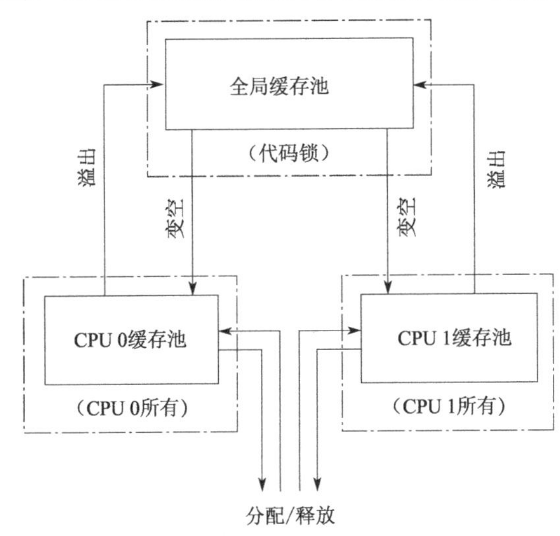

图 6.27　分配器缓存概要图

6.4.3.3　数据结构

图 6.28 是一个“玩具式”缓存分配器的数据结构。图 6.27 的全局缓存池由 `globalmem` 实现，类型为 `strcut globalmempool`，两个 CPU 的缓存池是由每 CPU 变量 `percpumem` 实现，类型为 `struct percpumempool`。这两个数据结构都有一个 `pool` 字段，作为指向内存块的指针数组，从下标 0 开始向上填充。这样，如果 `globalmem.pool[3]` 为 `NULL`，那么从下标 4 开始的数组成员都为 `NULL`。`cur` 字段包含 `pool` 数组中下标最大的非空元素，为-1 则表示所有 `pool` 数组的成员为空。从 `globalmem.pool[0]` 到 `globalmem.pool[globalmem.cur]` 的所有成员必须非空，而剩下的成员必须为空[14]。

```
1 #define  TARGET_POOL_SIZE  3
2 #define  GLOBAL_POOL_SIZE  40
3
```

[14]两个内存池的容量（`TARGET_POOL_SIZE` 和 `GLOBAL_POOL_SIZE`）都非常小，实际的实现会比这大得多。但是这个容量足以让我们逐步剖析整个分配的流程。

```
4  struct globalmempool {
5    spinlock_t mutex;
6    int cur;
7    struct memblock *pool[GLOBAL_POOL_SIZE];
8  } globalmem;
9
10 struct percpumempool {
11   int cur;
12   struct memblock *pool[2 * TARGET_POOL_SIZE];
13 };
14
15 DEFINE_PER_THREAD(struct percpumempool,percpumem);
```

图 6.28　分配器缓存数据结构

对内存池数据结构的操作见图 6.29，图中的 6 个格子代表 pool 字段中的数据指针，他们前面的数字代表 cur 字段。深色的格子代表非空的指针，浅色的格子代表 NULL 指针。虽然有些让人迷惑，但是请注意该数据结构有一个重要的性质，cur 字段总是比非空指针的个数少一个。

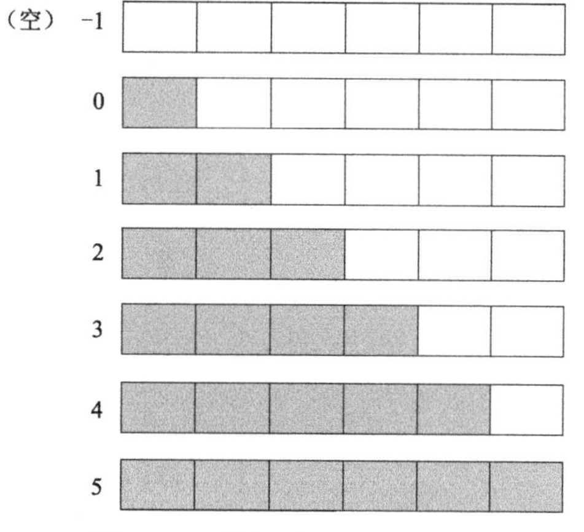

图 6.29　分配器缓冲池示意图

6.4.3.4　分配函数

图 6.30 是分配函数 memblock_alloc()。第 7 行获得当前线程的每线程缓存池，第 8 行检查缓存池是否为空。

```
1  struct memblock
*memblock_alloc(void)
2  {
3    int i;
4    struct memblock *p;
5    struct percpumempool *pcpp;
6
7    pcpp = &__get_thread_var(percpumem);
8    if (pcpp->cur < 0) {
9       spin_lock(&globalmem.mutex);
10       for (i = 0; i < TARGET_POOL_SIZE &&
11         globalmem.cur >= 0; i++) {
12         pcpp->pool[i] =
                     globalmem.pool[globalmem.cur];
13         globalmem.pool[globalmem.cur--] = NULL;
14       }
15       pcpp->cur = i - 1;
16       spin_unlock(&globalmem.mutex);
17    }
18    if (pcpp->cur >= 0) {
19       p = pcpp->pool[pcpp->cur];
```

```
20        pcpp->pool[pcpp->cur--] = NULL;
21        return p;
22     }
23     return NULL;
24  }
```

图 6.30　分配器缓存的分配函数

如果为空，第 9 至 16 行尝试从全局缓存池中取出内存块，填满每线程缓存池，第 9 行获取自旋锁，第 16 行释放自旋锁。第 10 至 14 行从全局缓存池中取出内存块，移至每线程缓存池，直到每线程缓存池达到目标大小（半满）或者全局缓存池耗尽为止，第 15 行将每线程缓存池的 cur 字段设置成合适大小。

接下来，第 18 行检查每线程缓存池是否还是为空，如果不是，第 19 至 21 行取出一个内存块返回。如果为空，第 23 行返回内存耗尽的不幸消息。

6.4.3.5　释放函数

图 6.31 是内存块的释放函数。第 6 行获取当前线程的缓存池指针，第 7 行检查该缓存池是否已满了。

```
1  void memblock_free(struct memblock *p)
2  {
3     int i;
4     struct percpumempool *pcpp;
5
6     pcpp = &__get_thread_var(percpumem);
7     if (pcpp->cur >= 2 * TARGET_POOL_SIZE - 1)
      {
8        spin_lock(&globalmem.mutex);
9        for (i = pcpp->cur;
              i >= TARGET_POOL_SIZE; i--) {
10          globalmem.pool[++globalmem.cur] =
                                    pcpp->pool[i];
11          pcpp->pool[i] = NULL;
12       }
13       pcpp->cur = i;
14       spin_unlock(&globalmem.mutex);
15    }
16    pcpp->pool[++pcpp->cur] = p;
17 }
```

图 6.31　分配器缓存的释放函数

如果是，第 8 至 15 行将每线程缓存池一半的内存块释放给全局缓存池，第 8 行和第 14 行获取、释放自旋锁。第 9 至 12 行是一个循环，将内存块从本地移至全局缓存池，第 13 行将每线程缓存池的 cur 字段设置为合适的大小。

接下来，第 16 行将刚刚释放的内存块放入每线程缓存池。

6.4.3.6 性能

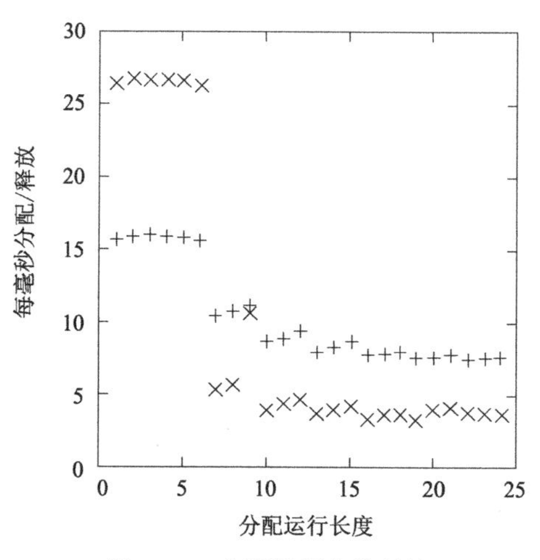

图 6.32 分配器缓存的性能

图 6.32 是粗略的性能数据[15]，在 1Ghz（每个 CPU 4300 bogomips[16]）的双核 Intel x86 处理器上运行，每个 CPU 的高速缓存至多可以装下 6 个内存块。在这个微型的基准程序中，每个线程重复分配一组内存块，然后释放，一组内存块的数目以“分配运行长度”的名字显示在 x 轴上。y 轴是每毫秒成功分配/释放的数目——失败的分配不计入内，“+”来自于单线程的运行结果。

从图中可以发现，运行长度在 6 之前拥有线性的扩展性，性能也非常优秀，不过当运行长度大于 6 以后，性能开始变得低下，扩展性甚至为负值。鉴于此，将 `TARGET_P OOL_SIZE` 设置的足够大非常重要，幸运的是在实践中很容易做到这点[MSK01]，尤其是内存容量疯涨的今天。比如，在大多数系统中，将 `TARGET_POOL_SIZE` 设置为 100 是很合理的，这样至少可以保证有 99%的时间内存是通过每线程缓存池分配和释放的。

从图中可知，在常规情况使用数据所有权思想的例子相较于使用锁的版本，极大地提升了性能。在常规情况中避免使用锁，正是本书不断重复的主题。

小问题 6.16: 图 6.32 中存在一个模式，每三个样本为一组，增加同一组内每个样本运行长度，性能会提升，比如 10、11 和 12。这是为什么？

小问题 6.17: 当运行长度为 19 或更大时，双线程测试开始出现分配失败。如果全局缓存池的大小为 40，每线程缓存池的大小 s 为 3，线程个数 n 为 2，假设每线程缓存池最开始为空，也就是说当前没有处于正在使用中的内存，那么可以出现分配失败的最小分配运行长度是多少？（回想之前的做法，每个线程先分配 m 个内存块，然后释放 m 个内存块，不断重复。）而在另一种情况，如果 n 个线程，每个线程的缓存池大小为 s，并且每个线程首先分配 m 个内存块，然后释放 m 个内存块，不断重复，那么全局缓存池应该为多大？注意，想要得出正确的答案，需要读者仔细阅读 `smpalloc.c` 的源代码。一行一行仔细读，我已经警告你了！

6.4.3.7 真实世界中的设计

虽然并行的“玩具”资源分配器非常简单，但是真实世界中的设计在几个方面上继续扩展了这个方案。

首先，真实的资源分配器需要处理各种不同的资源大小，在“玩具”中只能分配固定大小。一种比较流行的做法是提供一系列固定大小的资源，恰当地放置以平衡内碎片和外碎片，比如 20 世纪 80 年代后期的 BSD 内存分配器[MK88]。这样做就意味着每种资源大小都要有一个“globalmem”变量，同样对应的锁也要每种一个，因此真实的实现将采用数据锁，而非“玩具”程序中的代码锁。

其次，产品级的系统必须可以改变内存的用途，这意味着这些系统必须能将内存块组合成更大

---

[15]图中数据不是用统计方式获取的，因此读者应对这些数据抱有怀疑。第 11 章讨论了一些好的数据收集和数据缩减方法。比如，通过重复执行来获得类似的结果，同时结果与对算法的详细分析相符。

[16]译者注，Bogomips 是 Linux 内核在启动时对处理器速度的一种不准确估计，用于校准一些内部循环的延时。

的数据结构，比如页[MS93]。这种组合也需要锁的保护，这种锁也必须是专属于每种资源大小的。

第三，组合后的内存必须回到内存管理系统，内存页也必须是从内存管理系统分配的。这一层面所需要的锁将依赖于内存管理系统，但也可以是代码锁。在这一层面中使用代码锁通常是可以容忍的，因为在设计良好的系统中很少触及这一级别[MSK01]。

尽管真实世界的设计要复杂许多，但背后的思想是一样的——对并行快速路径这一原则的反复利用，如表 6.1 所示。

表 6.1　真实世界中的并行分配器

等　级	锁 类 型	目　的
每线程资源池	数据所有权	高速分配
全局内存块资源池	数据锁	将内存块放在各个线程中
组合	数据锁	将内存块放在页中
系统内存	代码锁	获取、释放系统内存

6.5　分割之外

本章讨论了如何运用数据分割这一思想，来设计既简单又能线性扩展的并行程序。6.3.4 节提到过一些使用数据复制的可能性，这些会在 9.3 节中得到集中体现。

运用分割和复制的主要目标是达到线性的加速倍数，换句话说，确保需要做的工作不会随着 CPU 或者线程的增长而显著增长。通过分割或者复制可以解决尴尬的并行问题，使其可以线性加速。但是我们还能做得更好吗？

为了回答这个问题，让我们来看一看迷宫问题。千年以来，迷宫问题一直是个令人着迷的研究对象[Wik12]，所以请读者不要感到意外，计算机可以生成并且解决迷宫问题，其中包括生物计算机[Ada11]、GPGPU[Eri08]甚至是一些可插拔硬件[KFC11]。大学有时会将迷宫的并行解法布置成课程作业[ETH11, Uni10]，作为展示并行计算框架优点的工具[Fos10]。

常见的解法是使用一个并行工作队列的算法（PWQ）[ETH11，Fos10]。本节比较 PWQ 方法、串行解法（SEQ）和使用了另一种并行算法的解法，这些方法都能解决任何随机生成的矩形迷宫问题。6.5.1 节讨论了 PWQ。6.5.2 节讨论了使用另一种并行算法的解法。6.5.3 节分析了该算法不同寻常的性能。6.5.4 节用该算法衍生出另一种串行算法，但性能有所改善。6.5.5 节做了进一步的性能比较，最后 6.5.6 节讨论了未来的发展方向，并作出总结评论。

6.5.1　使用工作队列的迷宫问题并行解法

PWQ 以 SEQ 为基础，SEQ 的代码见图 6.33（maze_seq.c）。迷宫由一个二维数组和一个基于一维数组的工作队列表示，工作队列取名为->visited。

```
1  int maze_solve(maze *mp, cell sc, cell ec)
2  {
3    cell c = sc;
4    cell n;
5    int vi = 0;
```

```
6
7    maze_try_visit_cell(mp, c, c, &n, 1);
8    for (;;) {
9      while (!maze_find_any_next_cell(mp, c, &n)) {
10       if (++vi >= mp->vi)
11         return 0;
12       c = mp->visited[vi].c;
13     }
14     do {
15       if (n == ec) {
16         return 1;
17       }
18       c = n;
19     } while (maze_find_any_next_cell(mp, c, &n));
20     c = mp->visited[vi].c;
21   }
22 }
```

图 6.33　SEQ 的伪代码

第 7 行访问了迷宫入口格，第 8 至 21 行的循环每次遍历从起点出发的相邻一格。第 9 至 13 行扫描->visited[]数组来寻找相邻格中是否有已经访问过的格子。第 14 至 19 行的循环遍历从相邻格出发的子迷宫。第 20 行为外循环初始化下一次的访问。

```
1  int maze_try_visit_cell(struct maze *mp, cell c,
2                          cell t, cell *n, int d)
3  {
4    if (!maze_cells_connected(mp, c, t) ||
5        (*celladdr(mp, t) & VISITED))
6      return 0;
7    *n = t;
8    mp->visited[mp->vi] = t;
9    mp->vi++;
10   *celladdr(mp, t) |= VISITED | d;
11   return 1;
12 }
13
14 int maze_find_any_next_cell(struct maze *mp, cell c,
15                             cell *n)
16 {
17   int d = (*celladdr(mp, c) & DISTANCE) + 1;
18
19   if (maze_try_visit_cell(mp, c, prevcol(c), n, d))
20     return 1;
21   if (maze_try_visit_cell(mp, c, nextcol(c), n, d))
22     return 1;
23   if (maze_try_visit_cell(mp, c, prevrow(c), n, d))
24     return 1;
25   if (maze_try_visit_cell(mp, c, nextrow(c), n, d))
```

```
26      return 1;
27    return 0;
28  }
```

图 6.34 SEQ 的辅助函数伪代码

图 6.34（maze.c）的第 1 至 12 行是 maze_try_visit_cell()的伪代码。第 4 行检查格子 c 和 *n* 是否相邻并且连接，第 5 行检查是否还未访问过格子 *n*。celladdr()函数返回指定格子的地址。如果两个检查结果都是否，第 6 行返回失败。第 7 行将格子 t 作为下一个格子，第 8 行把此格记录在->visited[]数组的下一个空位。第 9 行表示该数组空位现在已经被占据，第 10 行将此格标记为已访问，同时记录距离迷宫入口的距离。第 11 行返回成功。

图中第 14 至 28 行是 maze_find_any_next_cell()的伪代码。第 17 行将当前格子距离迷宫入口的距离加 1，第 19、21、23 和 25 行检查相邻方向的格子，如果对应格子是一个连接且未访问过的格子，第 20、22、24 和 26 行返回真。prevcol()、nextcol()、prevrow()和 nextrow()都是做数组下标转换的相应操作。如果没有任何一个格子符合要求，第 27 行返回假。

如图 6.35 所示，迷宫中走过的路径，由从起点出发走过的格子个数表示。起点位于左上角，终点位于右下角。从终点出发，可以按照连续下降的格子个数原路返回。

并行工作队列解法是对图 6.33 和 6.34 中所示算法的简单并行化。图 6.33 中第 10 行必须使用先取出下标再自增的办法，而且必须在多个线程之间共享本地变量 vi。图 6.34 中的第 5 行和第 10 行必须放入一个 CAS 循环中，CAS 的失败则表明迷宫中存在环。该图的第 8 至 9 行必须使用先取值再自增的方法，来解决对->visited[]数组中元素的并发访问。

相较于 SEQ，该方法在主频 2.5GHz 的双核 Lenovo™ W500 电脑上性能提升显著。图 6.36 给出了两个算法运行时间的累积分布函数（CDF）对比，数据来自在 500 个随机生成的 500×500 矩形迷宫上的运行结果。有趣的是，两种方法在图中 x 轴有一部分重叠，6.5.3 节将会讨论这个现象。

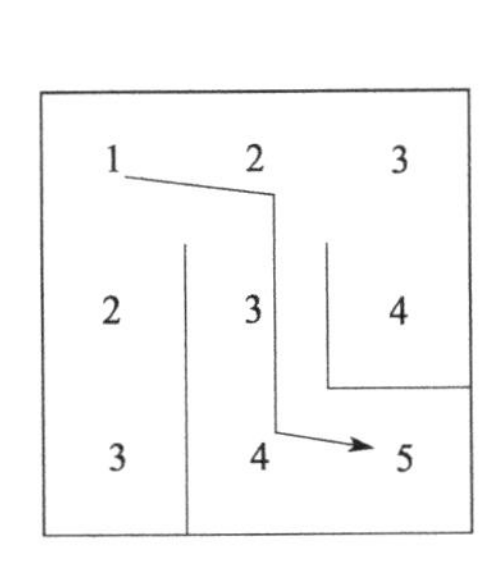

图 6.35 迷宫路径跟踪

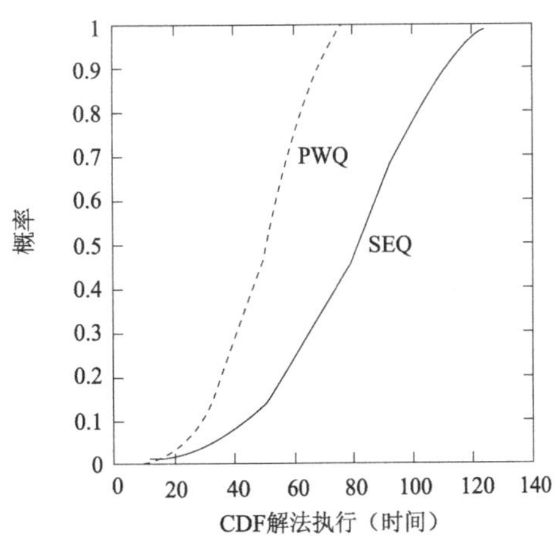

图 6.36 SEQ 和 PWQ 的运行时间 CDF 对比

另一个有趣的地方是，适用于 SEQ 的路径跟踪方法，也同样适用于 PWQ。不过这也揭示了 PWQ 的重大缺点，任意时间只能有最多一个线程在最终路径上有所推进。6.5.2 节将提到如何解决这一问题。

6.5.2 另一种迷宫问题的并行解法

年轻一代的研究者通常认为从迷宫两头同时开始计算比较好，这一点近来反复地在自动解决迷宫问题的文献中出现[Uni10]。这个方法运用了分割思想，无论在并行操作系统层面[BK85，Inm85]还是并行应用程序层面[Pat10]，都是一种非常有效的并行化策略。本节采用了两头同时开始的方法，使用两个子线程在迷宫的两头同时开始计算，同时也对性能和扩展性进行简单地讨论。

分割后的并行算法（PART）见图 6.37（`maze_part.c`），与 SEQ 类似但又有几个重要区别。首先，每个子线程都有自己的 `visited` 数组，见第 1 行，初始值为[1，-1]，由父线程传入。第 7 行将指向这个数组的指针放入每线程变量 `myvisited` 中，以便辅助函数访问，同样再把一个本地访问下标的指针放入每线程变量 `myvi`。其次，父线程以两个子线程的名义分别访问了迷宫两端的第一个格子，子线程在第 8 行获取了这一信息。第三，一旦一个线程找到了被另一个线程访问过的格子，迷宫问题就被解决了。当 `maze_try_visit_cell()` 检测到这点时，它会设置迷宫结构体的`->done` 字段。第四，每个子线程必须定期检查`->done` 字段，见第 13、18 和 23 行。`ACESS_ONE()`原语必须关闭任何可能导致预读或者重新从内存中读取值的 CPU 优化。C++1x 的 volatile 就放松了对从内存取值的限制[Bec11]。最后，`maze_find_and_next_cell()`函数必须使用 CAS 操作标记已访问的格子，不过除了线程的 `create()`和 `join()`之外，这里并无其他对执行顺序的要求。

```
1   int maze_solve_child(maze *mp, cell *visited, cell sc)
2   {
3     cell c;
4     cell n;
5     int vi = 0;
6
7     myvisited = visited; myvi = &vi;
8     c = visited[vi];
9     do {
10      while (!maze_find_any_next_cell(mp, c, &n)) {
11        if (visited[++vi].row < 0)
12          return 0;
13        if (ACCESS_ONCE(mp->done))
14          return 1;
15        c = visited[vi];
16      }
17      do {
18        if (ACCESS_ONCE(mp->done))
19          return 1;
20        c = n;
21      } while (maze_find_any_next_cell(mp, c, &n));
22      c = visited[vi];
23    } while (!ACCESS_ONCE(mp->done));
24    return 1;
25  }
```

图 6.37　分割后的并行解法伪代码

maze_find_any_next_cell()的伪代码与图 6.34 中的一样，但是 maze_try_visit_cell()的伪代码有些不同，如图 6.38 所示。第 8、9 行检查是否两个格子相连，如果不相连则返回失败。第 11 至 18 行的循环试图将新格子标记为已访问。第 13 行检查新格子是否已经被访问过，如果是则第 16 行返回失败，但是如果第 14 行检测到我们发现了另一个线程访问过的格子，第 15 行表明我们已经找到了迷宫的解法。第 19 行更新格子，第 20 行和第 21 行更新本线程的已访问数组，第 22 行返回成功。

```
1  int maze_try_visit_cell(struct maze *mp, int c, int t,
2                              int *n, int d)
3  {
4    cell_t t;
5    cell_t *tp;
6    int vi;
7
8    if (!maze_cells_connected(mp, c, t))
9      return 0;
10   tp = celladdr(mp, t);
11   do {
12     t = ACCESS_ONCE(*tp);
13     if (t & VISITED) {
14       if ((t & TID) != mytid)
15         mp->done = 1;
16       return 0;
17     }
18   } while (!CAS(tp, t, t | VISITED | myid | d));
19   *n = t;
20   vi = (*myvi)++;
21   myvisited[vi] = t;
22   return 1;
23 }
```

图 6.38　分割后的并行解法辅助函数的伪代码

性能测试显示出一点小小的意外，如图 6.39 所示。尽管只用了两个线程，PART 的中位数运行时间（17ms）比 SEQ（79ms）快 4 倍多。

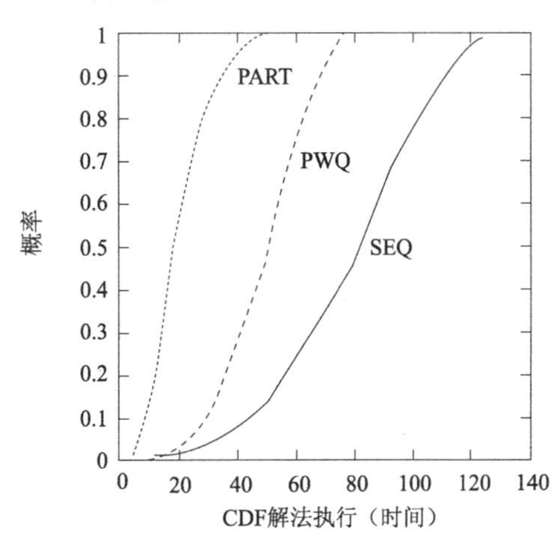

图 6.39　SEQ、PWQ 和 PART 运行时间的 CDF 对比

6.5.3 性能比较 I

对于性能测试中出现的异常，（作者的）第一反应是检查代码是否有 BUG。虽然算法找出了正确的解法，但是图 6.39 的 CDF 图假设数据点之间相互独立。不过这里并没有问题，性能测试随机生成迷宫，然后用各种算法计算迷宫的解法。因此有必要画出各种算法在不同迷宫上运行时间比例的 CDF 图，如图 6.40 所示，该图中 CDF 的重叠减少了很多。该图显示，对于某些迷宫，PART 比 SEQ 快将近 40 倍。相反，PWQ 的速度从未超过 SEQ 的两倍。两个线程就能带来 40 倍的性能提升，这当然需要一个解释。毕竟这并不只是那种所谓的“令人尴尬的并行化”，增加线程个数并不增加整体开销。相反，这简直是令人震惊的并行化，增加线程个数大大降低了整体开销，从而带来了对数级的超线性性能提升。

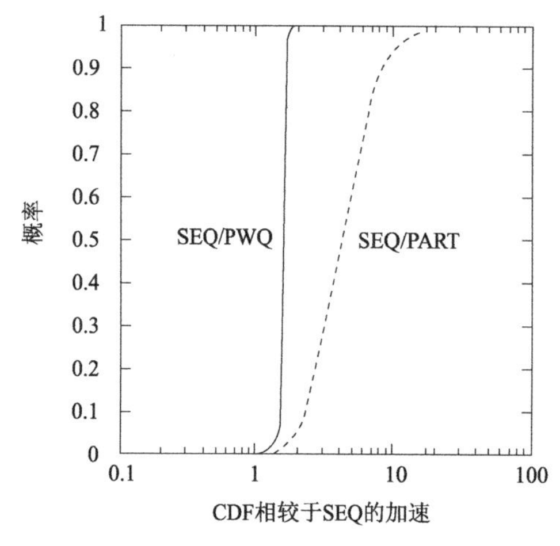

图 6.40 SEQ/PWQ 和 SEQ/PART 的运行时间比例的 CDF 对比

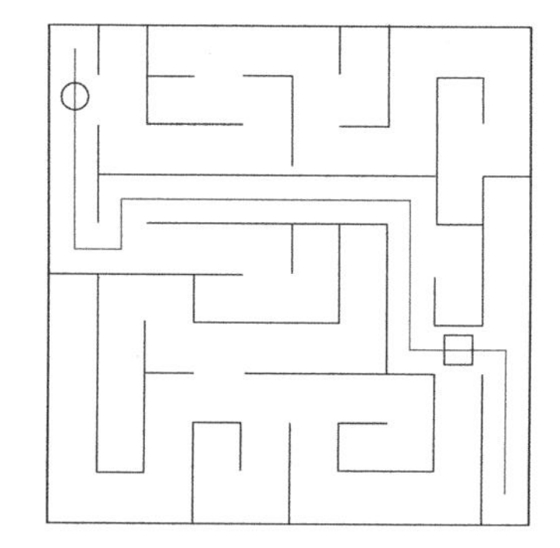

图 6.41 造成 PART 极小访问比例的原因

进一步的调查显示，PART 有时只访问了迷宫不到 2%的格子，而 SEQ 和 PWQ 从未访问少于 9%的格子。关于这个区别的解释见图 6.41。如果一个线程从左上角开始遍历时走到了圆圈处，则另一个线程根本没有机会访问迷宫右上部分。同样，如果另一个线程先走到了方块处，第一个线程也没有机会访问迷宫的左下部分。因此 PART 极可能只需访问非解法路径上的一小部分格子就能找到答案。简而言之，这种超线性的性能加速是因为一个线程挡住了另一个线程的路。这简直和数十年来并行编程的经验背道而驰，我们一直以来都努力保证线程之间互不挡道。

图 6.42 证明了在三种方法中，格子访问比例与运行时间强相关。代表 PART 的散点图斜率小于 SEQ，这表明 PART 的两个线程访问各自部分的迷宫时比 SEQ 的单线程还快很多。同时 PART 的散点图访问较少的格子，这说明 PART 要做的整体工作也较少，这也是 PART 那令人震惊的性能的原因。

PWQ 访问的格子比例与 SEQ 相当。但是即使访问格子的比例相同时，PWQ 的运行时间也要比 PART 长。这一点的解释见图 6.43，图中的红圈代表有两个以上相邻格子的点。每个这样的点都会导致 PWQ 产生竞争，因为一个线程进入竞争点时可能另两个线程正要退出这个点，正如本章早些曾经提过的，这会损伤性能。相反，PART 只有在找到解法时才竞争一次。当然，SEQ 永不会有竞争点。

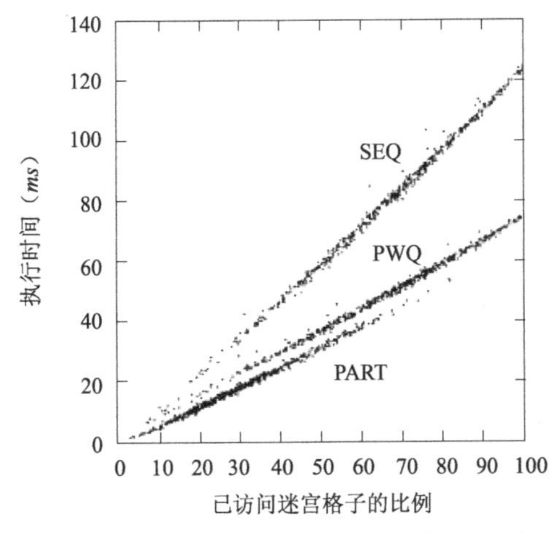

图 6.42 访问比例和运行时间之间的关系

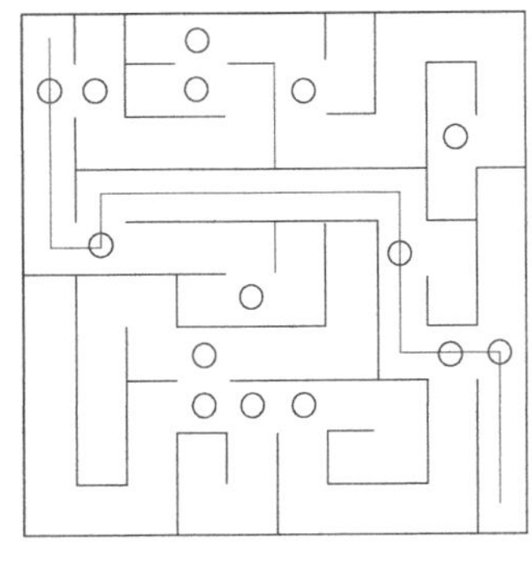

图 6.43 PWQ 潜在的竞争点

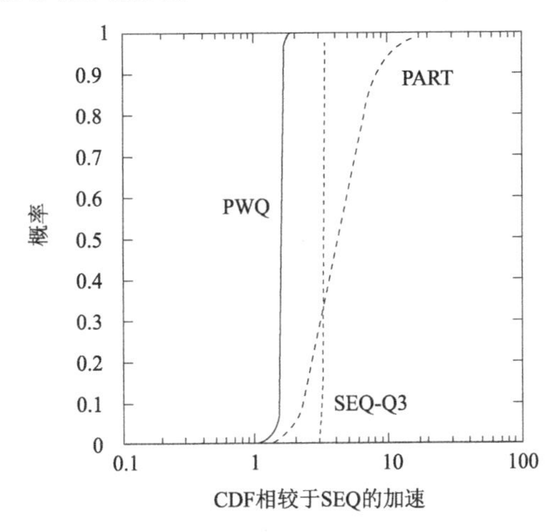

图 6.44 编译器优化（-O3）的效果

虽然 PART 的性能提升让人印象深刻，我们也不应当忽略对串行实现的优化。图 6.44 显示，用-O3 选项编译的 SEQ 比未优化的 PWQ 快将近两倍，和未优化的 PART 性能相当。如果所有三种算法都用-O3 选项编译，其比较结果与图 6.40 无异（虽然都要快很多），但是 PWQ 和 SEQ 相比并没有快多少，这与 Amdahl 定律相符[Amd67]。但是，如果目标是让程序性能比未优化前的 SEQ 翻倍，虽然不是最优选择，编译器优化也是一个值得考虑的选项。

高速缓存对齐和填充有时也会提升性能，因为减少了假共享（false sharing）的发生次数。但是对于这些迷宫解决算法来说，在 1000×1000 的迷宫上对齐和填充迷宫格子数组，让性能最高下降了 42%。相较于假共享，高速缓存的本地性此时更加重要，特别是对于大型迷宫。对于较小的 20×20 或者 50×50 迷宫，对齐和填充迷宫数组让 PART 快了 40%，可是对于这样大小的迷宫，PART 在线程创建和销毁时的开销抵消了它的优势，这时 SEQ 的性能更好。

简短地说，分割后的并行迷宫算法是个有趣的例子，它显示了对数级超线性的性能提升。如果你对“对数级超线性增长”有些理解上的困难，请阅读 6.5.4 节。

6.5.4 另一种迷宫问题的串行解法

对数级超线性增长的存在，表明可以通过协同程序（coroutine）来提升并行化。比如，在图6.37中，每跑一次do-while循环就手动切换一个运行线程。这种上下文切换非常简单，因为上下文只包含变量 `c` 和 `vi`：有很多种可以达到此目的的方案，读者需要权衡上下文切换开销和格子访问比例。如图6.45所示，该协同算法（COPART）非常有效（`maze_2seq.c`），单线程下的性能可以达到双线程PART的30%。

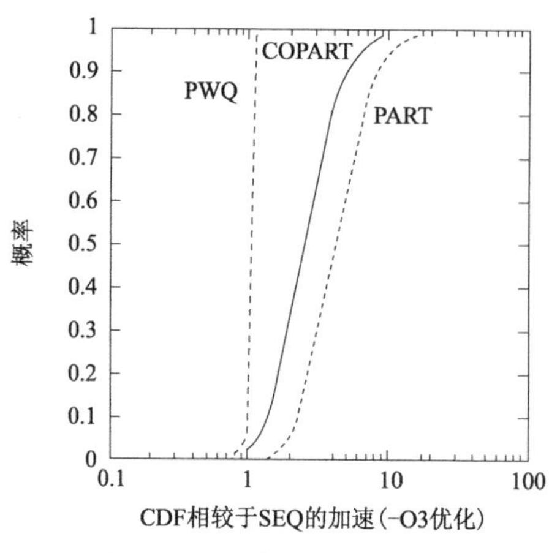

图6.45 分割后的协同算法

6.5.5 性能比较 II

图6.46和图6.47显示了不同迷宫大小下，比较SEQ或者COPART与双线程PWQ和PART之间的性能关系，数据的置信区间为90%。PART显示了相对于SEQ的超线性扩展性，和在100×100或更大迷宫上相对于COPART的中度扩展性。在200×200迷宫时，理论上PART超过了相对于COPART的能源利用率平衡点。在高主频上，能耗上升的速度略等于主频的平方[Mud00]，所以当运行时间相同时，消耗相同的能源，双线程PART较单线程算法显示出了1.4倍的扩展性。相反，PWQ相较于SEQ和COPART，显示出较差的扩展性，图6.46和6.47都使用-O3优化。

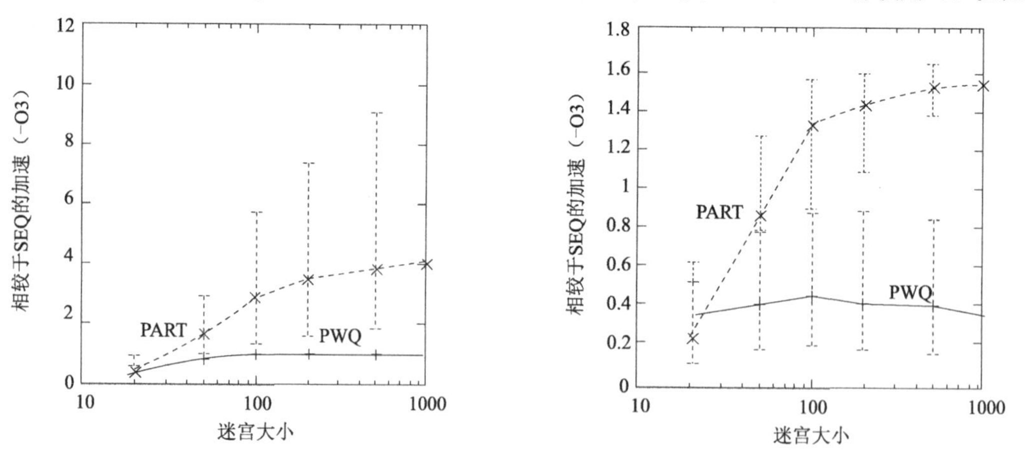

图6.46 不同迷宫大小条件下和SEQ的性能对比　图6.47 不同迷宫大小条件下和COPART的性能对比

图 6.48 显示了 PWQ、PART 与 COPART 的性能对比。对于使用超过 2 个线程的 PART 来说，额外的线程访问的第一个格子均匀地分布在连接迷宫起点和终点的对角线上。使用两个以上线程的 PART，通过简化版的连接状态寻路（link-state routing）[BG87]来检测早期的终结条件（当线程同时连接到迷宫起点和终点时，发现解法路径）。PWQ 的性能相当一般，但 PART 在 2 个线程和 5 个线程时性能相同，在 5 个以上线程时性能仍有提升。理论上的能源利用率在 7 个和 8 个线程时达到峰值，数据置信区间为 90%。PART 在 2 线程时达到性能峰值的原因是：（1）双线程时终结检查的复杂性较低；（2）第三个及之后的线程发现属于解法路径的格子的概率较低，只有前两个线程才能保证他们一定能从解法路径上的格子出发。和图 6.47 的结果相比，本图显示的性能要低一些，这是因为执行测试的是一台较老的 2.66GHz Xeon 主机，硬件的集成程度较低。

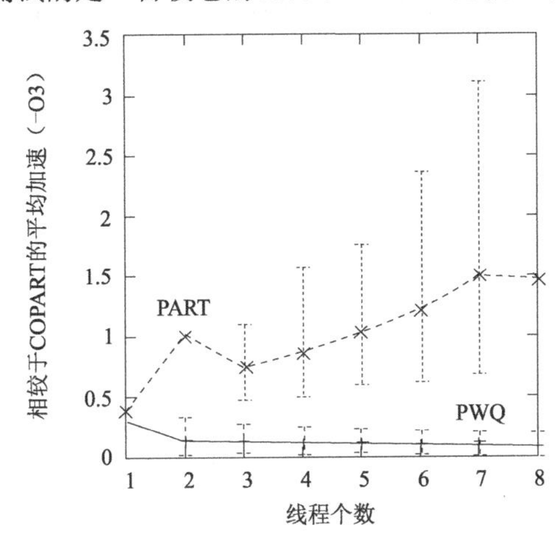

图 6.48 加速倍数的中位数与线程个数，1000×1000 迷宫

6.5.6 未来展望与本节总结

未来还有很多工作要做。首先，人类在解决迷宫问题时有很多手段，本节只使用了其中一个技术。其他可能的方法有，靠墙走，这样可以避开迷宫的另一半，或者根据之前走过的路径来选择内部起始点。其次，对起点和终点的不同选择会影响算法的选择。第三，虽然在 PART 算法中前两个线程的出发点很容易选择，但是选择后续线程的出发点有很多种方式。最优的出发点选择可能与起点和终点的位置有关。第四，对无解迷宫问题的研究也可能得到一些有趣的结果。第五，轻量级的 C++11 原子操作可能会提升性能。第六，比较二维迷宫和三维迷宫（或者更高维度）算法的性能也是一个有趣的问题。最后，对于迷宫问题来说，“让人震惊的并行化”说明，使用协同处理程序的串行实现性能也相当不错。那么对任何问题来说，只要出现了“令人震惊的并行化”，是否就一定意味着会有高效的串行实现？

本节展示并分析了解决迷宫问题的并行算法。基于工作队列的常规算法只在禁用编译器优化时性能不错，这说明之前一些通过高级语言得到的结果可能在优化之后就无效了。

本节给出了一个清晰的例子，从头开始设计并行算法，而非从已有的串行实现中衍生并行方案，反而有助于找出提升串行实现性能的办法。在设计时就在较高层面考虑并行性，是一个值得研究的领域。本节将迷宫问题的解法从一般性能扩展到“令人震惊的”性能。希望这种经验能让读者们在设计时就开始考虑并行性，而不是在实现代码后才开始微调程序来实现并行。

6.6 分割、并行化与优化

虽然本章展示了在设计时就考虑并行性可以得到优异的性能，但作者在这一节想说的是，这还远远不够。对于搜索类问题，比如迷宫问题来说，搜索策略比并行设计更重要。是的，对于特定类型的迷宫来说，巧妙的并行算法发现了更高级的搜索策略，但是这种幸运并不能替代搜索策略的重要性。

正如 2.2 节所说，并行化只是许多种优化手段中的一种。一个成功的设计，需要考虑最重要的优化手段。虽然我不情愿承认，并行化不总是最重要的哪一个。

不过，对于很多问题来说，并行化都是正确的选择，第 7 章将描述同步的主力军——锁。

第 7 章

锁

近来对并行编程的研究中，锁总是扮演着坏人的角色。在许多论文和演讲中，锁背负着诸多质控，包括引起死锁、锁惊群（Lock Convoying）[1]、饥饿、不公平的锁、并发数据访问以及其他许多并发带来的罪恶。有趣的是，真正在产品级共享内存并行软件中承担重担的角色是——你猜对了——锁。本章将着眼于锁的二元身份，是英雄还是坏蛋，如图 7.1 和 7.2 所示。

图 7.1　锁：坏人？懒汉？

图 7.2　锁：英雄？劳工？

这种“变身怪医”（Jekyll-and-Hyde）一般的看法源于下面几个原因。

1．很多因锁产生的问题大都在设计层面就可以解决，而且在大多数场合工作良好，比如

（a）使用锁层级避免死锁。

（b）使用死锁检测工具，比如 Linux 内核 lockdep 模块[Cor06]。

（c）使用对锁友好的数据结构，比如数组、哈希表、基树，第 10 章将会讲述这些数据结构。

2．有些锁的问题只在竞争程度很高时才会出现，一般只有不良的设计才会让锁竞争如此激烈。

[1]译者注：Lock convoy，又名 Thundering herd problem，是指多个同优先级的线程重复竞争同一把锁，除了持有锁的线程，其余线程都在等待。当持有锁的线程释放锁时，所有等待线程同时被惊醒，开始争抢锁。但每次只有一个线程可以继续执行，其他线程只能继续睡眠，从而导致频繁的调度切换，虽然不造成死锁但是相当影响系统性能。

3．有些锁的问题可以通过其他同步机制配合锁来避免。包括统计计数（第 5 章）、引用计数（9.1 节）、危险指针（9.1.2 节）、顺序锁（9.2 节）、RCU（9.3 节），以及简单的非阻塞数据结构（14.3 节）。

4．直到不久之前，几乎所有的共享内存并行程序都是闭源的，所以多数研究者很难知道业界的实践解决方案。

5．锁在某些软件上运行得很好，在某些软件上又运行得极差。那些在锁运行良好的软件上做开发的程序员，对锁的态度往往比另一些没那么幸运的程序员更加正面，7.5 节讨论了这个问题。

6．所有美好的故事都需要一个坏人，锁在研究文献中扮演坏小子的角色已经有着悠久而光荣的历史了。

小问题 7.1：为什么当一个坏小子还能被认为是光荣的事情？

本章将给读者一个概括的认识，了解如何避免锁所带来的问题。

7.1 努力活着

由于锁背负着诸如死锁、饥饿这样的指控，因此对于共享内存并行程序的开发者来说，最重要的考虑之一是保持程序的运转。简单来说就是 4 个字：努力活着。下面的章节将涵盖死锁、活锁、饥饿、不公平的锁和低效率。

7.1.1 死锁

当一组线程中的每个线程都持有至少一把锁，此时又等待该组线程中某个成员释放它持有的另一把锁时，死锁就会发生。

如果缺乏外界干预，死锁会一直持续。除了持有锁的线程释放，没有线程可以获取到该锁，但是持有锁的线程在等待获取该锁的线程释放其他锁之前，又无法释放该锁。

我们可以用有向图来表示死锁，节点代表锁和线程，如图 7.3 所示。从锁指向线程的箭头表示线程持有了该锁，比如，线程 B 持有锁 2 和锁 4。从线程到锁的箭头表示线程在等待这把锁，比如，线程 B 等待锁 3 释放。

死锁场景必然包含至少一个以上的死锁循环。在图 7.3 中，死锁循环是线程 B、锁 3、线程 C、锁 4，然后又回到线程 B。

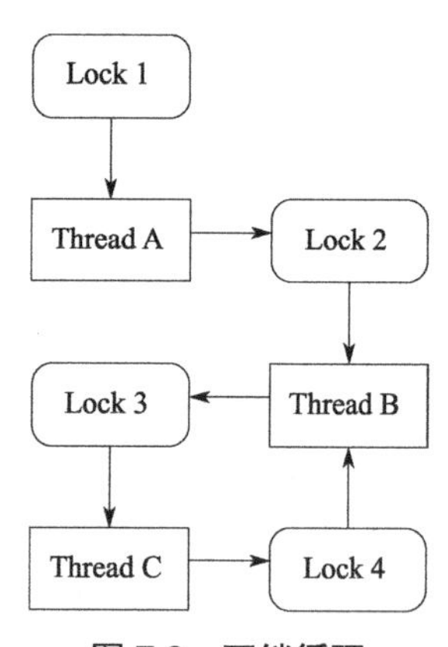

图 7.3　死锁循环

小问题 7.2：但是死锁的定义只说了每个线程持有至少一把锁，然后等待同样的线程释放持有的另一把锁。你怎么知道这里有一个循环？

虽然有一些软件环境，比如数据库系统，可以修复已有的死锁，但是这种方法要么需要杀掉其中一个线程，要么强制从某个线程中偷走一把锁。杀线程和强制偷锁对于事务交易是可以的，但是对内核和应用程序这种层次的锁来说问题多多，处理部分更新的数据极端复杂，非常危险，而且很容易出错。

因此，内核和应用程序需要避免死锁，而非从死锁中恢复。避免死锁的策略有很多，包括锁的层次（7.1.1.1 节）、锁的本地层次（7.1.1.2 节）、锁的分级层次（7.1.1.3 节）、包含指向锁的指针的 API 的使用策略（7.1.1.4 节）、条件锁（7.1.1.5 节）、先获取必需的锁（7.1.1.6 节）、一次只用一把锁的设计（7.1.1.7 节），以及信号/中断处理函数的使用策略（7.1.1.8 节）。虽然没有任何一个避免死锁策略可以适用于所有情况，但是市面上有很多避免死锁的工具可供选择。

7.1.1.1 锁的层次

锁的层次是指为锁逐个编号，禁止不按顺序获取锁。在图 7.3 中我们可以用数字为锁编号，这样如果线程已经获取了编号相同或者更高的锁，就不允许再获取编号相同或者更低的锁。线程 B 违反这个层次，因为它在持有锁 4 时又试图获取锁 3，因此导致死锁的发生。

再一次强调，按层次使用锁时要为锁编号，严禁不按顺序获取锁。在大型程序中，最好用工具来检查锁的层次[Cor06]。

7.1.1.2 锁的本地层次

但是锁的层次本质要求全局性，因此很难应用在库函数上。如果调用了某个库函数的应用程序还没有开始实现，那么倒霉的库函数程序员又怎么才能遵从这个还不存在的应用程序里的锁层次呢？

一种特殊的情况，幸运的是这也是普遍情况，是库函数并不涉及任何调用者的代码。这时，如果库函数持有任何库函数的锁，它绝不会再去获取调用者的锁，这样就避免出现库函数和调用者之间互相持锁的死锁循环。

小问题 7.3： 这个规则有例外吗？比如即使库函数永远不会调用调用者的代码，但是还是会出现库函数与调用者代码相互持锁的死锁循环。

不过假设某个库函数确实调用了调用者的代码。比如，`qsort()` 函数调用了调用者提供的比较函数。并发版本的 `qsort()` 通常会使用锁，虽然不大可能，但是如果比较函数复杂并且也使用了锁，那么就有可能出现死锁。这时库函数该如何避免死锁？

出现这种情况时的黄金定律是“在调用未知代码前释放所有的锁”。为了遵守这条定律，`qsort()` 函数必须在调用比较函数前使用它持有的全部锁。

小问题 7.4： 但是如果 `qsort()` 在调用比较函数之前释放了所有锁，它怎么保护其他 `qsort()` 线程也可能访问的数据？

为了理解本地层次锁的好处，让我们比较一下图 7.4 和图 7.5。在两幅图中，应用程序 `foo()` 和 `bar()` 在分别持有锁 A 和锁 B 时调用了 `qsort()`。因为这是并行版本，所以 `qsort()` 里还要获取锁 C。函数 `foo()` 将函数 `cmp()` 传给 `qsort()`，而 `cmp()` 中要获取锁 B。函数 `bar()` 将一个简单的整数比较函数（图中未显示）传给 `qsort()`，而这个简单的函数不持有任何锁。

现在假如 `qsort()` 在持有锁 C 时调用 `cmp()`，这违背了之前提过的黄金定律“释放全部的锁”，如图 7.4 所示，那么死锁将会发生。为了让读者理解，假设一个线程调用 `foo()`，另一个线程同时调用了 `bar()`。第一个线程会获取锁 A，第二个线程会获取锁 B。如果第一个线程调用 `qsort()` 时获取锁 C，那么这时它在调用 `cmp()` 时将无法获取锁 B。但第一个线程获取了锁 C，所以第二个线程调用 `qsort()` 时将无法获取锁 C，因此也无法释放锁 B，导致死锁。

相反，如果 `qsort()` 在调用比较函数之前（对于 `qsort()` 来说属于未知代码）释放锁 C，就可以避免死锁，如图 7.5 所示。

如果每个模块都在调用未知代码前释放全部的锁，那么每个模块自身都避免了死锁，这样整个系统也就避免发生死锁了。这个定律极大地简化了死锁分析，增强了代码的模块化。

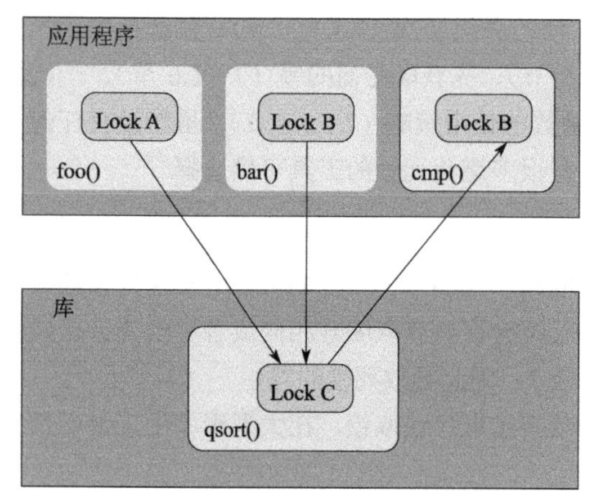

图 7.4 不带本地层次锁的 qsort()

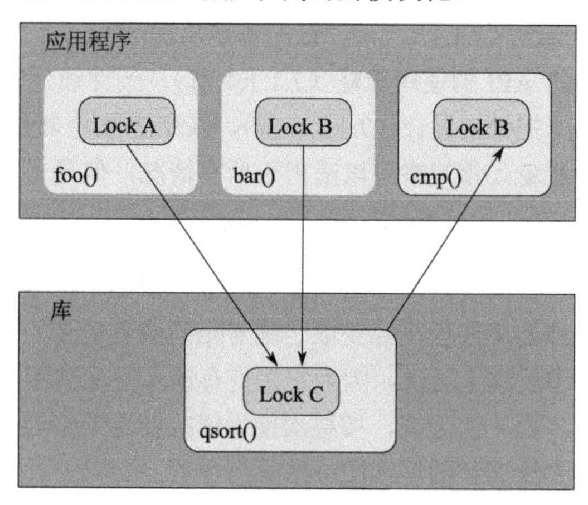

图 7.5 按锁的本地层次实现的 qsort

7.1.1.3 锁的分级层次

不幸的是，有时 qsort() 无法在调用比较函数前释放全部的锁。这时，我们无法通过以调用未知代码之前释放锁的方式来构建锁的本地层次。可是我们可以构建一种分级的层次，如图 7.6 所示。在这张图上，cmp() 函数在获取了锁 A、B、C 后再获取新的锁 D，这就避免了死锁。这样我们把全局层次锁分成了三级，第一级是锁 A 和锁 B，第二级是锁 C，第三级是锁 D。

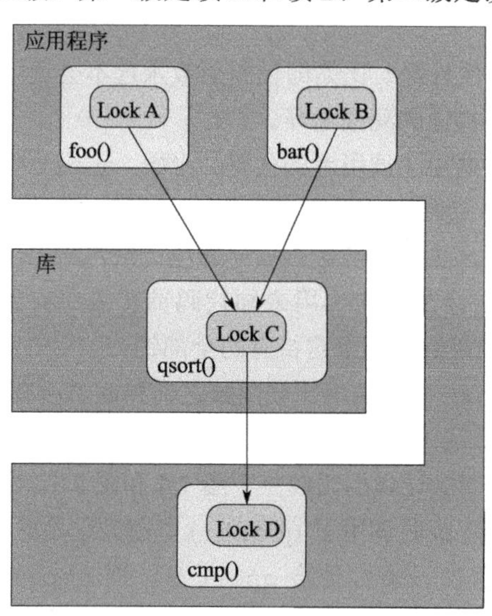

图 7.6 按锁的分级层次实现的 qsort()

请注意，让 cmp() 使用分级的层次锁 D 并不容易。恰恰相反，这种改动需要在设计层面进行大量更改。然而，这种变动往往是避免死锁需要付出的一点小小代价。

还有一个例子，也是无法在调用未知代码前释放全部锁。请想象这种情况，有个迭代器正在遍历某个链表，如图 7.7 所示（locked_list.c）。list_start() 函数获取了链表的锁并且返回了第一个元素（假如链表不为空），list_next() 要么返回指向下一个元素的指针，要么在链表到达末端时返回 NULL。

```
1 struct locked_list {
2   spinlock_t s;
3   struct list_head h;
4 };
5
6 struct list_head *list_start(struct locked_list *lp)
7 {
8   spin_lock(&lp->s);
9   return list_next(lp, &lp->h);
10 }
11
12 struct list_head *list_next(struct locked_list *lp,
13 struct list_head *np)
14 {
15   struct list_head *ret;
16
17   ret = np->next;
18   if (ret == &lp->h) {
19     spin_unlock(&lp->s);
20     ret = NULL;
21   }
22   return ret;
23 }
```

图 7.7　并行链表迭代器

图 7.8 显示了如何使用链表迭代器。第 1 至 4 行定义了 list_ints 结构体，其中包含了一个整数，第 6 至 17 行显示了如何遍历链表。第 11 行锁住链表并拿到指向第一个元素的指针，第 13 行返回了一个包含 list_ints 结构体的指针，第 14 行打印出对应的整数，第 15 行移到下一个元素。这个例子十分简单，并且隐藏了所有锁的细节。

```
1 struct list_ints {
2   struct list_head n;
3   int a;
4 };
5
6 void list_print(struct locked_list *lp)
7 {
8   struct list_head *np;
9   struct list_ints *ip;
10
11   np = list_start(lp);
12   while (np != NULL) {
13     ip = list_entry(np, struct list_ints, n);
14     printf("\t%d\n", ip->a);
15     np = list_next(lp, np);
16   }
17 }
```

图 7.8　并行链表迭代器的用法

只要用户代码在处理每个链表元素时，不要再去获取已经被其他调用 list_start() 或者 list_next() 的代码持有的锁——这会导致死锁——那么锁在用户代码里就可以继续保持隐藏。

我们在给链接迭代器加锁时通过为锁的层次分级，就可以避免死锁的发生。

这种分级的方法可以扩展成任意多级，但是每增加一级，锁的整体设计就复杂一分。这种复杂性的增长对于某些面向对象的设计来说极不方便，会导致一大堆对象将锁毫无纪律地传来传去[2]。这种面向对象的设计习惯和避免死锁的需要之间的冲突，也是一些程序员们认为并行编程复杂的重要原因。

第 9 章将会讲述一些高度分级的层次锁的替代者。

7.1.1.4 锁的层次和指向锁的指针

虽然有些例外情况，一般来说设计一个包含着指向锁的指针的 API 意味着这个设计本身就存在问题。将内部的锁传递给其他软件组件违反了信息隐藏的美学，而信息隐藏恰恰是一个关键的设计准则。

小问题 7.5：请列举出一个例子，说明将指向锁的指针传给另一个函数的合理性。

比如说有个函数要返回某个对象，而在对象成功返回之前必须持有调用者提供的锁。再比如 POSIX 的 `pthread_cond_wait()` 函数，要传递一个指向 `pthread_mutex_t` 的指针来防止错过唤醒而导致的挂起。

小问题 7.6：难道 `pthread_cond_wait()` 不是先释放锁然后再去获取锁，来避免死锁的可能性吗？

长话短说，如果你发现 API 需要将一个指向锁的指针作为参数或者返回值，请慎重考虑一下是否要修改设计。有可能这是正确的做法，但是经验告诉我们这种可能性很低。

7.1.1.5 条件锁

假如某个场景设计不出合理的层次锁。这在现实生活里是可能发生的，比如，在分层网络协议栈里，报文流是双向的。当报文从一个层传往另一个层时，有可能需要在两层中同时获取锁。因为报文可以从协议栈上层传往下层，也可能相反，这简直是死锁的天然温床，如图 7.9 所示。

```
1 spin_lock(&lock2);
2 layer_2_processing(pkt);
3 nextlayer = layer_1(pkt);
4 spin_lock(&nextlayer->lock1);
5 layer_1_processing(pkt);
6 spin_unlock(&lock2);
7 spin_unlock(&nextlayer->lock1);
```

图 7.9 协议分层与死锁

在这个例子中，当报文在协议栈中从上往下发送时，必须逆序获取下一层的锁。而报文在协议栈中从下往上发送时，是按顺序获取锁，图中第 4 行的获取锁操作将导致死锁。

在本例中避免死锁的办法是先强加一套锁的层次，但在必要时又可以有条件地乱序获取锁，如图 7.10 所示。与图 7.9 中无条件的获取层 1 的锁不同，第 5 行用 `spin_trylock()` 有条件地获取锁。该原语在锁可用时立即获取锁，在锁不可用时不获取锁，返回 0。

```
1 retry:
2   spin_lock(&lock2);
3   layer_2_processing(pkt);
```

[2]这种代码的另一个名字是“意大利面条一样的面向对象代码”。

```
4    nextlayer = layer_1(pkt);
5    if (!spin_trylock(&nextlayer->lock1)) {
6       spin_unlock(&lock2);
7       spin_lock(&nextlayer->lock1);
8       spin_lock((&lock2);
9       if (layer_1(pkt) != nextlayer) {
10          spin_unlock(&nextlayer->lock1);
11          spin_unlock((&lock2);
12          goto retry;
13       }
14    }
15    layer_1_processing(pkt);
16  spin_unlock(&lock2);
17  spin_unlock(&nextlayer->lock1);
```

图 7.10 通过条件锁来避免死锁

如果 `spin_trylock()`成功，第 15 行进行层 1 的处理工作。否则，第 6 行释放锁，第 7 行和第 8 行用正确的顺序获取锁。然而不幸的是，系统中可能有多块网络设备（比如 Ethernet 和 WiFi），这样 `layer_1()`函数必须进行路由选择。这种选择随时都可能改变，特别是系统可移动时[3]。所以第 9 行必须重新检查路由选择，如果发生改变，必须释放锁重新来过。

小问题 7.7：图 7.9 到 7.10 的转变能否推广到其他场景？

小问题 7.8：为了避免死锁，图 7.10 带来的复杂性也是值得的吧？

7.1.1.6 先获取必需的锁

条件锁有一个重要的特例，在执行真正的处理工作之前，已经拿到了所有必需的锁。在这种情况下，处理不需要是幂等的（idempotent）[4]：如果这时不能在不释放锁的情况下拿到某把锁，那么释放所有持有的锁，重新获取。只有在持有所有必需的锁以后才开始处理工作。

但是，这种策略可能导致活锁，7.1.2 节将讨论这一点。

小问题 7.9：当使用 7.1.1.6 节中所说的“先获取必需的锁”策略时，如何避免出现活锁呢？

两阶段加锁[BHG87]在事务数据库系统中已经存在了很长时间，它就应用了这个策略。两阶段加锁事务的第一阶段，只获取锁但不释放锁。一旦所有必需的锁全部获得，事务进入第二阶段，只释放锁但不获取锁。这种加锁方法使得数据库可以对执行的事务提供串行化保证，换句话说，保证事务看到和产生的数据在全局范围内顺序一致。很多数据库系统都依靠这种能力来终止事务，不过两阶段加锁也可以简化成这种方法，在持有所有必需的锁之前，避免修改共享的数据。虽然使用两阶段加锁仍然会出现活锁和死锁，但是在现有的大量数据库类教科书中已经有了很多实用的解决办法。

7.1.1.7 一次只用一把锁

在某些情况下，可以避免嵌套加锁，从而避免死锁。比如，如果有一个可以完美分割的问题，每个分片拥有一把锁。然后处理任何特定分片的线程只需获得对应这个分片的锁。因为没有任何线程在同一时刻持有一把以上的锁，死锁就不可能发生。

---

[3]和 20 世纪不同的是，现在移动性是普遍情况。

[4]译者注：这是一个数学用语，表示操作对任一元素作用两次后和其作用一次后的结果相同。例如，x = 5 是幂等的，x += 2 不是幂等的。“咖啡溅到裤子上”是幂等的，“吃了一盘饺子”不是幂等的。

但是必须要有一些机制来保证在没有持有锁的情况下所需的数据结构仍然存在。7.4 节讨论了其中一种手段，剩下的将在第 9 章讲述。

7.1.1.8 信号/中断处理函数

涉及信号处理函数的死锁通常可以很快解决：在信号处理函数中调用 `pthread_mutex_lock()`是不合法的[Ope97]。可是，精心构造一种可以在信号处理函数中使用的锁是可能的（虽然通常来说不太明智）。除此以外，基本所有的操作系统内核都允许在中断处理函数里获取锁，中断处理函数可以说是内核对信号处理函数的模拟。

其中的诀窍是在任何可能中断处理函数里获取锁的时候阻塞信号（或者屏蔽中断）。不仅如此，如果已经获取了锁，那么在不阻塞信号的情况下，尝试去获取任何可能在中断处理函数之外被持有的锁，这种操作都是非法操作。

小问题 7.10：如果锁 A 在信号处理函数之外被持有，锁 B 在信号处理函数之内被持有，为什么在不阻塞信号并且持有锁 B 的情况下去获取锁 A 是非法的？

假如处理函数获取锁是为了处理多个信号，那么无论是否获取了锁，甚至无论锁是否信号处理函数之内被获取，每个信号也都必须被阻塞。

小问题 7.11：在信号处理函数里怎样才能合法地阻塞信号？

不幸的是，在一些操作系统里阻塞和解除阻塞信号属于代价昂贵的操作，这里包括 Linux。所以出于性能上的考虑，能在信号处理函数里持有的锁仅能在信号处理函数中获取，应用程序代码和信号处理函数之间的通信通常使用无锁同步机制。

又或者除非处理致命异常，否则完全禁止使用信号处理函数。

小问题 7.12：如果在信号处理函数里获取锁是一个糟糕透顶的主意，为什么这里又要讨论如何使之安全呢？

7.1.1.9 本节讨论

对于基于共享内存的并行程序员来说，有大量避免死锁的策略可用，但是如果遇见这些策略都不适用的时候，总还是可以用串行代码来实现。这也是为什么专家级程序员的工具箱里总是有好几样工具的原因之一，锁是一种威力巨大的处理并发的工具，但是别忘了总有些活儿适合用其他工具处理。

小问题 7.13：假如有个面向对象的应用程序，它可以自由地在大量对象中传递参数，而这些对象并没有明显的锁层次、分级或者其他什么划分[5]，这样的程序如何并行化？

不过，本节描述的这些策略在很多场合都被证明非常有用。

7.1.2 活锁与饥饿

虽然条件锁是一种有效避免死锁的机制，但是有可能被滥用。看看图 7.11 中漂亮且对称的例子吧。该例中的美遮掩了一个丑陋的活锁。为了发现它，考虑以下事件顺序。

1. 第 4 行线程 1 获取 `lock1`，然后调用 `do_one_thing()`。
2. 第 18 行线程 2 获取 `lock2`，然后调用 `do_a_third_thing()`。
3. 线程 1 在第 6 行试图获取 `lock2`，由于线程 2 已经持有而失败。

[5]又名“意大利面条式的面向对象代码”。

4. 线程2在第20行试图获取 lock1，由于线程1已经持有而失败。
5. 线程1在第7行释放 lock1，然后跳转到第3行的 retry。
6. 线程2在第21行释放 lock2，然后跳转到第17行的 retry。
7. 上述过程不断重复，活锁华丽登场。

```
1  void  thread1(void)
2  {
3  retry:
4     spin_lock(&lock1);
5     do_one_thing();
6     if  (!spin_trylock(&lock2))  {
7         spin_unlock(&lock1);
8         goto  retry;
9     }
10     do_another_thing();
11     spin_unlock(&lock2);
12     spin_unlock(&lock1);
13  }
14
15  void  thread2(void)
16  {
17  retry:
18     spin_lock(&lock2);
19     do_a_third_thing();
20     if  (!spin_trylock(&lock1))  {
21         spin_unlock(&lock2);
22         goto  retry;
23     }
24     do_a_fourth_thing();
25     spin_unlock(&lock1);
26     spin_unlock(&lock2);
27  }
```

图7.11 滥用条件锁

小问题7.14：图7.11中的活锁该如何避免？

活锁可以被看成是饥饿的一种极端形式，此时不是一个线程，而是所有线程都饥饿了[6]。

活锁和饥饿都属于事务内存软件实现中的严重问题，所以现在引入了竞争管理器这样的概念来封装这些问题。以锁为例，通常简单的指数级后退就能解决活锁和饥饿。指数级后退是指在每次重试之前增加按指数级增长的延迟，如图7.12所示。

```
1 void thread1(void)
2 {
3   unsigned int wait = 1;
4   retry:
5   spin_lock(&lock1);
```

[6]作者不想在活锁、饥饿和不公平的锁这些术语的解释上花太多功夫。不论这些问题叫什么名字，所有能导致一组线程无法作出向前进展的问题都属于需要被修复的问题。

```
6    do_one_thing();
7    if (!spin_trylock(&lock2)) {
8      spin_unlock(&lock1);
9      sleep(wait);
10     wait = wait << 1;
11     goto retry;
12   }
13   do_another_thing();
14   spin_unlock(&lock2);
15   spin_unlock(&lock1);
16 }
17
18 void thread2(void)
19 {
20   unsigned int wait = 1;
21   retry:
22   spin_lock(&lock2);
23   do_a_third_thing();
24   if (!spin_trylock(&lock1)) {
25     spin_unlock(&lock2);
26     sleep(wait);
27     wait = wait << 1;
28     goto retry;
29   }
30   do_a_fourth_thing();
31   spin_unlock(&lock1);
32   spin_unlock(&lock2);
33 }
```

图 7.12　条件锁和指数级后退

小问题 7.15：你能在图 7.12 中的代码中看出什么问题吗？

不过，为了获取更好的性能，后退应该有个上限，如果使用排队锁[And90]甚至还可以在高竞争时取得更好的性能，7.3.2 节讨论了这个方法。当然，最好的方法还是通过良好的并行设计使锁竞争程度变低。

7.1.3　不公平的锁

不公平的锁可被看成是饥饿的一种不太严重的表现形式，当某些线程争抢同一把锁时，其中一部分线程在绝大多数时间都可获取到锁，另一部分线程则遭遇不公平对待。这在带有共享高速缓存或者 NUMA 内存的机器中可能出现，如图 7.13 所示。如果 CPU 0 释放了一把其他 CPU 都想获取的锁，因为 CPU 0 与 CPU 1 共享内部连接，所以 CPU 1 相较于 CPU 2 到 7 更容易抢到锁。反之亦然，如果一段时间后 CPU 0 又开始争抢该锁，那么 CPU 1 释放锁时 CPU 0 也更容易获取锁，导致锁绕过了 CPU 2 到 7，只在 CPU 0 和 1 之间换手。

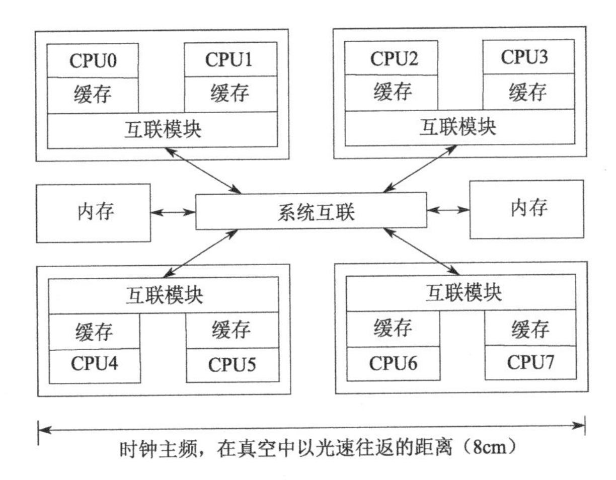

图 7.13　系统架构与不公平的锁

小问题 7.16：如果使用良好的并行设计，使得锁竞争程度下降从而避免了不公平性，这样是不是更好？

7.1.4　低效率的锁

锁是由原子操作和内存屏障实现，并且常常带来高速缓存未命中。正如我们在第 3 章所见，这些指令代价都比较昂贵，粗略地说开销比简单指令高两个数量级。这可能是锁的一个严重问题，如果用锁来保护一条指令，你很可能在以百倍的速度带来开销。对于相同的代码，即使假设扩展性非常完美，也需要 100 个 CPU 才能跟上一个执行不加锁版本的 CPU。

这种情况强调了 6.3 节讨论的关于同步粒度的权衡，特别是图 6.22，粒度太粗会限制扩展性，粒度太细会导致巨大的同步开销。

不过一旦持有了锁，持有者可以不受干扰地访问被锁保护的代码。获取锁可能代价高昂，但是一旦持有，特别是对较大的临界区来说，CPU 的高速缓存反而是高效的性能加速器。

小问题 7.17：锁的持有者怎么样才会受到干扰？

7.2　锁的类型

锁有多少种类型，说出来一定让你大吃一惊，远超过本节能描述的范围之外。下列章节讨论了互斥锁（7.2.1 节）、读/写锁（7.2.2 节）、多角色锁（multi-role lock）（7.2.3 节）和区域锁（scoped locking）（7.2.4 节）。

7.2.1　互斥锁

互斥锁正如其名，一次只能有一个线程持有该锁。持锁者对受锁保护的代码享有排他性的访问权。

当然，这是在假设该锁保护了所有应当受保护的数据的前提下。虽然有些工具可以帮助检查，但最终的责任还是落在程序员身上，一定要保证所有需要的路径都受互斥锁的保护。

小问题 7.18：如果获取互斥锁后马上释放，也就是说，临界区是空的，这种做法有意义吗？

7.2.2 读/写锁

读/写锁[CHP71]一方面允许任意数量的读者同时持有锁，另一方面允许最多一个写者持有锁。理论上，读/写锁对读侧重的数据来说拥有极佳的扩展性。在实践中的扩展性则取决于具体的实现。

经典的读/写锁实现使用一组只能以原子操作方式修改的计数和标志。这种实现和互斥锁一样，对于很小的临界区来说开销太大，获取和释放锁的开销比一条简单指令的开销高两个数量级。当然，如果临界区足够长，获取和释放锁的开销与之相比就可以忽略不计了。可是因为一次只有一个线程能操纵锁，随着 CPU 数目的增加，临界区的大小也需要增加才能平衡掉开销。

另一个设计读/写锁的方法是使用每线程的互斥锁，这种读/写锁对读者非常有利。线程在读的时候只要获取本线程的锁即可，而在写的时候需要获取所有线程的锁。在没有写者的情况下，每个读锁的开销只相当于一条原子操作和一个内存屏障的开销之和，并且不会有高速缓存未命中，这点对于锁来说非常不错。不过，写锁的开销包括高速缓存未命中，再加上原子操作和内存屏障的开销之和——再乘以线程的个数。

简单地说，读/写锁在有些场景非常有用，但各种实现方式都有各自的缺点。读/写锁的正统用法是用于非常长的只读临界区，临界区耗时在几百微秒甚至毫秒级以上最好。

7.2.3 读/写锁之外

读/写锁和互斥锁允许的规则不大相同：互斥锁只允许一个持有者，读/写锁允许任意多个持有者持有读锁（但只能有一个持有写锁）。锁可能的允许规则有很多，VAX/VMS 分布式锁管理器就是其中一个例子，如表 7.1 所示。空白格表示兼容，包含“X”的格表示不兼容。

表 7.1 VAX/VMS 分布式锁管理器

	空（未持锁）	并发读	并发写	受保护读	受保护写	互斥访问
空（未持锁）						
并发读						X
并发写				X	X	X
受保护读			X		X	X
受保护写			X	X	X	X
互斥访问		X	X	X	X	X

VAX/VMS 分布式锁管理器有 6 个状态。为了更好地比较，互斥锁有两个状态（持锁和未持锁），而读/写锁有三个状态（未持锁、持读锁、持写锁）。

这里第一个状态是空状态，也就是未持锁。这个状态与其他所有状态兼容，这也是我们期待的，如果线程没有持有任何锁，那么也不会阻止其他获取了锁的线程执行。

第二个状态是并发读，这个状态与除了排他访问之外的状态兼容。并发读状态可用于对数据结构进行粗略的累加统计，同时允许并发的写操作。

第三个状态是并发写，与空状态、并发读和并发写兼容。并发写状态可用于近似统计计数的更新，同时允许并发的读操作和写操作。

第四个状态是受保护读，与空状态、并发读和受保护读兼容。受保护读状态可用于读取数据结构的准确结果，同时允许并发的读操作，但不允许并发的写操作。

第五个状态是受保护写，与空状态、并发读兼容。受保护写状态可用于在可能会受到受保护读干扰的情况下写数据结构，允许并发的读操作。

第六个也是最后一个状态是互斥访问，只与空状态兼容。互斥访问状态可用于需要排他访问的场合。

有趣的是，互斥锁和读/写锁可以用 VAX/VMS 分布式锁管理器来模拟。互斥锁只使用空状态和互斥访问状态，读/写锁只使用空状态、受保护读状态和受保护写状态。

小问题 7.19：VAX/VMS 分布式锁管理器还有其他模拟读/写锁的方法吗？

虽然 VAX/VMS 分布式锁管理器广泛应用于分布式数据库领域，但在共享内存的应用程序中却很少见。其中一个可能的原因是分布式数据库中的通信开销在一定程度上可以抵消 VAX/VMS 分布式锁管理器所带来的复杂度。

然而，VAX/VMS 分布式锁管理器只是一个例子，用来说明锁背后的概念的灵活性。同时这个例子也是对现代数据库管理系统所使用的锁机制的简单介绍，相对于 VAX/VMS 分布式锁管理器的 6 个状态，有些数据库中使用的锁甚至可以有 30 个以上的状态。

7.2.4 范围锁

到目前为止我们讨论的加锁原语都需要明确的获取和释放函数，比如，`spin_lock()`和`spin_unlock()`。另一种方法则是使用面向对象的“资源分配即是初始化”(RAII)模式[ES90][7]。该设计模式常见于支持自动变量的语言如 C++，当进入对象的生命周期时调用构造函数，当退出对象的生命周期时调用析构函数。同理，加锁可以让构造函数去获取锁，析构函数释放锁。

这个方法十分有用，事实上在 1991 年本书作者曾认为这是唯一有用的加锁方法[8]。RAII 式加锁法有一个非常好的特性，你不需要精心思考如何在每个会退出对象生命周期的代码路径上释放锁，这个特性避免了一系列 BUG 的出现。

但是，RAII 式加锁也有其黑暗面。RAII 使得对获取和释放锁的封装极其困难，比如，在迭代器里。在很多迭代器的实现中，你需要在迭代器“开始”函数里获取锁，在“结束”函数里释放锁。相反 RAII 式加锁要求获取和释放锁都发生在相同的对象生命周期，这使得对它们的封装变得困难甚至无法做到。

因为（对象的）生命周期只能嵌套，所以 RAII 式加锁不允许重叠的临界区。这让锁的很多有用的用法变得不再可能，比如，用于协调对并发访问某事件的树状锁。对于任意规模的并发访问，只允许其中一个成功，其余请求最好是让他们越早失败越好。否则在大型系统上（有几百个 CPU）对锁的竞争会成为大问题。

图 7.14 是一个示例的数据结构（来自 Linux 内核的 RCU 实现）。在这里，每个 CPU 都分配有一个 `rcu_node` 的叶子节点，每个 `rcu_node` 节点都拥有指向父节点的指针`->parent`，直到

[7]这个链接则解释得更清晰，`http://www.stroustrup.com/bs_faq2.html#finally`。

[8]我在 Sequent Computer Systems 公司随后的工作迅速纠正了这种受误导的想法。

根节点的 rcu_node 节点，它的->parent 指针为 NULL。每个父节点可以拥有的子节点数目可以不同，但一般是 32 或者 64。每个 rcu_node 节点都有一把名为->fqslock 的锁。

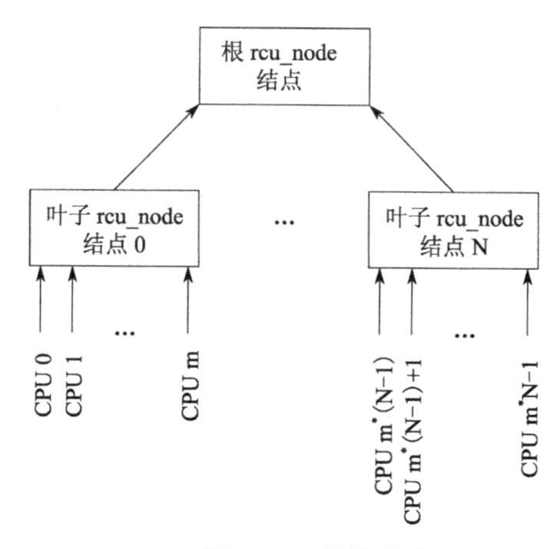

图 7.14 锁的层次

这里使用的是一种通用策略——锦标赛，任意给定CPU有条件地获取它对应的rcu_node叶子节点的锁->fqslock，如果成功，尝试获取其父节点的锁，如成功再释放子节点的锁。除此之外，CPU 在每一层检查全局变量 gp_flags，如果这个变量表明其他 CPU 已经访问过这个事件，该 CPU 被淘汰出锦标赛。这种先获取——释放顺序一直持续到要么 gp_flags 变量表明已经有人赢得锦标赛，某一层获取->fqslock 锁失败，要么拿到了根节点 rcu_node 结构的->fqslock 锁。

简化后的实现代码如图 7.15 所示。这个函数的目的是在多个需要调用 do_force_quiescent_state()函数的 CPU 之间做协调。在任意时刻，只能有一个活跃的 do_force_quiescent_state()实例，如果有多个并发调用者，我们最多只能允许一个调用者实际调用 do_force_quiescent_state()，我们需要其余的调用者（尽可能快速和无痛苦地）放弃并返回。

```
1 void force_quiescent_state(struct rcu_node *rnp_leaf)
2 {
3   int ret;
4   struct rcu_node *rnp = rnp_leaf;
5   struct rcu_node *rnp_old = NULL;
6
7   for (; rnp != NULL; rnp = rnp->parent) {
8     ret = (ACCESS_ONCE(gp_flags)) ||
9           !raw_spin_trylock(&rnp->fqslock);
10    if (rnp_old != NULL)
11      raw_spin_unlock(&rnp_old->fqslock);
12    if (ret)
13      return;
14    rnp_old = rnp;
15  }
16  if (!ACCESS_ONCE(gp_flags)) {
17    ACCESS_ONCE(gp_flags) = 1;
18    do_force_quiescent_state();
19    ACCESS_ONCE(gp_flags) = 0;
20  }
21  raw_spin_unlock(&rnp_old->fqslock);
22 }
```

图 7.15 用条件锁减少锁竞争

为此，第 7 至 15 行的循环每次都尝试在 rcu_node 层次中前进到上一级。如果 gp_flags 变量已经设置（第 8 行）或尝试获取当前 rcu_node 结构的->fqslock 不成功（第 9 行），则局部变量 ret 被设置为 1。如果行 10 看到局部变量 rnp_old 非空，这意味着我们持有 rnp_old 的->fqs_lock 锁，第 11 行释放此锁（但只在尝试获取父 rcu_node 结点的->fqslock 锁之后）。如果第 12 行发现第 8 或 9 行因为某个原因放弃，第 13 行返回到上一级函数。否则，我们必须获得当前 rcu_node 结点的->fqslock 锁，因此第 14 行在本地保存了一个指向这个结构的指针变量 rnp_old，来为下一次循环做准备。

如果代码执行到第 16 行，那么我们赢得了比赛，同时持有着 rcu_node 根结点的->fqslock 锁。如果第 16 行发现全局变量 gp_flags 仍然是零，第 17 行将把 gp_flags 设置为 1，第 18 行调用 do_force_quiescent_state()，第 19 行将 gp_flags 重置为 0。无论哪种情况，第 21 行释放 rcu_node 根节点的->fqslock 锁。

小问题 7.20：图 7.15 中的代码真是很复杂，为什么我们不有条件地获取单个全局锁？

小问题 7.21：等一下！如果我们在图 7.15 的第 16 行“赢得”比赛，我们将得以执行 do_force_quiescent_state()的所有工作。说真的，这究竟这是怎么一场胜利？

此函数说明了层次锁的常见模式。就像之前提到的交互器封装，这个模式很难使用 RAII 式加锁法实现，因此在可预见的未来我们仍然需要加锁和解锁原语。

7.3 锁在实现中的问题

系统总是给开发人员提供最好的加、解锁原语，例如，POSIX pthread 互斥锁[Ope97，But97]。然而，学习范例实现总是有点用的，因为这样读者可以考虑极端工作负载和环境所带来的挑战。

7.3.1 基于原子交换的互斥锁实现示例

本节将回顾图 7.16 所示的实现。这个锁的数据结构只是一个 int，如第 1 行所示，这里可以是任何整数类型。这个锁的初始值为零，代表锁“已经释放”，如第 2 行所示。

```
1 typedef int xchglock_t;
2 #define DEFINE_XCHG_LOCK(n) xchglock_t n = 0
3
4 void xchg_lock(xchglock_t *xp)
5 {
6   while (xchg(xp, 1) == 1) {
7     while (*xp == 1)
8       continue;
9   }
10 }
11
12 void xchg_unlock(xchglock_t *xp)
13 {
14   (void)xchg(xp, 0);
15 }
```

图 7.16 基于原子交换的锁

小问题 7.22：为什么不依赖 C 语言的默认初始化为零，而是使用图 7.16 中第 2 行所示的显式初始化代码？

通过第 4 至 9 行上的 `xchg_lock()` 函数执行锁获取。此函数使用嵌套循环，外部循环重复地将锁的值与 1 作原子交换（意为“加锁”）。如果旧值已经为 1（换句话说，别人已经持有锁），那么内部循环（第 7 至 8 行）持续自旋直到锁可用，到那时外部循环再一次尝试获取锁。

小问题 7.23：为什么需要图 7.16 中第 7 至 8 行的内循环呢？为什么不是简单地重复做第 6 行的原子交换操作？

锁的释放由第 12 至 15 行的 `xchg_unlock()` 函数执行。第 14 行将值 0（“解锁”）原子地交换到锁中，从而标记它为已经释放。

小问题 7.24：为什么不简单地在图 7.16 第 14 行的加锁语句中，将变量赋值为 0？

虽然这只是一个简单的测试并设置锁（test-and-set）[SR84]的例子，但在生产环境中广泛采用一种非常类似的机制来实现纯自旋锁。

7.3.2 互斥锁的其他实现

基于原子指令的锁有很多种可能的实现，Mellor-Crummey 和 Scott [MCS91]综述了其中很多种。这些实现代表着设计权衡多个维度中的不同顶点[McK96b]。例如，上一节提到的基于原子交换的测试并设置锁，在低度锁竞争时性能良好，并且具有内存占用小的优点。它避免了给不能使用它的线程提供锁，但作为结果可能会导致不公平或者甚至在高度锁竞争时出现饥饿。

相比之下，在 Linux 内核中使用的门票锁（ticket lock）[MCS91]避免了在高度锁竞争时的不公平，但后果是其先入先出的准则可以将锁授予给当前无法使用它的线程，例如，线程由于被抢占、中断或其他方式而失去 CPU。然而，避免太过担心抢占和中断的可能性同样重要，因为抢占和中断也有可能在线程刚获取锁后发生[9]。

只要是等待者在单个内存地址自旋等待锁的各种实现，包括测试并设置锁和门票锁，都在高度锁竞争时存在性能问题。原因是释放锁的线程必须更新对应的内存地址。在低度竞争时，这不是问题：相应的缓存行很可能仍然属于本地 CPU 并且仍然可以由拿着锁的线程来更改。相反，在高度竞争时，每个尝试获取锁的线程将拥有高速缓存行的只读副本，因此锁的持有者将需要使所有此类副本无效，然后才能更新内存地址来释放锁。通常，CPU 和线程越多，在高度竞争条件下释放锁时所产生的开销就越大。

这种负可扩展性已经引发了许多种不同的排队锁（queued-lock）实现[And90，GT90，MCS91，WKS94，Cra93，MLH94，TS93]。排队锁通过为每个线程分配一个队列元素，避免了高昂的缓存无效化开销。这些队列元素链接在一起成为一个队列，控制着等待线程获取锁的顺序。这里的关键点在于每个线程只在自己的队列元素上自旋，使得锁持有者只需要使下一个线程的 CPU 缓存中的第一个元素无效即可。这种安排大大减少了在高度锁竞争时交换锁的开销。

最近的排队锁实现也将系统的架构纳入考虑之中，优先在本地授予锁，同时也采取措施避免饥饿[SSVM02，RH03，RH02，JMRR02，MCM02]。这些实现可以看成是传统上用在调度磁盘 I/O 时使用的电梯算法的模拟。

不幸的是，相同的调度逻辑虽然提高了排队锁在高度竞争时的效率，也增加了其在低度竞争时的开销。因此，Beng-Hong Lim 和 Anant Agarwal 将简单的测试并设置锁与排队锁相结合，在低

[9]此外，处理高度锁竞争的最好方法是在第一时间避免它，但是在有些情况，高度锁竞争是各种问题中比较良性的一种，而且不管在任何情况，学习如何处理高度锁竞争都是一种很好的思维锻炼。

度竞争时使用测试并设置锁，在高度竞争时切换到排队锁[LA94]，因此得以在低度竞争时获得低开销，并在高度竞争时获得公平和高吞吐量。Browning 等人采取了类似的方法，但避免了单独标志的使用，这样测试并设置锁的快速路径可以使用简单测试和设置锁实现所使用的代码[BMMM05]。这种方法已经用于生产环境。

在高度锁竞争中出现的另一个问题是当锁的持有者受到延迟，特别是当延迟的原因是抢占时，这可能导致优先级反转，其中低优先级的线程持有锁，但是被中等优先级且绑定在某 CPU 上的线程抢占，这导致高优先级线程在尝试获取锁时阻塞。结果是绑定在某 CPU 的中优先级进程阻止高优先级进程运行。一种解决方案是优先级继承[LR80]，这已被广泛用于实时计算[SRL90a，Cor06b]，尽管这种做法仍有一些持续的争议[Yod04a，Loc02]。

避免优先级反转的另一种方法是在持有锁时防止抢占。由于在持有锁的同时防止抢占也提高了吞吐量，因此大多数私有的 UNIX 内核都提供某种形式的调度器同步机制[KWS97]，当然这主要是由于某家大型数据库供应商的努力。这些机制通常采取提示的形式，即此时不应当抢占。这些提示通过在特定寄存器中设置某个比特位的形式实现，这使得提示机制拥有极低的锁获取开销。作为对比，Linux 没有使用提示机制，而是用一种称为 *futexes* [FRK02，Mol06，Ros06，Dre11] 的机制获得类似的结果。

有趣的是，在锁的实现中原子指令并不是不可或缺的部分[Dij65，Lam74]。在 Herlihy 和 Shavit 的教科书[HS08]中可以找到一种锁的漂亮实现，只使用简单的加载和存储。提到这点的目的是，虽然这个实现没有什么实际应用，但是详细的研究这个实现将非常具有娱乐性和启发性。不过，除了下面描述的一个例外，这样的研究将留下作为读者的练习。

Gamsa 等人[GKAS99，5.3 节]描述了一种基于令牌的机制，其中令牌在 CPU 之间循环。当令牌到达给定的 CPU 时，它可以排他性地访问由该令牌保护的任何内容。有很多方案可以实现这种基于令牌的机制，例如：

1. 维护一个每 CPU 标志，对于除一个 CPU 之外的所有 CPU，其标志始终为零。当某个 CPU 的标志非零时，它持有令牌。当它不需要令牌时，它将其标志置零，并将下一个 CPU 的标志设置为 1（或任何其他非零标志值）。

2. 维护每 CPU 计数器，其初始值设置为相应 CPU 的编号，我们假定其范围从 0 到 N-1，其中 N 是系统中 CPU 的数目。当某个 CPU 的计数大于下一个 CPU 的计数时（要考虑计数器的溢出），这个 CPU 持有令牌。当它不需要令牌时，它将下一个 CPU 的计数器设置为一个比自己的计数更大的值。

小问题 7.25：当计数器溢出的时候，你怎么知道一个计数是否大于另一个计数？

小问题 7.26：计数器方法或 flag 方法，哪个更好？

这种锁不太常见，因为即使没有其他 CPU 正在持有令牌，给定的 CPU 也不一定能立即获取到令牌。相反，CPU 必须等待直到令牌到来。当 CPU 需要定期访问临界区的情况下这种办法很有用，但是必须要容忍不确定的令牌传递速率。 Gamsa 等人[GKAS99]使用它来实现一种 RCU 的变体（见 9.3 节），但是这种办法也可以用于保护周期性的每 CPU 操作，例如冲刷内存分配器使用的每 CPU 缓存[MS93]，或者垃圾收集的每 CPU 数据结构，又或者将每 CPU 数据写入共享存储（或大容量存储）。

随着越来越多的人熟悉并行硬件并且并行化越来越多的代码，我们可以期望出现更多的专用加解锁原语。不过，你应该仔细考虑这个重要的安全提示，只要可能，尽量使用标准同步原语。

标准同步原语与自己开发的原语相比，最大的优点是标准原语通常不太容易出 BUG[10]。

7.4 基于锁的存在保证

并行编程的一个关键挑战是提供存在保证[GKAS99]，使得在整个访问尝试的过程中，可以在保证该对象存在的前提下访问给定对象。在某些情况下，存在保证是隐含的。

1. 基本模块中的全局变量和静态局部变量在应用程序正在运行时存在。
2. 加载模块中的全局变量和静态局部变量在该模块保持加载时存在。
3. 只要至少其中一个函数还在被使用，模块将保持加载状态。
4. 给定的函数实例的堆栈变量，在该实例返回前一直存在。
5. 如果你正在某个函数中执行，或者正在被这个函数调用（直接或间接），那么这个函数一定有一个活动实例。

虽然这些隐式存在保证非常直白，但是涉及隐含存在保证的故障可是真的发生过。

小问题 7.27：依赖隐式存在保证怎样才会导致故障？

但更有趣也更麻烦的是涉及堆内存的存在保证，动态分配的数据结构将存在到它被释放为止。这里要解决的问题是如何将结构的释放和对其的并发访问同步起来。一种方法是使用显式保证，例如加锁。如果给定结构只能在持有一个给定的锁时被释放，那么持有锁就保证那个结构的存在。

但这种保证取决于锁本身的存在。一种保证锁存在的简单方式是把锁放在一个全局变量里，但全局锁具有可扩展性受限的缺点。有种可以让可扩展性随着数据结构的大小增加而改进的方法，是在每个元素中放置锁的结构。不幸的是，把锁放在一个数据元素中以保护这个数据元素本身的做法会导致微妙的竞态条件，如图 7.17 所示。

```
 1 int delete(int key)
 2 {
 3   int b;
 4   struct element *p;
 5
 6   b = hashfunction(key);
 7   p = hashtable[b];
 8   if (p == NULL || p->key != key)
 9     return 0;
10   spin_lock(&p->lock);
11   hashtable[b] = NULL;
12   spin_unlock(&p->lock);
13   kfree(p);
14   return 1;
15 }
```

图 7.17　没有存在保证的每元素锁

小问题 7.28：如果图 7.17 第 8 行中我们需要删除的元素不是链表的第一个元素该怎么办？

小问题 7.29：图 7.17 中可能发生什么竞态条件？

[10]是的，我自己写过一些同步原语。但是，你会注意到比我开始做这种工作之前，我的头发灰白得更厉害了，巧合？也许吧。但你真的愿意冒险让自己早早就两鬓苍苍吗？

解决本例问题的办法是使用一个全局锁的哈希集合，使得每个哈希桶有自己的锁，如图7.18所示。该方法允许在获取指向数据元素的指针（第10行）之前获取合适的锁（第9行）。虽然这种方法对于只存放单个数据结构中的元素非常有效，比如图中所示的哈希表，但是如果有某个数据元素可以是多个哈希表的成员，或者更复杂的数据结构比如树和图时，就会有问题了。不过这些问题还是可以解决的，事实上，这些解决办法形成了基于锁的软件事务性内存实现[ST95，DSS06]。第9章将描述如何更简单也更快地提供存在保证。

```
1 int delete(int key)
2 {
3   int b;
4   struct element *p;
5   spinlock_t *sp;
6
7   b = hashfunction(key);
8   sp = &locktable[b];
9   spin_lock(sp);
10  p = hashtable[b];
11  if (p == NULL || p->key != key) {
12    spin_unlock(sp);
13    return 0;
14  }
15  hashtable[b] = NULL;
16  spin_unlock(sp);
17  kfree(p);
18  return 1;
19 }
```

图7.18 带存在保证的每元素锁

7.5 锁：是英雄还是恶棍

像在现实生活中的情况一样，锁可以是英雄也可以是恶棍，既取决于如何使用它，也取决于要解决的问题。以作者的经验，那些写应用程序的家伙很喜欢锁，那些编写并行库的同行不那么开心，那些并行化现有顺序库的人非常不爽。下列部分讨论了这些观点差异的原因。

7.5.1 应用程序中的锁：英雄

当编写整个应用程序（或整个内核）时，开发人员可以完全控制设计，包括同步设计。假设设计良好地使用分割原则，如第6章所述，锁可以是非常有效的同步机制，锁在生产环境级别的高质量并行软件中大量使用已经说明了一切。

然而，尽管通常其大部分同步设计是基于锁，这些软件也几乎总是还利用了其他一些同步机制，包括特殊计数算法（第5章）、数据所有权（第8章）、引用计数（9.1节）、顺序锁（9.2节）和RCU（9.3节）。此外，业界也使用死锁检测工具[Cor06a]、获取/释放锁平衡工具[Cor04b]、高速缓存未命中分析[The11]和基于计数器的性能剖析[EGMdB11，The12]等等。

通过仔细设计、使用良好的同步机制和良好的工具，锁在应用程序和内核领域工作的相当不错。

7.5.2 并行库中的锁：只是一个工具

与应用程序和内核不同，库的设计者不知道与库函数交互的代码中锁是如何设计的。事实上，那段代码可能在几年以后才会出现。因此，库函数设计者对锁的掌控力较弱，必须在思考同步设计时更加小心。

死锁当然是需要特别关注的，这里需要运用第 7.1.1 节中提到的技术。一个流行的死锁避免策略是确保库函数中的锁是整个程序的锁层次中的独立子树。然而，这个策略实现起来可能比它看起来更难。

第 7.1.1.2 节讨论了一种复杂的情况，即库函数调用应用程序代码，`qsort()`的比较函数的参数是其切入点。另一个复杂情况是与信号处理程序的交互。如果库函数接收的信号调用了应用程序的信号处理函数，几乎可以肯定这会导致死锁，就像库函数直接调用了应用程序的信号处理程序一样。最后一种复杂情况发生在那些可以 `fork()`和 `exec()`之间使用的库函数，例如，由于使用了 `system()`函数。在这种情况，如果你的库函数在 `fork()`的时候持有锁，那么子进程就在持有该锁的情况下出生。因为会释放锁的线程在父进程运行，而不是子进程，如果子进程调用你的库函数，死锁会随之而来。

在这些情况下，可以使用以下策略来避免死锁问题。

1. 不要使用回调或信号。
2. 不要从回调或信号处理函数中获取锁。
3. 让调用者控制同步。
4. 将库 API 参数化，以便让调用者处理锁。
5. 显式地避免回调死锁。
6. 显式地避免信号处理程序死锁。

这些策略中的每一个都在以下部分中讨论。

7.5.2.1 既不使用回调，也不使用信号

如果库函数避免使用回调，并且应用程序作为一个整体也避免使用信号，那么由该库函数获取的任何锁将是锁层次结构中的叶子节点。这种安排避免了死锁，如第 7.1.1.1 节所述。虽然这个策略在其适用时工作得非常好，但是有一些应用程序必须使用信号处理程序，并且有一些库函数（如函数在 7.1.1.2 节中讨论的 `qsort()`）必须使用回调。

这些情况下，通常可使用下一节中描述的策略。

7.5.2.2 避免在回调和信号处理函数中用锁

如果回调和信号处理函数都不获取锁，它们就不会出现在死锁循环中，这使得将库函数只能成为锁层次树上的叶子节点。这个策略对于 `qsort` 的大多数使用情况非常有效，它的回调通常只是比较两个传递给回调的值。这个策略也奇妙地适合许多信号处理函数，通常来说在信号处理函数内获取锁是不智的行为[Gro01][11]，但如果应用程序需要处理来自信号处理函数的复杂数据结

[11]不过这条警告可阻止不了聪明的程序员，他们会用原子操作创建自己的加锁原语。

构，这种策略可能会行不通。

这里有一些方法，即便必须操作复杂的数据结构也可以避免在信号处理器中获取锁。

1. 使用基于非阻塞同步的简单数据结构，将在第 14.3.1 节中讨论。

2. 如果数据结构太复杂，无法合理使用非阻塞式同步，那么创建一个允许非阻塞入队操作的队列。在信号处理函数中，而不是在复杂的数据结构中，添加一个元素到队列，描述所需的更改。然后一个单独的线程在队列中将元素删除，并执行需要使用锁的更改。关于并发队列已经有许多现成的实现[KLP12，Des09，MS96]。

这种策略应当在偶尔的人工或（最好）自动的检查回调和信号处理函数时强制使用。当进行这些检查时要小心警惕，防止那些聪明的程序员（不明智地）自制一些使用原子操作的加锁原语。

7.5.2.3 调用者控制的同步

让调用者控制同步。当调用者可控制数据结构的不同实例调用库函数时，这招非常管用，这时每个实例都可以单独同步。例如，如果库函数要操作一个搜索树，并且如果应用程序需要大量的独立搜索树，那么应用程序可以将锁与每个树相关联。然后应用程序获取并根据需要释放锁，使得库函数完全不需要知道并行性。在第 7.5.1 节中讨论过，应用程序控制并行性可以让锁更好地工作。

但是，如果库函数实现的数据结构需要内部并发执行，则此策略将失败。例如，哈希表或并行排序。在这种情况下，库绝对必须控制自己的同步。

7.5.2.4 参数化的库函数同步

这里的想法是向库的 API 添加参数以指定要获取的锁、如何获取和释放它们，或者两者都要。这个策略允许应用程序通过指定要获取的锁（通过传入指向所锁的指针）以及如何获取它们（通过传递指针来加锁和解锁），来全局地避免死锁。而且还允许给定的库函数通过决定加锁和解锁的位置，来控制它自己的并发性。

特别地，该策略允许加锁和解锁函数根据需要来阻塞信号，而不需要库函数代码关心哪些信号需要被哪些锁阻塞。这种策略使用的分离关注点的办法相当有效，不过在某些情况下，下面几节中阐述的策略可以工作得更好。

也就是说，如第 7.1.1.4 节所述，如果需要明确地将指向锁的指针传递给外部 API，必须非常小心考虑。虽然这种做法有时在所难免，但你总应该先试着寻找一下替代设计。

7.5.2.5 明确地避免回调死锁

第 7.1.1.2 节讨论了此策略的基本规则：“在调用未知代码之前释放所有锁”。这通常是最好的方法，因为它允许应用程序忽略库函数的锁层次结构，库函数仍然是应用程序的整体锁层次结构中的一个叶子节点或孤立子树。

若在调用未知代码之前，不能释放所有的锁，第 7.1.1.3 节中描述的分层锁层级就适合这种情况。例如，如果未知代码是一个信号处理函数，这意味着库函数要在所有持有锁的情况屏蔽信号，这种做法复杂且缓慢。因此，在信号处理函数（可能不明智地）获取锁的情况，下一节的策略可能有所帮助。

7.5.2.6 明确地避免信号处理函数死锁

信号处理函数的死锁可以以如下方式明确避免。

1. 如果应用程序从信号处理函数中调用库函数，那么每次在除信号处理函数以外的地方调用库函数时，必须阻塞该信号。

2．如果应用程序在持有从某个信号处理函数中获取的锁时调用库函数，那么每次在除信号处理函数之外的地方调用库函数时，必须阻塞该信号。

这些规则可以通过使用类似于 Linux 内核的 lockdep 锁依赖关系检查器来检查[Cor06a]。lockdep 的一大优点是它是从不受人类直觉的影响[Ros11]。

7.5.2.7 在 fork()和 exec()之间使用的库函数

如前所述，如果执行库函数的线程在其他线程调用 `fork()`时持有锁，父进程的内存会被复制到子进程，这个事实意味着子进程从被创建的那一刻就持有该锁。负责释放锁的线程运行在父进程的上下文，而不是在子进程，这意味着子进程中这个锁的副本永远不会被释放。因此，任何在子进程中调用相同库函数的尝试将会导致死锁。

这个问题的一种解决方法是让库函数检查看是否锁的持有者仍在运行，如果不是，则通过重新初始化来“撬开”锁然后再次获取它。然而，这种方法有几个漏洞。

1．受该锁保护的数据结构可能在某些中间状态，所以简单地“撬开”锁可能会导致任意内存被更改。

2．如果子进程创建了额外的线程，则两个线程可能会同时“撬开”锁，结果是两个线程都相信他们拥有锁。这可以再次导致任意内存更改。

`atfork()`函数就是专门来帮忙处理这些情况的。这里的想法是注册一个三元组（triplet）函数，一个由父进程在 `fork()`之前调用，一个由父进程在 `fork()`之后调用，一个由子进程在 `fork()`之后调用。然后可以在这三个点进行适当的清理工作。

但是请注意，`atfork()`处理函数的代码通常十分微妙。`Atfork()`最适用的情况是锁锁保护的数据结构可以简单地由子进程重新初始化。

7.5.2.8 并行库：讨论

无论使用何种策略，对库 API 的描述都必须包含该策略和调用者如何使用该策略的清楚描述。简而言之，设计并行库时使用锁是完全可能的，但没有像设计并行应用程序那样简单。

7.5.3 并行化串行库时的锁：恶棍

随着到处可见的低成本多核系统的出现，常见的任务往往是并行化现有的库，这些库的设计仅考虑了单线程使用的情况。从并行编程的角度看，这种对于并行性的全面忽视可能导致库函数 API 的严重缺陷。比如：

1．隐式的禁止分割。

2．需要锁的回调函数。

3．面向对象的意大利面条式代码。

这些缺陷和锁带来的后果将在以下小节中讨论。

7.5.3.1 禁止分割

假设你正在编写一个单线程哈希表实现。可以很容易并且快速地得到哈希表中元素总数的精确计数，同时也可以很容易并且快速地在每次添加和删除操作返回此计数。所以为什么在实际中不这样做呢？

一个原因是精确计数器在多核系统上要么执行有误，要么扩展性不佳，如第 5 章所示。因此，并行化这个哈希表的实现将会出现错误或者扩展性不佳。

那么我们能做什么呢？一种方法是返回近似计数，使用第 5 章中的一个算法。另一种方法是完全不用元素计数。

无论哪种方式，都有必要检查哈希表的使用，看看为什么添加和删除操作需要元素的精确计数。这里有几种可能性。

1. 确定何时调整哈希表的大小。在这种情况下，近似计数应该工作得很好。调整大小的操作也可以由哈希桶中最长链的长度触发，如果合理分割每个哈希桶的话，可以很容易得出每个链的长度。

2. 得到遍历整个哈希表所需的大概时间。在这种情况下，使用近似计数也不错。

3. 出于诊断的目的。例如，检查传入哈希表和从哈希表传出时丢失的元素。然而，鉴于这种用法是诊断性的，分别维护每个哈希链的长度也可以满足要求，然后偶尔在锁住添加和删除操作时将各个长度求和输出。

现在有一些理论基础研究，阐述了并行库 API 在性能和可扩展性上受到的约束 [AGH+11a，AGH+11b，McK11b]。任何设计并行库的人都需要密切注意这些约束。

虽然对于一个对并发不友好的 API 来说，人们很容易去指责锁是罪魁祸首，但这并没有用。另一方面，人们除了同情当年写下这段代码的倒霉程序员以外，也没什么更好的办法。如果程序员能在 1985 年就预见未来对并行性的需求，那简直是稀罕和高瞻远瞩，如果那时就能设计出一个对并行友好的 API，那真的是运气和荣耀的罕见巧合了。

随着时间变化，代码必须随之改变。也就是说，如果某个受欢迎的库拥有大量用户数，在这种情况下对 API 进行不兼容的更改将是相当愚蠢的。添加一个对并行友好的 API 来补充现有的串行 API，可能是在这种情况下的最佳行动方案。

然而，出于人类的本性，不幸的程序员们更可能抱怨是锁带来问题，而不是他或她自己的糟糕（虽然可以理解）API 设计选择。

7.5.3.2 容易死锁的回调

7.1.1.2 节、7.1.1.3 节和 7.5.2 节描述了对回调的无规律使用将提高加锁的难度。这些小节还描述了如何设计库函数来避免这些问题，但是期望一个 20 世纪 90 年代的程序员在没有并行编程的经验时就遵循了这样的设计，是不是有点不切实际？因此，尝试并行化拥有大量回调的现有单线程库的程序员，很可能会相当憎恨锁。

如果有一个库使用了大量的回调，可能明智的举动是向库中添加一个并行友好的 API，以允许现有用户逐步进行切换他们的代码。或者，一些人主张在这种情况使用事务内存。虽然对事务内存的看法尚无定论，17.2 节讨论其优势和劣势。有一点需要注意，硬件事务内存（在 17.3 节讨论）无助于解决上述情景，除非硬件事务内存的实现提供了前进保证（forward-progress guarantee），不过很少有事务内存做到这一点。7.1.1.5 节和 7.1.1.6 节中讨论的其他替代方法似乎比较有用（如果不太夸张的话），同样可见第 8 章和第 9 章的相关小节。

7.5.3.3 面向对象的意大利面条式代码

从 20 世纪 80 年代或 90 年代的某个时候开始，面向对象的编程变得主流起来，因此在生产环境中有大量面向对象的代码，大部分是单线程的。虽然面向对象是一种很有价值的软件技术，但是毫无节制地使用对象可以很容易写出面向对象的意大利面条式代码。在面向对象的意大利面条式代码中，执行流基本上是随机的方式从一个对象走到另一个对象，使得代码难以理解，甚至无法加入锁层次结构。

虽然许多人可能会认为，不管在任何情况这样的代码都应该清理，说起来容易做起来难。如果你的任务是并行化这样的野兽，通过运用 7.1.1.5 节和 7.1.1.6 节所描述的技巧，以及第 8 章和第 9 章将讨论的内容，你对人生（还有锁）感到绝望的机会可以大大减少。这种场景似乎是事务性内存出现的原因，所以事务内存也值得一试。也就是说，应该根据第 3 章讨论的硬件习惯来选择同步机制，如果同步机制的开销大于那些被保护的操作一个数量级，结果想必不会很漂亮。

这些情况下有一个问题值得提出，代码是否应该继续保持串行执行？例如，或许在进程级别而不是线程级别中引入并行性。一般来说，如果任务证明是非常困难，确实值得花一些时间思考通过其他方法来完成任务，或者通过其他任务来解决手头的问题。

7.6 总结

锁也许是最广泛使用和最常用的同步工具。然而，最好是在一开始设计应用程序或库时就把锁考虑进去。考虑到可能要花一整天才能让很多已有的单线程代码并行运行，因此锁不应该是并行编程工具箱里的唯一工具。接下来的几章将讨论其他工具，以及如何才能让它们与锁、与彼此之间携手合作的用法。

第 8 章

数据所有权

避免锁带来的同步开销的最简单的方法之一，是在线程之间（或者对于内核来说，CPU 之间）包装数据，以便让数据仅由一个线程访问和修改。这种方法非常重要，事实上，它是一种使用模式，甚至新手凭借本能也会如此使用。由于这个模式被大量使用，所以本章不会使用任何新的示例，而是重复利用之前章节中的示例。

小问题 8.1：在用 C 或者 C++创建共享内存的并行程序（例如使用 pthread）时，哪种形式的数据所有权是很难避免的？

数据所有权的方法有很多。8.1 节介绍极端情况下的数据所有权，每个线程有自己的私有地址空间。8.2 节介绍另一方向的极端，数据完全共享，但不同的线程拥有对数据的不同访问权限。8.3 节描述函数输送，这是一种允许其他线程间接访问特定线程所拥有的数据的方法。8.4 节描述了如何为指定的线程分配所有权所指定的函数和相关数据。8.5 节讨论了如何通过将共享数据的算法转换为使用数据所有权来提高性能。最后，8.6 节列出了几个将数据所有权视为头等公民的软件环境。

8.1 多进程

4.1 节介绍了以下示例。

```
1 compute_it 1 > compute_it.1.out &
2 compute_it 2 > compute_it.2.out &
3 wait
4 cat compute_it.1.out
5 cat compute_it.2.out
```

此示例并行运行 `compute_it` 程序的两个实例，因为进程之间不共享内存。因此，进程中的数据都由该进程拥有，所以上面例子中几乎全部数据都归一个进程所有。这种方法几乎完全消除了同步开销。这种极度简单和最佳性能的组合显然是相当有吸引力的。

小问题 8.2：8.1 节中的示例中使用什么同步？

小问题 8.3：8.1 节中的示例中是否有共享数据？

这个模式既可以用 C 实现，也可以用 sh 实现，如图 4.2 和 4.3 所示。

8.2 节将讨论在共享内存的并行程序中使用数据所有权。

8.2 部分数据所有权和 pthread 线程库

第 5 章大量使用数据所有权，但是做了一点改变。不允许线程修改其他线程拥有的数据，但是允许线程读取这些数据。总之，使用共享内存允许更细粒度的所有权和访问权限的概念。

例如，考虑图 5.9 中每线程统计计数器的实现，inc_count() 只更新相应线程实例的计数器，而 read_count() 访问但不修改所有线程的计数器实例。

小问题 8.4：如果线程只读取其自身的每线程变量的实例，但是写入其他线程的实例，这时使用部分数据所有权还有意义吗？

纯数据所有权也是常见并且有用的，例如，6.4.3 节中讨论的每线程内存分配器缓存，在这个算法中，每个线程的缓存完全归该线程所有。

8.3 函数输送

8.2 节描述了一种数据所有权的弱形式，线程需要更改其他线程的数据。这可以认为是将数据带给需要它的函数。另一种方法是将函数发送给数据。

5.4.3 节特别说明了这种方法，见图 5.24 的 flush_local_count_sig() 和 flush_local_count() 函数。

flush_local_count_sig() 函数是一个信号处理函数，这里作为要输送的函数。flush_local_count() 中的 pthread_kil() 函数发送信号——送出函数——然后等待，直到送出的函数被执行。这个输送的函数因为要与并发执行的 add_count() 或 sub_count() 函数交互，增加了一些复杂度（请参见图 5.25 和图 5.26）。

小问题 8.5：除了 POSIX 信号以外，还有什么机制可以输送函数？

8.4 指派线程

前面的小节描述了允许每个线程保留自己的数据副本或部分数据副本的方法。相比之下，本节描述了一种分解功能的方法，其中特定的指定线程拥有完成其工作所需的数据的权限。5.2.3 节描述的最终一致性计数器的实现就提供了一个例子。在图 5.8 中第 15 至 32 行的 eventual() 函数中运行了一个指定线程。这个 eventual() 线程周期性地将每线程计数拉入全局计数器，从而如名称所示，最终将全局计数器收敛于实际值。

小问题 8.6：但在图 5.8 的第 15 至 32 行中，eventual() 函数中的数据实际上并不由 eventual() 线程拥有，这怎么能说是数据所有权？

8.5　私有化

对于共享内存的并行程序，一种提升性能和可扩展性的方法是将共享数据转换成由特定线程拥有的私有数据。

6.1.1 节中有个小问题的答案就是一个很好的例子，使用私有化解决哲学家就餐问题，这种方法具有比标准教科书解法更好的性能和可扩展性。原来的问题是有 5 个哲学家坐在桌子旁边，每个相邻的哲学家之间有一把叉子，至多允许两个哲学家同时就餐。

我们可以通过提供 5 把额外的叉子来简单地私有化这个问题，所以每个哲学家都有自己的私人叉子。这允许所有 5 个哲学家同时就餐，也大大减少了传播某些类型疾病的机会。

在其他情况下，私有化会带来开销。例如图 5.12 所示的简单上限计数器。在这个算法的例子中，线程可以读取彼此的数据，但是只允许更新自己的数据。我们快速回顾一遍算法，唯一的跨线程访问只在 `read_count()` 的求和循环中。如果去除这个循环，这里将变成更高效的纯数据所有权模式，但是代价是 `read_count()` 的结果不太准确。

小问题 8.7：能否在保持每个线程的数据隐私的同时，获得更大的准确性？

总之，在并行程序员的工具箱中，私有化是一个强大的工具，但必须小心使用它。就像其他每一个同步原语一样，它有可能带来复杂性，同时降低性能和可扩展性。

8.6　数据所有权的其他用途

当数据可以被分割时，数据所有权最为有效，此时很少或没有需要跨线程访问或更新的地方。幸运的是，这种情况很常见，并且在各种并行编程环境中都存在。

数据所有权示例如下。

1. 所有消息传递环境，例如 MPI [MPI08]和 BOINC [UoC08]。
2. Map-reduce [Jac08]。
3. 客户端——服务器系统，包括 RPC、Web 服务和几乎任何带有后端数据库服务器的系统。
4. 无共享式（shared-nothing）数据库系统。
5. 具有单独的每进程地址空间的 fork-join 系统。
6. 基于进程的并行性，比如 Erlang 语言。
7. 私有变量，例如 C 语言在线程环境中的堆栈自动变量。

数据所有权可能是最不起眼的同步机制。当使用得当时，它能提供无与伦比的简单性、性能和可扩展性。也许它的简单性使它没有得到应有的尊重。希望作者对数据所有权的微妙和力量的赞美能给它带来更多的尊重，更不用说那些由于复杂性的降低而带来的性能和可扩展性的提升。

第 9 章

延后处理

延后工作的策略可能在人类有记录历史出现之前就存在了，它偶尔被嘲笑为拖延或甚至纯粹的懒惰。但直到最近几十年，人们才认识到该策略在简化并行算法的价值[KL80，Mas92]。信不信由你，在并行编程中“懒惰”经常胜过勤奋！通用的并行编程延后工作方法包括引用计数、顺序锁和 RCU。

9.1 引用计数

引用计数跟踪一个对象被引用的次数，防止对象过早被释放。虽然这是一种概念上很简单的技术，但是在细节中隐藏着许多魔鬼。毕竟，如果对象不太会提前释放，那么就不需要引用计数了。但是如果对象容易被提前释放，那么如何阻止对象在获取引用计数过程中被提前释放？

对这个问题有以下几个可能的答案。

1. 在操作引用计数时必须持有一把处于对象之外的锁。

2. 使用不为 0 的引用计数创建对象，只有在当前引用计数不为 0 时才能获取新的引用计数。如果线程没有对某指定对象的引用，则它可以在已经具有引用的另一线程的帮助下获得引用。

3. 为对象提供存在担保，这样在任何有实体尝试获取引用的时刻都无法释放对象。存在担保通常是由自动垃圾收集器来提供，并且你在 9.3 节还会看到，RCU 也会提供存在担保。

4. 为对象提供类型安全的存在担保，当获取到引用时将会执行附加的类型检查。类型安全的存在担保可以由专用内存分配器提供，也可以由 Linux 内核中的 `SLAB_DESTROY_BY_RCU` 特性提供，如 9.3 节所示。

当然，任何提供存在担保的机制，根据其定义实际也提供类型安全的保证。所以本节将后两种答案合并放在 RCU 一类，这样我们就有三种保护引用获取的类型，即锁、引用计数和 RCU。

小问题 9.1：为什么不用简单的比较并交换操作来实现引用获取呢？这样可以只在引用计数不为 0 时获取引用。

考虑到引用计数问题的关键是对引用获取和释放对象之间的同步，我们有 9 种可能的机制组合，如表 9.1 所示。表中将引用计数机制归为以下几个大类。

表 9.1 引用计数和同步机制

获取同步	释放同步		
	锁	引用计数	RCU
锁	-	CAM	CA
引用计数	A	AM	A
RCU	CA	MCA	CA

1. 简单计数，不使用原子操作，内存屏障或者对齐限制（“-”）。
2. 不使用内存屏障的原子计数（“A”）。
3. 原子计数，只在释放时使用内存屏障（“AM”）。
4. 原子计数，在获取时用原子操作检查，在释放时使用内存屏障（“CAM”）。
5. 原子计数，在获取时用原子操作检查（“CA”）。
6. 原子计数，在获取时用原子操作检查，在获取时还使用内存屏障（“MCA”）。

但是，由于 Linux 内核中所有的返回值的原子操作都包含内存屏障，所有释放操作也包含内存屏障。因此，类型“CA”和“MCA”与“CAM”相等，这样就只剩前 4 种类型：“-”、“A”、“AM”、“CAM”。9.1.3 节列出了支持引用计数的 Linux 原语。稍后的章节将给出一种优化，可以改进引用获取和释放十分频繁，而很少需要检查引用是否为 0 这一情况下的性能。

9.1.1 各种引用计数的实现

9.1.1.1 节描述了由锁保护的简单计数(“-”)，9.1.1.2 节描述了不带内存屏障的原子计数(“A”)，9.1.1.3 节描述了获取时使用内存屏障的原子计数（“AM”），9.1.1.4 节描述了检查和释放时使用内存屏障的原子计数（“CAM”）。

9.1.1.1 简单计数

简单计数，既不用原子操作也不用内存屏障，可以用于在获取和释放引用计数时都用同一把锁保护的情况。在这种情况下，引用计数可以以非原子操作方式读写，因为锁提供了必要的互斥保护、内存屏障、原子指令和禁用编译器优化。这种方法适用于锁在保护引用计数之外还保护其他操作的情况，这样也使得引用一个对象必须得等锁（被其他地方）释放后再持有。图 9.1 展示了简单的 API，用来实现简单非原子引用计数——虽然简单引用计数函数几乎总是内联的。

```
1 struct sref {
2   int refcount;
3 };
4
5 void sref_init(struct sref *sref)
6 {
7   sref->refcount = 1;
8 }
9
10 void sref_get(struct sref *sref)
11 {
12   sref->refcount++;
13 }
14
```

```
15 int  sref_put(struct  sref  *sref,
16               void  (*release)(struct  sref  *sref))
17 {
18    WARN_ON(release  ==  NULL);
19    WARN_ON(release  ==  (void  (*)(struct  sref  *))kfree);
20
21    if  (--sref->refcount  ==  0)  {
22       release(sref);
23       return  1;
24    }
25    return  0;
26 }
```

图 9.1　简单引用计数的 API

9.1.1.2　原子计数

简单原子计数适用于这种情况，任何 CPU 必须先持有一个引用才能获取引用。这是用在当单个 CPU 创建一个对象供自己使用时，同时也允许其他 CPU、任务、定时器处理函数或者 CPU 后来产生的 I/O 完成回调处理函数来访问该对象。CPU 在将对象传递给其他实体手上之前，必须先以该实体的名义获取一个新的引用。在 Linux 内核中，kref 原语就是用于这种引用计数的，如图 9.2 所示。

```
1 struct kref {
2    atomic_t refcount;
3 };
4
5 void kref_init(struct kref *kref)
6 {
7    atomic_set(&kref->refcount, 1);
8 }
9
10 void kref_get(struct kref *kref)
11 {
12    WARN_ON(!atomic_read(&kref->refcount));
13    atomic_inc(&kref->refcount);
14 }
15
16 static inline int
17 kref_sub(struct kref *kref, unsigned int count,
18          void (*release)(struct kref *kref))
19 {
20    WARN_ON(release == NULL);
21
22    if (atomic_sub_and_test((int) count,
23                            &kref->refcount)) {
24       release(kref);
25       return 1;
26    }
27    return 0;
28 }
```

图 9.2　Linux 内核的 kref API

因为锁无法保护所有引用计数操作，所以需要原子计数，这意味着可能会有 2 个不同的 CPU 并发地操纵引用计数。如果使用普通的增/减函数，一对 CPU 可以同时获取引用计数，假设它们都获取到了计数值“3”。如果它们都增加各自的值，就都得到计数值“4”，然后将值写回引用计数中。但是引用计数的新值本该是 5，这样就丢失了其中一次增加。因此，计数增加和计数减少时都必须使用原子操作。

如果释放引用计数由锁或者 RCU 保护，那么就不再需要内存屏障了（以及禁用编译器优化），并且锁也可以防止一对释放操作同时执行。如果是 RCU，清理必须延后直到所有当前 RCU 读端的临界区执行完毕，RCU 框架会提供所有需要的内存屏障和禁止编译优化。因此，如果 2 个 CPU 同时释放了最后 2 个引用，实际的清理工作将延后到所有 CPU 退出它们 RCU 读端的临界区后才会开始。

小问题 9.2：为什么这种情况不需要保护：一个 CPU 释放了最后一个引用后，另一个 CPU 获取对象的引用？

`kref` 结构自身包括一个原子变量，如图 9.2 中的第 1 至 3 行所示。第 5 到第 8 行的 `kref_init()` 函数将计数初始化为 1。这里要注意，`atomic_set()` 原语只是一个简单的赋值操作，它的名字来源于操作的数据类型 `atomic_t`，而不是指原子操作。`kref_init()` 函数必须在对象创建过程中调用，调用点必须在该对象对其他 CPU 可见之前。

第 10 至 14 行的 `kref_get()` 函数无条件地原子增加计数的值。虽然 `atomic_inc()` 原语并不在所有平台上显式地阻止编译器优化，但是由于 kref 原语处于单独的模块中，并且 Linux 内核的编译过程不做任何跨模块的优化，因此最后达到的效果一样。

第 16 至 28 行上的 `kref_put()` 函数将计数值原子递减，如果结果为零，则第 24 行调用指定的 `release()` 函数，第 24 行返回，并且通知调用者已经调用了 `release()`。否则，`kref_put()` 返回零，并且通知调用者 `release()` 未被调用。

小问题 9.3：假设在图 9.2 的第 22 行中，在调用 `atomic_sub_and_test()` 之后，其他 CPU 调用了 `kref_get()`。这会不会导致这个 CPU 拥有一个指向已释放对象的非法引用？

小问题 9.4：假设 `kref_sub()` 返回零，表示没有调用 `release()` 函数。那么在什么条件下，调用者可以认为引用计数对应的对象持续存在？

9.1.1.3 带释放内存屏障的原子计数

Linux 内核的网络层采用了这种风格的引用，在报文路由中用于跟踪目的地缓存。实际的实现要更复杂一点，本节将关注 `struct dst_entry` 引用计数是如何满足这种用例的，如图 9.3 所示。

```
1 static  inline
2 struct  dst_entry  *  dst_clone(struct  dst_entry  *  dst)
3 {
4    if  (dst)
5       atomic_inc(&dst->__refcnt);
6    return  dst;
7 }
8
9 static  inline
10 void  dst_release(struct  dst_entry  *  dst)
11 {
12   if  (dst)  {
```

```
13        WARN_ON(atomic_read(&dst->__refcnt) < 1);
14        smp_mb__before_atomic_dec();
15        atomic_dec(&dst->__refcnt);
16    }
17 }
```

图 9.3 Linux 内核的 dst_clone API

如果调用者已经持有一个 dst_entry 的引用，那么可以使用 dst_clone()原语，该原语会获取另一个引用，然后传递给内核中的其他实体。因为调用者已经持有了一个引用，dst_clone()不需要再执行任何内存屏障。将 dst_entry 传递给其他实体的行为是否需要内存屏障，要视情况而定，不过如果需要内存屏障，那么内存屏障已经嵌入在传递 dst_entry 的过程中了。

dst_release()原语可以在任何环境中调用，调用者可能在调用 dst_release()的上一条语句获取 dst_entry 结构的元素的引用。因此在第 14 行上，dst_release()原语包含了一个内存屏障，阻止编译器和 CPU 的乱序执行。

请注意，程序员在调用 dst_clone()和 dst_release()时不需要关心内存屏障，只需要了解使用这两个原语的规则就够了。

9.1.1.4 带检查和释放内存屏障的原子计数

引用计数的获取和释放可以并发执行这一事实增加了引用计数的复杂性。假设某次引用计数的释放操作发现引用计数的新值为 0，这表明它现在可以安全清除被引用的对象。此时我们肯定不希望在清理工作进行时又发生一次引用计数的获取操作，所以获取操作必须包含一个检查当前引用值是否为 0 的检查。该检查必须是原子自增的一部分，如下所示。

小问题 9.5: 为什么检查引用计数是否为 0 的操作不能是一个简答的“if-then”语句呢，在“then”部分使用原子增加?

Linux 内核的 fget()和 fput()原语属于这种风格的引用计数。图 9.4 是经过简化后的版本。

```
1 struct file *fget(unsigned int fd)
2 {
3   struct file *file;
4   struct files_struct *files = current->files;
5
6   rcu_read_lock();
7   file = fcheck_files(files, fd);
8   if (file) {
9      if (!atomic_inc_not_zero(&file->f_count)) {
10        rcu_read_unlock();
11        return NULL;
12     }
13   }
14   rcu_read_unlock();
15   return file;
16 }
17
18 struct file *
19 fcheck_files(struct files_struct *files,
                 unsigned int fd)
```

```
20  {
21    struct  file  *  file  =  NULL;
22    struct  fdtable  *fdt  =
                rcu_dereference((files)->fdt);
23
24    if  (fd  <  fdt->max_fds)
25       file  =  rcu_dereference(fdt->fd[fd]);
26    return  file;
27  }
28
29  void  fput(struct  file  *file)
30  {
31    if  (atomic_dec_and_test(&file->f_count))
32       call_rcu(&file->f_u.fu_rcuhead,  file_free_rcu);
33  }
34
35  static  void  file_free_rcu(struct  rcu_head  *head)
36  {
37    struct  file  *f;
38
39    f=container_of(head,struct file,f_u.fu_rcuhead);
40    kmem_cache_free(filp_cachep,  f);
41  }
```

图 9.4　Linux 内核 fget/fput API

第 4 行的 fget()取出一个指向当前进程的文件描述符表的指针，该表可能在多个进程间共享。第 6 行调用 rcu_read_lock()，进入 RCU 读端临界区。后续任何 call_rcu()原语调用的回调函数将延后到对应的 rcu_read_unlock()完成后执行(本例中的第 10 行或者第 14 行)。第 7 行根据参数 fd 指定的文件描述符，查找对应的 struct file 结构，文件描述符的内容稍后再讲。如果指定的文件描述符存在一个对应的已打开文件，那么第 9 行尝试原子地获取一个引用计数。如果第 9 行的操作失败，那么第 10、11 行退出 RCU 读写端临界区，返回失败。如果第 9 行的操作成功，那么第 14、15 行退出读写端临界区，返回一个指向 struct file 的指针。

fcheck_files()原语是 fget()的辅助函数。该函数使用 rcu_dereference()原语来安全地获取受 RCU 保护的指针，用于之后的解引用（这会在如 DEC Alpha 之类的 CPU 上产生一个内存屏障，在这种机器上数据依赖并不保证内存按顺序执行）。第 22 行使用 rcu_dereference()来获取指向任务当前的文件描述符表的指针，第 24 行检查是否指定的文件描述符在该表范围之内。如果在，那么第 25 行获取该 struct file 的指针，然后调用 rcu_dereference()原语。第 26 行返回 struct file 的指针，如果第 24 行的检查失败，那么这里返回 NULL。

fput()原语释放一个 struct file 的引用。第 31 行原子地减少引用计数，如果自减后的值为 0，那么第 32 行调用 call_rcu()原语来释放 struct file（通过 call_rcu()第二个参数指定的 file_free_rcu()函数)，不过这只在当前所有执行 RCU 读端临界区的代码执行完毕才会发生。等待当前所有执行 RCU 读端临界区的代码执行完毕的时间被称为“优雅周期”(grace period)。请注意，atomic_dec_and_test()原语中包含一个内存屏障。在本例中该屏障并非必需的，因为 struct file 只有在所有 RCU 读端临界区完成后才能销毁，但在 Linux 中，根据定义所有会返回值的原子操作都需要包含内存屏障。

一旦优雅周期完毕，第 39 行 file_free_rcu() 函数获取 struct file 的指针，第 40 行释放该指针。

本方法也用于 Linux 虚拟内存系统中，请见针对 page 结构的 get_page_unless_zero() 和 put_page_testzero() 函数，以及针对内存映射的 try_to_unuse() 和 mmput() 函数。

9.1.2 危险指针

前面小节讨论的所有引用计数机制都需要一些其他预防机制，以防止在正在获取计数引用时删除数据元素。这个其他机制可以是一个预先存在的对该数据元素的引用、锁、RCU 或原子操作，但所有这些操作都会降低性能和可扩展性，或者限制应用场景。

有一种避免这些问题的方法是反过来实现引用计数，也就是说，不是增加存储在数据元素里的某个整数，而是在每 CPU（或每线程）链表中存储指向该数据元素的指针。这个链表里的元素被称为危险指针[Mic04][1]。每个数据元素有一个“虚拟引用计数”，其值可以通过计算有多少个危险指针指向该元素而得到。因此，如果该元素已被标志为不可访问，并且不再有任何引用它的危险指针，该元素就可以安全地释放。

当然，这意味着危险指针的获取必须非常谨慎，以避免并发删除导致的破坏性后果。图 9.5 显示了一种危险指针的实现，其中包括第 1 至 13 行的 hp_store() 和第 15 至 20 行的 hp_erase()。14.2 节中将详细描述这里用到的 smp_mb() 原语，在这个例子中读者可以忽略它。

```
 1 int hp_store(void **p, void **hp)
 2 {
 3   void *tmp;
 4
 5   tmp = ACCESS_ONCE(*p);
 6   ACCESS_ONCE(*hp) = tmp;
 7   smp_mb();
 8   if (tmp != ACCESS_ONCE(*p) ||
 9       tmp == HAZPTR_POISON) {
10     ACCESS_ONCE(*hp) = NULL;
11     return 0;
12   }
13   return 1;
14 }
15
16 void hp_erase(void **hp)
17 {
18   smp_mb();
19   ACCESS_ONCE(*hp) = NULL;
20   hp_free(hp);
21 }
```

图 9.5 危险指针的存储和擦除

hp_store() 函数在检查并发修改的同时，在 hp 处为数据元素记录了一个危险指针，其引用为 p。如果发生并发修改，hp_store() 拒绝记录这个危险指针，并返回 0 来表示调用程序必

[1] 也有其他人单独发明了这个概念[HLM02]。

须从头开始重新启动其遍历。否则，hp_store()返回 1，表示它成功记录了一个指向数据元素的危险指针。

小问题 9.6：为什么图 9.5 中的 hp_store()采用指向指针的指针来引用数据元素？为什么不是 void *而是 void **？

小问题 9.7：为什么 hp_store()的调用者在出现问题时需要重新开始遍历？对于较大的数据结构，这是不是很低效？

小问题 9.8：鉴于发明危险指针的文章使用每个指针的最低位来标记已删除的元素，HAZPTR_POISON 是干什么用的？

因为使用危险指针的算法可能在它们的任何步骤中重新启动对数据结构的遍历，这些算法通常在获得所有危险指针之前，必须注意避免对数据结构做任何更改。

小问题 9.9：但是这些对危险指针的限制是不是也适用于其他形式的引用计数？

以这些限制为交换，危险指针可以为读端提供优秀的性能和可扩展性。第 10 章和其他一些出版物比较了危险指针与其他引用计数机制的性能[HMBW07，McK13，Mic04]。

9.1.3 支持引用计数的 Linux 原语

在上述例子中使用的 Linux 内核原语如下。

- atomic_t 可供原子操作的 32 位类型定义。
- void atomic_dec(atomic_t *var)；不需要内存屏障或者阻止编译器优化的原子自减引用计数操作。
- int atomic_dec_and_test(atomic_t *var)；原子减少引用计数，如果结果为 0 则返回 true。需要内存屏障并且阻止编译器优化，否则可能让引用计数在原语外改变。
- void atomic_inc(atomic_t *var)；原子增加引用计数，不需要内存屏障或者禁用编译器优化。
- int atomic_inc_not_zero(atomic_t *var)；原子增加引用计数，但是仅仅在其值不为 0 时才进行自增，并且在自增后返回 true。该操作会产生内存屏障，并禁止编译器优化，否则引用会在原语外改变。
- int atomic_read(atomic_t *var)；返回引用计数的整数值。该函数不是原子操作，不需要内存屏障，也不需要禁止编译器优化。
- void atomic_set(atomic_t *var, int val)；将引用计数的值设置为 val。该函数不是原子操作，不需要内存屏障，也不需要禁止编译器优化。
- void call_rcu(struct rcu_head *head, void (*func)(struct rcu_head *head))；在当前所有执行 RCU 读端临界区完成后调用 func(head)，不过 call_rcu()原语是立即返回的。请注意，head 通常是受 RCU 保护的数据结构的一个字段，func 通常是释放该数据结构的函数。从调用 call_rcu()到调用 func 之间的时间间隔被称为“优雅周期”。任何包含一个优雅周期的时间间隔本身就是一个优雅周期。
- type *container_of(p, type, f)；给出指针 p，指向类型为 type 的数据结构中的字段 f，返回指向数据结构的指针。
- void rcu_read_lock(void)；标记一个 RCU 读端临界区的开始。
- void rcu_read_unlock(void)；标记一个 RCU 读端临界区的结束。RCU 读端临界

区可以嵌套。

- void smp_mb__before_atomic_dec(void)：只有在该平台的 atomic_dec()原语没有产生内存屏障，禁止编译器的乱序优化时才有用，执行上面的操作。
- struct rcu_head 用于 RCU 基础框架的数据结构，用来跟踪等待优雅周期的对象。通常作为受 RCU 保护的数据结构中的一个字段。

9.1.4 计数优化

在经常更改计数，但很少检查计数是否为 0 的场合里，像第 5 章讨论的那样，维护一个每 CPU 或者每任务计数很有用。关于此技术在 RCU 上的示例，参见关于可睡眠式 RCU（Sleepable RCU）的论文[McK06]。该方法可以避免在增加或减少计数函数中使用原子操作或者内存屏障，但还是要禁止编译器的乱序优化。另外，像 synchronize_srcu()这样的原语，检查总的引用计数是否为 0 的速度十分缓慢。这使得该方法不适合用于频繁获取和释放引用计数的场合，不过对于极少检查引用计数是否为 0 的场合还是适合的。

9.2 顺序锁

Linux 内核中使用的顺序锁主要用于保护以读取为主的数据，多个读者观察到的状态必须一致。不像读/写锁，顺序锁的读者不能阻塞写者。它反而更像是危险指针，如果检测到有并发的写者，顺序锁强迫读者重试。从图 9.6 可以看出，在代码中使用顺序锁的时候，设计很重要，尽量不要让读者有需要重试的机会。

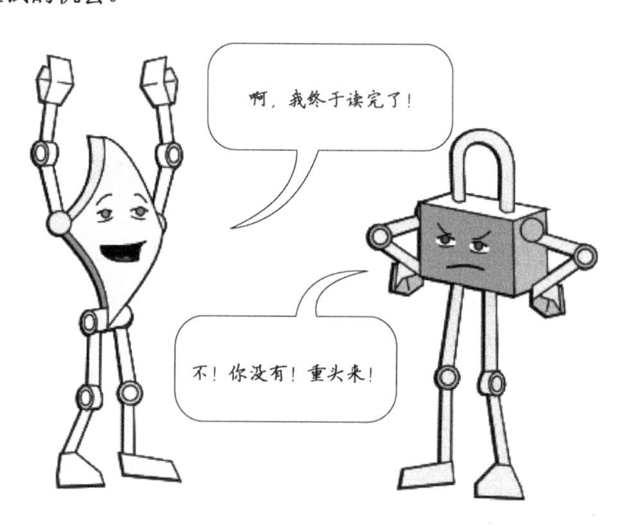

图 9.6 读者和不合作的顺序锁

小问题 9.12：为什么第 7 章没有讨论这个顺序锁，要知道这也是一种锁？

顺序锁的关键组成部分是序列号，没有写者的情况下其序列号为偶数值，如果有一个更新正在进行中，其序列号为奇数值。读者在每次访问之前和之后可以对值进行快照。如果快照是奇数值，又或者如果两个快照的值不同，则存在并发更新，此时读者必须丢弃访问的结果，然后重试。

读者使用 read_seqbegin() 和 read_seqretry() 函数访问由顺序锁保护的数据，如图 9.7 所示。写者必须在每次更新前后增加该值，并且在任意时间只允许一个写者。写者使用 write_seqlock() 和 write_sequnlock() 函数更新由顺序锁保护的数据，如图 9.8 所示。

```
1 do {
2   seq = read_seqbegin(&test_seqlock);
3   /* 读取端访问 */
4 } while (read_seqretry(&test_seqlock, seq));
```

图 9.7　顺序锁的读者

```
1  write_seqlock(&test_seqlock);
2  /* 更新 */
3  write_sequnlock(&test_seqlock);
```

图 9.8　顺序锁的写者

顺序锁保护的数据可以拥有任意数量的并发读者，但一次只有一个写者。在 Linux 内核中顺序锁用于保护计时的校准值。它也用在遍历路径名时检测并发的重命名操作。

小问题 9.13： 能不能只使用顺序锁来保护一个支持并发添加、删除和搜索的链表？

顺序锁的简单实现如图 9.9（seqlock.h）所示。第 1 至 4 行是 seqlock_t 的数据结构，其中包含序列号和一个让写者顺序执行的锁。第 6 至 10 行是 seqlock_init() 函数，正如其名称所示，初始化 seqlock_t。

```
1  typedef struct {
2    unsigned long seq;
3    spinlock_t lock;
4  } seqlock_t;
5
6  static void seqlock_init(seqlock_t *slp)
7  {
8    slp->seq = 0;
9    spin_lock_init(&slp->lock);
10 }
11
12 static unsigned long read_seqbegin(seqlock_t *slp)
13 {
14   unsigned long s;
15
16 repeat:
17   s = ACCESS_ONCE(slp->seq);
18   smp_mb();
19   if (unlikely(s & 1))
20     goto repeat;
21     return s;
22 }
23
24 static int read_seqretry(seqlock_t *slp,
25                           unsigned long oldseq)
26 {
27   unsigned long s;
28
```

```
29   smp_mb();
30   s = ACCESS_ONCE(slp->seq);
31   return s != oldseq;
32 }
33
34 static void write_seqlock(seqlock_t *slp)
35 {
36   spin_lock(&slp->lock);
37   ++slp->seq;
38   smp_mb();
39 }
40
41 static void write_sequnlock(seqlock_t *slp)
42 {
43   smp_mb();
44   ++slp->seq;
45   spin_unlock(&slp->lock);
46 }
```

图 9.9 顺序锁的实现

第 12 至 22 行是 `read_seqbegin()`，它开始了顺序锁的读取端临界区。第 17 行获取序列号的快照，第 18 行命令获取序列号的操作在进入调用者的临界区之前被执行。第 19 行检查快照，奇数表示有并发写者，如果是，第 20 行跳转回到开始。否则，第 21 行返回快照的值，调用者稍后将把该值传给 `read_seqretry()`。

小问题 9.14：在图 9.9 中，为什么要在 `read_seqbegin()` 的第 19 行检查？新的写者可以在任意时间出现，为什么不简单将检查放入 `read_seqretry()` 的第 31 行？

第 24 至 32 行是 `read_seqretry()`，如果从对 `read_seqbegin()` 的调用时间到现在这段时间没有写者出现，则返回 true。第 29 行命令在第 30 行获取新的快照之前，调用者从临界区退出。最后，第 30 行检查序列号是否发生改变，换句话说，是否有写者，如果没有，返回 true。

小问题 9.15：为什么需要图 9.9 第 29 行的 `smp_mb()`？

小问题 9.16：在图 9.9 的代码中可以使用更弱的内存屏障吗？

小问题 9.17：为什么顺序锁的写者不会让读者饥饿？

第 34 至 39 行是 `write_seqlock()`，它只是获取锁，增加序列号，并通过执行内存屏障来保证自增在进入调用者的临界区之前完成。第 41 至 46 行则是 `write_sequnlock()`，它执行内存屏障以确保调用者在第 44 行自增序列号操作之前退出临界区，然后释放锁。

小问题 9.18：如果有别的什么东西来保证写者顺序执行，是不是就不需要锁了？

小问题 9.19：为什么图 9.9 第 2 行的 `seq` 不是 `unsigned`，而是 `unsigned long`？毕竟，如果 `unsigned` 对于 Linux 内核来说已经足够了，这对大家来说不是更好？

可以将顺序锁的读取端和更新端临界区视为事务，因此顺序锁定可以被认为是一种有限形式的事务内存，这将在第 17.2 节中讨论。顺序锁的限制是：（1）顺序锁限制更新和（2）顺序锁不允许遍历指向可能被写者释放的指针。事务内存当然不存在这些限制，但是通过配合其他同步原语，顺序锁也可以克服这些限制。

顺序锁允许写者延迟读者，但反之并不亦然。在存在大量写的工作环境中，这可能导致对读者的不公平和甚至饥饿。另一方面，在没有写者时，顺序锁的读者运行相当快速并且可以线性扩展。人们总是想要鱼和熊掌兼得：快速的读者和不会重试的读者，并且不会发生饥饿。此外，如果能不受顺序锁对指针的限制就更好了。以下小节将介绍同时拥有这些特性的同步机制。

9.3　读-复制-修改（RCU）

本节从几个不同的角度涵盖 RCU。9.3.1 节提供 RCU 的经典介绍，9.3.2 节涵盖了基本的 RCU 概念，9.3.3 节介绍了 RCU 的一些常见用法，9.3.4 节介绍了 Linux 内核中的 API，9.3.5 节涵盖了一系列用户态 RCU 的“玩具”实现，最后，9.3.6 节提供了一些 RCU 的练习。

9.3.1　RCU 介绍

假设你正在编写一个需要访问随时变化的数据的并行实时程序，数据可能是随着温度、湿度的变化而逐渐变化的大气压。这个程序的实时响应要求是如此严格，不允许任何自旋或者阻塞，因此锁就被排除了。同样也不允许使用重试循环，这就排除了顺序锁。幸运的是，温度和压力的范围通常是可控的，这样使用默认的硬编码数据集也可行。

但是，温度、湿度和压力偶尔会偏离默认值太远，在这种情况下，有必要提供替换默认值的数据。因为温度、湿度和压力是逐渐变化，尽管数值必须在几分钟内更新，但提供更新值并不是非常紧急的事情。该程序使用一个全局指针，即 `gptr`，通常为 `NULL`，表示要使用默认值。否则，`gptr` 指向假设命名为 `a`、`b` 和 `c` 的变量，它们的值用于实时计算。

我们如何在不妨碍实时性的情况下安全地为读者提供更新后的值？

一个经典的方法如图 9.10 所示。第一排显示默认状态，其中 `gptr` 等于 `NULL`。在第二排中，我们已经分配了一个未初始化的结构，如问号所示。在第三排，我们已经初始化了该结构。接下来，我们让 `gptr` 来引用这个新的元素[2]。在现代计算系统中，并发的读者要么看到一个 `NULL` 指针要么看到指向新结构 `p` 的指针，不会看到中间结果，从这个意义上说，这种赋值是原子的。因此，每个读者都可以得到默认值 `NULL`，或者获取新赋值的非默认值。但无论哪种方式，每个读者都会看到一致的结果。更好的是，读者不需要使用任何昂贵的同步原语，因此这种方法非常适合实时使用[3]。

但是我们迟早需要从并发的读者手中删除指针指向的数据。让我们转到一个更复杂的例子，我们正在删除一个来自链表的元素，如图 9.11 所示。此链表最初包含元素 `A`、`B` 和 `C`，首先我们需要删除元素 `B`，我们使用 `list_del()` 进行删除操作[4]，此时所有新加入的读者都将看到元素 `B` 已经从链表中删除了。然而，可能仍然有老读者在引用这个元素。一旦所有这些旧的读者完成读取，我们可以安全地释放元素 `B`，如图中最后部分所示。

---

[2]提示，在许多计算机系统中，由于来自编译器和 CPU 的干扰，这里不能使用简单的赋值操作。9.3.2 节将讨论这些问题。

[3]再次提示，为防止来自编译器的干扰，在许多计算机系统上都需要做一些额外的工作，以及在 DEC Alpha 系统上的 CPU。这将在 9.3.2 节中讨论。

[4]再三提示，这更接近现实，9.3.2 节将对此进行扩展。

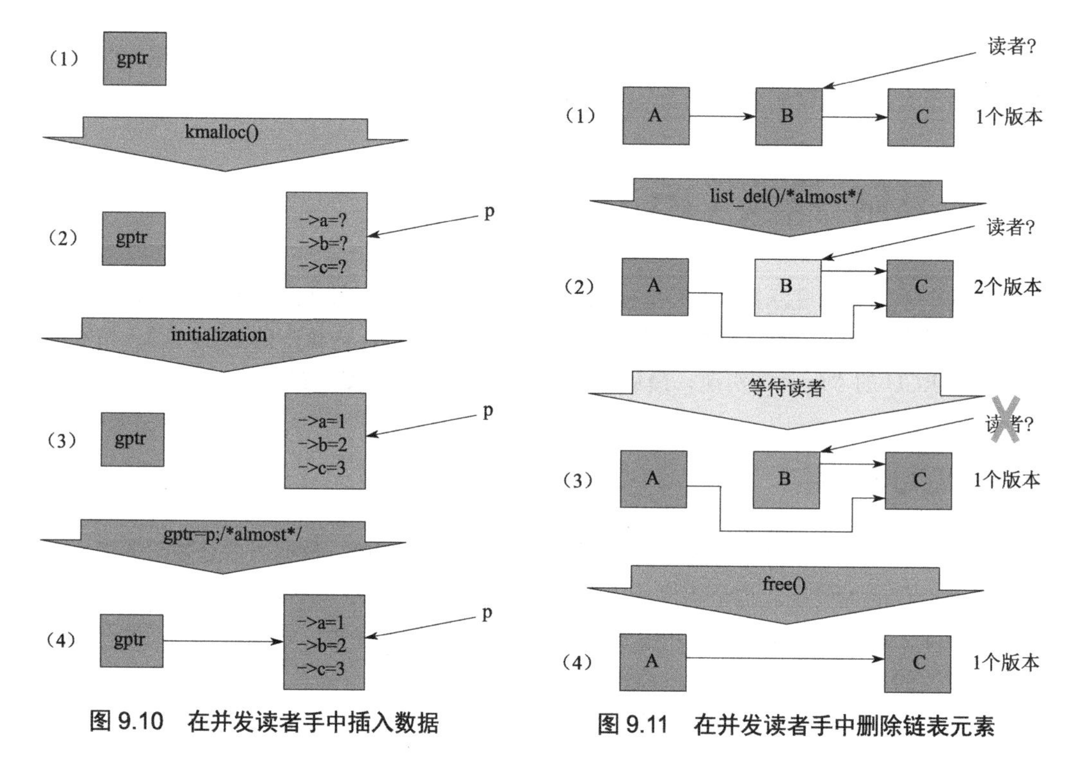

图 9.10　在并发读者手中插入数据

图 9.11　在并发读者手中删除链表元素

但是，我们怎么能知道读者何时完成读取？

引用计数的方案很有诱惑力，但第 5 章中的图 5.3 表明这也可能导致长延迟，正如锁和顺序锁，我们已经拒绝这种选择。

让我们考虑极端情况下的逻辑，读者完全不将它们的存在告诉任何人。这种方法显然让读者的性能最佳（毕竟，免费是一个非常好的价格），但留给写者的问题是如何才能确定所有的老读者已经完成。如果要给这个问题提供一个合理的答案，我们显然需要一些额外的约束条件。

有一种约束适合某些类型的实时操作系统（以及某些操作系统内核），是让线程不会被抢占。在这种不可抢占的环境中，每个线程将一直运行，直到它明确地和自愿地阻塞自己。这意味着一个不能阻塞的无限循环将使该 CPU 在循环开始后无法用于任何其他目的[5]。不可抢占性还要求线程在持有自旋锁时禁止阻塞。如果没有这个禁止，当持有自旋锁的线程被阻塞后，所有 CPU 都可能陷入某个要求获取自旋锁的线程中无法自拔。要求获取自旋锁的线程在获得锁之前不会放弃它们的 CPU，但是持有锁的线程因为拿不到 CPU，又不能释放自旋锁。这是一种经典的死锁情况。

让我们对遍历链表的读线程施加相同的约束：这样的线程在完成遍历之前不允许阻塞。返回到图 9.11 的第二排，其中写者刚刚执行完 `list_del()`，想象 CPU 0 做了一个上下文切换。因为读者不允许在遍历链表时阻塞，所以我们可以保证所有先前运行在 CPU 0 上的读者已经完成。将这个推理扩展到其他 CPU，一旦每个 CPU 被观察到执行了上下文切换，我们就能保证所有之前的读者都已经完成，该 CPU 不会再有任何引用元素 `B` 的读线程。此时写者可以安全地释放元素 `B` 了，这就是图 9.11 底部所示的状态。

这种方法的示意图如图 9.12 所示，图中的时间从顶部推移到底部。

虽然这种方法在生产环境上的实现可能相当复杂，但是玩具实现却非常简单。

[5]相反，在可抢占环境中，无限循环可以被抢占。虽然这个无限循环可能仍然浪费了相当多的 CPU 时间，但是这个 CPU 仍然能够做其他工作。

```
1 for_each_online_cpu(cpu)
2 run_on(cpu);
```

for_each_online_cpu()原语遍历所有 CPU，run_on()函数导致当前线程在指定的 CPU 上执行，这会强制目标 CPU 执行上下文切换。因此，一旦 for_each_online_cpu()完成，每个 CPU 都执行了一次上下文切换，这又保证了所有之前存在的读线程已经完成。

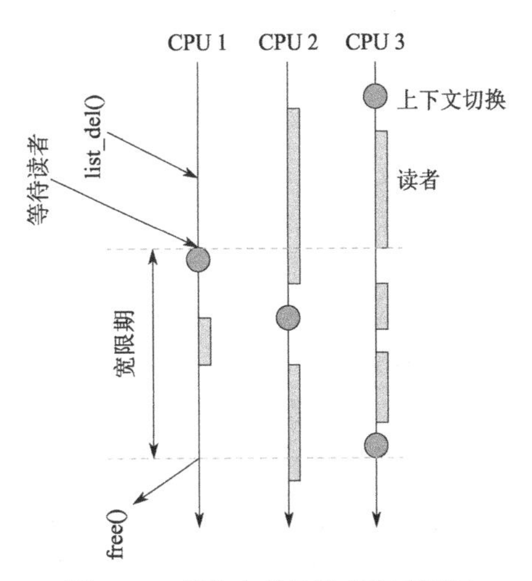

图 9.12　等待之前的读者完成读取

请注意，这个方法不能用于生产环境。正确处理各种边界条件和对性能优化的强烈要求意味着用于生产环境的代码实现将十分复杂。此外，可抢占环境的 RCU 实现需要读者实际做点什么事情。不过，这种简单的不可抢占的方法在概念上是完整的，并且为下一节理解 RCU 的基本原理形成了良好的初步基础。

9.3.2 RCU 基础

本节作者为 Paul E. McKenney 和 Jonathan Walpole。

读-复制-更新（RCU）是一种同步机制，2002 年 10 月引入 Linux 内核。RCU 允许读操作可以与更新操作并发执行，这一点提升了程序的可扩展性。常规的互斥锁让并发线程互斥执行，并不关心该线程是读者还是写者，而读/写锁在没有写者时允许并发的读者，相比于这些常规锁操作，RCU 在维护对象的多个版本时确保读操作保持一致，同时保证只有所有当前读端临界区都执行完毕后才释放对象。RCU 定义并使用了高效并且易于扩展的机制，用来发布和读取对象的新版本，还用于延后旧版本对象的垃圾收集工作。这些机制恰当地在读端和更新端分布工作，让读端非常快速。在某些场合下（比如非抢占式内核里），RCU 读端的函数完全是零开销。

小问题 9.20：但是 9.2 节的 seqlock 不也可以让读者和写者并发执行吗？

看到这里，读者通常会问，“究竟 RCU 是什么？”，或者是另一个问题“RCU 怎么工作？”（还有些比较少见的情形，读者会断定 RCU 不可能工作）。本节致力于从一种基本的视角回答上述问题，稍后的章节将从用户使用和 API 的视角重新看待这些问题。最后一节会给出一个表。

RCU 由三种基础机制构成，第一个机制用于插入，第二个用于删除，第三个用于让读者可以不受并发的插入和删除干扰。9.3.2.1 节描述了发布——订阅机制，用于插入。9.3.2.2 节描述了如何等待已有的 RCU 读者来启动删除。9.3.2.3 节讨论了如何维护新近更新对象的多个版本，允许并发的插入和删除操作。最后，9.3.2.4 节对 RCU 的基础进行总结。

9.3.2.1　发布——订阅机制

RCU 的一个关键特性是可以安全扫描数据，即使数据此时正被修改。RCU 通过一种发布——订阅机制达成了并发的数据插入。举个例子，假设初始值为 NULL 的全局指针 gp 现在被赋值指向一个刚分配并初始化的数据结构。请见图 9.13 所示的代码片段（还有一些适当的锁操作）。

```
1 struct foo {
2    int a;
3    int b;
```

```
4   int c;
5 };
6 struct foo *gp = NULL;
7
8 /* . . . */
9
10 p = kmalloc(sizeof(*p), GFP_KERNEL);
11 p->a = 1;
12 p->b = 2;
13 p->c = 3;
14 gp = p;
```

图 9.13 “发布”的数据结构（不安全）

不幸的是，这块代码无法保证编译器和 CPU 会按照顺序执行最后 4 条赋值语句。如果对 gp 的赋值发生在初始化 p 的各字段之前，那么并发的读者会读到未初始化的值。这里需要内存屏障来保证事情按顺序发生，可是内存屏障又向来以难用而闻名。所以这里我们用一句 rcu_assign_pointer() 原语将内存屏障封装起来，让其拥有发布的语义。最后 4 行代码如下。

```
1 p->a = 1;
2 p->b = 2;
3 p->c = 3;
4 rcu_assign_pointer(gp, p);
```

rcu_assign_pointer()“发布”一个新结构，强制让编译器和 CPU 在为 p 的各字段赋值后再去为 gp 赋值。

不过，只保证更新者的执行顺序并不够，因为读者也需要保证读取顺序。请看下面这个例子中的代码。

```
1 p = gp;
2 if (p != NULL) {
3   do_something_with(p->a, p->b, p->c);
4 }
```

这块代码看起来好像不会受到乱序执行的影响，可惜事与愿违，在 DEC Alpha CPU[McK05a，McK05b]机器上，还有启用编译器值猜测（value-speculation）优化时，会让 p->a，p->b 和 p->c 的值在 p 赋值之前被读取。也许在启动编译器的值推测优化时比较容易观察到这一情形，此时编译器会先猜测 p->a、p->b、p->c 的值，然后再去读取 p 的实际值来检查编译器的猜测是否正确。这种类型的优化十分激进，甚至有点疯狂，但是这确实发生在剖析驱动（profile-driven）优化的上下文中。

显然，我们必须在编译器和 CPU 层面阻止这种危险的优化。rcu_dereference() 原语用了各种内存屏障指令和编译器指令来达到这一目的。

```
1 rcu_read_lock();
2 p = rcu_dereference(gp);
3 if (p != NULL) {
4   do_something_with(p->a, p->b, p->c);
5 }
6 rcu_read_unlock();
```

rcu_dereference() 原语用一种“订阅”的办法获取指定指针的值。保证后续的解引用操作可以看见在对应的“发布”操作（rcu_assign_pointer()）前进行的初始化。rcu_read_ lock()和 rcu_read_unlock()是肯定需要的：这对原语定义了 RCU 读端的临界区。第 9.3.2.2 节将会解释它们的意图，不过请注意，这对原语既不会自旋或者阻塞，也不会阻止 list_add_rcu()的并发执行。事实上，在没有配置 CONFIG_PREEMPT 的内核里，这对原语就是空函数。

虽然理论上 rcu_assign_pointer()和 rcu_derederence()可以用于构造任何能想象到的受 RCU 保护的数据结构，但是实践中常常只用于上层的构造。因此 rcu_assign_pointer()和 rcu_dereference()原语是嵌入在特殊的 RCU 变体——即 Linux 操纵链表的 API 中。Linux 有两种双链表的变体，循环链表 struct list_head 和哈希表 struct hlist_head/struct hlist_node。前一种如图 9.14 所示，绿格子代表链表头，蓝格子代表链表元素。这种表示方法比较麻烦，所以图 9.15 中给出一种简化表示方法。[6]

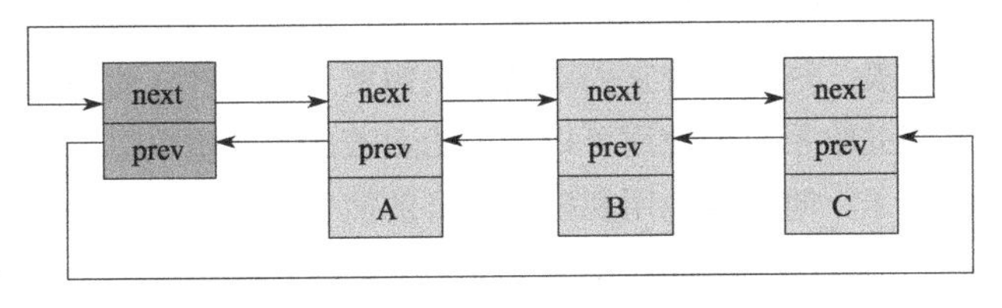

图 9.14 Linux 的循环链表

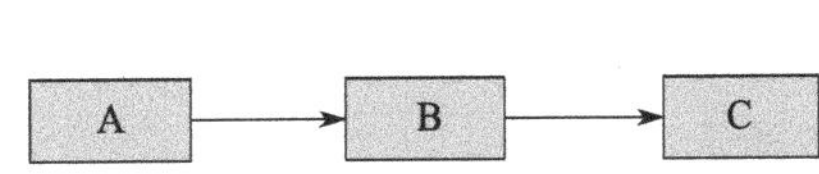

图 9.15 简化表示的 Linux 链表

图 9.16 是对链表采用指针发布的例子。

```
1 struct foo {
2   struct list_head *list;
3   int a;
4   int b;
5   int c;
6 };
7 LIST_HEAD(head);
8
9 /* . . . */
10
11 p = kmalloc(sizeof(*p), GFP_KERNEL);
12 p->a = 1;
13 p->b = 2;
14 p->c = 3;
15 list_add_rcu(&p->list, &head);
```

图 9.16 RCU 发布链表

第 15 行必须用某些同步机制（最常见的是各种锁）来保护，防止多核 list_add()实例并发执行。不过，同步并不能阻止 list_add()的实例与 RCU 的读者并发执行。

订阅一个受 RCU 保护的链表的代码非常直接。

```
1 rcu_read_lock();
2 list_for_each_entry_rcu(p, head, list) {
3   do_something_with(p->a, p->b, p->c);
4 }
```

[6]在 Linux 内核中，rcu_dereference()是由一个 volatile 转换实现的，在 DEC Alpha 上则是由一个内存屏障指令实现。在 C11 和 C++11 标准中，memory_order_consume 旨在为 rcu_dereference()提供长期的支持，但是目前还没有编译器真正地实现这个原语。（这些编译器将 memory_order_consume 强化成 memory_order_acquire，因此会在弱有序的系统上产生不必要的内存屏障指令。）

```
5 rcu_read_unlock();
```

list_add_rcu()原语向指定的链表发布了一项条目，保证对应的 list_for_each_entry_rcu()可以订阅到同一项条目。

小问题 9.21：如果 list_for_each_entry_rcu()刚好与 list_add_rcu()并发执行时，list_for_each_entry_rcu()为什么没有出现段错误？

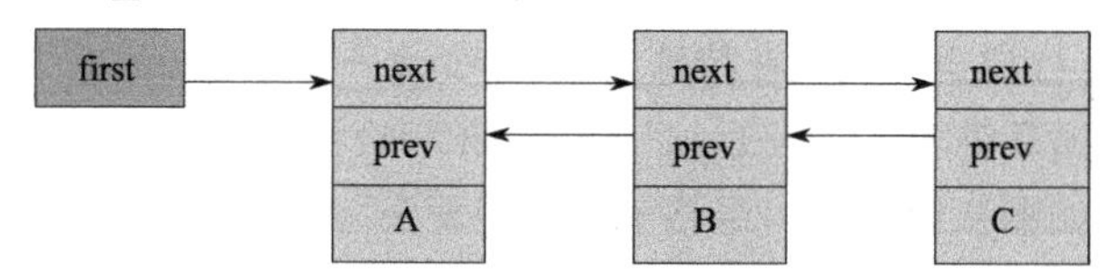

图 9.17 Linux 的线性链表

Linux 的其他双链表、哈希表都是线性链表，这意味着它的头结点只需要一个指针，而不是向循环链表那样需要两个，如图 9.17 所示。因此哈希表的使用可以减少哈希表的哈希桶数组一半的内存消耗。和前面一样，这种表示法太麻烦了，哈希表也用和链表一样的简化表达方式，如图 9.15 所示。

向受 RCU 保护的哈希表发布新元素和向循环链表的操作十分类似，如图 9.18 所示。

```
1 struct foo {
2   struct hlist_node *list;
3   int a;
4   int b;
5   int c;
6 };
7 HLIST_HEAD(head);
8
9 /* . . . */
10
11 p = kmalloc(sizeof(*p), GFP_KERNEL);
12 p->a = 1;
13 p->b = 2;
14 p->c = 3;
15 hlist_add_head_rcu(&p->list, &head);
```

图 9.18 RCU 发布哈希链表

和之前一样，第 15 行必须用某种同步机制，比如锁来保护。

订阅受 RCU 保护的哈希表和订阅循环链表没什么区别。

```
1 rcu_read_lock();
2 hlist_for_each_entry_rcu(p, q, head, list) {
3   do_something_with(p->a, p->b, p->c);
4 }
5 rcu_read_unlock();
```

小问题 9.22：为什么我们要给 hlist_for_each_entry_rcu()传递两个指针？list_for_each_entry_rcu()都只需要一个。

表 9.2 是 RCU 的发布和订阅原语，另外还有一个取消发布原语。

表 9.2　RCU 的发布与订阅原语

类　别	发　布	取消发布	订　阅
指针	rcu_assign_pointer()	rcu_assign_pointer(…, NULL)	rcu_dereference()
链表	list_add_rcu() list_add_tail_rcu() list_replace_rcu()	list_del_rcu()	list_for_each_entry_rcu()
哈希链表	hlist_add_after_rcu() hlist_add_before_rcu() hlist_add_head_rcu() Hlist_replace_rcu()	hlist_del_rcu()	hlist_for_each_entry_rcu()

请注意，list_replace_rcu()、list_del_rcu()、hlist_replace_rcu()和 hlist_del_rcu()这些 API 引入了一点复杂性。何时才能安全地释放刚被替换或者删除的数据元素？我们怎么能知道何时所有读者释放了他们对数据元素的引用？

这些问题将在随后的小节里得到解答。

9.3.2.2　等待已有的 RCU 读者执行完毕

从最基本的角度来说，RCU 就是一种等待事物结束的方式。当然，有很多其他的方式可以用来等待事物结束，比如引用计数、读/写锁、事件等等。RCU 的最伟大之处在于它可以等待（比如）20,000 种不同的事物，而无需显式地去跟踪它们中的每一个，也无需去担心对性能的影响，对扩展性的限制，复杂的死锁场景，还有内存泄漏带来的危害等等使用显式跟踪手段会出现的问题。

在 RCU 的例子中，被等待的事物称为“RCU 读端临界区”。RCU 读端临界区从 rcu_read_lock()原语开始，到对应的 rcu_read_unlock()原语结束。RCU 读端临界区可以嵌套，也可以包含一大块代码，只要这其中的代码不会阻塞或者睡眠（虽然有一种叫 SRCU[McK06]的特殊 RCU 类型允许代码在 SRCU 读端临界区中睡眠）。如果你遵守这些约定，就可以使用 RCU 去等待任何代码的完成。

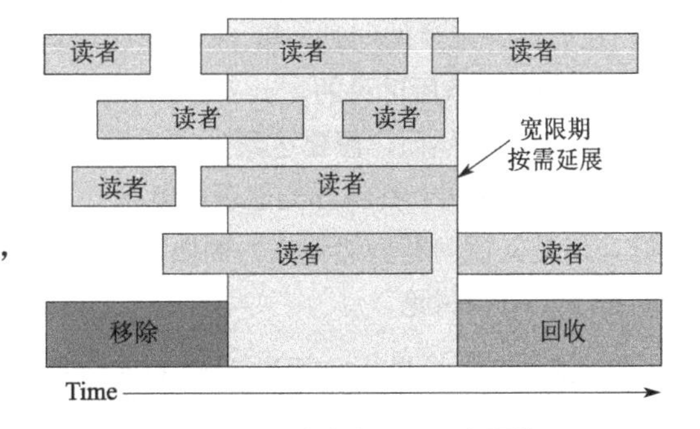

图 9.19　读者和 RCU 宽限期

RCU 通过间接地确定这些事物何时完成，才完成了这样的壮举。

尤其如图 9.19 所示，RCU 是一种等待已有的 RCU 读端临界区执行完毕的方法，这里的执行完毕也包括在临界区里执行的内存操作。不过请注意，在某个优雅周期开始后才启动的 RCU 读端临界区会扩展到该优雅周期的结尾处。

下列伪代码展示了使用 RCU 等待读者的基本算法。

1．作出改变，比如替换链表中的一个元素。

2．等待所有已有的 RCU 读端临界区执行完毕（比如使用 synchronize_rcu()原语）。这里要注意的是后续的 RCU 读端临界区无法获取刚刚删除元素的引用。

3．清理，比如释放刚才被替换的元素。

图 9.20 中所示的代码片段（根据 9.3.2.1 节中的修改）演示了这个过程，其中字段 a 是搜索

关键字。

```
1 struct foo {
2   struct list_head *list;
3   int a;
4   int b;
5   int c;
6 };
7 LIST_HEAD(head);
8
9 /* . . . */
10
11 p = search(head, key);
12 if (p == NULL) {
13   /* 执行恰当的操作，释放锁，然后返回 */
14 }
15 q = kmalloc(sizeof(*p), GFP_KERNEL);
16 *q = *p;
17 q->b = 2;
18 q->c = 3;
19 list_replace_rcu(&p->list, &q->list);
20 synchronize_rcu();
21 kfree(p);
```

图 9.20 标准 RCU 替换示例

第 19、20 和 21 行实现了刚才提到的三个步骤。第 16 至 19 行正如 RCU 其名（读-复制-更新），在允许并发读的同时，第 16 行复制，第 17 到 19 行更新。

正如 9.3.1 节所讨论的，synchronize_rcu()原语可以相当简单（参见 9.3.5 节“玩具式”的 RCU 实现）。然而，想要达到生产质量，代码实现必须处理一些困难的边界情况，并且还要进行大量优化，这两者都将导致显著的复杂性。虽然知道 synchronize_rcu()有一个简单的实现很好，但是其他问题仍然存在。例如，当 RCU 读者遍历正在更新的链表时会看到什么？这个问题将在下一节中讨论。

9.3.2.3 维护最近被更新对象的多个版本

本节将展示 RCU 如何维护链表的多个版本，供并发的读者访问。本节通过两个例子来说明在读者还处于 RCU 读端临界区时，被读者引用的数据元素如何保持完整性。第一个例子展示了链表元素的删除，第二个例子展示了链表元素的替换。

例子 1：在删除过程中维护多个版本

在开始“删除”这个例子以前，我们要把图 9.20 的第 11 至 21 行修改成下面这样。

```
1 p = search(head, key);
2 if (p != NULL) {
3   list_del_rcu(&p->list);
4   synchronize_rcu();
5   kfree(p);
6 }
```

这段代码用图 9.21 显示的方式更新链表。每个元素中的三个数字分别代表字段 a、b、c 的值。红色的元素表示 RCU 读者此时正持有该元素的引用。请注意，我们为了让图更清楚，忽略了后向指针和从尾指向头的指针。

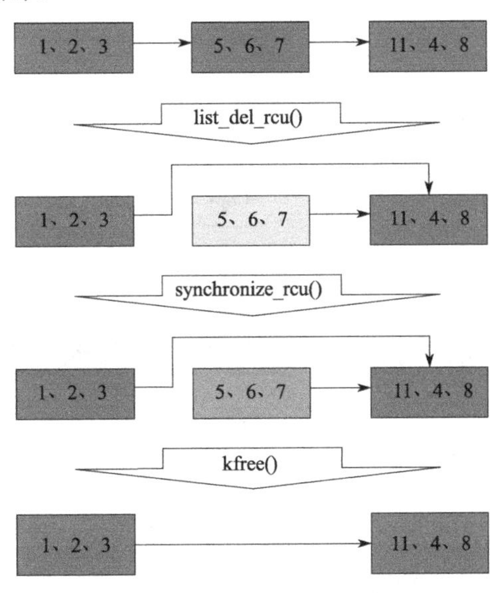

图 9.21　RCU 从链表中删除元素

等第 3 行的 `list_del_rcu()` 执行完毕后，“5、6、7”元素从链表中被删除，如图 9.21 的第二行所示。因为读者不直接与更新者同步，所以读者可能还在并发地扫描链表。这些并发的读者有可能看见，也有可能看不见刚刚被删除的元素，这取决于扫描的时机。不过，刚好在取出指向被删除元素指针后被延迟的读者（比如，由于中断、ECC 内存错误或者配置了 `CONFIG_PREEMPT_RT` 内核中的抢占），就有可能在删除后还看见链表元素的旧值。因此，我们此时有两个版本的链表，一个有元素“5、6、7”，另一个没有。元素“5、6、7”用黄色标注，表明老读者可能还在引用它，但是新读者已经无法获得它的引用。

请注意，读者不允许在退出 RCU 读端临界区后还维护元素“5、6、7”的引用。因此，一旦第 4 行的 `synchronize_rcu()` 执行完毕，所有已有的读者都要保证已经执行完，不能再有读者引用该元素，如图 9.21 中第三排的绿色部分。这样我们又回到了唯一版本的链表。

此时，元素“5、6、7”可以安全被释放了，如图 9.21 的最后一排所示。这样我们就完成了元素“5、6、7”的删除。本节后面的部分将描述元素的替换。

例子 2：在替换过程中维护多个版本

在开始“替换”例子之前，先给大家看看图 9.20 中所示的最后几行代码。

```
1 q = kmalloc(sizeof(*p), GFP_KERNEL);
2 *q = *p;
3 q->b = 2;
4 q->c = 3;
5 list_replace_rcu(&p->list, &q->list);
6 synchronize_rcu();
7 kfree(p);
```

链表的初始状态包括指针 p 都和“删除”例子中一样，如图 9.22 的第一排所示。

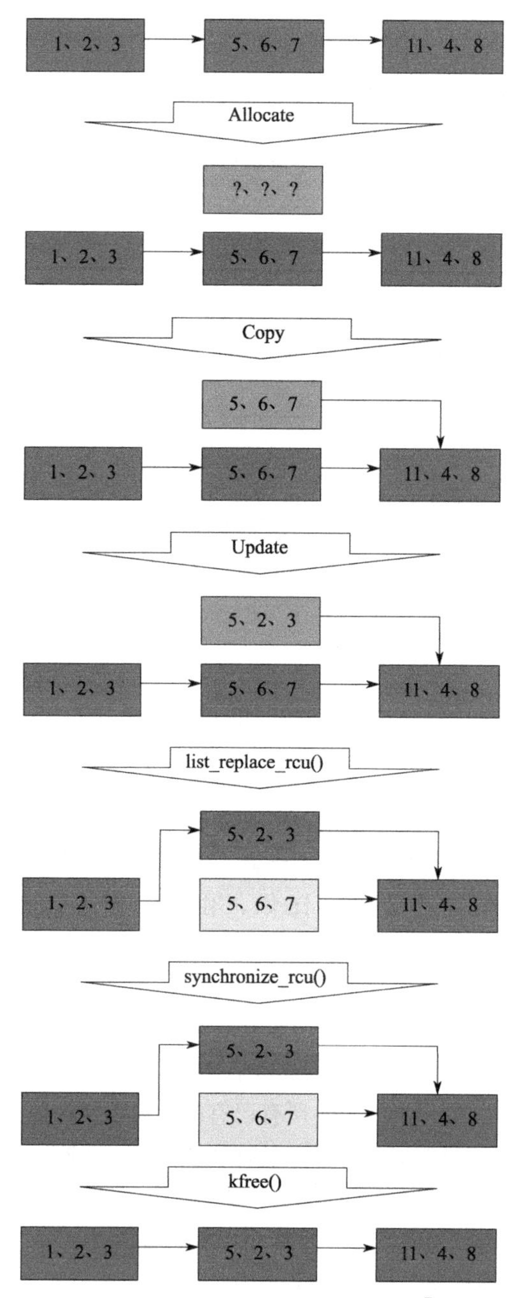

图 9.22　RCU 从链表中替换元素[7]

和前面一样，每个元素中的三个数字分别代表字段 a、b、c。红色的元素表示读者可能正在引用，并且因为读者不直接与更新者同步，所以读者有可能与整个替换过程并发执行。请注意我们为了图表的清晰，再一次忽略了后向指针和从尾指向头的指针。

下面描述了元素“5、2、3”如何替换元素“5、6、7”的过程，任何特定读者可能看见这两个值其中一个。

第 1 行用 kmalloc()分配了要替换的元素，如图 9.22 第二排所示。此时，没有读者持有刚

[7]后续将提及颜色，在黑白印刷的版本中，1、2、3 和 11、4、8 为红色，?、?、?为绿色，“Copy”之后的 5、6、7 为绿色，“Update”之后的 5、2、3 为绿色，“list_replace_rcu()”之后的 5、6、7 为黄色，“synchronize_rcu()”之后的 5、6、7 为绿色。

分配的元素的引用（用绿色表示），并且该元素是未初始化的（用问号表示）。

第 2 行将旧元素复制给新元素，如图 9.22 中第三排所示。新元素此时还不能被读者访问，但是已经初始化了。

第 3 行将 q->b 的值更新为 2，第 4 行将 q->c 的值更新为 3，如图 9.22 中第 4 排所示。

现在，第 5 行开始替换，这样新元素终于对读者可见了，因此颜色也变成了红色，如图 9.22 第 5 排所示。此时，链表就有两个版本了。已经存在的老读者可能看到元素“5、6、7”（现在颜色是黄色的），而新读者将会看见元素“5、2、3”。不过这里可以保证任何读者都能看到一个完好的链表。

随着第 6 行 synchronize_rcu()的返回，优雅周期结束，所有在 list_replace_rcu()之前开始的读者都已经完成。特别是任何可能持有元素“5、6、7”引用的读者保证已经退出了它们的 RCU 读端临界区，不能继续持有引用。因此，不再有任何读者持有旧数据的引用，如图 9.22 中第 6 排绿色部分所示。这样我们又回到了单一版本的链表，只是用新元素替换了旧元素。

等第 7 行的 kfree()完成后，链表就成了图 9.22 最后一排的样子。

不过尽管 RCU 是因替换的例子而得名的，但是 RCU 在内核中的主要用途还是第 9.3.2.3 节中简单的删除例子一样。

讨论上述这些例子假设整个更新操作都持有了一把互斥锁，这意味着任意时刻最多只会有两个版本的链表。

小问题 9.23：如果要修改删除的例子，允许多于两个版本的链表被激活，你该怎么做呢？

小问题 9.24：在任意时刻一个链表能有多少个 RCU 版本可用？

这个事件序列显示了 RCU 更新如何使用多个版本，在有读者并发的情况下安全地执行改变。当然，有些算法无法优雅地处理多个版本。有些技术在 RCU 中采用了这些算法[McK04]，但是这超过了本节的范围。

9.3.2.4　RCU 基础总结

本节描述了 RCU 算法的三个基本组件。

1．添加新数据的发布——订阅机制。

2．等待已有 RCU 读者结束的方法。

3．维护多个版本数据的准则，允许在不影响或者延迟其他并发 RCU 读者的前提下改变数据。

小问题 9.25：rcu_read_lock()和 rcu_read_unlock()既没有自旋也没有阻塞，RCU 的更新者怎么会让 RCU 读者等待？

这三个 RCU 组件使得数据可以在有并发读者时被改写，通过不同方式的组合，这三种组件可以实现各种基于 RCU 算法的变体，我们在下面的小节将介绍其中一部分。

9.3.3　RCU 用法

本节将从使用 RCU 的视角，以及使用哪种 RCU 的角度来回答上一节的问题“什么是 RCU？”因为 RCU 最常用的目的是替换已有的机制，所以我们首先看看 RCU 与这些机制之间的关系，如表 9.3 所示。在表 9.3 所列小节之后，9.3.3.8 节进行了一番总结。

表 9.3　RCU 的用法

RCU 可以替代的机制	小　　节	RCU 可以替代的机制	小　　节
读/写锁	9.3.3.1	存在担保	9.3.3.5
受限制的引用计数机制	9.3.3.2	类型安全的内存	9.3.3.6
Bulk 引用计数机制	9.3.3.3	等待事物结束	9.3.3.7
穷人版的垃圾回收器	9.3.3.4		

9.3.3.1　RCU 是读/写锁的替代者

也许在 Linux 内核中 RCU 最常见的用途就是在读占大多数时间的情况下替换读/写锁了。可是在一开始我并没有想到 RCU 的这个用途，事实上在 20 世纪 90 年代初期，我在实现通用 RCU 实现之前选择实现了一种轻量级的读/写锁[HW92][8]。我为这个轻量级读/写锁原型想象的每个用途最后都使用 RCU 来实现了。事实上，在轻量级读/写锁第一次实际使用时 RCU 已经出现了不止三年了。兄弟们，我是不是看起来很傻！

RCU 和读/写锁最关键的相似之处在于两者都有可以并行执行的读端临界区。事实上，在某些情况下，完全可以从机制上用对应的读/写锁 API 来替换 RCU 的 API。不过，这样做有什么必要？

RCU 的优点在于性能、没有死锁，还有实时的延迟。当然 RCU 也有一点缺点，比如读者与更新者并发执行，比如低优先级 RCU 读者可以阻塞正等待优雅周期完毕的高优先级线程，还比如优雅周期的延迟可以有好几毫秒。这些优点和缺点在后面的小节中进行讨论。

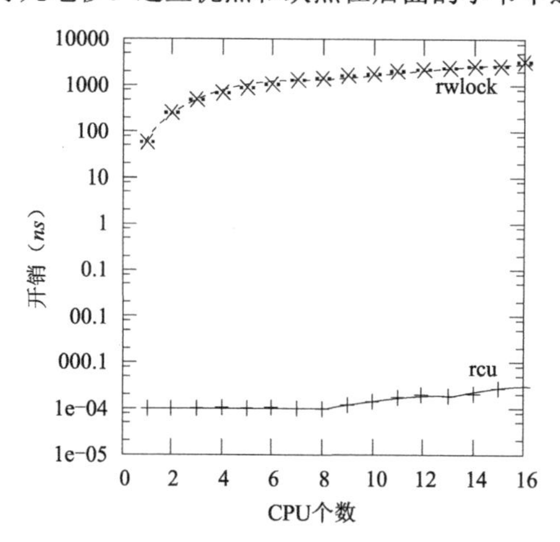

图 9.23　RCU 相较于读/写锁的读端性能优势

性能 RCU 相较于读/写锁的读端性能优势，如图 9.23 所示。

小问题 9.26： 你想让我相信 RCU 在 3GHz 的时钟周期也就是超过 300ps（译注：百亿分之一秒，10 的负 12 次方）时只有 100fs（译注：百兆分之一秒，10 的负 15 次方）的开销？

请注意，在单个 CPU 上读/写锁比 RCU 慢一个数量级，在 16 个 CPU 上读/写锁比 RCU 几乎要慢两个数量级。与此相反，RCU 就扩展得很好。在上面两个例子中，错误曲线几乎都是水平的。

更温和的视角来自 `CONFIG_PREEMPT` 内核，虽然 RCU 仍然超过了读/写锁 1 到 3 个数量级，

[8]类似 2.4 内核的 brlock 和较新版本内核的 lglock。

如图 9.24 所示。请注意，读/写锁在 CPU 数目很多时的陡峭曲线。在任一方向上误差都超过了一个标准差。

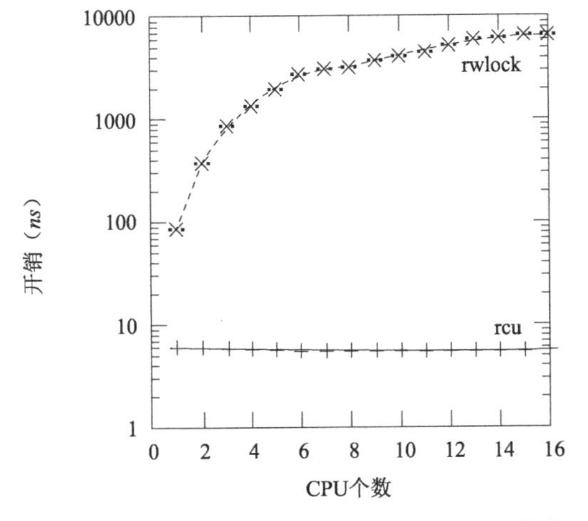

图 9.24　可抢占 RCU 相较于读/写锁的性能优势

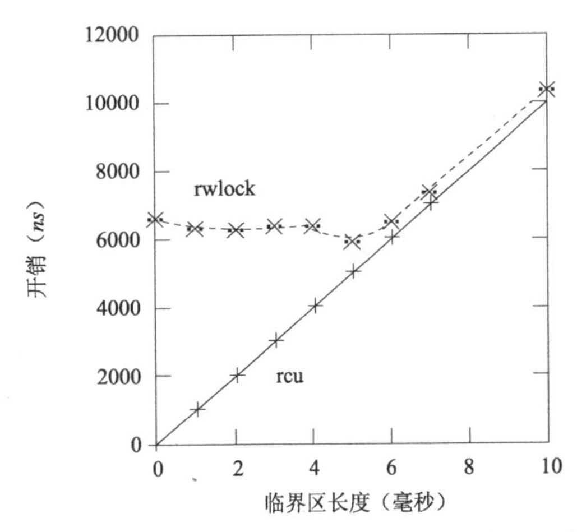

图 9.25　RCU 与读/写锁在临界区增长时的性能比较

当然，在图 9.24 中，由于不现实的零临界区长度，读/写锁的低性能被夸大了。随着临界区的增长，RCU 的性能优势也不再显著，在图 9.25 的 16 个 CPU 的系统里，y 轴代表读端原语的总开销，x 轴代表临界区长度。

小问题 9.27：为什么 rwlock 的开销和变化率随着临界区开销的增长而下降？

但是，考虑到很多系统调用（以及它们所包含的 RCU 读端临界区）都能在几毫秒内完成，所以这个结果对 RCU 是有利的。

另外，下面将会讨论，RCU 读端原语基本上是不会死锁的。

免于死锁虽然 RCU 在多数为读的工作负荷下提供了显著的性能优势，但是使用 RCU 的主要目标却是它可以免于读端死锁的特性。这种免于死锁的能力来源于 RCU 的读端原语不阻塞、不自旋，甚至不会向后跳转，所以 RCU 读端原语的执行时间是确定的。这使得 RCU 读端原语不可能组成死锁循环。

小问题 9.28：RCU 读端原语免于死锁的能力有例外吗？如果有，哪种事件序列会造成死锁？

RCU 读端免于死锁的能力带来了一个有趣的后果，RCU 读者可以无条件地升级为 RCU 更新者。在读/写锁中尝试这种升级则会造成死锁。进行 RCU 读者到更新者提升的代码片段如下所示。

```
1 rcu_read_lock();
2 list_for_each_entry_rcu(p, &head, list_field) {
3   do_something_with(p);
4   if (need_update(p)) {
5       spin_lock(my_lock);
6       do_update(p);
7       spin_unlock(&my_lock);
8   }
9 }
10 rcu_read_unlock();
```

请注意，`do_update()`是在锁的保护下执行，也是在 RCU 读端的保护下执行。

RCU 免于死锁的特性带来的另一个有趣后果是 RCU 不会受很多优先级反转问题影响。比如，低优先级的 RCU 读者无法阻止高优先级的 RCU 更新者获取更新端锁。类似地，低优先级的更新者也无法阻止高优先级的 RCU 读者进入 RCU 读端临界区。

实时延迟因为 RCU 读端原语既不自旋也不阻塞，所以这些原语有着极佳的实时延迟。另外，如之前所说，这也就意味着这些原语不会受与 RCU 读端原语和锁有关的优先级反转影响。

但是，RCU 还是会受到更隐晦的优先级反转问题影响，比如，在等待 RCU 优雅周期结束时阻塞的高优先级进程，会被-rt 内核的低优先级 RCU 读者阻塞。这可以用 RCU 优先级提升[McK07d, GMTW08]解决。

RCU 读者与更新者并发执行因为 RCU 读者既不自旋也不阻塞，还因为 RCU 更新者没有任何类似回滚（rollback）或者中止（abort）的语义，所以 RCU 读者和更新者必然可以并发执行。这意味着 RCU 读者有可能访问旧数据，还有可能发现数据不一致，无论这两个问题中的哪一个都有可能让读/写锁卷土重来。

不过，令人吃惊的是在大量情景中，数据不一致和旧数据都不是问题。网络路由表是一个经典例子。因为路由的更新可能要花相当长一段时间才能到达指定系统（几秒甚至几分钟），所以系统可能会在更新到来后的一段时间内仍然将报文发到错误的地址去。通常在几毫秒内将报文发送到错误地址并不算什么问题。并且，因为 RCU 的更新可以在无需等待 RCU 读者执行完毕的情况下发生，所以 RCU 读者可能会比读/写锁的读者更早地看见更新后的路由表，如图 9.26 所示。

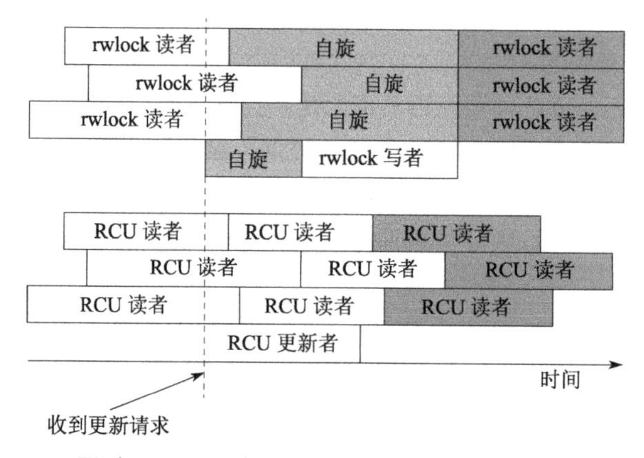

图 9.26 RCU 与读/写锁在响应时间上的比较

一旦收到更新，rwlock 的写者在最后一个读者完成之前不能继续执行，后续的读者在写者更新完毕之前也不能去读。不过，这一点也保证了后续的读者可以看见最新的值，如图中绿色的部分。相反，RCU 读者和更新者相互不会阻塞，这就允许 RCU 读者可以更快地看见更新后的值。当然，因为读者和更新者的执行重叠了一部分，所以所有 RCU 读者都“可能”看见更新后的值，包括图中三个在更新者之前就已开始的 RCU 读者。然而，再一次强调，只有绿色的 RCU 读者才能“保证”看到更新后的值。

简而言之，读/写锁和 RCU 提供了不同的保证。在读/写锁中，任何在写者之后开始的读者都“保证”能看到新值，而在写者正在自旋时开始的读者有可能看见新值，也有可能看见旧值，这取决于读/写锁实现中的读者/写者哪一个优先。与之相反，在 RCU 中，在更新者完成后才开始的读者都“保证”能看见新值，在更新者开始后才完成的读者有可能看见新值，也有可能看见旧值，这取决于具体的时机。

这里面的关键点是，虽然限定在计算机系统这一范围读/写锁保证了一致性，但是这种一致性是以增加外部世界的不一致作为代价的。换句话说，读/写锁以外部世界的旧数据作为代价，获取了内部的一致性。

然而，总有一些场合让系统无法容忍数据不一致和旧数据。幸运的是，有很多种办法可以避免这种不一致和旧数据[McK04，ACMS03]，有一些方法是基于9.1节提到的引用计数。

低优先级RCU读者可以阻塞高优先级的回收者在实时RCU [GMTW08]、SRCU [McK06]或QRCU [McK07e]（见12.1.4节）中，被抢占的读者将阻止正在进行中的优雅周期的完成，即使高优先级的任务因为等待优雅周期完成而阻塞也是如此。实时RCU可以通过用`call_rcu()`替换`synchronize_rcu()`来避免此问题，或者采用RCU优先级提升来避免[McK07d，GMTW08]，不过该方法在2008年初还处于实验状态。虽然有必要讨论SRCU和QRCU的优先级提升，但是现在实时领域还没有明确的需求。

延续好几个毫秒的RCU优雅周期除了QRCU和9.3.5节提到的几个“玩具”的RCU实现，RCU优雅周期会延续好几个毫秒。虽然有一些手段可以消除这样长的延迟带来的损害，比如使用在可能时使用异步接口（`call_rcu()`和`call_rcu_bh()`），但是根据拇指定律，这也是RCU使用在读数据占多数的情景的主要原因。

读/写锁与RCU代码对比在最好的情况下，将读/写锁转换成RCU非常简单，如图9.27到9.29所示，这些都来自Wikipedia[MPA+06]。

```
1 struct el {
2   struct list_head lp;
3   long key;
4   spinlock_t mutex;
5   int data;
6   /* 剩余字段 */
7 };
8 DEFINE_RWLOCK(listmutex);
9 LIST_HEAD(head);
```

```
1 struct el {
2   struct list_head lp;
3   long key;
4   spinlock_t mutex;
5   int data;
6   /* 剩余字段 */
7 };
8 DEFINE_SPINLOCK(listmutex);
9 LIST_HEAD(head);
```

图9.27 将读/写锁转换为RCU：数据

```
 1 int search(long key, int *result)
 2 {
 3   struct el *p;
 4
 5   read_lock(&listmutex);
 6   list_for_each_entry(p, &head, lp) {
 7     if (p->key == key) {
 8       *result = p->data;
 9       read_unlock(&listmutex);
10       return 1;
11     }
12   }
13   read_unlock(&listmutex);
14   return 0;
15 }
```

```
 1 int search(long key, int *result)
 2 {
 3   struct el *p;
 4
 5   rcu_read_lock();
 6   list_for_each_entry_rcu(p, &head, lp) {
 7     if (p->key == key) {
 8       *result = p->data;
 9       rcu_read_unlock();
10       return 1;
11     }
12   }
13   rcu_read_unlock();
14   return 0;
15 }
```

图9.28 将读/写锁转换为RCU：搜索

```
 1 int delete(long key)
 2 {
 3   struct el *p;
 4
 5   write_lock(&listmutex);
 6   list_for_each_entry(p, &head, lp) {
 7     if (p->key == key) {
 8       list_del(&p->lp);
 9       write_unlock(&listmutex);

10       kfree(p);
11       return 1;
12     }
13   }
14   write_unlock(&listmutex);
15   return 0;
16 }
```

```
 1 int delete(long key)
 2 {
 3   struct el *p;
 4
 5   spin_lock(&listmutex);
 6   list_for_each_entry(p, &head, lp) {
 7     if (p->key == key) {
 8       list_del_rcu(&p->lp);
 9       spin_unlock(&listmutex);
10       synchronize_rcu();
11       kfree(p);
12       return 1;
13     }
14   }
15   spin_unlock(&listmutex);
16   return 0;
17 }
```

图 9.29 将读/写锁转换成 RCU：删除

详细阐述如何用 RCU 替换读/写锁已经超出了本书的范围。

9.3.3.2 RCU 是一种受限制的引用计数机制

因为优雅周期不能在 RCU 读端临界区进行时完毕，所以 RCU 读端原语可以像受限的引用计数机制一样使用。比如考虑下面的代码片段。

```
1 rcu_read_lock();              /* 获取引用 */
2 p = rcu_dereference(head);
3 /* 通过引用 p 执行一些操作 */
4 rcu_read_unlock();            /* 释放引用 */
```

`rcu_read_lock()`原语可以看作是获取对 `p` 的引用，因为在 `rcu_dereference()`为 `p` 赋值之后才开始的优雅周期无法在配对的 `rcu_read_unlock()`之前完成。这种引用计数机制是受限制的，因为我们不允许在 RCU 读端临界区中阻塞，也不允许将一个任务的 RCU 读端临界区传递给另一个任务。

不管上述的限制，下列代码可以安全地删除 `p`。

```
1 spin_lock(&mylock);
2 p = head;
3 rcu_assign_pointer(head, NULL);
4 spin_unlock(&mylock);
5 /* 等待所有引用被释放 */
6 synchronize_rcu();
7 kfree(p);
```

将 `p` 赋值为 `head` 阻止了任何获取将来对 `p` 的引用的操作，`synchronize_rcu()`等待所有之前获取的引用释放。

小问题 9.30：但是等等！这和之前思考 RCU 是一种读/写锁的替代者的代码完全一样！发生了什么事？

当然，RCU 也可以与传统的引用计数结合，LKML 中对此有过讨论，9.1 节也做出了总结。

但是何必这么麻烦？我再一次回答，部分原因是性能，如图 9.30 所示，图中再一次显示了在 16 个 3GHz CPU 的 Intel x86 系统中采集的数据。

小问题 9.31：为什么引用计数的开销在 6 个 CPU 左右时有一点下降？

并且，和读/写锁一样，RCU 的性能优势主要来源于较短的临界区，如图 9.31 中的 16 核系统所示。另外，和读/写锁一样，许多系统调用（以及它们包含的任何 RCU 读端临界区）都在几毫秒内完成。

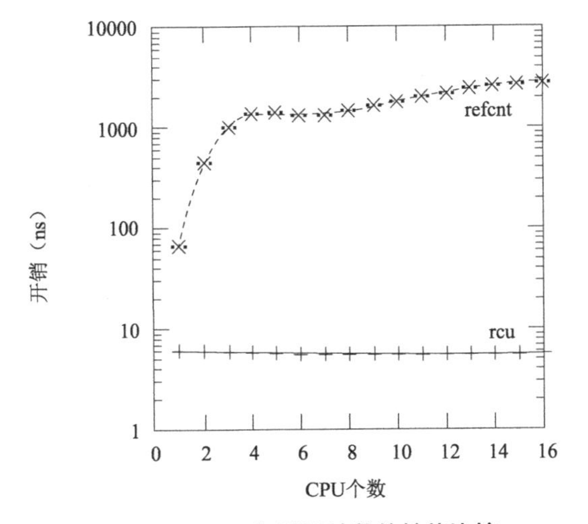

图 9.30 RCU 与引用计数的性能比较

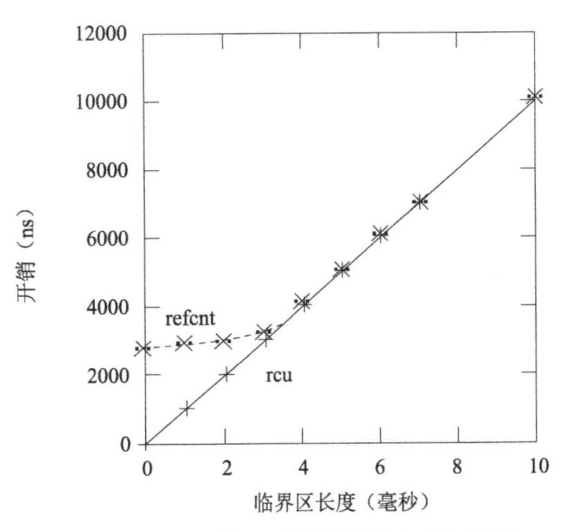

图 9.31 RCU 与引用计数的响应时间比较

但是，伴随着 RCU 的限制有可能相当麻烦。比如，在许多情况下，在 RCU 读端临界区中禁止睡眠可能与我们的整个目的不符。9.3.3.3 节将从处理该问题的方法出发，同时涉及在某些情况下如何降低传统引用计数的复杂性。

9.3.3.3 RCU 是一种可大规模使用的引用计数机制

前面曾经说过，传统的引用计数通常与某种或者一组数据结构有联系。然而，维护大量不同种类的数据结构的单一全局引用计数，通常会导致包含引用计数的缓存行来回“乒乓”。这种缓存行“乒乓”会严重影响系统性能。

相反，RCU 的轻量级读端原语允许读端极其频繁地调用，却只带来微不足道的性能影响，这使得 RCU 可以作为一种几乎没有惩罚的“批量引用计数机制”（bulk reference-counting）。当某个任务需要在一系列代码中持有引用时，可以使用可休眠 RCU（SRCU）[McK06]。但是这里没有包含特殊的情景，一个任务将引用传递给另一个引用，在开始一次 I/O 时获取引用，然后当对应的 I/O 完成时在中断处理函数里释放该引用。（原则上 SRCU 的实现可以处理这一点，但是在实践中还不清楚这是否是一个好的权衡。）

当然，SRCU 带来了它自己的限制条件，即要传递给对应 `srcu_read_unlock()` 的 `srcu_read_lock()` 返回值，以及硬件中断处理函数或者 NMI/SMI 处理函数不能调用 SRCU 原语。SRCU 的限制会带来多少问题，如何更好地处理这些问题，这一切尚未有结论。

9.3.3.4 RCU 是穷人版的垃圾回收器（garbage collector）

当人们刚开始学习 RCU 时，有种比较少见的感叹是“RCU 有点像垃圾回收器！”。这种感叹有一部分是对的，不过还是会给学习造成误导。

也许思考 RCU 与垃圾自动回收器（GC）之间关系的最好办法是，RCU 类似自动决定回收时机的 GC，但是 RCU 与 GC 有 2 点不同：（1）程序员必须手动指示何时可以回收指定数据结构；（2）程序员必须手动标出可以合法持有引用的 RCU 读端临界区。

尽管存在这些差异，两者的相似程度仍然相当高，就我所知至少有一篇理论分析 RCU 的文献曾经分析过两者的相似度。不仅如此，我所知道的第一种类 RCU 的机制就运用垃圾回收器来处理优雅周期。然后，9.3.3.5 节提供了一种更好地思考 RCU 的方法。

9.3.3.5 RCU 是一种提供存在担保的方法

Gamsa 等人[GKAS99]讨论了存在担保，并且描述了如何用一种类似 RCU 的机制提供这种存在担保，第 7.4 节讨论了如何通过锁来提供存在担保还有这样做的不利之处。如果任何受 RCU 保护的数据元素在 RCU 读端临界区中被访问，那么数据元素在 RCU 读端临界区持续期间保证存在。

图 9.32 展示了基于 RCU 的存在担保如何通过从哈希表删除元素的函数来实现每数据元素锁。第 6 行计算哈希函数，第 7 行进入 RCU 读端临界区。如果第 9 行发现哈希表对应的哈希桶(bucket)为空，或者数据元素不是我们想要删除的那个，那么第 10 行退出 RCU 读端临界区，第 11 行返回错误。

```
1  int  delete(int  key)
2  {
3    struct  element  *p;
4    int  b;
5
6    b  =  hashfunction(key);
7    rcu_read_lock();
8    p  =  rcu_dereference(hashtable[b]);
9    if  (p  ==  NULL  ||  p->key  !=  key)  {
10       rcu_read_unlock();
11       return  0;
12    }
13    spin_lock(&p->lock);
14    if  (hashtable[b]  ==  p  &&  p->key  ==  key)  {
15       rcu_read_unlock();
16       hashtable[b]  =  NULL;
17       spin_unlock(&p->lock);
18       synchronize_rcu();
19       kfree(p);
20       return  1;
21    }
22    spin_unlock(&p->lock);
23    rcu_read_unlock();
24    return  0;
25 }
```

图 9.32　带存在担保的每数据元素锁

小问题 9.32：如果图 9.32 中第 9 行链表中的第一个元素不是我们想要删除的元素，那该怎么办？

如果第 9 行判断为 false，第 13 行获取更新端的自旋锁，然后第 14 行检查元素是否还是我们想要的。如果是，第 15 行退出 RCU 读端临界区，第 16 行从哈希表中删除找到的元素，第 17 行释放锁，第 18 行等待所有之前已经存在的 RCU 读端临界区退出，第 19 行释放刚被删除的元素，最后第 20 行返回成功。如果 14 行的判断发现元素不再是我们想要的，那么第 22 行释放锁，第 23 行退出 RCU 读端临界区，第 24 行返回错误以删除该关键字。

小问题 9.33：为什么图 9.32 第 15 行可以在第 17 行释放锁之前就退出 RCU 读端临界区？

小问题 9.34：为什么图 9.32 第 23 行不能在第 22 行释放锁之前就退出 RCU 读端临界区？

细心的读者可能会发现，这个例子只不过是 9.3.3.7 小节"RCU 是一种等待事物结束的方式"中那个例子的变体。细心的读者还会发现免于死锁要比第 7.4 节讨论的基于锁的存在担保更好。

9.3.3.6　RCU 是一种提供类型安全内存的方法

很多无锁算法并不需要数据元素在被 RCU 读端临界区引用时保持完全一致，只要数据元素的类型不变就可以了。换句话说，只要结构类型不变，无锁算法可以允许某个数据元素在被其他对象引用时可以释放并重新分配，但是决不允许类型上的改变。这种"保证"，在学术文献中被称为"类型安全的内存"（type-safe meomry）[GC96]，比前一节提到的存在担保要弱一些，因此处理起来也要困难一些。类型安全的内存算法在 Linux 内核中的应用是 slab 缓存，被 SLAB_DESTROY_BY_RCU 标记专门标出来的缓存通过 RCU 将已释放的 slab 返回给系统内存。在任何已有的 RCU 读端临界区持续期间，使用 RCU 可以保证所有带有 SLAB_DESTROY_BY_RCU 标记且正在使用的 slab 元素仍然在该 slab 中，类型保持一致。

小问题 9.35：如果在多个线程中，每个线程都有任意长的 RCU 读端临界区，那么在任何时刻系统中至少有一个线程正处于 RCU 读端临界区吗？这不会阻止数据从带有 SLAB_DESTROY_BY_RCU 标记的 slab 回到系统内存吗？不会造成 OOM 吗？

这些算法一般使用了一个验证步骤，用于确定刚刚被引用的数据结构确实是被请求的数据 [LS86 2.5 节]。这种验证要求数据结构的一部分不能被释放-重分配过程触碰。通常这种有效性检查很难保证不存在隐晦且难解决的故障。

因此，虽然基于类型安全的无锁算法在一种很难达到的情景下非常有效，但是你最好还是尽量使用存在担保。毕竟简单总是更好的。

9.3.3.7　RCU 是一种等待事物结束的方式

在 9.3.2 节我们提过 RCU 的一个重要组件是等待 RCU 读者结束的方法。RCU 的强大之处，其中之一就是允许你在等待上千个不同事物结束的同时，又不用显式地去跟踪其中每一个，因此也就无需担心性能下降、扩展限制、复杂的死锁场景、内存泄露等显式跟踪机制自身的问题。

在本节中，我们将展示 synchronize_sched() 的读端版本（包括禁止抢占、禁止中断的原语）如何让你实现与不可屏蔽中断（NMI）处理函数的交互，如果用锁来实现，这将极其困难。这种方法被称为"纯 RCU"[McK04]，Linux 内核的多处地方使用了这种方法。

"纯 RCU"设计的基本形式如下。

1. 做出改变，比如，OS 对一个 NMI 做出反应。

2. 等待所有已有的读端临界区完全退出（比如使用 synchronize_sched() 原语）。这里的关键之处是后续的 RCU 读端临界区保证可以看见变化发生后的样子。

3. 扫尾工作，比如，返回表明改变成功完成的状态。

本节剩下的部分将用 Linux 内核中的例子做展示。在下面这个例子中，timer_stop() 函数使用 synchronize_sched() 确保在释放相关资源之前，所有正在处理的 NMI 处理函数已经完成。图 9.33 是对该例简化后的代码。

```
1 struct profile_buffer {
2   long size;
3   atomic_t entry[0];
4 };
5 static struct profile_buffer *buf = NULL;
```

```
6
7  void nmi_profile(unsigned long pcvalue)
8  {
9    struct profile_buffer *p = rcu_dereference(buf);
10
11   if (p == NULL)
12       return;
13   if (pcvalue >= p->size)
14       return;
15   atomic_inc(&p->entry[pcvalue]);
16 }
17
18 void nmi_stop(void)
19 {
20   struct profile_buffer *p = buf;
21
22   if (p == NULL)
23      return;
24   rcu_assign_pointer(buf, NULL);
25   synchronize_sched();
26   kfree(p);
27 }
```

图 9.33　用 RCU 等待 NMI 结束

第 1 到 4 行定义了 profile_buffer 结构，包含一个大小和一个变长数组的入口。第 5 行定义了指向 profile_buffer 的指针，这里假设别处对该指针进行了初始化，指向内存的动态分配区。

第 7 至 16 行定义了 nmi_profile() 函数，供 NMI 中断处理函数调用。该函数不会被抢占，也不会被普通的中断处理函数中断，但是，该函数还是会受高速缓存未命中、ECC 错误以及被同一个核的其他硬件线程抢占时钟周期等因素影响。第 9 行使用 rcu_dereference() 原语来获取指向 profile_buffer 的本地指针，这样做是为了确保在 DEC Alpha 上的内存顺序执行，如果当前没有分配 profile_buffer，第 11 行和 12 行退出，如果参数 pcvalue 超出范围，第 13 和 14 行退出。否则，第 15 行增加以参数 pcvalue 为下标的 profile_buffer 项的值。请注意，profile_buffer 结构中的 size 保证了 pcvalue 不会超出缓冲区的范围，即使突然将较大的缓冲区替换成了较小的缓冲区也是如此。

第 18 至 27 行定义了 nmi_stop() 函数，由调用者负责互斥访问（比如持有正确的锁）。第 20 行获取 profile_buffer 的指针，如果缓冲区为空，第 22 和 23 行退出。否则，第 24 行将 profile_buffer 的指针置 NULL（使用 rcu_assign_pointer() 原语在弱顺序的机器中保证内存顺序访问），第 25 行等待 RCU Sched 的优雅周期结束，尤其是等待所有不可抢占的代码——包括 NMI 中断处理函数——结束。一旦执行到第 26 行，我们就可以保证所有获取到指向旧缓冲区指针的 nmi_profile() 实例都已经返回了。现在可以安全释放缓冲区，这时使用 kfree() 原语。

小问题 9.36：假设 nmi_profile() 函数可以被抢占。那么怎么做才能让我们的例子正常工作？

简而言之，RCU 让 profile_buffer 动态切换变得更简单（你可以试试原子操作，或者还可以用锁来折磨下自己）。但是，RCU 通常还是运用在更高的抽象层次上，正如之前几个小节所述。

9.3.3.8 RCU 用法总结

RCU 的核心只是提供以下功能的 API。

1. 用于添加新数据的发布——订阅机制。
2. 等待已有 RCU 读者结束的方法。
3. 维护多版本的准则，使得在有 RCU 读者并发时不会影响或延迟数据更新。

也就是说，在 RCU 之上建造更高抽象级别的架构是可能的，比如前几节列出的读/写锁、引用计数和存在担保。更进一步，我对 Linux 社区会继续为 RCU 寻找新用法丝毫不感到怀疑，当然其他的同步原语肯定也是这样。

同时，图 9.34 显示了一些关于 RCU 最有用的经验法则。

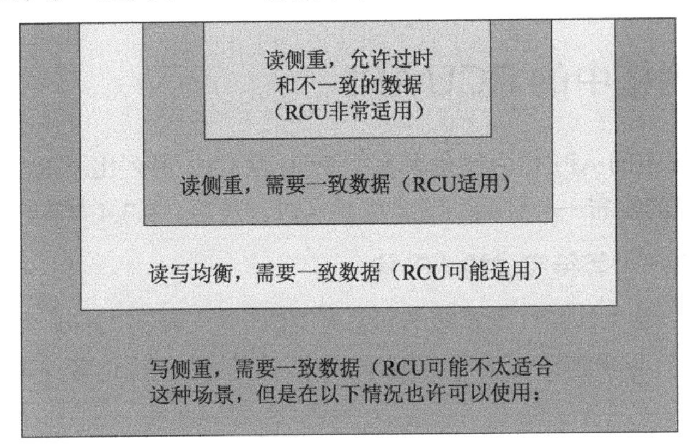

图 9.34 RCU 的适用范围[9]

如图中顶部的蓝色框所示，如果你的读侧重数据允许获取旧值和不一致的结果，RCU 是最好的（但有关旧值和不一致数据的更多信息见下面部分）。Linux 内核在这种情况的例子是路由表。因为可能需要很多秒或甚至几分钟，才能更新路由表并通过互联网传播出去，这时系统已经以错误的方式发送相当一段时间的数据包了。再以小概率继续发送几毫秒错误的数据，这简直就不是事儿。

如果你有一个以读为主工作的负载，需要一致的数据，RCU 可以工作不错，如绿色“读侧重，需要一致数据”框所示。Linux 内核在这种情况下的例子是从系统 V 的用户态信号量 ID 映射到相应的内核数据结构。读取信号量往往大大超过它们被创建和销毁的速度，所以这个映射是读侧重的。然而，在已被删除的信用量上执行执行信号量操作是错误的。这种对一致性的需求是通过内核信号量数据结构中的锁，以及在删除信号量时设置的“已删除”标志达到的。如果用户 ID 映射到了一个具有“已删除”标志的内核数据结构，这个内核数据结构将被忽略，同时用户 ID 被标为无效。

虽然这要求读者获得内核信号量的锁，但这允许内核不用对要映射的数据结构加锁。因此，读者可以无锁地遍历从 ID 映射来的树状数据结构，这反过来大大提高了性能、可扩展性和实时性响应。

如黄色“读写”框所示，当需要数据一致性时，RCU 也可用于读写平衡的工作负载，虽然通常要与其他同步原语结合使用。例如，在最近的 Linux 内核中，目录项缓存使用了 RCU、顺序锁、每 CPU 锁和每数据结构锁，这才允许在常见情况下无锁地遍历路径名。虽然 RCU 在这种读写平

[9]在黑白印刷的版本中，方框对应的颜色从内到外分别为蓝色、绿色、黄色、红色。

衡的情况下可以非常有益，但是这种用法通常要比读侧重情况复杂很多。

最后，如图底部的红色框所示，当以更新为主并且需要数据一致性的工作负载时，很少有适合使用 RCU 的地方，虽然也存在一些例外[DMS+12]。此外，如 9.3.3.6 节所述，在 Linux 内核里，`SLAB_DESTROY_BY_RCU` `slab` 分配器为 RCU 读者提供类型安全的内存，这可以大大简化非阻塞同步和其他无锁算法的实现。

简而言之，RCU 是一个包括用于添加新数据的发布——订阅机制的 API，等待已存在的 RCU 读者完成的一种方式，以及一门维护多个版本以使更新不会伤害或者延迟并发的 RCU 读者的学科。这个 RCU API 最适合于以读为主的情况，特别是如果应用程序可以容忍陈旧和不一致的数据时。

9.3.4 Linux 内核中的 RCU API

本节以 Linux 内核中的 API 作为视角来看待 RCU。9.3.4.1 节列出了 RCU 的等待完成 API，9.3.4.2 节列出了 RCU 的发布——订阅和版本维护 API。最后，9.3.4.4 节给出了总结性的评论。

9.3.4.1 RCU 有一个等待完成的 API 族

对“什么是 RCU”这个问题，最直接的回答是 RCU 是一种在 Linux 内核中使用的 API，表 9.4 和表 9.5 分别总结了不可睡眠 RCU 和可睡眠 RCU 的等待 RCU 读者结束 API，表 9.6 列出了发布/订阅 API。

表 9.4 RCU 的等待事件结束 API

属　性	经典 RCU	RCU BH	RCU Sched	实时 RCU
目的	最初版本	防止 DDoS 攻击	等待不可抢占的代码：硬中断、NMI	实时响应
合入内核版本	2.5.43	2.6.9	2.6.12	2.6.26
读端原语	rcu_read_lock()! rcu_read_unlock()!	rcu_read_lock_bh() rcu_read_unlock_bh()	preempt_disable() preempt_enable() （以及类似函数）	rcu_read_lock() rcu_read_unlock()
更新端原语（同步）	synchronize_rcu() synchronize_net()		synchronize_sched()	synchronize_rcu() synchronize_net()
更新端原语（异步/回调）	call_rcu()!	call_rcu_bh()	call_rcu_sched()	call_rcu()
更新端原语（等待回调）	rcu_barrier()	rcu_barrier_bh()	rcu_barrier_sched()	rcu_barrier()
类型安全的内存	SLAB_DESTROY_BY_RCU			SLAB_DESTROY_BY_RCU
读端限制	不能阻塞	不能开中断	不能阻塞	只能抢占或者获取锁
读端开销	禁止抢占/打开抢占（在 No-preempt 内核中无此开销）	禁止 BH/打开 BH	禁止抢占/打开抢占（在 No-preempt 内核中无此开销）	简单指令 关中断/开中断
异步更新端开销	低于微秒级	低于微秒级		低于微秒级
优雅周期延迟	几十毫秒	几十毫秒	几十毫秒	几十毫秒

续表

属　性	经典 RCU	RCU BH	RCU Sched	实时 RCU
Non-preempt-RT 实现	经典 RCU	RCU BH	经典 RCU	可抢占 RCU
preempt-RT 实现	可抢占 RCU	实时 RCU	在所有 CPU 上强制调度	实时 RCU

如果你刚刚接触 RCU，那么只需要将注意力放到表 9.4 的一列就好，该表中的每一列都总结了 Linux 内核 RCU API 家族中的一个成员。比如，如果你对理解 Linux 内核如何使用 RCU 比较感兴趣，那么“经典 RCU”就是一个不错的起点，因为它应用得最频繁。另一方面，如果你对理解 RCU 自身感兴趣，那么“SRCU”的 API 最简单。当然你随时都可以从其他列开始研究。

如果你已经对 RCU 很熟悉了，这几个表可以看作是有用的参考。

小问题 9.37：为什么表 9.4 的有些格子里带有一个感叹号？

“经典 RCU”一列对应的是 RCU 的原始实现，rcu_read_lock()和 rcu_read_unlock()原语划分出 RCU 读端临界区，可以嵌套使用。对应的同步的更新端原语 synchronize_rcu()和它的兄弟 synchronize_net()都是等待当前正在执行的 RCU 读端临界区退出。等待时间被称为“优雅周期”。异步的更新端原语 call_rcu()在后续的优雅周期结束后调用由参数指定的函数。比如，call_rcu(p, f);在优雅周期结束后执行 RCU 回调 f(p)。有一些场景，比如使用 call_rcu()卸载 Linux 内核模块时，需要等待所有未完成的 RCU 回调执行完毕[McK07e]。此时需要 rcu_barrier()原语做到这一点。请注意，最近的分级 RCU [McK08a]实现也遵循“经典 RCU”语义。

最后，RCU 还可以用于提供类型安全的内存[GC96]，见 9.3.3.6 节。在 RCU 的语境中，类型安全的内存保证了给定数据元素在 RCU 读端临界区正在访问它时不会改变类型。想要利用基于 RCU 的类型安全的内存，要将 SLAB_DESTROY_BY_RCU 传递给 kmem_cache_create()。有一点很重要，SLAB_DESTROY_BY_RCU 不会阻止 kmem_cache_alloc()立即重新分配刚被 kmem_cache_free()释放的内存！事实上，由 rcu_dereference 返回的受 SLAB_DESTROY_BY_RCU 标记保护的数据结构可能会释放——重新分配任意次，甚至在 rcu_read_lock()保护下也是如此。与之相反，SLAB_DESTROY_BY_RCU 可以阻止 kmem_cache_free()在 RCU 优雅周期结束之前返回数据结构的完全释放的 slab 给系统。一句话，虽然数据元素可能被释放——重新分配 N 次，但是它的类型是保持不变的。

小问题 9.38：你如何防止大量的 RCU 读端临界区永远阻塞 synchronize _rcu()请求？

小问题 9.39：synchronize_rcu() API 等待所有已经存在的中断处理函数完成，对吗？

在“RCU BH”一栏，rcu_read_lock_bh()和 rcu_read_unlock_bh()划分出了 RCU 读端临界区，而 call_rcu_bh()在后续的优雅周期结束后调用参数执行的函数。请注意 RCU BH 没有同步的 synchronize_rcu_bh()接口，不过如果有需要，添加一个也很容易。

小问题 9.40：如果混合使用原语会发生什么？比如用 rcu_read_lock()和 rcu_read_unlock()划分出 RCU 读端临界区，但是之后又用 call_rcu_bh()来发起 RCU 回调？

小问题 9.41：硬件中断处理函数可以看成是在隐式的 rcu_read_lock_bh()保护之下，对吗？

在“RCU Sched”一栏，所有禁止抢占的 API 都创建了一个 RCU 读端临界区，

synchronize_sched()等待对应的 RCU 优雅周期结束。该 RCU API 族是在 Linux 2.6.12 加入内核的，它将旧的 synchronize_kernel() API 分成现在的 synchronize_rcu()（经典 RCU）和 synchronize_sched()（RCU Sched）。请注意，RCU Sched 原本没有异步的 call_rcu_sched()接口，不过在 2.6.26 时添加了一个。本着 Linux 社区极简主义的哲学，所有这些 API 都是按需增加的。

小问题 9.42：如果混合使用经典 RCU 和 RCU Sched 会发生什么？

小问题 9.43：总体来说，你不能依靠 synchronize_sched()来等待所有已有的中断处理函数结束，对吗？

"实时 RCU"这栏具有和经典 RCU 一样的 API，唯一的区别是 RCU 读端临界区可以被抢占，也可以在获取自旋锁时阻塞。实时 RCU 的设计请见[McK07a]。

小问题 9.44：为什么 SRCU 和 QRCU 缺少异步的 call_srcu()或者 call_qrcu()接口？

表 9.5　可睡眠 RCU 的等待完成 API

属性	SRCU	QRCU
目的	可睡眠的读者	可睡眠的读者和快速的优雅周期
合入内核版本	2.6.19	
读端原语	srcu_read_lock() srcu_read_unlock()	qrcu_read_lock() qrcu_read_unlock()
更新端原语（同步）	synchronize_srcu()	synchronize_qrcu()
更新端原语（异步/回调）	N/A	N/A
更新端原语（等待回调）	N/A	N/A
类型安全的内存		
读端限制	不可使用 synchronize_srcu()	不可使用 synchronize_qrcu()
读端开销	简单指令、开关抢占	对共享变量的原子自增和自减
异步更新端开销	N/A	N/A
优雅周期延迟	几十毫秒	无读者时几十纳秒
Non-preempt-RT 实现	SRCU	N/A
Preempt-RT 实现	SRCU	N/A

表 9.5 中的"SRCU"栏列出了一种专门的 RCU API，允许在 RCU 读端临界区中睡眠 [McK06]。当然，在 SRCU 读端临界区中使用 synchronize_srcu()会导致自我死锁，所以应该被避免。SRCU 与之前提到的 RCU 实现有一点不同，调用者为每个 SRCU 分配一个 srcu_struct。这种做法是为了防止 SRCU 读端临界区阻塞在其他不相关的 synchronize_srcu()调用上。另外，在这种 RCU 的变体中，srcu_read_lock()返回的值必须传给对应的 srcu_read_unlock()。

"QRCU" 栏列出了和 SRCU 有着一样 API 的 RCU 实现，但是专门针对没有读者时的极短优雅周期做了优化，详见[McK07f]。和 SRCU 一样，在 QRCU 读端临界区使用 synchronize_qrcu()会导致自我死锁，所以应该避免。虽然 QRCU 现在还没有被 Linux 内核接收，但是值得一提的是，QRCU 是唯一一种敢宣称拥有低于毫秒级的优雅周期延迟的内核级 RCU 实现。

小问题 9.45：在哪种情况下可以在 SRCU 读端临界区中安全地使用 synchronize_srcu()？

Linux 内核现在拥有的各种 RCU 实现数目让人惊叹。不过还是有些希望减少这个数字的，证据在于最近的 Linux 内核最多只有三种 RCU 实现、4 个 API（因为经典 RCU 和实时 RCU 共享同样的 API）。不过，和减少锁的 API 一样，进一步的减少 RCU 实现的 API 还需要小心检查和分析。

针对不同的 RCU API，可以根据 RCU 读端临界区必须提供的进度保证（forward progress）和它们的范围来区分，如下所示。

1．RCU BH：读端临界区必须保证除了 NMI 和 IRQ 处理函数以外的进度保证，但不包括软（softirq）中断。RCU BH 是全局的。

2．RCU Sched：读端临界区必须保证除了 NMI 和 IRQ 处理函数以外的进度保证，包括软中断。RCU Sched 是全局的。

3．RCU（经典 RCU 和实时 RCU）：读端临界区必须保证除了 NMI、IRQ、软中断处理函数和高优先级实时任务（在实时 RCU 中）以外的进度保证，包括软中断。RCU 是全局的。

4. SRCU 和 QRCU：读端临界区不提供进度保证，除非某些任务在等待对应的优雅周期完成，此时这些读端临界区应该在不超过数秒内完成（也可能更快[10]）。SRCU 和 QRCU 的范围由各自对应的 srcu_struct 或者 qrcu_struct 定义。

换句话说，SRCU 和 QRCU 以允许开发者限定它们的范围来弥补它们非常弱的进度保证。

9.3.4.2 RCU 拥有发布——订阅和版本维护 API

幸运的是，下表列出的 RCU 发布——订阅和版本维护原语适用于之前讨论的所有 RCU 变体。这种共性让我们在某些情况下可以复用很多代码，这一点限制了本来会出现的 API 数目的增长。RCU 发布——订阅 API 的本意是消除其他 API 中的内存屏障，这样在无需精通 Linux 支持的超过 20 种 CPU 架构各自的内存顺序模型的情况下[Spr01]，Linux 内核开发者可以轻松使用 RCU。

表 9.6 RCU 的发布——订阅和版本维护 API

类型	原语	合入内核版本	开销
遍历链表	list_for_each_entry_rcu()	2.5.59	简单指令（alpha 上还有内存屏障）
更新链表	list_add_rcu()	2.5.44	内存屏障
	list_add_tail_rcu()	2.5.44	内存屏障
	list_del_rcu()	2.5.44	简单指令
	list_replace_rcu()	2.6.9	内存屏障
	list_splice_init_rcu()	2.6.21	优雅周期延迟
遍历哈希链表	hlist_for_each_entry_rcu()	2.6.8	简单指令（alpha 上还有内存屏障）
	hlist_add_after_rcu()	2.6.14	内存屏障
	hlist_add_before_rcu()	2.6.14	内存屏障
	hlist_add_head_rcu()	2.5.64	内存屏障
	Hlist_del_rcu()	2.5.64	简单指令
	hlist_replace_rcu()	2.6.15	内存屏障
遍历指针	rcu_dereference()	2.6.9	简单指令（alpha 上还有内存屏障）
更新指针	rcu_assign_pointer()	2.6.10	内存屏障

表中的第一类 API 作用于 Linux 的 struct list_head 循环双链表。list_for_each_entry_rcu() 原语以类型安全的方式遍历受 RCU 保护的链表，同时加强在遍历链表时并发插入新数据元素情况下的内存顺序。在非 Alpha 的平台上，该原语相较于 list_for_each_entry()

[10]感谢 James Bottomley 劝说我采用这种构想，而不是简单地说不提供任何进度保证。

原语不产生或者只带来极低的性能惩罚。list_add_rcu()、list_add_tail_rcu()和 list_replace_rcu()原语都是对非 RCU 版本的模拟，但是在弱顺序的机器上回带来额外的内存屏障开销。list_del_rcu()原语同样是非 RCU 版本的模拟，但是奇怪的是它要比非 RCU 版本快一点，这是由于 list_del_rcu()只毒化 prev 指针，而 list_del()会同时毒化 prev 和 next 指针。最后，list_splice_init_rcu()原语和它的非 RCU 版本类似，但是会带来整个优雅周期的延迟。这个优雅周期的目的是让 RCU 读者在完全与链表头部脱离联系之前结束它们对源链表的遍历——如果做不到这一点，RCU 读者甚至会结束它们的遍历。

小问题 9.46：为什么 list_del_rcu()没有同时毒化 next 和 prev 指针？

表中的第二类 API 直接作用于 Linux 的 struct hlist_head 线性哈希表。struct hlist_head 比 struct list_head 高级一点的地方是前者只需要一个单指针的链表头部，这在大型哈希表中将节省大量内存。表中的 struct hlist_head 原语与非 RCU 版本的关系同 struct list_head 原语的类似关系一样。

表中的最后一类 API 直接作用于指针，这对创建受 RCU 保护的非链表数据元素非常有用，比如受 RCU 保护的数组和树。rcu_assign_pointer()原语确保在弱序机器上，任何在给指针赋值之前进行的初始化都将按照顺序执行。同样，rcu_dereferece()原语确保后续指针解引用的代码可以在 Alpha CPU 上看见对应的 rcu_assign_pointer()之前进行的初始化的结果。在非 Alpha CPU 上，rcu_dereference()记录哪些被解引用的指针是受 RCU 保护的。

小问题 9.47：通常来说，任何属于 rcu_dereference()的指针必须一直用 rcu_assign_pointer()更新。这个规则有例外吗？

小问题 9.48：这些遍历和更新原语可以在所有 RCU API 家族成员中使用，这有什么负面影响吗？

9.3.4.3 RCU 的 API 可以用在何处

图 9.35 显示了哪些 RCU API 可以用于哪些内核环境。RCU 读端原语可以用于任何环境，包括 NMI；RCU 修改和异步优雅周期原语可以用于除了 NMI 以外的任何环境；RCU 同步优雅周期原语只能用于进程上下文。RCU 的遍历链表原语包括 list_for_each_entry_rcu()、hlist_for_each_entry_rcu()等等。同样，RCU 的链表维护原语包括 list_add_rcu()、hlist_del_rcu()等等。

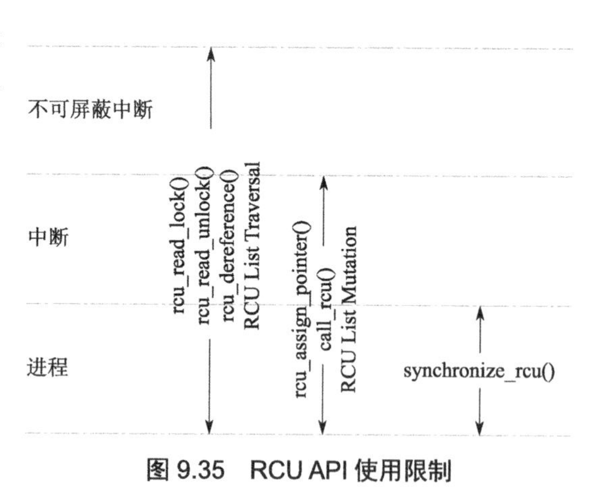

图 9.35 RCU API 使用限制

请注意其他 RCU API 族的原语是可以替换的，比如 srcu_read_lock()也可以用在 rcu_read_lock()能用的上下文。

9.3.4.4 那么，RCU 究竟是什么

RCU 的核心不过是一种支持对插入操作的发布和订阅、等待所有 RCU 读者完成、维护多个版本的 API。也就是说，完全可以在 RCU 之上构造抽象级别更高的模型，比如读/写锁、引用计数、存在担保等在前面列出的模型。更进一步，我对 Linux 社区会继续为 RCU 寻找新用法丝毫不感到怀疑，当然其他的同步原语肯定也是这样。

当然，对 RCU 更复杂的看法还包括所有拿这些 API 能做的事。

但是，对很多人来说，想要完整地观察 RCU，就需要一个 RCU 的例子实现。因此下一节将给出一系列复杂性和能力都不断增加的玩具式 RCU 实现。

9.3.5　“玩具式”的 RCU 实现

本节设计的“玩具式”的 RCU 实现不是为了强调高性能、实用性或者用于什么生产环境[11]上，而主要是为了强调概念的清晰度。不过，你需要对第 2 至第 5 章和第 8 章有一个通透的理解，然后才能说可以轻松理解下面这些玩具实现。

本节以解决存在担保问题的视角，提出了一系列复杂度递增的 RCU 实现。9.3.5.1 节给出了基于简单锁的基础 RCU 实现，而从 9.3.5.3 节到 9.3.5.9 节给出了一组基于锁、引用计数、自由增长（free-running）计数的简单 RCU 实现。最后，9.3.5.10 节对本节进行总结，并列出理想的 RCU 实现应该具有的特性。

9.3.5.1　基于锁的 RCU

也许最简单的 RCU 实现就是用锁了，如图 9.36 所示（rcu_lock.h 和 rcu_lock.c）。在本节的实现中，rcu_read_lock()获取一把全局自旋锁，rcu_read_unlock()释放锁，而 synchronize_rcu()获取自旋锁然后再释放。

```
1 static void rcu_read_lock(void)
2 {
3   spin_lock(&rcu_gp_lock);
4 }
5
6 static void rcu_read_unlock(void)
7 {
8   spin_unlock(&rcu_gp_lock);
9 }
10
11 void synchronize_rcu(void)
12 {
13   spin_lock(&rcu_gp_lock);
14   spin_unlock(&rcu_gp_lock);
15 }
```

图 9.36　基于锁的 RCU 实现

因为 synchronize_rcu()只有在获取锁（然后释放）以后才会返回，所以在所有之前发生的 RCU 读端临界区完成前，synchronize_rcu()是不会返回的，因此这符合 RCU 的语义。当然，一个读端临界区同时只能有一个 RCU 读者进入，这基本上可以说是和 RCU 的目的相反。另外，rcu_read_lock()和 rcu_read_unlock()中的锁操作开销是极大的，读端的开销从 Power5 单核 CPU 上的 100ns 到 64 核系统上的 17us 不等。更糟的是，使用同一把锁使得 rcu_read_lock()会进入死锁循环。此外，因为没有用递归锁，所以 RCU 读端临界区不能嵌套。最后一点，原则上并发的 RCU 更新操作可以共享一个公共的优雅周期，但是该实现将优雅

[11]不过 RCU 提供了生产环境级别的用户态实现[Des09]。

周期串行化了，因此无法共享优雅周期。

小问题 9.49：为什么图 9.36 的 RCU 实现里的死锁情景不会出现其他 RCU 实现中？

小问题 9.50：为什么图 9.36 的 RCU 实现不直接用读/写锁？这样 RCU 读者就可以处理并发了。

很难想象这种实现能用在任何一个产品中，但是这种实现有一点好处：可以用在几乎所有的用户态程序上。不仅如此，类似的使用每 CPU 锁或者读/写锁的实现还曾经用于 Linux 2.4 内核中。

下一节将介绍每 CPU 锁方法的修改版：每线程锁实现。

9.3.5.2 基于每线程锁的 RCU

图 9.37（rcu_lock_percpu.h 和 rcu_lock_percpu.c）显示了一种基于每线程锁的实现。rcu_read_lock()和 rcu_read_unlock()分别获取和释放当前线程的锁。synchronize_rcu()函数按照次序逐一获取和释放每个线程的锁。这样，所有在 synchronize_rcu()开始时就已经执行的 RCU 读端临界区，必须在 synchronize_rcu()结束前返回。

```
1 static void rcu_read_lock(void)
2 {
3   spin_lock(&__get_thread_var(rcu_gp_lock));
4 }
5
6 static void rcu_read_unlock(void)
7 {
8   spin_unlock(&__get_thread_var(rcu_gp_lock));
9 }
10
11 void synchronize_rcu(void)
12 {
13   int t;
14
15   for_each_running_thread(t) {
16       spin_lock(&per_thread(rcu_gp_lock, t));
17       spin_unlock(&per_thread(rcu_gp_lock, t));
18   }
19 }
```

图 9.37 基于锁的每线程 RCU 实现

本节实现的优点在于允许并发的 RCU 读者，同时避免了使用单个全局锁可能造成的死锁。不仅如此，读端开销虽然高达大概 140ns，但是不管 CPU 数目为多少，始终保持在 140ns。不过，更新端的开销则在从 Power5 单核上的 600ns 到 64 核系统上的超过 100us 不等。

小问题 9.51：如果在图 9.37 的第 15 至 18 行里，先获取所有锁，然后再释放所有锁，这样是不是更清晰一点呢？毕竟如果这样的话，在没有读者的时刻里代码流程会简化很多。

小问题 9.52：图 9.37 中的实现能够避免死锁吗？如果能，为什么能？如果不能，为什么不能？

小问题 9.53：假如图 9.37 中的 RCU 算法只使用广泛应用的原语，比如 POSIX 线程，会不会更好呢？

本方法在某些情况下是很有效的，尤其是类似的方法曾在 Linux 2.4 内核中使用[MM00]。

之后要提到的基于计数的 RCU 实现，克服了基于锁实现的某些缺点。

9.3.5.3　基于计数的简单 RCU 实现

图 9.38 是一种稍微复杂一点的 RCU 实现（rcu_rcg.h 和 rcu_rcg.c）。本方法在第 1 行定义了一个全局引用计数 rcu_refcnt。rcu_read_lock()原语原子的增加计数，然后执行一个内存屏障，确保在原子自增之后才进入 RCU 读端临界区。同样，rcu_read_unlock()先执行一个内存屏障，划定 RCU 读端临界区的结束点，然后再原子自减计数。synchronize_rcu()原语不停自旋，等待引用计数的值变为 0，语句前后用内存屏障保护正确的顺序。第 19 行的 poll()只是纯粹的延时，从纯 RCU 语义的角度上看是可以省略的。等 synchronize_rcu()返回后，所有之前发生的 RCU 读端临界区都已经完成。

```
 1 atomic_t rcu_refcnt;
 2
 3 static void rcu_read_lock(void)
 4 {
 5   atomic_inc(&rcu_refcnt);
 6   smp_mb();
 7 }
 8
 9 static void rcu_read_unlock(void)
10 {
11   smp_mb();
12   atomic_dec(&rcu_refcnt);
13 }
14
15 void synchronize_rcu(void)
16 {
17   smp_mb();
18   while (atomic_read(&rcu_refcnt) != 0) {
19     poll(NULL, 0, 10);
20   }
21   smp_mb();
22 }
```

图 9.38　使用单个全局引用计数的 RCU 实现

通过和 9.3.5.1 节中基于锁的实现相比，我们欣喜地发现本节这种实现可以让读者并发进入 RCU 读端临界区。和 9.3.5.2 节中基于每线程锁的实现相比，我们又欣喜地发现本节的实现可以让 RCU 读端临界区嵌套。另外，rcu_read_lock()原语不会进入死锁循环，因为它既不自旋也不阻塞。

小问题 9.54：但是如果你在调用 synchronize_rcu()时持有一把锁，然后又在 RCU 读端临界区中获取同一把锁，会发生什么呢？

但是，这个实现还是存在一些严重的缺点。首先，rcu_read_lock()和 rcu_read_unlock()中的原子操作开销是非常大的，读端开销从 Power5 单核 CPU 上的 100ns 到 64 核系统上的 40us 不等。这意味着 RCU 读端临界区必须非常长，才能够满足真实的读端并发请求。但是在另一方面，当没有读者时，优雅周期只有差不多 40ns，这比 Linux 内核中的产品级实现要快上很多个数量级。

小问题 9.55：假如 synchronize_rcu()包含了一个 10ms 的延时，优雅周期怎么可能只要 40ns 呢？

其次，如果存在多个并发的 rcu_read_lock()和 rcu_read_unlock()操作，因为出现大量高速缓冲未命中，对 rcu_refcnt 的内存访问竞争将会十分激烈。以上这两个缺点极大地影响 RCU 的目标，即提供一种读端低开销的同步原语。

最后，在很长的读端临界区中的大量 RCU 读者甚至会让 synchronize_rcu()无法完成，因为全局计数可能永远不为 0。这会导致 RCU 更新端的饥饿，这一点在产品级应用里肯定是不可接受的。

小问题 9.56：在图 9.38 里，为什么当 synchronize_rcu()等待时间过长了以后，不能简单地让 rcu_read_lock()暂停一会儿呢？这种做法不能防止 synchronize_rcu()饥饿吗？

通过上述内容，很难想象本节的实现可以在产品级应用中使用，虽然它比基于锁的实现更有这方面的潜力，比如，作为一种高负荷调试环境中的 RCU 实现。下一节我们将介绍一种对写者更有利的引用计数 RCU 变体。

9.3.5.4 不会让更新者饥饿的引用计数 RCU

图 9.40（rcu_rcgp.h）展示了一种 RCU 实现的读端原语，使用一对引用计数(rcu_refcnt[])，通过一个全局索引（rcu_idx）从这对计数中选出一个计数，一个每线程的嵌套计数 rcu_nesting，一个每线程的全局索引快照（rcu_read_idx），以及一个全局锁(rcu_gp_lock)，图 9.39 给出了上述定义。

```
1 DEFINE_SPINLOCK(rcu_gp_lock);
2 atomic_t rcu_refcnt[2];
3 atomic_t rcu_idx;
4 DEFINE_PER_THREAD(int, rcu_nesting);
5 DEFINE_PER_THREAD(int, rcu_read_idx);
```

图 9.39 RCU 全局引用计数对的数据定义

```
 1 static void rcu_read_lock(void)
 2 {
 3   int i;
 4   int n;
 5
 6   n = __get_thread_var(rcu_nesting);
 7   if (n == 0) {
 8     i = atomic_read(&rcu_idx);
 9     __get_thread_var(rcu_read_idx) = i;
10     atomic_inc(&rcu_refcnt[i]);
11   }
12   __get_thread_var(rcu_nesting) = n + 1;
13   smp_mb();
14 }
15
16 static void rcu_read_unlock(void)
17 {
18   int i;
19   int n;
20
21   smp_mb();
22   n = __get_thread_var(rcu_nesting);
23   if (n == 1) {
```

```
24 i  =  __get_thread_var(rcu_read_idx);
25        atomic_dec(&rcu_refcnt[i]);
26     }
27     __get_thread_var(rcu_nesting)  =  n  -  1;
28  }
```

图 9.40　使用全局引用计数对的 RCU 读端原语

设计 拥有 2 个元素的 rcu_refcnt [] 数组让更新者免于饥饿。这里的关键点是 synchronize_rcu()只需要等待已存在的读者。如果在给定实例的 synchronize_rcu()正在执行时，出现一个新的读者，那么 synchronize_rcu()不需要等待那个新的读者。在任意时刻，当给定的读者通过通过 rcu_read_lock()进入其 RCU 读端临界区时，它增加 rcu_refcnt []数组中由 rcu_idx 变量代表下标的元素。当同一个读者通过 rcu_read_unlock()退出其 RCU 读端临界区，它减去其增加的元素，忽略对 rcu_idx 值任何可能的后续更改。

这种安排意味着 synchronize_rcu()可以通过增加 rcu_idx 的值来避免饥饿。假设 rcu_idx 的旧值为零，这样增加后的新值为 1。在增加操作之后到达的新读者将增加 rcu_idx [1]，而旧的读者先前递增的 rcu_idx [0]将在它们退出 RCU 读端临界区时递减。这意味着 rcu_idx [0]的值将不再增加，而是单调递减[12]。这意味着所有 synchronize_rcu()需要做的是等待 rcu_refcnt [0]的值达到零。

有了背景，我们来好好看看实际的实现原语。

实现 rcu_read_lock()原语原子的增加由 rcu_idx 标出的 rcu_refcnt[]成员的值，然后将索引保存在每线程变量 rcu_read_idx 中。rcu_read_unlock()原语原子的减少对应的 rcu_read_lock()增加的那个计数的值。不过，因为每个线程只能为 rcu_idx 设置一个值，所以还需要一些手段才能允许嵌套。方法是用每线程的 rcu_nesting 变量跟踪嵌套。

为了让这种方法能够工作，图 9.40 rcu_read_lock()函数的第 6 行获取了当前线程的 rcu_nesting，如果第 7 行的检查发现当前处于最外层的 rcu_read_lock()，那么第 8 至 10 行获取变量 rcu_idx 的当前值，将其存到当前线程的 rcu_read_idx 中，然后增加被 rcu_idx 选中的 rcu_refcnt 元素的值。第 12 行不管现在的 rcu_nesting 值是多少，直接对其加 1。第 13 行执行一个内存屏障，确保 RCU 读端临界区不会在 rcu_read_lock()之前开始。

同样，rcu_read_unlock()函数在第 21 行也执行一个内存屏障，确保 RCU 读端临界区不会在 rcu_read_unlock()代码之后还没结束。第 22 行获取当前线程的 rcu_nesting，如果第 23 行的检查发现当前处于最外层的 rcu_read_unlock()，那么第 24 至 25 行获取当前线程的 rcu_read_idx（由最外层的 rcu_read_lock()保存）并且原子的减少被 rcu_read_idx 选择的 rcu_refcnt 元素。无论当前嵌套了多少层，第 27 行都直接减少本线程的 rcu_nesting 值。

图 9.41（rcu_rcpg.c）实现了对应的 synchronize_rcu()实现。第 6 行和第 19 行获取并释放 rcu_gp_lock，因为这样可以防止多于一个的并发 synchronize_rcu()实例。第 7 至 8 行分别获取 rcu_idx 的值并对其取反，这样后续的 rcu_read_lock()实例将使用和之前的实例不同的 rcu_idx 值。然后第 10 至 12 行等待之前的由 rcu_idx 选出的元素变成 0，第 9 行的内存屏障是为了保证对 rcu_idx 的检查不会被优化到对 rcu_idx 取反操作之前。第 13 至 18 行重复这一过程，第 20 行的内存屏障是为了保证所有后续的回收操作不会被优化到对

[12]这个“单调递减”论断忽略了一个竞态条件，synchronize_rcu()的代码会处理这个竞态条件。在这里，我建议先暂时搁置争议。

rcu_refcnt 的检查之前执行。

```
1 void synchronize_rcu(void)
2 {
3   int i;
4
5   smp_mb();
6   spin_lock(&rcu_gp_lock);
7   i = atomic_read(&rcu_idx);
8   atomic_set(&rcu_idx, !i);
9   smp_mb();
10   while (atomic_read(&rcu_refcnt[i]) != 0) {
11     poll(NULL, 0, 10);
12   }
13   smp_mb();
14   atomic_set(&rcu_idx, i);
15   smp_mb();
16   while (atomic_read(&rcu_refcnt[!i]) != 0) {
17     poll(NULL, 0, 10);
18   }
19   spin_unlock(&rcu_gp_lock);
20   smp_mb();
21 }
```

图 9.41　使用全局引用计数对的 RCU 更新端原语

小问题 9.57：为什么图 9.41 中 synchronize_rcu()在获取自旋锁之前还要在第 5 行加一个内存屏障？

小问题 9.58：为什么图 9.41 的计数要检查两次？难道检查一次还不够吗？

本节的实现避免了图 9.38 的简单计数实现可能发生的更新端饥饿问题。

讨论 不过这种实现仍然存在一些严重缺点。首先，rcu_read_lock()和 rcu_read_unlock()中的原子操作开销很大。事实上，它们比图 9.38 中的单个计数要复杂很多，读端原语的开销从 Power5 单核处理器上的 150ns 到 64 核处理器上的 40us 不等。更新端 synchronize_rcu()原语的开销也变大了，从 Power5 单核 CPU 中的 200ns 到 64 核处理器中的 40us 不等。这意味着 RCU 读端临界区必须非常长，才能够满足真实的读端并发请求。

其次，如果存在很多并发的 rcu_read_lock()和 rcu_read_unlock()操作，那么对 rcu_refcnt 的内存访问竞争将会十分激烈，这将导致耗费巨大的高速缓存未命中。这一点进一步延长了提供并发读端访问所需要的 RCU 读端临界区持续时间。这两个缺点在很多情况下都影响了 RCU 的目标。

第三，需要检查 rcu_idx 两次这一点为更新操作增加了开销，尤其是线程数目很多时。

最后，尽管原则上并发的 RCU 更新可以共用一个公共优雅周期，但是本节的实现串行化了优雅周期，使得这种共享无法进行。

小问题 9.59：既然原子自增和原子自减的开销巨大，为什么不在图 9.40 的第 10 行使用非原子自增，在第 25 行使用非原子自减呢？

尽管有这样那样的缺点，这种 RCU 的变体还是可以运用在小型的多核系统上，也许可以作为一种节省内存实现，用于维护与更复杂实现之间的 API 兼容性。但是，这种方法在 CPU 增多时可扩展性不佳。

9.3.5.5 节介绍了另一种基于引用计数机制的 RCU 变体，该方法极大地改善了读端性能和可扩展性。

9.3.5.5　可扩展的基于计数 RCU 实现

图 9.43（rcu_rcpl.h）是一种 RCU 实现的读端原语，其中使用了每线程引用计数。本实现与图 9.40 中的实现十分类似，唯一的区别在于 rcu_refcnt 成了一个每线程变量（见图 9.42）。与上一节中的算法一样，使用这个两元素数组防止读者让写者饥饿。使用每线程 rcu_refcnt [] 数组的另一个好处是，rcu_read_lock() 和 rcu_read_unlock() 原语不用再执行原子操作。

```
1 DEFINE_SPINLOCK(rcu_gp_lock);
2 DEFINE_PER_THREAD(int [2], rcu_refcnt);
3 atomic_t rcu_idx;
4 DEFINE_PER_THREAD(int, rcu_nesting);
5 DEFINE_PER_THREAD(int, rcu_read_idx);
```

图 9.42　RCU 每线程引用计数对的数据定义

```
1 static void rcu_read_lock(void)
2 {
3   int i;
4   int n;
5
6   n = __get_thread_var(rcu_nesting);
7   if (n == 0) {
8     i = atomic_read(&rcu_idx);
9     __get_thread_var(rcu_read_idx) = i;
10     __get_thread_var(rcu_refcnt)[i]++;
11   }
12   __get_thread_var(rcu_nesting) = n + 1;
13   smp_mb();
14 }
15
16 static void rcu_read_unlock(void)
17 {
18   int i;
19   int n;
20
21   smp_mb();
22   n = __get_thread_var(rcu_nesting);
23   if (n == 1) {
24     i = __get_thread_var(rcu_read_idx);
25     __get_thread_var(rcu_refcnt)[i]--;
26   }
27   __get_thread_var(rcu_nesting) = n - 1;
28 }
```

图 9.43　使用每线程引用计数对的 RCU 读端原语

小问题 9.60：别忽悠了！我在 rcu_read_lock() 里看见 atomic_read() 原语了！为什么你想假装 rcu_read_lock() 里没有原子操作？

图 9.44（rcu_rcpl.c）是 synchronize_rcu() 的实现，还有一个辅助函数 flip_counter_and_wait()。synchronize_rcu() 函数和图 9.41 中的基本一样，除了原来的重复检查计数过程被替换成了第 22 至 23 行的辅助函数。

```
1 static void flip_counter_and_wait(int i)
2 {
3   int t;
4
5   atomic_set(&rcu_idx, !i);
6   smp_mb();
7   for_each_thread(t) {
8     while (per_thread(rcu_refcnt, t)[i] != 0) {
9           poll(NULL, 0, 10);
10    }
11   }
12   smp_mb();
13 }
14
15 void synchronize_rcu(void)
16 {
17   int i;
18
19   smp_mb();
20   spin_lock(&rcu_gp_lock);
21   i = atomic_read(&rcu_idx);
22   flip_counter_and_wait(i);
23   flip_counter_and_wait(!i);
24   spin_unlock(&rcu_gp_lock);
25   smp_mb();
26 }
```

图 9.44 使用每线程引用计数对的 RCU 更新端原语

新的 `flip_counter_and_wait()` 函数在第 5 行更新 `rcu_idx` 变量，第 6 行执行内存屏障，然后第 7 至 11 行循环检查每个线程对应的 `rcu_refcnt` 元素，等待该值变为 0。一旦所有元素都变为 0，第 12 行执行另一个内存屏障，然后返回。

本 RCU 实现对软件环境有所要求，（1）能够声明每线程变量，（2）每个线程都可以访问其他线程的每线程变量，（3）能够遍历所有线程。绝大多数软件环境都满足上述要求，但是通常对线程数的上限有所限制。更复杂的实现可以避开这种限制，比如，使用可扩展的哈希表。这种实现能够动态地跟踪线程，比如，在线程第一次调用 `rcu_read_lock()` 时将线程加入哈希表。

小问题 9.61：好极了，如果我有 N 个线程，那么我要等待 $2N$*10ms（每个 flip_counter_and_wait() 调用消耗的时间，假设我们每个线程只等待一次）。我们难道不能让优雅周期再快一点完成吗？

不过本实现还有一些缺点。首先，需要检查 `rcu_idx` 两次，这为更新端带来一些开销，特别是线程数很多时。

其次，`synchronize_rcu()` 必须检查的变量数随着线程增多而线性增长，这给线程数很多的应用程序带来一定的开销。

第三，和之前一样，虽然原则上并发的 RCU 更新可以共用一个公共优雅周期，但是本节的实现串行化了优雅周期，使得这种共享无法进行。

最后，本节曾经提到的软件环境需求，在某些环境下每线程变量和遍历线程可能存在问题。

读端原语的扩展性非常好，不管是在单核系统还是 64 核系统都只需要 115ns 左右。synchronize_rcu()原语的扩展性不佳，开销在单核 Power5 系统上的 1ms 到 64 核系统上的 200ms 不等。总体来说，本节的方法可以算是一种基础的产品级用户态 RCU 实现了。

9.3.5.6 节将介绍一种能够让并发的 RCU 更新更有效的算法。

9.3.5.6　可扩展的基于计数 RCU 实现，可以共享优雅周期

和前几节一样，图 9.46(rcu_rcpls.h)是一种使用每线程引用计数 RCU 实现的读端原语，但是该实现允许更新端共享优雅周期。本节的实现和图 9.43 中的实现唯一的区别是，rcu_idx 现在是一个 long 型整数，可以自由增长，所以图 9.46 第 8 行用了一个掩码屏蔽了最低位。我们还将 atomic_read()和 atomic_set()改成了 ACCESS_ONCE()。图 9.45 中的数据定义和前例也很相似，只是 rcu_idx 现在是 long 类型而非之前的 atomic_t 类型。

```
1 DEFINE_SPINLOCK(rcu_gp_lock);
2 DEFINE_PER_THREAD(int [2], rcu_refcnt);
3 long rcu_idx;
4 DEFINE_PER_THREAD(int, rcu_nesting);
5 DEFINE_PER_THREAD(int, rcu_read_idx);
```

图 9.45　使用每线程引用计数对和共享更新数据的数据定义

```
1 static void rcu_read_lock(void)
2 {
3   int i;
4   int n;
5
6   n = __get_thread_var(rcu_nesting);
7   if (n == 0) {
8     i = ACCESS_ONCE(rcu_idx) & 0x1;
9     __get_thread_var(rcu_read_idx) = i;
10    __get_thread_var(rcu_refcnt)[i]++;
11  }
12  __get_thread_var(rcu_nesting) = n + 1;
13  smp_mb();
14 }
15
16 static void rcu_read_unlock(void)
17 {
18   int i;
19   int n;
20
21   smp_mb();
22   n = __get_thread_var(rcu_nesting);
23   if (n == 1) {
24     i = __get_thread_var(rcu_read_idx);
25     __get_thread_var(rcu_refcnt)[i]--;
26   }
27   __get_thread_var(rcu_nesting) = n - 1;
28 }
```

图 9.46　使用每线程引用计数对和共享更新数据的 RCU 读端原语

图 9.47(rcu_rcpls.c)是 synchronize_rcu()及其辅助函数 flip_counter_and_wait()的实现。和图 9.44 很相像。flip_counter_and_wait()的区别如下。

1. 第 6 行使用 ACCESS_ONCE()代替了 atomic_set()，用自增替代取反。

2. 新增了第 7 行，将计数的最低位掩去。

synchronize_rcu()的区别要多一些。

1. 新增了一个局部变量 oldctr，存储第 23 行的获取每线程锁之前的 rcu_idx 值。

2. 第 26 行用 ACCESS_ONCE()代替 atomic_read()。

3. 第 27 至 30 行检查在锁已获取时，其他线程此时是否在循环检查 3 个以上的计数，如果是，释放锁，执行一个内存屏障然后返回。在本例中，有两个线程在等待计数变为 0，所以其他的线程已经做了所有必做的工作。

4. 在第 33 至 34 行，在锁已被获取时，如果当前检查计数是否为 0 的线程不足 2 个，那么 flip_counter_and_wait()会被调用两次。另一方面，如果有两个线程，另一个线程已经完成了对计数的检查，那么只需再有一个就可以。

在本方法中，如果有任意多个线程并发调用 synchronize_rcu()，一个线程对应一个 CPU，那么最多只有 3 个线程在等待计数变为 0。

```
1  static void flip_counter_and_wait(int ctr)
2  {
3    int i;
4    int t;
5
6    ACCESS_ONCE(rcu_idx) = ctr + 1;
7    i = ctr & 0x1;
8    smp_mb();
9    for_each_thread(t) {
10       while (per_thread(rcu_refcnt, t)[i] != 0)
         {
11                 poll(NULL, 0, 10);
12       }
13    }
14    smp_mb();
15 }
16
17 void synchronize_rcu(void)
18 {
19    int ctr;
20    int oldctr;
21
22    smp_mb();
23    oldctr = ACCESS_ONCE(rcu_idx);
24    smp_mb();
25    spin_lock(&rcu_gp_lock);
26    ctr = ACCESS_ONCE(rcu_idx);
27    if (ctr - oldctr >= 3) {
28       spin_unlock(&rcu_gp_lock);
29       smp_mb();
30       return;
31    }
```

```
32    flip_counter_and_wait(ctr);
33    if (ctr - oldctr < 2)
34       flip_counter_and_wait(ctr + 1);
35    spin_unlock(&rcu_gp_lock);
36    smp_mb();
37  }
```

图 9.47 使用每线程引用计数对的 RCU 共享更新端原语

尽管有这些改进，本节的 RCU 实现仍然存在一些缺点。首先，和上一节一样，需要检查 rcu_idx 两次为更新端带来开销，尤其是线程很多时。

其次，本实现需要每 CPU 变量和遍历所有线程的能力，这在某些软件环境可能是有问题的。

最后，在 32 位机器上，由于 rcu_idx 溢出而导致更新端线程被长时间抢占。这可能会导致该线程强制执行不必要的检查计数操作。但是，即使每个优雅周期只耗费 1ms，被抢占的线程也可能要等待超过一小时，此时额外执行的检查计数操作就不是你最关心的了。

和 9.3.5.3 节介绍的实现一样，本实现的读端原语扩展性极佳，不管 CPU 数为多少，开销大概为 115ns。synchronize_rcu()原语的开销仍然昂贵，从 1ms 到 15ms 不等。然而这比 9.3.5.5 节中大概 200ms 的开销已经好多了。所以，尽管存在这些缺点，本节的 RCU 实现已经可以在真实世界中的产品中使用。

小问题 9.62：所有这些玩具式的 RCU 实现都要么在 rcu_read_lock()和 rcu_read_unlock()中使用了原子操作，要么让 synchronize_rcu()的开销与线程数线性增长。那么究竟在哪种环境下，RCU 的实现既可以让上述三个原语的实现简单，又能拥有 O(1)的开销和延迟呢？

重新看看图 9.46，我们看到了对一个全局变量的访问和对不超过 4 个每线程变量的访问。考虑到在 POSIX 线程中访问每线程变量的开销相对较高，我们可以将三个每线程变量放进单个结构体中，让 rcu_read_lock()和 rcu_read_unlock()用单个每线程变量存储类来访问各自的每线程变量。不过，9.3.5.7 节将介绍一种更好的办法，可以减少访问每线程变量的次数到 1 次。

9.3.5.7 基于自由增长计数的 RCU

图 9.49（rcu.h 和 rcu.c）是一种基于单个全局自由增长计数的 RCU 实现，该计数只对偶数值进行计数，相关的数据定义见图 9.48。rcu_read_lock()的实现极其简单。第 3 行向全局自由增长变量 rcu_gp_ctr 加 1，将相加后的奇数值存储在每线程变量 rcu_reader_gp 中。第 4 行执行一个内存屏障，防止后续的 RCU 读端临界区内容“泄漏”。

```
1 DEFINE_SPINLOCK(rcu_gp_lock);
2 long rcu_gp_ctr = 0;
3 DEFINE_PER_THREAD(long, rcu_reader_gp);
4 DEFINE_PER_THREAD(long, rcu_reader_gp_snap);
```

图 9.48 使用自由增长计数的数据定义

```
1 static void rcu_read_lock(void)
2 {
3   __get_thread_var(rcu_reader_gp) = rcu_gp_ctr + 1;
4   smp_mb();
5 }
6
7 static void rcu_read_unlock(void)
8 {
```

```
9    smp_mb();
10     __get_thread_var(rcu_reader_gp) = rcu_gp_ctr;
11  }
12
13  void synchronize_rcu(void)
14  {
15     int t;
16
17     smp_mb();
18     spin_lock(&rcu_gp_lock);
19     rcu_gp_ctr += 2;
20     smp_mb();
21     for_each_thread(t) {
22         while ((per_thread(rcu_reader_gp, t) & 0x1) &&
23                ((per_thread(rcu_reader_gp, t) -
24                      rcu_gp_ctr) < 0)) {
25         poll(NULL, 0, 10);
26         }
27     }
28     spin_unlock(&rcu_gp_lock);
29     smp_mb();
30  }
```

图 9.49 使用自由增长计数的 RCU 实现

rcu_read_unlock()实现也很类似。第 9 行执行一个内存屏障，防止前一个 RCU 读端临界区“泄漏”。第 10 行将全局变量 rcu_gp_ctr 的值复制给每线程变量 rcu_reader_gp，将此每线程变量的值变为偶数值，这样当前并发的 synchronize_rcu()实例就知道忽略该每线程变量了。

小问题 9.63: 如果任何偶数值都可以让 synchronize_rcu()忽略对应的任务，那么图 9.49 的第 10 行为什么不直接给 rcu_reader_gp 赋值为 0?

synchronize_rcu()会等待所有线程的 rcu_reader_gp 变量变为偶数值。但是，因为 synchronize_rcu()只需要等待“在调用 synchronize_rcu()*之前就已存在的*”RCU 读端临界区，所以完全可以有更好的方法。第 17 行执行一个内存屏障，防止之前操纵的受 RCU 保护的数据结构被乱序（由编译器或者是 CPU）放到第 17 行之后执行。为了防止多个 synchronize_rcu()实例并发执行，第 18 行获取 rcu_gp_lock 锁（第 28 释放锁）。然后第 19 行给全局变量 rcu_gp_ctr 加 2，这样，之前已经存在的 RCU 读端临界区对应的每线程变量 rcu_reader_gp 的值就比 rcu_gp_ctr 与机器字长取模后的值小了。回忆一下，rcu_reader_gp 的值为偶数的线程不在 RCU 读端临界区里，所以第 21 至 27 行扫描 rcu_reader_gp 的值，直到所有值要么是偶数（第 22 行），要么比全局变量 rcu_gp_ctr 的值大（第 23、24 行）。第 25 行阻塞一小段时间，等待一个之前已经存在的 RCU 读端临界区退出，如果对优雅周期的延迟很敏感的话，也可以用自旋锁来代替。最后，第 29 行的内存屏障保证所有后续的销毁工作不会被乱序到循环之前进行。

小问题 9.64: 为什么需要图 9.49 中第 17 和第 29 行的内存屏障？难道第 18 行和第 28 行的锁原语自带的内存屏障还不够吗？

本节方法的读端性能非常好，不管 CPU 数目多少，带来的开销大概是 63ns。更新端的开销稍大，从 Power5 单核的 500ns 到 64 核的超过 100us 不等。

小问题 9.65：第 9.3.5.6 节的更新端优化不能用于图 9.49 的实现中吗？

本节实现除了刚才提到的更新端的开销较大以外，还有一些严重缺点。首先，该实现不允许 RCU 读端临界区嵌套，这将是下一节要讨论的话题。其次如果读者在图 9.49 第 3 行获取 rcu_gp_ctr 之后，存储到 rcu_reader_gp 之前被抢占，并且如果 rcu_gp_ctr 计数的值增长到最大值的一半以上，但没有达到最大值时，那么 synchronize_rcu()将会忽略后续的 RCU 读端临界区。第三也是最后一点，本实现需要软件环境支持每线程变量和对所有线程遍历。

小问题 9.66：图 9.49 第 3 行提到的读者被抢占问题是一个真实问题吗？换句话说，这种导致问题的事件序列可能发生吗？如果不能，为什么不能？如果能，事件序列是什么样的，我们该怎样处理这个问题？

9.3.5.8 基于自由增长计数的可嵌套 RCU

图 9.51（rcu_nest.h 和 rcu_nest.c）是一种基于单个全局自由增长计数的 RCU 实现，但是允许 RCU 读端临界区的嵌套。这种嵌套能力是通过让全局变量 rcu_gp_ctr 的最低位记录嵌套次数实现的，定义在图 9.50 中。本节的方法是 9.3.5.7 节方法的通用版本，保留一个最低位来记录嵌套深度。为了做到这一点，定义了两个宏，RCU_GP_CTR_NEST_MASK 和 RCU_GP_CTR_BOTTOM_BIT。两个宏之间的关系是 RCU_GP_CTR_NEST_MASK=RCU_GP_CTR_BOTTOM_BIT - 1。RCU_GP_CTR_BOTTOM_BIT 宏是用于记录嵌套那一位之前的一位，RCU_GP_CTR_NEST_MASK 宏则覆盖 rcu_gp_ctr 中所有用于记录嵌套的位。显然，这两个宏必须保留足够多的位来记录允许的最大 RCU 读端临界区嵌套深度，在本实现中保留了 7 位，因为允许的最大 RCU 读端临界区嵌套深度为 127，这足够绝大多数应用使用。

```
1 DEFINE_SPINLOCK(rcu_gp_lock);
2 #define RCU_GP_CTR_SHIFT 7
3 #define RCU_GP_CTR_BOTTOM_BIT (1 <<
          RCU_GP_CTR_SHIFT)
4 #define RCU_GP_CTR_NEST_MASK
          (RCU_GP_CTR_BOTTOM_BIT - 1)
5 long rcu_gp_ctr = 0;
6 DEFINE_PER_THREAD(long, rcu_reader_gp);
```

图 9.50 基于自由增长计数的可嵌套 RCU 的数据定义

```
1 static void rcu_read_lock(void)
2 {
3   long tmp;
4   long *rrgp;
5
6   rrgp = &__get_thread_var(rcu_reader_gp);
7   tmp = *rrgp;
8   if ((tmp & RCU_GP_CTR_NEST_MASK) == 0)
9       tmp = rcu_gp_ctr;
10  tmp++;
11  *rrgp = tmp;
12  smp_mb();
13 }
```

```
14
15 static void rcu_read_unlock(void)
16 {
17   long tmp;
18
19   smp_mb();
20   __get_thread_var(rcu_reader_gp)--;
21 }
22
23 void synchronize_rcu(void)
24 {
25   int t;
26
27   smp_mb();
28   spin_lock(&rcu_gp_lock);
29   rcu_gp_ctr += RCU_GP_CTR_BOTTOM_BIT;
30   smp_mb();
31   for_each_thread(t) {
32      while (rcu_gp_ongoing(t) &&
33             ((per_thread(rcu_reader_gp, t) -
34               rcu_gp_ctr) < 0)) {
35        poll(NULL, 0, 10);
36      }
37   }
38   spin_unlock(&rcu_gp_lock);
39   smp_mb();
40 }
```

图 9.51　使用自由增长计数的可嵌套 RCU 实现

rcu_read_lock()的实现仍然十分简单。第 6 行将指向本线程 rcu_reader_gp 实例的指针放入局部变量 rrgp 中，将代价昂贵的访问 pthread 每线程变量 API 的数目降到最低。第 7 行记录 rcu_reader_gp 的值放入另一个局部变量 tmp 中，第 8 行检查低位字节是否为 0，表明当前的 rcu_read_lock()是最外层的。如果是，第 9 行将全局变量 rcu_gp_ctr 的值存入 tmp，因为第 7 行之前存入的值可能已经过期了。如果不是，第 10 行增加嵌套深度，如果你能记得，存放在计数的最低 7 位。第 11 行将更新后的计数值重新放入当前线程的 rcu_reader_gp 实例中，然后，也是最后，第 12 行执行一个内存屏障，防止 RCU 读端临界区泄漏到 rcu_read_lock()之前的代码里。

换句话说，除非当前调用的 rcu_read_lock()是嵌套在 RCU 读端临界区中，否则本节实现的 rcu_read_lock()原语会获取全局变量 rcu_gp_ctr 的一个副本，而在嵌套环境中，rcu_read_lock()则去获取 rcu_reader_gp 在当前线程中的实例。在两种情况下，rcu_read_lock()都会增加获取到的值，表明嵌套深度又增加了一层，然后将结果储存到当前线程的 rcu_reader_gp 实例中。

有趣的是，rcu_read_unlock()的实现和 9.3.5.7 节中的实现一模一样。第 19 行执行一个内存屏障，防止 RCU 读端临界区泄漏到 rcu_read_unlock()之后的代码中去，然后第 20 行减少当前线程的 rcu_reader_gp 实例，这将减少 rcu_reader_gp 最低几位包含的嵌套深度。

rcu_read_unlock()原语的调试版本将会在减少嵌套深度之前检查 rcu_reader_gp 的最低几位是否为 0。

synchronize_rcu()的实现与 9.3.5.7 节十分类似。不过存在两点不同。第一，第 29 行将 RCU_GP_CTR_BOTTOM_BIT 加向全局变量 rcu_gp_ctr，而不是直接加常数 2。第二，第 32 行的比较被剥离成一个函数，检查 RCU_GP_CTR_BOTTOM_BIT 指示的位，而非无条件地检查最低位。

本节方法的读端性能与 9.3.5.7 节中的实现几乎一样，不管 CPU 数目多少，开销大概为 65ns。更新端的开销仍然较大，从 Power5 单核的 600ns 到 64 核的超过 100us。

小问题 9.67：为什么不像上一节那样，直接用一个单独的每线程变量来表示嵌套深度，反而用复杂的位运算来表示？

除了解决了 RCU 读端临界区嵌套问题以外，本节的实现有着和 9.3.5.7 节的实现一样的缺点。另外，在 32 位系统上，本方法会减少全局变量 rcu_gp_ctr 变量溢出所需的时间。下一节将介绍一种能大大延长溢出所需时间的方法，同时又极大地降低了读端开销。

小问题 9.68：对于图 9.51 的算法，怎样才能将全局变量 rcu_gp_ctr 溢出的时间延长一倍？

小问题 9.69：对于图 9.51 的算法，溢出是致命的吗？为什么？为什么不是？如果是致命的，有什么办法可以解决它？

9.3.5.9 基于静止状态的 RCU

```
1 DEFINE_SPINLOCK(rcu_gp_lock);
2 long rcu_gp_ctr = 0;
3 DEFINE_PER_THREAD(long, rcu_reader_qs_gp);
```

图 9.52 基于静止状态的 RCU 的数据定义

图 9.53（rcu_qs.h）是一种基于静止状态的用户态级 RCU 实现的读端原语。数据定义在图 9.52。从图中第 1 至 7 行可以看出，rcu_read_lock()和 rcu_read_unlock()原语不做任何事情，就和在 Linux 内核里一样，这种空函数会成为内联函数，然后被编译器优化掉。之所以是空函数，是因为基于静止状态的 RCU 实现用之前提到的静止状态来估计 RCU 读端临界区的长度，这种状态包括第 9 至 15 行的 rcu_quiescent_state()调用。进入扩展静止状态（比如当发生阻塞时）的线程可以分别用 thread_offline()和 thread_online() API，来标记扩展静止状态的开始和结尾。这样，thread_online()就成了对 rcu_read_lock()的模仿，thread_offline()就成了对 rcu_read_unlock()的模仿。此外，rcu_quiescent_state()可以被认为是一个 rcu_thread_online()紧跟一个 rcu_thread_offline()[13]。从 RCU 读取临界区中调用 rcu_quiescent_state()、rcu_thread_offline()或 rcu_thread_online()是非法的。

```
1 static void rcu_read_lock(void)
2 {
3 }
4
5 static void rcu_read_unlock(void)
```

[13]虽然图中的代码与 rcu_quiescent_state()一样，都是 rcu_thread_online()紧接着是一个 rcu_thread_offline()，但是性能优化掩盖了这种关系。

```
6 {
7 }
8
9 rcu_quiescent_state(void)
10 {
11   smp_mb();
12   __get_thread_var(rcu_reader_qs_gp) =
13     ACCESS_ONCE(rcu_gp_ctr) + 1;
14   smp_mb();
15 }
16
17 static void rcu_thread_offline(void)
18 {
19   smp_mb();
20   __get_thread_var(rcu_reader_qs_gp) =
21     ACCESS_ONCE(rcu_gp_ctr);
22   smp_mb();
23 }
24
25 static void rcu_thread_online(void)
26 {
27   rcu_quiescent_state();
28 }
```

图 9.53　基于静止状态的 RCU 读端原语

在 rcu_quiescent_state()中，第 11 行执行一个内存屏障，防止在静止状态之前的代码乱序到静止状态之后执行。第 12 至 13 行获取全局变量 rcu_gp_ctr 的副本，使用 ACCESS_ONCE()来保证编译器不会启用任何优化措施让 rcu_gp_ctr 被读取超过一次。然后对取来的值加 1，储存到每线程变量 rcu_reader_qs_gp 中，这样任何并发的 synchronize_rcu()实例都只会看见奇数值，因此就知道新的 RCU 读端临界区开始了。正在等待老的读端临界区的 synchronize_rcu()实例因此也知道忽略新产生的读端临界区。最后，第 14 行执行一个内存屏障，这会阻止后续代码（包括可能的 RCU 读端临界区）对第 12 至 13 行的重新排序。

小问题 9.70：图 9.53 中第 14 行多余的内存屏障会不会显著增加 rcu_quiescent_state()的开销？

有些应用程序可能只是偶尔需要用 RCU，但是一旦它们开始用，那一定是到处都在用。这种应用程序可以在开始用 RCU 时调用 rcu_thread_online()，在不再使用 RCU 时调用 rcu_thread_offline()。在调用 rcu_thread_offline()和下一个调用 rcu_thread_online()之间的时间成为扩展静止状态，在这段时间 RCU 不会显式地注册静止状态。

rcu_thread_offline()函数直接将每线程变量 rcu_reader_qs_gp 赋值为 rcu_gp_ctr 的当前值，该值是一个偶数。这样所有并发的 synchronize_rcu()实例就知道忽略这个线程。

小问题 9.71：为什么需要图 9.53 第 19 行和第 22 行的内存屏障？

rcu_thread_online()函数直接调用 rcu_quiescent_state()，这也表示延长静止状态的结束。

图 9.54（rcu_qs.c）是 synchronize_rcu()的实现，和上一节的实现很相像。

```
1  void synchronize_rcu(void)
2  {
3    int t;
4
5    smp_mb();
6    spin_lock(&rcu_gp_lock);
7    rcu_gp_ctr += 2;
8    smp_mb();
9    for_each_thread(t) {
10       while (rcu_gp_ongoing(t) &&
11              ((per_thread(rcu_reader_qs_gp, t) -
12                rcu_gp_ctr) < 0)) {
13          poll(NULL, 0, 10);
14       }
15     }
16     spin_unlock(&rcu_gp_lock);
17     smp_mb();
18 }
```

图 9.54 基于静止状态的 RCU 更新端原语

本节实现的读端原语快得惊人，调用 rcu_read_lock()和 rcu_read_unlock()的开销一共大概 50ps（10 的负 12 次方秒）。synchronize_rcu()的开销从 Power5 单核上的 600ns 到 64 核上的超过 100us 不等。

小问题 9.72：可以确定的是，ca-2008 Power 系统的时钟频率相当高，可是即使是 5GHz 的时钟频率，也不足以让读端原语在 50ps 执行完毕。这里究竟发生了什么？

不过，本节的实现要求每个线程要么周期性地调用 rcu_quiescent_state()，要么为扩展静止状态调用 rcu_thread_offline()。周期性调用这些函数的要求在某些情况下会让实现变得困难，比如某种类型的库函数。

小问题 9.73：为什么在库中实现代码要比图 9.53 和图 9.54 中的 RCU 实现更困难？

小问题 9.74：但是如果你在调用 synchronize_rcu()期间持有一把锁，并且在一个读端临界区里去获取同一把锁，会发生什么？应该是死锁，但是一个没有任何代码的原语是怎么参与进死锁循环的呢？

另外，本节的实现不允许并发的 synchronize_rcu()调用来共享同一个优雅周期。不过，完全可以基于这个 RCU 版本写一个产品级的 RCU 实现。

9.3.5.10 关于玩具式 RCU 实现的总结

如果你看到这里，恭喜！你现在不仅对 RCU 本身有了更清晰的了解，而且对其所需要的软件和应用环境也更熟悉了。想要更进一步了解 RCU 的读者，请自行阅读在各种产品中大量采用的 RCU 实现[DMS+12，McK07a，McK08a，McK09a]。

之前的章节列出了各种 RCU 原语的理想特性。下面我们将整理一个列表，供有意实现自己的 RCU 实现的读者做参考。

1. 必须有读端原语（比如 rcu_read_lock()和 rcu_read_unlock()）和优雅周期原语

（比如 synchronize_rcu()和 call_rcu()），任何在优雅周期开始前就存在的 RCU 读端临界区必须在优雅周期结束前完毕。

2. RCU 读端原语应该有最小的开销。特别是应该避免如高速缓存未命中、原子操作、内存屏障和分支之类的操作。

3. RCU 读端原语应该有 O(1)的时间复杂度，可以用于实时用途。（这意味着读者可以与更新者并发运行。）

4. RCU 读端原语应该在所有上下文中都可以使用（在 Linux 内核中，只有空循环时不能使用 RCU 读端原语）。一个重要的特例是 RCU 读端原语必须可以在 RCU 读端临界区中使用，换句话说，必须允许 RCU 读端临界区嵌套。

5. RCU 读端原语不应该有条件判断，不会返回失败。这个特性十分重要，因为错误检查会增加复杂度，让测试和验证变得更复杂。

6. 除了静止状态以外的任何操作都能在 RCU 读端原语里执行。比如像 I/O 这样的不幂等（non-idempotent）的操作也该允许。

7. 应该允许在 RCU 读端临界区中执行的同时更新一个受 RCU 保护的数据结构。

8. RCU 读端和更新端的原语应该在内存分配器的设计和实现上独立，换句话说，同样的 RCU 实现应该能在不管数据原语是分配还是释放的同时保护该数据元素。

9. RCU 优雅周期不应该被在 RCU 读端临界区之外阻塞的线程而阻塞。（但是请注意，大多数基于静止状态的实现破坏了这一愿望。）

小问题 9.75：既然在 RCU 读端临界区中禁止开始优雅周期，那么如何才能在 RCU 读端临界区中更新一个受 RCU 保护的数据结构？

9.3.6 RCU 练习

本节由一系列小问题组成，让你可以尝试运用本书之前提到的各种 RCU 例子。每个小问题的答案都会给出一些提示，后续章节会给出详细的解决办法。rcu_read_lock()、rcu_read_unlock()、rcu_dereference()、rcu_assign_pointer()和 synchronize_rcu()原语足以应付这些练习了。

小问题 9.76：图 5.9(count_end.c)中实现的统计计数用一把全局锁来保护 read_count()中的累加过程，这对性能和可扩展性影响很大。该如何用 RCU 改造 read_count()，让其拥有良好的性能和极佳的可扩展性呢？（请注意，read_count()的可扩展性受到统计计数需要扫描所有线程计数的限制。）

小问题 9.77：5.5 节给出了一段奇怪的代码，用于统计在可移除设备上发生的 I/O 访问次数。这段代码的快速路径（启动一次 I/O）开销较大，因为需要获取一把读/写锁。该如何用 RCU 来改造这个例子，让其拥有良好的性能和极佳的可扩展性呢？（请注意，一般情况下，I/O 访问代码的性能要比设备移除代码的性能重要。）

9.4 如何选择

表 9.7 提供了一些粗略的经验法则，可以帮助你选择延迟处理技术。

表 9.7 应该选择哪种延后处理方案

	存在保证	写者和读者同行进行	读取端开销	批量引用	低内存占用	无条件获取	非阻塞更新
引用计数	Y	Y	++->atomic(*)		Y		?
危险指针	Y	Y	MB(**)		Y		Y
顺序锁			2MB(***)	N/A	N/A		
RCU	Y	Y	0->2MB	Y		Y	?

*在每次重试中遍历的每个元素上产生

**在每次重试时产生

***原子操作

MB：内存屏障

如“存在保证”列中所示，如果你需要链接的数据元素的存在保证，那么必须使用引用计数、危险指针或 RCU。顺序锁不提供存在保证，而是提供更新检测，遭遇更新时重试读取端临界区。

当然，如“写者和读者同时进行”列中所示，更新检测意味着顺序锁定不允许更新和读者同步前进。毕竟，防止这种同步前进是使用顺序锁全部意义所在。这时可以让顺序锁与引用计数、危险指针或 RCU 结合起来，以便同时提供存在保证和更新检测。事实上，Linux 内核就是以结合 RCU 和顺序锁的方式进行路径名查找。

“读取端开销”列给出了这些技术的大致读取端开销。引用计数的开销变化范围很大。在低端，简单的非原子自增就足够了，至少在有锁的保护下获取引用时是如此。在高端，则需要完全有序的原子操作。引用计数会在遍历每个数据元素时产生此开销。危险指针在遍历每个元素时都产生一个内存屏障的开销，顺序锁在每次尝试执行临界区会产生两个内存屏障的开销。RCU 实现的开销从零到每次执行读取端临界区时的两个内存屏障开销不等，后者为 RCU 带来最佳性能，特别是对于读取端临界区需要遍历很多数据元素时。

“批量引用”列表示只有 RCU 能够以恒定开销获取多个引用。顺序锁的条目是“N / A”，这是因为顺序锁采用更新检测而不是获取引用。

小问题 9.78：但是为什么引用计数和危险指针不能以恒定开销获取对多个数据元素的引用？单个引用计数就可以覆盖多个数据元素，对吧？

“低内存占用”列表示哪些技术的内存占用较低。此列和“批量引用”列互补：因为获取大量数据元素的引用的能力意味着所有这些数据元素必须持续存在，这反过来意味着较大的内存占用。例如，一个线程可能会删除大量的数据元素，而此时另一个线程则并发地执行长时间的 RCU 读取端临界区。因为读取端临界区可能潜在保留对任何新近删除数据元素的引用，所以在整个临界区持续时间内都必须保留所有这些数据元素。相反，引用计数和危险指针保留只有那些实际上由并发读者引用的特定数据元素。

然而，这种低内存占用的优势是有代价的，如表中“无条件获取”列所示。想要看到这一点，请想象有一个大型的链式数据结构，引用计数或危险指针的读者（称为线程 A）持有该结构中某个孤立数据元素的引用。考虑以下事件顺序。

1. 线程 B 删除线程 A 引用的数据元素。由于这个引用，数据元素还不能被释放。

2. 线程 B 删除与线程 A 引用的所有数据元素相邻的所有数据元素。因为没有指向这些数据元素的引用，所以它们都被立即释放。因为线程 A 的数据元素已经被删除，它指向的外部指针不更新。

3．所有线程 A 的数据元素的外部指针现在指向的是被释放的地址，因此已经不能安全地遍历。

4．因此，引用计数或危险指针的实现无法让线程 A 通过任何指向数据元素外部的指针来获取引用。

简而言之，任何提供精确引用追踪的延后处理技术都要做好无法获取引用的情况。因此，RCU 的高内存占用缺点反而意味着易于使用的优势，即 RCU 读者需要不处理获取失败的情况。

Linux 内核有时通过结合使用 RCU 和引用计数，来解决内存占用、精确跟踪和获取失败之间的这种竞争关系。 RCU 用于短期引用，这意味着 RCU 的读侧临界区可以很短。这些短的 RCU 读侧临界区意味着相应的 RCU 优雅周期也可以很短，这就限制了内存占用。对于几个需要长期引用的数据元素，可以使用引用计数。这意味着只有少数数据元素需要处理引用获取失败的复杂性，因为 RCU，大部分引用的获取都是无条件的。

最后，“非阻塞更新”列表示危险指针可以提供非阻塞更新[Mic04，HLM02]。引用计数取决于实现，也许能或也许不能。然而，因为在更新端的锁，顺序锁定不能提供非阻塞更新。 RCU 的写者必须等待读者，这也排除了完全非阻塞更新。不过有时唯一的阻塞操作是等待释放内存，这在很多情况下都可视为是非阻塞的[DMS+12]。

随着单独或者组合使用这些技术的用例增加，本节给出的经验法则也需要进行修订。不过本节目前反映了本领域的最新状态。

9.5 更新端怎么办

对于读侧重的情况，本章中提到的延迟处理技术一般都非常适用，但这就提出了一个问题“更新端怎么办呢？”毕竟，增加读者的性能和可扩展性是很好的，但是自然而然我们也希望为写者提供出色的性能和可扩展性。

对于写者，我们已经看到了一种具有高性能和可扩展性的情况，即在第 5 章中研究过的计数算法。这些计数算法通过部分分割数据结构，使得可以在本地进行更新，而较昂贵的读取则必须在整个数据结构上求和。Silas BoydWickhizer 把这个概念推广到 OpLog 上，Linux 内核路径名查找、VM 反向映射和 `stat()` 系统调用都使用了这个工具[BW14]。

另一种方法，称为“Disruptor”，是为处理大量流数据输入的应用程序设计的。该方法是依靠单个生产者和单个消费者的 FIFO 队列，最小化对同步的需要[Sut13]。对于 Java 应用程序，Disruptor 还具有减少对垃圾收集器的使用这个优点。

当然，只要是可行的情况，完全分隔或“分片”系统总是能提供优秀的性能和可扩展性，如第 6 章所述。

第 10 章将讨论在几种数据结构类型上的更新操作。

第 10 章

数据结构

访问数据的效率是如此重要，因此对算法的讨论也包括相关数据结构的时间复杂度[CLRS01]。然而，对于并行程序，时间复杂度的度量还必须包括并发效应。如第 3 章所示，这些效应可能是压倒性的因素，这意味着对并发数据结构的设计，必须要像关注串行数据结构的时间复杂度那样关注并发复杂度。

10.1 节介绍将一个用于评估本章的数据结构的应用程序。

如第 6 章所讨论的，实现高可扩展性的一个好方法是分割。10.2 节为我们介绍了可分割的数据结构。第 9 章描述了如何通过推迟一些动作来大大提高性能和可扩展性。特别是 9.3 节，该节展示了如何利用延期处理这种强大力量来追求性能和可扩展性，这也是 10.3 节的主题。

并非所有数据结构都是可分割的。10.4 节着眼于一种可轻度分割的示例数据结构。该节介绍如何将其拆分为读侧重部分和可分割部分，从而实现快速和可扩展的目标。

因为本章不可能深入各种现有并发数据结构的方方面面，10.5 节简要概述了最常见的和最重要的数据结构。虽然最好的性能和可扩展性来源于优秀的设计而不是事后的微优化，但是想要实现最佳的性能和可扩展性，微优化必不可少。因此，10.6 节讨论了微优化。

最后，10.7 节对本章做了总结。

10.1 从例子入手

我们将使用薛定谔的动物园这个应用程序来评估性能[McK13]。薛定谔拥有一家动物园，里面有大量的动物，他想使用内存数据库（in-memory database）来记录它们。动物园中的每个动物在数据库中都有一个条目。每个动物都有一个唯一的名称作为主键，同时还有与每个动物有关的各种数据。

出生、捕获和购买将导致数据插入，而死亡、释放和销售导致数据删除。因为薛定谔的动物园包括了大量的短命动物，包括老鼠和昆虫，所以数据库必须能够支持高频更新请求。

对薛定谔的动物感兴趣的人可以查询它们，但是，薛定谔已经注意到他的猫拥有非常高的查询率，多到以至于他怀疑他的老鼠们可能正在使用数据库来检查它们的天敌。这意味着薛定谔的应用程序必须支持对单个数据条目的高频查询请求。

请记住这个应用程序，因为这里涉及了各种数据结构。

10.2 可分割的数据结构

如今的计算机世界使用了各种各样的数据结构，市面上讲数据结构的教科书多如牛毛。本节专注于单个数据结构，即哈希表。这种方法允许我们更深入地研究如何与并发数据结构交互，同时也让我们更加熟悉这个在实践中被大量使用的数据结构。10.2.1 节概述设计，10.2.2 节介绍实现。最后，10.2.3 节讨论了最终的性能和可扩展性。

10.2.1 哈希表的设计

第 6 章强调了通过分割来获得可观性能和可扩展性的必要性，因此可分割性必须是选择数据结构的第一类标准。并行性的主力军——哈希表——很好地满足了这个标准。哈希表在概念上非常简单，包含一个哈希桶的数组。哈希函数将给定数据的键映射到哈希桶元素，也就是存储数据的地方。因此，每个哈希桶有一个数据元素的链表，称为哈希链。当配置得当时，这些哈希链相当短，允许哈希表可以非常有效地访问任意给定键的元素。

小问题 10.1：但是有很多类型的哈希表，其中这里描述的链表式哈希表只是一种类型。为什么这样重视链表式哈希表？

另外，每个桶可以有自己的锁，所以哈希表中不同桶的可以完全独立地插入、删除和查找。因此，包含大量元素的哈希表提供了极好的可扩展性。

10.2.2 哈希表的实现

图 10.1（hash_bkt.c）显示了简单固定大小的哈希表所使用的一组数据结构，使用链表和每哈希桶的锁。图 10.2 显示了如何将它们组合在一起。hashtab 结构（图 10.1 中的第 11 至 14 行）包含了 4 个 ht_bucket 结构（图 10.1 中的第 6 至 9 行），->bt_nbuckets 字段代表桶的数量。每个桶都包含链表头->htb_head 和锁->htb_lock。链表元素 ht_elem 结构（图 10.1 的第 1 至 4 行）通过它们的->hte_next 字段找到下一个元素，每个 ht_elem 结构在->hte_hash 字段中缓存相应元素的哈希值。ht_elem 结构嵌入在哈希表中的另一个较大结构里，并且这个较大的结构可能包含了复杂的键。

```
1  struct ht_elem {
2    struct cds_list_head hte_next;
3    unsigned long hte_hash;
4  };
5
6  struct ht_bucket {
7    struct cds_list_head htb_head;
8    spinlock_t htb_lock;
9  };
10
11 struct hashtab {
```

```
12   unsigned long ht_nbuckets;
13   struct ht_bucket ht_bkt[0];
14 };
```

图 10.1　哈希表的数据结构

如图 10.2 所示，桶 0 有 2 个元素，桶 2 有 1 个。

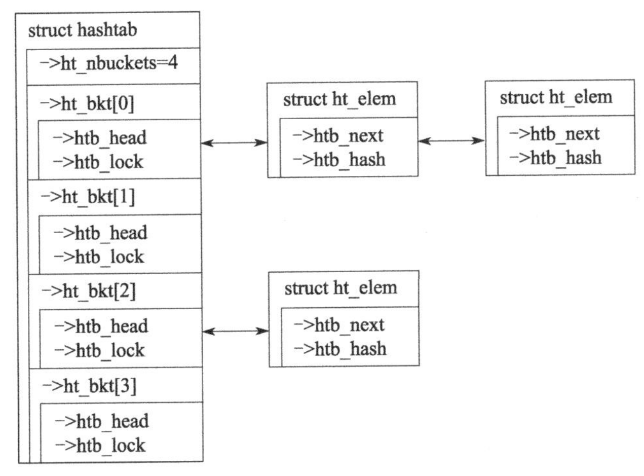

图 10.2　哈希表数据结构关系图

图 10.3 展示了映射和加解锁函数。第 1 行和第 2 行定义了宏 HASH2BKT ()，它将哈希值映射到相应的 ht_bucket 结构体。这个宏使用了一个简单的模数，如果需要更好的哈希函数，调用者需要自行实现从数据键到哈希值的映射。剩下的两个函数分别获取和释放与指定的哈希桶相对应的->htb_lock 锁。

```
1 #define HASH2BKT(htp, h) \
2 (&(htp)->ht_bkt[h % (htp)->ht_nbuckets])
3
4 static void hashtab_lock(struct hashtab *htp,
5 unsigned long hash)
6 {
7    spin_lock(&HASH2BKT(htp, hash)->htb_lock);
8 }
9
10 static void hashtab_unlock(struct hashtab *htp,
11                            unsigned long hash)
12 {
13    spin_unlock(&HASH2BKT(htp, hash)->htb_lock);
14 }
```

图 10.3　哈希表的映射函数和加解锁函数

图 10.4 展示了 hashtab_lookup()，如果指定的键或者哈希值存在，它返回一个指向元素的指针，否则返回 NULL。此函数同时接受哈希值和指向键的指针，因为这允许此函数的调用者使用任意的键和哈希函数，cmp() 函数指针传递比较键的函数，这有点类似 qsort()。第 11 行将哈希值映射成指向相应哈希桶的指针。第 12 至 19 行的循环每次执行检查哈希桶中链表的一个元素。第 15 行检查是否与哈希值匹配，如果否，则第 16 行前进到下一个元素。第 17 行检查是否与实际的键匹配，如果是，第 18 行返回指向匹配元素的指针。如果没有元素与之匹配，则第

20 行返回 NULL。

```
1 struct ht_elem *
2 hashtab_lookup(struct hashtab *htp,
3                unsigned long hash,
4                void *key,
5                int (*cmp)(struct ht_elem *htep,
6                void *key))
7 {
8   struct ht_bucket *htb;
9   struct ht_elem *htep;
10
11  htb = HASH2BKT(htp, hash);
12  cds_list_for_each_entry(htep,
13                          &htb->htb_head,
14                          hte_next) {
15    if (htep->hte_hash != hash)
16      continue;
17    if (cmp(htep, key))
18      return htep;
19  }
20  return NULL;
21 }
```

图 10.4　哈希表查询函数

小问题 10.2：但是假如键不能放入 unsigned long，那么图 10.4 第 15 至 18 行的双重比较是不是效率低下？

图 10.5 是 hashtab_add() 和 hashtab_del() 函数，分别从哈希表中添加和删除元素。

```
1 void
2 hashtab_add(struct hashtab *htp,
3 unsigned long hash,
4 struct ht_elem *htep)
5 {
6   htep->hte_hash = hash;
7   cds_list_add(&htep->hte_next,
8                &HASH2BKT(htp, hash)->htb_head);
9 }
10
11 void hashtab_del(struct ht_elem *htep)
12 {
13   cds_list_del_init(&htep->hte_next);
14 }
```

图 10.5　哈希表的修改函数

hashtab_add() 函数只是简单地在第 6 行设置元素的哈希值，然后将其添加到第 7、8 行的相应桶中。hashtab_del() 函数简单地从哈希桶的链表中移除指定的元素，因为是双向链表所以这很容易。在调用这两个函数中任何一个之前，调用者需要确保此时没有其他线程正在访问或修改相同的哈希桶，例如，可以通过事先调用 hashtab_lock() 来保护。

图 10.6 显示了 hashtab_alloc()和 hashtab_free()函数，分别负责哈希表的分配和释放。分配从第 7 至 9 行开始，分配使用的是系统内存。如果第 10 行检测到内存已用完，第 11 行返回 NULL 给调用者。否则，第 12 行初始化桶的数量，第 13 至 16 行的循环初始化桶本身，第 14 行初始化链表头，第 15 行初始化锁。最后，第 17 行返回一个指向新分配哈希表的指针。第 20 至 23 行的 hashtab_free()函数则是直截了当地释放内存。

```
1 struct hashtab *
2 hashtab_alloc(unsigned long nbuckets)
3 {
4   struct hashtab *htp;
5   int i;
6
7   htp = malloc(sizeof(*htp) +
8          nbuckets *
9          sizeof(struct ht_bucket));
10  if (htp == NULL)
11    return NULL;
12  htp->ht_nbuckets = nbuckets;
13  for (i = 0; i < nbuckets; i++) {
14    CDS_INIT_LIST_HEAD(&htp->ht_bkt[i].htb_head);
15    spin_lock_init(&htp->ht_bkt[i].htb_lock);
16  }
17  return htp;
18 }
19
20 void hashtab_free(struct hashtab *htp)
21 {
22  free(htp);
23 }
```

图 10.6 哈希表的分配与释放函数

10.2.3 哈希表的性能

图 10.7 显示的是在 8 核 2GHz Intel ®Xeon®系统上的性能测试结果，使用的哈希表具有 1024 个桶，每个桶带有一个锁。性能的扩展性近乎线性，但是即使只到 8 个 CPU，性能已经不到理想性能水平的一半。产生这个缺口的一部分原因是由于虽然在单 CPU 上获取和释放锁不会产生高速缓存未命中，但是在两个或更多 CPU 上就会产生。

随着 CPU 的数目增加，情况只会变得更糟，如图 10.8 所示。我们甚至不需要额外的线来表示理想性能，9 个和 9 个以上 CPU 时的性能非常糟糕。这显然警示了我们按照中等数量的 CPU 推算性能的危险。

当然，性能大幅下降的一个可能原因是哈希桶的数目不足。毕竟，我们没有将哈希桶填充到占据一条完整的缓存行，因此每条缓存行有多个哈希桶。这可能是在 9 个 CPU 上导致高速缓存颠簸（cache-thrashing）的原因。当然这一点很容易用增加哈希桶的数量来验证。

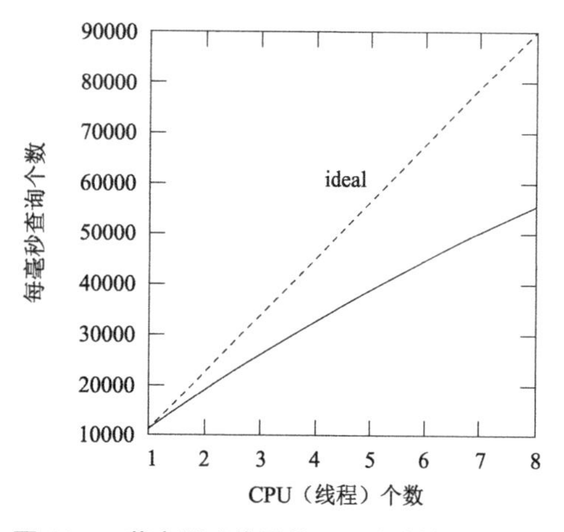

图 10.7 薛定谔动物园使用只读哈希表的性能

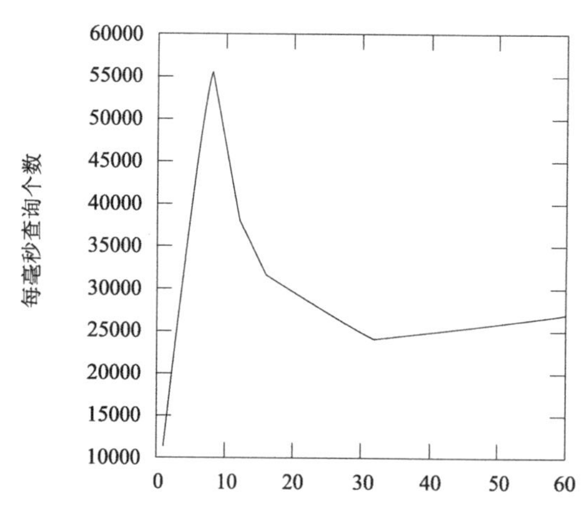

图 10.8 薛定谔动物园使用只读哈希表的性能，60 个 CPU

小问题 10.3：相比于简单地增加哈希桶的数量，让哈希桶之间缓存对齐是不是更好？

然而如图 10.9 所示，虽然增加了桶的数量后性能确实有点提高，可扩展性仍然惨不忍睹。特别是，我们还是看到 9 个 CPU 及以上时性能的急剧下降。此外，从 8192 个桶增加到 16,384 个桶，性能几乎没有提升。显然还有别的东西在捣鬼。

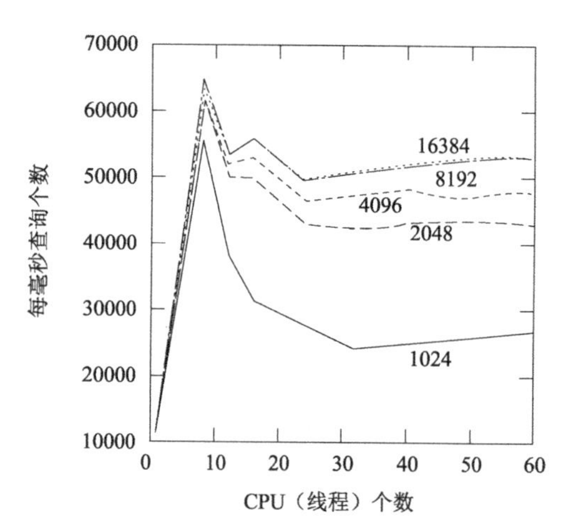

图 10.9 薛定谔动物园使用只读哈希表的性能，改变哈希桶个数

其实这是多 CPU 插槽系统惹的祸，CPU 0-7 和 32-39 会映射到第一个槽位，如表 10.1 所示。因此测试程序只用前 8 个 CPU 时性能相当好，但测试涉及插槽 0 的 CPU 0-7 以及插槽 1 的 CPU 8 时，会产生跨插槽边界数据传递的开销。如第 3.2.1 节所述，这可能会严重降低性能。总之，对于多插槽系统来说，除了数据结构完全分割之外，还需要良好的局部性访问能力。

表 10.1 测试机的 NUMA 拓扑结构图

槽位	CPU 核							
0	0 32	1 33	2 34	3 35	4 36	5 37	6 38	7 39
1	8 40	9 41	10 42	11 43	12 44	13 45	14 46	15 47
2	16 48	17 49	18 50	19 51	20 52	21 53	22 54	23 55
3	24 56	25 47	26 58	27 59	28 60	29 61	30 62	31 63

小问题 10.4：鉴于薛定谔的动物园这个应用程序的负可扩展性，为什么不通过运行应用程序的多个副本来并行化，每个副本拥有动物们的部分子集，并确保每个副本运行在一个 CPU 插槽里？

到目前为止讨论的薛定谔动物园，有一个关键属性是所有数据都为只读。虽然目前因为获取锁引发了缓存未命中，从而导致性能下降，但数据只读这一点让我们逃过了更多的痛苦。虽然我们不更新底层的哈希表本身，我们仍然要付出写内存的代价。当然，如果哈希表永远不需要更新，我们可以完全不用互斥。这种实现比较直白，就留给读者当做一个练习了。不过即使偶尔需要更新，通过避免写入产生缓存未命中，并且允许读侧重的数据在所有缓存中留下副本，这反过来能促进局部性访问能力。

因此，下一节将探讨一些可以在读侧重的场景中执行的优化，此时更新极少发生，但可以发生在任意时刻。

10.3　读侧重的数据结构

虽然通过分割数据结构可以为我们带来出色的可扩展性，但是 NUMA 效应也会导致性能和可扩展性的严重恶化。另外，由于要求读者与写者互斥，这样写者也可能会降低在读侧重场景下的性能。然而，我们可以通过使用 9.3 节介绍的 RCU 来实现性能和可扩展性的双丰收。使用危险指针也可以达到类似的结果（`hazptr.c`）[Mic04]，10.3.2 节将讨论其性能[McK13]。

10.3.1　受 RCU 保护的哈希表的实现

对于受 RCU 保护的每桶一锁的哈希表，写者按照 10.2 节描述的方式使用锁，但读者则使用 RCU。数据结构和图 10.1 中所示一致，`HASH2BKT()`、`hashtab_lock()`和 `hashtab_unlock()`函数与图 10.3 中所示保持一致。但是，读者使用拥有更轻量级并发控制的 `hashtab_lock_lookup()`，如图 10.10 所示。

```
1 static void hashtab_lock_lookup(struct hashtab *htp,
2                                 unsigned long hash)
3 {
4   rcu_read_lock();
5 }
6
7 static void hashtab_unlock_lookup(struct hashtab *htp,
8                                   unsigned long hash)
9 {
10   rcu_read_unlock();
11 }
```

图 10.10　受 RCU 保护的哈希表，读取端的并发控制

图 10.11 展示了 `hashtab_lookup()`函数。这与图 10.4 中的相同，除了将 `cds_list_for_each_entry()` 替换为 `cds_list_for_each_entry_rcu()`。这两个原语都按照顺序遍历 `htb->htb_head` 指向的哈希链表，但是 `cds_list_for_each_entry_rcu()`还要强制执行内存屏障以应对并发插入的情况。这是两种哈希表实现的重大区别，与纯粹的每桶一锁实现不同，受 RCU 保护的实现允许查找、插入和删除操作同时运行，支持 RCU 的 `cds_list_for_each_entry_rcu()`可以正确处理这种增加的并发性。还要注意 `hashtab_lookup()`的调用者必须在 RCU 读取端临界区内，例如，调用者必须在调用 `hashtab_lookup()`之前调用 `hashtab_lock_lookup()`（当然在之后还要调用 `hashtab_unlock_lookup()`）。

小问题 10.5：如果哈希表中的元素可以在查找的同时被并发删除，这是不是意味着查找返回的指针指向的数据元素也可以被删除？

图 10.12 展示了 hashtab_add() 和 hashtab_del()，两者都是非常类似于其在非 RCU 哈希表实现中的对应函数，如图 10.5 所示。hashtab_add() 函数使用 cds_list_add_rcu() 而不是 cds_list_add()，以便在有人正在查询哈希表时，将元素按照正确的顺序添加到哈希表。hashtab_del() 函数使用 cds_list_del_rcu() 而不是 cds_list_del_init()，它允许在查找到某数据元素后该元素马上被删除的情况。和 cds_list_del_init() 不同，cds_list_del_rcu() 仍然保留该元素的前向指针，这样 hashtab_lookup() 可以遍历新删除元素的后继元素。

```
 1 struct ht_elem
 2 *hashtab_lookup(struct hashtab *htp,
 3                 unsigned long hash,
 4                 void *key,
 5                 int (*cmp)(struct ht_elem *htep,
 6                 void *key))
 7 {
 8   struct ht_bucket *htb;
 9   struct ht_elem *htep;
10
11   htb = HASH2BKT(htp, hash);
12   cds_list_for_each_entry_rcu(htep,
13                               &htb->htb_head,
14                               hte_next) {
15     if (htep->hte_hash != hash)
16       continue;
17     if (cmp(htep, key))
18       return htep;
19   }
20   return NULL;
21 }
```

图 10.11　受 RCU 保护的哈希表的查找函数

```
 1 void
 2 hashtab_add(struct hashtab *htp,
 3             unsigned long hash,
 4             struct ht_elem *htep)
 5 {
 6   htep->hte_hash = hash;
 7   cds_list_add_rcu(&htep->hte_next,
 8                    &HASH2BKT(htp, hash)->htb_head);
 9 }
10
11 void hashtab_del(struct ht_elem *htep)
12 {
13   cds_list_del_rcu(&htep->hte_next);
14 }
```

图 10.12　受 RCU 保护的哈希表的修改函数

当然，在调用 hashtab_del() 之后，调用者必须等待一个 RCU 优雅周期（例如，在释放或以其他方式重用新删除元素的内存之前调用 synchronize_rcu()）。

10.3.2 受 RCU 保护的哈希表的性能

图 10.13 展示了受 RCU 保护的和受危险指针保护的只读哈希表的性能，同时与 10.3.1 节的每桶一锁实现做比较。如你所见，尽管 CPU 数和 NUMA 效应更大，RCU 和危险指针实现都能接近理想的性能和可扩展性。使用全局锁的实现的性能也在图中标示出，正如预期一样，其结果甚至比每桶一锁的实现更加糟糕。RCU 做得比危险指针稍微好一些，但在这个以对数刻度表示的图中很难看出差异来。

图 10.14 显示了线性刻度上的相同数据。这使得全局锁实现基本和 x 轴平行，但也更容易辨别 RCU 和危险指针的相对性能。两者都显示在 32 CPU 处的斜率变化，这是由于硬件多线程的缘故。当使用 32 个或更少的 CPU 时，每个线程都有自己的 CPU 核。在这种情况，RCU 比危险指针做得更好，因为危险指针的读取端内存屏障会导致 CPU 时间的浪费。总之，RCU 比危险指针能更好地利用每个硬件线程上的 CPU 核。

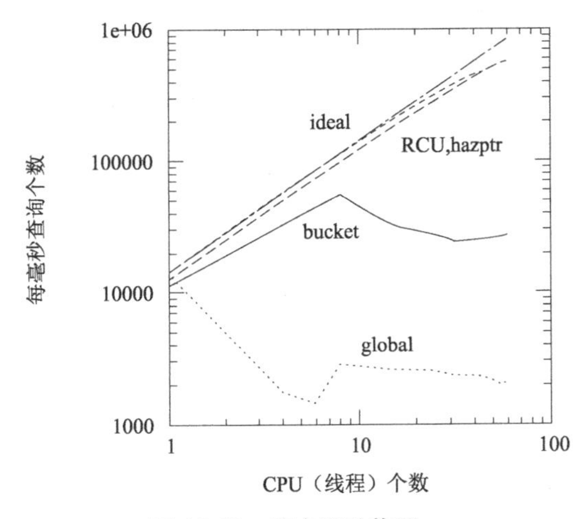

图 10.13 薛定谔动物园，受 RCU 保护的哈希表的读取端性能

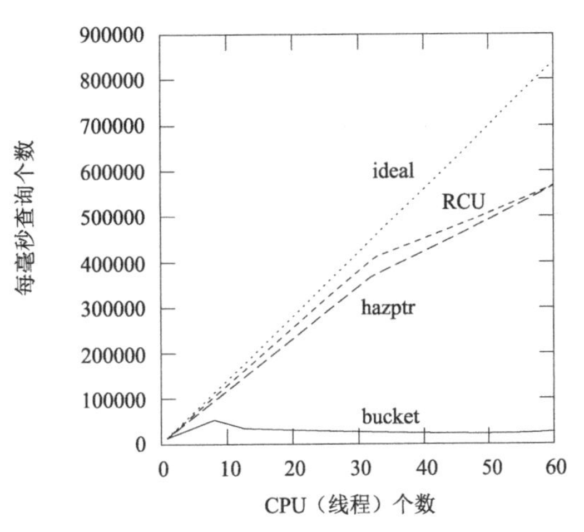

图 10.14 薛定谔动物园，受 RCU 保护的哈希表的读取端性能，线性扩展

当 CPU 上升到 32 个以上时，这种情况改变了。因为在硬件线程中 RCU 使用了每个核心一半以上的资源，所以在第二个硬件线程中的 RCU 能从每个核心获取的加速有限。对应危险指针的性能曲线的斜率也在 32 个 CPU 时减少，但不太显著，因为在第一个硬件线程由于内存屏障延迟而停顿的时间，第二个硬件线程能够继续利用 CPU。正如我们将在后面章节中看到的，危险指针的第二个硬件线程的优势取决于工作负载。

如前所述，薛定谔对他的猫的受欢迎程度感到惊讶[Sch35]，但是随后他认识到需要在他的设计中考虑这种受欢迎程度。图 10.15 显示

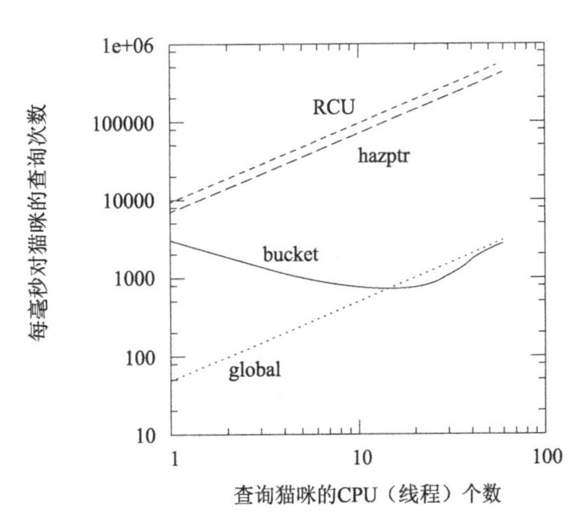

图 10.15 只有猫的薛定谔动物园，受 RCU 保护的哈希表的读取端性能，60 个 CPU

了程序在 60 个 CPU 上运行的结果，应用程序除了查询猫咪以外什么也不做。对这个挑战，RCU 和危险指针实现的表现很好，但是每桶一锁实现的扩展性为负，最终性能甚至比全局锁实现还差。我们不应该对此感到吃惊，因为如果所有的 CPU 都在查询猫咪，对应于猫的那个桶的锁实际上就是个全局锁。

这个只有猫的基准测试显示了数据分片方法的一个潜在问题。只有与猫的分区关联的 CPU 才能访问有关猫的数据，这限制了只查询猫时的系统吞吐量。当然，有很多应用程序可以将数据均匀地分散，对于这些应用，数据分片非常适用。然而，数据分片不能很好地处理“热点”，由薛定谔的猫触发的热点只是其中一个例子。

当然，如果我们只是去读数据，那么一开始我们并不需要任何并发控制。因此，图 10.16 显示了修正后的结果。在该图的最左侧，所有 60 个 CPU 都在进行查找，在图的最右侧，所有 60 个 CPU 都在做更新。对于哈希表的 4 种实现来说，每毫秒查找数随着做更新的 CPU 数量的增加而减少，当所有 60 个 CPU 都在更新时，每毫秒查找数达到零。相对于危险指针 RCU 做得更好一些，因为危险指针的读取端内存屏障在有更新存在时产生了更大的开销。这似乎也说明，现代硬件大大优化了内存屏障的执行，从而大幅减少了在只读情况下的内存屏障开销。

图 10.16 显示了更新率增加对查找的影响，而图 10.17 则显示了更新率增加对更新本身的影响。危险指针和 RCU 从一开始就占据领先，因为，与每桶一锁不同，危险指针和 RCU 的读者并不排斥写者。然而，随着做更新操作的 CPU 数量增加，开始显示出更新端开销的存在，首先是 RCU，然后是危险指针。当然，所有这三种实现都要比全局锁实现更好。

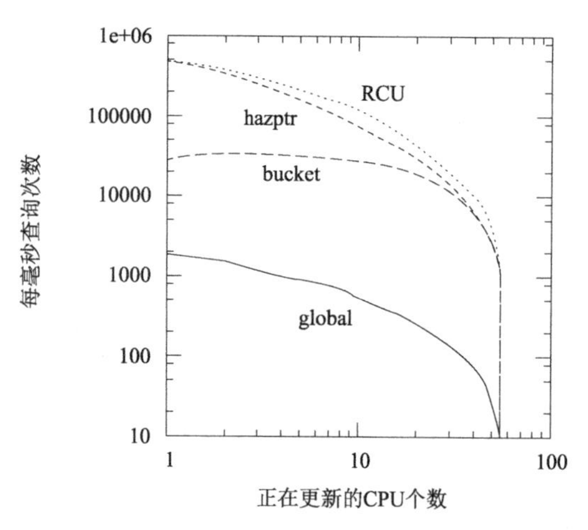

图 10.16　薛定谔动物园，受 RCU 保护的哈希表的读取端性能，60 个 CPU

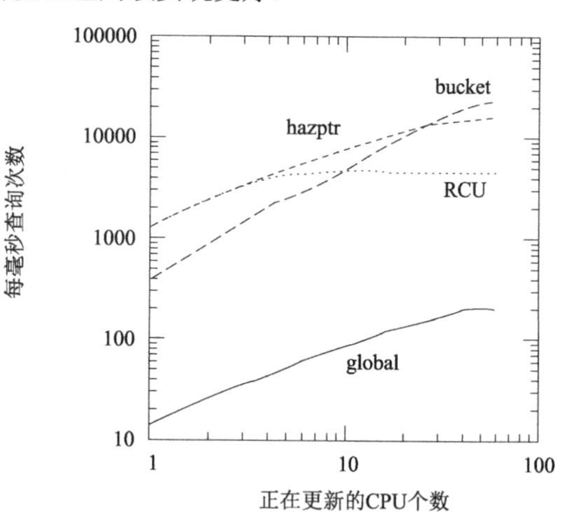

图 10.17　薛定谔动物园，受 RCU 保护的哈希表的更新端性能，60 个 CPU

当然，很可能查找性能的差异也受到更新速率差异的影响。为了检查这一点，一种方法是人为地限制每桶一锁实现和危险指针实现的更新速率，以匹配 RCU 的更新速率。这样做不会显著提高每桶一锁实现的查找性能，也不会拉近危险指针与 RCU 之间的差距。但是，去掉危险指针的读取端内存屏障（从而导致危险指针的实现不安全）确实弥合了危险指针和 RCU 之间的差距。虽然这种不安全的危险指针实现通常足够可靠，足以用于基准测试用途，但是绝对不推荐用于生产用途。

小问题 10.6：在第 10.2.3 节中明确提出了从 8 个 CPU 外推到 60 个 CPU 的危险。但是为什么从 60 个 CPU 来推断结果却要安全一些？

10.3.3　对受 RCU 保护的哈希表的讨论

RCU 实现和危险指针实现会导致一种后果，一对并发读者可能会不同意猫此时的状态。例如，其中在某只猫咪被删除之前，一个读者可能已经提取了指向猫的数据结构的指针，而另一个读者可能在之后获取了相同的指针。第一读者会相信那只猫还活着，而第二个读者会相信猫已经死了。

当然，薛定谔的猫不就是这么一回事吗，但事实证明这对于正常的非量子猫也是相当合理的。

合理的原因是，我们无法准确得知动物出生或死亡的时间。

为了搞明白这一点，让我们假设我们可以通过心跳检测来得知猫的死亡。这又带来一个问题，我们应该在最后一次心跳之后等待多久才宣布死亡。只等待 1ms？这无疑是荒谬的，因为这样一只健康活猫也会被宣布死亡——然后复活，而且每秒钟还发生不止一次。等待一整个月也是可笑的，因为到那时我们通过嗅觉手段也能非常清楚地知道，这只可怜的猫已经死亡。

因为动物的心脏可以停止几秒钟，然后再次跳动，因此及时发现死亡和假警报概率之间存在一种权衡。在最后一次心跳和死亡宣言之间要等待多久，两个兽医很可能不同意彼此的意见。例如，一个兽医可能声明死亡发生在最后一次心跳后 30s，而另一个人可能要坚持等待完整的一分钟。在猫咪最后一次心跳后第二个 30s 周期内，两个兽医会对猫的状态有不同的看法，如图 10.18 中的漫画。

图 10.18　连兽医都有不同意见

当然，海森堡教导我们生活充满了这种不确定性[Hei27]，这也是一件好事，因为计算硬件和软件的行为在某种程度上类似。例如，你怎么知道计算机有个硬件出问题了？通常是因为它没有及时回应。就像猫的心跳，这让硬件是否有故障出现了一个不确定性窗口。

此外，大多数的计算系统旨在与外部世界交互。因此，对外的一致性是至关重要的。然而，正如我们在图 9.26 中所看到的，增加内部的一致性常常是以外部一致性作为代价。像 RCU 和危险指针这样的技术放弃了某种程度上的内部一致性，以获得改善的外部一致性。

总之，内部一致性不一定是所有问题域关心的部分，而且经常在性能、可扩展性、外部一致性或者所有上述方面产生巨大的开销。

10.4　不可分割的数据结构

固定大小的哈希表可以完美分割，但是当可扩展的哈希表在增长或者收缩时，就不那么容易分割了，如图 10.19 的漫画所示。不过事实证明，对于受 RCU 保护的哈希表，完全可以写出高性能并且可扩展的实现，见以下各节所述。

图 10.19　分割的难题

10.4.1　可扩展哈希表的设计

与 21 世纪初的情况形成鲜明对比的是，现在有不少于三个不同类型的可扩展的受 RCU 保护的哈希表实现。第一（和最简单）是为 Herbert Xu [Xu10]为 Linux 内核开发的实现，下面段落将介绍它。其他两个将在 10.4.4 节中描述。

这个哈希表实现背后的关键之处，是每个数据元素可以有两组链表指针，RCU 读者（以及非 RCU 的写者）使用其中一组，而另一组则用于构造新的可扩展的哈希表。此方法允许在哈希表调整大小时，可以并发地执行查找、插入和删除操作。

调整大小操作的过程如图 10.20 至 10.23 所示，图 10.20 显示了两个哈希桶时的初始状态，时间从图 10.20 推进到图 10.23。初始状态使用 0 号链表来将元素与哈希桶链接起来。然后分配一个包含 4 个桶的数组，并且用 1 号链表将进入 4 个新的哈希桶的元素链接起来。这产生了如图 10.21 所示的状态（b），此时 RCU 读者仍然使用原来的两桶数组。

随着新的四桶数组暴露给读者，紧接着是等待所有老读者完成读取的优雅周期操作，产生如图 10.22 所示的状态（c）。在这时，所有 RCU 读者都开始使用新的四桶数组，这意味着现在可以释放旧的两桶数组，产生如图 10.23 所示的状态（d）。

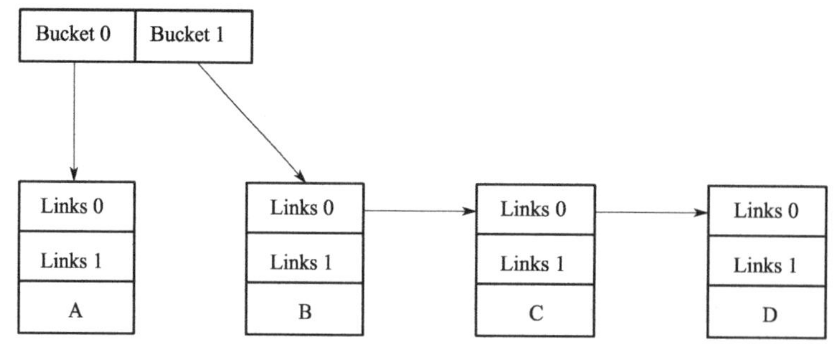

图 10.20　使用双向链表的哈希表，增长操作，状态（a）

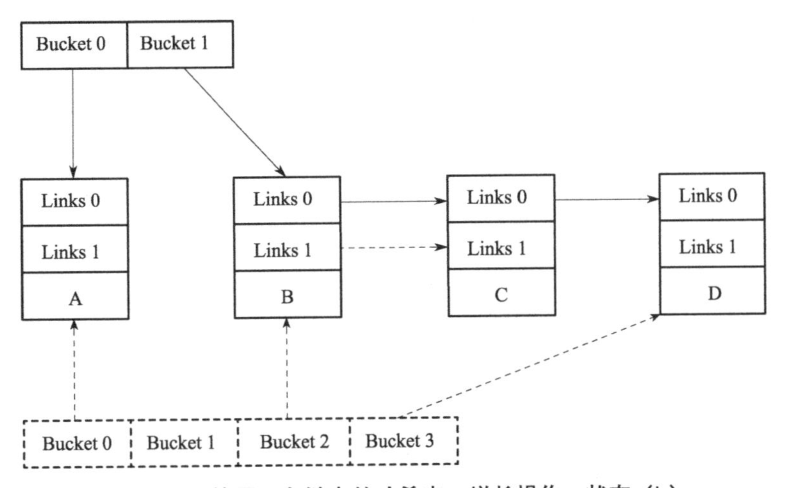

图 10.21　使用双向链表的哈希表，增长操作，状态（b）

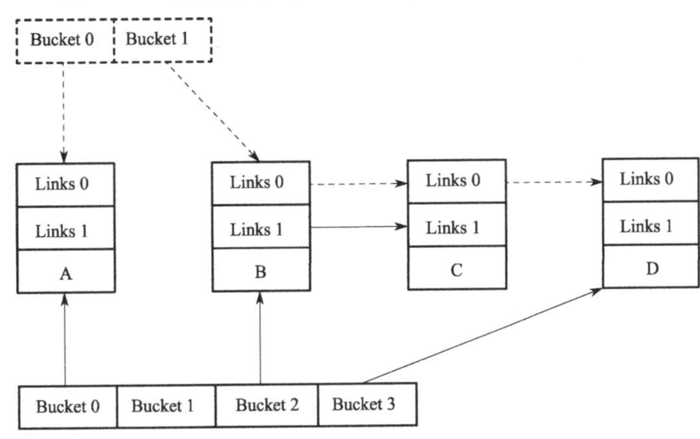

图 10.22　使用双向链表的哈希表，增长操作，状态（c）

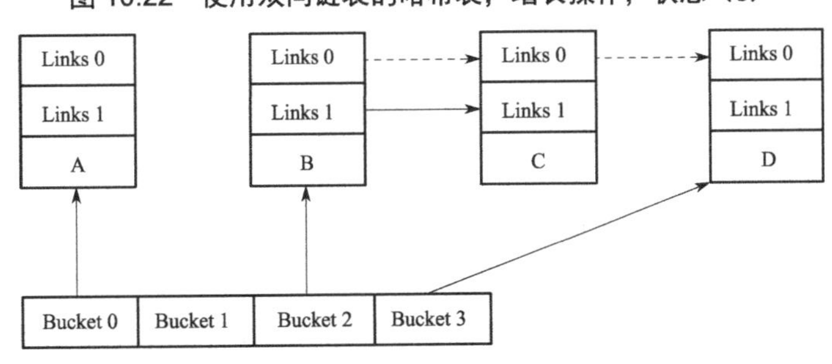

图 10.23　使用双向链表的哈希表，增长操作，状态（d）

这种哈希表设计的实现比较直观，这将是 10.4.2 节的主题。

10.4.2　可扩展哈希表的实现

调整大小操作是通过插入一个中间层次的经典方法完成的，这个中间层次如图 10.24 中 12 至 25 行的结构体 ht 所示。第 27 至 30 行所示的结构体 hashtab 仅包含指向当前 ht 结构的指针以及用于控制并发地请求调整哈希大小的自旋锁。如果我们使用传统的基于锁或原子操作的实现，这个 hashtab 结构可能会成为性能和可扩展性的严重瓶颈。但是，因为调整大小操作应该相对少见，所以这里 RCU 应该能帮我们大忙。

```
1  struct ht_elem {
2    struct rcu_head rh;
3    struct cds_list_head hte_next[2];
4    unsigned long hte_hash;
5  };
6
7  struct ht_bucket {
8    struct cds_list_head htb_head;
9    spinlock_t htb_lock;
10 };
11
12 struct ht {
13   long ht_nbuckets;
14   long ht_resize_cur;
15   struct ht *ht_new;
16   int ht_idx;
17   void *ht_hash_private;
18   int (*ht_cmp)(void *hash_private,
19                 struct ht_elem *htep,
20                 void *key);
21   long (*ht_gethash)(void *hash_private,
22                      void *key);
23   void *(*ht_getkey)(struct ht_elem *htep);
24   struct ht_bucket ht_bkt[0];
25 };
26
27 struct hashtab {
28   struct ht *ht_cur;
29   spinlock_t ht_lock;
30 };
```

图 10.24　可扩展哈希表的数据结构

结构体 ht 表示哈希表的尺寸信息，其大小第 13 行的->ht_nbuckets 字段指定。为了避免出现不匹配的情况，哈希表的大小和哈希桶的数组（第 24 行->ht_bkt []）存储于相同的结构中。第 14 行上的->ht_resize_cur 字段通常等于-1，当正在进行调整大小操作时，该字段的值表示其对应数据已经添入新哈希表的哈希桶的索引，如果当前没有进行调整大小的操作，则->ht_new 为 NULL。因此，进行调整大小操作本质上就是通过分配新的 ht 结构体并让->ht_new 指针指向它，然后每遍历一个旧表的桶就前进一次->ht_resize_cur。当所有元素都移入新表时，hashtab 结构的->ht_cur 字段开始指向新表。一旦所有的旧 RCU 读者完成读取，就可以释放旧哈希表的 ht 结构了。

第 16 行的->ht_idx 字段指示哈希表实例此时应该使用哪一组链表指针，ht_elem 结构体里的->hte_next []数组用该字段作为此时的数组下标，见第 3 行。

第 17 至 23 行定义了->ht_hash_private、->ht_cmp()、->ht_gethash()和->ht_getkey()等字段，分别代表着每个元素的键和哈希函数。->ht_hash_private 用于扰乱哈希函数[McK90a，McK90b，McK91]，其目的是防止通过对哈希函数所使用的参数进行统计分析来发起拒绝服务攻击（DDoS）[1]。->ht_cmp()函数比较两个键，->ht_gethash()计算指定键的哈希值，->ht_getkey()从数据元素中提取键。

ht_bucket 结构与之前相同，而 ht_elem 结构与先前实现的不同之处仅在于用两组链表指针代替了先前的单个链表指针。

在固定大小的哈希表中，对桶的选择非常简单，将哈希值转换成相应的桶索引。相比之下，当哈希表调整大小时，还有必要确定此时应该从旧表还是新表的哈希桶集合中进行选择。如果旧表中要选择的桶已经被移入新表中，那么应该从新表中选择存储桶。相反，如果旧表中要选择的桶还没有被移入新表，则应从旧表中选择。

```
1  static struct ht_bucket *
2  ht_get_bucket_single(struct ht *htp,
3                       void *key, long *b)
4  {
5    *b = htp->ht_gethash(htp->ht_hash_private,
6         key) % htp->ht_nbuckets;
7    return &htp->ht_bkt[*b];
8  }
9
10 static struct ht_bucket *
11 ht_get_bucket(struct ht **htp, void *key,
12               long *b, int *i)
13 {
14   struct ht_bucket *htbp;
15
16   htbp = ht_get_bucket_single(*htp, key, b);
17   if (*b <= (*htp)->ht_resize_cur) {
18     *htp = (*htp)->ht_new;
19     htbp = ht_get_bucket_single(*htp, key, b);
20   }
21   if (i)
22     *i = (*htp)->ht_idx;
23   return htbp;
24 }
```

图 10.25　可扩展的哈希表的桶选择

桶的选择如图 10.25 所示，包括第 1 至 8 行的 ht_get_bucket_single()和第 10 至 24 行的 ht_get_bucket()。ht_get_bucket_single()函数返回一个指向包含给定键的桶，调用时不允许发生调整大小操作。在第 5 至 6 行，它还将与键相对应的哈希值存储到参数 b 指向的内存。第 7 行返回对相应的桶。

ht_get_bucket()函数处理哈希表选择，在第 16 行调用 ht_get_bucket_single()选择当前哈希表的哈希值对应的桶，用参数 b 存储哈希值。如果第 17 行确定哈希表正在调整大小，并且第 16 行的桶已经被移入新表，则第 18 行选择新的哈希表，并且第 19 行选择新表中的哈希值对应的桶，并再次用参数 b 储存哈希值。

小问题 10.7：图 10.25 中的代码计算了两次哈希值。这样做明显效率低下，为什么？

如果第 21 行确定参数 i 为非空，则第 22 行记录当前使用的是哪一组链表指针。最后，第 23

[1]译者注：类似地，TCP/IP 协议通过随机生成初始序列号来防范黑客劫持连接。

行返回对指向所选哈希桶的指针。

小问题 10.8：图 10.25 中的代码如何防止调整大小的进度超过选定的桶？

这个实现的 ht_get_bucket_single()和 ht_get_bucket()允许查找、修改和调整大小操作同时执行。

读取端的并发控制由 RCU 提供，如图 10.10 所示。但是更新端的并发控制函数 hashtab_lock_mod()和 hashtab_unlock_mod()现在需要处理并发地调整大小操作的可能性，如图 10.26 所示。

```
1 void hashtab_lock_mod(struct hashtab *htp_master,
2                       void *key)
3 {
4   long b;
5   struct ht *htp;
6   struct ht_bucket *htbp;
7   struct ht_bucket *htbp_new;
8
9   rcu_read_lock();
10  htp = rcu_dereference(htp_master->ht_cur);
11  htbp = ht_get_bucket_single(htp, key, &b);
12  spin_lock(&htbp->htb_lock);
13  if (b > htp->ht_resize_cur)
14    return;
15  htp = htp->ht_new;
16  htbp_new = ht_get_bucket_single(htp, key, &b);
17  spin_lock(&htbp_new->htb_lock);
18  spin_unlock(&htbp->htb_lock);
19 }
20
21 void hashtab_unlock_mod(struct hashtab *htp_master,
22                         void *key)
23 {
24  long b;
25  struct ht *htp;
26  struct ht_bucket *htbp;
27
28  htp = rcu_dereference(htp_master->ht_cur);
29  htbp = ht_get_bucket(&htp, key, &b, NULL);
30  spin_unlock(&htbp->htb_lock);
31  rcu_read_unlock();
32 }
```

图 10.26　可扩展哈希表的更新端并发控制

图中第 1 至 19 行是 hashtab_lock_mod()。第 9 行进入 RCU 读端临界区，以防止数据结构在遍历期间被释放，第 10 行获取对当前哈希表的引用，然后第 11 行获得哈希桶所对应的键的指针。第 12 行获得了哈希桶的锁，这将防止任何并发的调整大小操作移动这个桶，当然如果调整大小操作已经移动了这个桶，则这一步没有任何效果。然后第 13 行检查并发的调整大小操作是否已经将这个桶移入新表，如果没有，则第 14 行在持有所选桶的锁时返回（此时仍在 RCU 读端临界区内）。

否则，并发的调整大小操作已经将此桶移入新表，因此第 15 行获取新的哈希表，第 16 行选择键对应的桶。最后，第 17 行获取桶的锁，第 18 行释放旧表的桶的锁。最后，hashtab_lock_mod()退出 RCU 读端临界区。

小问题 10.9：图 10.25 和 10.26 中的代码为更新操作计算了两次哈希和桶选择逻辑。这样做明显效率低下，为什么？

hashtab_unlock_mod()函数负责释放由 hashtab_lock_mod()获取的锁。第 28 行拿到当前哈希表，然后第 29 行调用 ht_get_bucket()，以获得键所对应的桶的指针，当然这个桶可能已经位于新表。第 30 行释放桶的锁，以及最后第 31 行退出 RCU 读端临界区。

小问题 10.10：在调整大小过程中，假设某个线程向新表中插入元素。由于后续的调整大小操作可能在插入操作之前完成，从而导致插入丢失，是什么防止了这种情况的出现？

现在已经有了桶选择和并发控制逻辑，我们已经准备好开始搜索和更新哈希表了。见图 10.27 所示的 hashtab_lookup()、hashtab_add()和 hashtab_del()函数。

```
1 struct ht_elem *
2 hashtab_lookup(struct hashtab *htp_master,
3 void *key)
4 {
5   long b;
6   int i;
7   struct ht *htp;
8   struct ht_elem *htep;
9   struct ht_bucket *htbp;
10
11   htp = rcu_dereference(htp_master->ht_cur);
12   htbp = ht_get_bucket(&htp, key, &b, &i);
13   cds_list_for_each_entry_rcu(htep,
14                               &htbp->htb_head,
15                               hte_next[i]) {
16     if (htp->ht_cmp(htp->ht_hash_private,
17                     htep, key))
18       return htep;
19   }
20   return NULL;
21 }
22
23 void
24 hashtab_add(struct hashtab *htp_master,
25             struct ht_elem *htep)
26 {
27   long b;
28   int i;
29   struct ht *htp;
30   struct ht_bucket *htbp;
31
32   htp = rcu_dereference(htp_master->ht_cur);
33   htbp = ht_get_bucket(&htp, htp->ht_getkey(htep),
34                        &b, &i);
35   cds_list_add_rcu(&htep->hte_next[i],
36                    &htbp->htb_head);
```

```
37 }
38
39 void
40 hashtab_del(struct hashtab *htp_master,
41                 struct ht_elem *htep)
42 {
43   long b;
44   int i;
45   struct ht *htp;
46   struct ht_bucket *htbp;
47
48   htp = rcu_dereference(htp_master->ht_cur);
49   htbp = ht_get_bucket(&htp, htp->ht_getkey(htep),
50                        &b, &i);
51   cds_list_del_rcu(&htep->hte_next[i]);
52 }
```

图 10.27 可扩展哈希表的访问函数

图中第 1 至 21 行的 hashtab_lookup()函数执行哈希查找。第 11 行获取当前哈希表，第 12 行获取指定键对应的桶的指针。当调整大小操作已经越过该桶在旧表中的位置时，则该桶位于新哈希表中。注意，第 12 行也传入了表明使用哪一组链表指针的索引。第 13 至 19 行的循环搜索指定桶，如果第 16 行检测到匹配的桶，第 18 行返回指向包含数据元素的指针。否则如果没有找到匹配的桶，第 20 行返回 NULL 表示失败。

小问题 10.11：在图 10.27 中的 hashtab_lookup()函数中，如果要查找的元素已经由并发的调整大小操作移走，此处代码非常小心地在新表中寻找正确的桶。这似乎是对受 RCU 保护的查找的一种浪费。为什么在这种情况下不坚持使用旧表？

图中第 23 至 37 行的 hashtab_add()函数向哈希表添加了新的数据元素。第 32 至 34 行获取指定键对应的桶的指针（同时提供链表指针组下标）。第 35 行如前所述，为哈希表添加新元素。在这里调用者需要处理并发性，例如在调用 hashtab_add()前后分别调用 hashtab_lock_mod()和 invok-hashtab_unlock_mod()。这两个并发控制函数将能正确地与并发调整大小操作相互同步：如果调整大小操作已经超越了该数据元素将被添加到的桶，那么元素将添加到新表中。

图中第 39 至 52 行的 hashtab_del()函数从哈希表中删除了一个已经存在的元素。与之前一样，第 48 至 50 行获取桶并传入索引，第 51 行删除指定的元素。与 hashtab_add()一样，调用者负责并发控制，并且要确保并发控制可以处理并发的调整大小操作。

小问题 10.12：图 10.27 中的 hashtab_del()函数并不总是从旧的哈希表中删除该元素。这意味着在元素被释放后 RCU 读者仍可能访问这个新删除的元素。

```
1  int hashtab_resize(struct hashtab *htp_master,
2                          unsigned long nbuckets, void *hash_private,
3                          int (*cmp)(void *hash_private, struct ht_elem *htep,
void *key),
4                          long (*gethash)(void *hash_private, void *key),
5                          void *(*getkey)(struct ht_elem *htep))
6  {
7    struct ht *htp;
8    struct ht *htp_new;
```

```
9   int i;
10  int idx;
11  struct ht_elem *htep;
12  struct ht_bucket *htbp;
13  struct ht_bucket *htbp_new;
14  unsigned long hash;
15  long b;
16
17  if (!spin_trylock(&htp_master->ht_lock))
18    return -EBUSY;
19  htp = htp_master->ht_cur;
20  htp_new = ht_alloc(nbuckets,
21                     hash_private ? hash_private : htp->ht_hash_private,
22                     cmp ? cmp : htp->ht_cmp,
23                     gethash ? gethash : htp->ht_gethash,
24                     getkey ? getkey : htp->ht_getkey);
25  if (htp_new == NULL) {
26    spin_unlock(&htp_master->ht_lock);
27    return -ENOMEM;
28  }
29  htp->ht_new = htp_new;
30  synchronize_rcu();
31  idx = htp->ht_idx;
32  htp_new->ht_idx = !idx;
33  for (i = 0; i < htp->ht_nbuckets; i++) {
34    htbp = &htp->ht_bkt[i];
35    spin_lock(&htbp->htb_lock);
36    htp->ht_resize_cur = i;
37    cds_list_for_each_entry(htep, &htbp->htb_head, hte_next[idx]) {
38      htbp_new = ht_get_bucket_single(htp_new, htp_new->ht_getkey(htep),
&b);
39      spin_lock(&htbp_new->htb_lock);
40      cds_list_add_rcu(&htep->hte_next[!idx], &htbp_new->htb_head);
41      spin_unlock(&htbp_new->htb_lock);
42    }
43    spin_unlock(&htbp->htb_lock);
44  }
45  rcu_assign_pointer(htp_master->ht_cur, htp_new);
46  synchronize_rcu();
47  spin_unlock(&htp_master->ht_lock);
48  free(htp);
49  return 0;
50 }
```

图 10.28　可扩展哈希表的调整大小操作

实际调整大小本身由 `hashtab_resize()` 执行，如图 10.28 所示。第 17 行有条件地获取最顶层的`->ht_lock`，如果获取失败，则第 18 行返回`-EBUSY` 以表明调整大小已经在进行中。否则，第 19 行获取当前哈希表的指针，第 21 至 24 行分配所需大小的新哈希表。如果指定了新的哈希函数，将其用于新表，否则继续使用旧表的哈希函数。如果第 25 行检测到内存分配失败，则第 26 行释放->htlock 锁并且在第 27 行返回出错原因。

第 29 行开始桶的移动过程，将新表的指针放入旧表的->ht_new 字段。第 30 行确保所有不知道新表存在的读者在调整大小操作继续之前完成读取。第 31 行获取当前表的链表指针索引，并将其存储到新的哈希表中，以防止两个哈希表重写彼此的链表。

第 33 至 44 行的循环每次将旧表的一个桶移动到新的哈希表中。第 34 行获取旧表的当前桶的指针，第 35 行获取该桶的自旋锁，并且第 36 行更新->ht_resize_cur 以表明此桶正在移动中。

小问题 10.13：在图 10.27 的 hashtab_resize()函数中，从 hashtab_lookup()、hashtab_add()和 hashtab_del()的角度来看，是什么保证了第 29 行对->ht_new 的更新一定会发生在第 36 行对->ht_resize_cur 的更新之前？

第 37 至 42 行的循环每次从旧表的桶中移动一个元素到对应的新表桶中，在整个操作期间持有新表桶中的锁。最后，第 43 行释放旧表桶中的锁。

一旦执行到第 45 行，所有旧表的桶都已经被移动到新表。第 45 行将新创建的表视为当前表，第 46 行等待所有旧读者（可能仍然引用旧表）完成。然后第 47 行释放调整大小操作的锁，第 48 行释放旧的哈希表，最后第 49 行返回成功。

10.4.3 可扩展哈希表的讨论

图 10.29 分别比较了可扩展哈希表和固定大小哈希表在拥有 2048、16,384 和 131,072 个元素下的性能。图中为每种元素个数绘制了三条曲线，一个是 1024 个桶的固定大小哈希表，另一个是 2048 个桶的固定大小哈希表，第三个是在在 1024 和 2048 个桶之间来回变动的可扩展哈希表，但在每次调整大小之间有 1ms 的暂停。

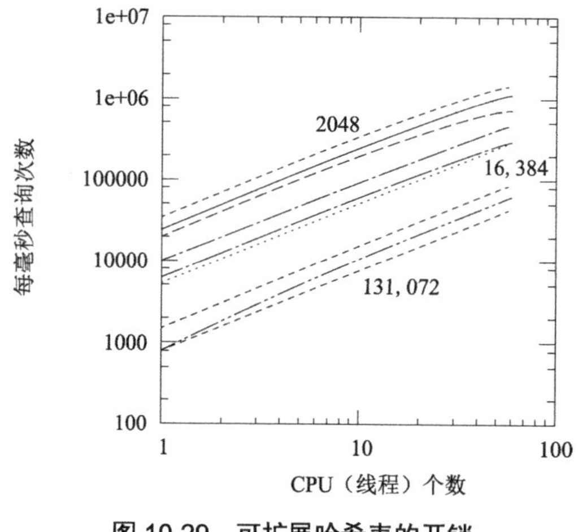

图 10.29 可扩展哈希表的开销

最上面的三条曲线是有 2048 个元素的哈希表。上面的曲线对应于 2048 个桶的固定大小哈希表，中间曲线对应到 1024 个桶的固定大小哈希表，下面曲线对应可扩展哈希表。在这种情况下，因为哈希链很短导致正常的查找开销非常低，因此调整大小的开销反而占据主导地位。不过，因为桶的个数越多，固定大小哈希表性能优势越大，至少在给予足够操作暂停时间的情况下，调整大小操作还是有用的，一次 1ms 的暂停时间显然太短。

中间三条曲线是有 16,384 个元素的哈希表。再次，上面的曲线对应 2048 个桶的固定大小哈希表，不过现在中间的曲线对应可扩展哈希表，下面的曲线对应 1024 个桶的固定大小哈希表。然而，可扩展哈希表和 1024 个桶的固定大小哈希表的性能差别相当小。增加了 8 倍的元素数量（同理，哈希链表的长度也增长了）带来了一些后果，不断调整哈希表大小并不比维护一个太小的哈希表更糟。

下面三条曲线是针对 131,072 个元素的哈希表。上面的曲线对应于 2048 个桶的固定大小哈希表，中间曲线对应可扩展哈希表，下面曲线对应 1024 个桶的固定大小哈希表。在这种情况下，较长的哈希链将导致较高的查找开销，因此查找开销大大超过了调整哈希表大小的开销。但是，所有这三种方法的性能在 131,072 个元素水平时比在 2048 个元素水平时差一个数量级以上，这表明每次将哈希表大小增加 64 倍才是最佳策略。

该图的一个关键点是，对受 RCU 保护的可扩展哈希表来说，无论是执行效率还是可扩展性都与其固定尺寸的对应者相当。当然在实际调整大小过程中的性能还是受到一定程度的影响，这是由于更新每个元素的指针时产生了高速缓存未命中，当桶的链表很短时这种效果最显著。这表明每次调整哈希表的大小时应该一步到位，并且应当防止由于太频繁的调整操作而导致的性能下降。在内存宽裕的环境中，哈希表大小的增长幅度应该比缩小时的幅度更大。

该图的另一个关键点是，虽然 `hashtab` 结构体是不可分割的，但是它也是读侧重的数据结构，这说明可以使用 RCU。鉴于无论是在性能还是可扩展性上，可扩展哈希表都非常接近于受 RCU 保护的固定大小哈希表，我们必须承认这种方法是相当成功的。

最后，请注意插入、删除和查找操作可以与调整大小操作同时进行。当调整元素个数极多的哈希表的大小时，需要重视这种并发性，特别是对于那些必须有严格响应时间限制的应用程序来说。

当然，`ht_elem` 结构的两个指针集合确实会带来一些内存开销，这将在 10.4.4 节中讨论。

10.4.4　其他可扩展的哈希表

10.4.3 节描述的可扩展哈希表，其缺点之一是内存消耗大。每个数据元素拥有两对链表指针。是否可以设计一种受 RCU 保护的可扩展哈希表，但链表只有一对？

答案是“是。”Josh Triplett 等人[TMW11]创造了一种*相对哈希表*（relativistic hash table），可以递增地分割和组合相应的哈希链，以便读者在调整大小操作期间始终可以看到有效的哈希链。这种增量分割和组合取决于一点事实，读者可以看到在其他哈希链中的数据元素这一点是无害的，当发生这种情况时，读者可以简单地忽略这些由于键不匹配而看见的无关数据元素。

图 10.30 显示了如何将相对哈希表缩小 2 倍的过程，此时，两个桶的哈希表收缩成一个桶的哈希表，又称为线性链表。这个过程将较大的旧表中的桶合并成为较小的新表中的单个桶。为了让这个过程正常进行，我们显然需要限制两个表的哈希函数。一种约束是在底层两个表使用相同的哈希函数，但是当从大到小收缩时去除哈希值的最低位。例如，旧的两桶哈希表使用哈希值的高两位，而新的单桶哈希表只使用哈希值的最高位。这样，在较大的旧表中相邻的偶数和奇数桶可以合并成较小的新表中的单个桶里，同时哈希值仍然可以覆盖单桶中的所有元素。

初始状态显示在图的顶部，从初始状态（a）开始，时间从顶部向底部前进。收缩过程从分配新的较小数组开始，并且使新数组的每个桶都指向在旧表中相应桶的第一个元素，到达状态（b）。

然后，两个哈希链链接在一起，到达状态（c）。在这种状态下，读了偶数编号元素的读者看不出有什么变化，查找元素 1 和 3 的读者同样也看不到变化。然而，查找其他奇数编号元素的读者会遍历元素 0 和 2。这样做是无害的，因为任何奇数键都不等于这两个元素。这里面会有一些性能损失，但是另一方面，这与新表完全就位以后将经历的性能损失完全一样。

接下来，读者可以开始访问新表，产生状态（d）。请注意，较旧的读者可能仍然在遍历旧的大哈希表，所以在这种状态下两个哈希表都在使用。

下一步是等待所有的老读者完成，产生状态（e）。

在这种状态下，所有读者都使用新表，以便旧表中桶可以被释放，最终到达状态（f）。

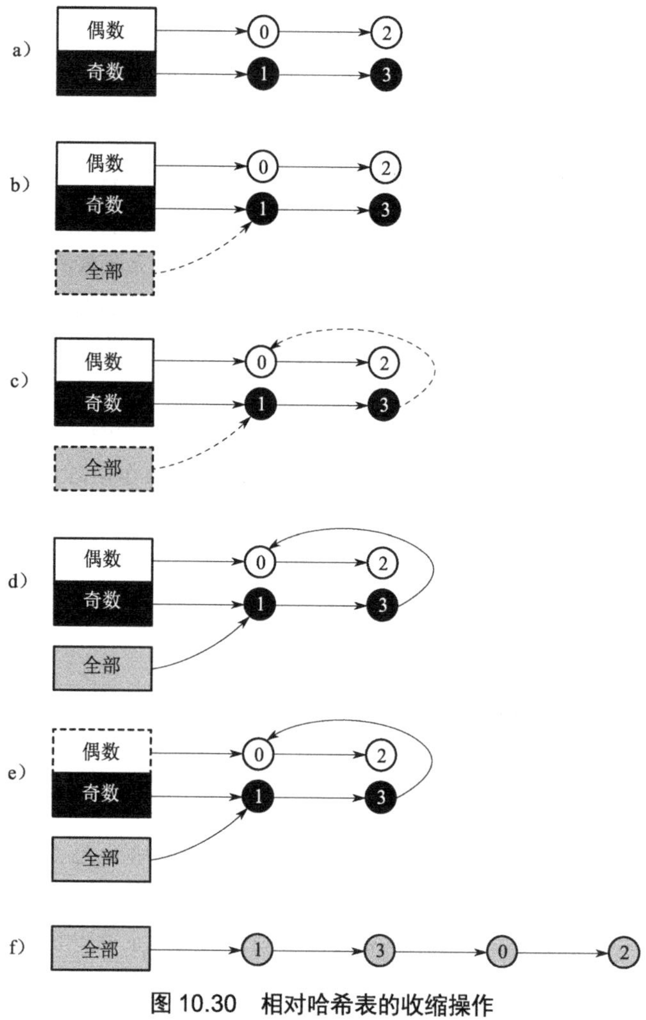

图 10.30 相对哈希表的收缩操作

扩展相对哈希表的过程与收缩相反，但需要更多的优雅周期步骤，如图 10.31 所示。在这个图形的顶部是初始状态（a），时间从顶部前进到底部。

一开始我们分配较大的新哈希表，带有两个桶，到达状态（b）。请注意，这些新桶都指向旧桶对应部分的第一个元素。当这些新桶发布给读者后，到达状态（c）。过了优雅周期后，所有读者都将使用新的大哈希表，到达状态（d）。在这个状态，只有那些遍历偶数值哈希桶的读者才会遍历元素 0，因此现在元素 0 是白色的。

此时，旧表的哈希桶可以被释放，但是在许多实现中仍然使用这些旧桶跟踪将链表元素“解压缩”到对应新桶中去的进度。在对这些元素的第一遍执行中，最后一个偶数编号的元素其“next”指针将指向后面的偶数编号元素。在随后的优雅周期操作之后，到达状态（e）。垂直箭头表示要解压缩的下一个元素，元素 1 现在是颜色为黑色，表示只有那些遍历奇数哈希桶的读者才可能达到它。

接下来，在对这些元素的第一遍执行中，最后一个奇数编号的元素其“next”指针将指向后面的奇数编号元素。在随后的优雅周期操作之后，到达状态（f）。最后的解压缩操作（包括优雅周期操作）到达最终状态（g）。

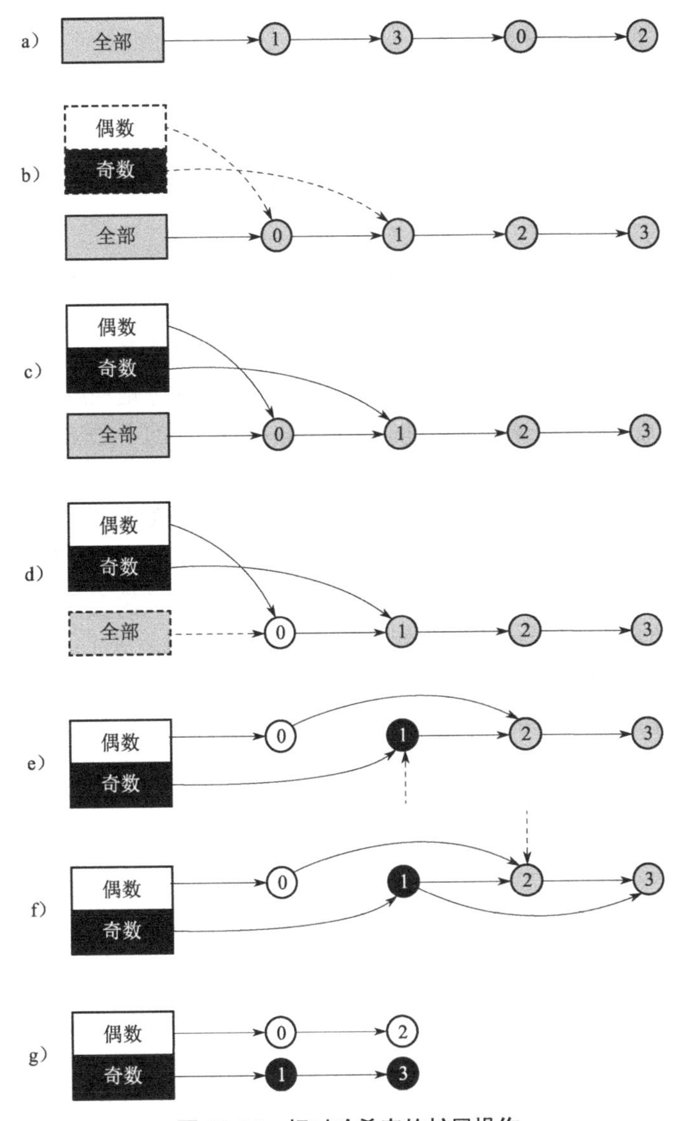

图 10.31　相对哈希表的扩展操作

简而言之，相对哈希表减少了每个元素的链表指针的数量，但是在调整大小期间产生额外的优雅周期。一般来说这些额外的优雅周期不是问题，因为插入、删除和查找可能与调整大小操作同时进行。

结果证明完全可以将每元素的内存开销从一对指针降到单个指针，同时仍保留 o（1）复杂度的删除操作。这是通过用受 RCU 保护的[Des09，MDJ13a]增广拆序链表（split-order list）[SS06]做到的。哈希表中的数据元素被排列成排序后的单向链表，每个哈希桶指向该桶中的第一个元素。通过设置元素的“next”指针的低阶位来标记为删除，并且在随后的遍历中再次访问这些元素时将它们从链表中移除。

受 RCU 保护的拆序链表非常复杂，但是为所有插入、删除和查找操作提供无锁的进度保证。在实时应用中这种保证极其重要。最新版本的用户态 RCU 库[Des09]提供了一个实现。

10.5 其他数据结构

前面的小节主要关注因为可分割性而带来高并发性的数据结构（10.2 节），高效地处理读侧重的访问模式（10.3 节），或者应用读侧重技术来避免不可分割性（10.4 节）。本节将简要介绍其他数据结构。

哈希表在并行使用上的最大优点之一是它是完全分割的，至少在不调整大小时。一种保持可分割性和尺寸独立性的方法是使用基树（radix tree），也称为 trie[2]。Trie 将要搜索的键进行分割，通过各个连续的键分区来遍历下一级 trie。因此，trie 可以被认为是一组嵌套的哈希表，从而提供所需的可分割性。Trie 的一个缺点是稀疏的键空间导致没有充分地利用内存。有许多压缩技术可以用于解决这个缺点，包括在遍历前将键值映射到较小的键空间中[ON06]。基树在实践中被大量使用，包括在 Linux 内核中[Pig06]。

哈希表和 trie 的一种重要特例，同时可能也是最古老的数据结构，是数组及其多维对应物——矩阵。因为矩阵的可完全分割性质，在并发数值计算算法中大量使用了矩阵。

自平衡树在串行代码中被大量使用，AVL 树和红黑树可能是最著名的例子[CLRS01]。早期尝试并行化 AVL 树的实现很复杂，效率也很可疑[Ell80]，但是最近关于红黑树的研究使用 RCU 读者保护读，哈希后的锁数组[3]来保护写，这种实现提供了更好的性能和可扩展性[HW11，HW13]。事实证明，红黑树的积极再平衡虽然适用于串行程序，但不一定适用于并行使用。因此，最近有文章创造出受 RCU 保护的较少再平衡的“盆景树”[CKZ12]，通过付出最佳树深度的代价以获得更有效的并发更新。

并发跳跃链表（skip list）非常适合 RCU 读者，事实上这代表着早期在学术上对类似 RCU 技术的使用[Pug90]。

6.1.2 节中讨论了并行双端队列，同时虽然在性能或可扩展性上不太令人印象深刻，并行堆栈和并行队列也有着悠久的历史[Tre86]。但是它们往往是并行库具有的共同特征[MDJ13b]。研究人员最近提出放松堆栈和队列对排序的约束[Sha11]，有一些工作表明放松排序的队列实际上比严格 FIFO 的队列具有更好的排序属性[HKLP12，KLP12，HHK+13]。

乐观地说，未来对并行数据结构的持续研究似乎会产生具有惊人性能的新颖算法。

10.6 微优化

本节中所示的数据结构的实现都比较直白，没有利用底层系统的缓存层次结构。此外，对于键到哈希值的转换和其他一些频繁操作，很多实现使用了指向函数的指针。虽然这种方法提供了简单性和可移植性，但在许多情况下会损失一些性能。

以下部分涉及实例化（specialization）、节省内存和基于硬件角度的考虑。请不要错误地将这些简短的小节看成是本书讨论的主题。市面上已经有大部头讲述如何在特定 CPU 上做优化，更不用说如今常用的各种 CPU 了。

---

[2]译者注：trie 这个术语来自于 retrieval。根据词源学，trie 的发明者 Edward Fredkin 把它读作英语发音/'tri:/"tree"。

[3]用 swissTM [DFGG11]作为幌子，它实际上是软件事务性内存的一个变体，在实现中开发人员将非共享的访问标记出来。

10.6.1 实例化

10.4 节中提到的可扩展哈希表使用不透明类型的键。这给我们带来极大的灵活性，允许使用任何类型的键，但是由于使用了函数指针，也导致了显著的开销。现在，现代化的硬件使用复杂的分支预测技术来最小化这种开销，但在另一方面，真实世界的软件往往比今天的大型硬件分支预测表可容纳的范围更大。对于调用指针来说尤其如此，在这种情况下，分支预测硬件必须在分支信息之外另外记录指针信息。

这种开销可以通过实例化哈希表实现来确定键的类型和哈希函数。这样做消除了图 10.24 和图 10.25 的 ht 结构体中的->ht_cmp()、->ht_gethash()和->ht_getkey()函数指针，也消除了这些指针的相应调用。这使得编译器可以内联生成固定函数，这消除的不仅是调用指令的开销，而且消除了参数打包的开销。

此外，可扩展哈希表的设计考虑了将桶选择与并发控制分离的 API。虽然这样可以用单个极限测试来执行本章中的所有哈希表实现，但是这也意味着许多操作必须将计算哈希值和与可能的大小调整操作交互这些事情来回做两次。在要求性能的环境中，hashtab_lock_mod()函数也可以返回对所选桶的指针，从而避免后续调用 ht_get_bucket()。

小问题 10.14：能不能修改一下 hashtorture.h 代码，让 hashtab_lock_mod()包含 ht_get_bucket()的功能？

小问题 10.15：这些实例化节省了多少时间？他们真的值得吗？

除此之外，和我在 20 世纪 70 年代初第一次开始学习编程相比，现代硬件的一大好处是不太需要实例化。这可比回到 4K 地址空间的时代效率高多了。

10.6.2 比特与字节

本章讨论的哈希表几乎没有尝试节省内存。例如在图 10.24 中，ht 结构体的->ht_idx 字段的取值只能是 0 或 1，但是却占用一个完整的 32 位内存。完全可以删除它，例如，从->ht_resize_key 字段窃取一个比特。因为->ht_resize_key 字段足够大寻址任何内存地址，而且 ht_bucket 结构体总是要比一个字节长，所以->ht_resize_key 字段肯定有多个空闲比特。

这种比特打包技巧经常用在高度复制的数据结构中，就像 Linux 内核中的 page 结构体一样。但是，可扩展哈希表的 ht 结构复制程度并太高。相反我们应该关注 ht_bucket 结构体。有两个地方可以减小 ht_bucket 结构：（1）将->htb_lock 字段放在->htb_head 指针的低位比特中；（2）减少所需的指针数量。

第一点可以利用 Linux 内核中的位自旋锁，由 include/linux/bit_spinlock.h 头文件提供。它们用在 Linux 内核的内存敏感数据结构中，但是也不是没有缺点。

1. 它们比传统的自旋锁原语慢。
2. 他们不能参与 Linux 内核中的 lockdep 死锁检测工具[Cor06a]。
3. 他们不记录锁所有权，进一步使调试变得复杂。
4. 他们不参与-rt 内核中的优先级提升，这意味着保持位自旋锁时必须禁用抢占，这可能会降级实时延迟。

尽管有这些缺点，位自旋锁在内存十分珍贵时非常有用。

10.4.4 节讨论了第二点的一个方面，可扩展哈希表只需要一组桶链表指针来代替 10.4 节的实现中所需的两组指针。另一种办法是使用单链表来替代在此使用的双向链表。这种方法的一个缺点是，删除需要额外的开销，要么标记传出指针以便以后删除，要么通过搜索要删除的元素的桶链表。

简而言之，人们需要在最小内存开销和性能、简单性之间权衡。幸运的是，在现代系统上的廉价内存允许我们优先考虑性能和简单性，而不是内存开销。然而，即使有今天的大内存系统[4]，有时仍然需要采取极端措施以减少内存开销。

10.6.3 硬件层面的考虑

现代计算机通常在CPU和主存储器之间移动固定大小的数据块，从32字节到256字节不等。这些块称为缓存行（cacheline），如 3.2 节所述，这对于高性能和可扩展性是非常重要的。将不相关的变量放入同一缓存行会严重降低性能和可扩展性。例如，假设一个可扩展哈希表的数据元素具有一个 ht_elem 结构，它与某个频繁增加的计数器处于相同的高速缓存行中。频繁增加的计数器将导致高速缓存行出现在执行递增的 CPU 中。如果其他 CPU 尝试遍历包含该数据元素的哈希桶链表，则会导致昂贵的高速缓存未命中，降低性能和可扩展性。

```
struct hash_elem {
  struct ht_elem e;
  long __attribute__ ((aligned(64))) counter;
};
```

图 10.32 对齐 64 字节缓存行

如图 10.32 所示，这是一种在 64 字节高速缓存行的系统上解决问题的方法。这里的 gcc aligned属性用于强制将->counter字段和ht_elem结构体分成独立的缓存行。这将允许CPU全速遍历哈希桶链表，尽管此时计数器也在频繁增加。

当然，这引出了一个问题，“我们怎么知道缓存行是 64 字节大小？“在 Linux 系统上，此信息可从/sys/devices/system/cpu/cpu*/cache/目录得到，甚至有时可以在安装过程重新编译应用程序以适应系统的硬件结构。然而，如果你想要体验困难，也可以让应用程序在非 Linux 系统上运行。此外，即使你满足于运行只有在 Linux 上，这种自修改安装又带来了验证的挑战。

幸运的是，有一些经验法则在实践中工作相当好，这是作者从一份 1995 年的文件中收集到的[GKPS95][5]。第一组规则涉及重新排列结构以适应高速缓存的拓扑结构。

1. 将经常更新的数据与以读为主的数据分开。例如，将读侧重高的数据放在结构的开头，而将频繁更新的数据放于末尾。如果可能，将很少访问的数据放置在中间。

2. 如果结构有几组字段，并且每组字段都会在独立的代码路径中被更新，将这些组彼此分开。再次，尽量在不同的组之间放置很少访问的数据。在某些情况下，将每个这样的组放置在被原始结构单独引用的数据结构中也是可行的。

3. 在可能的情况下，将经常更新的数据与 CPU、线程或任务相关联。我们在第 5 章的不良例子中看到了这个经验法则相关的几个非常有效的例子。

---

[4]谁没有上 G 内存的手机？

[5]在 Orran Krieger 的许可下，这里重新定义并扩展了许多规则。

4. 事实上，在可能的情况下，应该尽量将数据分割在每 CPU，每线程，或每任务级别，正如第 8 章所讨论的。

最近已经有一些朝向基于痕迹的自动重排的结构域的研究[GDZE10]。这项工作可能会让优化的工作变得不那么痛苦，从而从多线程软件中获得出色性能和可扩展性。

以下是一组处理锁的额外的经验法则。

1. 当使用高度竞争的锁来保护被频繁更新的数据时，采取以下方法之一。

(a) 将锁与其保护的数据处于不同的缓存行中。

(b) 使用适用于高度竞争的锁，例如排队锁。

(c) 重新设计以减少锁竞争（这种方法是最好的，但可以要求相当多的工作）。

2. 将低度竞争的锁置于与它们保护的数据相同的高速缓存行中。这种方法意味着因锁导致的当前 CPU 的高速缓存未命中同时也带来了它的数据。

3. 使用 RCU 保护读侧重的数据，或者，如果 RCU 不能使用并且临界区非常长时，使用读/写锁。

当然，这些是经验法则，而不是绝对规则。最好先做一些实验以找出最适合你的特殊情况的方法。

10.7 总结

本章主要关注哈希表，包括不可完全分割的可扩展哈希表。10.5 节简要概述了几个非哈希表数据结构。本章关于哈希表的阐述是围绕高性能可扩展数据访问的许多问题的绝佳展示，包括：

1. 可完全分割的数据结构在小型系统上工作良好，例如，单插槽系统。

2. 对于较大型的系统，需要将局部访问性和完全分割同等看待。

3. 读侧重技术，如危险指针和 RCU，在以读为主的工作负载时提供了良好的局部访问性，因此即使在大型系统中也能提供出色的性能和可扩展性。

4. 读侧重技术在某些不可分割的数据结构上也工作得不错，例如可扩展的哈希表。

5. 在特定工作负载时实例化数据可以获得额外的性能和可扩展性，例如，将通用的键替换成 32 位整数。

6. 尽管对可移植性和极端性能的要求常常相互干扰，但是还是有一些数据结构布局技术可以在这两套要求之间达到良好的平衡。

不过如果没有可靠性，性能和可扩展性也算不上什么。所以第 11 章将介绍验证。

第 11 章

验　证

我也写过一些并行软件，它们一来就能够运行。但是这仅仅是因为，在过去 20 年中，我写了大量的并行软件。更多的并行程序是这样的，它们捉弄我，使得我认为它们第一次就能正确工作。

因此，我强烈需要对我的并行程序进行验证。与其他软件验证相比，并行软件验证的基本点是，意识到计算机知道什么是错误的。因此，你的任务就是逼迫计算机告诉你错在哪里。所以说，本章可以被认为是一个审问机器的简短教程。[1]

更多的教程可以在最近的验证书籍中找到，至少有一本比较老但是相当有价值的书籍[Mye79]。验证是极其重要的主题，它涵盖了所有形式的软件，因此也值得深入研究。但是，本书主要是关于并行方面的，因此本章只会粗略对这一重要主题进行阐述。

11.1 节介绍调试原理，11.2 节讨论调试跟踪，11.3 节讨论断言，11.4 节讨论静态分析，11.5 节描述不太常见的代码走查方法，当传说中的 10,000 双眼睛并没有走查你的代码时，这些方法是有用的。11.6 节给出了在验证并行软件时，对概率统计方法的使用概述。由于性能和可扩展性是并行软件最重要的需求，因此，11.7 节涵盖了这些主题。最后，11.8 节给出一个奇特的总结，以及一个简短的、需要避免的陷阱列表。

11.1　简介

11.1.1 节讨论 BUG 来源，11.1.2 节概述在验证软件时所需的观念，11.1.3 节讨论何时需要开始验证，11.1.4 节描述了代码审查开源方案和社区测试的惊人效果。

11.1.1　BUG 来自于何处

BUG 来自于开发者。基本的问题是：人类大脑并没有伴随着计算机软件一起进化。相反，人

[1]但是你可以把审问工具和救生工具都藏起来。本章涵盖更复杂和更有效的方法。尤其需要注意的是，大多数计算机系统既不会感到痛苦，也不会真的溺水而亡。

类大脑是伴随着其他人类，以及动物大脑而进化的。由于这个历史原因，下面三个计算机的特征往往会让人类觉得惊奇。

1. 计算机缺乏常识性的东西。几十年来，人工智能总是无功而返。

2. 计算机通常无法理解人类意图，或者更正式的说，计算机缺少心智。

3. 计算机通常不能做局部性的计划，与之相反，它需要你将所有细节和每一个可能的场景都一一列出。

前两点是毋庸置疑的，这已经由大量的失败产品所证明。这些产品中，最著名的可能要算 Clippy 和 Microsoft Bob 了。通过试图与人类用户相关联，这两款产品所表现出的常识和心智预期不尽如人意。也许，最近在智能手机上出现的软件助手将有良好的表现。也就是说，开发者仍然在走老路，软件助手可能对最终用户有益，但是对开发者来说，并没有什么助益。

对于人类所喜欢的局部性计划来说，需要更多的解释，特别是，它是一个典型的双刃剑。很显然，人类对局部性计划的偏爱是由于我们假设这些计划将拥有常识和对计划的意图有良好的理解。后一个假设通常类似于这样一种常见情况，执行计划的人和制订计划的人是同一个人。在这种情况下，当阻碍计划执行的情况出现时，计划总是会在随后被修正。因此，局部性计划对人类来说，表现得很不错。举个特定的例子，在无法订立计划时，与其等待死亡，还不如采取一些随机动作，这有更高的可能性找到食物。不过，以往在日常生活中行之有效的局部性计划，在计算机中并不见得有效。

而且，对遵循局部性计划的需求，对于人类心灵有重要的影响。这来自于贯穿人类历史的事实，生命通常是艰难而危险的。这一点通常毫不令人奇怪，当遭遇到锋利的牙齿和爪子时，执行一个局部性的计划需要一种几乎癫狂的乐观精神——这种精神实际上存在于绝大多数人类身上。这也延伸到对编程能力的自我评估上来了。这已经被包括实验性编程这样的面试技术的效果所证实[Bra07]。实际上，比疯狂更低一级的乐观水平，在临床上被称为“临床性郁闷”。在他们的日常生活中，这类人通常面临严重的困扰。这里强调一下，近乎疯狂的乐观对于一个正常、健康的生命反直觉的重要性。如果你没有近乎疯狂的乐观精神，就不太可能会启动一个困难但有价值的项目。[2]

小问题 11.1：仔细权衡一下，在什么时候，遵从局部性计划显得尤其重要？

一个重要的特殊情况是，虽然项目有价值，但是其价值尚不值得花费它所需要的时间。这种特殊情况是十分常见的，早期遇到的情况是，投资者没有足够的意愿投入项目实际需要的投资。对于开发者来说，自然的反应是产生不切实际的乐观估计，认为项目已经被允许启动。如果组织（不论是开源与否）足够强大，幸运的结果是进度受到影响或者预算超支，而项目终归还有见到天日的那一天。但是，如果组织不是足够强大，并且决策者在项目变得明朗之前，预估它不值得投资，因而快速、错误的中止项目，这样的项目将可能毁掉组织。这可能导致其他组织重拾该项目，并且要么完成它，或者终止它，或者被它所毁掉。这样的项目可能会在毁掉多个组织后取得成功。人们只能期望，组织最终能够成功的管理一系列杀手项目，使其保持一个适当的水平，使得自身不会被下一个项目毁掉。

虽然疯狂乐观可能是重要的，但是它是 BUG 的关键来源（也许还包括组织失败）。因此问题是，如何保持启动一个大型项目所需的乐观情绪，同时保持足够清楚的认识，使 BUG 保持在足够低的水平？11.1.2 节将讨论这个难题。

---

[2]这个经验法则有一些著名的例外情况。其中一个例外是那些承担困难或危险项目的人，这样至少能够暂时让他们从抑郁症中摆脱出来。另一些例外是针对那些无路可退之人，这个项目真的是生死攸关的事情。

11.1.2 所需的心态

当你在进行任何验证工作时，应当记住以下规则。

1. 没有 BUG 的程序，仅仅是那种微不足道的程序。

2. 一个可靠的程序，不存在已知的 BUG。

从这些规则来看，可以得出结论，任何可靠的、有用的程序至少都包含一个未知的 BUG。因此，对一个有用的程序进行验证工作，如果没有找到任何 BUG，这本身就是一件失败的事情。因此，一个好的验证工作，就是一项破坏性的实践工作。这意味着，如果你是那种乐于破坏事务的人，验证工作就是一项好差事。

小问题 11.2：如果你正在写一个脚本来处理“time”命令的输出，这些输出看起来像下面的格式。

```
real 0m0.132s
user 0m0.040s
sys 0m0.008s
```

要求脚本检查错误的输入，如果找到 time 输出错误，还要给出相应的诊断结果。你应当向这个程序提供什么样的测试输入？这些输入与单线程程序生成的 time 输出一致。

但是，也许你是超级程序员，你的代码每次都在初次完成时就完美无缺。如果真是这样，那么祝贺你！可以放心跳过本章了。但是请原谅，我对此表示怀疑。我遇到那些声称能在第一次就能写出完美程序的人，比真正能够实现这一壮举的人要多得多。根据前面对乐观和过于自信的讨论，这并不令人奇怪。并且，即使你真是一个超级程序员，也将会发现，你的调试工作也仅仅是比一般人少一些而已。

对我们其他人来说，另一种情况是，在正常的乐观状态（我确保可以做到这点！）和严重的悲观情绪（它看起来也行，但是我知道这将会在某些地方潜伏更多的 BUG）之间摇摆。如果你乐于毁坏事物，这将是有帮助的。如果你不喜欢毁坏事物，或者仅仅乐于毁坏其他人的事物，那就找那些喜欢毁坏代码并且让他们帮你测试这些代码吧。

另一种有用的心态是，当其他人找到代码中的 BUG 时，你就仇恨代码吧。这种仇恨有助于你越过理智的界限，折磨你的代码，以便增加自己发现代码中的 BUG 可能性，而不是由其他人来发现。

最后一种心态是，考虑其他人的生命依赖于你的代码正确性的几率。这将激励你去折磨代码，以找到 BUG 的下落。

不同种类的心态，导致了这样一种可能性，不同的人带着不同的心态参与到项目中。如果组织得当，就能很好的工作。

某些人也许看到如图 11.1 中描绘的，以某种折磨形式出现的验证。[3]这些人可能会提醒自己（暂且先不谈企鹅卡通的事），他们不过只是在折磨一个没有生命的物品。而且，他们也会做这样的假设，谁不折磨自己的代码，代码将会反过来折磨自己。

不过，这也留下了一个问题，在项目生命周期中，何时开始验证工作。这个主题将在 11.1.3 节开始。

[3]更偏激的人可能会质疑，是否这些人仅仅是担心，这样的验证将找到他们的 BUG，这些 BUG 将需要他们进行修改。

图 11.1 验证及日内瓦公约

图 11.2 合理化验证

11.1.3 应该何时开始验证

验证工作应当与项目启动同时进行。

要明白这一点，需要考虑到，与小型软件相比，在大型软件中找到一个 BUG 困难得多。因此，要将查找 BUG 的时间和精力减少到最小，你应当对较小的代码单元进行测试。即使这种方式不会找到所有 BUG，至少也能找到相当大一部分 BUG，并且能更容易地找到并修复这些 BUG。这种层次的测试也可以提醒在设计中的不足之处，将设计不足造成的浪费在代码编写上的时间减小到最小。

但是为什么在验证设计前，要等待代码就绪？[4]希望你阅读一下第 3 章和第 4 章，这两章展示了避免一些常见设计缺陷的信息。与同事讨论你的设计，甚至将其简单写出来，这将有助于消除额外的缺陷。

有一种很常见的情形，当你拥有一份设计，并等待开始验证时，其等待时间过长。在你完整理解需求之前，过于乐观的心态难道不会导致你开始进行设计？对此问题的回答几乎总会是“是的”。避免缺陷需求的一个好办法是，了解你的用户。要真正为用户服务好，你不得不与他们一起共度一段时间。

小问题 11.3：什么，你竟然要求我在开始编码前，做完所有的验证工作？这听起来像是永远不会开始的任务！

某类项目的首个项目，需要不同的方法进行验证，例如，快速原型。第一个原型的主要目的，是学习应当如何实现项目，而不是在第一次尝试时，就创建一个正确的实现。但是，请注意，你不应该忽略验证工作，这是很重要的。不过，对第一个原型的验证工作可以采取不同的、快速的方法。

现在，我们已经为你树立了这样的观念，你应当在开始项目时就启动验证工作。后面的章节包含了一定数量的验证技术和方法，这些技术和方法已经证明了其价值。

11.1.4 开源之路

开源编程技术已经证明相当有效，它包含严格的代码审查和测试。

[4]虽然如此，人们常常说“首先我们必须先编写代码，然后我们才愿意去思考”。

我本人可以证明开源社区代码审查的有效性。我早期为 Linux 内核所提供的某个补丁，涉及一个分布式文件系统。在这个分布式文件系统中，某个节点上的用户向一个特定文件写入数据，而另一个节点的用户已经将该文件映射到内存中。在这种情况下，有必要使受到影响的页面映射无效，以允许在写入操作期间，文件系统维护数据一致性。我在补丁中进行了初次尝试，并且恪守开源格言“尽早发布，经常发布”，我提交了补丁。然后考虑如何测试它。

但是就在我确定整体测试策略前，我收到一个回复，指出了补丁中的一些 BUG。我修复了这些 BUG，重新提交补丁，然后回过头来考虑测试策略。但是，在我有机会编写测试代码之前，我收到了针对重新提交补丁的回复，指出了更多的 BUG。这样的过程重复了很多次，以至于我不确信自己是否能有机会测试补丁。

这个经历将开源界所说的真理在我的脑海中打上了深深的烙印：只要有足够多的眼球，所有 BUG 都是浅显的[Ray99]。

当你提交一些代码或者补丁时，想想以下问题。

1. 到底有多少这样的眼球真正看了你的代码？

2. 到底有多少这样的眼球，他们经验丰富、足够聪明，能够真正找到你的 BUG？

3. 他们究竟什么时候看你的代码？

我是幸运的，有一些人，他们期望我的补丁中提供的功能，他们在分布式文件系统方面有长期的经验，并且几乎立即就查看了我的补丁。如果没有人查看我的补丁，就不会有代码走查，因此也就不会找到 BUG。如果查看我补丁的人缺少分布式文件系统方面的经验，那么就不大可能找到所有 BUG。如果他们等几个月甚至几年才查看补丁，我可能会忘记补丁是如何工作的，修复它们将更困难。

我们也千万不能忘记开源开发的第二个原则，即密集测试。例如，大量的人测试 Linux 内核。他们某些人提交一些测试补丁，甚至你也提交过这样的补丁。另外一些人测试-next 树，这是有益的。但是，很有可能在你编写补丁，到补丁出现在-next 树之间，存在几周甚至几个月的延迟。这样的延迟可能使你对补丁没有了新鲜感。对于其他测试维护树来说，仍然有类似的延迟。

相当一部分人直到将补丁提交到主线，或者提交到主源码树（对于 Linux 内核来说，是指 Linus 树）时，才测试他们的代码。如果你的维护者只有在你已经测试了代码时，才会接受代码，这将形成死锁情形，你的代码需要测试后才能被接受，而只有被接受后才能被测试。但是，测试主线代码的人们还是很积极的，因为很多人及组织要等到代码被拉入 Linux 分发版本才测试其代码。

即使有人测试了你的补丁，也不能保证他们在适当的硬件和软件配置，以及适当的工作负载下测试了这些补丁，而这些配置和负载是找到 BUG 所必需的。

因此，即使你是为开源项目编写代码，也有必要为开发和运行自己的测试套件而做好准备。测试开发是一项被低估，但是非常有价值的技能，因此请务必获取可用套件的全部优势。鉴于测试开发的重要性，我们将对这个主题进行更多的讨论。因此，随后的章节中，将讨论当你已经有一个好的测试套件时，怎么找到代码中的 BUG。

11.2 跟踪

如果你正在基于用户态 C 语言程序进行工作，当所有其他手段都失效时，添加 `printk()`！或者 `printf()`。

原理很简单，如果你不清楚如何运行到代码中某一点，在代码中多加点打印语句，以展示出到底发生了什么。你可以通过使用类似 gdb（对于应用程序来说）或者 kgdb（对于 Linux 内核调试来说）这样的调试器，来达到类似的效果，并且这些调试器有更多的方便性和灵活性。还存在更多先进的工具，一些最新发行的工具提供在错误点回放的能力。

这些强大的测试工具都是有价值的。尤其是目前的典型系统都拥有超过 64K 内存，并且 CPU 都运行在超过 4MHz 的频率。关于这些工具，已经写了不少文章了，本章将再补充一点。

但是，当手上的工作是为了在高性能并行算法的快速路径上，指出错误所在，那么这些工具都有严重的缺陷，即这些工具本身就有过高的负载。为了这个目的，存在一些特定的跟踪技术，典型的是使用数据所有权技术（参见第 8 章），以便将运行时数据收集负载最小化。在 Linux 内核中一个例子是“trace event”[Ros10b，Ros10c，Ros10d，Ros10a]。另一个处理用户态程序的例子（但是还没有被 Linux 内核所接受）的例子是 LTTng[参见参考书目 DD09]。这些技术都无一例外使用了每 CPU 缓冲区，这允许以极低的负载来收集数据。即使如此，使能跟踪有时也会改变时序，并足以隐藏 BUG，导致海森堡 BUG。本书将在 11.6 节，特别是在 11.6.4 节讨论它。

即使你避免了海森堡 BUG，也还有其他陷阱。例如，即使机器真的知道所有的东西，它知道几乎所有的东西，以至于超过了大脑的处理能力，这怎么办呢？为此，高质量的测试套件通常配有精巧的脚本来分析大量输出数据。但是请注意：脚本并不必然揭示那些奇怪的事件。我的 RCU 压力脚本是一个很好的例子，在 RCU 周期被无限延迟的情况下，这个脚本的早期版本运行得很好。这当然会导致脚本被修改，以检查 RCU 优雅周期延迟的情况，但是这并不能改变如下事实，该脚本仅仅检查那些我认为能够检测的问题。这个脚本是有用的，但是有时候，它仍然不能代替对 RCU 压力输出结果的手动扫描。

对于产品来说，使用跟踪，特别是使用 `printk()` 调用进行跟踪，存在另外一个问题，它们的负载太高了。在这样的情况下，断言是有用的。

11.3 断言

通假设常以下面的方式实现断言。

```
1 if (something_bad_is_happening())
2   complain();
```

这种模式通常被封装成 C-预处理宏或者语言内联函数，例如，在 Linux 内核中，它可能被表示为 `WARN_ON(something_bad_is_happening())`。当然，如果 `something_bad_is_happening()` 被调用得过于频繁，其输出结果将掩盖其他错误报告，在这种情况下，`WARN_ON_ONCE(something_bad_is_happening())` 可能更适合。

小问题 11.4：你可以怎样实现 `WARN_ON_ONCE()`？

在并行代码中，可能发生的一个特别糟糕的事情是，某个函数期望在一个特定的锁保护下运行，但是实际上并没有获得该锁。有时候，这样的函数有这样的注释，调用者在调用本函数时，必须持有 `foo_lock`。但是，这样的注释没有真正的好处，除非人们真的读了它。像 `lock_is_held(&foo_lock)` 这样的执行语句更有效。

Linux 内核的 lockdep 机制[Cor06a，Ros11]更进一步，它既报告潜在的死锁，也允许函数验证适当的锁被持有。当然，这些额外的函数引入了大量负载，因此，lockdep 并不一定适合用于生产用途。

那么，当检查是必需的，但是运行时负载不能被容忍时，能够做些什么呢？一种方法是静态分析，这将在 11.4 节讨论。

11.4 静态分析

静态分析是一种验证技术，其中一个程序将第二个程序作为输入，它报告第二个程序的错误和漏洞。非常有趣的是，几乎所有的程序都通过它们的编译器和解释器进行静态分析。这些工具远远算不上完美，但是在过去几十年中，它们定位错误的能力得到了极大的改善。部分原因是它们现在拥有超过 64K 内存进行它们的分析工作。

早期的 UNIX lint 工具[Joh77]是非常有用的，虽然它的很多功能都被并入 C 编译器了。目前仍然有类似 `lint` 的工具在开发和使用中。

sparse 静态分析[Cor04b]查找 Linux 内核中的高级错误，包括：

1. 对指向用户态数据结构的指针进行误用。
2. 从过长的常量接收赋值。
3. 空的 `switch` 语句。
4. 不匹配的锁申请、释放原语。
5. 对每 CPU 原语的误用。
6. 在非 RCU 指针上使用 RCU 原语，反之亦然。

虽然编译器极可能会继续提升其静态分析能力，但是 sparse 静态分析展示了编译器外静态分析的优势，尤其是查找应用特定 BUG 的优势。

11.5 代码走查

各种代码走查活动是特殊的静态分析活动，只不过由人类来完成分析而已。本节包含审查、走查及自查。

11.5.1 审查

传统意义上来说，正式的代码审查采取面对面会谈的形式，会谈者有正式定义的角色：主持人、开发者及一个或者两个其他参与者。开发者通读整个代码，解释做了什么，以及它为什么这样运行。一个或者两个参与者提出疑问，并抛出问题。而主持人的任务，则是解决冲突并做记录。这个过程对于定位 BUG 是非常有效的，尤其是当所有参与者都熟悉手头代码时，更加有效。

但是，对于全球 Linux 内核开发社区来说，这种面对面的过程并不一定运行得很好，虽然通过 IRC 会话它也许能够很好运行。与之相反，全球 Linux 内核社区由个人进行单独的代码审查，并通过邮件或者 IRC 提供意见。记录则由邮件文档或者 IRC 日志提供。主持人志愿提供相应的服务。偶尔来一点口水战，这样的过程也运转得相当不错，尤其是参与者对手头的代码都熟悉的时候。[5]

是时候进行 Linux 内核社区的代码审查过程改进了，这是很有可能的。

1．有时，人们缺少进行有效的代码审查所需要的时间和专业知识。

2．即使所有的审查讨论都被存档，人们也经常没有记录对问题的见解，人们常常无法找到这些讨论过程。这会导致相同的错误被再次引入。

3．当参与者吵得不可开交时，有时难于解决口水战纷争。尤其是交战双方的目的、经验及词汇都没有共同之处时。

因此，在审查时，查阅相关的提交记录、错误报告及 LWN 文档等相关文档是有价值的。

11.5.2 走查

传统的代码走查类似于正式的代码审查，只不过小组成员以特定的测试用例集驱动，对着代码摆弄电脑。典型的走查小组包含一个主持人，一个秘书（记录找到的 BUG），一个测试专家（生成测试用例集），以及一个或者两个其他的人。这也是非常有效的，但是也非常耗时。

自从我参加到正式的走查以来，已经有好几十年了。而且我也怀疑如今的走查将使用单步调试。我想到的一个特别恐怖的过程是这样的。

1．测试者提供测试用例。

2．主持人使用特定的用例作为输入，在调试器中启动代码。

3．在每一行语句执行前，开发者需要预先指出语句的输出，并解释为什么这样的输出是正确的。

4．如果输出与开发者预先指出的不一致，这将被作为一个潜在 BUG 的迹象。

5．在并发代码走查中，一个“并发老手”将提出问题，什么样的代码会与当前代码并发运行，为什么这样的并行没有问题？

恐怖吧，当然。但是有效吗？也许。如果参与者对需求、软件工具、数据结构及算法都有良好的理解，相应的走查可能非常有效。如果不是如此，走查通常是浪费时间。

11.5.3 自查

虽然开发者审查自己的代码并不总是有效，但是有一些情形下，无法找到合适的替代方案。例如，开发者可能是被授权查看代码的唯一人员，其他合格的开发人员可能太忙，或者有问题的代码太离奇，以至于只有在开发者展示一个原型后，他才能说服其他人认真对待它。在这些情况下，下面的过程是十分有用的，特别是对于复杂的并行代码而言。

1．写出包含需求的设计文档、数据结构图表，以及设计选择的原理。

2．咨询专家，如果有必要就修正设计文档。

3．用笔在纸张上面写下代码，一边写代码一边修正错误。抵制住对已经存在的、几乎相同的代码序列的引用，相反，你应该复制它们。

4．如果有错误，用笔在干净的纸张上面复制代码，一边做这些事情一边修正错误。一直重

---

[5]也就是说，与传统审查方法相比，Linux 内核社区的一个优点是，相对于那些熟悉代码的人相说，不熟悉代码的人来说不会被某些无效假设所蒙蔽，其产生贡献的可能性更大。

复，直到最后两份副本完全相同。

5．为那些不是那么显而易见的代码，给出正确性证明。

6．在可能的情况下，自底向上的测试代码片断。

7．当所有代码都集成后，进行全功能测试和压力测试。

8．一旦代码通过了所有测试，写下代码级的文档，也许还会对前面讨论的设计文档进行扩充。

当我在新的 RCU 代码中，忠实的遵循这个流程时，最终只有少量 BUG 存在。在面对一些著名（也让人窘迫）的异常[McK11a]时，我通常能够在其他人之前定位 BUG。也就是说，随着时间的推移，以及 Linux 内核用户的数量和种类的增加，这变得更难于解决。

小问题 11.5：为什么谁都不喜欢在用笔在纸张上面复制现有代码？这不是增加抄写错误的可能性吗？

小问题 11.6：这个过程是荒谬的过度设计！你怎么能够期望通过这种方式得到合理数量的软件？

对于新代码来说，上面的过程运转得很好，但是如果你需要对已经编写完成的代码进行审查时，又会怎么样？如果你编写那种将被废弃的代码，在这种特殊情况下，当然可以实施上面的过程[参见参考书目 FPB79]，但是下面的方法也是有帮助的，这是不是会令你感到不是那么绝望。

1．使用你喜欢的文档工具（LATEX、HTML、OpenOffice，或者直接用 ASCII），描述问题中所述代码的高层设计。使用大量的图来表示数据结构，以及这些如何被修改的。

2．复制一份代码，删除掉所有注释。

3．用文档逐行记录代码是干什么的。

4．修复你所找到的 BUG。

这种方法能够工作，是因为对代码进行详细描述，是一种极为有效的发现 BUG 的方法[Mye79]。虽然后面的过程也是一种真正理解别人代码的好方法，但是在很多情况下，只需要第一步就足够了。

虽然由别人来进行复查及审查可能更有效，但是由于某种原因，无法让其他人参与进来时，上述过程就十分有用了。

在这一点上，你可能想知道如何在不做那些无聊的纸面工作的情况下，编写并行代码。下面是一些能够达到这个目的，经过时间检验的方法。

1．通过扩展使用已有并行库函数，写出一个顺序程序。

2．为并行框架写出顺序执行的插件。例如地图渲染、BIONC 或者 WEB 应用服务器。

3．做如下优秀的并行设计，问题被完整的分割，然后仅仅实现顺序程序，这些顺序程序并发运行而不必相互通信。

4．坚守在某个领域（如线性代数），这些领域中，工具可以自动对问题进行分解及并行化。

5．对并行原语进行极其严格的使用，这样最终代码容易被看出其正确性。但是请注意，它总是诱使你打破“小步前进”这个规则，以获得更好的性能和扩展性。破坏规则常常导致意外。也就是说，除非你小心进行了本节描述的纸面工作，否则就会有意外发生。

一个不幸的事情是，即使你做了纸面工作，或者使用前述某个方法，以安全的避免纸面工作，仍然会有 BUG。如果不出意外，更多用户或者更多类型的用户将更快暴露更多的 BUG。特别是，这些用户做了那些最初开发者所没有考虑到的事情时，更容易暴露 BUG。下一步描述如何处理概率性 BUG，这些 BUG 在验证并行软件时，都太常见了。

图 11.3　通过了还是侥幸

11.6　几率及海森堡 BUG

某些时候，你的并行程序失败了。

但是你使用前面章节的技术定位问题，现在，有了适当的修复办法！恭喜！

现在的问题是，需要多少测试以确定你真的修复了 BUG，而不仅仅是降低故障发生的几率，或者说仅仅修复了几个相关 BUG 中的某一个 BUG，或者是干了一些无效的、不相关的修改。简而言之，对于图 11.3 中所示的永恒的问题，其答案是什么？

不幸的是，摸着良心来回答这个问题，其答案是：要获得绝对的确定性，其所需的测试量是无限的。

小问题 11.7：假如在你的权限范围内，能够支配大量的系统。例如，以目前的云系统价格，你能够以合理的低价购买大量的 CPU 时间。为什么不使用这种方法，来为所有现实目标获得其足够的确定性？

假如我们愿意放弃绝对的确定性，取而代之是获得某种高几率的东西。那么我们可以用强大的统计工具来应用于这个问题。但是，本节专注于简单的统计工具。这些工具是极其有用的，但是请注意，阅读本节并不能代替你采用那些优秀的统计工具。[6]

从简单的统计工具开始，我们需要确定，我们是在做离散测试，还是在做连续的测试。离散测试以良好定义的、独立的测试用例为特征。例如，Linux 内核补丁的启动测试，是一个离散测试例子。启动内核，它要么启动，要么不能启动。虽然你可能花费一个小时来进行内核启动测试，试图启动内核的次数，以及启动成功的次数，通常比花在测试上面的时间更让人关注。功能测试往往是离散的。

另一方面，如果我的补丁与 RCU 相关，我很可能会运行 rcutorture，rcutorture 是一个十分奇妙的内核模块，用于测试 RCU。它不同于启动测试。启动测试中，一旦出现相应的登录提示符，就表示离散测试已经成功结束。rcutorture 则会一直持续运行，直到内存崩溃或者要求它停止为止。

[6]这是我强烈推荐的。它们是我所学习的少数统计学课程，与我所花费的学习时间相比，这些课程提供了超高性价比的价值。

因此，rcutorture 测试的持续时间，将比启动、停止它的次数更令人关注。所以说，rcutorture 是一个持续测试的例子，这类测试包含很多压力测试。

离散测试和持续测试的统计方式有所不同。离散测试的统计更简单，并且，离散测试的统计通常可以被计入持续测试中（有一些精度损失）。因此，我们先从离散测试开始。

11.6.1 离散测试统计

假设在一个特定的测试中，BUG 有 10%的机会发生，并且我们做了 5 次测试。我们怎么计算一次运行失败的几率？方法如下。

1．计算一次测试过程成功的几率，应该是 90%。

2．计算所有 5 次测试过程成功的几率，这应该是 0.9 的 5 次方，大约是 59%。

3．存在两种可能性，要么 5 次测试全都成功，要么至少有一次失败。因此，至少有一次失败的可能是 100%减去 59%，即 41%。

不过，大多数人觉得使用公式比一步一步计算更容易。当然，如果你喜欢像上面的步骤一样一步一步去做，悉听尊便！对于那些喜欢公式的人们来说，设单次失败几率为 f。单次成功的几率则是 1-f，所有 n 次测试都成功的几率则是

$$S_n=(1-f)^n \tag{11.1}$$

失败的可能性是 $1-S_n$，即

$$F_n=1-(1-f)^n \tag{11.2}$$

小问题 11.8：你说什么？当我将前面例子中的 5 次测试，每次 10%的失败率放到公式中，得到 59.050%的结果，这说不通！

假设一个特定测试有 10%的失败几率。那需要运行多少次测试，来确保 99%的把握证明，相应的补丁已经真的修复了问题？

另一种方式来问这个问题：你需要运行多少次测试用例，才能导致失败的几率超过 99%？毕竟，如果我们将测试用例运行足够次数，使得至少有一次失败的几率达到 99%，如果此时并没有失败，那么仅仅只有 1%的几率表明这是由于好运气所导致。如果我们将 f=0.1 代入公式 11.2，将 n 作为变量，我们将会发现：对于每次 10%的失败几率，要达到 98.92%的几率使得至少有一次失败，需要运行 43 次测试用例。而运行 44 次测试用例，将有 99.03 的几率使得至少有一次失败。因此，如果我们在修复 BUG 后，运行 44 次测试用例，都没有失败，那么就有 99%的可能性，表示我们的修复是真的解决了问题。

但是，重复的将数字代入公式 11.2 是让人烦心的，让我们解出 n

$$F_n=1-(1-f)^n \tag{11.3}$$

$$1-F_n=(1-f)^n \tag{11.4}$$

$$\mathrm{Log}(1-F_n)=n\log(1-f) \tag{11.5}$$

最终，所需的测试次数是

$$n=\frac{\log(1-F_n)}{\log(1-f)} \tag{11.6}$$

将 f=0.1 及 F_n=0.99 代入公式 11.6，得到结果 43.7，这表示我们需要 44 次连续成功运行测试用例，才能有 99%的把握确保对故障的修复真的生效。这与前一种方法所获得的数值是匹配的，

这多少让人感到安心。

小问题 11.9：在公式 11.6 中，对数运算的基数是 10、是 2，还是 e?

图 11.4 展示这个函数的曲线图。一点也不奇怪，如果每次运行失败几率更小，就需要更多的测试，才能有 99%的信心，确保 BUG 已经被修复了。如果 BUG 导致每次失败的几率只有 1%，那么，需要的次数是令人难以置信的 458 次。随着每次失败的几率变小，所需的测试次数就会增加。当失败的几率趋向为 0 时，所需的测试次数趋向为无限次。

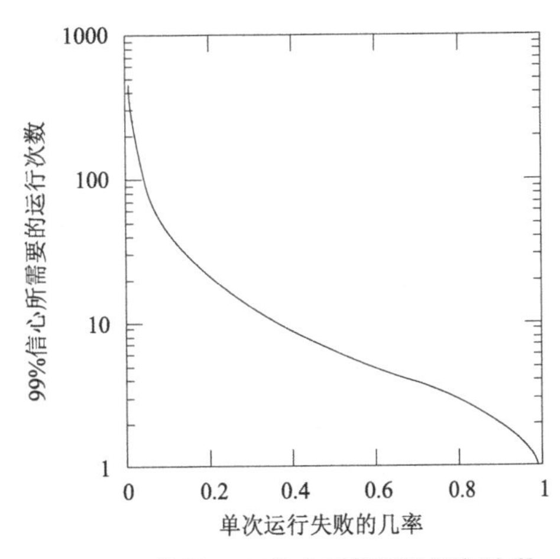

图 11.4 获得 99%信心所需要的运行次数

这个事实说明，如果你有一个很难出现的 BUG，而且能够拿出一个更高失败率的测试目标，那么你的测试工作将会容易得多。例如，如果测试目标是失败率从 1%提高到 30%，那么得到 99%信心的测试次数将从 458 次下降到 13 次。

但是这 13 次测试运行仅仅给了你 99%的信心，你的修复措施得到了“一些改善”。假如你不是想获得 99%的信心，而是希望你的修复将错误的几率减小一个数据级。需要多少次没有错误的测试运行？

从 30%的错误比例提升一个数量级，就是 3%的错误率。将这些数值代入公式 11.6。

$$n = \frac{\log(1-0.99)}{\log(1-0.03)} = 151.2 \tag{11.7}$$

因此，要提升一个数量级，我们大约需要增加约一个数量级的测试。想要完全确认没有问题，这是不可能的。要获得较高的信心，其代价也十分高昂。很明显，使测试运行得更快，并且使故障更易复现，这是高可靠软件开发的基本技能。这些技术将在 11.6.4 节中描述。

11.6.2 滥用离散测试统计

假如你有一个持续测试，它大约每十个小时失败三次，并且你修复了引起故障的 BUG。需要在没有故障的情况下，运行多长时间的测试，才能给你 99%的把握确认自己已经减小了故障发生的几率？

在不做过多统计的情况下，我们可以简单定义一小时的运行测试为一个离散测试，在这一个小时内，有 30%的几率运行失败。从前一节的结果可以得出结论，如果这个测试运行 13 个小时而没有错误，就有 99%的信心认为我们的修复措施已经提升了程序的可靠性。

死脑筋的人不会同意这种方法，但是不好意思，事实的真相是，与你对程序错误比例的计量错误相比，这些对统计方法的滥用所引起的错误更小一些。11.6.3 节将描述一些不那么耍滑的方法。

11.6.3 持续测试统计

本节包含更积极的数学方法。如果你对数学没有积极性，就随便使用前面章节中的结果，或者直接跳到 11.6.3.2 节。可能需要注意第 232 页公式 11.30 以备后续参考。

11.6.3.1 泊松分布推导

由于测试次数 n 增加，以及每次测试失败的几率 f 减小，形成连续的域是有道理的。可以方便的定义 λ 为 nf，因为我们增加 n 而减小 f，λ 将是固定值。可以认为，λ 是单位时间内预期失败的次数。

那么，n 次测试成功的几率是什么？这由下面的式子给出

$$(1-f)^n \tag{11.8}$$

由于 λ 等于 nf，因此我们可以解出 f 并得到 $f-\frac{\lambda}{n}$，将其代入前面的公式

$$\left(1-\frac{\lambda}{n}\right)^n \tag{11.9}$$

既警觉又精于数学的读者将意识到，当 n 无限递增时，其值大约是 $e^{-\lambda}$。换句话说，如果对一个给定持续时间的测试，我们预期有 λ 次失败，其 0 次失败的几率 F_0 由下面的式子给出

$$F_0 = e^{-\lambda} \tag{11.10}$$

下一步，是计算只有一次失败，其余都成功的几率

$$\frac{n!}{1!(n-1)!} f(1-f)^{n-1} \tag{11.11}$$

阶乘的比例表示测试结果的不同组合。f 是单次失败的几率，$(1-f)^{n-1}$ 是其余测试成功的几率。n!是所有 n 次测试的排列组合数量，而分母中的两个因子表示其中一次错误，以及另外 n-1 次成功的排列组合。

约掉阶乘，以及将分子、分母均乘以 1-f

$$\frac{nf}{1-f}(1-f)^n \tag{11.12}$$

由于假设 f 为任意小的值，1-f 接近于值 1，这允许我们去掉分母

$$nf(1-f)^n \tag{11.13}$$

像前面一样代入 $f=\frac{\lambda}{n}$

$$\lambda\left(1-\frac{\lambda}{n}\right)^n \tag{11.14}$$

如前所述，对于大的 n 值来说，后一项大约为 $e^{-\lambda}$，因此，在测试时，预期出现 λ 次失败，而出现单次失败的可能性是

$$F_1 = \lambda e^{-\lambda} \tag{11.15}$$

第三步，是计算 n 次测试中，两次失败的可能性，其值是

$$\frac{n!}{2!(n-2)!} f^2(1-f)^{n-2} \tag{11.16}$$

约掉阶乘，并将分子分母乘以 $(1-f)^2$

$$\frac{n(n-1)f^2}{2(1-f)^2}(1-f)^n \tag{11.17}$$

同样的，由于假设 f 无限小，$(1-f)^2$ 无限接近于值 1，这再次允许我们去掉分母中的一部分

$$\frac{n(n-1)f^2}{2}(1-f)^n \tag{11.18}$$

再次代入 $f=\frac{\lambda}{n}$

$$\frac{n(n-1)f^2}{2n^2}\left(1-\frac{\lambda}{n}\right)^n \tag{11.19}$$

由于 n 是一个大的值，n-1 可被认为接近于 n，这允许分子中的 n(n-1)被分母中的 n^2 约掉。同样，最后的项约等于 $e^{-\lambda}$。这样，在测试时，预期 λ 次失败的情况下，出现两次失败的可能性是

$$F_2=\frac{\lambda^2}{2}e^{-\lambda} \tag{11.20}$$

现在，我们可以试着给出一个通用的结果。假设存在 *m* 次失败，与 n 相比，*m* 很小，我们有

$$\frac{n!}{m!(n-m)!}f^m(1-f)^{n-m} \tag{11.21}$$

约掉阶乘，并在分子分母中同时乘以 $(1-f)^m$

$$\frac{n(n-1)\cdots(n-m+2)(n-m+1)f^m}{m!(1-f)^m}(1-f)^n \tag{11.22}$$

正如你想到的那样，由于 f 很小，$(1-f)^m$ 接近于值 1，因此可以被去掉

$$\frac{n(n-1)\cdots(n-m+2)(n-m+1)f^m}{m!}(1-f)^n \tag{11.23}$$

再次代入 $f=\frac{\lambda}{n}$

$$\frac{n(n-1)\cdots(n-m+2)(n-m+1)\lambda^m}{n!n^m}\left(1-\frac{\lambda}{n}\right)^n \tag{11.24}$$

由于与 *n* 相比，*m* 很小，我们可以去掉分子中除最后一项的所有项，以及分母中的 n^m，结果为

$$\frac{\lambda^m}{m!}\left(1-\frac{\lambda}{n}\right)^n \tag{11.25}$$

同样的，对于大的 *n* 值来说，最后一项大约等于 $e^{-\lambda}$。这样，在测试中，预期 λ 次失败的情况下，*m* 次失败的可能性是

$$F_m\frac{\lambda^m}{m!}e^{-\lambda} \tag{11.26}$$

这就是著名的泊松公布。可以在高级的概率教科书里，找到更严格的推导过程。例如，费勒的经典书籍《An Introduction to Probability Theory and Its Applications》[Fel50]。

11.6.3.2 使用泊松分布

让我们使用泊松分布来回顾一下 11.6.2 节中的例子。回想一下，该例子涉及一个测试，它每小时有 30%的失败几率，而问题则是，对于一次修复，需要运行多久的测试，才能给我们 99%的信心认为该修复真的减小了失败几率？解答这个问题，需要设置 $e^{-\lambda}$ 为 0.01，并解出 λ，结果是

$$\lambda=-\log 0.01=4.6 \tag{11.27}$$

我们每小时有 0.3 的失败几率，因此所需要的小时数是 4.6/0.3=14.3，与第 11.6.2 节中的方法计算出的结果 13 小时相比，误差在 10%内。如果你通常不关注小于 10%的误差率，那么 11.6.2 节中的方法，就可以在很多情况下足以代替泊松分布。

一般而言，如果我们在单位时间内，有 n 次失败，并且我们希望有 P%的信心确信，某次修复减小了失败几率，我们可以使用公式

$$T = \frac{1}{n}\log\frac{100-P}{100} \quad (11.28)$$

小问题 11.10：假设某个 BUG 导致某个测试每小时平均失败 3 次。必须要运行多长时间的无错误测试，才能提供 99.9%的信心，来确保修复措施已经显著减小了失败的可能性？

如前所述，BUG 越难发生，或者想要更多信心来确保 BUG 已经被修复，就需要更长时间无错误的测试运行。

如果一个给定的测试每小时失败一次，但是经过一次 BUG 修复以后，24 小时测试运行仅仅错误两次。假设导致错误的故障是随机发生的，那么第二次运行是由于随机错误引起的，其可能是多大？换句话说，有多大的信心认为修复措施对故障实实在在的有效？其可能性可以通过对表达式 11.26 进行求和得到

$$F_0 + F_1 + \cdots + F_{m-1} + F_m = \sum_{i=0}^{m}\frac{\lambda}{i!}e^{-\lambda} \quad (11.29)$$

这是泊松累积分布函数，它可以更紧凑地表示为

$$F_{i\leqslant m}\sum_{i=0}^{m}\frac{\lambda^i}{i!}e^{-\lambda} \quad (11.30)$$

这里，m 是在长时间测试运行过程中的错误次数（在本例中，是 2），λ 是长时间运行过程中，预期会失败的次数（在本例中，是 24）。将 $m=2$，$\lambda=24$ 代入表达式，得到两次或者更少次数的可能性是 1.2×10^{-8}，换句话说，我们有较高的信心相信修复措施与 BUG 有一些关系。[7]

小问题 11.11：进行阶乘及指数求和真是一件苦差事。就没有更简单的办法吗？

小问题 11.12：稍等！既然必须有一定数量的错误（包含零错误），当表达式 11.30 中的 m 趋向无限大的时候，表达式的总和不会接近于 1 吗？

泊松公布是分析测试结果的有效工具。实际上，在最后一个例子中，在 24 小时测试运行时，仍然存在两个测试失败。如此低的失败率导致非常长的测试运行。下一步讨论改善这种情况的反直觉的方法。

11.6.4 定位海森堡 BUG

这个思路也有助于说明海森堡 BUG，增加跟踪和断言可以轻易减小 BUG 出现的几率。这也是为什么轻量级跟踪和断言机制是如此重要的原因。

“海森堡 BUG”这个名字，来源于量子力学的海森堡不确定性原理，该原理指出，在任何特定时间点，不可能同时精确计量某个粒子的位置和速度[Hei27]。任何试图更精确计量粒子位置的手段，都将会增加速度的不确定性。类似的效果出现在海森堡 BUG 上，试图对海森堡 BUG 进行跟踪，将会根本上改变其症状，甚至导致 BUG 不再出现。

[7]当然，这样的结果绝不会让你逃脱找到并修复余下 BUG 的责任。

既然物理领域启发出这个问题的名字，那么我们着眼于物理领域的解决方案是合乎逻辑的。幸运的是，粒子物理学能够用于这个任务，为什么不构造反-爱森堡 BUG 的东西来消灭爱森堡 BUG 呢？

本节描述一些手段来实现这一点。

1. 为竞争区域增加延迟
2. 增加负载强度
3. 独立的测试可疑子系统
4. 模拟不常见的事件
5. 对有惊无险的事件进行计数

针对海森堡 BUG 构造反-海森堡 BUG，这更像是一项艺术，而不是科学。下面的章节给出一些构造相应的反-海森堡 BUG 的技术。

11.6.4.1 增加延迟

考虑到 5.1 节中的计数丢失代码。添加 `printf()` 语句可能会大大减少、甚至完全消除丢失计数。但是，将装载-加-存储序列转换为装载-加-延迟-存储将大大增加丢失计数的发生率（试试吧！）。一旦你发现一个涉及竞争条件的 BUG，常常可以通过增加延迟来创建反-海森堡 BUG。

当然，这依赖于如何首先找到竞争条件。这有点像暗黑艺术，但是也存在一些找到它们的方法。

一种方法是，意识到竞争条件通常最终会破坏相关的数据，因此对被破坏数据的同步原语进行再次检查，这是一个好的做法。即使你不能立即识别出竞争条件，在访问破坏数据之前或者之后添加延迟，这可以改变失败几率。通过有条理的添加并移除延迟（例如，二分法查找），会更进一步了解到竞争条件是如何运行的。

小问题 11.13：如果破坏行为影响了一些不相关的指针，继而导致其他破坏行为，这种情况下，应该怎么办？

另一个重要的方法，是改变软件和硬件的配置，并找到失败率方面的、显著的统计学差异。然后集中关注引起错误率显著变化的软硬件配置变化相关的代码。例如，独立测试相应的代码可能是有用的。

软件配置的一个重要方面是其修改历史，这就是 `git bisect` 为何如此有用的原因。对修改历史进行二分法查找，可以提供海森堡 BUG 特性方面有价值的线索。

小问题 11.14：但是我在进行二分法查找时，最终发现有一个太大的提交。我该怎么办呢？

定位到可疑代码段时，可以引入延迟，以增加失败几率。正如已经看到的那样，增加失败几率，将使我们在进行故障修复时，更容易获得信心。

不过，使用通常的调试技术很难跟踪到问题所在。11.6.4.2 节将提供一些其他可选方法。

11.6.4.2 增加负载强度

通常情况下，特定的测试套件在某个特定的子系统中，只产生相对低的压力。因此，及时进行一点微小变化，可能会导致海森堡 BUG 出现。对于这种情况，创建反-海森堡 BUG 的方法是增加负载强度，这将有机会增加 BUG 出现的几率。如果 BUG 出现的几率增加得足够多，那么，增加轻量级的诊断手段（例如跟踪）不会引起 BUG 消失。

怎样增加负载强度呢？这依赖于具体的程序，但是也有一些值得去做的事情。

1. 增加更多的 CPU。
2. 如果程序用到了网络，增加更多网络适配卡，以及更多、更快的远程系统。

3．如果在问题出现的时候，程序正在做重载 I/O，要么是：（1）增加更多存储设备，（2）使用更快的存储设备，例如将磁盘换为 SSD，或者是（3）为大容量存储而使用基于 RAM 的文件系统，以替代主存储设备。

4．改变其尺寸，例如，如果在进行并行矩阵运算，改变矩阵的大小。更大的问题域可能引入更多复杂性，而更小的问题域通常会增加竞争水平。如果你不确信是否应该加大尺寸，还是减小尺寸，就两者都尝试一下。

一般来说，BUG 位于特定子系统，并且程序的结构限制了能够应用到该子系统上的压力数量。下一节处理这种情况。

11.6.4.3 隔离可疑的子系统

如果程序是这样被构建的，它可能很难、或者说不可能将太多压力施加到可疑子系统上。这种情况下，有用的反-海森堡 BUG 是独立的对子系统进行压力测试。Linux 内核的 rcutorture 模块正是在 RCU 子系统中采用了这种方法，与生产环境相比，施加更多的压力到 RCU。与生产环境相比，通过 rcutorture 测试，RCU BUG 被发现的几率将更大。[8]

实际上，当创建并行程序时，明智的做法是分别对组件进行压力测试。创建这样的组件级别的压力测试，看起来是浪费时间，但是少量的组件级测试可以节省大量系统级的调试。

11.6.4.4 模拟不常见的事件

有时候，海森堡 BUG 是由不常见事件引起的，例如内存分配失败、条件-锁-申请失败，CPU 热插拔操作，超时，报文丢失，以及其他事件。为这类海森堡 BUG 构建反-海森堡 BUG 的一种方法，是引入伪失败事件。

例如，不直接调用 `malloc()`，而是调用一个封装函数，该函数使用一个随机数，以确定是否无条件返回 `NULL`，或者真正调用 `malloc()` 并返回结果指针。包含伪失败事件是一种在顺序程序及并行程序中实现鲁棒性的好方法。

小问题 11.15：为什么已经存在的条件锁原语不提供这种伪失败功能？

11.6.4.5 对有惊无险事件进行计数

BUG 是那种要么全有，要么全无的东西，因此 BUG 要么发生，要么不发生，而不会介于二者之间。不过，有时候还是可以定义惊险事件，此时，BUG 并不导致失败，但是很可能已经出现 BUG。例如，假设你的代码是实现机器人行走。在你的程序中，机器人跌倒就是一个 BUG，而跌跌撞撞并恢复则是惊险事件。如果机器人在一个小时内仅仅跌倒一次，而每几分钟都会出现跌跌撞撞的情况，就可以在跌倒计数之外，额外对跌跌撞撞的情况进行计数，这可能会加快调试进度。

在并发程序中，有时候可以将时间戳用于检测惊险事件。例如，锁原语招致显著的延迟，因此，如果有一对操作，应当使用同一把锁，进行不同的获取操作以保护一对操作，在这一对操作之间有一个短的延迟。这个短的延迟可以被视为惊险事件。[9]

例如，rcutorture 测试中，大约每数百小时发生一次低概率的 BUG，这发生在 RCU 优先级提升中。由于需要几乎 500 小时的无错误测试运行，才能 99%的确信 BUG 概率被显著减小。通过 `git bisect` 以找到错误的过程慢得让人觉得痛苦，也需要特别大的测试场所。幸运的是，正被

---

[8] 虽然有点不幸，没有增加到 100%的可能性。

[9] 当然，在这种情况下，你最好是使用环境中可用的 lock_held（）原语。 如果没有现成的 lock_held（）原语，请实现一个。

测试的 RCU 操作不仅包含对 RCU 优雅周期的等待，也包括之前的过程，该过程启动对优雅周期的等待，以及在 RCU 优雅周期完成后，等待对 RCU 的回调函数被调用。rcutorture 错误和惊险事件之间的区别见图 11.5。要称得上一次完整的错误，一次 RCU 读端临界区必须从 call_rcu()（它初始化一次优雅周期）延伸，并越过前一个优雅周期剩余的部分，越过由 call_rcu() 所初始化的优雅周期的整个周期（由锯齿之间的区域表示），越过优雅周期结束到回调函数被执行之间的延迟，由“错误”箭头表示。而 RCU 的定义不允许读端临界区跨越单个优雅周期，由“惊险”箭头表示。建议使用惊险事件作为错误条件，不过这也存在一点问题，因为不同 CPU 看到特定优雅周期开始、结束的点不太一样，由锯齿箭头表示[10]。因此，使用惊险事件作为错误条件可能导致误报，这需要在自动 rcutorture 测试中避免。

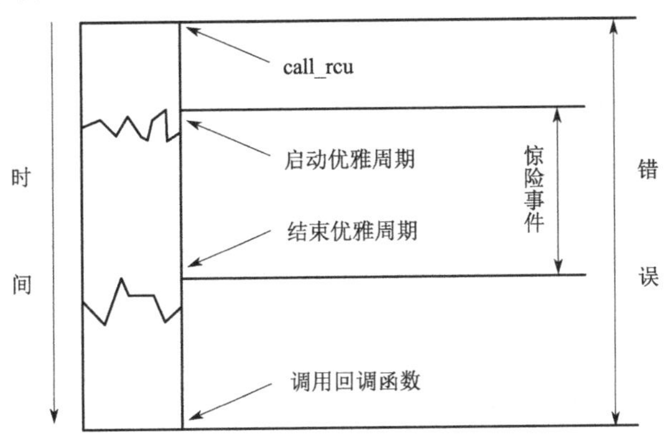

图 11.5 RCU 错误及惊险事件

如果凑巧的话，rcutorture 恰好包含一些统计结果，这些数据对优雅周期的惊险版本比较敏感。正如前面所警示的那样，这些统计结果属于误报，这些误报是由于它们在访问 RCU 状态变量时，没有进行同步。在像 IBM 大型机、x86 这样的强序系统中，这些误报很少，在每一千小时的测试中，发生次数小于一次。

这些惊险事件大约每小时发生一次，大约比实际错误发生次数高两个数量级。使用这些惊险事件，可以使 BUG 的根源在不到一周的时间内被定位，并在不到一天的时间内，以高度的信心来确信其被修复。与之相反的，没有这些于错误有利的惊险事件的话，将需要数月的调试、验证时间。

综合以上对惊险事件计数的讨论，通常的方法是，将对不频繁发生的错误计数替换为对更常见的惊险事件进行计数，可以确信，这些惊险事件与错误相关。这些惊险事件可以考虑为实际错误的海森堡 BUG 的反-海森堡 BUG。这些惊险事件更频繁发生，在面对代码变化（例如，添加调试代码这样的变化）时，它看起来更不易消失。

目前，我们还仅仅关注于并行程序的功能 BUG。不过，由于性能是并行程序的头等需求（否则的话，为什么不编写串行程序？），11.7 节将看看如何找到性能 BUG。

11.7 性能评估

通常，并行程序有性能和扩展性需求。如果性能不是问题，为什么不使用串行程序？极致的

---

[10]这些锯齿线的锯齿状况被严重低估，因为空闲的 CPU 可能完全没有觉察到最近几百个优雅周期。

性能及线性扩展并不是必要的，但是很少使用这样的并行程序，它们运行得比优化后的串行副本更慢。并且真的有这样的情形，每毫秒都关系重大，并且每纳秒都是必要的。因此，对于并行程序来说，如果不能充分发挥其性能，也会像软件错误一样被看作 BUG。

小问题 11.16：真是荒唐！毕竟，延后得到正确的答案，总比得到不正确的答案更好，难道不是吗？

小问题 11.17：但是，如果你正在将所有辛勤努力都放到并行软件上，为什么不正确的做这件事情？为什么要解决那些不是最佳性能和线性扩展性的问题？

因此，对并行程序进行验证，必须要包含对性能的验证。但是，验证性能意味着，这将需要工作量，也需要评价程序的性能标准。它们通常满足性能基准，下一节将讨论性能基准。

11.7.1 性能基准

有人曾说过“那是谎言，该死的谎言、统计及基准”。不过，基准被大量使用，因此忽略它们将没有什么好处。

基准涵盖了从特定测试器具到国际标准的范围，但是不管其表现形式如何，基准服务于四大目标。

1．对不同的竞争性实现进行比较，提供公正的框架。

2．将竞争力聚集于实现用户关心的部分。

3．将基准实现作为示范使用。

4．作为营销手段，突出软件与竞争对手相比的强项。

当然，唯一完全公平的框架是应用本身。为什么那些关心基准公平性的人，要劳神于创建不完善的基准软件，而不是简单地使用应用本身作为基准？

实际上，运行实际的应用，是很实用的最好方法。不幸的是，这通常并不切合实际，原因如下。

1．应用可能是私有的，因此可能没有权限运行目标应用。

2．应用可能需要更多的硬件，而你没有相应的权限访问这些硬件。

3．你不能合法访问应用所需的数据，例如，由于隐私法规方面的原因。

在这些情况下，创建与应用相当的基准程序，将有助于克服这些障碍。一个小心构建的基准程序将有助于提升性能、扩展性、能源效率，以及其他一些东西。

11.7.2 剖析

在许多情况下，软件的一小部分应当对主要的性能及扩展性缺陷负责。不过，开发者不能手工识别出实际的瓶颈位于何处。例如，在内核缓冲区分配这种情形中，所有的注意力都集中在对密集数组的查找上，而这个过程仅仅占用了分配器百分之几的执行时间。通过逻辑分析收集的执行情况剖析，将注意力集中到缓冲缺失，缓存缺失才是真正的问题所在[MS93]。

一个老套但是十分有效的跟踪性能及扩展性 BUG 的方法，是在调试器下面运行程序，然后定期中断它，并记录下每次中断时所有线程的堆栈。其原理是，如果某些地方使程序变慢，它就必然在线程执行过程中可见。

有一些工具，通常会做得更好，能帮助你集中注意力，将事情做到最好。两个常用的选择是

gprof 和 perf。要将 perf 用于单线程程序，使用 perf record 作为命令前缀，当命令执行完成后，输入 pref report。在多线程程序的性能调试上面，做了大量工作，这些工作使得这项重要工作变得更容易。

11.7.3 差分分析

除非你正在非常大的系统中运行软件，否则扩展性问题并不是那么显而易见。不过，即使在小得多的系统中运行，有时也可能遇到将会出现的扩展性问题。完成此事的一个技术是*差分分析*。

其思路是在两个不同的条件集中运行你的工作负载。例如，你可以在 2 个 CPU 中运行它，然后在 4 个 CPU 中运行它。你也可能改变系统负载、网络适配器数量、大容量存储设备的数量，以及其他方式。然后收集两次运行的剖析数据，将相应的剖析数据进行数学组合。例如，如果你的主要关注点在于扩展性，则可以计算相应计量值的比例，然后将相应比例按降序进行排序。与扩展性相关的主要内容则被排到列表的前面[McK95，Mck99]。

像 perf 这样的工具已经内置差分分析支持。

11.7.4 微基准

在进行深入评估，以确认哪一个算法或者数据结构值得并入大的软件体时，微基准是有用的。

微基准的一个常用方法是测量其时间，在测试状态下运行一定次数的代码迭代，然后再次测量其时间。两次时间之间的差异除以迭代次数，得到执行代码所需要的时间。

不幸的是，这种测量方法会有任意数量的误差，包括：

1. 测量过程包含一些测量时间的开销。这个误差源可以通过增加迭代次数来将其减小到任意小的值。

2. 最初几次测试迭代可能有缓存缺失或者（更为糟糕）缺页错误，这将影响测量值。这个误差源也可以通过增加迭代次数来减小。通常也可以在开始测量前，预先运行几次迭代来将误差源完全消除。

3. 某些类型的干扰，例如随机内存错误，这是罕见的，并且可以通过运行一定数量的测试集合来处理。如果干扰级别有显著的统计特征，则明显不合理的性能数据可以被剔除。

4. 任意某次测试迭代可能被系统中的其他活动所干扰。干扰可能包括其他应用、系统实用程序及守护程序、设备中断、固件中断（包括系统管理中断、SMI）、虚拟化、内存错误，以及其他一些活动。如果这些干扰是随机发生的，其影响可能通过减少迭代次数来将其最小化。

第一和第四个干扰源有相互冲突的建议。没办法，世界就是这样。本节余下部分将着眼于解决这些冲突。

小问题 11.18：其他误差源呢？例如，由于缓存及内存布局之间的相互影响？

随后的章节讨论处理这些误差的方法。11.7.5 节包括某些隔离技术，这些技术可以用于防止某些形式的干扰，11.7.6 节包括检测干扰的方法，这样可以将那些被干扰源所破坏的测量数据剔除。

11.7.5 隔离

Linux 内核提供了一些方法，来将一组 CPU 与外界干扰进行隔离。

首先，我们来看看由其他进程、线程及任务带来的干扰。POSIX `sched_setaffinity()` 系统调用可以将大部分任务从特定CPU集合中移除，并将你的测试程序限定在这些CPU集合中。Linux 特定的用户级命令 `taskset` 可被用于同样的目的。`sched_setaffinity()`和 `taskset` 都要求额外的权限。这个方法对于减小干扰十分有效，在大多数情况都足够。但是，它也有一些限制。例如，它对每 CPU 内核线程没有什么作用，而这些线程常常用于守护任务。

避免每 CPU 内核线程干扰的一种方法是，以高优先级实时任务的方式来运行你的测试。例如，使用 POSIX `sched_setscheduler()` 系统调用。如果这样做，请注意，你有责任避免死循环，否则你的测试将妨碍某些内核功能。[11]

这些方法可以大大减小，甚至完全消除来自于进程、线程及任务的干扰。但是不能防止来自于中断（不是线程化中断）的影响。Linux 允许通过`/proc/irq` 目录来对线程化中断进行控制。这个目录包含一些数字编号的目录，每中断向量一个。每个数字编号的目录包含 `smp_affinity` 及 `smp_affnity_list`。只要有足够的权限，就可以向这些文件写入一个值，将这些中断限制在特定的 CPU 集合中。例如，“`sudo echo 3 > /proc/irq/23/smp_affinity`”将向量 23 上面的中断限制在 CPU 0 和 CPU 1 上面。可以通过“`sudo echo 0-1 > /proc/irq/23/smp_affinity_list`”来得到同样的结果。你可以使用“cat /proc/interrupts”来得到系统中的中断向量列表，每 CPU 上处理了多少次中断，以及每一个中断向量被哪些设备使用了。

在你的系统中，为所有中断向量运行一个类似的命令，可以将中断限制在 CPU 0 和 CPU 1 上面，余下的 CPU 将免于受到干扰的影响。总之，让大部分 CPU 都免于受到干扰的影响。事实证明，在每一个运行在用户态的 CPU 上，调度时钟中断都会被触发。[12]另外，确保你将中断限制于其上的 CPU，它有处理相应负载的能力。

但是这仅仅针对那些与测试软件运行在相同操作系统实例上的处理器和中断进行处理。如果你将测试运行在 guest OS 中，这些 guest OS 运行在 hypervisor 之上，例如，在 Linux 上运行 KVM？虽然，从原理上来说，可以将你在 guest-OS 之上的技术，应用于 hypervisor 中。但是对于 hypervisor 这一级来说，很常见的情况是，对它的操作被严格限制于授权人员。另外，这些技术都不应用于固件级的干扰。

小问题 11.19：这些建议用于隔离测试代码的技术，难道不会影响代码的性能吗？尤其是这些技术与一项更大型应用一起运行时。

如果你发现自己处于烦人的境况，你无法阻止这些干扰出现，而是必须检测这些干扰。这将在下一步描述。

11.7.6 检测干扰

如果你不能防止干扰的影响，也许你可以在干扰出现后，检测到干扰，并且将受到干扰的测试剔除掉。11.7.6.1 节描述将那些额外测试数据进行剔除的方法，11.7.6.2 节描述基于统计进

---

[11]这是蜘蛛侠原则的一个例子：“更大的权力，意味着承担更大的责任”。

[12]FredericWeisbecker 正在开发一个自适应 ticks 的项目，这允许在任何一个只有单个运行任务的 CPU 上，关闭调度时钟中断。不幸的是，截至 2013 年初，这项工作仍然处于开发过程中。

行剔除。

11.7.6.1　通过测量检测干扰

许多系统（包括 Linux）提供在某些形式的干扰发生后，检测其是否发生的手段。例如，如果你的测试遇到基于进程的干扰，也就是在测试期间，必须发生上下文切换。在基于 Linux 的系统中，这个上下文切换将出现在/proc/<PIC>/sched 的 nr_switches 字段中。类似的，基于中断的干扰将通过/proc/interrupts 文件进行检测。

打开并读文件并不是低开销的方法。对于一个特定线程来说，可以使用 getrusage()系统调用以得到上下文切换次数，如图 11.6 所示。该调用也可以用于检测次缺页（ru_minflt）及主缺页（ru_majflt）。

不幸的是，由于虚拟化的原因，要检测内存错误和固件干扰是依赖于特定系统的。虽然回避干扰比检测干扰更好，检测干扰比统计更好，但是有些时候必须利用统计，这是下一节要处理的主题。

```
 1 #include <sys/time.h>
 2 #include <sys/resource.h>
 3
 4 /* 如果测试结果应当被剔除，就返回 */
 5 int runtest(void)
 6 {
 7   struct rusage ru1;
 8   struct rusage ru2;
 9
10   if (getrusage(RUSAGE_SELF, &ru1) != 0) {
11     perror("getrusage");
12     abort();
13   }
14   /* 在此运行测试 */
15   if (getrusage(RUSAGE_SELF, &ru2 != 0) {
16     perror("getrusage");
17     abort();
18   }
19   return (ru1.ru_nvcsw == ru2.ru_nvcsw &&
20   ru1.runivcsw == ru2.runivcsw);
21 }
```

图 11.6　使用 getrusage()检测上下文切换

11.7.6.2　通过统计检测干扰

任何静态分析都基于对数据的假设，性能微基准通常支持以下假设。

1．较小的测量结果可能比大的测量结果更精确。

2．对于良好数据来说，其测量结果的误差程度是已知的。

3．一定比例的测试运行有良好的数据。

较小的测量结果可能比大的测量结果更精确，这个事实表明，对测量结果进行升序排序将是有效的办法。[13]对于良好数据来说，其测量结果的误差程度是已知的。这个事实允许我们在误差范围内接受测量结果。如果干扰的影响大于误差，表示它是受影响的数据，可以简单的剔除它。

[13] 俗话说：“先排序，然后再提出问题”。

最后，可以假定一定比例（例如，1/3）的测试运行有良好数据，这个事实允许我们接受排序列表的前面部分中的数据，然后，这些数据可以被用于产生对测量数据的变化规律的估计。

利用这些数据来对变化进行估计，其方法是从排序列表前面开始，采用一定数量、起主导作用的元素，用它们来对元素间增量进行估计。然后可能用这个增量乘以列表中的元素数量，以获得允许值的上限。然后，该算法重复考虑列表中的下一项。如果它低于上限，并且如果下一项与前一项之间的差异不太大，没有超过迄今为止所接受元素间增量的平均值，那么就接受下一项，并重复此过程。否则，列表中余下的部分将被丢弃。

图 11.7 展示了一个实现这个目的的简单 sh/awk 脚本。其输入由一个 x 值，以及随后任意数量的 y 值列表构成，每一行输入对应一行输出，其字段如下。

1. x 值
2. 所选数据的平均值
3. 所选数据的最小值
4. 所选数据的最大值
5. 所选数据项的数量
6. 输入数据项的数量

该脚本包含三个可选参数，如下。

- --divisor：将列表划分成多少个段。例如，划分为 4 段表示前 1/4 的数据项将被认为是良好的数据。默认值是 3。
- --relerr：测量误差比例。该脚本假设：对于所有意图和目的来说，误差值低于此比例的值，其值都是相等的。默认值是 0.01，即 1%。
- --trendbreak：元素间间隔比例，超过此比例将中止趋势数据。例如，如果迄今为止，已经接受数据的平均间隔是 1.5，并且此比例参数是 2.0，而下一个数据与最后一个已经接受的数据之间的差异值是 3.0，那么趋势数据将被打断（当然，如果测试误差比例大于 3.0，这种情况下“打断”过程将被忽略）。

```
 1 divisor=3
 2 relerr=0.01
 3 trendbreak=10
 4 while test $# -gt 0
 5 do
 6  case "$1" in
 7  --divisor)
 8    shift
 9    divisor=$1
10    ;;
11  --relerr)
12    shift
13   relerr=$1
14    ;;
15  --trendbreak)
16    shift
17    trendbreak=$1
18    ;;
19  esac
20  shift
```

```
21 done
22
23 awk -v divisor=$divisor -v relerr=$relerr \
24     -v trendbreak=$trendbreak '{
25   for (i = 2; i <= NF; i++)
26     d[i - 1] = $i;
27   asort(d);
28   i = int((NF + divisor - 1) / divisor);
29   delta = d[i] - d[1];
30   maxdelta = delta * divisor;
31   maxdelta1 = delta + d[i] * relerr;
32   if (maxdelta1 > maxdelta)
33     maxdelta = maxdelta1;
34   for (j = i + 1; j < NF; j++) {
35     if (j <= 2)
36       maxdiff = d[NF - 1] - d[1];
37     else
38       maxdiff = trendbreak * \
39       (d[j - 1] - d[1]) / (j - 2);
40     if (d[j] - d[1] > maxdelta && \
41         d[j] - d[j - 1] > maxdiff)
42       break;
43   }
44   n = sum = 0;
45   for (k = 1; k < j; k++) {
46     sum += d[k];
47     n++;
48   }
49   min = d[1];
50   max = d[j - 1];
51   avg = sum / n;
52   rint $1, avg, min, max, n, NF - 1;
53 }'
```

图 11.7　干扰消除统计

图 11.7 第 1 至 3 行，设置参数的默认值。第 4 至 21 行解析那些包含这些参数的命令行。第 23、24 行的 awk 调用设置 divisor、relerr 及 trendbreak 值，使其与 sh 中相应的值一致。第 25 至 52 行以通常的 awk 方式，对每一输入行进行操作。第 24 至 26 行的循环将输入的 y 值复制到数组 d 中，而第 27 行将其递增排序。第 28 行通过除法及向上进行舍入，计算绝对可信的 y 值数量。

第 29 至 33 行计算 maxdelta 值，该值将作为 y 值上限值的下限值。第 29、30 行将 divisor 乘以可信区间数据值之差，它将可信区间的数据值之差，映射到整个 y 值的范围。这个值可能远比误差值要小，因此第 31 行计算绝对误差（d[i] * relerr），并将其加到可信区间内的差值 delta 上。第 32、33 行计算这两个值的最大值。

第 34 至 43 行的循环，每次均会试图将另一个数据值加到正确数据之上。第 35 至 39 行计算打破趋势的差异值，如果我们还没有足够的数据计算趋势值，就不中止趋势计算。第 38、39 行用 trendbreak 值乘以正确数据集中，数据差异值的平均值。如果第 40 行确认候选数据值超过上限值的下限（maxdelta），并且第 41 行确认候选数据与前一个值之间的差异，超过了“中止趋势”差异值（maxdiff），那么第 42 行退出循环，我们已经得到了完整的正确数据。

第 44 至 52 行计算并且打印数据集的统计值。

小问题 11.20： 这种做法真的有点怪异。为什么不像统计学课程讲的那样，使用均值和方差？

小问题 11.21： 如果可信数据集合中的所有 y 值都完全为 0，会怎么样？这不会导致脚本将所有非 0 值都剔除吗？

虽然干扰检测非常有用，但是它应该作为迫不得已的最后手段。首先使用避免干扰的方式要好得多（11.7.5 节），做不到这一点，才通过测量来检测干扰（11.7.6.1 节）。

11.8 总结

虽然验证永远不会成为一门严格意义上的科学，它可以通过组织途径获得。作为组织的方法，因为组织将因你的工作原因，帮助您选择正确的验证工具，避免出现像图 11.8 中描述的异想天开的情形。

图 11.8 明智选择验证方法

关键的选择是统计信息。虽然在绝大多数时间中，本章描述的方法都运行得很好，但是它们也有相应的局限。这些局限是先天性的，因为我们会试图做一些通常不可能完成的任务，这里顺便提一下“停机问题”[Tur37，Pu100]。幸运的是，正如在 11.7 中讨论的那样，有大量的特定情形，我们不仅可以搞清楚某个特定程序是否会停机，也能够预估在停机之前，它将能够运行多久。而且，对于某些程序能或者不能正常运行的情况中，我们通常能够预估它有多大的比例能够正常运行，正如 11.6 节中讨论的那样。

然而，盲目的依赖这些预估的东西，只不过是匹夫之勇。毕竟，我们将代码和数据方面的巨大复杂性，归结到单一线性的数值。即使我们可以在很大程度上避免这种匹夫之勇带来的后果，唯一合理的做法，也还是期待那些复杂的代码和数据结构，能够被抽象出来，避免偶尔引起严重的问题。

其中一种可能是问题不确定性，反复运行这样的程序，将得到很大差异的结果。这通常是通过保持一个标准差，以及均值来处理这种情况。但是实际上，试图将大型复杂程序归结为两个数值，与将其归结为一个数字一样的鲁莽。令人惊奇的是，在计算机程序中，使用均值或者同时使用均值及方差通常就足够了，虽然并不完全确保这一点。

不确定性的其中一个原因是有影响的因素。例如，链表搜索消耗的 CPU 时间，将取决于链表长度。不同的测试，其链表长度差异很大，将其运行时间进行平均是没用的，即使将方差添加到均值上面，也不会好到哪里去。正确的做法是，控制链表长度，要么将其长度置为常量，要么测量用一个链表长度的函数来测量 CPU 时间。

当然，这个建议假定你知道影响因素，而墨菲认为这不大可能。我已经涉及那些存在影响因素的空调项目了（它们在启动阶段消耗了相当大的功率，这导致计算机供电电压过低，有时会导致失败），缓存状态（导致性能突变），I/O 错误（包括磁盘错误，丢包，以及重复的以太网 MAC 地址），甚至是海豚（它们喜欢与转发器阵列一起游戏，在没有海豚时，这些转发器能够用于高精度的声音定位及导航）。

简而言之，验证工作总是需要对系统行为进行测量。这些测量手段必须对系统进行严苛的表示，它可能不是那么完全准确。正如俗语所说，“要小心，那是一个真实的世界”。

但是，假设你工作于 Linux 内核。2013 年，在全球范围内，大约有 10 亿份 Linux 实例。在这种情况下，一个每 100 万年才碰上的 BUG，将会在全球范围内，每天被碰上三次。一个在每小时内，有 50%机会碰上的 BUG，其出现的可能性将增加超过 9 个数量级。这对目前的测试方法提出了巨大的挑战。有时候，应用于此种情况，有良好效果的重要工具是形式验证，这是第 12 章的主题。

第 12 章

形式验证

并行算法难于编写，甚至难于调试。测试虽然是必要的，但是往往还不够。因为致命的竞争条件发生的几率可能很小。正确性检查是有意义的，但是与原始算法一样，易于出现人工错误。而且，不能期望正确性证明找到你的需求前提、需求缺陷，对底层软件、硬件原语的误解，或者没有考虑到进行证明的地方所引起的错误。这意味着形式验证的方法不能代替测试。

拥有一个工具来找到所有竞争条件是非常有用的。一些这样的工具已经存在，例如，12.1 节提供了对通用目的的状态空间搜索工具 Promela 语言及它的编译器 Spin 的介绍。类似的，12.2 节介绍特殊目的的 ppcmem 及 cppmem 工具，12.3 节查看一个公理方法的例子，12.4 节简要介绍 SAT 求解器。最后，12.5 节总结在并行算法验证方面，这些形式验证工具的用途。

12.1 通用目的的状态空间搜索

本节详细介绍通用目的的 Promela 和 Spin 工具，该工具可以用于对多线程代码进行多种类型的全状态空间搜索。对于数据通讯协议验证来说，它们也非常有用。12.1.1 节介绍 Promela 和 Spin，包含一组同时对非原子、原子递增进行验证的热身练习。12.1.2 描述对 Promela 的使用，包括命令行示例及其与 C 语法的比较。12.1.3 展示 Promela 可以如何被用于验证锁，12.1.4 使用 Promela 验证一个名为“QRCU”的、不常见的 RCU 实现，最后，12.1.5 节应用 Promela 于 RCU dyntick-idle 实现。

12.1.1 Promela 和 Spin

Promela 是一种设计用于帮助验证协议的语言，但是也能用于验证小的并行算法。用类似于 C 语言的 Promela 来重新编写算法，并进行正确性验证。然后使用 Spin 来将其转化为可以编译运行的 C 程序。最终的程序执行对你的算法进行一个全状态搜索，它要么确认通过验证，要么发现包含在 Promela 程序中的断言的反例。

这个全状态的搜索非常强大，但是它也是一把双刃剑。如果算法太复杂，或者 Promela 实现得比较粗心，那么状态空间可能会太大，以至于内存无法满足其要求。而且，即使有充足的内存，状态搜索过程也会运行得太久，超过了预期的宇宙生命周期。因此，请在算法复杂但是小的并行程序中使用这个工具。轻率地试图将它用在中等规模的算法（更不用说整个 Linux 内核）将非常糟糕。

Promela 和 Spin 可以通过 `http://spinroot.com/spin/whatispin.html` 下载。

上面的网站也提供到 Gerard Holzmann 关于 Promela 和 Spin 方面的优秀书籍的链接[Hol03]，可以通过下面的链接进行在线搜索。

```
http://www.spinroot.com/spin/Man/index.html
```

本书余下部分描述了如何使用 Promela 来调试并行算法，先从简单例子开始，然后逐渐深入到更复杂的算法。

12.1.1.1 Promela 热身：非原子性递增

图 12.1 展示了教科书中所讲的，非原子性递增产生的竞争条件结果。第 1 行定义了运行的进程个数（我们将改变它以观察其对状态空间的影响），第 3 行定义了计数器，第 4 行用于实现第 29 至 39 行的断言。

第 6 至 13 行定义一个过程，用来非原子性的递增计数器。参数 me 是进程编号，由后面的初始化代码进行设置。由于简单的 Promela 语句都假设为原子的，我们必须将递增代码分成第 10 至 11 两行。第 12 行的赋值标记处理过程已经完成。由于 Spin 系统会搜索整个状态空间，包含可能的状态顺序，因此没有必要使用循环，这样的循环用于传统的原子处理测试。

第 15 至 40 行是初始化代码块，它最先被执行。第 19 至 28 行实际进行初始化，而第 29 至 39 行执行断言。它们都是原子块，以避免不必要的增加状态空间。因为它们并不属于算法的某一部分，因此我们将其标记为原子的，这并不会导致验证覆盖的缺失。

第 21 至 27 行的 do-od 块实现了一个 Promela 循环，可以认为它是一个包含 switch 语句的 C `for (;;)` 循环，在这个 `switch` 语句块中，允许在 case 标签中包含表达式。考虑到本例中，在一个特定时刻，仅仅只有一个条件可能满足，因此条件块（前缀是::）并不一定都会被扫描。位于第 22 至 25 行的第一个 do-od 块初始化递增单元，然后运行递增函数，最后递增变量 `i`，第 26 行的第二个 do-od 块在任务启动后就退出循环。

第 29 至 39 行的原子块也包含一个类似的 do-od 循环，它计算进程计数值的总和。第 38 行的 `assert()` 语句检验是否所有的过程都已经完成，并且所有的计数都被正确记录。

```
1 #define NUMPROCS 2
2
3 byte counter = 0;
4 byte progress[NUMPROCS];
5
6 proctype incrementer(byte me)
7 {
8   int temp;
9
10  temp = counter;
11  counter = temp + 1;
12  progress[me] = 1;
13 }
14
15 init {
```

```
16  int i = 0;
17  int sum = 0;
18
19  atomic {
20      i = 0;
21      do
22          :: i < NUMPROCS ->
23          progress[i] = 0;
24          run incrementer(i);
25          i++
26          :: i >= NUMPROCS -> break
27      od;
28  }
29  atomic {
30      i = 0;
31      sum = 0;
32      do
33          :: i < NUMPROCS ->
34          sum = sum + progress[i];
35          i++
36          :: i >= NUMPROCS -> break
37      od;
38      assert(sum < NUMPROCS || counter == NUMPROCS)
39  }
40 }
```

图 12.1 非原子递增的 Promela 代码

你可以按如下的方法编译运行程序。

```
spin -a increment.spin          # 将模仿过程转换为 C 语言
cc -DSAFETY -o pan pan.c        # 编译模仿过程
./pan  # 运行模仿过程
```

这将会产生如图 12.2 的输出。第一行告诉我们断言被违反了（它预期给出非原子递增）。第二行中的跟踪（trall）文件描述断言是如何违反的。“Warning”行重申在我们的模式下，并非所有事情都正确完成。第二段描述已经被执行的状态搜索的类型，这种情况下，其类型是断言被违反，最终状态不正确。第三段给出状态长度统计，小的模式下有 45 种状态。最后一行显示了使用的内存。

```
pan: assertion violated ((sum<2)||(counter==2)) (at depth 20)
pan: wrote increment.spin.trail
(Spin Version 4.2.5 -- 2 April 2005)
Warning: Search not completed
        + Partial Order Reduction
Full statespace search for:
        never claim - (none specified)
        assertion violations    +
        cycle checks     - (disabled by -DSAFETY)
        invalid end states   +
State-vector 40 byte, depth reached 22, errors: 1
        45 states, stored
        13 states, matched
```

```
        58 transitions (= stored+matched)
        51 atomic steps
hash conflicts: 0 (resolved)
2.622  memory usage (Mbyte)
```

图 12.2　非原子递增 spin 输出

跟踪（trail）文件可以被整理为如下所示人类可读的格式。

它给出如图 12.3 所示的输出。正如我们所见的那样，初始化块的第一部分创建两个递增的进程，其中第一个进程获得计数器，然后两个进程都递增并保存它，这丢失了一个计数。随后断言被触发，然后最终状态被显示出来。

```
spin -t -p increment.spin

Starting :init: with pid 0
 1: proc 0 (:init:) line 20 "increment.spin" (state 1) [i = 0]
 2: proc 0 (:init:) line 22 "increment.spin" (state 2) [((i<2))]
 2: proc 0 (:init:) line 23 "increment.spin" (state 3) [progress[i] = 0]
Starting incrementer with pid 1
 3: proc 0 (:init:) line 24 "increment.spin" (state 4) [(run incrementer(i))]
 3: proc 0 (:init:) line 25 "increment.spin" (state 5) [i = (i+1)]
 4: proc 0 (:init:) line 22 "increment.spin" (state 2) [((i<2))]
 4: proc 0 (:init:) line 23 "increment.spin" (state 3) [progress[i] = 0]
Starting incrementer with pid 2
 5: proc 0 (:init:) line 24 "increment.spin" (state 4) [(run incrementer(i))]
 5: proc 0 (:init:) line 25 "increment.spin" (state 5) [i = (i+1)]
 6: proc 0 (:init:) line 26 "increment.spin" (state 6) [((i>=2))]
 7: proc 0 (:init:) line 21 "increment.spin" (state 10) [break]
 8: proc 2 (incrementer) line 10 "increment.spin" (state 1) [temp = counter]
 9: proc 1 (incrementer) line 10 "increment.spin" (state 1) [temp = counter]
10: proc 2 (incrementer) line 11 "increment.spin" (state 2) [counter = (temp+1)]
11: proc 2 (incrementer) line 12 "increment.spin" (state 3) [progress[me] = 1]
12: proc 2 terminates
13: proc 1 (incrementer) line 11 "increment.spin" (state 2) [counter = (temp+1)]
14: proc 1 (incrementer) line 12 "increment.spin" (state 3) [progress[me] = 1]
15: proc 1 terminates
16: proc 0 (:init:) line 30 "increment.spin" (state 12) [i = 0]
16: proc 0 (:init:) line 31 "increment.spin" (state 13) [sum = 0]
17: proc 0 (:init:) line 33 "increment.spin" (state 14) [((i<2))]
17: proc 0 (:init:) line 34 "increment.spin" (state 15) [sum = (sum+progress[i])]
17: proc 0 (:init:) line 35 "increment.spin" (state 16) [i = (i+1)]
18: proc 0 (:init:) line 33 "increment.spin" (state 14) [((i<2))]
18: proc 0 (:init:) line 34 "increment.spin" (state 15) [sum = (sum+progress[i])]
18: proc 0 (:init:) line 35 "increment.spin" (state 16) [i = (i+1)]
19: proc 0 (:init:) line 36 "increment.spin" (state 17) [((i>=2))]
20: proc 0 (:init:) line 32 "increment.spin" (state 21) [break]
spin: line 38 "increment.spin", Error: assertion violated
spin: text of failed assertion: assert(((sum<2)||(counter==2)))
21: proc 0 (:init:) line 38 "increment.spin" (state 22)
[assert(((sum<2)||(counter==2)))]
spin: trail ends after 21 steps
```

```
#processes: 1
    counter = 1
    progress[0] = 1
    progress[1] = 1
21: proc 0 (:init:) line 40 "increment.spin" (state 24) <valid end state>
3 processes created
```

图 12.3　非原子递增产生的错误

12.1.1.2　Promela 热身：原子递增

像图 12.4 那样，通过一个原子块来替换递增过程，以简单修复这个例子。由于 Promela 语句是原子的，因此一个简单的方法是用 `counter = counter + 1` 语句来替换递增语句对。无论如何，运行这个修改过的模型会得到一个无错误的状态空间遍历，如图 12.5 所示。

```
1 proctype incrementer(byte me)
2 {
3   int temp;
4
5   atomic {
6       temp = counter;
7       counter = temp + 1;
8   }
9   progress[me] = 1;
10 }
```

图 12.4　原子递增 Promela 代码

```
(Spin Version 4.2.5 -- 2 April 2005)
          + Partial Order Reduction
Full statespace search for:
          never claim - (none specified)
          assertion violations +
          cycle checks - (disabled by -DSAFETY)
          invalid end states +
State-vector 40 byte, depth reached 20, errors: 0
          52 states, stored
          21 states, matched
          73 transitions (= stored+matched)
          66 atomic steps
hash conflicts: 0 (resolved)
2.622 memory usage (Mbyte)
unreached in proctype incrementer
           (0 of 5 states)
unreached in proctype :init:
           (0 of 24 states)
```

图 12.5　原子递增 spin 输出

表 12.1 以递增模仿线程数量为变量的函数形式，展示了状态数量以及消耗的内存（通过重新定义 NUMPROCS 的方式）。

表 12.1　递增模型内存使用

# 递增线程数量	# 状态数量	内存数量（MB）
1	11	2.6

续表

# 递增线程数量	# 状态数量	内存数量（MB）
2	52	2.6
3	372	2.6
4	3,496	2.7
5	40,221	5.0
6	545,720	40.5
7	8,521,450	652.7

因此，不必要的运行大型模型，这看起来让人不乐观。虽然 652MB 对于现代桌面及笔记本电脑来说，还在其限制范围内。

针对这个例子，让我们更进一步看看用于分析 Promela 模型的命令，然后看看更复杂的例子。

12.1.2 如何使用 Promela

给定一个源文件 `qrcu.spin`，可以使用如下命令。

- `spin -a qrcu.spin` 创建一个文件 pan.c，该文件搜索所有状态机。
- `cc -DSAFETY -o pan pan.c` 编译生成的状态机搜索程序。如果仅仅只有断言（也许没有任何语句），`-DSAFETY` 生成最优化的结果。如果有某些活性、公平性或者前向检查，则必须不使用`-DSAFETY` 进行编译。如果必须使用`-DSAFETY`，而没有使用它进行编译，程序将会提示。

`-DSAFETY` 的优化结果是大大提高速度，因此当能够使用它时，就应当使用它。一个不能使用`-DSAFETY` 的例子是通过`-DNP` 检查活锁。

- `./pan` 真正的搜索状态空间。即使是小的状态机，状态数量也可能达到上千万个。因此需要一个大内存的机器。例如，有 3 个读者和 2 个写者的 qrcu.spin 需要 2.7GB 内存。

如果你不确定自己的机器是否有足够内存，就在一个窗口运行 `top`，在另一个窗口运行 `./pan`，关注 `./pan` 窗口，这样可以在必要的时候快速杀死它。一旦 CPU 空闲时间远低于 100%，就杀死 `./pan`。如果焦点已经从运行 `./pan` 的窗口移开，可能需要等待一段时间，此时窗口系统才会能获得足够的内存以响应输入。

不要忘记捕获输出，特别是你在远程机器上工作的时候。

如果你的模型包含前向检查，则很有可能需要通过 `./pan` 的`-f` 命令行参数打开“weak fairness”。如果前向检查涉及 `accept` 标签，也需要`-a` 参数。

- `spin -t -p qrcu.spin` 生成某次运行产生的跟踪文件，该运行遇到某些错误，并输出产生错误的步骤。`-g` 标志将包含被改变的全局变量值的值，`-l` 标志将包含被改变的局部变量值的值。

12.1.2.1 Promela 特色

虽然所有计算机语言都是类似的，但是 Promela 仍然会给使用 C、C++或者 Java 的人们带来一些惊奇。

1. 在 C 中，“;”结束一条语句。在 Promela 中，它将语句进行分隔。幸运的是，最近的 Spin 版本已经变得对此比较宽松了。

2．Promela 的循环，do 语句需要循环条件。该 do 语句类似于 if-then-else 语句循环。

3．在 C 的 switch 语句中，如果没有匹配的情况，整个语句被忽略。在 Promela 中，含混的调用 if，而如果没有相应的保护表达式，将得到一个错误，而且没有相应的可供识别的错误消息。因此，如果错误输出指向无辜的代码行，请检查在 if 或 do 语句中是否遗漏了某个条件。

4．当在 C 中创建一个压力测试时，通常会将可疑操作相互放在一起运行。在 Promela 中，取而代之的是运行一个单一的操作，因为 Promela 会找出该操作所有可能的结果。有时需要在 Promela 中进行循环操作，例如，如果多个操作交叉，这样会大大增加状态空间的大小。

5．在 C 中，最易做的事情是维护一个循环计数，以跟踪进度并中止循环。在 Promela 中，循环计数必须被避免（就像避免瘟疫那样），因为它们会导致状态空间迅速增大。从另一个角度来说，在 Promela 中，使用一个无限循环来实现是没有关系的，只要循环里面没有对变量进行单调递增或者递减——Promela 将计算出到底需要多少次循环，并且自动删除不必要的执行。

6．在 C 压力测试代码中，使用一个每线程控制变量通常是明智的。这易于阅读，对调试测试代码来说也是很有帮助的。在 Promela 中，仅仅在没有其他可选方法时，才使用每线程变量。要明白这一点，考虑一个 5 任务的验证，每一位表示一个任务完成。这会导致 32 个状态。相对来说，一个简单的计数器只有 6 种状态，状态数整整少了 5 倍。5 倍看起来不是一个问题，但是如果你在为一个超过 150M 的状态空间、消耗 10GB 内存的验证程序而挣扎时，就不是这样了。

7．无论是 C 还是 Promela 的压力测试代码中，其中一个最具挑战性的事情，是编写一个好的 assert。Promela 也允许从不执行这样的动作。

8．在 Promela 中，分而治之对于将状态空间保持在可控范围内是很有用的。将一个大的模型分成两个大致相等的部分，会导致状态空间减少到它的 sqrt 那么多。例如，100 万个状态组合将减少到一组只有一千个状态的模型。让 Promela 处理两个更小的模型，是因为 Promela 处理得更快，使用的内存更少，两个更小的算法也更易于让人理解。

12.1.2.2 Promela 编程技巧

Promela 被设计用于分析协议，因此将它用于并行编程算是有点滥用。以下的技巧可以帮助你安全地用好它。

1．内存乱序。假设有一对语句，它将全局变量 x、y 复制到局部变量 r1、r2 中。这有内存顺序方面的问题（没有锁保护），可以用如下方法。

```
1 if
2 :: 1 -> r1 = x;
3   r2 = y
4 :: 1 -> r2 = y;
5   r1 = x
6 fi
```

两个 if 语句分支会被非确定性的选取，因为它们都是可用的。因为全状态空间被选择，所以两个选择最终会覆盖所有情况。

当然，过多使用这个技巧会导致状态空间快速增长。另外，这需要预料到可能的乱序情况。

2．状态压缩。如果有复杂的断言，在 atomic 块内赋值。毕竟，它们不是算法的一部分。复杂断言的一个例子（更详细的细节随后讨论）如图 12.6。

```
1 i = 0;
2 sum = 0;
```

```
 3 do
 4 :: i < N_QRCU_READERS ->
 5   sum = sum + (readerstart[i] == 1 &&
 6     readerprogress[i] == 1);
 7   i++
 8 :: i >= N_QRCU_READERS ->
 9   assert(sum == 0);
10   break
11 od
```

图 12.6　复杂的 Promela 断言

没有理由非原子的执行这个断言，因为它实际上不是算法的一部分。由于每一个语句都会增加状态数量，我们可以将它放到 atomic 块中，以减少无用的状态数量。如图 12.7 所示。

```
 1 atomic {
 2   i = 0;
 3   sum = 0;
 4   do
 5   :: i < N_QRCU_READERS ->
 6       sum = sum + (readerstart[i] == 1 &&
 7           readerprogress[i] == 1);
 8       i++
 9 :: i >= N_QRCU_READERS ->
10       assert(sum == 0);
11       break
12
```

图 12.7　用于复杂 Promela 断言的原子块

3．Promela 不提供函数。必须使用 C 预处理宏来代替。但是，要小心使用它们以避免状态组合快速增加。

现在，我们准备见识一下更复杂的例子。

12.1.3　Promela 示例：锁

由于锁通常是有用的，因此在 lock.h 提供 spin_lock() 和 spin_unlock() 宏，这些宏可以被多个 Promela 模型所包含，如图 12.8。

```
 1 #define spin_lock(mutex) \
 2   do \
 3   :: 1 -> atomic { \
 4       if \
 5       :: mutex == 0 -> \
 6         mutex = 1; \
 7         break \
 8       :: else -> skip \
 9       fi \
10     } \
11   od
12
13 #define spin_unlock(mutex) \
14   mutex = 0
```

图 12.8　用于 Spinlock 的 Promela 代码

spin_lock()宏包含一个位于第2至12行的do-od死循环，由第3行的单一条件表达式“1”表示。循环体是一个单一的原子块，它包含一个if-fi 语句。if-fi结构类似于do-od结构，但是它执行一次而不是循环执行。如果在第5行没有持有锁，则在第6行获取它，第7行则退出循环（也退出原子块）。另一方面，如果锁在第8行被持有了，则什么也不做（skip），结束if-fi以及原子块，再次进入外层循环，重复此过程直到锁可用。

spin_unlock() 宏简单的标记不再持有锁。

注意，不再需要内存屏障，因为Promela假设是强序的。在任一特定的Promela 状态，所有处理器都与当前处理器拥有一致的状态，以及一致的状态变化顺序，这些状态变化导致我们得到当前的状态。这与某些计算机系统的“顺序一致性”内存模型类似（如MIPS和PA-RISC）。正如之前提示及随后的例子将所看到的那样，弱序模型必须显式地编码。

```
 1 #include "lock.h"
 2
 3 #define N_LOCKERS 3
 4
 5 bit mutex = 0;
 6 bit havelock[N_LOCKERS];
 7 int sum;
 8
 9 proctype locker(byte me)
10 {
11   do
12   :: 1 ->
13     spin_lock(mutex);
14     havelock[me] = 1;
15     havelock[me] = 0;
16     spin_unlock(mutex)
17   od
18 }
19
20 init {
21   int i = 0;
22   int j;
23
24 end: do
25   :: i < N_LOCKERS ->
26     havelock[i] = 0;
27     run locker(i);
28     i++
29   :: i >= N_LOCKERS ->
30     sum = 0;
31     j = 0;
32     atomic {
33       do
34       :: j < N_LOCKERS ->
35         sum = sum + havelock[j];
36         j = j + 1
37       :: j >= N_LOCKERS ->
38         break
```

```
39          od
40        }
41        assert(sum <= 1);
42        break
43      od
44 }
```

图 12.9 测试 Spinlocks 的 Promela 代码

这些宏被图 12.9 所示的 Promela 代码所测试。这段代码与测试递增的代码类似，第三行的 N_LOCKERS 宏定义了测试进程数量。Mutex 自身在第 5 行定义，第 6 行定义的数组用于跟踪锁的持有者，第 7 行被断言代码使用，用来校验仅仅只有一个进程持有锁。

locker 函数位于第 9 至 18 行，在第 13 行简单的循环申请锁，第 14 行表示它获取了锁，第 15 行表示它释放了锁，第 16 行释放锁。

第 20 至 44 行的初始化块是初始化当前 locker 的 havelock 数组，其入口在第 26 行，第 27 行启动当前 locker。第 28 行递进到下一个 locker。一旦所有 locker 线程被创建， do-od 循环开始执行第 29 行，它检查断言。第 30、31 行初始化控制变量，第 32 至 40 行原子的计算数组节点的和，第 41 行是断言，42 行退出循环。

我们可以分别将以上两个代码片段放到名为 lock.h 和 lock.spin 的文件，来运行这个模型，然后运行以下命令。

```
spin -a lock.spin
cc -DSAFETY -o pan pan.c
./pan
```

输出结果类似于图 12.10。正如预期的那样，没有断言错误（“errors: 0”）。

```
(Spin Version 4.2.5 -- 2 April 2005)
       + Partial Order Reduction
Full statespace search for:
       never claim - (none specified)
       assertion violations +
       cycle checks - (disabled by -DSAFETY)
       invalid end states +

State-vector 40 byte, depth reached 357, errors: 0
       564 states, stored
       929 states, matched
       1493 transitions (= stored+matched)
       368 atomic steps
hash conflicts: 0 (resolved)

2.622 memory usage (Mbyte)

unreached in proctype locker
       line 18, state 20, "-end-"
        (1 of 20 states)
unreached in proctype :init:
        (0 of 22 states)
```

图 12.10 Spinlock 测试输出

小问题 12.1：为什么在 locker 里面有一个不可到达的语句？最终，这不是一个全状态空间的搜索吗？

小问题 12.2：这个例子中有什么样的 Promela 代码样式问题？

12.1.4 Promela 示例: QRCU

最后一个例子展示了在 Oleg Nesterov 的 QRCU[Nes06a，Nes06b]中实际使用的示例。但是经过修改，以加速 `synchronize_qrcu()` 的快速路径。

但是首先需要搞清楚，什么是 QRCU?

QRCU 是 SRCU[McK06]的变体，它用于这样的场合，读负载更多（对一个全局变量进行原子递增和递减），并且极低的优雅周期延迟的情况。如果没有读者，优雅周期将在 1μs 内检测出来。与之相对的是，绝大部分其他 RCU 实现则有几毫秒的延迟。

1. 存在一个 `qrcu_struct`，它定义一个 QRCU 域。像 SRCU 一样（与其他 RCU 变体不一样），QRCU 的活动不是全局性的，它专注于特定的 `qrcu_struct`。

2. 存在 `qrcu_read_lock()` 和 `qrcu_read_unlock()` 原语，它确定了 QRCU 读端临界区。相应的 `qrcu_struct` must 必须传递给这些原语，并且 `rcu_read_lock()` 的返回值必须传递给 `rcu_read_unlock()`。

例如

```
idx = qrcu_read_lock(&my_qrcu_struct);
/* 读端临界区 */
qrcu_read_unlock(&my_qrcu_struct, idx);
```

3. 存在一个 `synchronize_qrcu()` 原语，它将阻塞，直接所有已经存在的 QRCU 读临界区完成。但是与 SRCU 的 `synchronize_srcu()` 一样，QRCU 的 `synchronize_qrcu()` 仅仅需要等待那些使用相同 `qrcu_struct` 的读临界区。

例如，`synchronize_qrcu(&your_qrcu_struct)` 不必等待前面的 QRCU 读临界区。作为对比，`synchronize_qrcu(&my_qrcu_struct)` 则必须等待，因为它共享相同的 `qrcu_struct`。

一个 QRCU 的 Linux 内核补丁已经产生[McK07b]，但是直到 2008 年 4 月都还没有被包含进入 Linux 内核。

```
1 #include "lock.h"
2
3 #define N_QRCU_READERS 2
4 #define N_QRCU_UPDATERS 2
5
6 bit idx = 0;
7 byte ctr[2];
8 byte readerprogress[N_QRCU_READERS];
9 bit mutex = 0;
```

图 12.11 QRCU 全局变量

回到 QRCU 的 Promela 代码，全局变量如图 12.11 所示。这个例子使用锁，因此包含了 `lock.h`。读者和写者的数量都可以通过使用两个 `#define` 语句来改变，这让我们使用两种而不是一种途径来创建大量的组合。idx 变量控制哪一个 ctr 数组元素用于读者。readerprogress 变量允许断言判断所有读者何时已经全部完成（因为直到每一个存在的读者已经结束它们的读临界区时，QRCU 才允许完成更新）。readerprogress 数组元素有如下的值，这些值表示相应读者的状态。

1. 0：还没有开始
2. 1：处于 QRCU 读临界区
3. 2：QRCU 读临界区已经结束

最后，mutex 变量用于写者操作的串行化。

QRCU 读者处理过程是 qrcu_reader()，如图 12.12。do-od 循环位于第 5 至 16 行，第 6 行的单条件“1”使之成为一个死循环。第 7 行得到全局索引的当前值，如果它的值不是 0（atomic_inc_not_zero()），则在第 8 至 15 行原子的递增它（并退出死循环）。第 17 行标记它处于 RCU 读临界区，第 18 行标记它从临界区退出。第 19 行原子的递减相同的计数器，我们曾经递增过此计数器，因为我们已经退出了 RCU 读端临界区。

```
 1 proctype qrcu_reader(byte me)
 2 {
 3  int myidx;
 4
 5  do
 6      :: 1 ->
 7      myidx = idx;
 8      atomic {
 9          if
10              :: ctr[myidx] > 0 ->
11              ctr[myidx]++;
12              break
13          :: else -> skip
14          fi
15      }
16  od;
17  readerprogress[me] = 1;
18  readerprogress[me] = 2;
19  atomic { ctr[myidx]-- }
20 }
```

图 12.12　QRCU 读者

如图 12.13 的 C 预处理宏计算计数器对的总和，它模拟弱序的实现。第 2 至 13 行取得其中一个计数器，第 14 行取得另外的值并计算总和。原子块由一个 do-od 语句组成。这个 do-od 语句（位于第 3 至 12 行）是不同寻常的，它包含两个无条件分支，其分支条件位于第 4 行和第 8 行，这导致 Promela 随机选择两个中的一个（再次提醒，全状态空间的搜索导致 Promela 最终构造所有可能的选择）。第一个分支得到第 0 个计数器并设置 i 为 1(因此第 14 行将获取第一个计数器)。而第二个分支正好相反，它获得第一个计数器并将 i 设置为 0(因此第 14 行将获得第二个计数器)。

```
1 #define sum_unordered \
2 atomic { \
3   do \
4       :: 1 -> \
5           sum = ctr[0]; \
6           i = 1; \
```

```
7           break \
8       :: 1 -> \
9           sum = ctr[1]; \
10          i = 0; \
11          break \
12  od; \
13 } \
14 sum = sum + ctr[i]
```

图 12.13　QRCU 弱序求和

小问题 12.3：有更直接的方法编写 do-od 语句吗？

使用 sum_unordered 宏，我们现在可以如图 12.14 所示处理写端过程。写端不确定的重复执行，相应的 do-od 循环位于第 7 至 57 行。每一次的循环首先获得全局 readerprogress 数组的快照，存到第 12 至 21 行的局部 readerstart 数组中。这个快照将用于第 53 行的断言。第 23 行调用 sum_unordered，然后，如果快速路径潜在可用，则在第 24 至 27 行重新调用 sum_unordered。

如果有必要，在第 28 至 40 行执行慢速代码。第 30、38 行获得、释放写锁，第 31、33 行切换索引，第 34 至 37 行等待所有的读者完成。

第 44 至 56 行比较 readerprogress 数组与 readerstart 数组的当前值，如果任何读者在写者仍然在运行之前开始的话，将触发一个断言。

```
1 proctype qrcu_updater(byte me)
2 {
3   int i;
4   byte readerstart[N_QRCU_READERS];
5   int sum;
6
7   do
8       :: 1 ->
9
10      /* 对读端状态进行快照 */
11
12      atomic {
13          i = 0;
14          do
15              :: i < N_QRCU_READERS ->
16                  readerstart[i] = readerprogress[i];
17                  i++
18              :: i >= N_QRCU_READERS ->
19                  break
20          od
21      }
22
23      sum_unordered;
24      if
25      :: sum <= 1 -> sum_unordered
26      :: else -> skip
27      fi;
28      if
```

```
29          :: sum > 1 ->
30              spin_lock(mutex);
31              atomic { ctr[!idx]++ }
32              idx = !idx;
33              atomic { ctr[!idx]-- }
34              do
35                  :: ctr[!idx] > 0 -> skip
36                  :: ctr[!idx] == 0 -> break
37              od;
38              spin_unlock(mutex);
39          :: else -> skip
40      fi;
41
42      /* 验证读端进程 */
43
44      atomic {
45          i = 0;
46          sum = 0;
47          do
48              :: i < N_QRCU_READERS ->
49                  sum = sum + (readerstart[i] == 1 &&
50                  readerprogress[i] == 1);
51                  i++
52              :: i >= N_QRCU_READERS ->
53                  assert(sum == 0);
54                  break
55          od
56      }
57  od
58 }
```

图 12.14 QRCU 写者

问题 12.4：为什么在第 12 至 21 行和第 44 至 56 行有原子块，在这些原子块中的操作并没有在任何已有微处理器上实现？

问题 12.5：第 24 至 27 行真的有必要对计数器重新求和吗？

所有余下的代码是初始化块，如图 12.15。这个块简单的在第 5 至 6 行初始化计数器。在第 7 至 14 行创建读线程，在第 15 至 21 行创建写者线程。为了减少状态空间，这些代码都处于原子块中。

```
1 init {
2   int i;
3
4   atomic {
5       ctr[idx] = 1;
6       ctr[!idx] = 0;
7       i = 0;
8       do
9           :: i < N_QRCU_READERS ->
10              readerprogress[i] = 0;
11              run qrcu_reader(i);
12              i++
```

```
13         :: i >= N_QRCU_READERS -> break
14     od;
15     i = 0;
16     do
17         :: i < N_QRCU_UPDATERS ->
18             run qrcu_updater(i);
19             i++
20         :: i >= N_QRCU_UPDATERS -> break
21     od
22   }
23 }
```

图 12.15 QRCU 初始化

12.1.4.1 运行 QRCU 示例

要运行 QRCU 示例，将前一节的代码片段组合到单个文件 qrcu.spin 中。并且将 spin_lock()和 spin_unlock()的定义放到文件 lock.h 中。然后使用以下的命令构建并运行 QRCU。

```
spin -a qrcu.spin
cc -DSAFETY -o pan pan.c
./pan
```

输出结果表示，该模型通过了如表 12.2 中所示的所有情形。看来，它可以很好的运行 3 个读者和 3 个写者的情况。但是，简单推算一下，在最好的情况下，这将需要数 TB 的内存，该怎么办呢？下面是一些可能的方法。

表 12.2 QRCU 内存使用

写者数量	读者数量	# 状态数	内存数量（MB）
1	1	376	2.6
1	2	6,177	2.9
1	3	82,127	7.5
2	1	29,399	4.5
2	2	1,071,180	75.4
2	3	33,866,700	2,715.2
3	1	258,605	22.3
3	2	169,533,000	14,979.9

- 看看较少的读者和写者是否足以证明通常的情况。
- 手动进行正确性校验。
- 使用更多有用的工具。
- 分而治之。

后面几节将描述这几种方法。

12.1.4.2 到底需要多少读者和写者？

一个方法是小心检查 qrcu_updater() Promela 代码，并且注意到：全局状态变化仅仅在锁的保护下发生。因此，在同一时刻仅仅一个写者可能修改状态，该状态被其他读者和写者所见。这意味着状态变化的任何序列可以被单个写者依次执行，这是由于如下事实，Promela 执行全状态空间搜索。因此，最多需要 2 个写者，其中一个修改状态，另一个将它搞乱。

读者的情况是不明确的，因为每一个读者仅仅执行一个单一的读临界区然后退出。可能存在的争论是：有用的读者数量是受限的，因为快速路径必定看到计数器为 0 或者 1。这是一个有意义的考察点，实际上，这引导出 12.1.4.3 节中描述的正确性证明。

12.1.4.3 可选方法：正确性证明

一个非正式的证明[McK07b]如下。

1. 对于 synchronize_qrcu() 过早退出的情况，那么根据定义，在 synchronize_qrcu() 完整执行期间，要求至少一个读者存在。

2. 在此时间间隔期间，与读者对应的计数器至少是 1。

3. 在所有时间范围内，synchronize_qrcu() 代码强制其中一个计数器至少为 1。

4. 因此，在任一给定点，要么任意一个计数器至少为 2，要么两个计数器都不小于 1。

5. 但是，synchronize_qrcu() 快速代码只能在特定时间读取一个计数器的值。因此，有可能快速路径的代码在第一个计数器为 0 时获得其值，但是与计数器切换产生竞争，这样第二个计数器被识别为 1。

6. 可能至多有一个读者经历了这样一种竞争条件，否则其总计值将为 2 或者更大，这将导致写者执行慢速路径。

7. 但是如果竞争发生在快速路径第一次读取计数器，然后再次读取其值时，这将必然存在两次计数器切换。

8. 由于一个特定写者仅仅翻转计数器一次，并且写端锁防止两个写者并发翻转计数器，因此，快速路径的代码碰上计数器两次切换这种竞争的唯一途径是：第一个写者完成。

9. 但是只有在所有已经存在的读者已经完成后，第一个写者才会完成。

10. 因此，如果在快速路径上，计数器连续翻转了两次，那么所有已经存在的读者必然已经完成，它可以放心地执行安全路径。

当然，并不是所有的并行算法都可以这样简单地进行证明。这种情况下，可能需要更多有用的工具。

12.1.4.4 可选方法: 更多有用的工具

虽然 Promela 和 Spin 十分有用，但是也存在更多有用的工具，特别是用于验证硬件的工具。这意味着，如果能将算法转换为硬件设计 VHDL 语言，它通常用于非常底层的并行算法，就可以将这些工具用于代码（例如，已经针对第一个实时 RCU 算法用过这些工具了）。但是，这些工具十分昂贵。

虽然商业的多处理器的出现可能导致强大的自由软件模型检查器戏剧性的具有减少状态空间的能力，但是现在还没有什么大的帮助。

除此之外，有一些 Spin 特性，这些特性支持近似搜索特性，其需要固定数量的内存。但是，在验证并行算法时，我从来没能让自己相信这种近似的东西。

另外的方法也许就是分而治之。

12.1.4.5 可选方法: 分而治之

通常情况下，将大的并行算法分割成小的片段是可能的，这样可以分别的证明它们。例如，一个 100 亿状态空间的模型可能被分成两个 10 万状态空间的模型。讨论这种方法不仅仅会使

Promela 这样的工具变得更易于驱动算法，也会使算法更易于理解。

12.1.4.1 QRCU 真的正确吗

我们有一个基于 Promela 的机器证明，以及一个手动证明，二者都表示的确如此。但是，最近一篇由 Alglave 等人提供的论文[AKT13]却说并不是这样(参见论文 5.1 节，位于第 12 页底部)。怎么回事?

我不知道，因为我从没能够跟踪代码，Algave、Kroening 和 Tautschig 在该份代码中发现了一个缺陷。虽然作者指出，并发基准程序不必然等同于真实世界中的例子，而他们发现的缺陷来自于真实世界。某种意义来说，这没有关系。因为 QRCU 从没有被接收进 Linux 内核，在我的记忆中，它也从没有被用于产品化软件。

但是，如果你想使用 QRCU，请小心为上。它的正确性证明本身可能正确，也可能不正确。这也是为什么形式验证不可能完全取代测试的原因之一。

问题 12.6：既然我们有两个独立的，针对这里描述的 QRCU 算法的正确性证明，并且正确性证明很可能包含不同的算法，为什么还有怀疑的余地?

12.1.5 Promela 初试牛刀：dynticks 和可抢占 RCU

在 2008 初，一个 RCU 的可抢占变种被接收到 Linux 主分支，用来支持实时负载。这是类似于-rt 补丁中的 RCU 实现的变种。-rt 补丁[Mol05]源自 2005 年 8 月。实时负载需要可抢占 RCU，因为原有的 RCU 实现在整个 RCU 读临界区中禁止了抢占，这导致过度的实时延迟。

但是，原有的-rt 实现有一个缺点（在附录中描述），每一个优雅周期都需要每一个 CPU 上的工作全部完成，即使 CPU 处于低电源的“dynticks-idle”状态，这种状态下是不可能执行 RCU 读临界区的。基于 dynticks-idle 状态的愿望是空闲 CPU 应当完全关闭电源以节省能量。简而言之，在最近的 Linux 内核中，可抢占 RCU 可能使最近的 Linux 内核失去了一个有价值的节能功能。虽然 Josh Triplett 和 Paul McKenney 已经讨论过一些方法以允许 CPU 在 RCU 优雅周期内保持低电源状态(因此保留了 Linux 内核节能的功能)，但是直到 Steve Rostedt 在-rt 补丁中实现带抢占的 RCU 的新 dyntick 实现前，事情还没有达到紧要关头。

这个组合导致一个 Steve 的系统在启动时挂起，因此在 2007 年 10 月，Paul 为可抢占 RCU 优雅周期编写了一个 dynticks 友好的修改版本。Steve 编写 `rcu_irq_enter()`和 `rcu_irq_exit()`接口，这两个接口在 `irq_enter()`和 `irq_exit()`中断进入/退出函数中调用。这些 `rcu_irq_enter()`和 `rcu_irq_exit()`函数是必要的，以允许 RCU 可靠地处理这样的情形，由于一个包含 RCU 读端临界区的中断处理程序的原因，dynticks-idle CPU 被立即加电。由于这些适当的修改，Steve 的系统能正常启动。但是 Paul 假定我们不能一次性搞定代码，因此继续检查代码。

Paul 从 2007 年 10 月到 2008 年 2 月反复审查代码，每次几乎都能够找到至少一个 BUG。在一种情况下，Paul 甚至在意识到一个 BUG 是虚幻的 BUG 之前，就编码并测试一个修复。实际上，在所有情况下，“BUG”都是虚幻的。

2008 年 2 月底的时候，Paul 对此已经有点疲倦了。因此他决定获得 Promela 和 Spin 的帮助[Hol03]，如第 12 章中所述。随后将展示 7 个越来越接近实际的 Promela 模型，在最后一个模型中，为状态空间消耗了 40GB 的主内存。

更重要的是，Promela 和 Spin 真的为我发现了一个很难捉摸的 BUG！

问题 12.7：那太大了！现在，假如我没有 40G 主存的机器，该怎么办？

拥有更小的状态空间的简单的、快速的算法就好了。更好的是，算法如此简单，以至于它的正确性对于观察者来说显而易见。

12.1.5.1 节给出了可抢占 RCU 的 dynticks 接口概要，12.1.6 节，和 12.1.6.8 节列出了在这项工作中得到的经验教训。

12.1.5.1　可抢占 RCU 和 dynticks 介绍

每 CPU 的 `dynticks_progress_counter` 变量是 dynticks 和可抢占 RCU 之间接口的重要部分。当相应的 CPU 是否处于 dynticks-idle 模式时，这个变量拥有偶数值，否则为奇数值。CPU 由于以下三个原因退出 dynticks-idle 模式。

1．开始运行一个任务

2．当进入最外层的嵌套中断处理时

3．当进入 NMI 处理时

可抢占 RCU 的优雅周期机制采样 `dynticks_progress_counter` 变量的值，以确定 dynticks-idle CPU 什么时候可以被安全的忽略。

随后三节给出了任务接口、中断/NMI 接口的概要，以及优雅周期机制如何使用 `dynticks_progress_counter` 变量。

12.1.5.2　任务接口

当一个特定的 CPU 由于没有更多任务需要运行而进入 dynticks-idle 模式时，它调用 `rcu_enter_nohz()`。

```
1 static inline void rcu_enter_nohz(void)
2 {
3   mb();
4   __get_cpu_var(dynticks_progress_counter)++;
5   WARN_ON(__get_cpu_var(dynticks_progress_counter) & 0x1);
6 }
```

这个函数简单的递增 `dynticks_progress_counter` 并检查结果是否为偶数，但是它首先执行一个内存屏障，以确保任何其他 CPU 看见 `dynticks_progress_counter` 的新值前，将先看到前面的任何 RCU 读临界区已经完成。

类似的，当一个处于 dynticks-idle 模式的 CPU 准备执行一个新的任务时，它调用 `rcu_exit_nohz`。

```
1 static inline void rcu_exit_nohz(void)
2 {
3   __get_cpu_var(dynticks_progress_counter)++;
4   mb();
5   WARN_ON(!(__get_cpu_var(dynticks_progress_counter) &
6             0x1));
7 }
```

这个函数再次递增 `dynticks_progress_counter`，随后执行一个内存屏障，以确保任何其他 CPU 看到随后的 RCU 读临界区的结果前，将看到递增后的 `dynticks_progress_counter`

值。最后，rcu_exit_nohz()检查递增后的结果是否是一个奇数值。

rcu_enter_nohz()和 rcu_exit_nohz 函数处理这样的情形，CPU 通过执行任务而进入或者退出 dynticks-idle 模式。但是它不处理中断，这将是 12.1.5.3 节的内容。

12.1.5.3 中断接口

rcu_irq_enter()和 rcu_irq_exit()函数处理进入、退出中断/NMI 的情况。当然，嵌套中断也必须正确的考虑。嵌套中断的可能性由第二个每 CPU 变量处理，rcu_update_flag，在进入一个中断或者 NMI（rcu_irq_enter()）时递增它的值，并在退出时递减它的值（rcu_irq_exit()）。另外，已经存在的 in_interrupt()原语用来区分是处于最外层中断还是处于嵌套中断之内。

进入中断由下面的 rcu_irq_enter 处理。

```
 1 void rcu_irq_enter(void)
 2 {
 3   int cpu = smp_processor_id();
 4
 5   if (per_cpu(rcu_update_flag, cpu))
 6     per_cpu(rcu_update_flag, cpu)++;
 7   if (!in_interrupt() &&
 8       (per_cpu(dynticks_progress_counter,
 9              cpu) & 0x1) == 0) {
10     per_cpu(dynticks_progress_counter, cpu)++;
11     smp_mb();
12     per_cpu(rcu_update_flag, cpu)++;
13   }
14 }
```

第 3 行得到当前 CPU 号，如果 rcu_update_flag 值不为 0，则第 5、6 行递增其计数。第 7 至 9 行检查我们是否处于最外层中断，如果是，则无论如何 dynticks_progress_counter 需要被递增。第 10 行递增 dynticks_progress_counter，第 11 行执行一个内存屏障，第 12 行递增 rcu_update_flag。如同 rcu_exit_nohz()，内存屏障确保任何其他 CPU 看到中断处理函数中的 RCU 读临界区（紧随 rcu_irq_enter()）的效果前，先看到对 dynticks_progress_counter 的递增。

问题 12.8：如果 rcu_update_flag 的旧值为 0，为什么不简单地递增 rcu_update_flag，然后仅仅递增 dynticks_progress_counter？

问题 12.9：但是如果第 7 行发现已经处于最外层的中断，我们不总是需要递增 dynticks_progress_counter 吗？

类似地，中断退出由 rcu_irq_exit()处理。

```
1 void rcu_irq_exit(void)
2 {
3   int cpu = smp_processor_id();
4
5   if (per_cpu(rcu_update_flag, cpu)) {
6     if (--per_cpu(rcu_update_flag, cpu))
7       return;
```

```
8     WARN_ON(in_interrupt());
9     smp_mb();
10    per_cpu(dynticks_progress_counter, cpu)++;
11    WARN_ON(per_cpu(dynticks_progress_counter,
12                cpu) & 0x1);
13  }
14 }
```

正如前面一样，第 3 行获得当前 CPU 号。第 5 行检查 rcu_update_flag 是否非 0，如果不是则立即返回（通过跳到函数结尾处的方式）。否则，第 6 至 12 行开始运行。第 6 行递减 rcu_update_flag，如果结果非 0 则返回。第 8 行确保我们确实在退出嵌套中断的最外层中断。第 9 行执行一个内存屏障，第 10 行递增 dynticks_progress_counter，第 11、12 行确保这个变量现在是偶数。与 rcu_enter_nohz() 一样，内存屏障确保任何其他 CPU 在看到 dynticks_progress_counter 递增结果前，将看到中断处理函数中的 RCU 读临界区的效果。

这两节描述了进入或者退出 dynticks-idle（通过任务或者中断）时，如何维护 dynticks_progress_counter 变量，二者都适合于任务和中断/NMI。后面的章节描述这个变量如何被可抢占 RCU 的优雅周期所使用。

12.1.5.4 优雅周期接口

4 个可抢占 RCU 优雅周期状态如图 12.16 所示，仅仅 rcu_try_flip_waitack_state() 和 rcu_try_flip_waitmb_state() 状态需要等待其他 CPU 响应。

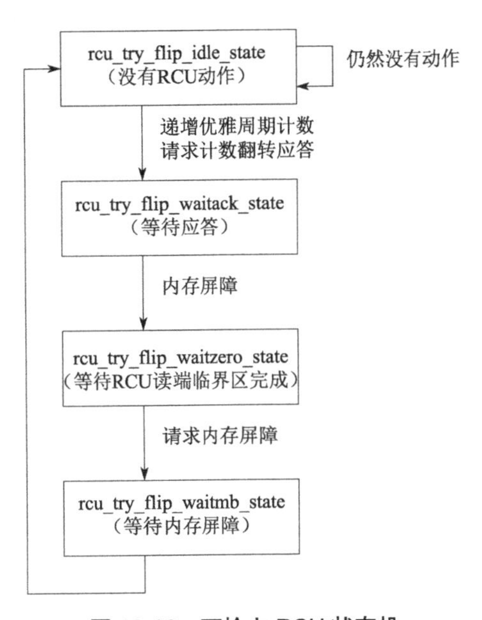

图 12.16 可抢占 RCU 状态机

当然，如果特定 CPU 处于 dynticks-idle 状态，我们不应当等待它。因此，在进入这两种状态以前，以前的状态获得每 CPU 的 dynticks_progress_counter 变量快照，将快照放到另一个每 CPU 变量中，rcu_dyntick_snapshot。这是通过调用 dyntick_save_progress_counter 实现的，如下所示。

```
1 static void dyntick_save_progress_counter(int cpu)
2 {
3  per_cpu(rcu_dyntick_snapshot, cpu) =
4    per_cpu(dynticks_progress_counter, cpu);
5 }
```

rcu_try_flip_waitack_state() 调用 rcu_try_flip_waitack_needed()，如下：

```
1 static inline int
2 rcu_try_flip_waitack_needed(int cpu)
3 {
4  long curr;
5  long snap;
6
```

```
 7   curr = per_cpu(dynticks_progress_counter, cpu);
 8   snap = per_cpu(rcu_dyntick_snapshot, cpu);
 9   smp_mb();
10   if ((curr == snap) && ((curr & 0x1) == 0))
11     return 0;
12   if ((curr - snap) > 2 || (snap & 0x1) == 0)
13     return 0;
14   return 1;
15 }
```

第 7、8 行取出 dynticks_progress_counter 的当前值和快照的值。第 9 行的内存屏障确保在随后的 rcu_try_flip_waitzero_state 计数检查位于获取这些计数之后。如果自从快照获取以来，CPU 已经处于 dynticks-idle 状态，则第 10、11 行返回 0（意味着没有必要与指定的 CPU 进行通信）。类似的，如果 CPU 刚刚处于 dynticks-idle 状态或者它已经完全经历过一次 dynticks-idle 状态，第 12、13 行也返回 0。在两种情况下，都不可能使 CPU 保留优雅周期计数器的旧值。如果这些条件都不满足，则第 14 行返回 1，意味着 CPU 需要显式的进行响应。

作为其中的一部分，rcu_try_flip_waitmb_state 调用 rcu_try_flip_waitmb_needed()，如下所示。

```
 1 static inline int
 2 rcu_try_flip_waitmb_needed(int cpu)
 3 {
 4   long curr;
 5   long snap;
 6
 7   curr = per_cpu(dynticks_progress_counter, cpu);
 8   snap = per_cpu(rcu_dyntick_snapshot, cpu);
 9   smp_mb();
10   if ((curr == snap) && ((curr & 0x1) == 0))
11     return 0;
12   if (curr != snap)
13     return 0;
14   return 1;

15 }
```

这与 rcu_try_flip_waitack_needed 十分类似，不同之处位于第 12、13 行，因为不管是进入还是退出 dynticks-idle 状态的事件，都执行了 rcu_try_flip_waitmb_state() 需要的内存屏障。

现在我们已经看到了所有在 RCU 和 dynticks-idle 状态之间调用的代码。下一节构建用来验证这些代码的 Promela 模型。

问题 12.10：你能找到本节代码中的任何 BUG 吗？

12.1.6 验证可抢占 RCU 和 dynticks

本节一步一步地开发一个用于 dynticks 和 RCU 之间接口的 Promela 模型，每一节都举例说明每一个步骤，先从任务级代码开始，添加断言、中断及 NMI。

12.1.6.1　基本模型

本节将进程级的 dynticks 进入、退出代码及优雅周期处理代码翻译为 Promela[Hol03]。我们从 2.6.25-rc4 内核的 rcu_exit_nohz()和 rcu_enter_nohz()开始，将它们修改成单个 Promela 任务，进入、退出 dynticks-idle 模式的模型如下。

```
 1 proctype dyntick_nohz()
 2 {
 3   byte tmp;
 4   byte i = 0;
 5
 6   do
 7   :: i >= MAX_DYNTICK_LOOP_NOHZ -> break;
 8   :: i < MAX_DYNTICK_LOOP_NOHZ ->
 9     tmp = dynticks_progress_counter;
10     atomic {
11       dynticks_progress_counter = tmp + 1;
12       assert((dynticks_progress_counter & 1) == 1);
13     }
14     tmp = dynticks_progress_counter;
15     atomic {
16       dynticks_progress_counter = tmp + 1;
17       assert((dynticks_progress_counter & 1) == 0);
18     }
19     i++;
20   od;
21 }
```

第 6、20 行定义一个循环。一旦循环计数器 i 已经超过 MAX_DYNTICK_LOOP_NOHZ 限制，第 7 行就退出循环。第 8 行告诉循环结构为每一次循环中执行第 9 至 19 行。由于第 7 行和第 8 行的条件是相互排斥的，因此通常的 Promela 随机选择被禁止。第 9 、11 行模仿 rcu_exit_nohz()对 dynticks_progress_counter 的非原子递增，而第 12 行模仿 WARN_ON()。既然严格地说，WARN_ON()不是算法的一部分，这里使用的原子结构就可以简单的减少 Promela 状态空间。同样的，第 14 至 18 模仿 rcu_enter_nohz()中的递增和 WARN_ON()。最后，第 19 行递增循环计数器。

每一次循环都模仿一次 CPU 退出 dynticks-idle 模式的操作（例如，开始执行一个任务），然后重新进入 dynticks-idle 模式（如，任务被阻塞了）。

问题 12.11：为什么在 rcu_exit_nohz()和 rcu_enter_nohz()中的内存屏障没有在 Promela 模型中出现？

问题 12.12：难道不奇怪吗？在模拟 rcu_exit_nohz()后模拟 rcu_enter_nohz()？先进入再退出，建立这样的模型不是更好理解吗？

下一步是模仿 RCU 的优雅周期处理接口。我们必须模仿 dyntick_save_progress_counter()、rcu_try_flip_waitack_needed()、rcu_try_flip_waitmb_needed()，以及部分模拟 rcu_try_flip_waitack()和 rcu_try_flip_waitmb()，它们都来自于 2.6.25-rc4 内核。由于这些函数将在一个单次可抢占 RCU 的优雅周期处理过程中调用，因此下面的 grace_period() Promela 过程模拟所有这些函数。

```
1 proctype grace_period()
2 {
```

```
 3   byte curr;
 4   byte snap;
 5
 6   atomic {
 7     printf("MDLN = %d\n", MAX_DYNTICK_LOOP_NOHZ);
 8     snap = dynticks_progress_counter;
 9   }
10   do
11   :: 1 ->
12     atomic {
13       curr = dynticks_progress_counter;
14       if
15       :: (curr == snap) && ((curr & 1) == 0) ->
16         break;
17       :: (curr - snap) > 2 || (snap & 1) == 0 ->
18         break;
19       :: 1 -> skip;
20       fi;
21     }
22   od;
23   snap = dynticks_progress_counter;
24   do
25   :: 1 ->
26     atomic {
27       curr = dynticks_progress_counter;
28       if
29       :: (curr == snap) && ((curr & 1) == 0) ->
30         break;
31       :: (curr != snap) ->
32         break;
33       :: 1 -> skip;
34       fi;
35     }
36   od;
37 }
```

第 6 至 9 行输出循环限制（但是在出错的情况下，仅仅输出到.trail 文件中）并模仿 rcu_try_flip_idle() 中的一行代码，这行代码调用 dyntick_save_progress_counter()，它获得当前 CPU 的 dynticks_progress_counter 变量的一个快照。这两行原子的执行以减少状态空间。

第 10 至 22 行模仿 rcu_try_flip_waitack() 中的相应代码，这些代码调用 rcu_try_flip_waitack_needed()。这个循环模仿优雅周期状态机等待每一个 CPU 对计数器切换应答的动作，但是仅仅是其中与 dynticks-idle CPU 交互的部分。

第 23 行模仿 rcu_try_flip_waitzero() 中的一行，这一行调用 dyntick_save_progress_counter()，再一次获取 CPU 的 dynticks_progress_counter 变量的快照。

最后，第 24 至 36 模仿 rcu_try_flip_waitack() 相关的代码，这些代码调用 rcu_try_flip_waitack_needed()。这个循环模仿优雅周期状态机等待每一个 CPU 执行一个内存屏障，但是同样的，它也仅仅是与 dynticks-idle CPU 交互的一部分。

问题 12.13：等一等！在 Linux 内核中，dynticks_progress_counter 和 rcu_ dyntick_snapshot 都是每 CPU 变量。因此要问一问，它们为什么被模拟为单个全局变量？

这个结果模型（dyntickRCU-base.spin），在使用 runspin.sh 脚本运行时，生成 691 个状态，通过并且没有任何错误。12.1.6.2 节添加一些安全性断言。

12.1.6.2 验证安全性

一个安全的 RCU 实现，绝不会允许一个优雅周期在任何该周期之前启动的 RCU 读者完成之前结束。这是通过一个 gp_state 变量来模仿的，它可以有如下三个值。

```
1 #define GP_IDLE    0
2 #define GP_WAITING  1
3 #define GP_DONE    2
4 byte gp_state = GP_DONE;
```

由于 grace_period() 过程处理整个优雅周期的所有阶段，因此它设置这个变量，如下所示。

```
 1 proctype grace_period()
 2 {
 3   byte curr;
 4   byte snap;
 5
 6   gp_state = GP_IDLE;
 7   atomic {
 8     printf("MDLN = %d\n", MAX_DYNTICK_LOOP_NOHZ);
 9     snap = dynticks_progress_counter;
10     gp_state = GP_WAITING;
11   }
12   do
13   :: 1 ->
14     atomic {
15       curr = dynticks_progress_counter;
16       if
17       :: (curr == snap) && ((curr & 1) == 0) ->
18         break;
19       :: (curr - snap) > 2 || (snap & 1) == 0 ->
20         break;
21       :: 1 -> skip;
22       fi;
23     }
24   od;
25   gp_state = GP_DONE;
26   gp_state = GP_IDLE;
27   atomic {
28     snap = dynticks_progress_counter;
29     gp_state = GP_WAITING;
30   }
31   do
32   :: 1 ->
33     atomic {
34       curr = dynticks_progress_counter;
35       if
36       :: (curr == snap) && ((curr & 1) == 0) ->
37         break;
```

```
38      :: (curr != snap) ->
39        break;
40      :: 1 -> skip;
41      fi;
42    }
43  od;
44  gp_state = GP_DONE;

45 }
```

第 6、10、25、26、29 和 44 行更新这个变量（当可行的时候，将它与算法操作进行原子组合），以允许 dyntick_nohz()过程验证基本的 RCU 安全属性。该验证的基本方法是，断言在 RCU 读者可能持续的期间内，gp_state 的值不会从 GP_IDLE 跳到 GP_DONE。

问题 12.14：既然在第 25、26 行有一对连续的、对 gp_state 的修改操作，如何确保第 25 行的修改不会丢失？

dyntick_nohz() Promela 过程实现验证如下。

```
 1 proctype dyntick_nohz()
 2 {
 3  byte tmp;
 4  byte i = 0;
 5  bit old_gp_idle;
 6
 7  do

 8  :: i >= MAX_DYNTICK_LOOP_NOHZ -> break;

 9  :: i < MAX_DYNTICK_LOOP_NOHZ ->
10    tmp = dynticks_progress_counter;
11    atomic {
12      dynticks_progress_counter = tmp + 1;
13      old_gp_idle = (gp_state == GP_IDLE);
14      assert((dynticks_progress_counter & 1) == 1);
15    }
16    atomic {
17      tmp = dynticks_progress_counter;
18      assert(!old_gp_idle ||
19             gp_state != GP_DONE);
20    }
21    atomic {
22      dynticks_progress_counter = tmp + 1;
23      assert((dynticks_progress_counter & 1) == 0);
24    }
25    i++;
26  od;


27 }
```

如果在任务开始执行的时候，gp_state 的值是 GP_IDLE，就在第 13 行设置一个新 old_gp_idle 标志，如果在任务执行过程中，gp_state 变量已经变为 GP_DONE，由于某个

RCU 读端临界区穿过了一个完整的中间时间周期是非法的，因此在第 18、19 行的断言将触发。

在运行 runspin.sh 脚本时，结果模型(dyntickRCU-base-s.spin)生成 964 个状态，通过验证而没有错误。12.1.6.3 节将进行生存期验证。

12.1.6.3　生存期验证

虽然生存期难于验证，但是也有一个用于这种情况的、简单的技巧。第一步是使 dyntick_nohz() 通过一个 dyntick_nohz_done 变量标示它已经执行完，如第 27 行所示。

```
 1 proctype dyntick_nohz()
 2 {
 3   byte tmp;
 4   byte i = 0;
 5   bit old_gp_idle;
 6
 7   do
 8   :: i >= MAX_DYNTICK_LOOP_NOHZ -> break;
 9   :: i < MAX_DYNTICK_LOOP_NOHZ ->
10     tmp = dynticks_progress_counter;
11     atomic {
12       dynticks_progress_counter = tmp + 1;
13       old_gp_idle = (gp_state == GP_IDLE);
14       assert((dynticks_progress_counter & 1) == 1);
15     }
16     atomic {
17       tmp = dynticks_progress_counter;
18       assert(!old_gp_idle ||
19              gp_state != GP_DONE);
20     }
21     atomic {
22       dynticks_progress_counter = tmp + 1;
23       assert((dynticks_progress_counter & 1) == 0);
24     }
25     i++;
26   od;
27   dyntick_nohz_done = 1;
28 }
```

通过这个变量，我们可以添加一个断言到 grace_period()，检查不必要的阻塞。

```
 1 proctype grace_period()
 2 {
 3   byte curr;
 4   byte snap;
 5   bit shouldexit;
 6
 7   gp_state = GP_IDLE;
 8   atomic {
 9     printf("MDLN = %d\n", MAX_DYNTICK_LOOP_NOHZ);
10     shouldexit = 0;
11     snap = dynticks_progress_counter;
```

```
12     gp_state = GP_WAITING;
13   }
14   do
15   :: 1 ->
16     atomic {
17       assert(!shouldexit);
18       shouldexit = dyntick_nohz_done;
19       curr = dynticks_progress_counter;
20       if
21       :: (curr == snap) && ((curr & 1) == 0) ->
22         break;
23       :: (curr - snap) > 2 || (snap & 1) == 0 ->
24         break;
25       :: else -> skip;
26       fi;
27     }
28   od;
29   gp_state = GP_DONE;
30   gp_state = GP_IDLE;
31   atomic {
32     shouldexit = 0;
33     snap = dynticks_progress_counter;
34     gp_state = GP_WAITING;
35   }
36   do
37   :: 1 ->
38     atomic {
39       assert(!shouldexit);
40       shouldexit = dyntick_nohz_done;
41       curr = dynticks_progress_counter;
42       if
43       :: (curr == snap) && ((curr & 1) == 0) ->
44         break;
45       :: (curr != snap) ->
46         break;
47       :: else -> skip;
48       fi;
49     }
50   od;
51   gp_state = GP_DONE;
52 }
```

我们已经在第 5 行添加 shouldexit 变量，在第 10 行将其初始化为 0。第 17 行验证它没有被设置。而第 18 行将 shouldexit 设置为 dyntick_nohz_done，其值由 dyntick_nohz() 维护。如果在 dyntick_nohz() 完全执行完后，我们试图执行超过一次 wait-for-counter-flip-acknowledgement 循环，则将触发这个断言。最后，如果 dyntick_nohz() 执行完毕，那么就不能有更多的状态变化使循环退出，因此在这种状态下运行两次循环，就意味着死循环，这也就意味着不能结束优雅周期。

第 32、39 和 40 行以类似第二个循环（内存屏障）那样运行。

但是，运行这个模型（dyntickRCU-base-sl-busted.spin）将导致失败，因为第 23

行检测错误变量为偶数。在出错以后，spin 输出一个“trail”文件（dyntickRCU-base-sl-busted.spin.trail），该文件记录下导致错误状态的顺序。使用 spin -t -p -g -l dyntickRCU-base-sl-busted.spin 命令输出这些状态顺序，输出执行的语句及变量的值（dyntickRCU-base-sl-busted.spin.trail.txt）。注意输出的行号并不与上面列出的行号一致，因为 spin 将所有的函数置于一个单一的文件中。但是，行号与整个模型文件匹配（dyntickRCU-base-sl-busted.spin）。

我们看到，dyntick_nohz() 过程在第 34 步完成（搜索“34:”），但是 grace_period() 过程没有退出循环。curr 的值是 6（参见第 35 步）而 snap 的值是 5（参见第 17 步）。因此第 21 行的第一个条件不满足，因为 curr != snap，第 23 行的第二个条件也不满足，因为 snap 是奇数，而 curr 仅仅比 snap 大 1。

因此，这两个条件中有一个是不正确的。参考 rcu_try_flip_waitack_needed() 第一个条件的注释块。

If the CPU remained in dynticks mode for the entire time and didn't take any interrupts, NMIs, SMIs, or whatever, then it cannot be in the middle of an rcu_read_lock()*, so the next* rcu_read_lock() *it executes must use the new value of the counter. So we can safely pretend that this CPU already acknowledged the counter.*

第一个条件是满足的，因为如果 curr == snap 并且 curr 是偶数，那么相应的 CPU 已经处于 dynticks-idle 模式。我们看看为第二个条件所做的注释块。

If the CPU passed through or entered a dynticks idle phase with no active irq handlers, then, as above, we can safely pretend that this CPU already acknowledged the counter.

条件的第一部分是正确的，因为如果 curr 和 snap 相差 2，那么至少在两次之间有一次为奇数，那么相应的 CPU 已经完全通过了一次 dynticks-idle 阶段。但是，条件的第二部分表示开始于 dynticks-idle 模式，但是还没有结束于该模式。因此，我们需要测试 curr 值而不是 snap 值处于偶数状态。

正确的 C 代码如下。

```
 1 static inline int
 2 rcu_try_flip_waitack_needed(int cpu)
 3 {
 4  long curr;
 5  long snap;
 6
 7  curr = per_cpu(dynticks_progress_counter, cpu);
 8  snap = per_cpu(rcu_dyntick_snapshot, cpu);
 9  smp_mb();
10  if ((curr == snap) && ((curr & 0x1) == 0))
11    return 0;
12  if ((curr - snap) > 2 || (curr & 0x1) == 0)
13    return 0;
14  return 1;
15 }
```

第 10 至 13 行可以组合并被简化，结果如下。类似的简化也可用于 rcu_try_flip_waitmb_needed。

```
1 static inline int
2 rcu_try_flip_waitack_needed(int cpu)
3 {
4   long curr;
5   long snap;
6
7   curr = per_cpu(dynticks_progress_counter, cpu);
8   snap = per_cpu(rcu_dyntick_snapshot, cpu);
9   smp_mb();
10  if ((curr - snap) >= 2 || (curr & 0x1) == 0)
11    return 0;
12  return 1;
13 }
```

在模型中应用相应的修正（dyntickRCU-base-sl.spin），产生了正确的验证结果，该结果包含 661 个状态并且没有错误的通过验证。但是，因为第一个版本生命期验证本身有一个 BUG，它不能找到这个 BUG，所以它是无用的。通过在 grace_period()过程中插入一个无限循环，生命期验证的 BUG 被发现。

我们已经成功的同时验证了安全性和生命期条件，但是仅仅针对进程运行和阻塞。我们也需要处理中断，这个任务在 12.1.6.4 节中进行。

12.1.6.4 中断

在 Promela 中，有两种方法模仿中断。

1. 使用 C 预处理技巧，在 dynticks_nohz()过程的每一条语句之间插入中断处理函数；
2. 或者在一个独立的过程中模仿中断处理函数。

看起来第二种方法拥有更小的状态空间，虽然它要求中断处理函数相对于 dynticks_nohz()函数以某种方式原子的运行，但是并不需要相对于 grace_period()函数原子的运行。

幸运的是事实证明，Promela 允许你从原子语句中跳出分支。这个技巧允许让中断处理函数设置一个标志，并重新编码 dynticks_nohz()，以原子的检查这个标志，仅仅在标志没有设置的时候才执行 dynticks_nohz()。这可以使用 C 预处理宏，采用一个标签和一个 Promela 语句实现，如下所示。

```
1 #define EXECUTE_MAINLINE(label, stmt) \
2 label: skip; \
3     atomic { \
4       if \
5       :: in_dyntick_irq -> goto label; \
6       :: else -> stmt; \
7       fi; \
8     } \
```

一种可能使用这个宏的方法如下。

```
EXECUTE_MAINLINE(stmt1,
                 tmp = dynticks_progress_counter)
```

该宏的第 2 行创建一个特定的语句标签，第 3 至 8 行是一个原子块，它测试 in_dyntick_irq 变量，如果这个变量被设置（表示中断正在运行），就退出原子分支块并跳回标签，否则，第 6 行执行特定的语句。总的效果就是在中断运行时，就停止执行，这正是我们需要的结果。

12.1.6.5 验证中断处理函数

第一步是将 dyntick_nohz()转换成 EXECUTE_MAINLINE()形式，如下所示。

```
1 proctype dyntick_nohz()
2 {
3  byte tmp;
4  byte i = 0;
5  bit old_gp_idle;
6
7  do
8  :: i >= MAX_DYNTICK_LOOP_NOHZ -> break;
9  :: i < MAX_DYNTICK_LOOP_NOHZ ->
10    EXECUTE_MAINLINE(stmt1,
11      tmp = dynticks_progress_counter)
12    EXECUTE_MAINLINE(stmt2,
13      dynticks_progress_counter = tmp + 1;
14      old_gp_idle = (gp_state == GP_IDLE);
15      assert((dynticks_progress_counter & 1) == 1))
16    EXECUTE_MAINLINE(stmt3,
17      tmp = dynticks_progress_counter;
18      assert(!old_gp_idle ||
19             gp_state != GP_DONE))
20    EXECUTE_MAINLINE(stmt4,
21      dynticks_progress_counter = tmp + 1;
22      assert((dynticks_progress_counter & 1) == 0))
23    i++;
24  od;
25  dyntick_nohz_done = 1;
26 }
```

请注意，当一组语句像第 11 至 14 行那样被传递给 EXECUTE_MAINLINE()时，该组内的所有语句都是原子的。这很重要。

问题 12.15： 如果在单个 EXECUTE_MAINLINE()组中，你需要某些语句非原子的执行，该怎么做？

问题 12.16： 如果 dynticks_nohz()过程在条件中有“if”或者“do”语句，该怎么办？这些语句体需要非原子执行。

下一步是编写 dyntick_irq()过程以模仿中断处理函数。

```
1 proctype dyntick_irq()
2 {
3  byte tmp;
4  byte i = 0;
5  bit old_gp_idle;
6
7  do
8  :: i >= MAX_DYNTICK_LOOP_IRQ -> break;
9  :: i < MAX_DYNTICK_LOOP_IRQ ->
10    in_dyntick_irq = 1;
11    if
12    :: rcu_update_flag > 0 ->
13      tmp = rcu_update_flag;
```

```
14         rcu_update_flag = tmp + 1;
15       :: else -> skip;
16       fi;
17       if
18       :: !in_interrupt &&
19          (dynticks_progress_counter & 1) == 0 ->
20         tmp = dynticks_progress_counter;
21         dynticks_progress_counter = tmp + 1;
22         tmp = rcu_update_flag;
23         rcu_update_flag = tmp + 1;
24       :: else -> skip;
25       fi;
26       tmp = in_interrupt;
27       in_interrupt = tmp + 1;
28       old_gp_idle = (gp_state == GP_IDLE);
29       assert(!old_gp_idle || gp_state != GP_DONE);
30       tmp = in_interrupt;
31       in_interrupt = tmp - 1;
32       if
33       :: rcu_update_flag != 0 ->
34         tmp = rcu_update_flag;
35         rcu_update_flag = tmp - 1;
36         if
37         :: rcu_update_flag == 0 ->
38           tmp = dynticks_progress_counter;
39           dynticks_progress_counter = tmp + 1;
40         :: else -> skip;
41         fi;
42       :: else -> skip;
43       fi;
44       atomic {
45         in_dyntick_irq = 0;
46         i++;
47       }
48     od;
49     dyntick_irq_done = 1;
50 }
```

第 7 至 48 行的循环模仿多达 MAX_DYNTICK_LOOP_IRQ 个中断，第 8 和 9 行构成循环条件，第 45 行递增控制变量。第 10 行告诉 dyntick_nohz()，中断正在运行，第 45 行告诉 dyntick_nohz()，该中断已经处理完毕。第 49 行用于生命期验证。这与 dyntick_nohz() 是一致的。

问题 12.17：为什么第 45、46 行（in_dyntick_irq = 0;以及 i++;）原子的执行？

第 11 至 25 行模仿 rcu_irq_enter()，第 26 和 27 行模仿__irq_enter()相关的片段。第 28 和 29 行进行安全性验证，这与 dynticks_nohz()过程的相应行是非常一致的。第 30 和 31 行模仿__irq_exit()相关的片段，最后，第 32 至 43 行模仿 rcu_irq_exit()。

问题 12.18：什么样的中断属性是 dynticks_irq()过程所不能模拟的？

grace_period 过程最终变成如下形式。

```
1 proctype grace_period()
2 {
```

```
3   byte curr;
4   byte snap;
5   bit shouldexit;
6
7   gp_state = GP_IDLE;
8   atomic {
9     printf("MDLN = %d\n", MAX_DYNTICK_LOOP_NOHZ);
10    printf("MDLI = %d\n", MAX_DYNTICK_LOOP_IRQ);
11    shouldexit = 0;
12    snap = dynticks_progress_counter;
13    gp_state = GP_WAITING;
14  }
15  do
16  :: 1 ->
17    atomic {
18      assert(!shouldexit);
19      shouldexit = dyntick_nohz_done && dyntick_irq_done;
20      curr = dynticks_progress_counter;
21      if
22      :: (curr - snap) >= 2 || (curr & 1) == 0 ->
23        break;
24      :: else -> skip;
25      fi;
26    }
27  od;
28  gp_state = GP_DONE;
29  gp_state = GP_IDLE;
30  atomic {
31    shouldexit = 0;
32    snap = dynticks_progress_counter;
33    gp_state = GP_WAITING;
34  }
35  do
36  :: 1 ->
37    atomic {
38      assert(!shouldexit);
39      shouldexit = dyntick_nohz_done && dyntick_irq_done;
40      curr = dynticks_progress_counter;
41      if
42      :: (curr != snap) || ((curr & 1) == 0) ->
43        break;
44      :: else -> skip;
45      fi;
46    }
47  od;
48  gp_state = GP_DONE;
49 }
```

grace_period()的实现非常类似于前一个版本。唯一的变化是在第 10 行增加一个新的 interrupt-count 参数，改变第 19 和 39 行，添加新的 dyntick_irq_done 变量用于生命期检查，当然在第 22 行和第 42 行也进行了优化。

这个模型（dyntickRCU-irqnn-ssl.spin）产生一个正确的验证结果，大约在半 M 的状态空间，通过验证而没有错误。但是，这个版本的模型没有处理嵌套中断。12.1.6.6 节将处理这个主题。

12.1.6.6 验证嵌套中断处理

嵌套中断可以通过将 dyntick_irq()的循环体分割来进行模拟，如下所示。

```
 1 proctype dyntick_irq()
 2 {
 3   byte tmp;
 4   byte i = 0;
 5   byte j = 0;
 6   bit old_gp_idle;
 7   bit outermost;
 8
 9   do
10   :: i >= MAX_DYNTICK_LOOP_IRQ &&
11      j >= MAX_DYNTICK_LOOP_IRQ -> break;
12   :: i < MAX_DYNTICK_LOOP_IRQ ->
13     atomic {
14       outermost = (in_dyntick_irq == 0);
15       in_dyntick_irq = 1;
16     }
17     if
18     :: rcu_update_flag > 0 ->
19       tmp = rcu_update_flag;
20       rcu_update_flag = tmp + 1;
21     :: else -> skip;
22     fi;
23     if
24     :: !in_interrupt &&
25        (dynticks_progress_counter & 1) == 0 ->
26       tmp = dynticks_progress_counter;
27       dynticks_progress_counter = tmp + 1;
28       tmp = rcu_update_flag;
29       rcu_update_flag = tmp + 1;
30     :: else -> skip;
31     fi;
32     tmp = in_interrupt;
33     in_interrupt = tmp + 1;
34     atomic {
35       if
36       :: outermost ->
37         old_gp_idle = (gp_state == GP_IDLE);
38       :: else -> skip;
39       fi;
40     }
41     i++;
42   :: j < i ->
43     atomic {
44       if
```

```
45         :: j + 1 == i ->
46           assert(!old_gp_idle ||
47                  gp_state != GP_DONE);
48         :: else -> skip;
49         fi;
50       }
51       tmp = in_interrupt;
52       in_interrupt = tmp - 1;
53       if
54       :: rcu_update_flag != 0 ->
55         tmp = rcu_update_flag;
56         rcu_update_flag = tmp - 1;
57         if
58         :: rcu_update_flag == 0 ->
59           tmp = dynticks_progress_counter;
60           dynticks_progress_counter = tmp + 1;
61         :: else -> skip;
62         fi;
63       :: else -> skip;
64       fi;
65       atomic {
66         j++;
67         in_dyntick_irq = (i != j);
68       }
69     od;
70     dyntick_irq_done = 1;
71 }
```

这类似于前面的 dynticks_irq()过程。它在第 5 行添加一个计数器变量 j。因此 i 对进入中断处理进行计数，j 对退出中断进行计数。第 7 行的 outermost 变量帮助确定何时将 gp_state 变量用于安全检查采样。第 10、11 行的退出循环检查条件被修改为：需要特定的中断退出处理次数，以及特定的中断进入处理次数。对 i 的递增被移到第 41 行。第 13 至 16 设置 outermost 变量，以指示这是否是一个嵌套中断的最外层中断。并且设置 in_dyntick_irq 变量，这个变量被用于 dyntick_nohz()过程。第 34 至 40 行获取 gp_state 变量的值，但是仅仅在最外层中断才这样做。

第 42 行有一个 do-loop 循环条件，它用于模仿中断退出：只要我们已经离开的次数少于进入的次数，那么离开另一个中断就是合法的。第 43 至 50 行进行安全检查，但是仅仅在我们从最外层中断退出时才这样做。最后，第 65 至 68 行递增中断退出计数 j，如果是退出最外层中断，则清除 in_dyntick_irq。

这个模型(dyntickRCU-irq-ssl.spin)产生一个正确的校验结果，其状态空间超过半 M，通过验证并且没有错误。但是，这个版本的模型没有处理 NMI，将在 12.1.6.7 节处理这个问题。

12.1.6.7　验证 NMI 处理

处理 NMI 时，我们采用与中断一样的方法，注意 NMI 没有嵌套。最终的 dyntick_nmi()过程如下。

```
1 proctype dyntick_nmi()
2 {
3   byte tmp;
```

```
 4  byte i = 0;
 5  bit old_gp_idle;
 6
 7  do
 8  :: i >= MAX_DYNTICK_LOOP_NMI -> break;
 9  :: i < MAX_DYNTICK_LOOP_NMI ->
10    in_dyntick_nmi = 1;
11    if
12    :: rcu_update_flag > 0 ->
13      tmp = rcu_update_flag;
14      rcu_update_flag = tmp + 1;
15    :: else -> skip;
16    fi;
17    if
18    :: !in_interrupt &&
19       (dynticks_progress_counter & 1) == 0 ->
20      tmp = dynticks_progress_counter;
21      dynticks_progress_counter = tmp + 1;
22      tmp = rcu_update_flag;
23      rcu_update_flag = tmp + 1;
24    :: else -> skip;
25    fi;
26    tmp = in_interrupt;
27    in_interrupt = tmp + 1;
28    old_gp_idle = (gp_state == GP_IDLE);
29    assert(!old_gp_idle || gp_state != GP_DONE);
30    tmp = in_interrupt;
31    in_interrupt = tmp - 1;
32    if
33    :: rcu_update_flag != 0 ->
34      tmp = rcu_update_flag;
35      rcu_update_flag = tmp - 1;
36      if
37      :: rcu_update_flag == 0 ->
38        tmp = dynticks_progress_counter;
39        dynticks_progress_counter = tmp + 1;
40      :: else -> skip;
41      fi;
42    :: else -> skip;
43    fi;
44    atomic {
45      i++;
46      in_dyntick_nmi = 0;
47    }
48  od;
49  dyntick_nmi_done = 1;
50 }
```

当然，实际上 NMI 需要调整一些东西。例如，EXECUTE_MAINLINE()宏必须注意到 NMI 处理函数（in_dyntick_nmi），这与中断处理函数一样（in_dyntick_irq），通过检查 dyntick_nmi_done 变量来实现，如下所示。

```
1 #define EXECUTE_MAINLINE(label, stmt) \
2 label: skip; \
3     atomic { \
4       if \
5       :: in_dyntick_irq || \
6          in_dyntick_nmi -> goto label; \
7       :: else -> stmt; \
8       fi; \
9     } \
```

我们也有必要引入一个EXECUTE_IRQ() 宏，它检查in_dyntick_nmi 以允许dyntick_irq() 执行 dyntick_nmi()。

```
1 #define EXECUTE_IRQ(label, stmt) \
2 label: skip; \
3     atomic { \
4       if \
5       :: in_dyntick_nmi -> goto label; \
6       :: else -> stmt; \
7       fi; \
8     } \
```

还有必要将 dyntick_irq() 转换为 EXECUTE_IRQ()，如下所示。

```
1 proctype dyntick_irq()
2 {
3   byte tmp;
4   byte i = 0;
5   byte j = 0;
6   bit old_gp_idle;
7   bit outermost;
8
9   do
10  :: i >= MAX_DYNTICK_LOOP_IRQ &&
11      j >= MAX_DYNTICK_LOOP_IRQ -> break;
12  :: i < MAX_DYNTICK_LOOP_IRQ ->
13    atomic {
14      outermost = (in_dyntick_irq == 0);
15      in_dyntick_irq = 1;
16    }
17 stmt1: skip;
18    atomic {
19      if
20      :: in_dyntick_nmi -> goto stmt1;
21      :: !in_dyntick_nmi && rcu_update_flag ->
22        goto stmt1_then;
23      :: else -> goto stmt1_else;
24      fi;
25    }
26 stmt1_then: skip;
27    EXECUTE_IRQ(stmt1_1, tmp = rcu_update_flag)
28    EXECUTE_IRQ(stmt1_2, rcu_update_flag = tmp + 1)
29 stmt1_else: skip;
```

```
30 stmt2: skip;  atomic {
31      if
32      :: in_dyntick_nmi -> goto stmt2;
33      :: !in_dyntick_nmi &&
34         !in_interrupt &&
35         (dynticks_progress_counter & 1) == 0 ->
36           goto stmt2_then;
37      :: else -> goto stmt2_else;
38      fi;
39    }
40 stmt2_then: skip;
41    EXECUTE_IRQ(stmt2_1, tmp = dynticks_progress_counter)
42    EXECUTE_IRQ(stmt2_2,
43      dynticks_progress_counter = tmp + 1)
44    EXECUTE_IRQ(stmt2_3, tmp = rcu_update_flag)
45    EXECUTE_IRQ(stmt2_4, rcu_update_flag = tmp + 1)
46 stmt2_else: skip;
47    EXECUTE_IRQ(stmt3, tmp = in_interrupt)
48    EXECUTE_IRQ(stmt4, in_interrupt = tmp + 1)
49 stmt5: skip;
50    atomic {
51      if
52      :: in_dyntick_nmi -> goto stmt4;
53      :: !in_dyntick_nmi && outermost ->
54        old_gp_idle = (gp_state == GP_IDLE);
55      :: else -> skip;
56      fi;
57    }
58    i++;
59  :: j < i ->
60 stmt6: skip;
61    atomic {
62      if
63      :: in_dyntick_nmi -> goto stmt6;
64      :: !in_dyntick_nmi && j + 1 == i ->
65        assert(!old_gp_idle ||
66               gp_state != GP_DONE);
67      :: else -> skip;
68      fi;
69    }
70    EXECUTE_IRQ(stmt7, tmp = in_interrupt);
71    EXECUTE_IRQ(stmt8, in_interrupt = tmp - 1);
72
73 stmt9: skip;
74    atomic {
75      if
76      :: in_dyntick_nmi -> goto stmt9;
77      :: !in_dyntick_nmi && rcu_update_flag != 0 ->
78        goto stmt9_then;
79      :: else -> goto stmt9_else;
80      fi;
81    }
```

```
 82 stmt9_then: skip;
 83     EXECUTE_IRQ(stmt9_1, tmp = rcu_update_flag)
 84     EXECUTE_IRQ(stmt9_2, rcu_update_flag = tmp - 1)
 85 stmt9_3: skip;
 86     atomic {
 87       if
 88       :: in_dyntick_nmi -> goto stmt9_3;
 89       :: !in_dyntick_nmi && rcu_update_flag == 0 ->
 90         goto stmt9_3_then;
 91       :: else -> goto stmt9_3_else;
 92       fi;
 93     }
 94 stmt9_3_then: skip;
 95     EXECUTE_IRQ(stmt9_3_1,
 96       tmp = dynticks_progress_counter)
 97     EXECUTE_IRQ(stmt9_3_2,
 98       dynticks_progress_counter = tmp + 1)
 99 stmt9_3_else:
100 stmt9_else: skip;
101     atomic {
102       j++;
103       in_dyntick_irq = (i != j);
104     }
105   od;
106   dyntick_irq_done = 1;
107 }
```

注意，我们放开了“if”语句（例如第 17 至 29 行）。另外，仅仅处理局部状态的语句不必排除 dyntick_nmi()。

最后，grace_period() 仅仅需要进行一点修改。

```
 1 proctype grace_period()
 2 {
 3   byte curr;
 4   byte snap;
 5   bit shouldexit;
 6
 7   gp_state = GP_IDLE;
 8   atomic {
 9     printf("MDLN = %d\n", MAX_DYNTICK_LOOP_NOHZ);
10     printf("MDLI = %d\n", MAX_DYNTICK_LOOP_IRQ);
11     printf("MDLN = %d\n", MAX_DYNTICK_LOOP_NMI);
12     shouldexit = 0;
13     snap = dynticks_progress_counter;
14     gp_state = GP_WAITING;
15   }
16   do
17   :: 1 ->
18     atomic {
19       assert(!shouldexit);
20       shouldexit = dyntick_nohz_done &&
```

```
21            dyntick_irq_done &&
22            dyntick_nmi_done;
23      curr = dynticks_progress_counter;
24      if
25      :: (curr - snap) >= 2 || (curr & 1) == 0 ->
26        break;
27      :: else -> skip;
28      fi;
29    }
30  od;
31  gp_state = GP_DONE;
32  gp_state = GP_IDLE;
33  atomic {
34    shouldexit = 0;
35    snap = dynticks_progress_counter;
36    gp_state = GP_WAITING;
37  }
38  do
39  :: 1 ->
40    atomic {
41      assert(!shouldexit);
42      shouldexit = dyntick_nohz_done &&
43            dyntick_irq_done &&
44            dyntick_nmi_done;
45      curr = dynticks_progress_counter;
46      if
47      :: (curr != snap) || ((curr & 1) == 0) ->
48        break;
49      :: else -> skip;
50      fi;
51    }
52  od;
53  gp_state = GP_DONE;
54 }
```

我们在第 11 行为 MAX_DYNTICK_LOOP_NMI 参数添加了 printf()，在第 22 行和 44 行对 shouldexit 赋值时，添加了 dyntick_nmi_done。

这个模型（dyntickRCU-irq-nmi-ssl.spin）产生一个正确的校验，其状态达到数百 M，通过验证并且没有错误。

问题 12.19：Paul 总是以这种痛苦的增量编码风格来编写他的代码吗？

12.1.6.8 经验教训

这项工作得到了以下经验教训。

1. Promela 和 Spin 能够验证中断/NMI 交互处理。

2. 文档化的代码有助于定位 BUG。在本例中，文档工作找到一个 rcu_enter_nohz() 和 rcu_exit_nohz() 中的内存屏障错位问题，如图 12.17 中的补丁所示。

3. 尽早、经常验证代码，直到代码生命周期结束。这项工作定位到一个位于 rcu_try_flip_waitack_needed()函数中的，难以捉摸的故障，该故障十分难于测试或者调试，如图 12.18 中的补丁所示。

```
static inline void rcu_enter_nohz(void)
{
+mb();
__get_cpu_var(dynticks_progress_counter)++;
-   mb();
}
static inline void rcu_exit_nohz(void)
{
-     mb();
__get_cpu_var(dynticks_progress_counter)++;
+mb();
}
```

图 12.17 内存屏障修复补丁

```
-if ((curr - snap) > 2 || (snap & 0x1) == 0)
+       if ((curr - snap) > 2 || (curr & 0x1) == 0)
```

图 12.18 变量名称笔误修复补丁

4. 总是确认你的验证代码。通常的做法是故意插入一个 BUG，并确认验证代码能捕获它。当然，如果验证代码不能捕获这个 BUG，那么你就必须验证其自身的 BUG，如此这般，反复进行。不过，如果你发现自己处于这种状况，那么睡一个好觉可能是个非常有效的调试技术。然后你就会看到，明显的确认-验证技术是故障在被验证的代码中插入 BUG。如果验证不能找到它们，那么验证明显就有 BUG。

5. 使用原子指令可以简化验证。不幸的是，使用 cmpxchg 原子指令将使关键的中断快速代码变慢，因此这种情况下不太适用。

6. 需要复杂的校验，通常意味着需要重新考虑设计。

对于最后一点，结果是针对 dynticks 问题，有一个更为简单的解决方案，这将在 12.1.6.9 节中介绍。

12.1.6.9 简化以避免形式验证

可抢占 RCU 的 dynticks 接口的复杂性，主要是由于 irq 和 NMI 都使用了相同的代码路径和相同的状态变量。这使得我们有一个想法，将中断和 NMI 的代码路径和变量分开，这已经由分级 RCU[McK08a]完成了，这是由 Manfred Spraul[Spr08]间接促成的。

12.1.6.10 简化后 Dynticks 接口的状态变量

图 12.19 展示了新的每 CPU 状态变量。这些值被集中到一个结构中，以允许多个独立的 RCU 实现（如 rcu 和 rcu_bh）以方便有效的共享 dynticks 状态。在下文中，它们可以被认为是一个独立的每 CPU 变量。

```
1 struct rcu_dynticks {
2  int dynticks_nesting;
3  int dynticks;
4  int dynticks_nmi;
```

```
 5 };
 6
 7 struct rcu_data {
 8   ...
 9   int dynticks_snap;
10   int dynticks_nmi_snap;
11   ...
```

图 12.19 简单 Dynticks 接口的变量

dynticks_nesting、dynticks 和 dynticks_snap 变量用于 irq 代码，dynticks_nmi 和 dynticks_nmi_snap 变量用于 NMI 代码，虽然 NMI 代码也引用（但不修改）dynticks_nesting 变量。这些值按如下方法使用。

- dynticks_nesting：这个变量对相应的 CPU 应当被 RCU 读临界区监控的原因进行计数。如果 CPU 处于 dynticks-idle 模式，那么它是对中断嵌套级别的计数，否则它比中断嵌套级别大 1。
- dynticks：如果相应的 CPU 处于 dynticks-idle 模式，并且没有中断处理函数在运行，则这个计数器的值是偶数。否则计数器的值是奇数。换句话说，如果计数器是奇数，那么相应的 CPU 可能处于 RCU 读临界区。
- dynticks_nmi：如果相应的 CPU 处于 NMI 处理函数中，并且 NMI 仅仅是在 CPU 处于 dyntick-idle 模式时而没有中断处理函数在运行，那么这个计数器的值为奇数。否则，这个计数器的值是偶数。
- dynticks_snap：这是 dynticks 计数器值的快照，但是仅仅是当前 RCU 优雅周期被延长得太久时才能称为快照。
- dynticks_nmi_snap：这是 dynticks_nmi 计数器的快照。同样的，仅仅是当前 RCU 优雅周期被延长得太久时才能称为快照。

在一个特定时间间隔内，如果 dynticks 和 dynticks_nmi 都是偶数值，那么相应的 CPU 已经经历过一次静止状态。

问题 12.20：但是如果在中断处理程序完成前，开始了 NMI 处理将发生什么？并且，如果 NMI 处理持续运行直到下一个中断开始时？

12.1.6.11 进入和退出 Dynticks-Idle 模式

图 12.20 展示了 rcu_enter_nohz() 和 rcu_exit_nohz()，它进入、退出 dynticks-idle 模式，也可认为是“nohz”模式。这两个函数在进程上下文调用。

```
 1 void rcu_enter_nohz(void)
 2 {
 3   unsigned long flags;
 4   struct rcu_dynticks *rdtp;
 5
 6   smp_mb();
 7   local_irq_save(flags);
 8   rdtp = &__get_cpu_var(rcu_dynticks);
 9   rdtp->dynticks++;
10   rdtp->dynticks_nesting--;
11   WARN_ON_RATELIMIT(rdtp->dynticks & 0x1, &rcu_rs);
```

```
12   local_irq_restore(flags);
13 }
14
15 void rcu_exit_nohz(void)
16 {
17   unsigned long flags;
18   struct rcu_dynticks *rdtp;
19
20   local_irq_save(flags);
21   rdtp = &__get_cpu_var(rcu_dynticks);
22   rdtp->dynticks++;
23   rdtp->dynticks_nesting++;
24   WARN_ON_RATELIMIT(!(rdtp->dynticks & 0x1), &rcu_rs);
25   local_irq_restore(flags);
26   smp_mb();
27 }
```

图 12.20　进入和退出 Dynticks-Idle 模式

第 6 行确保任何先前的内存访问（包括在 RCU 读临界区的访问）在标记进入 dynticks-idle 前，可被其他 CPU 看见。第 7、12 行禁止并重新打开中断。第 8 行获得当前 CPU 的 rcu_dynticks 结构指针，第 9 行递增当前 CPU 的 dynticks 计数。现在，这个计数值应当是偶数，因为我们正在从进程上下文进入 dynticks-idle 模式。最后，第 10 行递减 dynticks_nesting，现在它应当是 0。

rcu_exit_nohz() 函数非常类似，仅仅是递增 dynticks_nesting 而不是递减它，同时反向检查 dynticks 属性。

12.1.6.12　从 Dynticks-Idle 模式进入 NMIs

图 12.21 显示了 rcu_nmi_enter()和 rcu_nmi_exit() 函数，这两个函数通知 RCU 从 dynticks-idle 模式进入、退出 NMI。但是，如果 NMI 在中断处理期间到达，那么 RCU 就已经注意到当前 CPU 的 RCU 读临界区了。因此 rcu_nmi_enter 的第 6、7 行和 rcu_nmi_exit 的第 18、19 行在 dynticks 为奇数的时候就悄悄返回。否则，这两个函数递增 dynticks_nmi，rcu_nmi_enter()将其置为奇数，而 rcu_nmi_exit()将其置为偶数。两个函数都在递增和可能的 RCU 读临界区之间执行内存屏障，分别如第 11、21 行所示。

```
1 void rcu_nmi_enter(void)
2 {
3   struct rcu_dynticks *rdtp;
4
5   rdtp = &__get_cpu_var(rcu_dynticks);
6   if (rdtp->dynticks & 0x1)
7       return;
8   rdtp->dynticks_nmi++;
9   WARN_ON_RATELIMIT(!(rdtp->dynticks_nmi & 0x1),
10      &rcu_rs);
11  smp_mb();
12 }
13
```

```
14 void rcu_nmi_exit(void)
15 {
16  struct rcu_dynticks *rdtp;
17
18  rdtp = &__get_cpu_var(rcu_dynticks);
19  if (rdtp->dynticks & 0x1)
20      return;
21  smp_mb();
22  rdtp->dynticks_nmi++;
23  WARN_ON_RATELIMIT(rdtp->dynticks_nmi & 0x1, &rcu_rs);
24 }
```

图 12.21 从 Dynticks-Idle 模式进入 NMI

12.1.6.13 从 Dynticks-Idle 进入中断

图 12.22 显示了 rcu_irq_enter()和 rcu_irq_exit()，这两个函数通知 RCU 子系统进入和退出中断。rcu_irq_enter()的第 6 行递增 dynticks_nesting，如果这个变量为非 0 值，第 7 行直接返回。否则，第 8 行递增 dynticks，这样它会变成奇数值，这与本 CPU 现在能够执行 RCU 读临界区是一致的。因此在第 10 行执行一个内存屏障，以确保对 dynticks 的递增在任何后续的 RCU 读临界区可以执行前，变得可见。

rcu_irq_exit 的第 18 行递减 dynticks_nesting，如果结果非 0，第 19 行直接返回。否则，第 20 行执行一个内存屏障，以确保对 dynticks 的递增在任何之前的读临界区之后可见，这些读临界区可能在之前的中断处理函数中已经执行过。第 22 行确认 dynticks 为偶数，这表示没有 RCU 读端临界区可以出现在 dynticks-idle 模式。第 23 至 25 行检查是否在 irq 处理之前有 RCU 回调函数在排队，如果是这样，就通过一个 reschedule IPI 强制这个 CPU 退出 dynticks-idle 模式。

```
 1 void rcu_irq_enter(void)
 2 {
 3  struct rcu_dynticks *rdtp;
 4
 5  rdtp = &__get_cpu_var(rcu_dynticks);
 6  if (rdtp->dynticks_nesting++)
 7      return;
 8  rdtp->dynticks++;
 9  WARN_ON_RATELIMIT(!(rdtp->dynticks & 0x1), &rcu_rs);
10  smp_mb();
11 }
12
13 void rcu_irq_exit(void)
14 {
15  struct rcu_dynticks *rdtp;
16
17  rdtp = &__get_cpu_var(rcu_dynticks);
18  if (--rdtp->dynticks_nesting)
19      return;
20  smp_mb();
21  rdtp->dynticks++;
22  WARN_ON_RATELIMIT(rdtp->dynticks & 0x1, &rcu_rs);
23  if (__get_cpu_var(rcu_data).nxtlist ||
24      __get_cpu_var(rcu_bh_data).nxtlist)
```

```
25      set_need_resched();
26 }
```

图 12.22　从 Dynticks-Idle 模式进入中断

12.1.6.14　检查 Dynticks 静止状态

图 12.23 显示了 dyntick_save_progress_counter()，它获取特定 CPU 的 dynticks 和 dynticks_nmi counters 计数器的快照。第 8、9 行将这两个变量的快照保存到局部变量中。第 10 行执行一个内存屏障，该屏障与图 12.20，12.21 和 12.22 中的内存屏障配对。第 11、12 行记录快照，随后对 rcu_implicit_dynticks_qs 的调用会使用这两个变量，第 13 行检查 CPU 是否处于 dynticks-idle 模式，并且没有中断和 NMI 正在处理（也就是说，两个快照值都是偶数值），因而处于扩展静止状态。如果是这样，第 15、16 行记录下这个事件，如果 CPU 处于静止状态，则第 17 行返回 true。

```
1 static int
2 dyntick_save_progress_counter(struct rcu_data *rdp)
3 {
4   int ret;
5   int snap;
6   int snap_nmi;
7
8   snap = rdp->dynticks->dynticks;
9   snap_nmi = rdp->dynticks->dynticks_nmi;
10  smp_mb();
11  rdp->dynticks_snap = snap;
12  rdp->dynticks_nmi_snap = snap_nmi;
13  ret = ((snap & 0x1) == 0) && ((snap_nmi & 0x1) == 0);
14  if (ret)
15      rdp->dynticks_fqs++;
16  return ret;
17 }
```

图 12.23　保存 Dyntick 计数

图 12.24 显示 dyntick_save_progress_counter，在调用 dynticks_save_progress_counter()后，调用它以确定 CPU 是否已经进入 dyntick-idle 模式。第 9 和 11 行获取一个相应 CPU 的 dynticks 和 dynticks_nmi 的新快照，而第 10、12 行重新获取早先由 dynticks_save_progress_counter()保存的快照。第 13 行执行一个内存屏障，这个内存屏障与图 12.20、12.21 和 12.22 中的内存屏障配对。第 14 至 16 行检查 CPU 当前是否也处于一个静止状态（curr 和 curr_nmi 为偶数值）或者自从调用 dynticks_save_progress_counter()以来已经经历过一个静止状态（dynticks 和 dynticks_nmi 的值已经改变）。如果这些检查已经能够确保 CPU 经历过一个 dyntick-idle 静止状态，那么第 17 行记录下这个事实，并且在第 18 行返回一个表示此事实的标志值。第 20 行检查可能导致在 RCU 中等待一个离线 CPU 的竞争条件。

```
1 static int
2 rcu_implicit_dynticks_qs(struct rcu_data *rdp)
3 {
4  long curr;
```

```
 5   long curr_nmi;
 6   long snap;
 7   long snap_nmi;
 8
 9   curr = rdp->dynticks->dynticks;
10   snap = rdp->dynticks_snap;
11   curr_nmi = rdp->dynticks->dynticks_nmi;
12   snap_nmi = rdp->dynticks_nmi_snap;
13   smp_mb();
14   if ((curr != snap || (curr & 0x1) == 0) &&
15       (curr_nmi != snap_nmi ||
16       (curr_nmi & 0x1) == 0)) {
17       rdp->dynticks_fqs++;
18       return 1;
19   }
20   return rcu_implicit_offline_qs(rdp);
21 }
```

图 12.24 检查 Dyntick 计数

问题 12.21：这仍然十分复杂。为什么不用一个 `cpumask_t` 来表示每一个 CPU 是否处于 dyntick-idle 模式，当进入中断或者 NMI 处理程序时清除位，退出时设置位？

12.1.6.15 讨论

一个小小的改变导致 RCU 的 dynticks 接口有了实质性的简化。导致简化的关键变化是将中断和 NMI 上下文的共享减到最小。在这个简化的接口中，唯一的共享是在 NMI 上下文引用 irq 中的变量（`dynticks` 变量）。这种类型的共享是有利的，因为 NMI 函数不会修改这个变量，因此它的值在 NMI 处理函数的生命周期中是不变的。这个共享限制允许不同的函数在同一时刻一致识别到此变量，这与 12.1.5 节中描述的情形形成鲜明的对比，在该节中，NMI 可能在 irq 函数执行的任意一个地方，修改共享的状态。

校验是一个非常棒的事情，但是简单化更好。

12.2 特定目的的状态空间搜索

虽然 Promela 和 Spin 几乎允许你验证任何（微小的）算法，但是有时候它们通常让人想发出诅咒。例如，Promela 并不理解内存模型及任何类型的乱序语义。因此本节讨论一些状态空间搜索工具，它们理解实际系统中使用的内存模型，极大简化了对弱序代码的验证。

例如，12.1.4 节展示如何让 Promela 识别弱内存序。虽然这种方法可以正常运行，但是它需要开发者彻底理解系统的内存序。不幸的是，很少（如果有的话）开发者能彻底理解现代 CPU 的复杂内存模型。

```
1 PPC SB+lwsync-RMW-lwsync+isync-simple
2 ""
3 {
4 0:r2=x; 0:r3=2; 0:r4=y; 0:r10=0; 0:r11=0; 0:r12=z;
5 1:r2=y; 1:r4=x;
6 }
```

```
7 P0                       | P1              ;
8 li r1,1                  | li r1,1        ;
9 stw r1,0(r2)             | stw r1,0(r2)   ;
10 lwsync                  | sync  ;
11                         | lwz r3,0(r4)  ;
12 lwarxr11,r10,r12        | ;
13 stwcx. r11,r10,r12      | ;
14 bne Fail1               | ;
15 isync                   | ;
16 lwz r3,0(r4)            | ;
17 Fail1:                  | ;
18
19 exists
20 (0:r3=0 /\ 1:r3=0)
```

图 12.25　PPCMEM Litmus 测试

因此，另一种方法是使用能够理解内存序的工具，如 PPCMEM 工具，它由剑桥大学的 Peter Sewell 和 Susmit Sarkar，INRIA 的 Luc Maranget、Francesco Zappa Nardelli 和 Pankaj Pawan，牛津大学的 Jade Alglave 与 IBM 的 Derek Williams[AMP+11]合作完成。这个组将 Power、ARM、ARM 及 C/C++11 标准[Bec11]的内存模型进行了形式化，并基于 Power 和 ARM 形式化生成了 PPCMEM 工具。

小问题 12.22：但是 x86 是强序的。为什么你需要将它的内存模式形式化？

PPCMEM 工具采用 Litmus 测试作为其输入。一个 Litmus 测试示例展示在 12.2.1 节。12.2.2 节将这个 Litmus 测试与等效的 C 语言程序关联起来。12.2.3 节描述如何将 PPCMEM 应用到这个 Litmus 测试上。12.2.4 节讨论其影响。

12.2.1　解析 Litmus 测试

一个 PowerPC PPCMEM Litmus 测试示例如图 12.25 所示。ARM 接口完全以相同的方式工作，仅仅用 ARM 指令替换 Power 指令，并将前面的“PPC”替换为“ARM”即可。你可以通过在前面提到的 WEB 页面上面，点击“Change to ARM Model”来选择 ARM 接口。

在该例子中，第 1 行标识系统类型（“ARM”或者“PPC”），并包含模型的标题。第 2 行为测试的可选名字提供一个地方，你通常希望如上面例子一样保留空白。可以在第 2 行和第 3 行之间，使用 OCaml（或者 Pascal）风格的语法（**）来插入注释。

第 3 至 6 行为所有寄存器给出初始值。每一行都是 `P:R=V` 这样的形式，其中 `P` 是处理器标志，`R` 是寄存器标志，`V` 是其值。例如，处理器 0 的寄存器 r3 被初始化为 2。如果其值是变量（例子中的 `x`、`y` 和 `z`），那么寄存器被初始化为变量的地址。也可以初始化变量的内容，例如，`x=1` 初始化 x 的值为 1。未初始化的值默认为 0，因此，在示例中，`x`、`y` 和 `z` 都初始化为 0。

第 7 行提供两个处理器标识，因此第 4 行的 `0:r3=2` 可以为替换写为 `P0:r3=2`。第 7 行是必要的，并且其标识必须为 `Pn` 这样的格式，其中 `n` 是列编号，从最左列的 0 开始。看起来没必要那么严格，但是它确实可以防止在实际使用时出现大量的混乱情况。

小问题 12.23：为什么在图 12.25 第 8 行初始化寄存器？为什么不在第 4、5 行初始化它们？

第 8 至 17 行是每一个处理器的代码行。特定处理器可以拥有空行，如 P0 的第 11 行及 P1 的 12 至 17 行。标号和分支也是允许的，分支的例子在第 14 行，标号的例子在第 17 行。过于宽松的使用分支将增加状态空间。尤其是，使用循环是急剧扩展状态空间的好方法。

第 19 至 20 行展示了断言，在本示例中表示，在两个线程都执行完成后，我们关心 P0 和 P1 的 r3 寄存器是否都包含 0。这个断言是重要的，因为有一些用例，如果 P0 和 P1 都在它们的 r3 寄存器中看到 0，将会出现失败。

这将能给出足够的信息来构建简单的 Litmus 测试。一些额外的文档是可用的，虽然很多这些额外的文档是为了那些在实际硬件上运行测试的不同研究工具。也许更重要的是，大量预先存在的 Litmus 测试是在线可用的（通过“Select ARM Test”或者“Select POWER Test”按钮）。某个预先存在的 Litmus 测试很可能回答 Power 或者 ARM 内存序问题。

12.2.2 Litmus 测试意味着什么

P0 的第 8、9 行等效于 C 语句 `x=1`，因为第 4 行定义 P0 的寄存器 `r2` 为 `x` 的地址。P0 的第 12、13 行是链接加载（在 ARM 用语中是“排它加载寄存器”，而 Power 用语中是“保留加载”）及条件存储（在 ARM 用语中是“排它保存寄存器”）的助记符。将它们放在一起使用时，它们可以形成一个原子指令序列，大致类似于由 x86 colock;ampxchg 指令的比较并交换序列。站在更高层的抽象角度来看，第 10 至 15 行的序列等效于 Linux 内核的 `atomic_add_return(&z, 0)`。最后，第 16 行大致等效于 C 语言的 `r3=y`。

P1 的第 8 行和第 9 行等效于 C 语句 `y=1`，第 10 行是内存屏障，等效于 Linux 内核语句 `smp_mb()`，第 11 行等效于 C 语句 `r3=x`。

小问题 12.24：但是图 12.25 的第 17 行是 `Fail:`标号，会在此处发生什么？

放在一起来看，与整个 Litmus 测试等效的 C 语言如图 12.26 所示。关键点是，如果 `atomic_add_return()`作为一个完整的内存屏障（正如 Linux 内核要求的那样），那么在执行完毕后，`P0()`和 `P1()`的 `r3` 值不可能都为 0。

```
 1 void P0(void)
 2 {
 3   int r3;
 4
 5   x = 1; /* 第 8、9 行 */
 6   atomic_add_return(&z, 0); /* 第 10 至 15 行 */
 7   r3 = y; /* 第 16 行 */
 8 }
 9
10 void P1(void)
11 {
12   int r3;
13
14   y = 1; /* 第 8 至 9 行 */
15   smp_mb(); /* 第 10 行*/
16   r3 = x; /* 第 11 行 */
17 }
```

图 12.26 PPCMEM Litmus 测试的含义

12.2.3 节描述如何运行这个 Litmus 测试。

12.2.3　运行 Litmus 测试

可以通过 http://www.cl.cam.ac.uk/~pes20/ppcmem 来交互式的运行 Litmus 测试，它有助于构建对内存模型的理解。

```
./ppcmem -model lwsync_read_block \
        -model coherence_points filename.litmus
...
States 6
0:r3=0; 1:r3=0;
0:r3=0; 1:r3=1;
0:r3=1; 1:r3=0;
0:r3=1; 1:r3=1;
0:r3=2; 1:r3=0;
0:r3=2; 1:r3=1;
Ok
Condition exists (0:r3=0 /\ 1:r3=0)
Hash=e2240ce2072a2610c034ccd4fc964e77
Observation SB+lwsync-RMW-lwsync+isync Sometimes 1
```

图 12.27　PPCMEM 检测到一个错误

但是，这种方法要求用户手工的执行完整的状态空间搜索。由于很难确定你已经检查了每一种可能的事件序列，所以为此目的提供了一个单独的工具[McK11c]。

由于图 12.25 所示 Litmus 示例包含读-修改-写指令，因此我们必须为命令行添加-model 参数。如果 Litmus 测试存储在 filename.litmus 中，这将导致如图 12.27 所示的输出，其中...表示运行过程的进度。状态列表包括“0:r3=0;1:r3=0;”，它再一次表明旧的 PowerPC atomic_add_return()实现并不作为一个完整的屏障。最后一行的“Sometimes”确认：对于某些执行，断言将触发，但是并不是每次都触发。

对于这个 Linux 内核 BUG 的修改，是将 P0 的 isync 修改为 sync，这导致如图 12.28 的输出。正如你所见的那样，“0:r3:0; 1:r3:0;”不再出现在状态列表中，并且最后一行输出“Never”。因此，模型预测违规的执行序列将不会发生。

```
./ppcmem -model lwsync_read_block \
-model coherence_points filename.litmus
...
States 5
0:r3=0; 1:r3=1;
0:r3=1; 1:r3=0;
0:r3=1; 1:r3=1;
0:r3=2; 1:r3=0;
0:r3=2; 1:r3=1;
No (allowed not found)
Condition exists (0:r3=0 /\ 1:r3=0)
Hash=77dd723cda9981248ea4459fcdf6097d
Observation SB+lwsync-RMW-lwsync+sync Never 0 5
```

图 12.28　修改后的 Litmus 测试输出

小问题 12.25：ARM Linux 内核有类似问题吗？

12.2.4 PPCMEM 讨论

对于那些工作于底层并行原语的人来说，这些原语运行于 ARM 及 Power 上面，这些工具确实帮助很大，但这些工具也有一些固有的限制。

1．这些工具是研究原型，因此不提供支持。

2．这些工具不构成 IBM 或者 ARM 在其 CPU 架构上的官方声明。例如，两家公司都保留在任何时间，向这些工具的任何版本报告 BUG 的权利。因此，这些工具不能替代在真实硬件上进行仔细的压力测试。另外，这些工具及其基于的模型都处于积极发展中，并且随时可能变化。另一方面，该模型是与相关的硬件专家协同开发的，因此有充分的理由相信，它可靠地反映了这些架构。

3．当前这些工具只处理指令集部分的子集。这些子集对于我的目标来说是足够了，但是你的目标可能有所不同。特别是，这些工具仅仅处理字长度的访问（32 位），并且要访问的字必须正确对齐。而且，工具不处理 ARM 内存屏障的某些更弱的变种，也不处理算法。

4．这些工具仅限于在少量线程上运行的无循环的代码片断。更大的例子将导致状态空间快速增长，这类似于 Promela 和 Spin 这样的工具。

5．完整的状态空间搜索，并没有给每一个错误状态如何到达的任何指示。也就是说，一旦你意识到这样的状态实际上可到达的，通常用交互式工具就不难于找到该状态。

6．这些工具对于复杂数据结构来说，做得不是太好。虽然也可以使用“x=y;y=z;z=42”这种形式的初始化来创建并遍历特别简单的链表。

7．这些工具不处理内存映射 I/O 及设备寄存器。当然，处理这些事物需要它们被形式化，而看起来形式化并不会很快出现。

8．仅仅当代码包含断言时，这些工具才检测出问题。对于所有形式化方法来说，这个弱点是普遍的，这也是测试为什么仍然重要的原因之一。用 Donald Knuth 的金玉良言来说，“小心上面代码中的 BUG；我仅仅证明它是正确的，但是还没有真正实测”。

也就是说，这些工具的一个强项，是对架构所允许的所有行为进行建模，包括那些合法的，硬件已经实现，但是仍然没有对那些不情愿的开发者产生影响的行为。

因此，经过这些工具诊断过的算法，在真实硬件上运行时，很可能有额外的安全余地。而且，在真实硬件上进行测试仅仅能够找到 BUG，这样的测试本质上是不能证明一个特定用法的正确性的。要理解这一点，考虑研究人员在真实硬件上运行超过 1000 亿次测试用例，以验证其模型。尽管有 1760 亿次运行[AMP+11]，架构允许的异常行为并没有发生。与之相对的是，对全状态空间的搜索允许工具证明代码片断的正确性。

值得重复强调的是，形式证明的方法和工具不能代替测试。实际上，生产大型的、可靠的并行软件，例如 Linux 内核是非常困难的。因而，开发者在朝着这个目标努力的时候，必须准备好应用每一种工具。本文中的工具能够定位那些通过测试（更不用说跟踪了）非常难于找到的 BUG。另一方面，测试可以应用于那些本章工具所能处理的更大的软件体。总之，为你的工作使用正确的工具。

当然，通过将你的并行代码设计为易于分割的，然后使用更高级原语（如锁、计数器、原子操作及 RCU）来直接完成任务，来避免以这种级别的方法进行工作，这是最好的。并且，即使你真的必须使用低级内存屏障及读-修改-写指令来完成工作，使用这些利器越保守，你的生活也越顺心。

12.3 公理方法

虽然 PPCMEM 工具能够解决著名的“读立写独立读”(IRIW) Litmus 测试，如图 12.29 所示。但是它也需要不少于 14 个小时的 CPU 时间，以及生成不少于 10G 的状态空间。也就是说，这种情况与 PPCMEM 出现之前的情况相比，有了极大的提升。在 PPCMEM 出现之前，解决这个问题需要阅读参考手册卷，尝试进行证明，与专家进行讨论，并且对最终结果不能确定。虽然 14 个小时看起来是一大段时间，但是比数周甚至数月来说还是短得多。

```
1 PPC IRIW.litmus
2 ""
3 (* Traditional IRIW. *)
4 {
5 0:r1=1; 0:r2=x;
6 1:r1=1;    1:r4=y;
7            2:r2=x; 2:r4=y;
8            3:r2=x; 3:r4=y;
9 }
10 P0               | P1               | P2               | P3    ;
11 stw r1,0(r2)     | stw r1,0(r4)     | lwz r3,0(r2)     | lwz r3,0(r4) ;
12                  |                  | sync             | sync  ;
13                  |                  | lwz r5,0(r4)     | lwz r5,0(r2) ;
14
15 exists
16 (2:r3=1 /\ 2:r5=0 /\ 3:r3=1 /\ 3:r5=0)
```

图 12.29 IRIW Litmus 测试

但是，考虑到 Litmus 测试的简单性，所需的时间还是有点令人惊奇。该测试有两个线程向两个独立变量进行存储，同时其他两个线程按相反顺序从这两个变量进行加载。如果两个加载线程对这两个存储操作的顺序不能达成一致，断言将被触发。这个 Litmus 测试是简单的，即使是按内存序 Litmus 测试的标准来说也是如此。

时间和空间消耗量的一个原因是，PPCMEM 执行基于跟踪的全状态空间搜索，这意味着它必须生成并评估所有可能的顺序，以及体系架构级事件的组合。对应于大量事件和动作序列的存储和加载，导致非常大量的状态空间，它们必须被完整的搜索，进而导致大量的内存和 CPU 消耗。

当然，许多跟踪事件彼此之间是类似的。这表明将类似跟踪事件作为一个事件进行对待，这种方法可能提高性能。一种这样的方法是 Alglave 等人的公理证明方法[ATM14]，它创建一组表示内存模型的公理集，然后将 Litmus 测试转换为可以证明或者反驳这些公理的定理。得到的工具称为“herd”，方便的采用 PPCMEM 相同的 Litmus 测试作为输入，包括图 12.29 所示的 IRIW Litmus 测试。

但是，在 PPCMEM 需要 14 小时 CPU 时间来处理 IRIW 的情况下，herd 仅仅需要 17ms，这提供了超过 6 个数量级的加速。也就是说，这个问题本质上是指数级的，因此，对于更大的问题，我们期望 herd 可以提供指数级的减速。这是很可能发生的，例如，如果我们如图 12.30 那样为每个写 CPU 添加 4 个写者，herd 变慢了超过 50,000 倍，需要超过 15 分钟的 CPU 时间。添加线程也导致指数级减速[MS14]。

```
1 PPC IRIW5.litmus
2 ""
3 (* Traditional IRIW, but with five stores instead of just one. *)
```

```
4 {
5 0:r1=1; 0:r2=x;
6 1:r1=1;                 1:r4=y;
7            2:r2=x;      2:r4=y;
8            3:r2=x;      3:r4=y;
9 }
10 P0                 | P1               | P2               | P3     ;
11 stw r1,0(r2)       | stw r1,0(r4)     | lwz r3,0(r2)     | lwz r3,0(r4) ;
12 addi r1,r1,1       | addi r1,r1,1     | sync             | sync  ;
13 stw r1,0(r2)       | stw r1,0(r4)     | lwz r5,0(r4)     | lwz r5,0(r2) ;
14 addi r1,r1,1       | addi r1,r1,1     |                  |   ;
15 stw r1,0(r2)       | stw r1,0(r4)     |                  |   ;
16 addi r1,r1,1       | addi r1,r1,1     |                  |   ;
17 stw r1,0(r2)       | stw r1,0(r4)     |                  |   ;
18 addi r1,r1,1       | addi r1,r1,1     |                  |   ;
19 stw r1,0(r2)       | stw r1,0(r4)     |                  |   ;
20
21 exists
22 (2:r3=1 /\ 2:r5=0 /\ 3:r3=1 /\ 3:r5=0)
```

图 12.30 扩展的 IRIW Litmus 测试

尽管它们有指数性质，PPCMEM 和 herd 都被证明对于检查关键并行算法来说是有用的，包括 x86 系统上的排队锁。herd 工具的弱点类似于 PPCMEM，这在 12.2.4 中描述。对于 PPCMEM 和 herd 工具之间的分歧，还是存在一些模糊（但是很真实）的情况，截止 2014 年底，解决这些分歧的努力正在进行中。

长期来说，希望公理方法包含更高级软件构件的公理描述。这将能够允许对更多大型的软件系统进行公理验证。另一个可选的方法是将布尔逻辑添加进去，正如 12.4 节所描述的那样。

12.4 SAT 求解器

任何具有有限循环和递归的有限程序，都可以被转换为逻辑表达式，这可以将程序的断言以其输入来表示。对于这样的逻辑表达式，非常有趣的是，知道任何可能的输入组合是否能够导致某个断言被触发。如果输入被表达为逻辑变量的组合，这就是 SAT，也称为可满足性问题。SAT 求解器被大量用于硬件验证，这已经产生了巨大的进步。20 世纪 90 年代早期国际水平的 SAT 求解器能够处理 100 个不同布尔变量的逻辑表达式，但是在 2010 年后几年，很容易获得 100 万变量的 SAT 求解器[KS08]。

此外，SAT 求解器的前端程序，可以将 C 代码自动转换为逻辑表达式，它考虑断言，并为数组边界错误这样的错误条件生成断言。一个例子是 C 边界模型检查器，或者 `cbmc`，它是很多 Linux 发行版的一部分。这个工具十分易于使用，并且 `cvmc test.c` 足以验证 `test.c`。这种易用性非常重要，因为它将形式验证加入到回归测试框架中。相比这下，需要对特殊用途的语言进行繁琐转换的传统工具，仅限于设计时验证。

最近，SAT 求解器已经开始处理并行代码了。这些求解器将输入代码转换为单静态分配（SSA）的形式，生成所有允许的访问顺序。这种方法看起来是有希望，但是仍然需要看看它实际工作得如何。例如，尚不清楚这种技术能够处理什么类型、何种大小的程序。但是，有一些原因使得我们期望 SAT 求解器可用于验证并行代码。

12.5　总结

本章中描述的形式验证技术是验证小型并行算法的有效工具，但是它不应当是你工具箱中唯一的工具。不管几十年来对形式验证的关注情况怎样，测试仍然属于大型并行软件的验证工作[Cor06a，Jon11]。

然而，情况可能并不总是这样。要明白这一点，考虑在 2013 年，有超过十亿份 Linux 内核实例。假如有这样一个 BUG，它平均每 100 万年出现一次。正如前一章末尾所提示的那样，在所有已经安装的实例中，这个 BUG 每天将出现 3 次。但是事实仍然是：绝大多数形式验证技术仅仅能用于非常小的代码片断。因此，并行代码该怎么做呢？

一种办法是考虑找到第一个 BUG，第一个相关 BUG，最后一个相关 BUG，以及最后一个 BUG。

第一个 BUG 通常是通过走查及编译器诊断找到的。虽然现代编译提供越来越复杂的诊断功能，这可以被考虑为某类轻量级的形式验证，但是通常不认为它们是形式验证。这部分是因为奇怪的偏见，这种偏见声称“如果我正在使用它，它就不是形式验证”。另一方面，也是由于介于编译器诊断和验证研究之间的、复杂性方面的巨大差异。

虽然第一个相关错误可能通过走查或者编译器诊断找到，但是更常见的是，这两步仅仅找到打字错误或者伪错误。不管哪种方式，大量的相关 BUG，也就是在生产中可能碰到的 BUG，是通过测试找到的。

当测试是由预期的，或者真实使用的用例驱动时，通过测试找到最后一个相关 BUG，这并非罕见。这种情形可能让人完全拒绝形式验证。但是，不相关的 BUG 有一个坏脾气，在最不经意的时候，由于黑帽攻击的原因突然变得相关。对于安全关键的软件，它看起来在总 BUG 数中的比例在不断增加，因此有强烈的动机来找到并修复最后一个 BUG。很明显，测试不能找到最后一个 BUG，因此这是形式验证一个可能的角色。也就是说，当且仅当形式验证证明自己能够胜任时，它才能担当这样的角色。正如本章所示，当前的形式验证极其受限。

最后，形式验证通常比测试更难于使用。这当然是一种比较客气的说法，有充分的理由来希望，随着更多的人熟悉它，形式验证更易于使用。也就是说，非常简单的测试工具能够在任意大的软件系统中，发现重大错误。相比之下，随着系统大小的增加，应用形式验证所需的努力会显著增加。

我偶尔使用形式验证已经有 20 多年了，发挥了形式验证的威力，即对总体软件结构中一小部分复杂的东西进行设计时验证。当然，更大的总体软件结构是通过测试来验证的。

小问题 12.26：鉴于 L4 微内核的完整验证，这种形式验证受限的观点是不是有点过时了？

但是，如果代码过于复杂，以至于你发现自己依赖于过度使用形式验证工具，就应当小心的重新思考你的设计，尤其是你的形式验证工具要求代码被手工转换为特定目的的语言时。例如，12.1.5 节介绍的，一个可抢占 RCU dynticks 接口的复杂实现，其结果是有一个简单得多的实现，正如 12.1.6.9 节所述。所有其他例子都说明，一个更简单的实现比复杂实现的机械证明要好得多！

对于那些工作于形式验证技术和系统的人来说，一个公开的挑战是证明这个总结是错误的。

第 13 章

综合应用

本章给出一些处理某些并发编程难题的提示，开始于 13.1 节的计数难题，接着是 13.2 节中使用 RCU 对并发问题进行补救，结束于 13.3 节的哈希难题。

13.1 计数难题

本节将详细列出针对某些计数难题的解决方法。

13.1.1 对更新进行计数

假设薛定谔（参见 10.1 节）想要对每一只动物的更新数量进行计数，并且这些更新使用一个每数据元素锁进行同步。这样的计数怎样才能做得最好？

当然，可以考虑第 5 章中任何一种计数算法，但是在这种情况下，最优的方法简单得多。仅仅需要在每一个数据元素中放置一个计数器，并且在元素锁的保护下递增元素就行了。

13.1.2 对查找进行计数

如果薛定谔还想对每只动物的查找进行计数，而这些查找由 RCU 进行保护。这样的计数怎样才能做得最好？

一种方法是像 13.1.1 节所述的，由一个每元素锁来对查找计数进行保护。不幸的是，这将要求所有查找过程都获得这个锁，在大型系统中，这将形成一个严重的瓶颈。

另一种方法是对计数说“不”，这就像 noatime 挂载选项例子。如果这种方法可行，那显然是最好的办法。毕竟，什么都没有比什么都不做还快。如果查找计数不能被省略，就继续读下去。

第 5 章中的任何计数都可以做成服务，5.2 节中描述的统计计数可能是最常见的选择。但是，这导致大量的内存访问，所需的计数器数量是数据元素的数量乘以线程数量。

如果其内存开销太大，另一个方法是保持每 socket 计数，而不是每 CPU 计数，请注意图 10.8 所示的哈希表性能结果。这需要计数递增作为原子操作，尤其对于用户态来说更是这样。在用户态中，一个特定的线程可能随时迁移到另一个 CPU 上运行。

如果某些元素被频繁地查找，那么存在一些其他方法。这些方法通过维护一个每线程日志来进行批量更新，其对特定元素的多次日志操作可以被合并。当对一个特定日志操作达到一定的递增次数，或者一定的时间过去以后，日志记录将被反映到相应的数据元素中去。Silas Boyd-Wickizer 已经对此做了一些工作[BW14]。

13.2　使用 RCU 拯救并行软件性能

本节展示如何对本书较早讨论的某些例子应用 RCU。某些情况下，RCU 提供更简单的代码，另外一些情况下，提供更好的性能和扩展性，还有一些情况下，同时提供两者的优势。

13.2.1　RCU 和基于每 CPU 变量的统计计数

5.2.4 节描述了一个统计计数的实现，该实现提供了良好的性能，大致的说是简单的递增（使用 C++操作符），并且是线性扩展——但仅仅通过 inc_count()递增。不幸的是，需要通过 read_count()读取其值的线程，需要获得一个全局锁，因此招致高的开销，并且扩展性不佳。基于锁的实现代码在第 47 页图 5.9 中。

小问题 13.1：究竟为什么我们首先需要那把全局锁？

13.2.1.1　设计

设计目的是使用 RCU 而不是 final_mutex 来保护线程在 read_count()中的遍历，以获得良好的性能和扩展性，而不仅仅是保护 inc_count()。但是，我们并不希望放弃求和计算的精确性。特别是，当一个特定线程退出时，我们绝不能丢失退出线程的计数，也不能重复对它进行计数。这样的错误将导致不精确的结果等于完全精确的结果，换句话说，这样的错误将使得结果完全无用。并且事实上，final_mutex 的一个目的是，确保线程不会在 read_count()运行过程中，进入并退出。

小问题 13.2：究竟什么是 read_count()的精确性？

因此，如果我们不用 final_mutex，就必须拿出其他确保一致性的方法。其中一种方法是将所有已经退出线程的计数和，以及指向每线程计数的指针放到一个单一数据结构。这样的数据结构，一旦被 read_count()所使用，就保持不变，以确保 read_count()看到一致性的数据。

13.2.1.2　实现

图 13.1 第 1 至 4 行展示了 countarray 结构，它包含一个->total 字段，用于对之前已经退出线程的计数，以及 counterp[]指针数组，指向当前正在运行的每线程 counter。这个结构允许特定的 read_count()执行过程看到一致的计数总和，以及运行线程的集合。

```
1 struct countarray {
2   unsigned long total;
3   unsigned long *counterp[NR_THREADS];
4 };
5
6 long __thread counter = 0;
```

```
 7 struct countarray *countarrayp = NULL;
 8 DEFINE_SPINLOCK(final_mutex);
 9
10 void inc_count(void)
11 {
12   counter++;
13 }
14
15 long read_count(void)
16 {
17   struct countarray *cap;
18   unsigned long sum;
19   int t;
20
21   rcu_read_lock();
22   cap = rcu_dereference(countarrayp);
23   sum = cap->total;
24   for_each_thread(t)
25     if (cap->counterp[t] != NULL)
26         sum += *cap->counterp[t];
27   rcu_read_unlock();
28   return sum;
29 }
30
31 void count_init(void)
32 {
33   countarrayp = malloc(sizeof(*countarrayp));
34   if (countarrayp == NULL) {
35     fprintf(stderr, "Out of memory\n");
36     exit(-1);
37   }
38   memset(countarrayp, '\0', sizeof(*countarrayp));
39 }
40
41 void count_register_thread(void)
42 {
43   int idx = smp_thread_id();
44
45   spin_lock(&final_mutex);
46   countarrayp->counterp[idx] = &counter;
47   spin_unlock(&final_mutex);
48 }
49
50 void count_unregister_thread(int nthreadsexpected)
51 {
52   struct countarray *cap;
53   struct countarray *capold;
54   int idx = smp_thread_id();
55
56   cap = malloc(sizeof(*countarrayp));
57   if (cap == NULL) {
58     fprintf(stderr, "Out of memory\n");
```

```
59    exit(-1);
60  }
61  spin_lock(&final_mutex);
62  *cap = *countarrayp;
63  cap->total += counter;
64  cap->counterp[idx] = NULL;
65  capold = countarrayp;
66  rcu_assign_pointer(countarrayp, cap);
67  spin_unlock(&final_mutex);
68  synchronize_rcu();
69  free(capold);
70 }
```

图 13.1　RCU 及每线程统计计数

第 6 至 8 行包含每线程 counter 变量的定义，全局指针 countarrayp 引用当前 countarray 结构，以及 final_mutex 自旋锁。

第 10 至 13 行展示 inc_count()，它与图 5.9 相比没有变化。

第 15 至 29 行展示了 read_coun()，它被大量修改了。第 21、27 行以 rcu_read_lock() 和 rcu_read_unlock() 代替获得、释放 final_mutex 锁。第 22 行使用 rcu_dereference() 将当前 countarray 数据结构的快照获取到临时变量 cap 中。正确的使用 RCU，将确保：在第 27 行的 RCU 读临界区结束前，该 countarray 数据结构不会被释放掉。第 23 行初始化 sum 为 cap->total，它表示之前已经退出的线程的计数值之和。第 24 至 26 行将正在运行的线程对应的每线程计数值添加到 sum 中。最后，第 28 行返回 sum。

countarrayp 的初始值由第 31 至 39 行的 count_init() 提供。这个函数在第一个线程创建之前运行，其任务是分配初始数据结构，并将其置为 0，然后将它赋值给 countarrayp。

第 41 至 48 行展示了 count_register_thread() 函数，它被每一个新创建线程所调用。第 43 行获取当前线程的索引，第 45 行获取 final_mutex，第 46 行将指针指向线程的 counter，第 47 行释放 final_mutex 锁。

小问题 13.3: 图 13.1 第 45 行修改了已经存在的 countarray 数据结构中的值，你不是说过，这个数据结构一旦对 read_count() 可用，就保持常量不变吗？

第 50 至 70 行展示了 count_unregister_thread() 函数，每一个线程在退出前，调用此函数。第 56 至 60 行分配一个新的 countarray 数据结构，第 61 行获得 final_mutex 锁，第 67 行释放锁。第 62 行将当前 countarray 的值复制到新分配的副本，第 63 行将现存线程的 counter 添加到新结构的总和值中，第 64 行将正在退出线程的 counterp[] 数组元素置空，第 65 行保留当前（很快就会变为旧的）countarray 结构的指针引用，第 66 行使用 rcu_assign_pointer() 设置 countarray 结构的新版本。第 68 行等待一个优雅周期的流逝。这样，任何可能并发执行 read_count，并且也可能拥有对旧的 countarray 结构引用的线程，都能够退出它们的 RCU 读端临界区，并放弃对这些结构的引用。因此，第 69 行能够安全释放旧的 countarray 结构。

13.2.1.3　讨论

小问题 13.4: 图 13.1 包含 69 行代码，而图 5.9 仅仅包含 42 行。这些额外的复杂性真的值得吗？

对 RCU 的使用，使得正在退出的线程进行等待，直到其他线程保证，其已经结束对退出线程的__thread 变量的使用。这允许 read_count() 函数免于使用锁，因而对 inc_count()

和 read_count()函数来说，都为其提供了优良的性能和扩展性。但是，这些性能和扩展性，来自于代码复杂性的增加。希望编译器和库函数的编写者能够提供用户层 RCU[Des09]，以实现跨线程安全访问__thread 变量，大大减小__thread 变量使用者所能见到的复杂性。

13.2.2 RCU 及可插拔 I/O 设备的计数器

5.5 节展示了一对奇怪的代码段，以处理对可插拔设备的 I/O 访问计数。由于需要获得读/写锁，因此这些代码段会在快速路径（开始一个 I/O）上招致过高的负载。

本节展示如何使用 RCU 来避免这些开销。

执行 I/O 的代码与原来的代码非常类似，它使用 RCU 读临界区代替原代码中的读/写锁的读端临界区。

```
 1 rcu_read_lock();
 2 if (removing) {
 3   rcu_read_unlock();
 4   cancel_io();
 5 } else {
 6   add_count(1);
 7   rcu_read_unlock();
 8   do_io();
 9   sub_count(1);
10 }
```

RCU 读端原语拥有极小的负载，因此提升了快速路径的速度。

移除设备的新代码片段如下。

```
1 spin_lock(&mylock);
2 removing = 1;
3 sub_count(mybias);
4 spin_unlock(&mylock);
5 synchronize_rcu();
6 while (read_count() != 0) {
7   poll(NULL, 0, 1);
8 }
9 remove_device();
```

在此，我们将读/写锁替换为排它自旋锁，并增加 synchronize_rcu()以等待所有 RCU 读端临界区完成。由于 synchronize_rcu()的缘故，一旦我们运行到第 6 行，就能够知道，所有剩余的 I/O 已经被识别到了。

当然，synchronize_rcu()的开销可能比较大。不过，既然移除设备这种情况比较少，那么这种方法通常是一个不错的权衡。

13.2.3 数组及长度

如果我们有一个受 RCU 保护的可变长度数组，如图 13.2。数组->a[]的长度可能会动态变化。在任意时刻，其长度由字段->length 表示。当然，这带来了如下竞争条件。

1．数组被初始化为 16 个字符，因此->length 等于 16。

2．CPU 0 加载->length 的值，得到其值 16。

3．CPU 1 压缩数组长度为 8，并且将-a[]赋值为指向新 8 字节长的内存块的指针。

4．CPU 0 从->a[]获取到新的指针值，并且将新值存储到元素 12 中。由于数组仅仅只有 8 个字符，这导致 SEGV 或者（甚至更糟糕）内存破坏。

```
1 struct foo {
2   int length;
3   char *a;
4 };
```

图 13.2　RCU 所保护可变长度数组

我们有什么办法防止这种情况？

其中一个方法是小心使用内存屏障，内存屏障的内容在 14.2 节。这个方法可行，但是带来了读端的开销，也许更糟糕的是，需要显式使用内存屏障。

一个更好的办法是将值及数组放进同一个数据结构，如图 13.3 所示。分配一个新的数组（foo_a 数据结构），然后为数组长度提供一个新的存储空间。这意味着，如果某个 CPU 获得->fa 的引用，也就能够确保->length 能够与->a[]的长度相匹配[ACMS03]。

1．数组最初为 16 字节长，因此->length 等于 16。

2．CPU 0 加载->fa 的值，获得指向数据的指针，该数据结构包含值 16，以及 16 字节的数组。

3．CPU 0 加载->fa->length 的值，获得其值 16。

4．CPU 1 压缩数组，使其长度为 8，并且将指针赋值为新分配的 foo_a 数据结构，该结构包含一个 8 字节的内存块->a[]。

5．CPU 0 从->a[]获得新指针，并且将新值存储到第 12 个元素。由于 CPU 0 仍然引用旧的 foo_a 数据结构，该结构包含 16 字节的数组，一切都正常。

```
1 struct foo_a {
2   int length;
3   char a[0];
4 };
5
6 struct foo {
7   struct foo_a *fa;
8 };
```

图 13.3　改进 RCU 保护的可变长度数组

当然，在所有情况下，CPU 1 必须在释放旧数组前，等待一个优雅周期。

这种方法更通用的版本在 13.2.4 节中。

13.2.4　相关联的字段

假设每一只薛定谔动物由图 13.4 所示的数据元素所表示。meas_1、meas_2 及 meas_3 字段是一组相关联的计量字段，它们被频繁更新。读端从单次完整更新的角度看到这三个值，这是特别重要的，如果读端看到 meas_1 的旧值，而看到 meas_2 及 meas_3 的新值，读端将会变得非常迷惑。我们怎么才能确保读端看到这三个值协调一致的集合？

一种方法是分配一个新的 animal 数据结构，将旧结构复制到新结构，更新新结构的 meas_1、meas_2 及 meas_3 字段，然后，通过更新指针的方式，将旧的结构替换为新的结构。这确保所有读端看到测量值的一致集合。但是由于->photo[]字段的原因，这需要复制一个大的数据结构。这样的复制可能带来不可接受的大的开销。

另一种方法是如图 13.5 那样插入一个间接层。当进行一次新的测量时，一个新的 measurement 数据结构被分配，将测量值填充到该结构，并且 animal 结构的->mp 字段被更新为指向新 measurement 结构，这是使用 rcu_assign_pointer()来进行更新的。当一个优雅周期流逝以后，旧的 measurement 数据可以被释放。

```
1 struct animal {
2   char name[40];
3   double age;
4   double meas_1;
5   double meas_2;
6   double meas_3;
7   char photo[0]; /* 大的位图 */
8 };
```

图 13.4　不相关的测量字段

```
1 struct measurement {
2   double meas_1;
3   double meas_2;
4   double meas_3;
5 };
6
7 struct animal {
8   char name[40];
9   double age;
10  struct measurement *mp;
11  char photo[0]; /* 大的位图 */
12 };
```

图 13.5　相关联的测量字段

小问题 13.5：图 13.5 中的方法不会导致额外的缓存缺失，然后导致额外的读端开销吗？

这种方法允许读端以最小的开销，看到所选字段的关联值。

13.3　散列难题

本节着眼于在处理哈希表时，可能会碰上的一些问题。请注意，这些问题也适用于许多其他与搜索相关的数据结构。

13.3.1　相关联的数据元素

这种情形类似于 13.2.4 节中的问题：存在一个哈希表，我们需要两个或者更多数据元素的关联视图。这些数据元素被同时更新，并且我们不希望看到第一个元素的旧版本，而看到其他元素的新版本。例如，薛定谔想到增加一个新成员到所有动物的内存数据库中。薛定谔也是一个保守主义者，他认为结婚和离婚这样的事情不会随时发生。因此，他绝不希望在他的数据库中，出现这样的情况，新娘已经结婚了，而新郎却没有，反之亦然。换句话说，薛定谔希望在他的数据库中，要保持婚姻状态一致。

一种方法是使用顺序锁（参见 9.2 节），这样婚姻相关的更新将在 `write_seqlock()`的保护下进行。而要求婚姻状况一致性的读请求，将在 `read_seqbegin()/read_seqretry()`循环体之中进行。请注意，顺序锁并不是 RCU 保护机制的替代品：顺序锁是保护并发的修改操作，而 RCU 仍然是需要的，它保护并发的删除。

当相关数据元素少，读这些元素的时间很短，更新速度也低的时候，这种方法可以运行得很好。否则，更新可能会频繁发生，以至于读者总是不能完成。虽然薛定谔不期望那些不理智的人，会快速的结婚又离婚，对于这种情况会成为一个问题，但是他明白，这个问题很有可能在其他情况下出现。要避免读者饥饿问题，一种方法是在读端重试太多次数以后，让其使用写端原语，但是这会同时降低性能和扩展性。

另外，如果写端原语使用得太频繁，那么，由于锁竞争的原因，将带来性能和扩展性的问题。要避免这个问题，其中一个方法是维护一个每数据元素的顺序锁，并且，在更新它们的婚姻状态时，应当持有双方的锁。读者可以在任一配偶的锁之下，获得对所涉双方的婚姻状态的稳定视图时，进行重试循环。这避免了高频率的结婚、离婚所带来的竞争，但是复杂性在于：在单次扫描数据库期间，需要获得所有婚姻状态的稳定视图。

如果元素分组被良好定义并且有持久性（婚姻状态需要这样），那么一种方法是将指针添加到数据元素中，将特定组的元素链接在一起。读者就能够遍历所有这些指针，以访问同一组内的所有元素。

其他使用版本号的方法，留给有兴趣的读者作为练习。

13.3.2 更新友好的哈希表遍历

如果需要对哈希表中的所有元素进行统计扫描。例如，薛定谔可能希望计算所有动物的平均长度-重量比率。[1]更进一步假设，薛定谔愿意忽略在统计扫描进行时，那些正在从哈希表中添加或者移除的动物引起的轻微错误。薛定谔应当怎么来控制并发性？

一种方法是：将统计扫描置于 RCU 读端临界区之内。这允许更新并发的进行，而不影响扫描过程。特别是，扫描过程并不阻塞更新操作，反之亦然。这允许对包含大量数据元素的哈希表进行扫描，这样的扫描被将优雅的支持，即使是面对高频率的更新时，也是如此。

小问题 13.6：当可变大小的哈希表正在改变大小时，应当怎么进行扫描过程？这种情况下，不管是旧哈希表，还是新哈希表，都不确保包含哈希表中的所有元素。

[1]这样的计量为何有用？说服我！但是，一般的分组统计通常是有用的。

第 14 章 高级同步

14.1 避免锁

虽然锁是产品中的并行处理常用的机制，但是在很多情况下，性能、扩展性及实时响应都可以通过使用无锁技术来大大提升。这种无锁技术的特别印象深刻的例子，是 5.2 节所述的统计计数器。它不仅避免了锁，也避免了原子操作，内存屏障，甚至递增计数器时的缓存缺失。我们已经涉及的其他例子包括。

1. 第 5 章中大量其他计数算法的快速路径。
2. 6.4.3 节中的资源分配器缓存快速路径。
3. 6.5 节中的迷宫求解器。
4. 第 8 章中描述的数据所有者技术。
5. 第 9 章中描述的引用计数和 RCU 技术。
6. 第 10 章中描述的搜索代码。
7. 第 13 章中描述的很多技术。

简而言之，无锁技术非常有用，并且被大量使用。

不过，最好是将无锁技术隐藏在良好定义的 API 之中，如 `inc_count()`，`memblock_alloc()`，`rcu_read_lock()`，等等。其原因是，随意使用无锁技术，它是创建大 BUG 的良好途径。

许多无锁技术的关键部分是内存屏障，这将在随后的章节中介绍。

14.2 内存屏障

作者是 David Howells 和 Paul E. McKenney

人们常常凭直觉以为，软件会按顺序及按逻辑因果关系运行，与一般人相比，黑客常常对此理解得更深刻。当编写、分析及调试使用标准互斥机制（如锁及 RCU）的顺序执行代码、并行代码时，这些直觉是非常有效的。

不幸的是，当面对那些直接将内存屏障使用到基于共享内存的数据结构时，这些直觉是完全错误的（驱动编写者使用 MMIO 寄存器时更信任这样的直觉，但是之后更甚）。后面的章节将详细的说明这些直觉错在何处，然后提出一个明智的内存屏障模型，它可以帮助你避免这些陷阱。

14.2.1 节给出内存序及内存屏障的概况。一旦这些背景知识准备就绪，下一步就是让你确认，你的直觉有一点问题。这一令人痛苦的任务被放在 14.2.2 节。这节展示了一个看起来正确的代码片段，然而它在真实的硬件上会出错。在 14.2.3 节中，展示了一些示例代码，其数字变量可以同时表现出多个不同的值，你的直觉会让你感到崩溃。14.2.4 节给出了内存屏障的基本规则。这些规则在 14.2.5 到 14.2.14 节中更加精确。

14.2.1 内存序及内存屏障

首先，为什么需要内存屏障？CPU 不能跟踪它们的自己顺序吗？我们拥有计算机的目的，就是为了对各种事情进行跟踪。难道不是这样吗？

许多人深切期望他们的计算机跟踪很多事情，但是很多人也坚持他们自己快速跟踪这些事情。现代计算机系统厂商面对的一个难题是，主存不能与 CPU 保持同步——在从内存获取一个变量的同时，现代 CPU 可以执行数百条指令。因此，CPU 逐渐使用了大量缓存，如图 14.1 所示。某个 CPU 经常使用的变量将趋向于保留在 CPU 的缓存中，以允许快速访问相应的数据。

不幸的是，当一个 CPU 访问不在缓存中的数据时，将导致开销巨大的“缓存缺失”，这需要从主存中请求数据。更不幸的是，运行典型的代码会导致大量的缓存缺失。为了限制性能下降，CPU 被设计成在从内存中获取数据的同时，可以执行其他指令和内存引用。这明显会导致指令和内存引用乱序执行，并导致严重的混乱，如图 14.2 所示。编译器和同步原语（如锁和 RCU）有责任通过对内存屏障（例如，在 Linux 内核中的 `smp_mb()`）的使用来维护这种用户在执行顺序方面的直觉。这些内存屏障可能是特定的指令（例如在 ARM、POWER、 Itanium 和 Alpha 体系中那样），也可能由其他操作所暗示（例如在 x86 体系中）。

图 14.1 现代计算机系统缓存结构　　图 14.2 CPU 可以乱序执行

由于标准的同步原语给人一种按序执行的错觉，你可能希望停止阅读本节并简单使用这些原语。

但是，如果你需要自己实现同步原语，或者你对理解内存序及内存屏障如何运行有兴趣，就读一下本章。

14.2.2 节将展示一个与直觉相反的情形，当你显式地使用内存屏障时，就可能遇到这种情形。

14.2.2 如果 B 在 A 后面，并且 C 在 B 后面，为什么 C 不在 A 后面

内存序和内存屏障可能极其反直觉。例如，考虑图 14.3 中的函数，它并行的执行，并且变量 A、B 和 C 被初始化为 0。

```
 1 thread0(void)
 2 {
 3     A = 1;
 4     smp_wmb();
 5     B = 1;
 6 }
 7
 8 thread1(void)
 9 {
10     while (B != 1)
11         continue;
12     barrier();
13     C = 1;
14 }
15
16 thread2(void)
17 {
18     while (C != 1)
19         continue;
20     barrier();
21     assert(A != 0);
22 }
```

图 14.3 并行硬件的错觉

从直觉上来看，thread0()在对 A 的赋值之后，才对 B 进行赋值，thread1()在对 C 赋值前，会等待 thread0()对 B 的赋值。thread2()在引用 A 之前，会等待 thread1()对 C 的赋值。因此，第 21 行的断言不可能被触发。

这个断言，从直觉上来说，虽然它可以有，但完全是错误的。但是请注意，这不是一个仅仅理论上才存在的断言，如果在真实世界的弱序硬件（一个 1.5GHz 16-CPU POWER 5 系统）上运行这个代码超过 10M 次的话，将导致断言被触发 16 次。显然，任何想编写内存屏障代码的人，需要做一些极限测试——虽然正确性证明是有用的，内存屏障反直觉的性质使得我们对这样的证明不敢轻易相信。既然一些糟糕的依赖于硬件的技巧通常大大增加了它出错的几率，那么对极限测试的需求就不应当被轻视。

小问题 14.1：图 14.3 中第 21 行的断言，到底是怎样失败的？

小问题 14.2：这样的话该如何修正它？

你应当做些什么呢？如果可以的话，最好的策略是使用已经存在的原语，这些原语与任何必要的内存屏障一起配合使用，这样可以简单的忽略本节后面的内容。

当然，如果你正在实现同步原语，就没有这么好运了。接下来对内存序及内存屏障的讨论将是为你准备的。

14.2.3 变量可以拥有多个值

认为一个变量将有一个明确的序列，这个序列的值都是明确的，这是很自然的想法。不幸的是，是时候对这种令人愉悦的谎言说“再见”了。

要明白这一点，考虑如图 14.4 的代码片段。它被几个 CPU 并行的执行。第 1 行设置共享变量的值为当前 CPU 的 ID，第 2 行根据 gettb() 函数对几个值进行初始化，这个函数给出精确的硬件“时间基线”计数器，该计数器在所有 CPU 之间保持同步（不幸的是，并不是所有 CPU 体系上都有效！），第 3 至 8 行的循环记录变量将时间计数器赋予本 CPU 的时间长度。当然，某一个 CPU 将是“胜利者”，如果没有第 7 至 8 行的检测的话，它将永远不会退出。

小问题 14.3：是什么假定条件使得图 14.4 中的代码片断在实际的硬件中不再正确？

```
1 state.variable = mycpu;
2 lasttb = oldtb = firsttb = gettb();
3 while (state.variable == mycpu) {
4   lasttb = oldtb;
5   oldtb = gettb();
6   if (lasttb - firsttb > 1000)
7     break;
8 }
```

图 14.4 示例代码

在退出循环前，firsttb 将在赋值之后，短暂的保持一个时间戳。lasttb 也保持一个时间戳，在上一次共享变量采样前，该时间戳将保持赋予它的值。或者在进入循环前，共享变量已经变化，则保持其值为等于 firsttb 的值。这允许我们标记每个 CPU 的 state.variable 视图，该视图超过 532ns 的时钟周期，如图 14.5。这个数据是在一个 1.5GHz POWER5 8 核系统上采集的。每一个核包含一对硬件线程。CPU 1、2、3 和 4 记录值，而 CPU 0 控制测试。时间戳计数器周期是 5.32ns，对于中间缓存状态的观察来说，这已经足够精确。

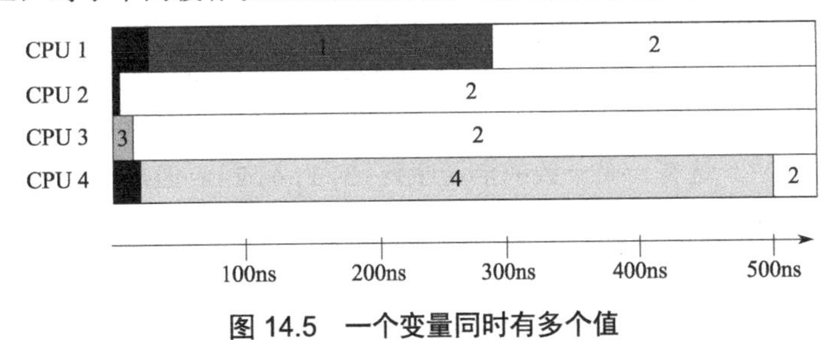

图 14.5 一个变量同时有多个值

每一个水平条表示一个特定 CPU 观察到变量的时间，左边的黑色区域表示相应的 CPU 第一次计数的时间。在最初 5ns 期间，仅仅 CPU 3 拥有变量的值。在接下来的 10ns，CPU 2 和 3 看到不一致的变量值，但是随后都一致认为其值是“2”，事实上，该值是最终大家一致观察到的值。但是，CPU 1 在长达 300ns 内认为其值是“1”，并且 CPU 4 在长达 500ns 内认为其值是“4”。

小问题 14.4：为什么多个 CPU 可能在同一时刻看到同一个变量的不同值？

小问题 14.5：为什么 CPU 2 和 3 这么快就看到了一致性的数据，而 CPU 1 和 4 需要如此长的时间才达到和 CPU2、3 一致？

我们是时候需要告别关于变量值和时间段的令人愉悦的谎言了。这需要内存屏障上场。

14.2.4 能信任什么东西

直觉几乎是不可信的。

那么能信任什么呢?

结论是有一些适当简单的规则，这些规则允许你用好内存屏障。对于那些希望得到内存屏障底层细节的人来说，至少是从编写可移植代码的角度来说，本节给出这些规则。如果你仅仅想知道这些规则是什么，而不想刨根问底的了解所有东西，请直接跳到 14.2.6 节。

内存屏障的详细语义在不同 CPU 架构之间的变化是很大的，因此可移植代码至少必须遵从最基本的内存屏障语义。

幸运的是，所有 CPU 架构都遵从如下规则。

1. 一个特定 CPU 的所有访问操作都与该 CPU 上的编程顺序一致。
2. 所有 CPU 对单个变量的访问都与存储这个变量的全局顺序多少有一些一致性。
3. 内存屏障以成对的形式进行操作。
4. 内布屏障操作能够由互斥锁原语所构建的语义提供。

因此，如果有必要在可移植代码中使用内存屏障，你可以依靠这些属性。[1]每一个属性都将在随后的章节中描述。

14.2.4.1 自引用是有序的

一个特定 CPU 将以“编程顺序”那样看到它对内存的访问操作。就像 CPU 在同一时刻只执行一条没有乱序的指令一样。对旧的 CPU 来说，这个限制对二进制兼容来说是必要的。有一些 CPU 违反这个规则，有一点点扩展，但是在这些情况下，编译器必须负责确保其顺序严格的符合需要。

另一方面，从编程者的角度来说，CPU 将按照编程序看到对内存的访问操作。

14.2.4.2 单变量内存一致性

由于目前的商业可用计算机系统提供缓存一致性，因此，如果一组 CPU 都并发的对单个变量进行非原子性存储，那么所有 CPU 看到的值序列至少在一个全局顺序上是一致的。例如，在图 14.5 所示的访问序列中，CPU 1 看到序列 `{1,2}`，CPU 2 看到序列`{2}`，CPU 3 看到序列 `{3,2}`，CPU 4 看到序列 `{4,2}`。这有一个一致的全局序列`{3,1,4,2}`。但是也有 5 种其他序列，但是这 4 个值都以“2”结束。因此，对于单个变量来说，终将会对其值序列达成一致，但是这可能有点令人迷惑。

作为对比，假设 CPU 使用原子操作（如 Linux 内核的 `atomic_inc_return()`原语），而不是简单存储不同的值，这样观察到的结果将保证是全局一致性的值序列。某一个 `atomic_inc_return()`将首先发生，并将值从 0 变为 1，第二个将值从 1 变为 2，依此类推。CPU 可以随后比较值，并对 `atomic_inc_return()`调用的严格的值序列达成一致。对于前面描述的非原子存储来说，这不能正常运行。因为非原子存储并不会返回任何稍早前的值，因此有存在歧义的可能性。

请一定注意，本节仅仅针对所有 CPU 访问同一个单一变量的情况。对于单一变量这种情况，缓存一致性保证了全局顺序，至少在某些更积极的编译优化被 Linux 内核的 `ACCESS_ONCE()`直接禁止，或者被 C++ 11 的宽松原子操作禁止时，情况是这样。与之相对的，如果有多个变量，

---

[1]或者，更好的是，你可以完全避免对内存屏障显式的使用。但这将是其他章节的主题。

就目前所见的商业计算机系统来说，则需要内存屏障，以使 CPU 达成顺序一致。

14.2.4.3 成对内存屏障

成对内存屏障提供了有条件的顺序语义。例如，在如下操作中，从外部逻辑分析器的角度来说，CPU 1 对 A 的访问并非绝对早于对 B 的访问（参见附录 C 的例子）。但是，如果 CPU 2 对 B 的访问看到 CPU 1 对 B 的访问，那么 CPU 2 对 A 的访问是确保能够看到 CPU 1 对 A 的访问。虽然某些 CPU 的内存屏障实际上提供更强的语义，无条件的顺序保证。但是要做到绝对的顺序保证，可移植代码仅仅只能这个更弱的语义。

CPU 1	CPU 2
access(A);	access(B);
smp_mb();	smp_mb();
access(B);	access(A);

小问题 14.6：但是如果内存屏障不是绝对的强序，驱动开发者怎么样才能可靠地按序执行 MMIO 寄存器的加载和存储？

当然，所谓访问要么是指加载，要么是指存储，二者有不同的属性。表 14.1 展示了一对 CPU 上可能的存储、加载组合。当然，为了确保操作顺序，必须在每一对操作之间增加内存屏障。

表 14.1 内存屏障组合

	CPU 1		CPU 2		描　述
0	加载（A）	加载（B）	加载（B）	加载（A）	加载/加载
1	加载（A）	加载（B）	加载（B）	存储（A）	仅单次存储
2	加载（A）	加载（B）	存储（B）	加载（A）	仅单次存储
3	加载（A）	加载（B）	存储（B）	存储（A）	一对加载/存储
4	加载（A）	存储（B）	加载（B）	加载（A）	仅单次存储
5	加载（A）	存储（B）	加载（B）	存储（A）	二对加载/存储
6	加载（A）	存储（B）	存储（B）	加载（A）	存储/存储，加载/加载
7	加载（A）	存储（B）	存储（B）	存储（A）	三对加载/存储
8	存储（A）	加载（B）	加载（B）	加载（A）	仅单次存储
9	存储（A）	加载（B）	加载（B）	存储（A）	存储/存储，加载/加载
A	存储（A）	加载（B）	存储（B）	加载（A）	多次加载/多次存储
B	存储（A）	加载（B）	存储（B）	存储（A）	遁逸地存储
C	存储（A）	存储（B）	加载（B）	加载（A）	一对加载/存储
D	存储（A）	存储（B）	加载（B）	存储（A）	三对加载/存储
E	存储（A）	存储（B）	存储（B）	加载（A）	遁逸地存储
F	存储（A）	存储（B）	存储（B）	存储（A）	遁逸地存储

14.2.4.4 成对内存屏障：可移植的组合

随后的成对操作都是针对表 14.1，并给出可移植代码所需要的所有的内存屏障组合。

第 1 对，在这一对操作中，一个 CPU 执行一对加载操作，这对操作由内存屏障分开，而第二个 CPU 执行一对存储操作，也用内存屏障分开，如下所示（A 和 B 都初始化为 0）。

CPU 1	CPU 2
A=1;	Y=B;
smp_mb();	smp_mb();
B=1;	X=A;

在两个 CPU 都已经完成这些代码后，如果 Y==1，那么必然有 X==1。这种情况下，Y==1 实际上意味着 CPU 2 在内存屏障前的加载已经看到 CPU1 的内存屏障后面的存储。由于内存屏障的成对属性，CPU2 在内存屏障之后的加载必然看到 CPU1 内存屏障之前的存储，因此 X==1。

换句话说，如果 Y==0，那么内存屏障的条件不满足。在这种情况下， X 可能是 0，也可能是 1。

第 2 对，在这一对操作中，每一个 CPU 执行一个加载，后面跟着一个内存屏障，内存屏障后面跟着一个存储，如下所示（A 和 B 都初始化为 0）。

CPU 1	CPU 2
X=A;	Y=B;
smp_mb();	smp_mb();
B=1;	A=1;

两个 CPU 都执行完该代码序列以后，如果 X==1，那么必然有 Y==0。在这种情况下，X==1 意味着 CPU 1 在内存屏障之前的加载操作已经看到 CPU2 内存屏障之后的存储操作。由于内存屏障的成对属性，CPU1 在内存屏障后的存储必然也看到 CPU2 在内存屏障之前的加载结果，因此 Y==0。

另一方面，如果 X==0，那么内存屏障的条件还不满足，因此这种情况下，Y 可能为 0，也可能为 1。

两个 CPU 的代码是对称的，因此两个 CPU 的代码都执行完毕后，如果 Y==1，那么必然有 X==0。

第 3 对，在这一对操作中，一个 CPU 执行一个加载操作，后面跟随一个内存屏障，再后面跟随一个存储操作，而另外一个 CPU 执行一对由内存屏障分开的存储操作，如下所示（A 和 B 都初始化为 0）。

CPU 1	CPU 2
X=A;	B=2;
smp_mb();	smp_mb();
B=1;	A=1;

当两个 CPU 都执行完代码后，如果 X==1，那么必然有 B==1。这种情况下，X==1 意味着 CPU 1 在内存屏障之前的加载已经看到 CPU2 内存屏障后面的存储。由于内存屏障的成对属性，CPU1 在内存屏障之后的存储也必然看到 CPU2 在内存屏障之前的存储。这意味着 CPU1 对 B 的存储将重置 CPU2 对 B 的存储，导致 B==1。

另一方面，如果 X==0，那么内存屏障的条件还不满足，因此在这种情况下，B 可能为 1，也可能为 2。

14.2.4.5 成对内存屏障：半可移植组合

表 14.1 后面的操作对可以用于现代硬件，但是在一些 20 世纪 90 年代以前的系统上可能会出

问题。但是，它们可以安全用于自 2000 年以来的主流硬件。因此，如果你认为内存屏障难于处理，那么请注意，它们在某些系统上通常更强序一些。

多次加载 VS.多次存储，由于存储不能看到加载的结果（在此，再一次暂时忽略 MMIO 寄存器），并不总是能够确定是否内存屏障的条件被满足。但是，21 世纪的硬件将确保：至少一个加载操作能够看到相应的存储结果（或者对于同样的变量来，看到其随后的值）。

小问题 14.7：在多次加载 VS.多次存储的情况下，我们怎么知道，现代硬件确保至少某一个加载将看到由其他线程存储的值？

遁逸地存储，在下面的例子中，当两个 CPU 都执行完代码后，你很有可能会认为结果 `{A==1,B==2}` 不会出现。

CPU 1	CPU 2
A=1;	B=2;
smp_mb();	smp_mb();
B=1;	A=2;

不幸的是，这个结论对于 20 世纪的系统来说，是对的。但是对于所有 20 世纪的古老系统来说，这并不必然正确。假设包含 A 的缓存行最初由 CPU2 持有，包含 B 的缓存行最初被 CPU1 持有。那么，在拥有使无效队列和存储缓冲的系统中，有可能出现这样的情况：前面的赋值“遁逸到后面”，这样随后的赋值实际在前面的赋值之前发生。这个奇怪（但是不常见）的效果将在附录 C 中解释。

如果对于每一对内存屏障对来说，当存储操作先于每一个 CPU 的内存屏障，那么相同的效果也可以出现，包括“多次加载 VS.多次存储”。

但是，21 世纪的硬件适应了这些顺序方面的直觉，允许这种组合被安全的使用。

14.2.4.6 成对内存屏障：不可移植组合

表 14.1 中接下来的操作对，即使对于 21 世纪的硬件来说，针对可移植代码它们也是非常受限的使用。但是，“受限”并不代表“不”使用。因此让我们看看能做些什么吧！热心的读者也许希望写一些实验性的、依赖于这些组合的代码，以完全搞清楚它是怎么运行的。

多次加载 VS.多次加载，由于加载并不影响内存的状态（在此暂时忽略 MMIO 寄存器），因此一个加载看到其他加载的结果是不可能的。不过，如果我们知道 CPU 2 对 B 的加载，返回一个更新的值，该值比 CPU 1 对 B 的加载值更新，那么我们将知道，CPU 2 对 A 的加载，其返回值要么与 CPU 1 对 A 的加载值相同，要么是其更晚的值。

存储 VS.存储，加载 VS.加载，其中一个值仅仅用于加载，另外的值仅仅用于存储。由于（再一次忽略 MMIO 寄存器）加载不可能看到其他操作结果，因此不可能检测到内存屏障的所提供的某种条件的顺序。

仅一次存储，由于仅仅只有一个存储，因此仅仅一个变量允许一个 CPU 看到其他 CPU 的访问结果。因此，没有办法检测到由内存屏障提供的某种条件的顺序。

至少不直接的。但是如果表 14.1 中的组合 1，CPU 1 对 A 的加载返回 CPU 2 对 A 的存储的值。那么我们知道 CPU 1 对 B 的加载，要么返回 CPU 2 对 A 的加载的值，要么返回其更晚的值。

小问题 14.8：表 14.1 中，其他的“仅一次存储”如何被使用？

14.2.4.7 实现锁操作的充足语义

假设我们有一个互斥锁(Linux 内核中的 spinlock_t，pthread 库中的 pthread_mutex_t)，它保护一定数量的变量值（换句话说，这些变量除了在锁临界区以外，不会被访问）。下面的属性必然存在。

1．一个特定 CPU 或者线程必然看到自己的所有加载和存储操作，只要这些操作已经按照编程序发生了。

2．申请、释放锁操作，必须看起来是以单一全局顺序被执行。[2]

3．如果一个特定变量在正在执行的临界区中，还没有被存储，那么随后在临界区中执行的加载操作，必须看到在最后一次临界区中，对它的存储。

后两个属性之间的不同有一点不好理解，第二点要求申请、释放锁以一种清晰的顺序发生，而第三点要求临界区不“溢出”太多，以至于造成后面的临界区被影响。

为什么这些属性是必要的?

假如第一个条件不满足. 那么下面代码中的断言将被触发。

```
a = 1;
b = 1 + a;
assert(b == 2);
```

小问题 14.9：第 312 页中的断言 b==2 是怎么被触发的？

假设第二个条件不满足。那么下面的代码可能产生内存泄漏。

```
spin_lock(&mylock);
if (p == NULL)
  p = kmalloc(sizeof(*p), GFP_KERNEL);
spin_unlock(&mylock);
```

小问题 14.10：第 312 页的代码是如何造成内存泄漏的？

如果第三个条件不满足，那么下面代码中的计数器可能会倒退。第三个条件是至关重要的，因为它不能与成对内存屏障严格对应。

```
spin_lock(&mylock);
ctr = ctr + 1;
spin_unlock(&mylock);
```

小问题 14.11：第 312 页中的代码是如何造成计数值倒退的？

如果你已经相信这三个规则是重要的，就让我们看看它们如何与典型的锁实现之间相互影响。

14.2.5 锁实现回顾

加锁和解锁操作的不成熟伪代码如下所示。注意 atomic_xchg() 原语隐含在原子交换操作前后有一个内存屏障。在原子交换操作后面的隐含的屏障，去除了在 spin_lock 中显式使用内存屏障的要求。请注意，并不是名称所示那样，atomic_read()和 atomic_set()实际上并不执行任何原子指令，相反，它不过是执行一个简单的加载存储操作。这个伪代码后面是一些 Linux 的 unlock 操作实现，它在内存屏障后面跟着一个简单的非原子存储。这个最小化的锁实现必须实现 14.2.4 节中所有的锁属性。

[2]当然，对于某次运行来说，它与另外某次运行相比，其顺序可能会有所不同。然而，对于任何特定的某次运行，所有 CPU 和线程对于特定互斥锁必须具有一致性的临界区视图。

```
 1 void spin_lock(spinlock_t *lck)
 2 {
 3   while (atomic_xchg(&lck->a, 1) != 0)
 4     while (atomic_read(&lck->a) != 0)
 5       continue;
 6 }
 7
 8 void spin_unlock(spinlock_t lck)
 9 {
10   smp_mb();
11   atomic_set(&lck->a, 0);
12 }
```

在之前的 spin_unlock() 原语完成后，spin_lock() 原语才继续运行。如果 CPU 1 释放一个锁，而 CPU 2 尝试获取它，那么操作序列可能如下。

CPU 1	CPU 2
(临界区)	atomic_xchg()
smp_mb();	lck->a->1
lck->a=0;	lck->a->1
	lck->a->0
	(隐含 smp_mb() 1)
	atomic_xchg()
	(隐含 smp_mb() 2)
	(临界区)

在这种情况下，成对的内存屏障足以恰当的维护两个临界区。CPU 2 的 atomic_xchg(&lck->a, 1) 已经看到 CPU 1 lck->a=0，因此 CPU 2 临界区的任何地方都必然看到 CPU 1 在之前临界区中所做的任何事情。相反的，CPU 1 的临界区不能看到 CPU 2 的临界区中所做的任何事情。

14.2.6　一些简单的规则

也许理解内存屏障的最简单方法是理解下面这些简单规则。

1. 每一个 CPU 按顺序看到它自己的内存访问。

2. 如果一个单一共享变量被不同 CPU 加载、保存，那么被一个特定 CPU 看到的值的序列将与其他 CPU 看到的序列是一致的。并且，至少存在一个这样的序列：它包含了向这个变量存储的所有值，而每个 CPU 序列将与这个序列一致。[3]

3. 如果一个 CPU 按顺序存储变量 A 和 B[4]，并且如果第二个 CPU 按顺序装载 B 和 A[5]，那么，如果第二个 CPU 对 B 的装载得到了第一个 CPU 对它存储的值，那么第二个 CPU 对 A 的装载也必然得到第一个 CPU 对它存储的值。

4. 如果一个 CPU 在对 B 进行存储前，对 A 执行一个加载操作，并且，如果第二个 CPU 在

[3]当然，特定 CPU 的序列可能是不完整的，例如，如果特定的 CPU 从未加载或存储共享变量，那么它察觉不到该变量的值序列。
[4]例如，通过执行对 A 的存储，内存屏障，然后执行对 B 的存储。
[5]例如，通过执行对 B 的装载，内存屏障，然后执行对 A 的装载。

对 A 进行存储前，执行一个对 B 的装载，并且，如果第二个 CPU 对 B 的加载操作得到了第一个 CPU 对它的存储结果，那么第一个 CPU 对 A 的加载操作必然不会得到第二个 CPU 对它的存储。

5. 如果一个 CPU 在对 B 进行存储前，进行一个对 A 的加载操作，并且，如果第二个 CPU 在对 A 进行存储前，对 B 进行存储，并且，如果第一个 CPU 对 A 的加载得到第二个 CPU 对它的存储结果，那么第一个 CPU 对 B 的存储必然发生在第二个 CPU 对 B 的存储之后，因此被第一个 CPU 保存的值被保留下来。[6]

14.2.7 抽象内存访问模型

考虑如图 14.6 所示的抽象系统模型。

每一个 CPU 执行一个产生内存访问操作的程序。在这个抽象 CPU 中，内存操作顺序是非常随意的，一个 CPU 实际上可以按它喜欢的任意顺序执行内存操作，只要程序因果关系能够得到保持。类似的，编译器也可以按它喜欢的顺序安排指令，只要它不影响程序的可见操作。

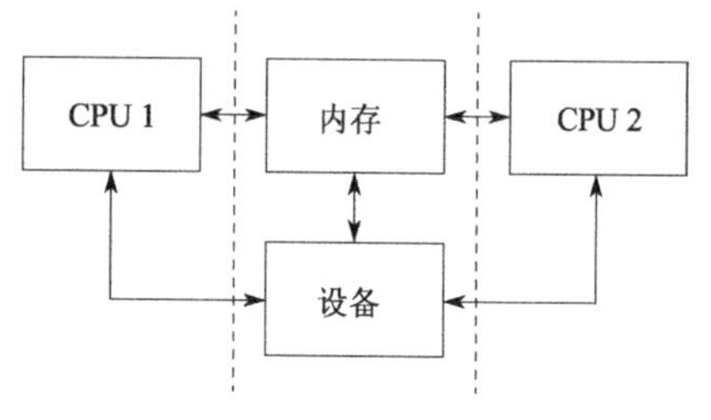

图 14.6 抽象内存访问模型

因此在上图中，由一个 CPU 执行的内存操作的效果，被系统中其他部分认为交叉穿过 CPU 和系统其他部分（虚线）。

例如，考虑以下的事件序列，给定其初始值`{A = 1, B = 2}`。

CPU 1	CPU 2
A = 3;	x = A;
B = 4;	y = B;

被内存系统看到的访问集，其中间结果可以有 24 种组合，装载表示为“ld”，存储表示为“st” 。

```
st A=3, st B=4, x=ld A3, y=ld B4
st A=3, st B=4, y=ld B4, x=ld A3
st A=3, x=ld A3, st B=4, y=ld B4
st A=3, x=ld A3, y=ld B2, st B=4
st A=3, y=ld B2, st B=4, x=ld A3
st A=3, y=ld B2, x=ld A3, st B=4
st B=4, st A=3, x=ld A3, y=ld B4
st B=4, ...
...
```

因此导致 4 个不同的组合值。

```
x == 1, y == 2
x == 1, y == 4
x == 3, y == 2
x == 3, y == 4
```

而且，由一个 CPU 向内存提交的存储在提交的同时，可能不能被另外一个 CPU 按其提交的同样顺序所察觉。

[6]或者，更直白地说，第一个 CPU 对 B 的存储操作“赢了”。

更进一步的例子，考虑如下给定初始值{A = 1, B = 2, C = 3, P = &A, Q = &C}的事件序列。

CPU 1	CPU 2
B = 4;	Q = P;
P = &B	D = *Q;

这里有一个明显的数据依赖，CPU2 装载进 D 的值依赖于从 P 得到的地址。最后，以下结果都是可能发生的。

```
(Q == &A) and (D == 1)
(Q == &B) and (D == 2)
(Q == &B) and (D == 4)
```

注意 CPU 2 从不会试图装载 C 到 D，因为 CPU 将在装载*Q 前装载 P 到 Q。

14.2.8 设备操作

一些设备将它们的控制接口呈现为内存位置集合，但是控制寄存器访问的顺序非常重要。例如，假设一个有一些内部寄存器的以太网卡，它通过一个地址端口寄存器（A）和一个数据端口寄存器（D）访问。要读取内部寄存器 5，可能会使用以下代码。

```
*A = 5;
x = *D;
```

但是，这可能会出现如下两种顺序之一。

```
STORE *A = 5, x = LOAD *D
x = LOAD *D, STORE *A = 5
```

第二种情况几乎可以确定会出现故障，因为它在试图读取寄存器后才设置地址。

14.2.9 保证

可以期望一个 CPU 有一些最小的保证。

1. 在一个给定的 CPU 上，有依赖的内存访问将按序运行。这意味着

```
Q = P; D = *Q;
```

该 CPU 将按如下内存操作顺序运行。

```
Q = LOAD P, D = LOAD *Q
```

并且总是按这个顺序。

2. 在特定 CPU 中，交叉的加载存储操作将在 CPU 内按顺序运行。这意味着

```
a = *X; *X = b;
```

以及

```
*X = c; d = *X;
```

该 CPU 将仅仅按如下顺序运行。

```
STORE *X = c, d = LOAD *X
```

（加载和存储交叉，表示它们将交叉的内存区域作为访问目标）

3．对单个变量的存储序列将向所有 CPU 呈现出一个单一的序列，虽然这个序列可能不能被代码所看见，实际上，在多次运行时，其顺序可能发生变化。

并且，有一些事情必须被假设，或者必须不被假设。

1．不能假设：独立的加载和存储操作会按给定顺序运行。这意味着

```
X = *A; Y = *B; *D = Z;
```

可能得到如下任意一种序列。

```
X = LOAD *A,   Y = LOAD *B,   STORE *D = Z
X = LOAD *A,   STORE *D = Z,  Y = LOAD *B
Y = LOAD *B,   X = LOAD *A,   STORE *D = Z
Y = LOAD *B,   STORE *D = Z,  X = LOAD *A
STORE *D = Z,  X = LOAD *A,   Y = LOAD *B
STORE *D = Z,  Y = LOAD *B,   X = LOAD *A
```

2．必须假设交叉的内存访问将被合并或者丢弃。这意味着

```
X = *A; Y = *(A + 4);
```

我们可能得到如下任意一种序列。

```
X = LOAD *A; Y = LOAD *(A + 4);
Y = LOAD *(A + 4); X = LOAD *A;
{X, Y} = LOAD {*A, *(A + 4) };
```

并且，

```
*A = X; Y = *A;
```

我们可能得到如下任意一种序列。

```
STORE *A = X; STORE *(A + 4) = Y;
STORE *(A + 4) = Y; STORE *A = X;
STORE {*A, *(A + 4) } = {X, Y};
```

最后，对于

```
*A = X; Y = *A;
```

可能得到如下任意一种序列。

```
STORE *A = X; Y = LOAD *A;
STORE *A = Y = X;
```

14.2.10 什么是内存屏障

正如前面看到的，独立的内存操作以随机顺序、高效的执行，对于 CPU 间交互及 I/O 来说，这是一个问题。需要什么方法来指示编译器和 CPU 以限制其顺序？

内存屏障就是这样的手段。它们对屏障前后两边的内存操作顺序施加一些影响。

这是重要的，因为系统中的 CPU 和其他设备可以使用多种技巧来提高性能——包括乱序，延迟和内存操作组合；加载冒险；分支预测冒险及多种类型的缓存。内存屏障用来撤销或者制止这些技巧，允许代码安全的控制 CPU 之间或者 CPU 与设备之间的交互。

14.2.10.1　内存屏障详解

内存屏障有 4 个基本变种。

1．写（或存储）内存屏障

2．数据依赖屏障

3．读（或加载）内存屏障

4．通用内存屏障。

每一个变种都将在随后介绍。

写内存屏障，一个写内存屏障提供这样的保证，从系统中的其他组件的角度来说，在屏障之前的写操作看起来将在屏障后的写操作之前发生。

写屏障仅仅针对写操作的排序。它对加载没有任何效果。

CPU 可以被视为按时间顺序提交一系列存储操作。所有在写屏障之前的存储将发生在所有屏障之后的存储操作之前。

注意写屏障通常应当与读者数据依赖屏障配对使用，参见“SMP 屏障对”一节。

数据依赖屏障，数据依赖屏障是一种弱的读屏障形式。当两个装载操作中，第二个依赖于第一个的结果时（如，第一个装载得到第二个装载所指向的地址），需要一个数据依赖屏障，以确保第二个装载的目标地址将在第一个地址装载之后被更新。

数据依赖屏障仅仅对相互依赖的加载进行排序。它对任何存储都没有效果，对相互独立的加载或者交叉加载也没有效果。

正如写内存屏障中提到的一样，系统中的其他 CPU 可以被视为向内存系统的提交序列。被 CPU 发出的数据依赖屏障确保对于任何之前的加载，如果装载涉及其他 CPU 的存储操作序列中的一个，那么在屏障完成时，装载涉及存储之前的存储效果，将被数据依赖之后的任何装载所察觉。

参见 14.2.12 节“内存屏障序列示例”，以详细展示顺序约束。

注意第一个装载实际上需要一个数据依赖而不是控制依赖。如果第二个装载的地址依赖于第一个装载，但是依赖的是一个条件而不是依赖于实际装载地址本身，那么它就是一个控制依赖，这需要一个完整的读屏障。参见 14.2.10.5 节“控制依赖”以了解更多信息。

注意数据依赖屏障通常应当与写屏障配对；参见 14.2.10.6 节“SMP 屏障对”。

读内存屏障，读屏障是一个数据依赖屏障，并加上如下保证，对于系统中其他组件的角度来说，所有在屏障之前的加载操作将在屏障之后的加载操作之前发生。

读屏障仅仅对加载进行排序，它对存储没有任何效果。

读内存屏障隐含数据依赖屏障，因此可以替代它。

注意，读屏障通常应当与写屏障配对使用。参见 14.2.10.6 节“SMP 屏障对”。

通用内存屏障，通用内存屏障保证，对于系统中其他组件的角度来说，屏障之前的加载、存储操作都将在屏障之后的加载、存储操作之前发生。

通用内存屏障同时对加载和存储操作进行排序。

通用内存屏障隐含读和写内存屏障，因此也可以替换它们中的任何一个。

14.2.10.2 隐含的内存屏障

有一组隐含的内存屏障类型，这样称呼它们是因为它们被嵌入到锁原语中。

1．LOCK 操作

2．UNLOCK 操作

LOCK 操作，一个 LOCK 操作充当了一个单方面屏障的角色。它确保：对于系统中其他组件的角度来说，所有锁操作后面的内存操作看起来发生在锁操作之后。

LOCK 操作之前的内存操作可能发生在它完成之后。

LOCK 操作几乎总是与 UNLOCK 操作配对。

UNLOCK 操作，UNLOCK 操作也充当了一个单方面屏障的角色。确保对于系统中其他组件的角度来说，在 UNLOCK 操作之前的所有内存操作看起来发生在 UNLOCK 之前。

UNLOCK 操作之后的内存操作看起来可能发生在它完成之前。

LOCK 和 UNLOCK 操作确保相互之间严格按顺序执行。

LOCK 和 UNLOCK 操作的用法通常可以避免再使用其他类型的内存屏障（但是请注意在“MMIO 写屏障”一节中提到的例外）。

小问题 14.12：下面对变量“a”和“b”的存储顺序有什么效果？

```
a = 1;
b = 1;
<写屏障>
```

14.2.10.3 关于内存屏障，不能做什么假设

这是必然的，内存屏障不能超出给定体系结构限制。

1．不能保证在内存屏障之前的内存访问将在内存屏障指令完成时完成；屏障仅仅用来在 CPU 的访问队列中做一个标记，表示相应类型的访问不能被穿越。

2．不能保证在一个 CPU 中执行一个内存屏障将直接影响另外一个 CPU 或者影响系统中其他硬件。其间接效果是第二个 CPU 所看到第一个 CPU 的内存访问顺序，但是请参照下一点。

3．不能保证一个 CPU 将看到第二个 CPU 的访问操作的正确顺序，即使第二个 CPU 使用一个内存屏障也是这样，除非第一个 CPU 也使用一个配对的内存屏障（参见 14.2.10.6 节“SMP 屏障对”）。

4．不能保证某些 CPU 片外硬件不会重排对内存的访问[7]。CPU 缓存一致性机制将在 CPU 之间传播内存屏障的间接影响，但是可能不会按顺序执行这项操作。

14.2.10.4 数据依赖屏障

使用数据依赖屏障的需求是有点微妙的，对它的需求并不总是非常明显。举例说明，考虑以下事件序列，初始值是{A = 1, B = 2, C = 3, P = &A, Q = &C}。

CPU 1	CPU 2
B = 4;	
<写屏障>	
P = &B;	
	Q = P;
	D = *Q;

[7]这主要是站在操作系统内核来看的。有关硬件操作和内存序的更多信息，请参阅 Linux 源代码树[Tor03]中的 Documentation 目录中的文件 pci.txt、DMA-API-HOWTO.txt 和 DMA-API.txt。

很显然，这是一个数据依赖，从直觉上看，最终 Q 要么是&A，要么是&B，并且

```
(Q == &A) 暗示 (D == 1)
(Q == &B) 暗示 (D == 4)
```

虽然它可能与直觉一样，但是也可能与直觉相反，很有可能 CPU 2 在察觉到 B 之前，察觉到 P 被更新，因此导致以下的情形。

```
(Q == &B) 但是 (D == 2) ?
```

这看起来像是一致性错误或者因果维护错误，其实不是，这种情况可能在某些实际的 CPU 中找到（如 DEC Alpha）。

要处理这种情况，必须在地址加载和数据加载之间插入一个数据依赖屏障（初始值仍然是 {A = 1, B = 2, C = 3, P = &A, Q = &C}）：。

CPU 1	CPU 2
B = 4;	
<写屏障>	
P = &B;	
	Q = P;
	<数据依赖屏障>
	D = *Q;

这强制前面两种情况之一发生，并防止出现第三种可能。

注意这种极端违反直觉的情形在分离缓存机器中非常容易出现。例如，一个缓存带处理偶数编号的缓存行，另一个缓存带处理奇数编号的缓存行。指针 P 可能存储在奇数编号的缓存行，变量 B 存储在偶数编号的缓存行。那么，如果在读操作所在的 CPU 的缓存中，其偶数编号的缓存带异常繁忙，而奇数编号的缓存带空闲，就可以出现指针 P 的新值被看到（&B），而变量 B 的旧值被看到（1）。

另一个需要数据依赖屏障的例子是，从内存中读取一个编号，然后用它来计算数组访问的索引，假设初始值为{M[0] = 1, M[1] = 2, M[3] = 3, P = 0, Q = 3}。

CPU 1	CPU 2
M[1] = 4;	
<写屏障>	
P = 1;	
	Q = P;
	<数据依赖屏障>
	D = M[Q];

数据依赖屏障对于 Linux 内核的 RCU 系统来说非常重要，例如，参考 include/linux/rcupdate.h 中的 rcu_dereference()。它允许 RCU 指针的当前目标被替换成一个新值，而不会使得要替换的目标看起来没有被全部初始化。

参见 14.2.13.1 节以了解更彻底的例子。

14.2.10.5 控制依赖

控制依赖需要一个完整的读内存屏障，而不是简单的数据依赖屏障来使它正常运行。考虑下

面的代码。

```
1 q = &a;
2 if (p)
3   q = &b;
4 <数据依赖屏障>
5 x = *q;
```

这不会达到期望的效果，因为这实际上不是数据依赖，而是一个控制依赖。在该控制依赖中，CPU 可能在向前运行时，通过试图预取结果的方法来走捷径。这种情况下，实际需要如下代码。

```
1 q = &a;
2 if (p)
3   q = &b;
4 <读屏障>
5 x = *q;
```

14.2.10.6 SMP 屏障对

当处理 CPU 间交互时，几种类型的内存屏障总是应当配对使用。缺少适当的配对将总是产生错误。

一个写屏障应当总是与数据依赖屏障或者读屏障配对，虽然通用屏障也是可以的。类似的，一个读屏障或者数据依赖屏障总是应当与至少一个写屏障配对使用，虽然，通用屏障也是可以的。

CPU 1	CPU 2
a = 1;	
<写屏障>	
b = 2;	
	x = b;
	<读屏障>
	y = a;

或者

CPU 1	CPU 2
a = 1;	
<写屏障>	
b = &a;	
	x = b;
	<数据依赖屏障>
	y = *x;

不管怎样，必须有读屏障，即使它可能是一个弱的读屏障。[8]

注意，在写屏障之前的存储通常预期来匹配读屏障或者数据依赖屏障之后的加载，反之亦然。

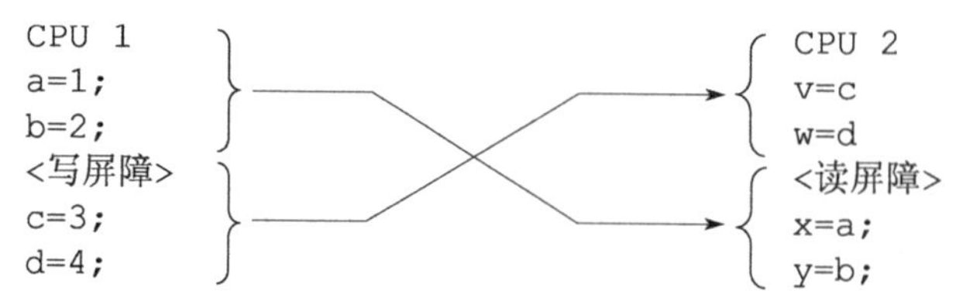

[8] 对于“更弱”这个词，我们的意思是“产生更少的顺序保证”。与更弱的屏障相比，更弱的屏障通常也有更低的开销。

14.2.10.7　内存屏障配对示例

首先，写屏障仅仅对写操作的顺序有效。考虑如下事件序列。

```
STORE A = 1
STORE B = 2
STORE C = 3
<写屏障>
STORE D = 4
STORE E = 5
```

这个事件序列以这种顺序提交到内存一致性系统，系统中的其他部分可能会在乱序的操作集`{D=4,E=5}`之前察觉到乱序的操作集`{A=1,B=2,C=3}`，如图 14.7 所示。

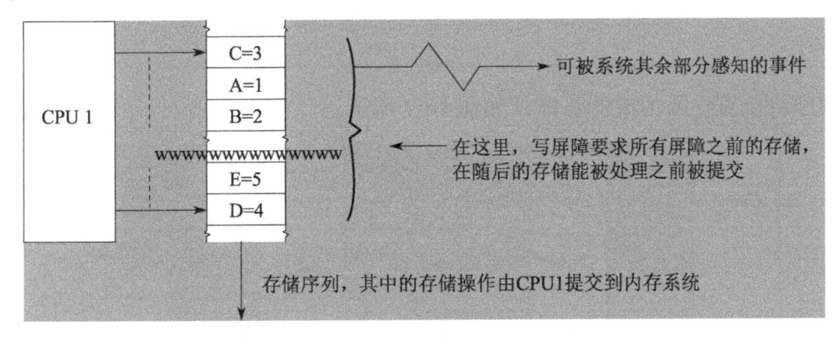

图 14.7　写屏障语义

其次，数据依赖屏障仅仅对数据依赖装载操作有效。考虑如下事件序列，初始值为`{B = 7, X = 9, Y = 8, C = &Y}`。

CPU 1	CPU 2
a = 1;	
b = 2;	
<写屏障>	
c = &b;	LOAD X
d = 4;	LOAD C （得到 &B）
	LOAD *C （读 B）

没有屏障进行干涉的话，CPU 2 可能会以随机的顺序察觉到 CPU1 上的事件，而不理会由 CPU1 发出的写屏障，如图 14.8 所示。

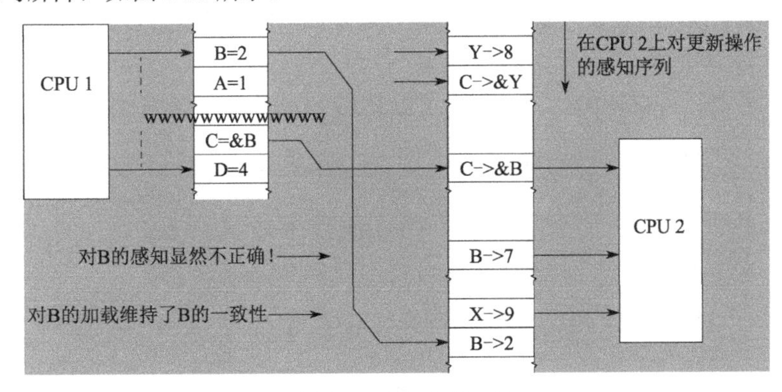

图 14.8　数据依赖屏障

在上面的例子中，CPU 2 察觉到 B 为 7，尽管装载*C (为 B)在加载 C 之后。

但是，如果在 CPU2 装载 C 和装载*C（如 B）之间放置一个数据依赖屏障，也使用初始值 {B = 7, X = 9, Y = 8, C = &Y}。

CPU 1	CPU 2
a = 1;	
b = 2;	
<写屏障>	
c = &b;	LOAD X
d = 4;	LOAD C (得到 &B)
	<数据依赖屏障>
	LOAD *C (读 B)

那么其顺序将像直觉所希望的那样，如图 14.9 所示。

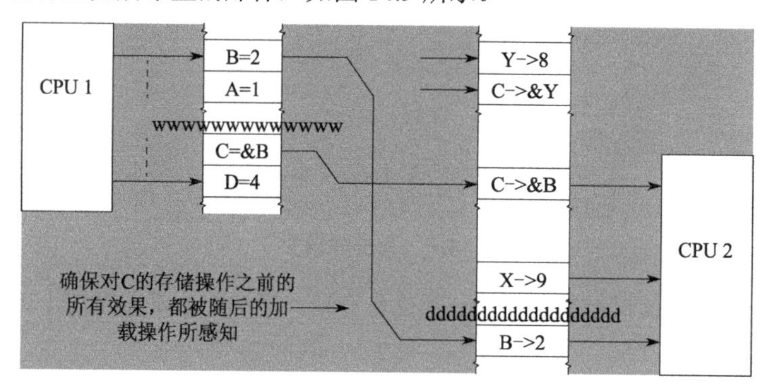

图 14.9　数据依赖屏障

第三，读屏障仅仅对装载有效，考虑如下的事件序列，其初始值为{A = 0, B = 9}。

CPU 1	CPU 2
a = 1;	
<写屏障>	
b = 2;	
	LOAD B
	LOAD A

如果没有屏障干预，CPU 2 可能以随机的顺序察觉到 CPU1 的事件，而不理会由 CPU1 发出的写屏障，如图 14.10 所示。

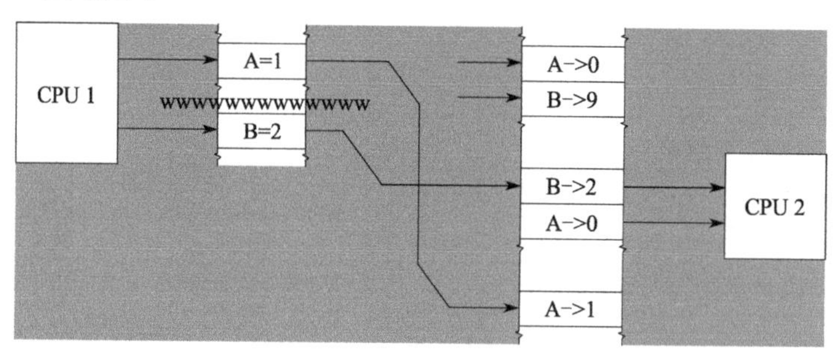

图 14.10　需要读屏障

但是，如果在 CPU2 装载 B 和装载 A 之间放置一个读屏障，也使用初始值{A = 0, B = 9}。

CPU 1	CPU 2
a = 1;	
<写屏障>	
b = 2;	
	LOAD B
	<读屏障>
	LOAD A

那么被 CPU1 的写屏障影响的顺序将被 CPU2 正确的察觉到，如图 14.11 所示。

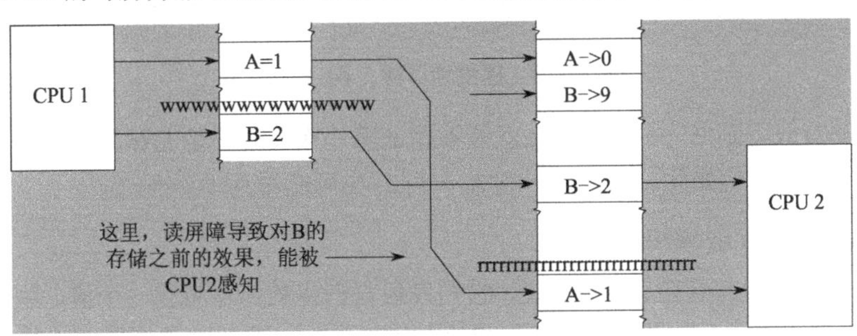

图 14.11　使用读屏障

为了更彻底地说明这一点，考虑如果在读屏障的两边包含装载 A 的代码会发生什么，仍然使用初始值{A = 0, B = 9}。

CPU 1	CPU 2
a = 1;	
<写屏障>	
b = 2;	
	LOAD B
	LOAD A (1st)
	<读屏障>
	LOAD A (2nd)

虽然两次装载 A 都发生在装载 B 之后，它们可能会得到不同的值，如图 14.12 所示。

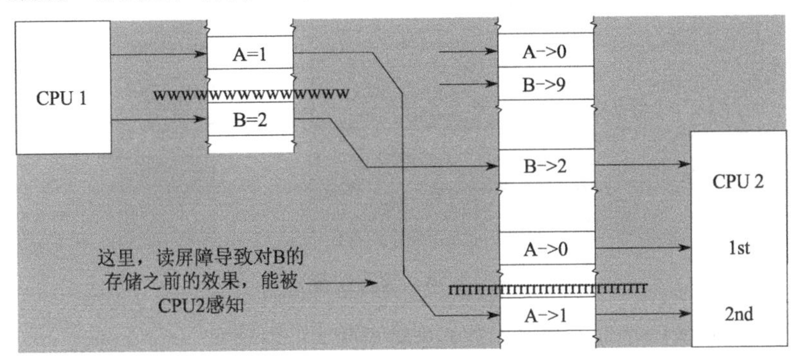

图 14.12　两次加载，使用读屏障

当然，CPU2 对 A 的更新在读屏障完成之前变得对 CPU2 可见，这也是可能的，如图 14.13 所示。

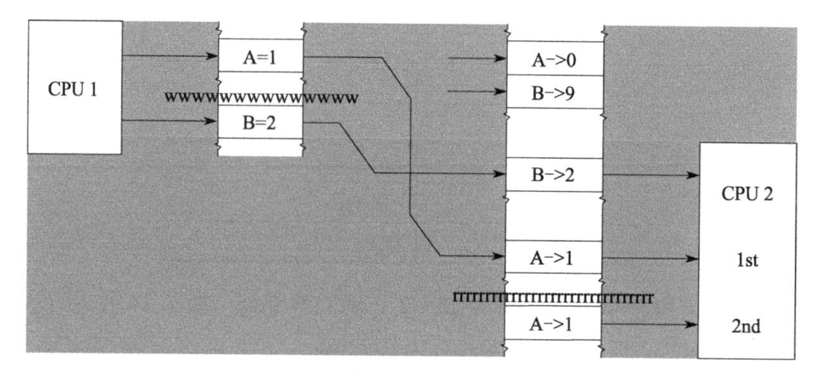

图 14.13　提供读屏障，两次获取

如果对 B 的装载得到 B == 2，那么就能够保证第二次装载总是能够得到 A == 1。不能保证第一次对 A 的装载也是如此，它可能得到 A == 0 也可能得到 A == 1。

14.2.10.8　读内存屏障和加载冒险

许多 CPU 对装载进行冒险，也就是说，它们发现自己将从内存装载一个值，并且它们发现某个时刻没有将总线用于其他加载操作，那么就提前进行加载，即使它们还没有实际到达指令执行点。随后，这潜在的允许实际的加载指令迅速完成，因为 CPU 已经得到它的值了。

结果可能是 CPU 实际上并不需要这个值（也许是由于加载操作位于在分支周围），这种情况下它可能丢弃值或者仅仅缓存起来随后使用。例如，考虑如下情况。

CPU 1	CPU 2
	加载 B
	DIVIDE
	DIVIDE
	加载 A

在某些 CPU 中，divide 指令需要一个较长时间才能完成，这意味着 CPU2 的总线在此期间可能进入空闲状态。因此，CPU2 可能在 divides 完成前冒险加载 A。当某个 divides 发生异常时，这个冒险加载必须作废，但是通常情况下，交叉进行加载和 divides 将允许加载操作更快完成，如图 14.14 所示。

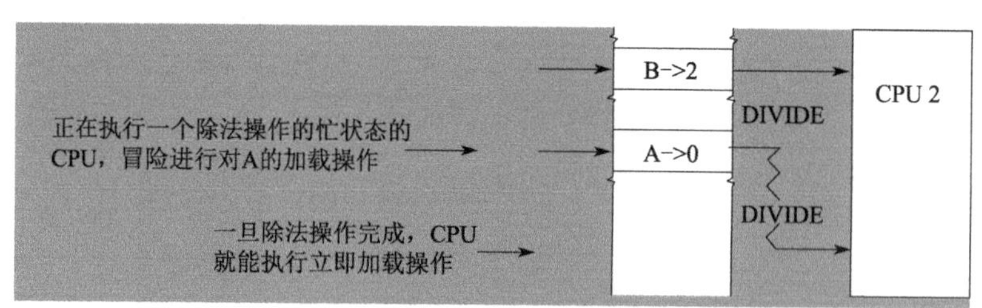

图 14.14　冒险加载

在第二个加载前放置一个读屏障或者数据依赖屏障。

CPU 1	CPU 2
	加载 B
	DIVIDE
	DIVIDE
	<读屏障>
	加载 A

这将强制任何冒险获得的值被重新考虑为一种与所用的屏障类型相关的扩展依赖。如果冒险内存点没有变化，那么冒险获得的值将被使用，如图 14.15 所示。另一方面，如果其他 CPU 对 A 进行了更新或者使它无效，那么冒险过程将被中止，A 的值将被重新装载，如图 14.16 所示。

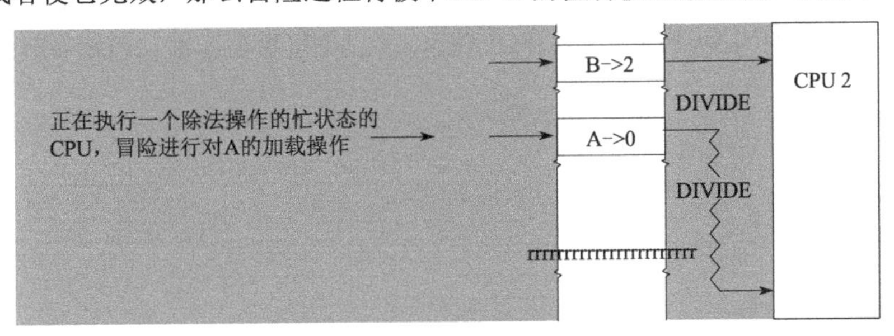

图 14.15　冒险加载及屏障

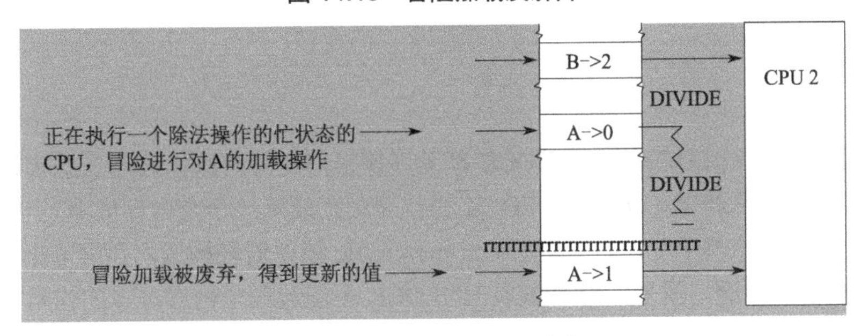

图 14.16　冒险加载被屏障中止

14.2.11　锁约束

正如较早前提醒的一样，锁原语包含了隐含的内存屏障。这些隐含的屏障提供了如下保障。

1. LOCK 操作保证

- LOCK 之后的内存操作将在 LOCK 操作完成之后完成。
- LOCK 操作之前的内存操作可能在 LOCK 操作完成之后完成。

2. UNLOCK 操作保证

- UNLOCK 之前的内存操作将在 UNLOCK 操作完成前完成。
- UNLOCK 之后的操作可能在 UNLOCK 操作完成前完成。

3. LOCK vs LOCK 保证

- 所有在其他 LOCK 之前的 LOCK 操作，将在其他 LOCK 操作完成之前完成。

4. LOCK vs UNLOCK 保证

- 所有在 UNLOCK 操作之前的 LOCK 操作将在 UNLOCK 操作之前完成。

- 所有在 LOCK 之前的 UNLOCK 操作将在 LOCK 操作之前完成。

5. 失败的 LOCK 保证

- 几种 LOCK 变体操作可能失败，可能是由于不能立即获得锁，也可能是由于在等待锁可用时，接收到一个非阻塞信号或者发生异常。失败的锁并不隐含任何类型的屏障。

14.2.12 内存屏障示例

14.2.12.1 锁示例

LOCK 后面跟随 UNLOCK，这不能假设其为全内存屏障，因为 LOCK 之前的操作可能发生在 LOCK 之后，并且 UNLOCK 之后的访问可能发生在 UNLOCK 之前，因此这两个访问可能相互交叉。例如

```
1 *A = a;
2 LOCK
3 UNLOCK
4 *B = b;
```

可能按如下顺序执行。

```
2 LOCK
4 *B = b;
1 *A = a;
3 UNLOCK
```

同样的，总是要牢记 LOCK 和 UNLOCK 都允许使它们之前的操作进入临界区。

小问题 14.13：什么样的 LOCK-UNLOCK 操作序列才能是一个全内存屏障？

小问题 14.14：什么样的 CPU 由这些 semi-permeable 锁原语来构造内存屏障指令？

基于 LOCK 的临界区，虽然一对 LOCK-UNLOCK 不能起到全内存屏障的作用，但是这些操作还是会影响内存序。

考虑下面的代码。

```
1 *A = a;
2 *B = b;
3 LOCK
4 *C = c;
5 *D = d;
6 UNLOCK
7 *E = e;
8 *F = f;
```

这可以合法的按如下顺序执行，在同一行的成对操作表示 CPU 并发执行这些操作。

```
3 LOCK
1 *A = a; *F = f;
7 *E = e;
4 *C = c; *D = d;
2 *B = b;
6 UNLOCK
```

表 14.2　基于锁的临界区

#	合法与否
1	*A; *B; LOCK; *C; *D; UNLOCK; *E; *F;
2	*A; {*B; LOCK;} *C; *D; UNLOCK; *E; *F;
3	{*F; *A;} *B; LOCK; *C; *D; UNLOCK; *E;
4	*A; *B; {LOCK; *C;} *D; {UNLOCK; *E;} *F;
5	*B; LOCK; *C; *D; *A; UNLOCK; *E; *F;
6	*A; *B; *C; LOCK; *D; UNLOCK; *E; *F;
7	*A; *B; LOCK; *C; UNLOCK; *D; *E; *F;
8	{*B; *A; LOCK;} {*D; *C;} {UNLOCK; *F; *E;}
9	*B; LOCK; *C; *D; UNLOCK; {*F; *A;} *E;

小问题 14.15：假设大括号中的操作并发执行，表 14.2 中哪些行对变量“A”到“F”的赋值和 LOCK/UNLOCK 操作进行乱序是合法的（代码顺序是 A、B、LOCK、C、D、UNLOCK、E、F）？为什么是，为什么不是？

多个锁的顺序，包含多个锁的代码仍然看到包含这些锁的顺序约束，但是必须小心的一点是，记下哪一个约束来自于哪一个锁。例如，考虑表 14.3 中的代码，它使用一对名为“M”和“Q”的锁。

表 14.3　多个锁的顺序

CPU 1	CPU 2
A = a;	E = e;
LOCK M;	LOCK Q;
B = b;	F = f;
C = c;	G = g;
UNLOCK M;	UNLOCK Q;
D = d;	H = h;

在这个例子中，除了锁自身施加的约束，不能保证对“A”到“H”的赋值顺序将以什么顺序发生。正如前面章节所述那样。

小问题 14.16：表 14.3 有什么样的约束？

多 CPU 使用同一个锁的顺序，如果将表 14.3 中的不同的锁进行替换，两个 CPU 都申请同一个锁。如表 14.4 所示。

表 14.4　多 CPU 使用同一个锁的顺序

CPU 1	CPU 2
A = a;	E = e;
LOCK M;	LOCK M;
B = b;	F = f;
C = c;	G = g;
UNLOCK M;	UNLOCK M;
D = d;	H = h;

在这种情况下，要么 CPU 1 在 CPU 2 前申请到 M，要么相反。在第一种情况下，对 A、B、C 的赋值，必然在对 F、G、H 的赋值之前。另一方面，如果 CPU2 先申请到锁，那么对 E、F、G 的赋值必然在对 B、C、D 的赋值之前。

14.2.13 CPU 缓存的影响

只要缓存一致性协议维护内存一致性和内存序，那么 CPU 对内存操作顺序的观察就会受到 CPU 和内存之间的缓存的影响。从软件的角度来说，这些缓存的目的都针对内存。内存屏障可以被认为起到图 14.17 中垂直线的作用，它确保 CPU 按适当的顺序向内存展示其值，就像确保它按适当顺序看到其他 CPU 所做的变化一样。

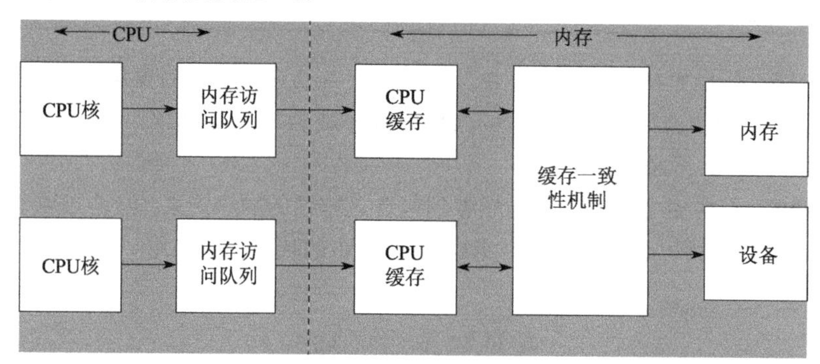

图 14.17　内存体系

虽然缓存可以"隐藏"特定 CPU 对系统中其他部分的内存访问，缓存一致性协议确保所有其他 CPU 能够看到这些被隐藏的访问的影响，迁移并使缓存行无效也是需要的。而且，CPU 核可能以任何顺序执行指令，仅有的限制是程序因果关系及被维护的内存顺序。这些指令可能产生内存访问，这些内存访问必须在 CPU 的内存访问队列中排队，但是执行可能继续，直到 CPU 已经用完它的内部资源，或者它必须等待某些已经排队的内存访问完成。

14.2.13.1 缓存一致性

虽然缓存一致性协议保证特定 CPU 按顺序看到自己对内存的访问，并且所有 CPU 对包含在单个缓存行的单个变量的修改顺序会达成一致，但是不保证对不同变量的修改能够按照相同顺序被其他所有 CPU 看到，虽然某些计算机系统做出了这样的保证，但是可移植软件不能依赖它们。

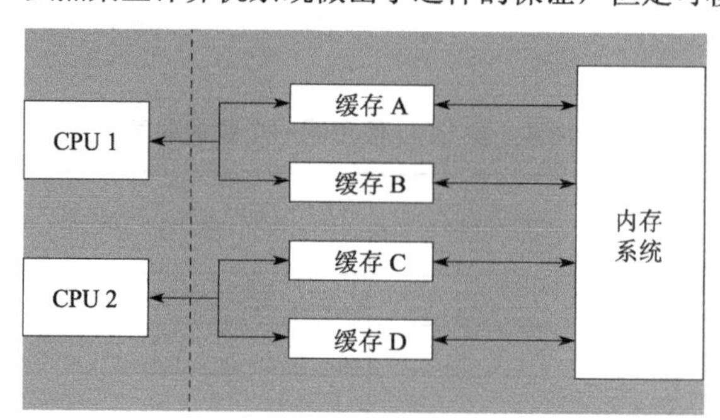

图 14.18　分离的缓存

要明白为什么乱序可能发生，考虑如图 14.18 所示的 2-CPU 系统，在这样的系统中，每一个

CPU 拥有一个分离的缓存，这个系统有以下属性。

1. 奇数编号的缓存行可能在缓存 A、C 中，在内存中，或者兼而有之。

2. 偶数编号的缓存行可能在缓存 B、D 中，在内存中，或者兼而有之。

3. 当 CPU 核正在向它的缓存获取数据[9]，它的其他缓存不必处于静止状态。其他缓存可以响应“使无效”请求，回写脏缓存行，处理 CPU 内存访问队列中的元素，或者其他。

4. 每一个缓存都有各自的操作队列，它些队列被缓存用来维护所请求的一致性和顺序属性。

5. 这些队列不一定在这些队列元素所影响的缓存行元素进行装载存储操作时进行刷新。

简而言之，如果缓存 A 忙，但是缓存行 B 空闲，那么与 CPU 2 向偶数行存储相比，CPU1 向奇数编号的缓存行存储会被延迟。在不那么极端的情况下，CPU 2 就可以看到 CPU1 的乱序操作。

关于硬件、软件方面内存序的更多详情，请参见附录 C。

14.2.14　哪里需要内存屏障

仅仅在两个 CPU 之间或者 CPU 与设备之间存在需要交互的可能性时，才需要内存屏障。任何代码只要能够保证没有这样的交互，这样代码就不必使用内存屏障。

注意，这是最小的保证。正如附录 C 所讨论的那样，不同体系结构给出了更多保证。但是，不能将代码设计来只运行在特定的体系中。

像锁原语、原子数据结构维护原语以及遍历这些，实现原子操作的原语通常在它们的定义中包含了必要的内存屏障。但是，有一些例外，例如在 Linux 内核中的 `atomic_inc()`。因此请确保查阅了文档，并且，如果可能的话，查阅它在软件环境中实际的实现。

最后一个忠告，使用原始的内存屏障原语应当是不得已的选择。使用已经处理了内存屏障的已有原语，几乎总是更好的选择。

14.3　非阻塞同步

术语“非阻塞同步（NBS）”描述 6 类线性化算法，这些算法具有前向执行保证。这些前向执行保证与构成实时程序的基础相混淆。

1. 实时前向执行保证通常有某些与之相关的确定时间，例如，“调度延迟必须小于 100ms”。相反，NBS 仅仅要求执行过程限定在有限时间之内，没有确定的边界。

2. 有时，实时前向执行保证具有概率性，比如在软实时保证中“至少在 99.9%的时间内，调度延迟必须少于 100ms”。相反，NBS 的前向执行保证传统上是无条件的。

3. 实时前向执行保证通常以环境约束为条件，例如，仅仅当每个 CPU 至少有一定比例处于空闲时间，或者 I/O 速度低于某些特定的最大值时，对最高优先级任务才能得到保证。相反，NBS 的前向执行保证通常是无条件的。[10]

4. 实时前向执行保证通常适用于没有软件 BUG 的情况下。相反，绝大多数 NBS 保证即使

---

[9]但请注意，在“超标量”系统中，CPU 可能会立即访问缓存的两个部分，并且实际上可能同时并发地对每一部分进行访问。

[10]正如我们随后将看到的那样，最近一些 NBS 工作放宽了这个保证。

在面对错误终止 BUG 时也适用。[11]

5. NBS 前向执行保证隐含线性化的意思。相反，实时前向执行保证通常独立于像线性化这样的约束。

不考虑这些差异，很多 NBS 算法对实时程序极其有用。

在 NBS 层级中，目前有 6 种级别，大致如下。

1. *无等待同步*：每个线程将在有限时间内运行[Her93]。
2. *无锁同步*：至少某一个线程将在有限时间内运行[Her93]。
3. *无障碍同步*：在没有争用的情况下，每个线程将在有限时间内运行[HLM03]。
4. *无冲突同步*：在没有争用的情况下，至少某一个线程将在有限时间内运行[ACHS13]。
5. *无饥饿同步*：在没有错误的情况下，每个线程将在有限时间内运行[ACHS13]。
6. *无死锁同步*：在没有错误的情况下，至少某一个线程将在有限时间内运行[ACHS13]。

第 1、2 类 NBS 于 1990 年代初期制订。第 3 类首次在 2000 年代初期制订。第 4 类首次在 2013 年制订。最后两类已经非正式使用了数十年，但是在 2013 年重新制订。

从原理上讲，任何并行算法都能够被转换为无等待形式，但是存在一个相对小的常用 NBS 算法子集。其中一些将在 14.3.1 节中列出。

14.3.1 简单 NBS

最简单的 NBS 算法可能是，使用获取-增加（`atomic_add_return()`）原语对下整型计数器进行原子更新。

另一个简单 NBS 算法用数组实现整数集合。在此，数组索引标识一个值，该值可能是集合的成员，并且数组元素标识该值是否真的是集合成员。NBS 算法的线性化准则要求对数组的读写，要么使用原子指令，要到与内存屏障一起使用，但是在某些不是那么罕见的情况下，线性化并不重要，简单使用易失性加载和存储就足够，例如，使用 `ACCESS_ONCE()`。

NBS 集合也可以使用位图来实现，其中每一个值可能是集合中的某一位。通常，读写操作可以通过原子位维护指令来实现。虽然比较并交换指令（`cmpxchg()`或者 CAS）也可以使用。

5.2 节中讨论的统计计数算法可被认为是无等待算法，但仅仅是用了一个狡猾的定义技巧，[12]在此定义中，总和被考虑为近似值而不是精确值。由于足够大的误差区间是计算计数器总和的 `read_count()`函数的时间长度的函数，因此不可能证明发生了任何非线性化行为。这绝对（有点随意）将统计计数算法划分为无等待算法。这个算法可能是 Linux 内核中最常使用的 NBS 算法。

另一个常见的 NBS 算法是原子队列，其中元素入队通过一个原子交换指令实现[MS98b]，随后是对新元素前驱元素的`->next` 指针的存储，如图 14.19 所示。该图展示了用户态 RCU 库的实现[Des09]。当返回前向元素的引用时，第 9 行更新引用新元素的尾指针，该指针存储在局部变量 `old_tail` 中。然后第 10 行更新前向`->next` 指针，以引用最新添加的元素。最后，第 11 行返回队列最初是否为空的标志。

虽然将单个元素出队需要互斥（因此出队是阻塞的），但是将所有队列元素非阻塞式的移除，这是可能的。不可能的是以非阻塞的方式将特定元素出队。入队可能在第 9 行和第 10 行之间失

[11] 再次强调，最近一些 NBS 工作放宽了这个保证。

[12] 需要申明一下，我是从 Mark Moir 口中听到这个招数的。

败，因此问题中的元素仅仅部分入队。这导致半 NBS 算法，其中入队是 NBS 但是出队是阻塞式的。因此，在实践中使用此算法，其部分原因是，大多数产品软件不需要容忍随意的故障终止错误。

```
1 static inline bool
2 ___cds_wfcq_append(struct cds_wfcq_head *head,
3                      struct cds_wfcq_tail *tail,
4                      struct cds_wfcq_node *new_head,
5                      struct cds_wfcq_node *new_tail)
6 {
7   struct cds_wfcq_node *old_tail;
8
9   old_tail = uatomic_xchg(&tail->p, new_tail);
10  CMM_STORE_SHARED(old_tail->next, new_head);
11  return old_tail != &head->node;
12 }
13
14 static inline bool
15 _cds_wfcq_enqueue(struct cds_wfcq_head *head,
16                     struct cds_wfcq_tail *tail,
17                     struct cds_wfcq_node *new_tail)
18 {
19  return ___cds_wfcq_append(head, tail,
20  new_tail, new_tail);
21 }
```

图 14.19　NBS 入队算法

14.3.2　NBS 讨论

创建完全非阻塞队列是可能的[MS96]。但是，这样的队列比上面列出的半 NBS 算法复杂得多。这里的经验是，认真考虑你真的需要什么？放宽不相关的需求通常可以极大增加简单性和性能。

最近的研究指出另一种放宽需求的重要方式。结果是，不管是从理论[ACHS13]上，还是从实践[AB13]来说，提供公平调度的系统可以得到大部分无等待同步的优势，即使当算法仅仅提供非阻塞同步时也是这样。事实上，由于大量产品中使用的调度器都提供公平性，因此，与更简单也更快的非阻塞同步相比，提供无等待同步的更复杂算法通常并没有实际的优势。

有趣的是，公平调度仅仅是一个有益的约束，在实践中常常得到满足。其他的约束集合可以允许阻塞算法实现确定性的实时响应。例如，如果以特定优先级的 FIFO 顺序来授予请求的公平锁，那么避免优先级反转（如优先级继承[TS95，WTS96]或者优先级上限）、有限数量的线程、有限长度的临界区、有限的加载，以及避免故障终止 BUG，可以让基于锁的应用获得确定性的响应时间[Bra11]。这个方法当然模糊了锁以及无等待同步之间的区别，一切无疑都是好的。期望理论框架持续进步，进一步提高其描述如何在实践中构建软件的能力。

第 15 章

并行实时计算

在计算方面，一个重要的新兴领域是并行实时计算。15.1 节着眼于一些“实时计算”定义，与通常的说法相比，这些定义有那么一点意思。15.2 节考察那些需要实时响应的各类应用。15.3 节指出，并行实时计算就在我们身边，并且讨论何时及为什么实时计算是有用的。15.4 节给出并行实时系统如何实现的简介概述。最后，15.5 节概述怎么样确定你的应用是否需要实时技术。

15.1 什么是实时计算

将实时计算进行分类的一种传统方法，是将其分为硬实时和软实时。其中充满阳刚之气的硬实时应用绝不会错过其最后期限，而仅有阴柔之美的软实时应用，则可能被频繁（并且经常）错过其最后期限。

15.1.1 软实时

很容易发现软实时定义的问题。一方面，通过这个定义，任何软件都可以被说成是软实时应用：“我的应用在 0.5ps 内计算 100 万点傅里叶变换”，“没门！系统时钟周期超过 300ps！”，“啊，但它是软实时应用！”。如果术语“软实时”被滥用，那就明显需要某些限定条件。

因此，我们应当这么说：一个特定软实时应用必须至少在一定比例的时间范围内，满足实时响应的要求。例如，我们可能这么说，它必须在 99.9%的时间范围内，在 20ms 内执行完毕。

这当然带来了问题，当应用程序不能满足响应时间要求时，应当做什么？答案根据应用程序而不同，不过有一个可能是，被控制的系统有足够的灵活性和惯性，对于偶尔出现的延迟控制行为，也不会出现问题。另一种可能的做法是，应用有两种方式计算结果，一种方式是快速并且具有确定性，但是不太精确的方法，还有一种方式是非常精确，但是具有不确定的计算时间。合理的方法是并行启动这两种方法，如果精确的方法不能按时完成，就中止它并使用快速但不精确方法的结果。对于快速但是不精确方法，一种实现是在当前时间周期内不采取任何控制行为，另一种实现是采取上一个时间周期同样的控制行为。

简而言之，不对软实时进行精确的度量，谈论软实时就没有任何意义。

15.1.2　硬实时

相对的，硬实时的定义相当明确。毕竟，一个特定的系统，它要么总是满足其执行期限，要么不满足。不幸的是，这种严格的定义意味着不可能存在任何硬实时的系统。其原因在图 15.1 中夸张的描绘出来了。事实是，你能够构建更强大的系统，也许还有额外的冗余性。但是另一个事实是，我总是可以找到一把更大的锤子。

不过话说回来，由于这明显不仅仅是一个硬件问题，而实在是一个大的硬件问题，因此指责软件是不公平的。[1]这表明我们定义硬实时软件为那种总是能够满足其最后期限的软件，其前提是没有硬件故障。不幸的是，故障并不仅仅是一个可选项，这正如图 15.2 所夸张的描述。我们不能简单的指望图中这个可怜的男士放心相信我们的说辞“请放心，如果由于错过最后期限导致你悲惨地死去，那绝不可能是由于软件的问题导致的！”硬实时响应是整个系统的属性，而不仅仅是软件属性。

图 15.1　确保实时响应，看锤

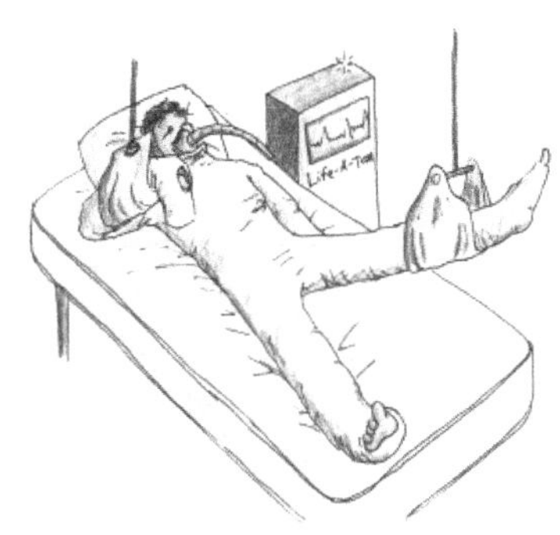

图 15.2　实时响应：硬件问题

但是我们不能求全责备，也许我们可以像前面所述的软实时方法那样，通过发出通知消息的方法来解决问题。那么，如果图 15.2 中的 Life-a-Tron 即将错过最后期限，它将能警告医院工作人员。

不过，这种方法有如图 15.3 所描绘的简单解决办法。如果一个系统在不能满足符合法律条文的最后期限时，总是立即发出警告通知。但是这样的系统是无用的。很明显，必须要求系统在一定比例的时间内，满足其最后期限，或者，必须禁止其连续突破其最后期限这样的操作达到一定次数。

图 15.3　实时响应：没有足够的通知

显然，我们没办法来对硬实时或者软实时给出一种明白无误的说法。因此，15.1.3 节将给出

[1] 或者，对于当今的问题来说，是一个更严重的问题。

更现实的方法。

15.1.3 现实世界的实时

虽然像“硬实时系统总是满足最后期限要求”这样的句子读起来很上口，无疑也易于记忆，但是，其他一些东西也是现实世界的实时系统所需要的。虽然最终规格难于记忆，但是可以对环境、负载及实时应用本身施加一些约束，以简化构建实时系统。

15.1.3.1 环境约束

环境约束处理“硬实时”所隐含的响应时间之上的无限制承诺。这些约束指定允许的操作温度、空气质量、电磁辐射的水平及类型，以及图 15.1 所示的冲击及振动的级别。

当然，某些约束比其他一些约束更容易满足。人们都知道市面上的计算机组件通常不能在低于冰点的温度下运行，这表明了对气候控制的要求。

一位大学老朋友曾经遇到过这样的挑战，在具有相当活跃的氯化合物条件下的太空中，操作实时系统。他明智的将这个挑战转交给硬件设计同事了。实际上，同事在计算机上环绕施加以大气成分的约束，这样的约束是由硬件设计者通过物理密封来实现的。

另一个大学朋友在计算机控制系统上工作，该系统在真空中使用工业强度的电弧来喷镀钛锭。有时，将不会经过钛锭的路径来确定电弧的路径，而是选择更短、更优的路径。正如我们在物理课程中学习到的一样，电流的突然变化会形成电磁波，电流越大，变化越大，形成越高功率的电磁波。这种情况下，形成的电磁脉冲足以导致 400 米外的“rubber ducky”天线引线产生 1/4 伏的变化。这意味着附近的导体看到更大的电压。这包含那些组成控制喷镀过程的计算机导体。尤其是，包括计算机复位线的电压，也足以将计算机复位。这使得每一位涉及的人感到惊奇。这种情况下，面临的挑战是也是使用适当的硬件，包含屏蔽电缆、低速光纤网络（我曾听过低到 9600 波特率）。也就是说，不太引人注目的电子环境通常可能通过使用错误检测及纠正这样的软件代码来处理。也就是说，重要的是需要记住，虽然错误检测及纠正代码可以减少错误几率，但是通常不能将错误率降低到 0，这可能形成另一种实时响应的障碍。

也存在其他一些情形，需要最低水平的能源。例如，通过系统电源线和通过设备的能源。系统与这些设备通信，这些设备是被监控或者控制的外部系统的一部分。

小问题 15.1：但是电池供电的系统会怎样？这样的系统作为一个整体，并不需要输入系统的能源。

一些欲在高强度的震动、冲击环境下运行的系统，例如发动机控制系统。当我们从连续震动转向间歇性冲击时，将会发现更多令人头疼的需求。例如，在我大学本科学习期间，遇到一台老旧的雅典娜弹道计算机，它被设计用于即使手榴弹在其附近引爆也能持续正常工作。[2]最后一个例子，是飞机上的“黑匣子”，它必须在飞机发生意外之前、之中、之后都持续运行。

当然，在面对环境冲击和碰撞时，使硬件更健壮是有可能的。巧妙的机械减震装置可以减小震动和冲击的影响，多层屏蔽可以减小低能量的电磁辐射影响，错误纠正编码可以减小高能量辐射影响，不同的罐封、密封技术可以减小空气质量的影响，加热、制冷系统可以应付温度的影响。极端情况下，三模冗余可以减小系统部分失效导致的整体不正确几率。但是，所有这些方法都有一个共同点：虽然它们能够减小系统失败的几率，但是不能将其降低为 0。

---

[2] 数十年后，某些类型的计算机系统验收测试涉及大的爆炸事件，并且某些类型的通信网络必须处理称为“弹道干扰”的东西。

尽管这些重要的环境约束通常是通过使用更健壮的硬件来处理，但是接下来 2 节中的工作负载及应用约束通常由软件来处理。

15.1.3.2 负载约束

和人一样的道理，通过使其过载，通常可以阻止实时系统满足其最后期限的要求。例如，如果系统被过于频繁中断，它就没有足够的 CPU 带宽来处理它的实时应用。对于这种问题，一种使用硬件的解决方案是限制中断提交给系统的速率。可能的软件解决方案包括：当中断被频繁提交给系统时，在一段时间内禁止中断，将频繁产生中断的设备进行复位，甚至时完全禁止中断，转而采用轮询。

由于排队的影响，过载也可能降低响应时间，因此对于实时系统来说，过度供应 CPU 带宽并非不正常，一个运行的系统应该有 80%的空闲时间。这种方法也适用于存储和网络设备。某些情况下，应该将独立的存储和网络硬件保留给高优先级实时应用所使用。当然，这些硬件大部分时间都处于空闲状态，这并非不正常，因为对于实时系统来说，响应时间比吞吐量更重要。

小问题 15.2：但是根据排队理论的结果，低利用率不过仅仅提升平均响应时间，而不是提升最坏响应时间吗？而最坏响应时间是大多数实时系统所唯一关心的？

当然，要想保持足够低的利用率，在整个设计和实现过程中都需要强大的专业知识。没有什么事情与之类似，一个小小的功能就不经意间将最后期限破坏掉。

15.1.3.3 应用约束

对于某些操作来说，比其他操作更易于提供其最后响应时间。例如，对于中断和唤醒操作来说，得到其响应时间规格是很常见的，而对于文件系统卸载操作来说，则很难得到其响应时间规格。其中一个原因是，非常难于界定文件系统卸载操作所需要完成的工作量，因为卸载操作需要将所有内存中的数据刷新到存储设备中。

这意味着，实时应用程序必须限定其操作，这些操作必须合理提供受限的延迟。不能提供合理延迟的操作，要么将其放到非实时部分中去，要么干脆就将其完全放弃。

也可能对应用的非实时部分进行约束。例如，非实时应用是否可以合法使用实时应用的 CPU？在应用的实时部分预期非常繁忙期间，是否允许非实时部分全速运行？最后，应用实时部分允许将非实时应用的吞吐量降低多少？

15.1.3.4 现实世界的实时规格

正如前面章节中所见，现实世界的实时规格需要包括环境约束，负载及应用本身的约束。此外，应用的实时部分所允许使用的操作，必然受限于硬件及软件实现方面的约束。

对于每一个这样的操作，这些约束包括最大响应时间（并且可能也包含一个最小响应时间），以及满足响应时间的几率。100%的几率表示相应的操作必须提供硬实时服务。

某些情况下，响应时间以及满足响应时间的几率，都十分依赖于操作参数。例如，在本地局域网中的网络操作很有可能在 100ms 内完成，这好于穿越大陆的广域网之上的网络操作。更进一步来说，在铜质电缆和光纤网络之上的网络操作，更有可能不需要耗时的重传操作就能完成，而相同的操作，在有损 WiFi 网络之上，则更可能错过严格的最后期限。类似的可以预期，从固态硬盘（SSD）读取数据，将比从老式 USB 连接的旋转硬盘读取更快完成。[3]

---

[3] 重要安全提醒：USB 设备在最坏情况下，其响应时间可能非常长。因此，实时系统应该小心将任何 USB 设备置于远离关键路径的位置。

某些实时应用贯穿操作的不同阶段。例如，一个控制胶合板的实时系统，它从旋转的原木上剥离木材薄片。这样的系统必须：（1）将原木装载到车床，（2）将原木固定在车床上，以便将原木中最大的柱面暴露给刀片，（3）开始旋转原木，（4）持续的改变刀具位置，以将原木切割为木板，（5）将残留下来的，太小而不能切割的原木移除，同时（6）等待下一根原木。5 个阶段的每一步，都有自身的最后期限和环境约束，例如，第 4 步的最后期限远比第 6 步严格，其最后期限是毫秒级而不是秒级。因此，希望低优先级任务在第 6 阶段运行，而不要在第 4 阶段运行。也就是说，应当小心选择硬件、驱动和软件配置，这些选择将被要求支持第 4 步更严格的要求。

这种每阶段区别对待的方法，其关键优势是，延迟额度可以被细分，这样应用的不同部分可以被独立的开发，每一部分都有其自己的延迟额度。当然，与其他种类的额度相比，偶尔会存在一些冲突，即哪些组件应当获得多大比例的额度。强有力的领导组织，以及共同的目标感有助于及时解决这些冲突。并且，从另一个角度来说，与其他种类的额度都比，严格的验证工作是需要的，以确保正确聚焦于延迟，并且对于延迟方面的问题给出早期预警。成功的验证工作几乎总是包含一个好的测试集，这样的测试集对于学究来说并不总是感到满意，但是好在有助于完成相应的任务。事实上，截至 2015 年初，大多数现实世界的实时系统使用验收测试，而不是形式化证明。

也就是说，广泛使用测试套件来验证实时系统有一个确实存在的缺点，即实时软件仅仅在特定硬件上，使用特定的硬件和软件配置来进行验证。额外的硬件及配置需要额外的开销，也需要耗时的测试。也许形式验证领域将大大改进，足以改变这种状况，但是直到 2015 年初，形式验证还需要继续进行大的改进。

小问题 15.3：得益于几十年来的深入研究，形式验证已经很不错了。真的需要更多的改进，还是说这仅仅是业界想继续偷懒的借口，并且忽视了形式验证的威力？

除了应用程序实时部分的延迟需求，也存在应用程序非实时部分的性能及扩展性需求。这些额外的需求反映出一个事实，最终的实时延迟通常是通过降低扩展性和平均性能来实现的。

软件工程需求也是很重要的，尤其是对于大型应用程序来说，更是如此。这些大型应用程序必须被大型项目组所开发和维护。这些工程需求往往偏重于增加模块化和故障的隔离性。

以上所述，仅仅是产品化实时系统中，最后期限及环境约束所需工作的一个大概说明。我们期望，它们能够清晰展示那些实时计算方面的教科书式方法的不足。

15.2 谁需要实时计算

如果说，所有计算实际上都是实时计算，这可能会引起争议。举一个有点极端的例子，当在线购买生日礼物的时候，您可能希望在接受者生日之前，礼物能够到达。甚至是千年之交的 Web 服务，也存在亚秒级的响应约束[Boh01]，这样的需求并没有随着时间的推移而缓解[DHJ+07]。虽然如此，专注于那些实时应用更好一点，这些实时应用的实时需求不能由非实时系统及其应用所实现。当然，由于硬件成本的降低，以及带宽和内存的增加，实时和非实时之间的界限在持续变化，不过这样的变化并不是坏事。

小问题 15.4：基于“什么能够被非实时系统及其应用所直接实现”这样的问题，来区分实时和非实时，这是不对的，这样的区分绝没有理论基础。我们不能做得更好一点吗？

实时计算用于工业控制应用，范围涵盖制造业到航空电子；科学应用，也许最引人注目的是用于大型天文望远镜上的自适应光学；军事应用，包含前面提到的航空电子；金融服务应用，其第一台挖掘出机会的计算机最有可能获得大多数最终利润。这 4 个领域以“产品探索”、“生命探索”、“死亡探索”及“金钱探索”为特征。

金融服务应用与其他三种应用之间的微妙差异在于它的非物质特征，这意味着非计算方面的延迟非常小。与之相对的是，其他三类应用的固有延迟使得实时响应的优势更小，甚至没有什么优势。所以金融服务应用，相对于其他实时信息处理应用来说，更面临着装备竞争，有最低延迟的应用通常能够获胜。虽然最终的延迟需求仍然可以由第 15.1.3.4 节中描述的内容来指定，但是这些需求的特殊性质，已经将金融和信息处理应用的需求变为“低延迟”，而不是“实时”。

不管我们到底怎么称呼它，实时计算总是有实实在在的需求[Pet06，Inm07]。

15.3　谁需要并行实时计算

还不太清楚谁真正需要并行实时计算，但是低成本多核系统的出现已经将并行实时计算推向了前沿。不幸的是，传统实时计算的数学基础均假设运行在单 CPU 系统中，很少有例外[Bra11]。例如，有一些现代平方计算硬件，其方式适合于实时计算周期，一些 Linux 内核黑客已经鼓励学术界进行转型，以利用其优势[Gle10]。

一种方法是，意识到如下事实，许多实时系统表现为生物神经系统，其响应范围包含实时反应和非实时策略与计划，如图 15.4 所示。硬实时反应运行在单 CPU 上，它从传感器读数据并控制动作。而应用的非实时策略与计划部分，则运行在余下的 CPU 上面。策略与计划活动可能包括静态分析、定期校准、用户接口、支撑链活动及其他准备活动。高计算负载准备活动的例子，请回想一下 15.1.3.4 节讨论的应用。当某个 CPU 正在进行剥离原木操作的高速实时计算时，其他 CPU 可以分析下一原木的长度及形状，以确定如何放置原木，以最大可能的获得更多数量的高品质木板。事实证明，很多应用都包含非实时及实时组件[BMP08]。因此这种方法通常能用于将传统实时分析与现代多核硬件相结合。

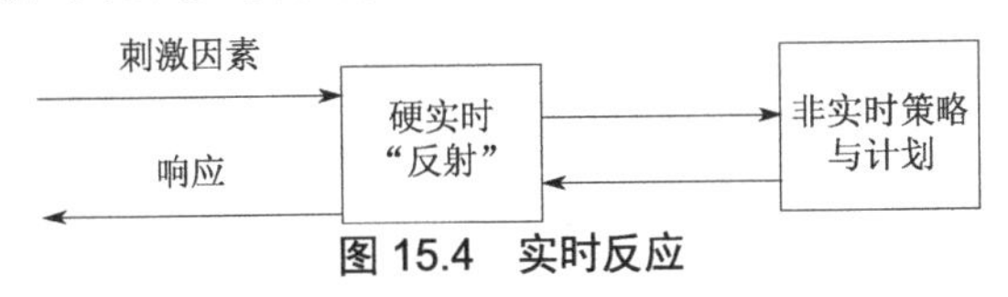

图 15.4　实时反应

另一个不太有用的方法，是将所有其他硬件线程关闭，只保留其中一个硬件线程，这就回到了单处理器实时数学计算。不过，这种方法失去了潜在的成本和能源优势。也就是说，获得这些优势需要克服第 3 章所述的并行计算的困难。而且，不但要处理一般的情况，更要处理最坏的情况。

因此，实现并行实时系统可能是一个巨大的挑战。处理这些挑战的方法将在随后的章节中给出。

15.4　实现并行实时系统

我们将着眼于两种类型的实时系统：事件驱动及轮询。事件驱动的实时系统有更多时间处于空闲状态，对实时事件的响应，是通过操作系统向上传递给应用的。可选的系统可以在后台运行非实时的工作负载，而不是使其处于空闲状态。轮询实时系统有一个特点，存在一个绑定在 CPU 上运行的实时线程，该线程运行在一个紧凑循环中，在每一轮循环中，线程轮询输入事件并更新输出。该循环通常完全运行在用户态，它读取并写入硬件寄存器，这些寄存器被映射到用户态应用程序的地址空间。可选的，某些应用将轮询循环放到内核中，例如，通过使用可加载内核模块将其放到内核中。

不管选择何种类型，用来实现实时系统的方法都依赖于最后期限。如图 15.5 所示。从图的顶部开始，如果你可以接受超过 1s 的响应时间，就可以使用脚本语言来实现实时应用。实际上，脚本语言通常是奇怪的用法，并不是我推荐一定要用这种方法。如果要求的延迟大于几十毫秒，旧的 2.4 Linux 内核也可以使用，同样的，这也不是我推荐一定要用这种方法。特定的实时 Java 实现可以提供几毫秒的实时响应延迟，即使在垃圾回收器被使用时也是这样。如果仔细配置、调整并且运行在实时友好的硬件中，Linux2.6 及 3.x 内核能够提供几百微秒的实时延迟。如果小心避免垃圾回收，特定的实时 Java 实现可以提供低于 100ms 的实时延迟。（但是请注意，避免垃圾回收就意味着避免使用 Java 大型标准库，也就失去了 Java 的生产率优势）。打上了-rt 实时补丁的 Linux 内核可以提供低于 20ms 的延迟。没有内存转换的特定实时操作系统（RTOSes）可以提供低于 10ms 的延迟。典型的，要实现低于微秒级的延迟，需要手写汇编代码，甚至需要特殊硬件。

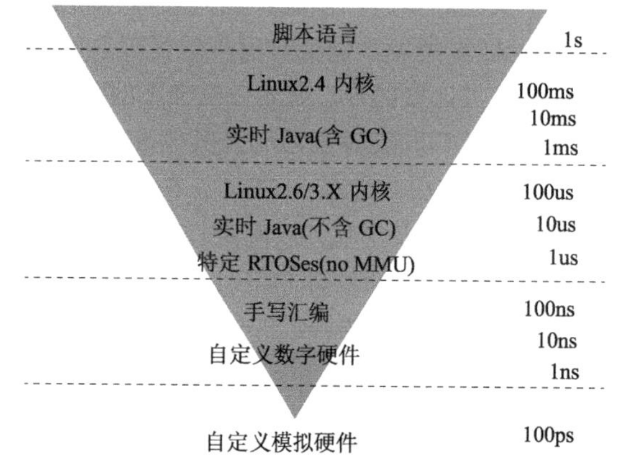

图 15.5 实时响应阶梯图

当然，小心地配置及调节工作，需要针对所有调用路径。特别是要考虑硬件或者固件不能提供实时延迟的情况，这种情况下，想要弥补其消耗的时间，软件是无能为力的。并且，那些高性能的硬件有时会牺牲最坏情况下的表现，以获得吞吐量。实际上，在禁止中断的情况运行的紧致循环，可以提供高质量随机数生成器的基础[MOZ09]。而且，某些固件窃取时钟周期，以进行各种内置任务，在某些情况下，它们还会试图通过重新对受影响 CPU 的硬件时钟进行编程，来掩盖其踪迹。当然，在虚拟化环境中，窃取时钟周期是其期望的行为，不过人们仍然努力在虚拟化环境中实现实时响应[Gle12，Kis14]。因此，对你的硬件和固件的实时能力进行评估，是至关重要的。存在一些组织，它们进行这种评估，包括开源自动开发实验室（OSADL）。

假设有合适的实时硬件和固件，栈中更上一层就是操作系统，这将在 15.4.1 节中讨论。

15.4.1 实现并行实时操作系统

存在一些可用于实现实时系统的策略。其中一种方法是，将常见非实时操作系统置于特定目的的实时操作系统（RTOS）之上，如图 15.6 所示。其中绿色的“Linux 进程”框表示非实时任务，这些进程运行在 Linux 内核中，而黄色的“RTOS 进程”框表示运行在 RTOS 之中的实时任务。

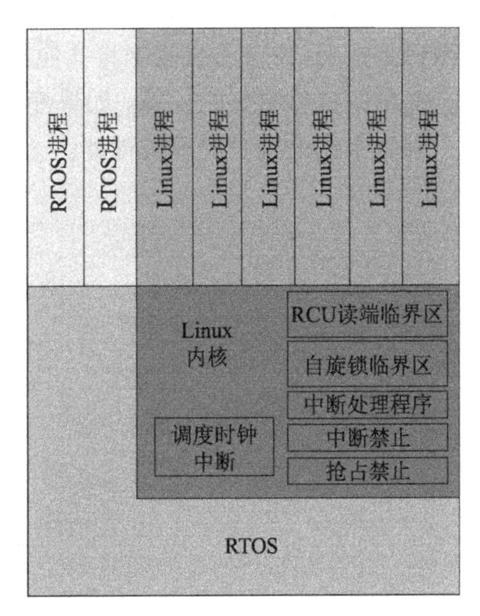

图 15.6 移植到 RTOS 的 Linux

在 Linux 内核拥有实时能力之前，这是一种非常常见的方法，并且至今仍然在用[xen14，Yod04b]。但是，这种方法要求应用被分割为不同部分，其中一部分运行在 RTOS 之中，而另外的部分运行在 Linux 之中。虽然有可能使两种运行环境看起来类似，例如，通过将 RTOS 侧的 POSIX 系统调用转发到 Linux 侧的线程。这种方法还是存在一些粗糙的边界。

另外，RTOS 必须同时与硬件及 Linux 内核进行交互，因此，当硬件和内核更改时，需要大量的维护工作。而且，每一个这样的 RTOS 通常都有其独有的系统调用接口和系统库集合，其生态系统和开发者都相互对立。实际上，正是这些问题，驱使将 Linux 与 RTOS 进行结合，因为这种方法允许访问 RTOS 的全实时能力，同时允许应用的非实时代码完全访问 Linux 丰富而充满活力的开源生态系统。

虽然，在 Linux 仅仅拥有最小实时能力的时候，将 Linux 内核与 RTOS 绑在一起，不失为明智而且有用的临时应对措施，这也激励将实时能力添加到 Linux 内核中。实现这一目标的进展情况如图 15.7 所示。上面的行展示了抢占禁止的 Linux 内核图。由于抢占被禁止的原因，它基本上没有实时能力。中间的行展示了一组图，这组图展示了包含抢占的 Linux 主线内核，其实时能力的增加过程。最后，最下面的行展示了打上-rt 补丁包的 Linux 内核，它拥有最大化的实时能力。来自于-rt 补丁包的功能，已经被添加到主线分支，因此随着时间的推移，主线 Linux 内核的能力在不断增加。但是，最苛刻的实时应用仍然使用-rt 补丁包。

如图 15.7 顶部所示的不可抢占内核以 `CONFIG_PREEMPT=n` 的配置进行构建，因此在 Linux 内核中的执行是不能被抢占的。这就意味着，内核的实时响应延迟由 Linux 内核中最长的代码路径所决定，这实在是有点长。不过，用户态的执行是可抢占的，因此在右上角所示的实时 Linux 进程，可以在任意时刻抢占左上角的，运行在用户态的非实时进程。

图 15.7 中部所示的可抢占内核，以 `CONFIG_PREEMPT=y` 的配置进行构建，这样大多数运行在 Linux 内核中的、进程级的代码可以被抢占。这当然极大改善了实时响应延迟，但是在 RCU 读端临界区、自旋锁临界区、中断处理、中断关闭代码段，以及抢占禁止代码段中，抢占仍然是禁止的。禁止抢占的部分，由图中间行中，最左边的红色框表示。可抢占 RCU 的出现，允许 RCU 读端临界区被抢占，如图中间部分所示。线程化中断处理函数的出现，允许设备中断处理被抢占，如图最右边所示。当然，在此期间，大量其他实时功能被添加，不过，在这张图中不容易将其表示出来。这些将在第 15.4.1.1 节中讨论。

最后一个方法是简单将所有与实时任务无关的东西，都从实时任务中移除，将所有其他事务都从实时任务所需的 CPU 上面清除。在 3.10 Linux 内核中，这是通过 `CONFIG_NO_HZ_FULL` 配置参数来实现的[Wei12]。请注意，这种方法需要至少一个守护 CPU 执行后台处理，例如运行内核守护任务，这是非常重要的。当然，当在特定的、非守护 CPU 上面，如果仅仅只有一个可运行任务，那么该 CPU 上面的调度时钟中断被关闭，这移除了一个重要的干扰源和 *OS* 颠簸[4]。除了少数例外情况，内核不会强制将其他非守护 CPU 下线，当在特定 CPU 上只有一个可运行任务时，这会简单的提供更好的性能。如果配置适当，可以郑重向你保证，`CONFIG_NO_HZ_FULL` 将提供近乎裸机系统的实时线程级性能。

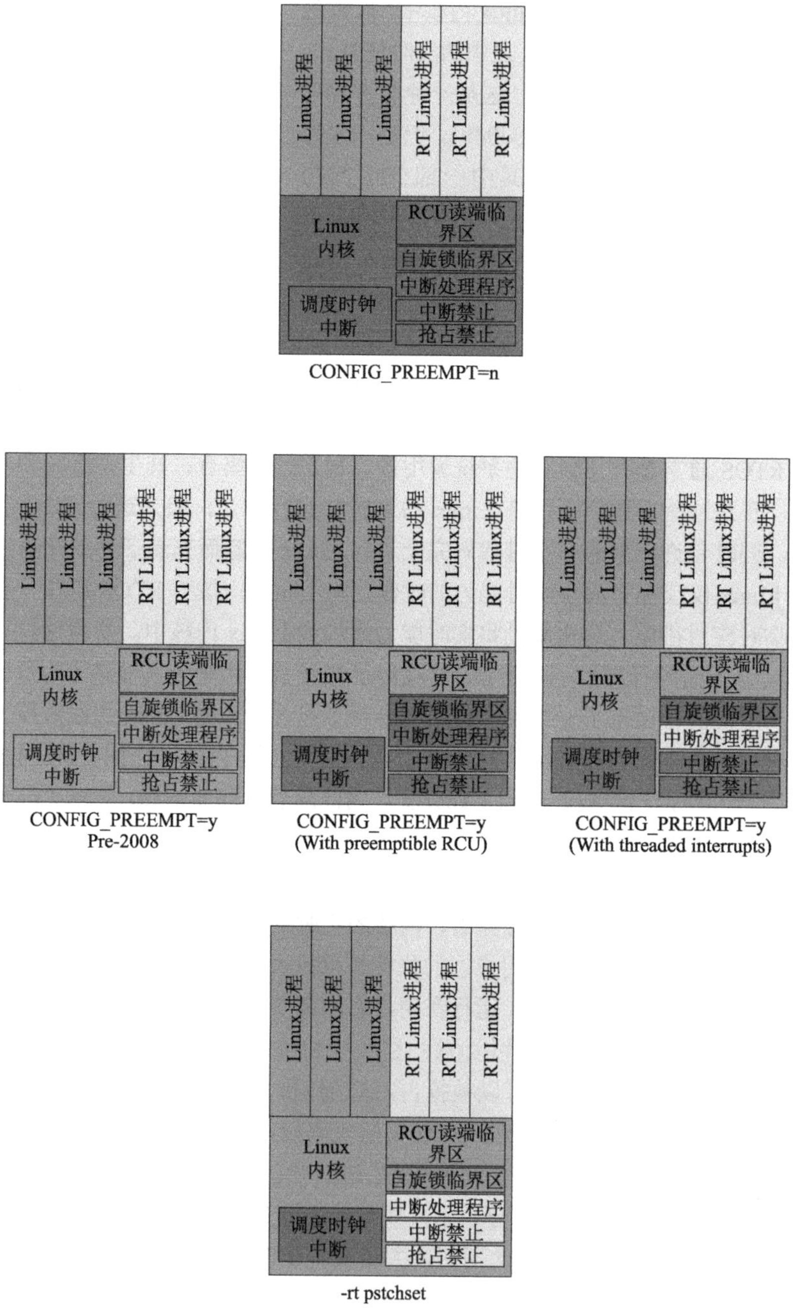

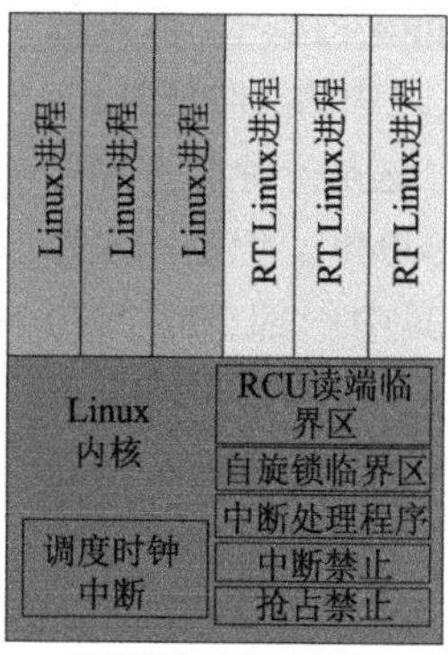

CONFIG_PREEMPT=n

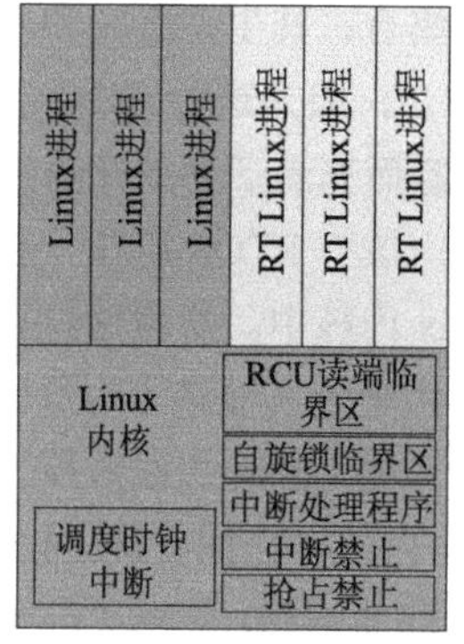

CONFIG_PREEMPT=y
Pre-2008

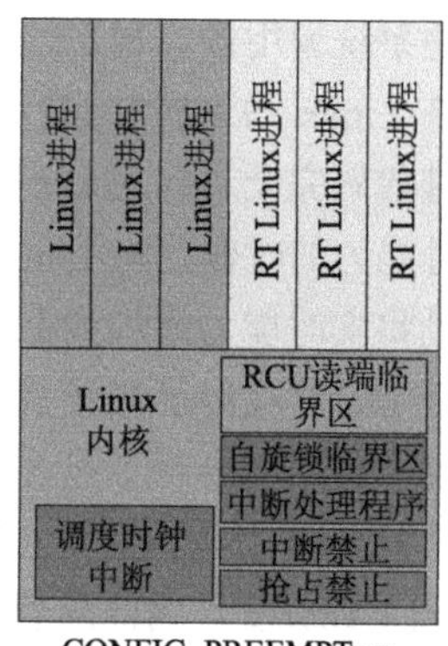

CONFIG_PREEMPT=y
(With preemptible RCU)

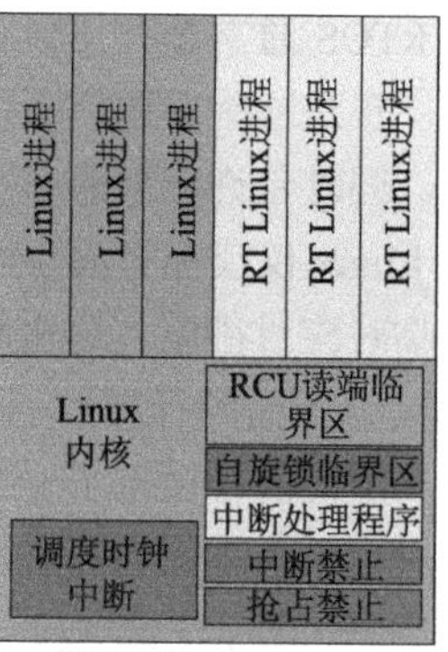

CONFIG_PREEMPT=y
(With threaded interrupts)

Linux进程
Linux进程
Linux进程
RT Linux进程
RT Linux进程
RT Linux进程
Linux
内核
RCU读端临界区
自旋锁临界区
中断处理程序
调度时钟中断
中断禁止
抢占禁止

-rt pstchset

图 15.7　实时 Linux 内核实现

[4] 由于进程统计的原因，仍然存在一个每秒一次的调度时钟中断。今后的工作包括解决这些问题，消除这个残留中断。

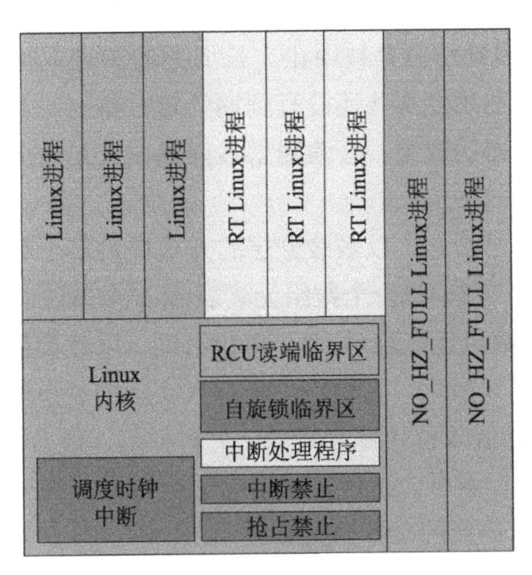

图 15.8　CPU 隔离

当然，有一些争议，这些方法到底是不是实时系统最好的方式。而且这些争议已经持续相当长的一段时间[Cor04a，Cor04c]。一般来说，正如后面章节所讨论那样，答案要视情况而定。15.4.1.1 节考虑事件驱动的实时系统，15.4.1.2 节考虑使用 CPU 绑定的轮询循环的实时系统。

15.4.1.1　事件驱动的实时支持

操作系统为事件驱动的实时应用所提供的支持是相当广泛的。不过，本节只关注一部分内容，即时钟、线程化中断、优先级继承、可抢占 RCU 及可抢占自旋锁。

很明显，**定时器**对于实时操作来说是极其重要的。毕竟，如果你不能指定某些事件在特定时间完成，又怎能在某个时间点得到其响应？即使在非实时系统中，也会产生大量定时器，因此必须高效处理它们。作为示例的用法，包括 TCP 连接重传定时器（它们几乎总是会在触发之前被中止）[5]，定时延迟（在 `sleep(1)` 中，它几乎不被中止），以及超时 `poll()` 系统调用（它通常会在触发之前就被中止）。对于这些定时器，一个好的数据结构是优先级队列，对于这样的队列，其添加和删除原语非常快速，并且与已经入队的定时器数量相比，其时间复杂度是 $O(1)$。

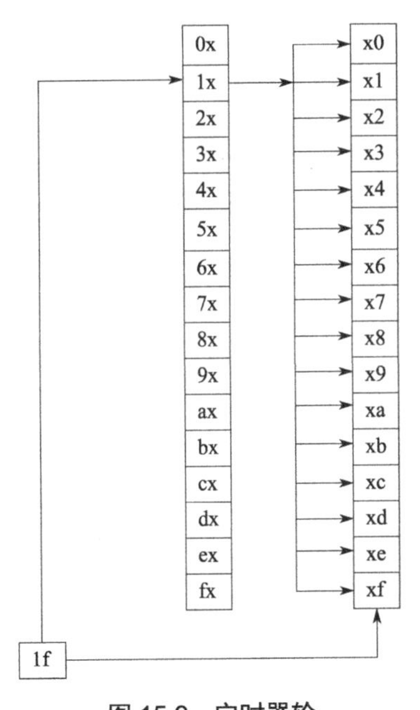

图 15.9　定时器轮

用于此目的的经典数据结构是*日历队列*，在 Linux 内核中被称为时钟轮。这个古老的数据结构也被大量用于离散事件模拟。其思想是时间是能度量的，例如，在 Linux 内核中，时间度量周期是调度时钟中断的周期。一个特定时间可以被表示为整型数，任何试图在一个非整数时刻提交一个定时器，都将被取整到一个最接近的整数时间值。

一个简单的实现是分配一个一维数组，以时间的低阶位进行索引。从原理上来说，这可以运转，但是在那些创建大量长周期超时定时器的实际系统中（例如，为 TCP 会话而创建的 45 分钟

[5] 至少假设在丢包率相当低的情况下。

保活超时定时器），这些定时器几乎总是被中止。长周期的超时定时器对于小数组来说会导致问题，这是因为有太多时间浪费在跳过那些还没有到期的定时器上。从另一方面来说，一个大到足以优雅地容纳大量长周期定时器的数组，会浪费太多内存，尤其是出于性能和可扩展性考虑，每一个 CPU 都需要这样的数组。

解决这个冲突的一个通常办法是，以多级分层的方式提供多个数组。在最底层，每一个数组元素表示一个单位时间。在第二层，每一个数组元素表示 N 个单位时间，这里的 N 是每个数组的元素个数。在第三层，每一个数组元素表示 N^2 个单位时间，以此类推。这种方法允许不同的数组以不同的位进行索引，如图 15.9 所示，它表示一个不太实际的、小的 8 位时钟。在此图中，每一个数组有 16 个元素，因此时钟低 4 位（目前是 `0xf`）对低阶（最右边）数组进行索引，接下来 4 位（目前是 0x1）对上一级进行索引。这样，我们有两个数组，每一个数组有 16 个元素，共计 32 个元素。远小于单一数组所需要的 256 个元素。

这个方法对于基于流量的系统来说，运行得非常好。每一个定时器操作的时间复杂度是小常数的 $O(1)$，每个元素最多访问 m+1 次，其中 m 是层数。

不过，时钟轮对于实时系统来说并不好，有两个原因。第一个原因是：需要在定时器精度和定时器开销之间进行权衡，这在图 15.10 和 15.11 中有夸张的展示。在图 15.10 中，定时器处理仅仅每毫秒才发生一次，这在很多（但并非全部）工作环境中是可接受的。但是这也意味着不能保证定时器低于 1ms 的精度。从另一个角度来说，图 15.11 表示每 10μs 进行一次定时器处理，对于绝大部分（但并非全部）工作环境来说，这提供了可接受的定时精度，但是这种情况下，处理定时器是如此频繁，以至于不能有时间做其他任何事情。

图 15.10　1kHz 时钟轮

图 15.11　100kHz 时钟轮

第二个原因是需要将定时器从上级级联移动到下级。再次参照图 15.9，我们将看到，在上层数组（最左边）的元素 1x 必须向下移动到更低（最右边）数组中，这样才能在它们到期后被调用。不幸的是，可能有大量的超时定时器等待移动，尤其是有较多层数时。这种移动操作的效率，对于面向吞吐量的系统来说是没有问题的，但是在实时系统中，可能导致有问题的延迟。

当然，实时系统可以简单选择一个不同的数据结构，例如某种形式的堆或者树，对于插入或者删除这样的数据维护操作来说，这样会失去 $O(1)$时间复杂度，而变为 $O(\log n)$。对于特定目的的 RTOS 来说，这可能是一个不错的选择。对于像 Linux 这样的通用操作系统来说，其效率不高。Linux 这样的通用操作系统通常支持非常大量的定时器。

Linux 内核的-rt 补丁所做的选择，是将两种定时器进行区分处理，一种是调度延后活动的定时器，一种是对类似于 TCP 报文丢失这样的低可能性错误进行调度处理的定时器。其中一个关键点是：错误处理通常并不是对时间特别敏感，因此时钟轮的毫秒级精度就足够了。另一个关键点是：错误处理超时定时器通常会在早期就被中止，这通常是发生在它们被级联移动之前。最后一点是：与执行定时事件的定时器相比，系统通常拥有更多的执行错误处理的超时定时器。对于定时事件来说，$O(\log n)$的数据结构能够提供可接受的性能。

简而言之，Linux 内核的-rt 补丁将时钟轮用于超时错误处理，将树这样的数据结构用于定时器事件，为所需的服务类型提供不同的定时器类型。

线程化中断用于处理那些显著降低实时延迟的事件源，即长时间运行的中断处理程序，如图 15.12 所示。这些延迟对那些在单次中断中，发送大量事件的设备来说尤其严重，这意味着中断处理程序将运行一个超长的时间周期以处理这些事情。更糟糕的是，在中断处理程序正在运行时，设备可能产生新的事件，这样的中断处理程序可能会无限期运行，因而无限期地降低实时响应。

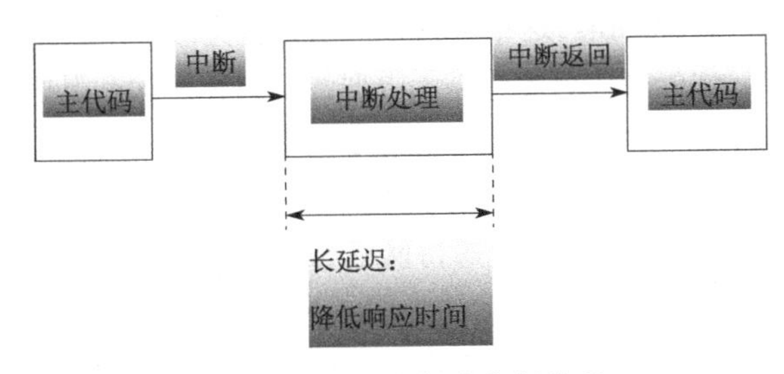

图 15.12 非线程化中断处理

处理这个问题的一种方法是，使用如图 15.13 所示的线程化中断。中断处理程序运行在可抢占 IRQ 线程上下文，它运行在可配置的优先级。设备中断处理程序仅仅运行一小段时间，其运行时间仅仅可以使 IRQ 线程知道新事件的产生。如图所示，线程化中断可以极大地提升实时延迟，部分原因是运行在 IRQ 线程上下文的中断处理程序可以被高优先级实时线程抢占。

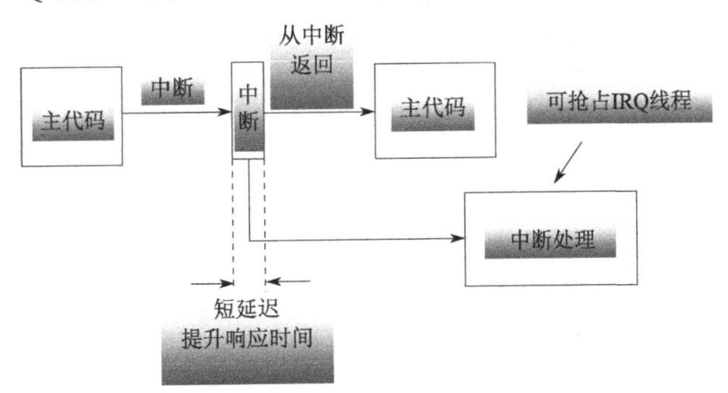

图 15.13 线程化中断处理程序

但是，天下没有免费的午餐，线程化中断有一些缺点。其中一个缺点是增加了中断延迟。中断处理程序并不会立即运行，其执行被延后到 IRQ 线程中。当然，除非设备在实时应用关键路径执行时产生中断，否则也不会存在问题。

另一个缺点是写得不好的高优先级实时代码可能会将中断处理程序饿死，例如，会阻止网络代码运行，导致调试问题非常困难。因此，开发者在编写高优先级实时代码时必须非常小心。这被戏称为蜘蛛侠原则，权力越大，责任越大。

优先级继承用于处理优先级反转。优先级反转可能是这样产生的，在处理其他事情时，锁被可抢占中断处理程序获得[SRL90b]。假定一个低优先级线程获得某个锁，但是它被一组中优先级线程所抢占，每个 CPU 都至少有一个这样的中优先级线程。如果一个中断产生，那么一个高优先级 IRQ 线程将抢占其中一个中优先级线程，但是直到它决定获得被低优先级所获得的锁，才会发生优先级反转。不幸的是，低优先级线程直到它开始运行才能释放锁，而中优先级线程会阻止它这样做。这样，直到某个中优先级线程释放它的 CPU 之后，高优先级 IRQ 线程才能获得锁。简而言之，中优先级线程间接阻塞了高优先级 IRQ 线程，这是一种典型的优先级反转。

注意，这样的优先级反转在非线程化中断中不会发生，这是因为低优先级线程必须在持有锁的时候，禁止中断，这也阻止了中优先级线程抢占它。

在优先级继承方案中，试图获得锁的高优先级线程将其优先级传递给获得锁的低优先级线程，直到锁被释放。这阻止了长时间的优先级反转。

当然，优先级继承有其限制。例如，如果能设计你的应用，以完全避免优先级反转，将很有可能获得稍微好一些的延迟[Yod04b]。这不足为怪，因为优先级继承在最坏的情况下，增加了两次上下文切换。也就是说，优先级继承可以将无限期的延迟转换为有限增加的延迟，并且在许多应用中，优先级继承的软件工程优势可能超过其延迟成本。

另一个限制是，它仅仅处理特定操作系统中环境中，基于锁的优先级反转。它所不能处理的一种优先级反转情况是，一个高优先级线程等待网络 Socket 消息，而该消息被低优先级进程所写入，但是低优先级线程被一组绑定在 CPU 上的中优先级进程所抢占。另外，对用户输入这种情形采用优先级继承的潜在劣势，被夸张地描绘在图 15.14。

图 15.14　优先级反转及用户输入

最后一个限制包含读/写锁。假设我们有非常多的低优先级线程，也许有数千个，每一个读线程持有一个特定的读/写锁。如果所有这些线程都被中优先级线程抢占，而每 CPU 都有至少一个这样的中优先级线程。最终，假设一个高优先级线程被唤醒并试图获得相同读/写锁的写锁。我们要如何去大量提升持有这些读锁的线程优先级，这本身没有什么问题，但是在高优先级线程获得写锁之前，它可能需要等待很长一段时间。

有不少针对这种读/写锁优先级反转难题的解决方案。

1．在同一时刻，仅仅允许一个读/写锁有一个读请求（这是被 Linux 内核-rt 补丁所采用的传统方法）。

2．在同一时刻，对于某个特定读/写锁，仅仅允许 N 个读请求。其中 N 是 CPU 个数。

3．在同一时刻，对于某个特定读/写锁，仅仅允许 N 个读请求。其中 N 是由开发者指定的某个数值。Linux 内核的-rt 补丁将在某个时间采取这种方法的几率还比较大的。

4．当读/写锁被正在运行的低优先级线程获得读锁时，防止高优先级线程获取其写锁（这是优先级上限协议的一个变种[SRL90b]）。

小问题 15.5：不过，如果你仅仅允许在同一时刻只有一个读者获得一个读/写锁的读锁，这不就与互斥锁相同了吗？

某些情况下，可以通过将读/写锁转换为 RCU，来避免读/写锁优先级反转。正如下一节中所详细讨论那样。

有时，**可抢占** RCU 可被用作读/写锁的替代品[MW07、MBWW12、McK14]，这在 9.3 节中讨论过。在它可以被使用的地方，它允许读者和写者并发运行，这防止了低优先级的读者对高优先级写者加以任何类型的优先级反转。但是，要使其有用，能够抢占长时间运行的 RCU 读端临界区是有必要的[GMTW08]。否则，长时间运行的 RCU 读端临界区将导致过长的实时延迟。

因此，可抢占 RCU 实现被添加到 Linux 内核中。通过在当前读端临界区中，跟踪所有抢占任务的链表这种方式，该实现就不必分别跟踪每一个任务的状态。以下情况下，允许终止一个优雅周期：(1) 所有 CPU 已经完成所有读端临界区，这些临界区在当前优雅周期之前已经有效。(2) 在这些已经存在的临界区运行期间，被抢占的所有任务都已经从链表中移除。这种实现的简单版本如图 15.15 所示。`__rcu_read_lock()`函数位于第 1 至 5 行，而`__rcu_read_unlock()`函数位于第 7 至 22 行。

`__rcu_read_lock()`函数第 3 行递增一个每任务计数，该计数是嵌套调用 `rcu_read_lock()`的计数，第 4 行防止编译器将 RCU 读端临界区后面的代码与 `rcu_read_lock()`之前的代码之间进行乱序。

`__rcu_read_unlock()`函数第 11 行检查嵌套计数是否为 1，换句话说，检查当前是否为 `rcu_read_unlock()`嵌套调用的最外一层。如果不是，第 12 行递减该计数，并将控制流程返回到调用者。否则，这是 `rcu_read_unlock()`的最外层，这需要通过第 14 至 20 行对终止临界区进行处理。

第 14 行防止编译器将临界区中的代码与构成 `rcu_read_unlock()`函数的代码进行乱序。第 15 行设置嵌套计数为一个大的负数，以防止与包含在中断处理程序中的读端临界区产生破坏性竞争[McK11a]。第 16 行防止编译器将这一行的赋值与第 17 行对特殊处理的检查进行乱序。如果第 17 行确定需要进行特殊处理，就在第 18 行调用 `rcu_read_unlock_special()`以进行特殊处理。

有几种情况需要进行特殊处理，但是我们将关注其中一种情况，即当 RCU 读端临界区被抢占时的处理。这种情况下，任务必须将自己从链表中移除，当它第一次在 RCU 读端临界区中被抢占时，它被添加到这个链表中。不过，请注意这些链表被锁保护很重要。这意味着 `rcu_read_unlock()`不再是无锁的。不过，最高优先级的线程不会被抢占，因此，对那些最高优先级线程来说，`rcu_read_unlock()`将不会试图去获取任何锁。另外，如果小心实现，锁可以被用来同步实时软件[Bra11]。

无论是否需要特殊处理，第 19 行防止编译器将第 17 行的检查与第 20 行进行乱序，第 20 行将嵌套计数置 0。

```
1 void __rcu_read_lock(void)
2 {
3   current->rcu_read_lock_nesting++;
4   barrier();
5 }
6
7 void __rcu_read_unlock(void)
```

```
 8 {
 9   struct task_struct *t = current;
10
11   if (t->rcu_read_lock_nesting != 1) {
12     --t->rcu_read_lock_nesting;
13   } else {
14     barrier();
15     t->rcu_read_lock_nesting = INT_MIN;
16     barrier();
17     if (ACCESS_ONCE(t->rcu_read_unlock_special.s))
18     rcu_read_unlock_special(t);
19     barrier();
20     t->rcu_read_lock_nesting = 0;
21   }
22 }
```

图 15.15　可抢占 Linux 内核 RCU

小问题 15.6：如果抢占刚好发生在图 15.15 第 17 行加载 `t->rcu_read_unlock_special.s` 之后，难道不会导致任务错误的调用 `rcu_read_unlock_special()`，因此错误地将自己从阻塞当前优雅周期的任务链表中移除，这不会导致优雅周期被无限期延长吗？

在大量读的数据结构中，对于大量读者的情况下，这个可抢占 RCU 实现能达到实时响应，而不会有优先级提升方法所固有的延迟。

由于在 Linux 内核中，持续周期长的基于自旋锁的临界区的原因，**可抢占自旋锁**是-rt 补丁集的重要组成部分。这个功能仍然没有合入主线，虽然从概念上来说，用睡眠锁代替自旋锁是一个简单的方案[6]，但是已经证实，这是有争议的。不过，对于那些想要实现低于 10μs 延迟的实时任务来说，它是非常有必要的。

当然了，有其他不少数量的 Linux 内核组件，它们对于实现现实世界的延迟非常重要，例如最近的最终期限调度策略。不过，本节中的列表，已经可以让你对-rt 补丁集所增加的 Linux 内核功能，找到好的感觉。

15.4.1.2　轮询实时支持

乍看之下，使用轮询可能会避免所有可能的操作系统干扰问题。毕竟，如果一个特定的 CPU 从不进入内核，内核就完全不在我们的视线之内。要将内核排除在外的传统方法，是简单的不使用内核，许多实时应用确实是运行在裸机之上，特别是那些运行在 8 位微控制器上的应用程序。

人们可能希望，在现代操作系统上，简单通过在特定 CPU 上运行一个 CPU 绑定的用户态线程，避免所有的干扰，以获得裸机应用的性能。虽然事实上更复杂一些，但是这已经能够实现了，这是通过 `NO_HZ_FULL` 实现的。该实现由 Frederic Weisbecker [Cor13]引入，并已经被接收进 Linux 内核 3.10 版本。不过，需要小心对这种环境进行适当的设置，因为对一些 OS 抖动来源进行控制是必要的。随后的讨论包含对不同 OS 抖动源的控制，包括设备中断、内核线程和守护程序、调度器实时限制（这是一个功能，而不是 BUG!）、定时器、非实时设备驱动、内核中的全局同步、调度时钟中断、页面异常，最后，还包括非实时硬件及固件。

---

[6] 另外，在最近几年中，-rt 补丁集的开发已经放缓，这可能是因为主线 Linux 内核中已经存在的实时功能足以满足很多用例[Edg13，Edg14]。

但是，OSADL（http://osadl.org/）正在筹集资金，以将剩余的代码从-rt 补丁集合入到 Linux 内核主线。

中断是大量 OS 抖动源中很突出的一种。不幸的是，大多数情况下，中断是绝对需要的，以实现系统与外部世界的通信。解决 OS 抖动与外部世界通信之间的冲突，其中一个方法是保留少量守护 CPU，并强制将所有中断移动到这些 CPU 中。Linux 源码数中的文件 Documentation/IRQ-affinity.txt 描述了如何将设备中断绑定到特定 CPU。直到 2015 年初，解决此问题的方法如下所示。

```
echo 0f > /proc/irq/44/smp_affinity
```

该命令将第 44 号中断限制到 CPU 0-3。请注意，需要对调度时钟中断进行特殊处理，这将在本节随后进行讨论。

第二个 OS 抖动源是来自于内核线程和守护程序。个别的内核线程，例如 RCU 优雅周期内核线程（rcu_bh，rcu_preempt 及 rcu_sched），可以通过使用 taskset 命令、sched_setaffinity()系统调用或者 cgroups，来将其强制绑定到任意目标 CPU。

每 CPU 线程通常更具有挑战性，有时它限制了硬件配置及负载布局。要防止来自于这些内核线程的 OS 干扰，要么不将特定类型的硬件应用到实时系统中，其所有中断和 I/O 初始化均运行在守护 CPU 中，这种情况下，特定内核 Kconfig 或者启动参数被选择，从而将其事务从工作 CPU 中移除；要么工作 CPU 干脆不受内核管理。针对内核线程的建议可以在 Linux 内核源代码 Documentation 目录 kernel-per-CPU-kthreads.txt 中找到。

在 Linux 内核中，运行在实时优先级的 CPU 绑定线程受到的第三个 OS 抖动是调度器本身。这是一个故意为之的调试功能，设计用于确保重要的非实时任务每秒至少分配到 30ms 的 CPU 时间，甚至是在你的实时应用存在死循环 BUG 时也是如此。不过，当你正在运行一个轮循实时应用时，需要禁止这个调度功能。可以用如下命令完成此项工作。

```
echo -1 > /proc/sys/kernel/sched_rt_runtime_us
```

当然，你必须以 root 身份运行，以执行这个命令，并且需要小心考虑蜘蛛侠原理。一种将风险最小化的方法，是将中断和内核线程/守护程序从所有运行 CPU 绑定线程的 CPU 中卸载，正如前面几段中所述那样。另外，你应当认真阅读 Documentation/scheduler 目录中的材料。sched-rt-group.txt 中的材料尤其重要，当你正在使用 cgroups 实时功能时更是如此，这个功能通过 CONFIG_RT_GROUP_SCHED Kconfig 参数打开，这种情况下，你也应当阅读 Documentation/cgroups 目录下的材料。

第四个 OS 抖动来自于定时器。绝大多数情况下，将某个 CPU 置于内核之外，将防止定时器被调度到该 CPU 上。一个重要的例外是再生定时器，即一个特定定时器处理函数触发同样的定时器在随后某个时间再次发生。如果由于某种原因，这样的定时器在某个 CPU 上已经启动，该定时器被在该 CPU 上持续周期性运行，反复造成 OS 抖动。一个粗暴但是有效的移除再生定时器的方法，是使用 CPU 热插拔将所有运行 CPU 绑定实时应用线程的 CPU 卸载，并重新将这些 CPU 上线，然后启动你的实时应用。

第五个 OS 抖动源来自于设备驱动，这些驱动不是用于实时用途。举一个老的典型例子，在 2005 年，VGA 驱动会在禁止中断的情况下，通过将帧缓冲置 0，以清除屏幕，这将导致数十毫秒的 OS 抖动。一种避免设备驱动引入 OS 抖动的方法，是小心选择那些已经在实时系统中大量使用的设备，由于它们被大量使用，其实时故障已经被修复。另一个方法是将设备中断和使用该设备的代码限制到特定的守护 CPU 中。第三个方法是测试设备支持实时负载的能力，并修复其实时

BUG。[7]

第六个OS抖动源来自于一些内核全系统同步算法，也许最引人注目的是全局TLB刷新算法。这可以通过避免内存unmap操作来避免，特别是要避免在内核中的unmap操作。直到2015年年初，避免内核unmap操作的方法是避免卸载内核模块。

第七个 OS 抖动源来自于调度时钟中断及 RCU 回调。这些可以通过打开 NO_HZ_FULL Kconfig 参数构建内核，然后以 nohz_full=参数启动内核来加以避免，该参数指定运行实时线程的工作 CPU 列表。例如，nohz_full=2-7 将保留 CPU2、3、4、5、6、7 作为工作 CPU，余下 CPU 0、1 作为守护 CPU。只要在每一个工作 CPU 上，没有超过一个可运行任务，那么工作 CPU 将不会产生调度时钟中断。并且每一个工作 CPU 的 RCU 回调将在守护 CPU 上被调用。由于其上仅仅只有一个可运行任务，因此那些抑制了调度时钟中断的 CPU 被称为处于自适应节拍模式。

作为nohz_full=启动参数的另一种可选方法，你可以用NO_HZ_FULL_ALL来构建内核，它将保留CPU 0作为守护CPU，其他所有CPU作为工作CPU。无论哪种方式，重要的是确保保留足够多的守护CPU，以处理它所负担的系统其他部分的守护负载，这需要小心地进行评测和调整。

当然，天下没有免费的午餐，NO_HZ_FULL 也不例外。正如前面所提示的那样，NO_HZ_FULL 使得内核/用户之间的切换消耗更大，这是由于需要增加进程统计，也需要将切换事件通知给内核子系统（如RCU）。开启 POSIX CPU 定时器的进程，其上的 CPU 也被阻止进入“自适应节拍模式”。额外的限制、权衡、配置建议可以在 Documentation/timers/NO_HZ.txt 中找到。

第八个 OS 抖动源是页面异常。由于绝大部分 Linux 实现使用 MMU 进行内存保护，运行在这些系统中的实时应用需要遵从页面异常的影响。使用 mlock()和 mlockall()系统调用来将应用页面锁进内存，以避免主要的页面异常。当然，蜘蛛侠原理仍然适用，因为锁住太多内存可能会阻止其他工作顺利完成。

```
1 cd /sys/kernel/debug/tracing
2 echo 1 > max_graph_depth
3 echo function_graph > current_tracer
4 # 运行工作负载
5 cat per_cpu/cpuN/trace
```

图 15.16 定位 OS 抖动源

很不幸，第九个OS抖动源是硬件和固件。因此使用那些设计用于实时用途的系统是重要的。OSADL 运行长期的系统测试，参考其网站（http://osadl.org/）是有用的。

不幸的是，OS 抖动源列表绝不完整，因为它会随着每一个新版本的内核而变化。这使得能够跟踪额外的 OS 抖动源是有必要的。假如 CPU N 运行一个 CPU 绑定的用户态线程，图 15.16 所示的命令将给出所有该 CPU 进入内核的时间列表。当然，第 5 行中的 N 必须被替换为所要求的 CPU 编号，第 2 行中的 1 可以增加，以显示内核中函数调用的级别。跟踪结果有助于跟踪 OS 抖动源。

正如你所见到那样，在像Linux这样的通用OS上，运行CPU绑定实时线程来获得裸机性能，需要对细节进行耐心细致的关注。自动化将是有用的，某些自动化也得到了应用，但是鉴于其用户相对较少，预期其出现将相对缓慢。不过，在通用操作系统上获得近乎裸机性能的能力，将有

[7] 如果采取这种方法，请将你的补丁提交给上游社区，以便其他人可以受益。请记住，当你将应用程序移植到更高版本的 Linux 内核时，你将成为这些谓的“其他人”。

望简化某些类型的实时系统建设。

15.4.2　实现并行实时应用

开发实时应用是一个宽泛的话题，本节仅仅涉及某些方面。为此，15.4.2.1 节关注一些通常用于实时应用的软件组件，15.4.2.2 节给出基于轮询的应用应该如何实现的概要，15.4.2.3 节给一个流媒体应用的类似概要，15.4.2.4 节覆盖基于事件的应用。

15.4.2.1　实时组件

在所有工程领域，健壮的组件集对于生产率和可靠性来说是必不可少的。本节不是完整的实时软件组件分类——这样的分类需要一整本书，而是一个可用组件类型的简要概述。

查看实时软件组件的一个很自然的地方，是实现无等待同步的算法[Her91]，实际上，无锁算法对于实时计算也非常重要。不过，无等待同步仅仅保证在有限时间内推进处理过程，并且实时计算需要算法更严格的保证在有限时间内将处理过程向前推进。毕竟，一个世纪也是有限的时间，但是在你的最终期限是以毫秒计算时，它将无意义。

不过，有一些重要的无等待算法，以提供限期响应时间。包含原子测试和设置、原子交换、原子读加、基于环形数组的单生产者/单消费者的 FIFO 队列，以及不少每线程分区算法。另外，最近研究已经证实，在随机公平调度及不考虑错误终止故障的情况下，无锁算法[8]确保提供相同的延迟[ACHS13] [9]。这意味着，无锁栈及队列将适用于实时用途。

小问题 15.7：不考虑错误终止这样有用的容错属性，它不是正确的行为？

在实践中，锁通常用于实时应用程序，尽量理论上讲并不完全如此。不过，在更严格的约束中，基于锁的算法也存在有限的延迟[Bra11]。这些约束包括以下几点。

1．公平调度器。在固定优先级调度器的通常情况中，有限延迟通常提供给最高优先级的线程。

2．充足的带宽以支持负载。支持这个约束的一个实现规则也许是“正常运行时，在所有 CPU 上至少存在 50%的空闲时间”，或者更正式的说，“提供的负载足够低，以允许工作负载在所有时刻都能够被调度”。

3．没有错误终止故障。

4．获得、切换、释放延迟均有限期的 FIFO 锁原语。同样的，通常情况下的锁原语是带优先级的 FIFO，有限延迟仅仅提供给最高优先级的线程。

5．某些防止无限优先级反转的方法。本章前面部分提到的优先级上限及优先级继承就足够了。

6．有限的嵌套锁获取。我们可以有无限数量的锁，但是在同一时刻，只要一个特定线程绝不获得超过一定数量的锁就行了。

7．有限数量的线程。与前面的约束相结合，这个约束意味着等待特定锁的线程数量是有限的。

8．消耗在任何特定临界区上的有限时间。对于有限的等待特定锁的线程数量，以及有限的临界区长度，其等待时间也是有限度的。

小问题 15.8：在这个列表之前，我不得不曲解“包括”这个词。还有其他约束吗？

这个结果打开用于实时软件的算法及数据结构的宝藏，它也验证长期的实时实践。

[8] 无等待算法保证所有线程在有限时间内向前推进，而无锁算法只保证至少有一个线程将在有限的时间内向前推进。

[9] 本文还介绍了有限最小推进的概念，这是理论朝向实时实践的可喜一步。

当然，仔细的、简单的应用设计也是十分重要的。世上最好的实时组件，也不能弥补那些缺乏深思熟虑的设计。对于并行实时应用来说，同步开销明显是设计的关键组件。

15.4.2.2 轮询应用

许多实时应用由绑定 CPU 的单个循环构成，该循环读取传感器数据，计算控制规则，并输出控制。如果提供传感数据及控制输出的硬件寄存器被映射到应用地址空间，那么该循环就完全可以不使用系统调用。但是请当心蜘蛛侠原则，更多的权力伴随着更多的责任，在这种情况下，其责任是指避免通过对硬件寄存器的不恰当引用而破坏硬件。

这种方式通常运行在裸机上面，这没有操作系统带来的优势（或者说也没有其带来的干扰）。不过，需要增加硬件能力及增加自动化水平来提升软件功能，如用户界面、日志及报告，所有这些都可以受益于操作系统。

在裸机上运行，同时仍然想要获得通用操作系统的所有特征和功能，其中一个方法是使用 Linux 内核的 `NO_HZ_FULL` 功能，该功能在 15.4.1.2 节中描述。该支持首先在 Linux 内核 3.10 版本中可用。

15.4.2.3 流应用程序

一种流行的大数据实时应用获得多种输入源的输入，内部处理它，并输出警告和摘要。这些流应用程序通常是高度并发的，并发地处理不同信息源。

实现流应用程序的一种方法是使用循环数组缓冲 FIFO，来联结不同的处理步骤[Sut12]。每一个这样的 FIFO，仅仅有一个线程向其放入数据，并有一个（大概是不同的线程）线程从其中取出数据。扇入扇出点使用线程而不是数据结构，因此，如果需要合并几个 FIFO 的输出，一个独立的线程将从几个 FIFO 中输入数据，并将它输出到另外一个 FIFO，该线程是唯一的处理者。类似的，如果一个特定 FIFO 的输出需要被分拆，一个单独的线程将从这个 FIFO 进行获取输入，并且将其输出到多个 FIFO 中。

这个规则看起来是严格的，但是它允许在线程间的通信有最小的同步开销，当试图满足严格的延迟约束时，最小的同步开销是重要的。当每一步中的处理量小，因而同步开销与数据处理相比，同步负载所占比例更大时，这显得尤其重要。

不同的线程可能是 CPU 绑定的，在这种情况下，15.4.2.2 节中的建议是适用的。另一方面，如果不同线程阻塞等待其输入 FIFO 的数据，那么 15.4.2.4 节中的建议是适用的。

15.4.2.4 事件驱动的应用

对于事件驱动应用，我们将使用一个奇特的例子，将燃料注入中型工业发动机。在正常操作条件下，该发动机要求一个特定的时间点，以一度的间隔将燃料注入到顶端正中。我们假设 1,500-RPM 的旋转速度，这样就是每秒 25 转，或者大约每秒 9000 个旋转刻度，转换为每刻度即为 111ms。因此，我们需要在大约 100ms 内调度燃料注入。

```
1 if (clock_gettime(CLOCK_REALTIME, &timestart) != 0) {
2  perror("clock_gettime 1");
3  exit(-1);
4 }
5 if (nanosleep(&timewait, NULL) != 0) {
6  perror("nanosleep");
7  exit(-1);
8 }
```

```
 9 if (clock_gettime(CLOCK_REALTIME, &timeend) != 0) {
10   perror("clock_gettime 2");
11   exit(-1);
12 }
```

图 15.17　时间等待测试程序

假设时间等待被用于初始化燃料注入，但是如果你正在构造一个发动机，我希望你提供一个旋转传感器。我们需要测试时间等待功能，可能使用图 15.17 所示的测试程序。不幸的是，如果运行这个程序，我们将遇到不可接受的时钟抖动，即使在-rt 内核中也是如此。

一个问题是，POSIX `CLOCK_REALTIME` 并不是为了实时应用，很奇怪吧。相反的，它所表示的“实时”是与进程或者线程所消耗的 CPU 总时间相对。对于实时用途，应当使用 `CLOCK_MONOTONIC`。但是，即使做了这样的改变，结果仍然是不可接受的。

另一个问题是，线程必须通过使用 `sched_setscheduler()` 系统调用来提高到实时优先级。但是即使有了这个改变也不是足够的，因为我们仍然能遇到缺页异常。我们也必须使用 `mlockall()` 系统调用来锁住应用的内存，防止缺页异常。应用所有这些改变，结果可能最终是可接受的。

在其他情况下，可能需要进一步的调整。可能需要将时间关键的线程绑定到它们自己的 CPU 中，并且可能需要将中断从这些 CPU 中移除。也需要谨慎选择硬件和驱动，并且很可能需要谨慎选择内核配置。

从这个例子可以看出，实时计算真不是省油的灯。

15.5　实时 VS.快速：如何选择

在实时与快速计算之间进行选择可能是一件困难的事情。因为实时系统通常造成非实时计算的吞吐量损失，在不需要使用的时候，使用实时计算会导致问题，这夸张地展示在图 15.18 中。另一方面，在需要实时计算时，错误使用它也会造成问题，这展示在图 15.19 中。这几乎足以让你对老板感到遗憾！

图 15.18　实时计算的阴暗面

图 15.19 快速计算的阴暗面

一个经验法则使用以下 4 个问题来助你选择。

1. 平均的长期吞吐量是唯一目标吗？
2. 是否允许重负载降低响应时间？
3. 是否有高内存压力，排除使用 `mlockall()` 系统调用？
4. 应用的基本工作项是否需要超过 100ms 才能完成？

如果每一个问题的答案都为“是”，你应当选择快速而不是实时，否则，实时可能适合你。请明智选择，并且如果你选择实时，请确保硬件，固件及操作系统都能够胜任。

第 16 章 易于使用

“创建完美的 API 就像进行天衣无缝的犯罪。至少有 50 种可能出错的事情，如果你是天才，那么你能够预见到其中的 25 种。”

16.1 简单是什么

“简单”是相对而言的。例如，很多人都会认为 15 小时的航空旅行有点痛苦——除非他们停下来考虑其他可选的交通方式，特别是游泳。这意味着创建易于使用的 API 要求你知道不少目标用户的事情。

下面的问题说明了这一点——在目前仍然活着的所有中，随机选择一个，哪一个改变将提升他或者她的生活？

不存在某个唯一的改变，能够确保有助于每一个人的生活。毕竟，极其广泛的人，有着极其广泛的需求、需要、欲望、愿望。饥饿的人需要食物，而额外的食物可能会加速严重肥胖者的死亡。过于兴奋对于很多年轻人来说是热切希望的，但是对那些正在从心脏病恢复的人来说，却是致命的。有些信息，对于某些人的成功来说，是极其关键的，但是这些信息对于另外某些人来说则是信息负担。如果你正在为某个软件项目而工作，该项目想帮助某些人，而你对这些人一无所知。那么，当某些人的对你的印象与你的努力不相符时，你不应当感觉惊讶。

如果你真的想帮助一群特定的人，应当与他们近距离工作一段时间，除此以外别无他法。不过，也有一些简单的可做的事情，以提升用户对于你的软件幸福感的几率。这将在 16.2 节介绍。

16.2 API 设计的 Rusty 准则

本节改编自 Rusty Russell 在 2003 Ottawa Linux 研讨会主题演讲的一部分[Rus03，Slides 39-57]。Rusty 的关键点在于，设计目标不是使 API 易于使用，而是使 API 难于被误用。为此，Rusty 指出，他的“Rusty 准则”大大降低了这种“难于被误用”的属性。

如下几点试图归纳 Linux 内核之上的 Rusty 准则。

1. 它不可能出错。虽然这是所有 API 设计都应该努力达到的标准，但是仅仅虚构的 dwim()[1] 命令才可能接近此标准。

2. 编译器或者链接器不会让你出错。

3. 如果出错了，编译器或者链接器将向你告警。

4. 最简单的用法是适合的。

5. 名称将告诉你如何使用它。

6. 要么正确地运行，要么就在运行时终止。

7. 遵循通常的惯例，你将得到正确的结果。malloc()库函数是一个好例子。虽然很容易使得内存分配失败，许许多多的项目设法使用它正确运行，至少大部分时间使其正确运行。与 Valgrind[The11]结合使用 malloc()，将 malloc()提升到“正确地做事，否则它总会在运行时出错”的地步。

8. 阅读文档，将正确地处理它。

9. 查阅其实现，将正确地处理它。

10. 阅读正确的邮件列表文档，将正确地处理它。

11. 阅读正确的邮件列表文档，将错误地处理它。

12. 查阅其实现，将错误地处理它。最初的 rcu_read_lock()非 CONFIG_PREEMPT 实现[McK07a]是一个糟糕的例子。

13. 阅读文档，将错误地处理它。例如，DEC Alpha wmb 指令文档[SW95]误导一些开发者，认为该指令拥有更强大的内存序语义，而实际上并非如此。随后的文档澄清了这一点[Com01]，将 wmb 指令提升到“阅读文档，将正确地处理它”的地步。

14. 遵循通常的惯例，将错误地处理它。printf()语句是这样的一个例子，因为开发者几乎总是不会去检查 printf()的错误返回值。

15. 正确地做事，但是它将在运行时中止。

16. 名称将告诉不要如何去使用它。

17. 表面的用法是错误的。Linux 内核的 smp_mb()函数是这方面的一个例子。很多开发者都认为这个函数有比实际情况更强的内存序语义。14.2 节包含避免此错误的必要信息，正如 Linux 内核源码树的 Documentatoin 目录所述那样。

18. 在你正确处理的时候，编译器或者链接器反而警告你。

19. 编译器或者链接器不能让你得到正确的结果。

20. 不可能得到正确的结果。gets()是这方面的一个著名的例子。实际上，gets()也许可以被描述为无条件的缓冲区溢出安全漏洞。

16.3 修整 Mandelbrot 集合

有用程序集合类似于 Mandelbrot 集合（如图 16.1 所示），它并没有清晰的光滑边界——如果有，停机问题就可以被解决。我们需要可供人们使用的 API，而不是那些为完成博士论文所潜在需要的 API。因此，我们“修整 Mandelbrot 集合[2]”，限制对 API 的使用，以简单描述所有潜在用

[1] dwim（）函数是“do what I mean”的首字母缩略词。

[2] 基于 Josh Triplett。

途的子集。

这样的修整似乎适得其反。毕竟，如果算法能够运行，为什么不使用它呢？

要明白为什么至少有一些修整是绝对必要的，不妨考虑避免死锁的锁设计，它也许是其中最糟糕的设计方式。该设计使用一个环形双向链表，每一个线程有一个元素位于其中，该元素作为其头元素。当一个新线程被创建时，父线程必须向其中插入一个新元素，这需要某种方式的同步操作。

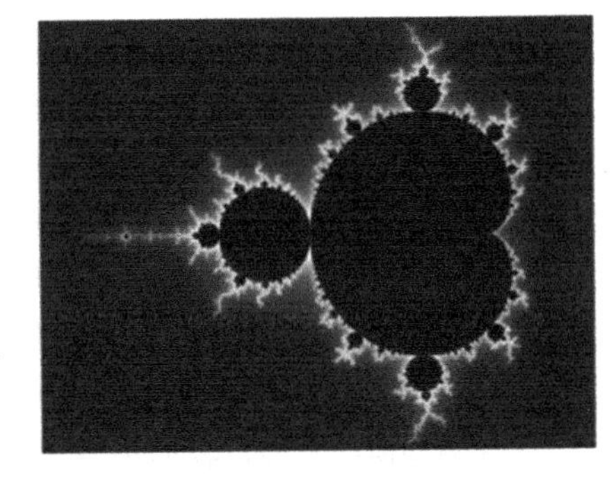

图 16.1　Mandelbrot 集合

保护这个链表的一种方法是使用一个全局锁。但是，如果线程被频繁创建并删除，这就可能形成一个瓶颈[3]。另一个方法是使用一个哈希表，并且对哈希桶进行单独上锁。但是，当对链表进行按序扫描时，其性能堪忧。

第三种方法是锁住单独的链表元素，并且需要在插入期间，将前驱元素和后继元素同时锁住。由于必须获得两把锁，因此需要确定获取锁的顺序。两种常规方法是：按锁的地址顺序，或者按锁在链表中出现的顺序来获取，当链表头是被锁住的两个元素之一时，它总是被首先获取。但是，这两种方法都需要特殊的检测和判断。

经过修整的解决方法是无条件的按照其在链表中的出现顺序来获得锁。但是会出现死锁吗？不会。

要明白这一点，对链表中的元素进行编号，作为链表头的第一个元素编号为 0，最后一个元素其编号为 N（如果链表是环形的，其前向元素就是链表头）。类似的，从 0 到 N-1 将线程进行编号。如果每一个线程试图锁住某些连续的元素对，至少确保有一个线程能够获得其中的两把锁。

为什么？

因为没有足够的线程能够遍历完整的链表。假设线程 0 获取元素 0 的锁，如果它被阻塞了，则必然有其他一些线程已经获取到了元素 1 的锁。我们假设是线程 1 获取到了元素 1 的锁。类似的，线程 1 也被阻塞了，则必然有其他线程获得了元素 2 的锁，依此类推，直到线程 N-1，该线程获取元素 N-1 的锁。如果线程 N-1 也被阻塞，则存在其他线程已经获取了元素 N 的锁。但是由于没有更多线程，那么线程 N-1 不可能被阻塞，因此，死锁不可能会发生。

因此，为什么要禁止使用这种看起来不错的简单算法呢？

实际上，如果你真的想这样做，我们也不能阻拦。但是，对那些我们关注的项目，如果包含了这样的代码，我们要奉劝两句。

在这个算法之前，请好好考虑如下小问题。

小问题 16.1：当删除元素时，能使用类似的算法吗？

事实上，这个算法是极其特殊的（它仅仅能在确定长度的链表上运行），并且一点也不健壮。一不小心，错误地向链表中增加一个节点，将可能导致死锁。甚至是稍微迟一点向其添加一个节点都会导致死锁。

另外，前面描述的其他算法既不错，也足以解决问题。例如，简单按照地址顺序获取锁，这是相当简单的，并且速度也快。而这种方法允许用于任意长度的链表。需要小心的是对特殊情况的处理：链表为空，或者链表仅仅包含一个元素。

---

[3] 对于那些拥有强大操作系统背景知识的人来说，请别嗤之以鼻。否则，请给我们一个更好的例子。

小问题 16.2：多疯狂的人啊，要弄出这样的算法，值得像上述做法那样，对其进行修整？

当然，我们不会因为某些算法刚好能够运行，就简单使用这些算法。相反的，我们严格要求自己使用另外的算法，这些算法足够有用，使它值得让我们学习。越是困难，越是复杂的算法，就越是有用。为了学习这些算法，以及修复其 BUG 所付出的艰辛，都是值得的。

小问题 16.3：给出该规则的一个例外。

抛开例外情况不谈，我们仍然必须对“Mandelbrot 集”软件进行修整，这样我们的软件才有可维护性，如图 16.2 所示。

图 16.2 修整 Mandelbrot 集合

第 17 章

未来的冲突

本章描述并行编程在将来可能出现的，一些可能相互冲突的技术。不过我们不清楚到底哪些冲突的技术会真的出现，实际上，任何一个都不确定是否会出现。但他们仍然很重要，因为每一种可能的出现的技术都有其拥护者。并且，如果足够多的人强烈相信某个事情，你就不得不在它的阴影下生活，还要考虑它给它的拥趸们带来的思想、言语和行为的影响。除此之外，这些技术中的一个或者多个完全可能会真的出现。当然，这些技术中，大多数都不会出现。理清这些关系对自身认识也有好处[Spi77]。

因此，以下章节将简要介绍事务内存、硬件事务内存和并行函数式编程。首先，介绍一下 21 世纪初流行的说法。

17.1 曾经的 CPU 技术不代表未来

根据多年的经验，回首过去的岁月总是那么简单和无知。21 世纪初，最大的无知表现为：摩尔定律慢慢开始失效，该定律认为可以持续增加 CPU 时钟频率。以前，也偶尔有一些技术限制方面的警告，但是这些警告已经出现了数十年。请注意考虑下面的场景。

1．单处理器 Uber Alles（图 17.1）。

2．硬件多线程 Mania（图 17.2）。

图 17.1 单处理器 Uber Alles

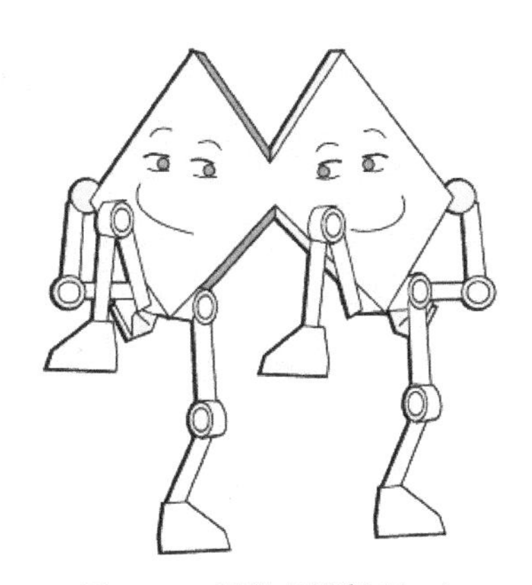

图 17.2 硬件多线程 Mania

3．更多类似的（图 17.3）

4．撞上内存墙（图 17.4）

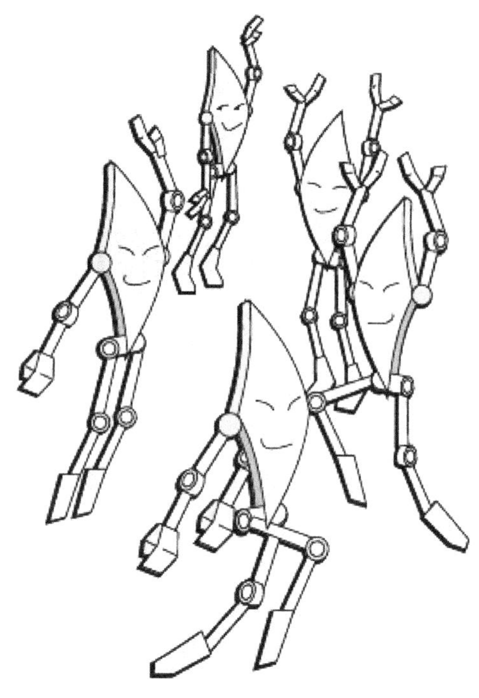

图 17.3　更多类似的

图 17.4　撞上内存墙

这些场景在下面章节依次讨论。

17.1.1　单处理器 Uber Alles

正如 2004 年文献[McK04]所说：

在这个场景里，通过将摩尔定律在 CPU 时钟频率方面的增加，以及持续的水平扩展计算进行组合，将使得 SMP 系统变得无关紧要。这种场景被称为“单处理器 Uber Alles”，字面上的意思就是，单处理器高于一切。

这些单处理器系统只会受指令开销的限制，因为内存屏障、缓存抖动以及缓存竞争不会在单处理器上产生影响。在这个场景里，RCU 只会用于一些特殊应用，如与 NMI 交互。不清楚一些没有实现 RCU 的操作系统是否需要引入 RCU，尽管一些实现了 RCU 的操作系统会继续使用它。

但是，最近硬件多线程处理器的发展显示这个场景不会太快出现。

确实不太可能！但是大型的软件社区不太愿意接受这样的事实：他们需要拥抱并行，在社区得出如下结论前，还需要一些时日，摩尔定律提升 CPU 频率的这个免费午餐真的已经结束了。不要忘记，信念是一种情感，而不是理性技术思考的结果。

17.1.2 硬件多线程 Mania

下面这段话也来自于 2004 年的文献[McK04]：

有一种不太极端的单处理器 Uber Alles 变种，它仍然是一个单处理器，但是具有硬件多线程。最激进的硬件多线程 CPU，会共享所有级别的缓存，因而消除了 CPU 间的内存延迟，相应的，也大大减少了传统同步机制的性能消耗。但是，硬件多线程 CPU 仍然会遭受由于内存屏障引起的竞争和流水线停顿。另外，由于所有的硬件线程共享所有级别的缓存，可用于单个硬件线程的缓存资源，只是等效单线程 CPU 上高速缓存的一小部分，这就会降低那些大量使用缓存的程序性能。由于 RCU 优雅周期会产生额外的内存消耗，所以也存在一定的可能性，有限的缓存也会使得基于 RCU 的算法招致性能损失。调查这种可能性是未来的工作。

但是，为了避免这样的性能损失，一些硬件多线程 CPU 和多 CPU 芯片会基于每硬件线程，至少将某些级别的缓存进行分区。这样，对于每个硬件线程来说，增加了它们的可用缓存数量，但是也重新引入了硬件线程间传递的内存行延迟。

最终，我们都知道这个问题是怎么产生的，那就是将位于单个模具上的多个多线程核放到单个 socket 中。这样，问题就变成未来的基于共享内存的系统是否将一直放到单个 socket 中。

17.1.3 更多类似的场景

还是来自于 2004 的文献[McK04]：

更多类似的场景假设，内存延迟比率仍然会保持现今的状态。

这种情况实际上表示有了一些变化，因为有更多相同的说法。内部互联性能必须赶得上随摩尔定律对 CPU 性能的提升。在这种场景下，流水线阻塞、内存延迟以及竞争带来的开销仍然很突出，RCU 仍然像目前一样保持了其高水平的可用性。

这种变化是摩尔定律仍然在提供的，不断提升的集成度。但是从长期来说，到底是哪个？是在每个模具上放置更多的 CPU？还是更多的 I/O、缓存和内存？

服务器似乎选择的是前者，而片上嵌入式系统（SoCs）继续选择后者。

17.1.4 撞上内存墙

以及更多来自于 2004 年的引用[McK04]：

如果图 17.5 的内存延迟趋势继续持续下去，相对于指令延迟来说，内存延迟的开销将会持续增加。一些像 Linux 这样大量使用 RCU 的系统，将是有利可图的，如图 17.6 所示。如果 RCU 被大量使用，则随着内存延迟比率的增加，将显示出 RCU 比其他同步机制更有优势。相反，较少使用 RCU 的系统，会大大的增加读的负担，这些负担原本由于对 RCU 的使用而减少，如图 17.7 所示。正如图中所示，如果 RCU

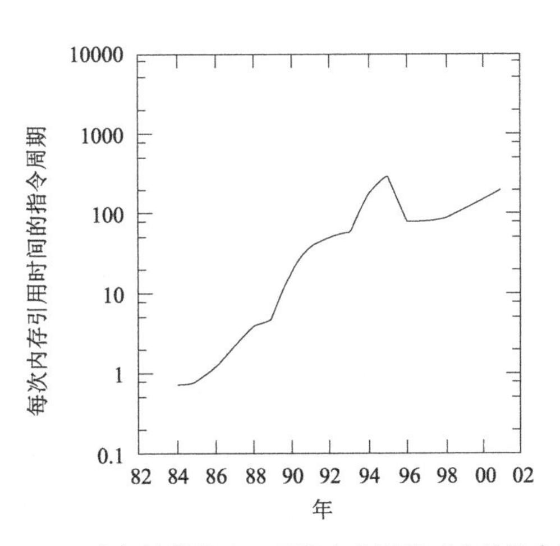

图 17.5　串行计算机中，局部内存引用对应的指令数

用得不多，随着内存延迟比率的增加，与其他同步机制，RCU 会处于越来越有利的地位。由于 Linux 在高负载下，每个优雅周期有超过 1600 个回调[SM04]，因此我们可以说 Linux 是属于前者。

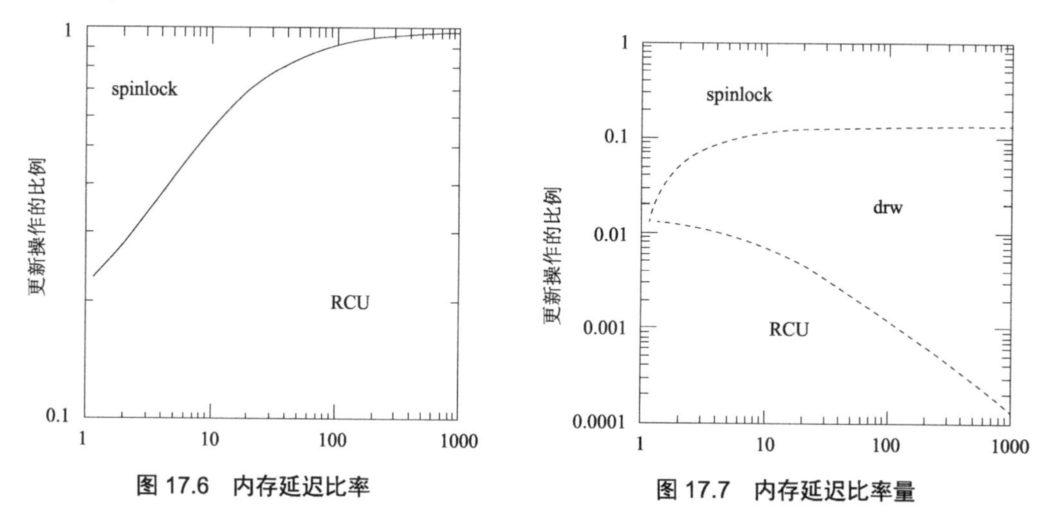

图 17.6 内存延迟比率

图 17.7 内存延迟比率量

一方面，这一段文字并没有预见到缓存热度的问题，而 RCU 可以承受大量高强度更新写负载的情况，大概是因为 RCU 看起来不大可能会用于这种情况。如果，如顺序锁一样，SLAB_DESTROY_BY_RCU 已经作为一种服务，用于一些存在缓存热点问题的地方。从另一方面来说，我们也没有预见到 RCU 用来降低调度延迟或者是安全相关的可能。

简而言之，还是要小心进行预测，包括本章节后面部分要讨论的。

17.2 事务内存

在数据库以外的领域，使用事务的想法在数十年前就存在了[Lom77]，数据库和非数据库事务的关键不同点在于，非数据库事务在定义事务的“ACID”属性中去除了“D”。近年来主流人群认为，基于内存的事务方法，即所谓的“事务内存”（TM），应更多倾向于硬件来实现。不幸的是，支持事务的商业硬件不会立即出现，尽管其他一些类似的计划已经提出[SSHT93]。不久前，Shavit 和 Touitou 提出一个纯软件的事务内存实现（STM），它能够运行在商业硬件上，或多或少的解决内存序问题。这个提议被束之高阁多年，也许是因为研究团体的注意力更专注于非阻塞式同步（参见 14.3 节）。

但是到了世纪之交，TM 开始受到更多关注[MT01，RG01]，到了 2005 年左右，它被关注的水平，只能用“白热化”来形容，尽管还有一些质疑的声音存在。

隐含于 TM 的基本思想是，原子的执行一个代码段，这样其他线程将不会看到任何中间状态。同样的，TM 的语义能够通过以重复的获得、释放全局锁来替换每一个事务来简单的实现，尽管有糟糕的性能和扩展性问题。大部分 TM 实现中的复杂性（不管是软件实现还是硬件实现），都是有效的检测并发事务何时能安全的并发运行。由于这类检测是动态完成的，冲突的事务能够被中止或者回退。并且在某些实现中，异常模式对程序员是可见的。

随着事务长度的减小，事务回退越来越不大可能出现，所以 TM 对小的基于内存的操作是很有吸引力的。例如用于栈管理的链表维护、队列、哈希表及搜索树。无论如何，对于大事务来说，当前还是更难于处理，特别是一些包含 I/O 操作及进程创建这样的非内存操作的事务。以下章节讨论“事务内存无处不在”[McK09b]这个宏大远景在当前遇到的挑战。17.2.1 考查与外部世界进行交互所面临的挑战，17.2.2 节关注与进程修改原语交互，17.2.3 节简单看一下与其他同步原语之间的交互，17.2.4 节以一些讨论结束。

17.2.1 外部世界

Donald Knuth 说：

许多计算机用户觉得，输入和输出实际上不是“纯粹编程”的一部分，它们仅仅是（不幸的）机器为了输入输出信息所必须要做的事情。

不管我们是否相信输入输出是“纯粹编程”，事实是对于绝大多数计算机系统来说，与外部世界进行交互是第一级的需求。因此本节对事务内存在这些交互方面的能力进行批评，不管这些交互是 I/O 操作，还是时间延迟或者持久存储。

17.2.1.1 I/O 操作

用户能够在基于锁（原理上讲，至少可以在 RCU 读锁内）的临界区执行 I/O 操作。当你在一个事务中尝试执行一个 I/O 操作时，将会发生什么？

潜在的问题是事务可能被回退，例如，当发生事务冲突时。总的来说，这要求在任何特定事务中的所有操作，都是可撤销的，这样，两次执行操作与执行一次的效果是相同的。不幸的是，I/O 通常是不可撤销操作，这使得用户很难在事务中执行 I/O 操作。事实上，通常的 I/O 是不可撤销的，一旦你按下了发射核弹头的按钮，就没有回头路可走。

以下是在事务中处理 I/O 的可选方法。

1. 在事务中，限制 I/O 为位于内存缓冲区的缓冲 I/O。这样，这些缓冲区可以像事务中的其他内存单元一样，以相同的方式将其包含到事务中。这似乎是一个可选的机制，并且可以在绝大多数通常情况下正常运行，例如流 I/O 或者大容量存储 I/O。但是，当来自于多个进程的多个输出流合并到一个单个的文件时，需要特殊处理。例如使用“a+”选项调用 `fopen()` 或者 `O_APPEND` 标志调用 `open()` 所做的。另外，正如在下一节将看到的一样，网络操作通常不能通过缓冲来处理。

2. 在事务中禁止 I/O，任何 I/O 操作将会中止所属事务（也许是多个嵌套事务）。这种方案似乎是用于处理非缓存 I/O 的常规 TM 方法，但需要与其他允许 I/O 操作同步原语配合使用。

3. 在事务中禁止 I/O，但是需要编译器的帮助以强制禁止这种行为。

4. 在任意时刻，仅允许一个特殊的“不可撤销”事务运行，这样，就可以在“不可撤销”事务里包含 I/O 操作了[1]。在通常情况下这种方案是可行的，但是严重的限制了 I/O 操作的性能和扩展性。而扩展性和性能是并行编程的首要目的。更糟糕的是，允许 I/O 操作的不可撤销能力，这种用法看来禁止了手动中止事件这种用法[2]。最后，如果有一个维护数据项的不可撤销事务，那么其他维护相同数据项的其他事务将不能有非阻塞语义。

5. 创建新的硬件和协议，其 I/O 操作能够被放入事务底层。在输入操作时，硬件需要正确的预测操作结果，如果预测失败就中止事务。

---

[1] 在早期的文献中，不可撤销事务被称为不可避免事务。

[2] 这个困难被 Michael Factor 指出。

I/O 操作的支持是 TM 公认的弱点，目前还不清楚，在事务中支持 I/O 是否有一个合理的通用解决方案。至少，合理的要求是具有良好的性能和可扩展。不过，对于这个问题给予持续的时间以及关注度，将很可能产生额外的进展。

17.2.1.2 RPC 操作

用户能够在一个基于锁的临界区（例如 RCU 的读临界区）执行 RPC。尝试在一个事务中执行一个 PRC 会发生什么？

如果 RPC 请求和它的响应被包含在同一个事务中，并且事务的某些部分依赖于响应的返回结果，那么就不可能使用在缓冲 I/O 时用到的内存缓存区这种技巧。任何尝试采用这种缓冲方法的努力将会导致事务产生死锁。直到事务完成前，RPC 请求才能发送，但是直到接收到请求前，事务不能成功，对于这种情况，有如下例子。

```
1 begin_trans();
2 rpc_request();
3 i = rpc_response();
4 a[i]++;
5 end_trans();
```

直到接收到 RPC 请求的响应后，事务的内存印记才能被确定下来；直到请求的内存印记被确定后，才能确定是否允许提交事务。

以下是 TM 可用的选项。

1．在事务中禁止 RPC，这样，试图执行一个 PRC 操作将中止所属的事务（也许是多个嵌套事务）。可选的，可以借助编译器的帮助强制禁止 RPC。这种方法能够工作，但是需要 TM 与其他同步原语配合。

2．在任何特定时刻，仅仅允许有一个特定的“不可撤销”事务[SMS08]在执行，这样就允许“不可撤销”事务包含 RPC 操作。通常情况下这是可行的，但是它严重限制了 RPC 操作的扩展性和性能，而扩展性和性能是并行编程的首要目标。这种方法看起来有点自我限制。而且，使用“不可撤销”事务以容许 RPC 操作，这就不允许在 RPC 操作开始后手动中止事务。最后，如果有一个维护特定数据项的不可撤销事务，那么任何维护同一数据项的其他事务，就不能拥有非阻塞语义。

3．识别特殊情况，在接收 RPC 响应之前，可以确认事务成功。并且在发送 RPC 之前自动将其转换为不可撤销事务转换。当然，如果几个并发事务尝试调用 RPC，则可能需要回退所有事务，仅仅保留一个事务。这必然降低性能和可扩展性。然而，这种方法对长的、以 RPC 结束的事务是有价值的。这种方法对手动中止事务来说也是存在问题的。

4．识别特殊情况，RCP 响应可以被移到事务之外。那么就用类似于使用缓冲 I/O 的方式进行处理。

5．扩展事务底层，使得 RPC 服务器端和客户端都被包含在事务内部。从理论上讲，这是可行的，并且已经被分布式数据库证明。但是，尚不能确定借助分布式数据库技术能否满足性能和扩展性，因为基于内存的 TM 不能解决慢速磁盘设备的延迟问题。当然，考虑到固态硬盘的出现，也不清楚多大的数据库才能解决掉隐藏在这些磁盘驱动之中的延迟。

正如前一节提到的，I/O 是 TM 的一个有名的缺点，RPC 是其中一个特别突出的问题。

17.2.1.3 延时

与事务外部进行交互的一种重要的特殊情况包括，在事务内部的显式延迟操作。当然，在事务中进行延时的想法与 TM 的原子性相抵触，但人们可以辩解，这不过是弱原子性的一种表现而已。而且，为了正确进行基于内存映射的 I/O 交互，有时需要小心控制延时，并且应用程序常常因为不同的目的执行延时操作。

关于在事务中进行延时的问题，TM 能做一些什么呢？

1．在事务中忽略延时。这看起来很不错，但是像其他“好”方法一样，可能不会兼容一些老的代码。这些老代码，可能在临界区中需要重要的延时，将其事务化时将会失败。

2．遇到延时操作时，中止事务。这是比较吸引人的方法，但是不幸的是，并不是总能自动检测到延时操作。一些重要的延时计算是紧凑循环操作，或者是等待一段时间的消逝。

3．让编译器来禁止事务中的延时操作。

4．让延时操作正常运行。不幸的是，一些 TM 仅仅在发布时才提交修改，很多情况下这会失去延时的目的。

不清楚是否只有唯一的正确答案。弱原子性的 TM 实现，会在事务内立即发布更改（在中止后回退这些更改），它可能由最后一种方法来合理实现。即使在这种情况下，事务另一端中的代码可能需要大量重新设计，以允许中止事务。

17.2.1.4　持久性

存在很多类型的锁原语。一个有趣的特性是持久性。换句话说，离开了锁持有者的进程空间，这把锁是否能够独立存在。

非持久性锁包括 `pthread_mutex_lock()`、`pthread_rwlock_rdlock()`，以及大多数内核级别的锁原语。如果实例化一个非持久性锁的数据结构消失，锁也不复存在。对于典型的 `pthread_mutex_lock()` 用法，这意味着当进程退出时，它的所有锁将消失。为了在程序退出时自动进行琐碎的清理锁操作，可以利用这个特性。但是不同进程共享锁使得这件事情变得更加困难。因为这样的共享需要在应用间共享内存。

持久性锁有助于避免在无关应用之间共享内存。持久性锁 API 包括 flock 系列、`lockf()`、System V 信号量，以及 `O_CREAT` 标志的 `open()` 调用。这些持久性 API 能够在大范围内操作，这些操作分布于多个应用之间。并且，在 `O_CREAT` 这种情况下，甚至能在操作系统重启后有效。如果有必要，通过分布式锁管理，锁还能够跨越多计算机系统。

持久性锁能够用于任何应用，包括使用不同语言及开发环境编写的应用。实际上，一个持久性锁可以被一个 C 语言编写的应用获得，然后被一个以 Python 编写的应用释放。

TM 如何提供类似的持久性功能？

1．将持久性事务限定在特定目的的环境中，这些环境被设计用于支持它们。如 SQL。这明显可以工作，因为数据库系统对此的支持已经有数十年的历史了，但是不提供持久性锁同样级别的灵活性。

2．使用由一些存储设备和文件系统提供的快照功能。不幸的是，它不能处理网络通信，在不提供快照能力的设备（如内存记忆棒）上，也不能处理其 I/O。

3．构建某种时间机器。

当然，事务内存这个称呼应当暂停，这个名称与持久性事务的概念是冲突的。尽管如此，还是值得考虑这种可能性，将它作为一个重要的测试案例，以探测事务内存的固有限制。

17.2.2 进程修改

进程不是永远存在的，它们被创建与销毁，它们的内存映射被修改，它们会链接动态链接库，并且它们可以被调试。这几节关注事务内存如何处理变化的执行环境。

17.2.2.1 多线程事务

当进程或者线程在持有一个锁，或者处于 RCU 读端临界区的时候，创建进程或者线程是完全合法的。这不仅合法，而且非常简单，如下面代码所示。

```
1 pthread_mutex_lock(...);
2 for (i = 0; i < ncpus; i++)
3   tid[i] = pthread_create(...);
4 for (i = 0; i < ncpus; i++)
5   pthread_join(tid[i], ...)
6 pthread_mutex_unlock(...);
```

这段伪代码使用 pthread_create()为每一个 CPU 创建一个线程，然后使用 pthread_join()等待每一个线程结束运行。整个过程处于 pthread_mutex_lock()保护之下。效果就是可以并行执行基于锁的临界区。也可以用 fork()和 wait()获得类似的效果。当然，临界区通常需求十分大，以抵消生成进程的开销，但是在产品中确实存在大临界区的例子。

在事务中进行线程创建，TM 能做些什么?

1. 在事务中执行 pthread_create()，将这种行为定义为非法的，它将导致事务被中止（这样更好）或者产生不可预计的后果。相应的，借助于编译器确保在事务中不进行 pthread_create()。

2. 允许在事务中执行 pthread_create()，但是仅仅允许将父线程作为事务的一部分。这种方法看起来与已有的、或者假想的 TM 实现相当一致。但是稍不留意就会掉进坑里。这种方法带来了更多的问题，比如如何处理子线程访问冲突。

3. 将 pthread_create()转换成函数调用。这个方法是个美丽的陷阱。它不能处理一些其实并不罕见的情况，如子线程与另外的线程通信。另外，这个方法不允许事务体并行执行。

4. 扩展事务以包含父线程和它的子线程。这个方法带来访问冲突本质方面的、有意思的问题。因为父线程和子线程之间允许相互冲突，但是却不允许与其他线程冲突。它还会带来一些其他问题，在提交事务前，如果父线程不等待子线程将会发生什么？更有意思的问题是，如果父进程根据事务中的变量值作为判断条件，决定是否调用 pthread_join()，那么将发生什么？这些问题的答案在基于锁的情况下是显而易见的，那 TM 的解决方案就留给读者作为练习。

在数据库领域中，事务的并行执行是相当常见的。奇怪的是，当前的 TM 方案并不提供此功能。另一方面，上面的例子是非常复杂的锁用法，这在一般的教科书里找不到，所以也许可以预期它将被忽略。坊间传闻说，一些 TM 研究者在琢磨把 fork 和 join 并行化做到事务里，也许本节的问题很快就会被解决。

17.2.2.2 exec() 系统调用

在持有锁时能够执行 exec()系统调用，也能在持有 RCU 读锁时执行。确切的语义视原语类型而定。

在非持久性原语下（包括 pthread_mutex_lock()、pthread_rwlock_rdlock()及 RCU)，如果 exec()成功了，整个地址空间就消失了，并且是在持有锁的情况下地址空间消失了。

当然，如果 exec() 执行失败，地址空间仍然存在，因此相关的锁也存在。也许有点奇怪，但是其意思相当明确。

另一方面，不管 exec() 是否成功，持久性原语（包括 flock 系列、lockf()、System V 信号量，以及带 O_CREAT 标志的 open() 调用）都将能持续下来，执行过 exec 的程序能够方便释放它们。

小问题 17.1： 由 mmap() 内存区域的数据结构来表示非持久性原语将会怎样？在这样的原语保护的临界区中有一个 exec() 将会发生什么？

当你在事务中执行一个 exec() 系统调用将会发生什么？

1. 不允许在事务中包含 exec() ，因此在封闭事务中执行 exec() 将中止事务。这通常行得通，不过显然要求将非 TM 的同步原语与 exec() 结合使用。

2. 不允许在事务中包含 exec()，这是由编译器强制禁止的。有一个针对 TM 的 C++草案标准，采用了这种方案[3]。它允许使用 transaction_safe 和 transaction_unsafe 属性来标示函数。与在运行时中止事务相比，这个方法有一些优势，但是仍然要求将非 TM 的同步原语与 exec() 结合使用。

3. 以类似非持久性锁原语的方式来处理事务，这样在 exec() 失败的时候，事务还会侥幸运行。如果 exec() 成功，则事务暗地里被提交。如果某些变量受到事务影响，而这些变量位于 mmap() 映射区域（因此在成功的 exec() 系统调用后仍然存在），这种情况留给读者作为练习。

4. 当 exec() 系统调用已经成功时，终止事务（和 exec() 系统调用）。但是当 exec() 系统调用失败时，则继续运行事务。这看起来是“正确”的方法，但是需要做的工作比较多，并且还不一定有好的效果。

exec() 系统调用，也许是一个关于 TM 适用性障碍方面最奇怪的例子。到底采用哪种解决方法才合理，目前还不是完全清楚。有些人认为，这不过是真实场景里与 exec 族调用进行交互的风险体现。在事务中禁止 exec()，这两个选项也许是最合乎逻辑的。

类似的问题也存在于 exit() 和 kill() 系统调用上面。

17.2.2.3 动态链接装载

基于锁的临界区以及 RCU 读保护的临界区，都可以合法的包含调用动态链接装载的代码，包括 C/C++共享库和 Java 类库。当然，包含在这些库中的代码在编译时是未知的。因此，如果在事务中调用动态加载的函数将会发生什么？

这个问题包含两个部分：（1）在事务中如何动态链接并装载函数；（2）面对在事务中包含未知代码这个特性，你该做什么？公平地说，（2）包含的挑战在锁和 RCU 中也存在，至少理论上存在。例如，动态链接函数可能导致死锁，或者在 RCU 读保护的情况下，引入一次静止状态。不同之处在于，在锁保护及 RCU 保护的临界段中，合法的操作集是容易理解的，但在 TM 里就没有明确的合法操作集合了。实际上，不同的 TM 实现有不同的限制。

在动态链接装载库函数方面，TM 能做些什么呢？对第一个问题（可用的代码装载）来说，包含以下可选项。

1. 以类似于缺页异常的方式，对待动态链接和装载。这样，函数被链接装载，在此过程中可能中止事务。如果事务被中止了，重试事务时，将会发现函数已经存在，因此预期事务能够正常处理。

---

[3] 感谢 Mark Moir 向我指出这个规范，并且感谢 Michael Wong 向我指出在更早的版本中的规范。

2. 在事务内不允许动态链接加载函数。

对第二个问题来说，不能检测尚未装载函数中的TM不友好操作，可能的选项包括以下几方面。

1. 执行相应的代码，如果有任何TM不友好的操作，则简单中止事务。不幸的是，这个方法使得编译器无法检测一组特定的事务是否可以安全的组合在一起。一个方式是总是允许将事务组合在一起，而不考虑是否为不可撤销事务。但是，当前的实现仅仅允许在一个指定时间处理一个不可撤销事务，这将极大的限制性能和可扩展性。不可撤销事务的使用，看起来也禁止了手动中止事务操作。最后，如果一个不可撤销事务维护一个特定数据项，其他维护同一数据项的事务不能执行非阻塞语义。

2. 通过函数修饰符标示函数是TM友好的。这可以由编译器的类型系统来强制标识。当然，对很多语言来说，这需要对语言进行扩展，标准化以及实现，并且需要一定的时间。据说，标准化工作已经在进行中了[ATS09]。

3. 和前面一样，也可以采取在TM里禁止动态链接加载函数的方案。

I/O操作当然是TM的一个众所周知的弱点，动态链接装载也可以看作是另外一种I/O特例。然而，TM提倡者必须要么解决这个问题，要么认命，仅仅将TM作为并行编程者工具箱中一个普通工具（公平地说，已经有一些TM支持者是这样的了）。

17.2.2.4 内存映射操作

在一个基于锁的临界区内（至少从原理上讲，包含RCU读端临界区）执行内存映射操作（包括mmap()，shmat()和munmap()）是完全合法的。当你在一个事务中尝试执行这样的操作会发生什么？更进一步说，重新映射包含了当前线程事务变量的区域会发生什么？并且，如果内存区域包含其他线程事务的变量时会发生什么？

不用特别考虑TM系统元数据被重新映射的情况，因为大多数的加解锁原语并没有定义重映射锁变量的结果。

以下是一些对于TM来说，内存映射可用选项。

1. 在一个事务中进行内存重映射是不合法的，将会导致所属事务被中止。这虽然在一定程度上简化了设计，但仍然需要TM与支持重映射的同步原语配合使用。

2. 在一个事务中进行内存重新映射是不合法的，借助编译协助确保这个限制。

3. 在一个事务中进行内存重新映射是合法的，但是那些在受影响区域范围内存在事务变量的其他事务，将被中止。

4. 在一个事务中进行内存重新映射是合法的，但是如果映射区域与当前事务内存印记有重叠，则映射将失败。

5. 所有内存映射操作，不管是否处于一个事务内，都将检查相应的区域是否与系统内其他事务的内存印记重叠。如果重叠，则内存映射将失败。

6. TM冲突管理机制将检查内存映射对所有事务内存印记重叠的影响，它可以动态的确定是否让内存映射失败，还是让冲突的事务中止。

要注意munmap()删除了内存映射，将有更多的问题[4]。

17.2.2.5 调试

通常的调试操作（如断点）可以在基于锁及RCU读锁这样的临界区中正常工作。但是，在

[4] 映射和解除映射之间的差异，是由Josh Triplett提醒的。

早期的事务内存硬件[DLMN09]中执行一个异常，将中止事务，这意味着断点将终止所属事务。

那么如何调试事务呢？

1. 在包含断点的事务中使用软件模拟技术。当然，任意时刻，在事务内部任意一处设置断点，都应该模拟所有的事务，这也许是重要的。如果运行时系统不能确认给定的一个断点是否位于事务内，则为了安全起见需要模拟所有的事务。但是，这种方法可能带来过大的开销，从而掩盖正在跟踪的 BUG。

2. 仅仅使用能够处理断点异常的硬件 TM 实现。不幸的是，截止 2008 年 9 月，所有这样的实现仅仅是研究原型。

3. 仅仅使用软件 TM 实现，这（粗略地说）比更简单的硬件 TM 实现更能容忍异常。当然，软件 TM 往往比硬件 TM 的消耗要高，因此在所有情形下，这个方法可能都不会被接受。

4. 更小心的编程，这样从一开始就避免在事务中产生 BUG。一旦你已经清楚如何做到这一点，请让所有人都知道这个秘密。

有一些理由让人相信事务内存将比其他同步机制更能提高生产力，但是如果传统的调试技术不能应用到事务上的话，看来就很有可能导致这种对生产力的提高被抵消。特别是新手在编写大的事务时，更是这样。相对的，类似于“当家花旦”这样的程序员也许不需要这些调试帮助，特别是小事务。

因此，如果事务内存是为了提高新手程序员的生产效率，那么调试问题就需要解决。

17.2.3 同步

如果某一天，事务内存证明它能为任何人完成任何事情，那么它就不必与任何其他同步机制进行交互。直到现在为止，它仍然必须与同步机制协同工作，这些同步机制可以做一些它所不能完成的工作，或者说在特定情形下能更自然的工作。下面的章节展示目前在这个领域遇到的挑战。

17.2.3.1 锁

在持有一些锁时，再去获取其他锁，这是很常见的场景，并且也工作得很好，这主要是由于运用了软件工程的技术来避免了死锁。同时，在 RCU 读临界区中申请锁也并非罕见。RCU 读端原子操作并不具备产生死锁环的因素，所以人们使用这种方案时不用过多考虑死锁的可能。但是，当你尝试在一个事务中申请锁会发生什么？

从原理上讲，答案是简单维护作为事务一部分的锁所用到的数据结构，这会运作得很好。实际上，有大量不明显的复杂因素在里面[VGS08]，这依赖于 TM 系统的实现细节。这些复杂因素可以被解决，但是其代价是在事务以外的锁，增加 45%的开销，在事务内的锁，增加 300%的锁开销。虽然在包含少量锁的事务程序中，这是可以接受，但是在一些产品级基于锁的程序中，如果偶尔想使用事务，这常常是完全不能接受的。

1. 仅使用锁友好的 TM 实现。不幸的是，非锁友好的 TM 实现有一些吸引人的特性，包括成功事务的低负载，以及提供大型事务的能力。

2. 在基于锁的程序中，在引入 TM 时，仅仅使用少量的 TM，以此来兼容锁友好型的 TM 实现。

3. 完全撇开基于锁的遗留系统，用事务来重新实现所有东西。这种方法不缺少支持者，但是这需要解决这里列出的所有问题。由于解决这些问题需要时间，竞争同步机制当然也有改进的机会。

4. 在基于锁的系统中，仅仅使用 TM 作为优化手段，TxLinux 组[RHP+07]已经这样做了。这种方法听起来很好，但是确实存在锁约束（如需要避免死锁）。

5. 尽量减少锁机制的负载。

TM 和锁之间的交互可能有一些问题，这对很多人来说是令人惊奇的。在实际产品级软件里，新机制和新原语的需求越来越强烈。幸运的是，开源的出现使得有大量这样的免费软件，对于所有人都是可用的，也包括研究者。

17.2.3.2 读者-写者锁

在持有其他锁的时候，请求读锁是很平常的，前提是使用了软件工程的技术来避免死锁。在 RCU 读锁保护的临界区内，申请读锁也是可以的，并且这样做不用过多考虑死锁的可能，因为 RCU 读端原子操作并不具备产生死锁环的因素。但是当你在一个事务中申请读锁会发生什么事情呢？

不幸的是，直接在事务中使用传统的基于计数的读/写锁达不到读/写锁的目的。要明白这一点，考虑一对事务并发的尝试申请同一个读锁。由于申请读锁会修改读/写锁数据结构，这将产生冲突，并回退两个事务中的其中一个。这与读/写锁允许多个读者的目的完全不相符。

以下是 TM 中的一些可用的选项。

1. 使用每 CPU 或者每线程的读/写锁，这允许特定的 CPU（或者线程）在申请读锁时仅仅维护局部数据，这将避免两个并发事务之间在申请锁时产生冲突，这允许两个事务都被处理，这正是我们想要的结果。不幸的是：（1）每 CPU/线程写锁的代价非常高，（2）每 CPU/线程锁的内存代价可能本来是可以避免的，（3）仅仅当你能够访问源代码时，这种变化才是可行的。最近的可扩展读/写锁[LLO09]可以避免这些问题中的一部分或者全部。

2. 在基于锁的程序中，引入 TM 时，仅仅少量的使用 TM，这样可以避免在事务中使用读锁。

3. 完全撇开基于锁的遗留系统。使用事务重新实现所有东西。这种方法不乏支持者。但是这需要解决这里列出的所有问题。由于解决这些问题需要时间，竞争同步机制当然也有改进的机会。

4. 在基于锁的系统中，仅仅使用 TM 作为优化手段，TxLinux 组[RHP+07]已经这样做了。这种方法听起来很好，但是确实存在锁约束（如需要避免死锁）。此外，当多个事务尝试申请同一个读锁时，这种方法会产生不必要的回退。

当然，组合使用 TM 和读/写锁可能有一些其他不明显的问题，它事实上将读锁变成排它锁。

17.2.3.3 RCU

由于 RCU 主要用于 Linux 内核，因此即使人们认为结合 RCU 和 TM 没有理论工作要做，这也是可以理解的[5]。但是，来自于 Austin Texas 大学的 TxLinux 组别无选择[RHP+07]。事实上，他们在 Linux2.6 内核中应用 TM。由于内核使用了 RCU，这使得他们必需集成 TM 和 RCU，其中 TM 位于 RCU 锁之中。不幸的是，虽然文献上声称 RCU 实现的锁（如 `rcu_ctrlblk.lock`）已经转换为事务，但是没有说在基于 RCU 的更新中，使用锁如 `dcache_lock` 会发生什么问题。

重要提醒，RCU 允许读者和写者并行运行，更准确地说，允许数据在更新的时候，RCU 读者对它进行访问。当然，对于这些 RCU 属性，无论是其性能，还是可扩展性、实时响应，都与

---

[5] 然而，随着用户空间 RCU [Des09，DMS + 12]的出现，用于内核中这个借口也很也显得苍白。

TM 的原子属性相违背。

因此，基于 TM 的更新，应该如何与并发的 RCU 读者交互？有如下可能性。

1. RCU 读者将与之并行的、冲突的 TM 更新操作终止。这是 TxLinux 项目事实上采用的方法。这个方法保留了 RCU 语义，也保留了 RCU 读者的性能，可扩展性及实时响应。但是不幸的是，它的副作用是不必要的中止了与之冲突的更新操作。在最坏的情况下，一个长长的读者序列会导致所有更新者产生饥饿现象，理论上，这会导致系统挂起。另外，不是所有的 TM 实现都提供实现本方法所需的强原子性。

2. 与冲突的 TM 更新端并行运行的 RCU 读者，将从冲突的 RCU 加载操作中获得旧的值（前一个事务中的值）。这保留了 RCU 的语义和性能，也保护了 RCU 更新免受饥饿的影响。但是，并不是所有的 TM 实现，都能够提供及时的访问旧值的功能，尤其这些旧值是被正在快速执行中的事务临时更改过。特别的，基于日志的 TM 实现，会在日志中维护旧值（因此能提供优良的 TM 提交性能），在本方案下，它工作得不是很好。也许 `rcu_dereference()`原语能够允许 RCU 在大部分 TM 实现中访问旧值，虽然性能可能会是一个问题。尽管如此，还是有些流行的 TM 实现，能够简单有效的通过这种方案与 RCU 结合[PW07，HW11，HW13]。

3. 如果一个 RCU 读者与一个快速运行的事务产生了冲突访问，那么 RCU 访问被延迟，直到冲突的事务被提交或者中止。这个方法保留了 RCU 的语义，但是降低了 RCU 的性能和实时响应能力，特别是存在长时间运行的事务时。另外，并不是所有的 TM 都有将冲突访问进行延时的能力。即便如此，这个方法看起来对仅仅支持小事务的硬件 TM 实现是非常合理的。

4. 将 RCU 读者转换为事务。这个方法可以保证与任何 TM 实现都可以非常好的兼容，但是 RCU 读锁保护的临界区也受到 TM 回退的影响，使得 RCU 失去了实时响应的保证，也降低了 RCU 读端的性能。而且，在 RCU 读临界区包含 TM 实现所不能处理的操作时，这个方法也是不可行的。

5. 很多地方使用 RCU 写更新修改一个单指针，以发布一个新的数据结构。在这种情况下，能够安全的允许 RCU 看到这个事务指针，即使随后事务被回退。只要事务遵守内存序，并且回退过程使用 `call_rcu()`释放相应的数据结构。不幸的是，并不是所有的 TM 实现都在事务中遵守内存序。显然，其想法是由于事务是原子的，因此事务内的内存序并不重要。

6. 禁止在 RCU 更新端使用 TM。这确保能够正常工作，但是看起来有一些限制。

看起来很有可能会有其他方法出现，特别是考虑到用户态 RCU 已经出现[6]。

17.2.3.4　事务外访问

在基于锁的临界区中，可以合法的维护那些锁的临界区外并发访问甚至修改的变量，一个常见的例子是统计计数。在 RCU 读临界区做同样的事也是合法的，其实人们也经常这么做。

对于像名为“脏读”这样的机制，它已经在产品级的数据库系统广为流行了，请不要感到奇怪，事务外访问已经受到 TM 支持者的认真关注，其中一个关注点是弱、强原子性[BLM06]的概念。

以下是一些在 TM 中可用的事务外访问选项。

1. 事务外访问冲突，总是导致事务被中止。这是强原子性。

2. 事务外访问冲突被忽略。因此仅仅在事务内的冲突才中止事务。这是弱原子性。

3. 在特殊情况下，例如，分配内存，或者与基于锁的临界区交互时，事务被允许执行非事

[6] 向 TxLinux 组，Maged Michael 和 Josh Triplett 致敬，他们带来了大量上述可选方案。

务操作。

4．扩展硬件以支持多个事务对单个变量并发的执行某些访问（例如加法）。

5．向事务内存引入弱语义。一种方法是如 17.2.3.3 节所述，将其与 RCU 结合使用，而 Gramoli 和 Guerraou 调查了一些其他弱事务方法[GG14]，例如：将大的“弹性”事务分割成小的事务，从而减少冲突概率（尽管性能和扩展性不好）。也许，更多的经验将表明，某些事务外访问的用法，可以被替换为弱事务。

事务似乎被设计成单独存在的一种机制，不需要与其他同步机制进行交互。这样的话，当非事务访问和事务访问结合在一起时，引起更多的复杂性和混乱就不足为奇了。但是除非限定事务对独立的数据结构进行小的更新，或者限制新程序不与现有的、大的并行代码进行交互，否则，事务要想在短期内产生大的影响，就必然存在这样的组合。

17.2.4 讨论

采用通用 TM 的障碍，带来了以下结论。

1．一个有趣的 TM 特点是事务受到回退以及重试的限制。这个特点引出了 TM 不可撤销操作的难题。包括不可缓冲的 I/O、RPC、内存映射操作、延时，以及 exec() 系统调用。同时，这一属性也有不幸的后果，引入了同步原语所固有的、可能失败的可能性所带来的所有复杂性，很多是以开发者可见的方式引入的。

2．TM 另外一个有趣的特点，由 Shpeisman 注意到[SATG+09]，是 TM 与它所保护的数据之间盘根错节的纠缠。这直接引出了 TM 里的 I/O、内存映射操作、事务外访问及调试断点等难题。与之相对的是，传统的同步原语，包括锁和 RCU，在它们要保护的数据与同步原语之间是存在清晰的区分。

3．在 TM 领域中，很多工作的既定目标之一是使大的顺序代码段变得易于并行编程。因而，通常期望独立的事务能够串行运行，这可以解释 TM 在多线程事务方面的问题。

关于所有这些问题，TM 研究者和开发者需要做些什么？

一个方法是聚焦于小型 TM，关注于这样的情形，通过硬件的潜在帮助，提供超过其他同步原语的实质优势。这实际上是 SUN 在它的 Rock 这款研究性 CPU 上采用的方法。一些 TM 研究者看起来接受这个方法，但是其他研究者对 TM 寄予了更高的期望。

当然，TM 将能够解决更大型的问题，这是十分有可能的，但如果要达到这个崇高的目标，本节列出一些问题必须被解决。

当然，每个参与其中的人都应该视之为一次学习的经历。看上去 TM 研究者已经从成功使用传统同步原语构建起大型软件的工业界实践者那里学到不少东西。

反之亦然。

但是直到目前，STM 的当前状态最好被总结为一系列卡通片。首先，图 17.8 显示了 STM 的样子。和以往一样，实际上还是有那么一点点细微的差别，这夸张地表示在图 17.9，17.10 以及 17.11 中。

商业可用硬件的最新进展，为 HTM 的变体打开了一次机会之窗，这将在下后面的章节处理。

图 17.8　STM 的样子

图 17.9　实际的 STM：冲突

图 17.10　实际的 STM：不可撤销操作

图 17.11　实际的 STM：实时响应

17.3　硬件事务内存

截至 2012 年初，硬件事务内存（HTM）开始出现在商业计算机中。本节首先尝试在并行程序员工具箱中找到它的位置。

从概念的角度来看，HTM 使用处理器高速缓存和预测执行，来使一组指定的语句（事务）生效，并且在其他处理器上运行的事务看来，这些语句是原子性的。这些事务由启动事务机器指令来初始化，然后由提交事务机器指令来完成。通常还有中止事务机器指令，用来撤销预测执行（就像启动事务机器码和接下来的指令都没有执行过），并且在错误处理地方执行。错误处理的地址，通常由开始事务指令来指定，要么是作为一个显式的错误处理地址赋值，或者是被指令本身通过条件码来设置。每个事务对其他事务来说都是原子执行的。

HTM 有许多重要的优势，包括自动动态分区的数据结构，减少同步原语的缓存缺失，并支持相当数量的实际应用。

但是，华丽的外表总是需要代价的，HTM 也不例外。本节的主要讨论点是，在什么情况下，选择 HTM 是益处大于其外表所隐藏的弊端。为此，17.3.1 节描述 HTM 的优点，17.3.2 节描述它的弱点。这是在早期的论文[MMW07，MMTW10]里采用的相同的方法，但是主要专注于 HTM，而不是作为一个整体的 TM[7]。

17.3.3 节描述 HTM 在和 Linux 内核里的同步原语配合使用时的弱点（以及一些用户态程序里）。17.3.4 节关注最适合将 HTM 放入并行程序员工具集的哪个地方，17.3.5 节列出了一些事件，可能会极大增加 HTM 的范围和使用呼声。最后，17.3.6 节是结束语。

17.3.1 HTM 与锁相比的优势

HTM 最主要的优势是：（1）可以避免其他同步原语通常会产生的缓存缺失，（2）它动态划分数据结构的能力，（3）它有大量可用的应用程序的事实。我打破 TM 的传统，没有把易用性单独列出是因为两个原因。首先，易用性是 HTM 的主要优点，本文着重介绍。第二，一直存在相当大的争议，在工作面试中，是否应该测试纯编程能力[Bow06，DBA09]，甚至是进行一些小型编程练习[Bra07]。这表明，我们真的不知道到底是什么把编程简化还是复杂化了。因此，下面各节重点分析上面列出的三个优势。

17.3.1.1 避免同步带来的缓存缺失

大多数同步机制，都是基于数据结构的，这些数据结构的操作由原子指令来完成。由于这些原子指令，通常是先诱发他们所在的 CPU 将相应的缓存行占用，其他 CPU 如果要执行这些同步原语的相同实例的话，则会诱发缓存缺失。这些缓存缺失通信会同时严重降低普通同步机制的性能和可扩展性[ABD+97，4.2.3 节]。

相反的，HTM 同步靠的是 CPU 的缓存，避免了同步数据结构及随之而来的缓存缺失。当我们将锁的数据结构放到不同的缓存行时，HTM 最能体现其优势。这种情况下，将特定临界区转换为一个 HTM 事务，将能为临界区减少一次完整的缓存缺失的开销。对于十分小的临界区来说，这些节省的开销将十分大。至少对于这种情况是这样，去掉的锁与受锁保护的反复写的变量之间，不共享相同的缓存行。

小问题 17.2：经常写的变量与锁变量共享缓存，会有什么问题？

17.3.1.2 对数据结构进行动态分区

在使用一些普通的同步机制时，一个主要的障碍就是对数据结构进行静态划分。有很多数据结构是可分区的，最典型的例子是哈希表，每条哈希冲突链构成一个分区部分。为每条冲突链分配一把锁，然后轻松将哈希表的操作并行化，即只需操作特定的一条冲突链[8]。对于类似的数组、基树及一些其他数据结构来说，分区也是小菜一碟。

但是将很多类型的树或者图进行分区很困难，分区的结果也很复杂[Ell80]。虽然可以用两段锁和哈希数组形式的锁来划分通用的数据结构，但其他技术显然已被证明更适合这种情况[Mil06]，

---

[7] 在此感谢与其他作者，Maged Michael、Josh Triplett 及 Jonathan Walpole 进行的许多热烈讨论。

[8] 并且通过这样的操作来获取所有相关哈希链的锁，易于扩展该方案以操作访问多个哈希链。

我们将在 17.3.3 节讨论。由于避免了同步带来的缓存缺失，因此针对大型的不可分区数据结构来说，HTM 是一个非常可行的措施，至少在更新相对较小的场合是这样。

小问题 17.3：为什么相对少的更新对 HTM 性能和扩展性来说相当重要？

17.3.1.3 实用价值

HTM 实用价值的一些证据，已经被大量硬件平台所证实，包括 Sun Rock[DLMN09]及 Azul Vega[Cli09]。可以合理地假设，实际好处将来自于更新的 IBM Blue Gene/Q、Intel Haswell TSX 及 AMD AFS 系统。

预期的实际好处包括两点。

1．内存数据访问和更新将不需要锁[MT01，RG02]。

2．对大型不可分区数据结构的并行访问和小规模的随机修改。

但是，HTM 也有一些非常现实的缺点，接下来的章节我们将继续讨论。

17.3.2 HTM 与锁相比的劣势

HTM 的概念很简单，一组内存访问及更新原子的发生。但是，与许多简单的想法一样，当你尝试将它运行到真实世界的真实系统上时，复杂性就会出现。这些复杂性如下。

1．事务大小限制。

2．冲突处理。

3．中止和回退。

4．缺乏前向执行的保证。

5．不可撤销操作。

6．语义差异。

每一个复杂性都包含在随后的章节中，每一节都跟随着一个概要介绍。

17.3.2.1 事务大小限制

当前 HTM 实现的事务大小限制，来源于使用处理器缓存来持有那些受事务影响的数据。虽然这允许一个特定的 CPU，通过在它的缓存范围内执行事务，使得事务对其他 CPU 看起来是原子的，但这也意味着其他不适合的事务必须被中止。此外，一些改变上下文的事件，如中断、系统调用、异常、自陷及进程上下文切换，这些事件要么中止当前 CPU 上正在执行的事务，要么由于其他执行上下文缓存印记的缘故，进一步限制事务的大小。

当然，现代 CPU 往往都有较大的缓存，许多事务需要的数据能很容易填充进 1M 的缓存里。不幸的是，对于缓存来说，纯粹的尺寸并不重要。问题是大多数缓存可被认为是由硬件实现的哈希表。而且，硬件缓存并不将冲突桶（通常被称为*缓存集*）连起来，而是给每个集合提供固定数量的缓存行。缓存内每个集合里元素的个数叫*缓存关联度*。

虽然缓存关联度是可变的，但我正在输入用的笔记本上，8 路组相连的 L0 缓存并非罕见。这意味着，如果有一个事务需要跨 9 条缓存行，并且所有的 9 条缓存行空间都映射到同一个集合，那么这个事务不可能完成，而不必理会这个缓存里还有多少 M 额外可用的空间。是的，对于任意选定的一个数据结构里的元素，该元素所在的事件被成功提交的可能性很大，但是不保证一定能提交。

已经有一些研究工作，可以减轻这种限制。全相联的 *victim 缓存*可以减少关联度的限制，但是对于 victim 缓存大小方面，当前存在严格的性能和能耗限制。也就是说，对于未修改的缓存行，HTM victim 缓存可能很小，因为他们只需要保留地址，数据本身可以写入内存或者被其他缓存做成影子缓存，而地址本身足以检测到一次写冲突[RD12]。

不受限事务内存（UTM）方案[AAKL06，MBM+06]将 DRAM 物理内存作为极大的 vitim 缓存，但是将这样的方案整合进产品级的缓存一致性机制，这仍然是一个未解决的问题。另外，将 DRAM 物理内存作为 victim 缓存会导致低性能和能耗的问题，特别是当 vitim 缓存是做成了全相联时。最后，UTM 里的“不受限”概念，是假设可以将所有物理内存作为 victim 缓存，但在实际情形里，单个 CPU 能访问的物理内存是固定大小的，这就限制了该 CPU 事务的大小。其他方案将软件和硬件事务内存相结合[KCH+06]，人们可以想到，使用 STM 作为一种 HTM 的后备机制。

但是，据我所知，当前的可用系统都没有实现上面这些说的研究方案，也许有很好的理由吧。

17.3.2.2 冲突处理

第一个复杂性是冲突的可能性。比如，假设事务 A 和 B 分别定义如下。

```
事务 A              事务 B

x = 1;              y = 2;
y = 3;              x = 4;
```

假设每个事务都在自己的处理器上并发的执行。如果有这种场景，事务 A 在将 x 赋值的同时事务 B 也给 y 赋值，两个事务都不会推进。要明白这一点，假设事务 A 给 y 赋值。于是事务 A 将会和事务 B 交叉存储，违反了事务间原子执行的规则。同理，允许事务 B 给 x 赋值也会破坏原子性规则。这种情况就定义为一个冲突，此时两个并行的事务尝试访问同一个变量，并且至少有一个事务准备给变量赋值。系统于是需要中止其中一个或者两个事务，以便继续运行。准确选择被中止的事务，这是一个有趣的主题。在这个主题方面，很可能在未来一段时间持续产出 Ph.D 论文，参见例子[ATC+11][9]。对本节的目标而言，我们假设系统选择任意一个事务并将其中止。

另外一个复杂性是冲突检测，这相对比较直接，至少在最简单的情况看来是这样。当一个处理器执行一个事务时，它将每条该事务曾经用到的缓存行都标记为属于该事务。如果这个处理器收到一个请求，该请求包含一个缓存行，而该请求行由被当前事务使用过而被标记，则一个潜在的冲突发生。更复杂的系统可能会让当前处理器的事务排序在提出请求的处理器上的事务之前，对这种处理的优化也很可能在一段时间内产出大量的 Ph.D 论文。但是本节仅讨论一个非常简单的冲突检测策略。

但是，为了让 HTM 有效运行，冲突的可能性必须被降低到足够低的程度，也就要求数据结构被有效组织以保持足够低的冲突概率。比如，一个有简单插入，删除及查找操作的红黑树，可以达到这个要求，但是保持一定元素的红黑树不满足这个要求[10]。另外一个例子，在单个事务中枚举所有元素的红黑树，很可能产生冲突，从而降低性能和扩展性。结果，许多串行程序需要重构才能保证 HTM 有效运行。在某些情况下，开发者更乐意采取额外的行动，只使用锁来完成功能（在红黑树的例子里，也许是切换到可分区的数据结构如基树或者哈希表），特别是在 HTM 在

[9] Liu 和 Spear 的题为“有毒事务”[LS11]的论文在这方面特别有启迪作用。

[10] 更新计数必要性，将导致向树中添加、以及从树中删除这两个操作相互冲突，这导致强不可交换性[AGH + 11a，AGH + 11b，McK11b]。

所有相关架构里都可用之前。

小问题 17.4：不考虑同步机制的问题，红黑树怎么能够有效枚举树中的所有元素？

此外，冲突可能发生的事实，将故障处理带入了我们的视线，这将在 17.3.2.3 节中讨论。

17.3.2.3　中止和回退

因为所有的事务都可能在任意时刻中止，因此事务内不包含不可回退的语句是很重要的。这意味着事务内不能有 I/O、系统调用或者是调试断点（对于 HTM 事务来说，调试器内是没有单步的！）。相反的，事务必须限制自身功能，仅访问正常的经过缓存的内存。另外，在某些系统里，中断、异常、自陷、TLB 缺失及其他一些事件同样会中止事务。考虑到由于错误条件的不当处理带来的大量 BUG，可以合理地问问，哪些影响中止和回退的因素，给易用性带来了影响？

小问题 17.5：为什么调试者不能通过在事务内的连续行设置断点的方式，依赖于反复单步跟踪，来回溯事务早期实例的每一步？

当然，中止和回退带来了一个问题，那就是 HTM 能否被用在硬实时系统中。HTM 带来的性能提升是否大于其中止和回退的开销，如果这样的话，是在什么条件下会这样？或者说，高优先级的事务应该优先中止那些低优先级线程吗？如果这样的话，应该如何通知其优先级？关于 HTM 实时应用的文献相当少，也许是研究者遇到了很多问题，即使在非实时的环境也不能很好运行。

因为当前 HTM 的实现可能中止一个特定事务，软件必须提供回退代码。回退代码必须用某些其他形式的同步机制，比如，锁。如果回退比较频繁，则锁的限制，包括死锁的可能性，就出现了。当然人们期望回退不要太频繁，这样就可以用比较简单和不易造成死锁的锁设计方案了。但是这带来一个问题，使用基于锁的回退机制的系统事务，应该如何回退到事务[11]。一种方法是用“多次测试-设置”规则[MT02]，这样每个线程都会一直等待直到锁被释放，这样就可以使系统从一个干净的状态启动事务。但是，这也可能带来一定数量的自旋，尤其是锁持有者阻塞或者是被抢占时，这是不明智的做法。另外一个方案允许事务和锁持有者并行运行[MT02]，但是这引起维持原子性的困难，尤其当原因是持有者锁的线程是因为相应的事务不能适应缓存时。

最后，处理中止和回退的可能性将对开发者带来额外的负担，开发者必须正确处理所有错误条件的组合。

很明显 HTM 的使用者必须做出足够多的验证努力，来测试回退代码路径，以及测试回退代码退回到事务代码的事务路径。

17.3.2.4　缺乏前向执行的保证

即使事务大小、冲突，以及中止/回退可能导致事务中止，人们还是期望足够小和执行短的事务能够最终保证成功执行。这将允许一个事务能够无条件的重试，与比较-交换（CAS）和链接加载/条件存储（LL/SC）操作一样，无条件重试来实现原子操作。

不幸的是，最近可用的 HTM 实现，不能提供任何前向执行保证，也就意味着在这些系统中，HTM 不能避免死锁[12]。期望未来 HTM 的实现，能够提供一些前向执行的保证。在此之前，HTM 都必须在实时程序中谨慎使用[13]。

---

[11] 应用程序在回退模式被卡住的可能能性，被称为“旅鼠效应”，这是由 Dave Dice 发明的名称。

[12] 应用程序在回退模式被卡住的可能能性，被称为“旅鼠效应”，这是由 Dave Dice 发明的名称。

[13] HTM 可能会被用来降低死锁的可能性，但是，只要有可能执行回退代码，就有一定的可能性发生死锁。

2013 年暗淡前景的一个例外，是即将出现的 IBM 大型机，它提供了一个单独的指令，这个指令可用于启动一个特殊的“约束事务”[JSG12]。正如你从其名字上猜测到的一样，这样的事务必须遵循如下约束。

1．每一个事务的数据印记必须包含在 4 个 32 字节的内存块中。

2．每一个事务被允许执行最多 32 条汇编指令。

3．不允许事务拥有后向分支（没有循环，等等）。

4．每一个事务代码被限制为 256 字节内存。

5．如果一个特定事务的数据印记的一部分位于一个特定 4K 页面之内，那么该 4K 页面禁止包含任何其他事务的指令。

这些约束是重量级的，但是仍然能够允许不同类型的数据结构更新操作被实现，包括堆栈、队列、哈希表等等。这些操作被保证最终能够完成，并且没有死锁及活锁条件。

看看硬件是如何随着时间的推移而解决前向保证问题，这是一件有意思的事情。

17.3.2.5 不可撤销操作

中止和回退的另外一个后果是，HTM 事务不能包含不可撤销操作。在当前 HTM 实现中，通常通过如下方法来强制满足这些约束：事务中的所有访问都在可缓存的内存中（因而禁止 MMIO 访问），以及在中断、自陷和异常时中止事务（因而禁止系统调用）。

请注意，只要缓冲填充/刷新操作在事务外，那么缓冲 I/O 就能够由 HTM 处理。这么做可行的原因是，往缓冲加数据和删除数据是可撤销的。只有实际的缓冲填充/刷新操作才是不可撤销的。当然，这种 I/O 缓冲方法带来了一些后果，包括事务中 I/O 内存印记、增加事务长度，因而也增加失败的可能性。

17.3.2.6 语义差异

虽然 HTM 在很多情况下可以被作为一个替换锁的选择（即所谓的事务锁[DHL+08]），但是也有一些语义方面的微妙差别。一个特殊讨厌的例子由 Blundel 给出[BLM06]，即当并行执行事务时，一个相互协调的、基于锁的临界区导致死锁或活锁，但一个更简单的例子是空临界区。

在一个基于锁的程序中，一个空的临界区保证所有曾经持有锁的进程释放该锁。这个方案在 2.4 内核的协议栈里，用来协调配置的改变。如果这个空临界区被转换成事务，其结果是空操作。当前临界区之前的临界区已结束，这样的保证将不再存在。换一句话说，事务锁保留了锁在数据保护这方面的语义，但是失去了锁机制的基于时间消息的语义。

小问题 17.6：但是为什么有人需要一个空的使用锁的临界区？

小问题 17.7：通过简单的选择不忽略空的基于锁的临界区，事务锁不能细致处理锁的基于时间的消息语义吗？

小问题 17.8：对于现代硬件来说[MOZ09]，人们怎样才能期望并行软件依赖于时序运行？

锁和事务之间一个重要的语义差别是，在基于锁的实时程序里，采用了优先级提升的方法来避免优先级反转。一种触发优先级反转的场景是，一个持有锁的低优先级线程，被一个中优先级、耗 CPU 资源的线程抢占。如果每个 CPU 至少有一个这样的中优先级线程，低优先级线程永远得不到调度。如果一个高优先级线程想要获取锁，将被阻塞。直到低优先级线程释放锁以后，它才能获得锁，低优先级线程如果得不到调度就不能释放锁，只有任意一个中优先级的线程释放 CPU 才会让低优先级线程得到调度。因此，中优先级线程看上去阻塞了高优先级进程，这也就是“优先级反转”这个名称的来由。

一种避免优先级反转的方法是**优先级继承**，当一个高优先级线程被一把锁阻塞时，将它的优先级暂时传递给锁持有者，这也被称为**优先级提升**。但是，除了用于避免优先级反转之外，优先级提升还可以用于其他方面，如图 17.12 所示。第 1 至 12 行表示的是一个低优先级的进程需要 1ms 运行一次，第 14 至 24 行表示的是一个高优先级的进程用优先级提升策略来确保 boostee 函数根据所需的定期运行。

```
1 void boostee(void)
2 {
3   int i = 0;
4
5   acquire_lock(&boost_lock[i]);
6   for (;;) {
7     acquire_lock(&boost_lock[!i]);
8     release_lock(&boost_lock[i]);
9     i = i ^ 1;
10    do_something();
11  }
12 }
13
14 void booster(void)
15 {
16  int i = 0;
17
18  for (;;) {
19  usleep(1000); /* 睡眠 1 ms */
20  acquire_lock(&boost_lock[i]);
21  release_lock(&boost_lock[i]);
22  i = i ^ 1;
23  }
24 }
```

图 17.12　应用优先级提升

bootstee()函数通过总是持有两个 boost_lock[]锁中其中一个锁的办法，来实现这一点。这样第 20 至 21 行的 booster()函数，在必要的情况下就可以执行优先级提升。

小问题 17.9：但是图 17.2 中的 boostee()函数交替获得两个锁中的某一个锁，这不会引起死锁吗？

这种方案要求 boostee()函数在系统变忙之前，通过第 5 行先获取到第一把锁，即使在现代硬件上也要求这样。

但是，当忽略空事务锁这种情况存在时，这种方案就行不通了。boostee()函数的临界区会成为一个无限长的事务，可能会或早或晚中止，比如，线程第一次执行 boostee()函数的时候，就被抢占。这样的话，boostee()会回退到锁，但是由于它的低优先级，以及初始化周期现在已经结束（最终 boostee()被抢占）的原因，这个线程将永远没有机会得到运行。

并且，如果 boostee()线程没有获取到锁，那么 booster()线程在图 17.2 第 20 至 21 行的空临界区就变成一个空的事务，这样它就不会产生什么效果，于是 boostee()永远都不会运行。这个例子演示了事务内存的回退-重试语义方面的一些微妙的后果。

经验很可能会发现一些额外的、微妙的语义差别，基于 HTM 锁机制的大型程序需要小心编写。

17.3.2.7 总结

尽管看起来 HTM 有引人注目的使用案例，当前的实现有严重的类似于事务大小限制、冲突处理的复杂度、中止-回退问题、需要小心处理的语义差别等问题。HTM 与锁的当前状态归纳如表格 17.1。正如所见那样，虽然 HTM 的当前状态缓解了锁的很多严重缺点[14]，但它是通过引入了大量缺点来实现的。这些缺点已经被 TM 社区的领导所认可[MS12][15]。

表 17.1 比较锁与 HTM（+表示优势，-表示劣势，⇓表示明显的劣势）

	锁		硬件事务内存	
基本思想	在某个时刻仅仅允许一个线程访问特定对象集合		使基于特定对象集合的操作原子性的执行	
范围	+	处理所有操作	+	处理可撤销操作
			-	不可撤销操作强制回退（通常需要锁定）
可组合性	⇓	由死锁所限制	⇓	由不可撤销操作、事务大小及死锁（假设基于锁的回退）所限制
扩展性&性能	-	数据必须被分区以避免竞争	-	数据必须被分区以避免冲突
	⇓ ⇓	分区通常必须在设计时固定	+	动态调整分区，自动降至缓存边界
			-	由于回退的分区需求（对较少的回退来说不是很重要）
	⇓	锁原语通常导致高昂的缓存缺失及内存屏障指令开销	-	事务开始/结束指令通常不会导致缓存缺失，但是有内存序的后果
	+	竞争影响主要集中在获取和释放，因此临界区可以全速运行	-	竞争将冲突的事务中止，即使它们已经运行了很长时间
	+	私有操作是简单、直观、高性能、可扩展的	-	私有数据会增加事务长度
硬件支持	+	商业硬件很多	-	新硬件需求（开始变得可用了）
	+	性能对缓存几何不敏感	-	性能主要依赖于缓存几何
软件支持	+	现有 APIs，大量代码和经验，调试操作自然	-	新兴 API，在 DBMS 之外没有什么经验，使用到新领域可能会有问题
与其他机制交互	+	长期的成功互动	⇓	刚刚开始探索互动
实用应用程序	+	YES	+	YES
广泛适用性	+	YES	-	绿叶仍然会出局，但是很有可能会得到大量使用

表 17.2 比较锁（由 RCU 及冒险指针进行增强）与 HTM（+表示优势，-表示劣势，⇓表示明显的劣势）

	带 RCU 及冒险指针的锁		硬件事务内存	
基本思想	在某个时刻仅仅允许一个线程访问特定对象集合		使基于特定对象集合的操作原子性的执行	
范围	+	处理所有操作	+	处理可撤销操作
			-	不可撤销操作强制回退（通常需要锁定）

[14]公平地说，强调一下如下事实是重要的，锁的缺点确实有广为人知的、大量使用的工程解决方案，包括死锁检测器[Cor06a]、大量与锁相适应的数据结构，以及对它们长期的改进。这正如第 17.3.3 节讨论的那样。另外，如果真的像快速浏览学术论文可能导致我们所相信的那样，锁定真的很可怕，所有基于锁的大型并行程序（包括 FOSS 和私有软件）又来自何处？

[15]此外，在 2011 年初，我被邀请对事务内存底层的某些假设提出批评[McK11d]。听众出人意料地是非敌对的，也许这对我来说是容易出现的状况，因为我在发表演讲的时候，存在严重的时差反应。

续表

		带 RCU 及冒险指针的锁		硬件事务内存
可组合性	+	读者仅仅受限于优雅周期等待操作	⇓	由不可撤销操作、事务大小及死锁（假设基于锁的回退）所限制
	–	更新者受限于死锁，读者减少死锁		
	–	数据必须可分区以避免更新者之间的竞争	–	数据必须被分区以避免冲突
	+	对读者来分区不是必须的		
	–	更新者的分区通常必须在设计时固定	+	动态调整分区，自动降至缓存边界
	+	对读者来分区不是必须的	–	由于回退的分区需求（对较少的回退来说不是很重要）
	⇓	更新者锁原语通常导致高昂的缓存缺失及内存屏障指令开销	–	事务开始/结束指令通常不会导致缓存缺失，但是有内存序的后果
	+	更新者竞争影响主要集中在获取和释放，因此临界区可以全速运行	–	竞争将冲突的事务中止，即使它们已经运行了很长时间
	+	读者不与更新者或者其他读者相竞争		
	+	读端原语通常不用等待，开销小（对冒险指针来说是无锁的）	–	只读事务也会冲突及回退，除了回退代码提供的前向保证外，没有其他前向保证
	+	当数据仅仅对更新者可见时，私有操作是简单、直观、高性能及可扩展的	–	私有数据会增加事务长度
	–	对读端数据来说，私有操作开销大（虽然仍然直观、可扩展）		
	+	商业硬件很多	–	新硬件需求（开始变得可用了）
	+	性能对缓存几何不敏感	–	性能主要依赖于缓存几何
	+	现有 APIs，大量代码和经验，调试操作自然	⇓	新兴 API，在 DBMS 之外没有什么经验，使用到新领域可能会有问题
	+	长期的成功互动	+	刚刚开始探索互动
	+	YES	–	YES
	+	YES		绿叶仍然会出局，但是很有可能会得到大量使用

另外，这还不是故事的全部。锁本身并不单独使用，而通常是和其他同步机制一起配合使用，如引用计数、原子操作、非阻塞数据结构、冒险指针[Mic04，HLM02]，以及 RCU[MS98a，MAK+01，HMBW07，McK12b]。17.3.3 节将看看这些增强措施对事情有何改变。

17.3.3　HTM 与增强后的锁机制相比的劣势

业界长期以来就已经使用引用计数、原子操作、非阻塞数据结构、冒险指针，以及 RCU 来避免锁的某些缺点。比如，通过使用引用计数、冒险指针或者 RCU 来保护数据结构，特别是只读临界区[Mic04，HLM02，DMS+12，GMTW08，HMBW07]，很多情况下死锁可以被避免。这些方案也减少了分区数据结构的要求。RCU 更进一步提供了无竞争无等待的读原语[DMS+12]。将这些优势加到表 17.1 中，得到更新后的锁与 HTM 的对比，见表 17.2。这两个表的主要差别如下。

1. 采用非阻塞的读机制可以减轻死锁问题。

2. 冒险指针和 RCU 这样的读机制可以在不分区数据结构上有效运行。

3. 冒险指针和 RCU 不会互相竞争，也不会和写者竞争，因此对于只读区的操作，在性能和扩展性方面，也是极好的。

4. 冒险指针和 RCU 提供前向执行保证（相应的，它们是无锁和无等待的）。

5. 冒险指针和 RCU 的内部操作很快。

当然，HTM 也可能被加强，这将在 17.3.4 节讨论。

17.3.4 HTM 最适合的场合

虽然要达到图 9.34 RCU 那样广阔的应用范围，HTM 还需要一些时日，但我们没有理由不朝那个方向努力。

HTM 最适合的地方，看起来是一些有着频繁写操作的工作负载，这些负载涉及那些大型多处理器系统上的大型内存数据结构，其修改操作针对其上的小段区域。因为这样正好满足了当前 HTM 实现里，对长度的限制，同时又将其冲突可能性最小化，也将随之带来的中止和回退最小化。这个场景其实对当前的其他同步机制来说也是比较难处理的。

将锁与 HTM 一起配合使用，看起来很可能会克服 HTM 不可撤销操作的困难，而 RCU 或者冒险指针的使用减轻了 HTM 对于只读区间长度的限制，而这种只读区间一般都针对大型数据结构区间。当前 HTM 的实现无条件中止一个与 RCU、冒险指针读冲突的事务，不过也许未来 HTM 的实现会与上述同步机制结合得更自然[16]。同时，写操作与一个大型 RCU 或者冒险指针读临界区冲突的可能性，将远小于与一个只读事务的冲突可能性。而且，一组源源不断的 RCU、冒险指针读者将可能使写者饥饿，因为读者与写者之间有一系列的冲突。通过在事务之前，对要加载的内存位置进行额外的读取，这个漏洞将能够被避免（也许存在显著的硬件成本和复杂性）。

HTM 事务在某些情况必须回退的事实，使得 HTM 需要考虑数据结构的静态划分。如果未来的 HTM 实现能够提供前向执行的保证，那么这个限制就能解除，某些情况下也就不需要回退代码了，当然相应的，HTM 就能在高冲突环境下有效地发挥作用。

长话短说，虽然 HTM 很可能有重要的用途和应用，但它不过是并行编程人员工具箱里的另一个工具，而不能替代整个工具箱。

17.3.5 潜在的搅局者

搅局者需要大大提升如下 HTM 需求。

1. 前向执行的保证。

2. 增加事务大小。

3. 调试功能的改进。

4. 弱原子性。

这将在以下章节中详细解释。

---

[16] 具有讽刺意味的是，严格的事务机制出现在共享内存的系统中，这大约在 NoSQL 数据库放宽对传统数据库应用在苛刻的事务时间方面的依赖时出现。

17.3.5.1 前向执行保证

正如我们在 17.3.2.4 节讨论的那样，当前 HTM 的实现缺乏前向执行的保证，因此需要可用的软件回退来处理 HTM 的失败。当然，说起来容易做起来难。在 HTM 这种情形里，前向执行的障碍主要包括：缓存大小和相联性，TLB 大小和相联性，事务时长，中断频率，以及调度器实现。

17.3.2.1 节已经讨论过缓存大小和相联性，以及一些试图解决当前限制问题的研究。但是，HTM 的前向执行保证解决方法，随之而来的是事务大小限制，虽然在将来某一天大小限制会解决，但是目前还不行。所以，为什么不让当前 HTM 的实现通过小的事务来实现前向执行保证，比如，将其限制到缓存相关性？一个潜在的原因，可能是因为需要处理硬件错误。比如，可以通过停用故障单元的方式，来处理发生错误的缓存 SRAM 单元，这会减少缓存相关性，因而也相应减小了保证前向执行的事务最大长度。鉴于这只会简单的降低前向执行保证的事务长度，似乎其他原因在起作用。如果人们被告知在软件上实现前向执行保证是相当困难的，那么也许在产品级硬件上提供前向执行保证，比人们想象的更困难。毕竟将一个软件问题通过硬件来解决更不容易。

对于一个物理地址标记、物理地址索引的缓存，仅仅将事务放到缓存里还是不够的。其地址转换也必须适合 TLB。于是任何前向保证机制必须考虑 TLB 大小和关联度影响。

对于当前 HTM 实现中的中断、自陷、异常会中止事务这个事实，特定事务执行时间小于预期中断间隔，这是必须的。不管一个特定事务关联的数据量有多小，如果它执行时间太长，也会被中止。因此，任何前向执行保证不但必须以事务大小为前提条件，也必须以执行周期为前提条件。

前向执行保证机制严重依赖于某种仲裁机制，即决定到底是中止哪个事务。人们很容易想到这种场景，假设有一个无止境的事务序列，每一个都仅仅终止前一个事务，它自己仅仅被后面的事务所中止，这样没有一个事件会真正被提交。冲突处理的复杂性已经被大量曾经提出的 HTM 冲突解决策略所证明[ATC+11，LS11]。事务外访问带来了更多的复杂度，如 Blundell 所描述[BLM06]。很容易就把这种复杂性归罪与事务外访问，但是通过把每个事务外访问，改为单事务内访问，人们会发现这种归罪是没有道理的。问题的根源在于访问的方式，而不在于他们是否位于事务内。

最后，事务的前向执行保证也依赖于调度器，后者必须保证作为事务载体的线程得到足够的时间来运行。

因此，对于 HTM 供应商来说，要提供前向执行保证有相当大的困难。但是，任何解决这问题的措施，其影响会非常巨大。那将意味着，HTM 事务不再需要软件回退，也就意味着 HTM 最终将实现 TM 所承诺的死锁消除。

截至 2012 年底，IBM 大型机宣布了一个 HTM 实现，它包含了通常尽力而为的 HTM 实现[JSG12]之外的约束事务。约束事务开始于 `tbeginc` 指令而不是 `tbegin` 指令，这条指令用于尽力而为的事务。约束事务被保证总是会完成（最终完成），因此，如果事务被中止了，硬件不是转向回退路径（这是尽力而为事务所做的），而是重启位于 `tbeginc` 指令处的事务。

大型机架构需要采取严格的措施来实现这种前向执行保证。如果一个特定约束事务反复失败，CPU 就可能会禁止分支预测，强制按序执行，甚至禁止流水线。如果反复失败是由于冲突太多导致，那么 CPU 可能禁用推测预取，引入随机延迟，甚至将冲突 CPU 串行执行。“有趣的”前向执行情形涉及至少两个，多达上百个 CPU。这些极端的措施也许提供了一些视角，来考察为什么其他 CPU 至今仍然避免提供约束事务。

顾名思义，约束事务实际上受到严格约束。

1．最大数据印记是 4 块内存，每块不超过 32 字节。

2．最大的代码印记是 256 字节。

3．如果一个特定的 4K 页面包含一个约束事务代码，那么该页不能包含该事务的数据。

4．可被执行的最大汇编指令数量是 32。

5．后向分支是被禁止的。

然而，这些约束支持大量数据结构，包括链表、堆栈、队列及数组。因此约束事务看起来极有可能成为并行开发者工具箱中的重要工具。

17.3.5.2 增加事务大小

前向执行保证很重要，但正如我们所见，事务大小和时长是前向执行的基础。很重要的一点是，就算是尺寸很小的前向保证，也很有用。比如，两个缓存行长度的保证对栈、入队或者出队是足够的。但是，更大的数据结构需要更大的保证，比如，按序遍历一棵树需要树节点个数的保证。

因此，增加长度的保证也增加了 HTM 的用途，因而要求 CPU 要么提供该功能，要么提供足够好的变通方案。

17.3.5.3 改进调试支持

影响事务尺寸的另外一个因素是调试事务的需求。当前实现的问题是，单步异常会中止所属的事务。对该问题有大量的变通方案，包括模拟处理器（慢!），用 STM 来替换 HTM（慢而且语义有点差别），采用重复尝试来模拟前向执行的回放技术（奇怪的错误模型!），调试 HTM 的全面支持（复杂!）。

如果一个HTM生产商提供一个HTM系统，这种系统允许在事务中直接使用经典的调试技术，包括断点，单步及打印语句，这将使 HTM 更有吸引力。一些事务内存研究者在 2013 年开始注意这个问题，至少有一个涉及硬件相关调试手段的建议[GKP13]。当然，这个建议依赖于容易获得可用的硬件。

17.3.5.4 弱原子性

既然 HTM 在可预见的未来很可能会遇到一些尺寸的限制，因此 HTM 很有必要与其他机制无缝结合。如果事务外的读取，不会无条件中止与其写冲突的事务，相反，读操作简单的由事务前的值所提供，那么将会改进 HTM 与类似于冒险指针和 RCU 这样的只读机制的互操作性。以这种方式，冒险指针和 RCU 能被用于允许 HTM 处理更大的数据结构以减小冲突概率。

然而并不是如此简单。最直接的实现方式需要在每条缓存行和总线上添加一个额外的状态，这个额外的代价还是很可观。增加这个代价带来的好处是允许大内存印记的读者，而产生写者饿死的风险，这些风险是由于连续冲突产生的。

17.3.6 结论

虽然当前 HTM 实现看起来准备提供实在的好处，但是也有其显著的缺点。最显著的缺点是事务大小受限，冲突处理的要求，中止及回退的要求，缺乏前向执行保证，不允许处理不可撤销操作，以及与锁之间的微妙语义差别。

其中一些缺点可能会在未来的实现中减轻，但是看起来仍然强烈需要使 HTM 与其他很多类型的同步机制一起配合，正如较早前所述那样[MMW07，MMTW10]。

简而言之，当前 HTM 实现看起来是并行开发者工具箱中受欢迎、有用的补充，并且很多有趣的、有挑战性的工作需要使用它们。但是，它们不能被认为就是魔术棒，能解决所有并行编程问题。

17.4 并行函数式编程

当我在 20 世纪 80 年代初期开始第一个函数式编程课程时，教授声称无副作用的函数式编程风格非常适合琐碎的并行化和分析。三十多年过去了，这个说法仍然存在，但是使用并行函数语言的主流产品很少，可能是来自于教授的其他说法导致的，程序既不应当维护状态，也不应当进行 I/O。有一些函数式语言的良好运用，例如 Elang，并且多线程支持已经被加入到几种其他函数式语言，但是主流产品用法仍然继续提供过程语言，如 C，C++，Java 和 Fortran（通常与 OpenMP、MPI 一起增强，或者，在 Fortran 的情况下，与 coarray 进行增强）。

这种情况很自然的带来了如下问题，如果分析是目标，那么在进行分析之前，为什么不将过程语言转换为函数式语言？当然有一些反对这个方法的声音，在此列出三个。

1．过程语言通常大量使用全局变量，可以被不同函数单独的修改，或者更糟糕的是，被多个线程修改。注意 Haskell 的 *monads* 意图处理单线程化的全局状态，对多线程化的全局状态访问，需要对函数式模式进行额外的暴力处理。

2．多线程化的过程语言通常使用像锁、原子操作、事务这样的同步原语，这要求函数式模式增加了更多的暴力处理。

3．过程语言可以将函数参数别名化，例如，通过两个不同参数将指向相同数据指针传到特定函数的同一个调用。这可能导致函数不知不觉间通过两个不同代码序列（并且有可能重叠）修改该结构，这极大增加了分析难度。

另一种方法是将并行过程语言编译为函数式程序，使用函数式程序工具来分析其结果。但是有可能做得比它更好，因为任何真实的计算是一个大的有限状态机，它有有限的输入，并且运行一段有限的时间周期。这意味着任何真实的程序可以被转换为一个表达式，这个表达式会大得不切合实际[DHK12]。

但是，将大量并行算法的底层核心转换为表达式，会小到足以轻易地将其放入现代计算机内存。如果这样的表达式与断言进行组合，检查断言是否发生，就变成了可满足性问题。即使可满足性问题是 NP 完成的，与生成完整状态空间的需求相比，它们通常可以在更少的时间内被解决。另外，求解时间似乎与底层内存模型无关，因此运行在弱序系统上的算法可以像运行在顺序一致性系统中那样快速检查[AKT13]。

一个可能的反对声音是，它不能优雅的处理循环结构。但是，在很多情况下，这可能通过将循环展开一定次数来解决。而且，可以证明，某些循环能够通过归纳的方法被消除。

另一种可能的反对声音是，自旋锁包含任意长度的循环，任何有限次数的展开将不能捕获自旋锁的完整行为。事实证明这个反对声音可以被很容易地说服。与模仿完整的自旋锁不同，模仿试图获得一个锁的 trylock，但是在它不能立即获得的时候中止它。必须小心设置断言，在自旋锁由于不能被立即获得而中止的情况下，避免触发锁。由于逻辑表达式是独立于时间的，于是所有可能的并发行为将通过这种方法被捕获。

最后一种反对声音是，这种技术不太可能用于处理大尺寸的软件，如构成 Linux 内核的数百万行代码。这种情况确实是实在的，但是事实是，对每一个小得多的并行原语进行详尽验证，是非常有价值的。实际上研究者已经带头将这种方法应用到非实验性质的真实代码中，包括 Linux 内核中的 RCU 实现（尽管是 RCU 一个不太重要的属性）。

这种技术仍然被大范围的应用，但它是形式验证领域更有意思的革新之一，并且它比用函数式形式编写所有程序的传统建议更易被接受。

附录 A

重要问题

随后的章节讨论一些与 SMP 编程相关的重要问题。每一节也展示了如何避免那些必须小心处理的一致性问题。如果你的目标是使 SMP 代码尽可能既快又好地运行，那么这一点尤其重要。顺便说一下，这是一个很不错的目标！

虽然，与单线程相比，这些问题的答案从直观感觉上来说有点不一样，但是稍稍费点神，它们也不难理解。如果你想设法解决递归问题，那么这里不会提供任何有用的帮助，那是另一个挑战性问题。

A.1 “After”的含义是什么

“After”是一个直观的，但是非常难于理解的概念。一个重要的非直观的问题是：代码可能在任何地方，被延迟任意长的时间。我们考虑一个生产者和消费者线程，它们使用一个全局结构进行通信，这个全局结构包含一个时间戳“t”和整型字段“a”、“b”、“c”。生产者循环记录当前时间（以十进制表示的，自 1970 年以来的秒数），然后更新“a”、“b”、“c”的值。如图 A.1 所示。消费者代码循环也记录当前时间，但是它也在复制生产者的“a”、“b”、“c”字段时，复制生产者的时间戳，如图 A.2 所示。运行结束时，消费者输出一个异常的记录列表，时间看起来在倒退。

```
1 /* 警告：有 BUG 的代码 */
2 void *producer(void *ignored)
3 {
4   int i = 0;
5
6   producer_ready = 1;
7   while (!goflag)
8       sched_yield();
9   while (goflag) {
10      ss.t = dgettimeofday();
11      ss.a = ss.c + 1;
12      ss.b = ss.a + 1;
13      ss.c = ss.b + 1;
14      i++;
```

```
15   }
16   printf("producer exiting: %d samples\n", i);
17   producer_done = 1;
18   return (NULL);
19 }
```

图 A.1 “After”生产者函数

```
1 /* 警告: 有 BUG 的代码 */
2 void *consumer(void *ignored)
3 {
4   struct snapshot_consumer curssc;
5   int i = 0;
6   int j = 0;
7
8   consumer_ready = 1;
9   while (ss.t == 0.0) {
10  sched_yield();
11  }
12  while (goflag) {
13    curssc.tc = dgettimeofday();
14    curssc.t = ss.t;
15    curssc.a = ss.a;
16    curssc.b = ss.b;
17    curssc.c = ss.c;
18    curssc.sequence = curseq;
19    curssc.iserror = 0;
20    if ((curssc.t > curssc.tc) ||
21         modgreater(ssc[i].a, curssc.a) ||
22         modgreater(ssc[i].b, curssc.b) ||
23         modgreater(ssc[i].c, curssc.c) ||
24         modgreater(curssc.a, ssc[i].a + maxdelta) ||
25         modgreater(curssc.b, ssc[i].b + maxdelta) ||
26         modgreater(curssc.c, ssc[i].c + maxdelta)) {
27     i++;
28     curssc.iserror = 1;
29    } else if (ssc[i].iserror)
30     i++;
31    ssc[i] = curssc;
32    curseq++;
33    if (i + 1 >= NSNAPS)
34     break;
35    }
36  printf("consumer exited, collected %d items of %d\n",
37     i, curseq);
38    if (ssc[0].iserror)
39     printf("0/%d: %.6f %.6f (%.3f) %d %d %d\n",
40         ssc[0].sequence, ssc[j].t, ssc[j].tc,
41         (ssc[j].tc - ssc[j].t) * 1000000,
42         ssc[j].a, ssc[j].b, ssc[j].c);
43    for (j = 0; j <= i; j++)
44    if (ssc[j].iserror)
45         printf("%d: %.6f (%.3f) %d %d %d\n",
```

```
46              ssc[j].sequence,
47              ssc[j].t, (ssc[j].tc - ssc[j].t) * 1000000,
48              ssc[j].a - ssc[j - 1].a,
49              ssc[j].b - ssc[j - 1].b,
50              ssc[j].c - ssc[j - 1].c);
51  consumer_done = 1;
52 }
```

图 A.2 “After”消费者函数

小问题 A.1：在这些例子中，你能发现哪些 SMP 编码错误？完整的代码请参见 `time.c`。

直观上，我们可能会预期，生产者和消费者之间的时间戳差异应该非常小。因为生产者记录时间戳和其他值用不了多少时间。在一个双核 1GHZ x86 机器上的采样输出摘要如表 A.1。在这里，“seq”列是循环次数，“time”列是异常时间（以秒为单位），“delta”列是消费者的时间戳晚于生产者的时间戳的时间（负值表示消费者采集到的时间早于生产者的时间）。“a”，“b”，“c”列显示消费者读取到的值与前一次读到的值之间的变化。

表 A.1 “After”示例输出结果

seq	time (seconds)	delta	a	b	c
17563:	1152396.251585	(-16.928)	27	27	27
18004:	1152396.252581	(-12.875)	24	24	24
18163:	1152396.252955	(-19.073)	18	18	18
18765:	1152396.254449	(-148.773)	216	216	216
19863:	1152396.□56960	(-6.914)	18	18	18
21644:	1152396.260959	(-5.960)	18	18	18
23408:	1152396.264957	(-20.027)	15	15	15

为什么时间会倒退呢？括号中的值是以微秒为单位的差异值。大的值超过了 10ms。有一个竟然超过了 100μs！请注意，在这段时间内，CPU 可能执行超过 100,000 条指令！

可能的原因由以下如下事件序列给出。

1. 消费者获取时间戳（图 A.2，第 13 行）。
2. 消费者被抢占。
3. 经过任意长的时间。
4. 生产者获取时间戳（图 A.1，第 10 行）。
5. 消费者重新开始运行，并读取生产者的时间戳（图 A.2，第 14 行）。

在这种情况下，生产者的时间戳可能晚于消费者的时间戳任意长的一段时间。

如何在 SMP 代码中免于“after”含义的折磨？简单使用已经设计好的 SMP 原语就可以了。

在本例中，最简单的修复办法是使用锁。例如，在生产者代码中，在图 A.1 第 10 行前获得一个锁。并且，在消费者代码中，在图 A.2 第 13 行前获得一个锁。这个锁也必须在图 A.1 第 13 行，以及在图 A.2 第 17 行之后释放。这些锁导致图 A.1 第 10 至 13 行及图 A.2 第 13 至 17 行的代码段*互斥*。换句话说，它们相互之间原子的执行。如图 A.3 所示，锁防止代码框中的代码段在同一时刻交叉执行，因此消费者的时间戳必然在前一个生产者的时间戳之后被获得。其中每一个代码框中的代码段被称为“临界段”。在同一时刻，只能有一个这样的临界段能够执行。

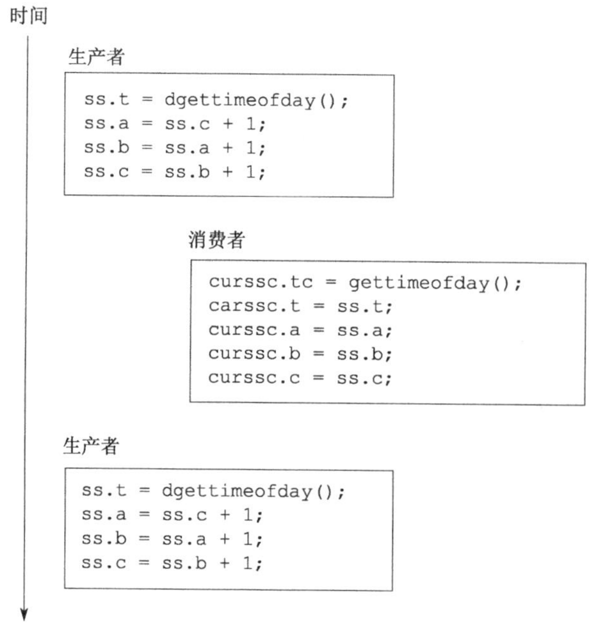

时间

生产者

```
ss.t = dgettimeofday();
ss.a = ss.c + 1;
ss.b = ss.a + 1;
ss.c = ss.b + 1;
```

消费者

```
curssc.tc = gettimeofday();
carssc.t = ss.t;
curssc.a = ss.a;
curssc.b = ss.b;
curssc.c = ss.c;
```

生产者

```
ss.t = dgettimeofday();
ss.a = ss.c + 1;
ss.b = ss.a + 1;
ss.c = ss.b + 1;
```

图 A.3　在快照收集时使用锁的效果

额外的锁导致输出结果如下表 A.2。这里再没有时间倒退的情况发生。相应的，仅仅有这样的情况发生，消费者两次读到的计数差值超过了 1 000。

表 A.2　加锁后的“After”示例输出结果

seq	time (seconds)	delta	a	b	c
58597:	1156521.556296	(3.815)	1485	1485	1485
403927:	1156523.446636	(2.146)	2583	2583	2583

小问题 A.2：在连续的消费者读之间，为什么有那么大的间隙？完整代码请参见 `timelocked.c`。

简而言之，如果你申请一个互斥锁，你显然知道在持有锁期间所发生的任何事情，都将发生在前一个锁持有者所做事情之后。不用考虑哪个 CPU 是否执行过或者没有执行过内存屏障，也不用考虑 CPU 或者编译器乱序操作——一切都很简单。当然，事实上锁操作防止了这两段代码并发运行，这会限制这段程序在多核上获得性能方面方面的提升，可能导致“安全但是慢”这种结果。第 6 章描述了在多种情况下获得性能和可扩展性的方法。

但是，在很多情况下，如果你发现自己关注在一个特定的代码段之前或者之后将会发生什么的话，应当提醒自己，最好是使用标准的同步原语。让这些原语处理你担心的事情吧。

A.2　“并发”和“并行”之间的差异是什么

从经典计算的角度来看，“并发”和“并行”明显是同义词。但是，这并没有阻止很多人将其进行区分，并且结果是这些区别可以从几个不同的角度进行理解。

第一个角度，将“并行”视为“数据并行”的简称，并将“并发”视为其他所有一切的事务。从这个角度来说，在并行计算中，整个问题的每一分区都可以完全独立的处理，而不会与其他分区进行通信。在这种情况下，只需要与其他部分进行很少的协调，甚至不进行协调。相对的，并发计算可能需要紧密的、以竞争锁、事务或者其他同步机制形式的相互依赖性。

小问题 A.3：假如程序的一部分使用 RCU 读端原语作为它唯一的同步机制，这算是并行或者并发吗？

这当然提出了问题，为什么这样的区分比较重要，它带给我们第二个角度，这关乎底层调度器。调度器具有广泛的复杂性和能力，根据粗略的经验法则，越紧密、越不规则的并行进程间通信，就越需要来自于调度器方面更高的复杂性。并行程序避免相互依赖性意味着并行计算程序能在最不具备能力的调度器上面运行良好。事实上，纯粹的并行计算程序可以被任意的分割并交叉存取之后，在单处理器上成功运行。相对的，并发计算程序则极其微妙的需要调度器方面的配合。

一个可能引起争议的说法是，我们应当简单的要求调度器给出一个合理水平的能力，这样我们就能简单的忽略介于并行和并发之间的区别了。虽然这通常是一个好的策略，但是有一些重要的情形不允许这么做，在这些情况中，效率、性能及可扩展性方面的需求，严重限制了调度器可以合理提供的能力水平。一个重要的例子是：当调度器由硬件实现时，这种情况下硬件通常是 SIMD 单元或者 GPU。另一个例子是当工作单元的负载非常小的时候，此时即使是基于软件的调度器也必须在精细和效率这两方面进行艰难的选择。

这样，第二个角度可以被认为是使工作负载与可用的调度器相匹配，并行工作负载能在简单的调度器上运行，而并发工作负载需要更复杂的调度器。

不幸的是，这个角度并不与第一个角度提出的基于依赖性的区分相一致。例如，一个高度相互依赖的、基于锁的、每个 CPU 一个线程的工作负载，可以与简单的调度器一起运行，因为不需要调度器决策。实际上，这种类型的某些负载甚至可以在机器上一个接一个顺序执行。因此，这样的工作负载可以站在第一个角度上，为其打上“并发”的标签，而很多情况下，可以站在第二个角度，为其打上“并行”的标签。

小问题 A.4：基于第二个（基于调度器）角度的哪一部分，哪些基于锁的单线程每 CPU 工作负载可以被认为是“并发”的？

这种区分仅仅可以认为还行。没有人类规定的规则对客观现实承担任何重要责任，包括将多处理器程序划分为“并发”和“并行”这样的分类。

这种分类失败并不意味着这样的规则无用，而是说，当你试图将它们应用到新的情形时，应当采取适当怀疑的心态。一如既往的，当能够应用这些规则时，就使用它们，否则就忽略它们。

实际上，对于并行软件来说，除了并发、map-reduce、基于任务等之外，很可能会出现新的分类。其中一些能经受时间的考验，但是一切靠运气！

A.3 现在是什么时间

在多核系统中，一个与计时相关的关键问题如图 A.4 所示。其中一个麻烦是：读取时间本身是需要时间的。一条指令可能从硬件时钟去读取时间，它也可能必须在核外（更糟糕的是，可能在 Socket 外）完成这个读操作。也有可能必须要基于读出的值进行一些计算。例如，将它转换为目标格式、进行网络时间协议（NTP）调整，及其他一些计算。那么，最终返回的时间是对应于这个时间周期的开始处，还是结束点，或者介于二者之间？

图 A.4 现在是什么时间

更糟的是，读取时间的线程可能被中断或被抢占。而且，在读出时间到实际使用所读时间之间，很可能有一些计算工作。这两种可能性都会进一步加大不确定的时间间隔。

一种办法是两次读取时间，并取两次所读取值的算术平均值。也许操作的每一侧都被打上时间戳。两次读取值的差异则是介入操作引起的时间不确定性度量值。

当然，在很多情况下，精确的时间不是必需的。例如，当我们为人类用户的利益打印时间时，我们可以依赖于缓慢的人类反应时间，使得内部硬件与软件延迟无关紧要。类似的，当服务器需要对客户端的应答加上时间戳时，任何介于接收到请求与发送响应报文之间的时间都是可以的。

附录 B 同步原语

除了最简单的并行程序外，其他所有并行程序都需要同步原语。这个附录给出一个基于 Linux 内核的同步原语集合的快速概要。

为什么是 Linux？因为它是一份著名的、最大的、容易获得的可用并行代码。我们坚信：读代码是比写代码（以及其他任何方法）更重要的学习方法，因此，通过使用类似于 Linux 内核真实代码这样的方法，能够让你使用 Linux，在本书的基础上更进一步学习并行编程。

为什么使用宽松的，而不是严格的 Linux API？首先，Linux API 会随着时间而变化，因此尝试完全跟踪它，将很可能会让相关的人彻底失望。其次，很多 Linux 内核 API 函数专门用于产品化的操作系统内核。这引入了一些复杂性。虽然这种复杂性对于 Linux 内核自身来说是绝对必要的，但是对我们希望将其用于展示 SMP 及实时设计原理及实际的业余编程来说，其产生的困扰比价值更多。例如，像内存耗尽这样的、适当的错误检查在 Linux 内核中是必要的，但是在业余程序中，简单的 `abort()`程序、纠正错误及直接返回，都是完全可接受的。

最后，在这些 API 和绝大部分产品级 API 之间，实现一个实验性的映射层，这应当是有可能的。一个基于 pthread 的实现是可用的（`CodeSamples/api-pthreads/api-pthreads.h`），并且并不难于创建一个 Linux 内核模块 API。

小问题 B.1：请给出一个并行编程的例子，它能够不用同步原语进行编写。

以下章节描述常用的同步原语类别。

B.1 节包含组织/初始化原语；B.2 节描述线程创建、销毁及控制原语；B.3 节描述锁原语；B.4 节描述每线程及每 CPU 变量原语；B.5 节给出了不同原语的性能对比概要。

B.1 组织和初始化

B.1.1 smp_init()

在调用任何其他原语前，你必须先调用 `smp_init()`。

B.2 线程创建、销毁及控制

这些 API 关注“线程”，属于控制轨迹[1]。每一个这样的线程拥有一个类型为 thread_id_t 的标识符。并且，在同一时刻，不会存在两个同时运行的线程拥有相同的标识符。这些线程共享所有内容，但是不共享每线程本地状态[2]，包含 PC 指针及堆栈。

线程 API 如图 B.1 所示，其成员将在随后的章节中介绍。

```
int smp_thread_id(void)
thread_id_t create_thread(void *(*func)(void *), void *arg)
for_each_thread(t)
for_each_running_thread(t)
void *wait_thread(thread_id_t tid)
void wait_all_threads(void)
```

图 B.1 线程 API

B.2.1 create_thread()

create_thread()原语创建一个新线程，由 create_thread()的第一个参数指定的 func 函数开始线程的执行，传递给它的参数由 create_thread()的第二个参数所指定。当由 func 指定的开始函数返回时，新创建的线程将中止。create_thread()原语返回被创建的子线程对应的 thread_id_t。

当超过 NR_THREADS 个线程被创建时，这个原语将中止程序。NR_THREADS 是一个编译时常量，并且可以被修改。不过，某些系统存在可允许的线程数量上限。

B.2.2 smp_thread_id()

由于 create_thread() 返回的 thread_id_t 是系统相关的， smp_thread_id() 原语返回与执行此请求的线程相关的索引号。这个索引号保证小于自程序启动时，系统中已经存在过的最大线程数量。因此可用于位图、数组索引及类似的地方。

B.2.3 for_each_thread()

for_each_thread() 宏遍历所有存在的线程，包含所有已经创建，但是将要退出的线程。这个宏对处理每线程变量来说是有用的，每线程变量将在 B.4 节中看到。

B.2.4 for_each_running_thread()

for_each_running_thread()宏仅仅遍历当前存在的线程。如果有必要，调用者有责任与线程创建、删除操作进行同步。

---

[1] 类似的软件结构有很多其他名称。包括“进程”、“任务”、“构造”、“事件”等。类似的设计原则也适用于其他软件结构。

[2] 对于循环定义来说，会怎么样？

B.2.5 wait_thread()

wait_thread()原语等待指定的线程完成，通过传递给它的 thread_id_t 来指定。没有方法干涉指定线程的执行过程。相反的，它仅仅是等待它完成。注意 wait_thread()返回相应的线程的返回值。

B.2.6 wait_all_threads()

wait_all_thread()原语等待当前所有运行线程完成。如果有必要，调用者有责任与线程创建、删除操作进行同步。但是，这个原语通常用于清理工作，并结束运行，因此通常不必需要同步。

B.2.7 用法示例

图 B.2 显示了类似于 hello-world 的子线程例子。正如前面章节所说，每个线程分配它自己的堆栈，因此每个线程有它私有的 arg 参数及 myarg 变量。每个子线程在退出前简单的打印它的参数和它的 smp_thread_id()。注意在第 7 行的返回语句终止了线程，它将 NULL 返回给基于此线程的 wait_thread()函数调用者。

```
1 void *thread_test(void *arg)
2 {
3   int myarg = (int)arg;
4
5   printf("child thread %d: smp_thread_id() = %d\n",
6       myarg, smp_thread_id());
7   return NULL;
8 }
```

图 B.2 子线程示例

父线程在图 B.3 中显示。它在第 6 行调用 smp_init()初始化线程系统，在第 7 至 14 行解析参数，并且在第 15 行宣告它自己的存在。它在第 16 至 17 行创建指定数量的子线程，并在第 18 行等待它们完成。注意 wait_all_threads()丢弃了线程的返回值，因为在这种情况下全是 NULL 返回值，没有什么意义。

```
1 int main(int argc, char *argv[])
2 {
3   int i;
4   int nkids = 1;
5
6   smp_init();
7   if (argc > 1) {
8     nkids = strtoul(argv[1], NULL, 0);
9     if (nkids > NR_THREADS) {
10      fprintf(stderr, "nkids=%d too big, max=%d\n",
11        nkids, NR_THREADS);
12      usage(argv[0]);
```

```
13      }
14    }
15    printf("Parent spawning %d threads.\n", nkids);
16    for (i = 0; i < nkids; i++)
17      create_thread(thread_test, (void *)i);
18    wait_all_threads();
19    printf("All threads completed.\n", nkids);
20    exit(0);
21 }
```

图 B.3 父线程示例

B.3 锁

锁 API 如图 B.4 所示，每一个 API 在随后的章节中描述。

```
void spin_lock_init(spinlock_t *sp);
void spin_lock(spinlock_t *sp);
int spin_trylock(spinlock_t *sp);
void spin_unlock(spinlock_t *sp);
```

图 B.4 锁 API

B.3.1 spin_lock_init()

spin_lock_init() 原语初始化指定的 spinlock_t 变量，并且必须在将它传递给任何其他自旋锁原语前被调用。

B.3.2 spin_lock()

spin_lock() 原语获取指定的自旋锁，如果有必要，在锁可用前，它将一直等待。在某些环境中，如 pthreads 中，这个等待将包含“自旋”操作，但是在其他一些环境中，如 Linux 内核中，它将包含“阻塞”操作。[3]

关键点是，在任意指定时刻，仅仅一个线程能够获得自旋锁。

B.3.3 spin_trylock()

spin_trylock()原语获取指定的自旋锁，但仅仅在它立即可用时才获取它。如果获取到锁，则返回 true，否则返回 false。

B.3.4 spin_unlock()

spin_unlock() 释放指定的锁，以允许其他线程获取它。

[3]译者注：正好说反了，不过原文如此。

B.3.5　用法示例

一个名为mutex的自旋锁用于保护下面的counter计数变量：

```
spin_lock(&mutex);
counter++;
spin_unlock(&mutex);
```

小问题 B.2：如果计数变量在没有mutex保护的情况下进行递增，将会发生什么？

但是，spin_lock()和spin_unlock()原语会带来性能上的后果，我们将在B.5节进行分析。

B.4　每线程变量

图B.5显示了每线程变量API。这个 API提供了类似于全局变量的每线程变量。虽然严格地说，这些API不是必需的，但是它能大大简化代码的编写。

```
DEFINE_PER_THREAD(type, name)
DECLARE_PER_THREAD(type, name)
per_thread(name, thread)
__get_thread_var(name)
init_per_thread(name, v)
```

图 B.5　每线程变量 API

小问题 B.3：在没有提供每线程API的系统中，面对每线程API缺失的情况，该怎么办？

B.4.1　DEFINE_PER_THREAD()

DEFINE_PER_THREAD()原语定义一个每线程变量。不幸的是，不可能有某种方式允许Linux内核的DEFINE_PER_THREAD()原语被提供，也有一个init_per_thread()原语，它允许在运行时方便的初始化每线程变量。

B.4.2　DECLARE_PER_THREAD()

DECLARE_PER_THREAD() 原语是一个C语言的声明，而不是定义。因此，DECLARE_PER_THREAD()原语可用于访问其他文件中定义的每线程变量。

B.4.3　per_thread()

per_thread()原语访问特定线程的每线程变量。

B.4.4 __get_thread_var()

__get_thread_var()原语访问当前线程的每线程变量。

B.4.5 init_per_thread()

init_per_thread()原语将所有线程的特定线程变量实例设置为特定值。

B.4.6 用法示例

假设我们有一个非常快速递增的计数器，但是很少读取它。在 B.5 节将清楚看到，使用每线程变量将有助于实现这样的计数器。这样的变量可以按如下方法定义。

```
DEFINE_PER_THREAD(int, counter);
```

必须按如下方法初始化计数器。

```
init_per_thread(counter, 0);
```

线程可以递增这个计数器实例，如下。

```
__get_thread_var(counter)++;
```

计数器的值将是所有每线程变量实例的总和。然后，可以像下面这条语句那样，计数器值的快照可以被求和。

```
for_each_thread(i)
    sum += per_thread(counter, i);
```

再次提醒一下，使用其他机制也可以得到类似的效果，但是每线程变量用起来方便不说，性能还不错。

B.5 性能

将 B.3 节基于锁的递增，与每线程变量（参见 B.4 节）及常规递增（如 counter++）进行性能比较，这是有益的。

委婉地说，性能差异非常大。本书目的是帮助你编写 SMP 程序，也许还要求实时响应，同时要避免这些性能陷阱。下一节，通过描述这些性能陷阱的某些原因，来开始这个过程。

附录 C

为什么需要内存屏障

是什么原因，让疯狂的 CPU 设计者将内存屏障强加给可怜的 SMP 软件设计者？

简而言之，这是由于重排内存引用可以达到更好的性能。因此，在某些情况下，例如，在同步原语中，正确的操作结果依赖于按序的内存引用，这就需要内存屏障以强制保证内存顺序。

对于这个问题，要得到更详细的回答，需要很好理解 CPU 缓存是如何工作的，特别是要使缓存工作得很好，我们需要什么东西。后面的章节将：

1. 呈现缓存的结构。
2. 描述缓存一致性协议如何确保 CPU 对内存中的每一个值最终达成一致。
3. 概述存储缓冲及使无效队列如何协助缓存和缓存一致性协议实现高性能。

我们将看到，内存屏障对于高性能和可扩展性来说是必需的坏蛋。这个问题的根源来自于这样一个事实，CPU 的速度，比 CPU 之间的互联性能及 CPU 试图要访问的内存性能，都要快上几个数量级。

C.1 缓存结构

现代 CPU 的速度比现代内存系统的速度快得多。2006 年的 CPU 可以在每纳秒内执行 10 条指令。但是需要很多个 10ns 才能从物理内存中取出一个数据。它们的速度差异（超过 2 个数量级）已经导致在现代 CPU 中出现了数兆级别的缓存。这些缓存与 CPU 是相关联的，如图 C.1，典型的，可以在几个时钟周期内被访问[1]。

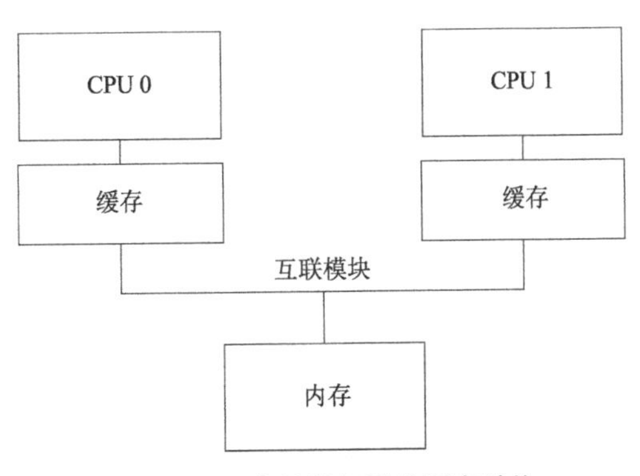

图 C.1 现代计算机系统缓存结构

CPU 缓存和内存之间的数据流是固定长度的块，称为“缓存行”，其大小通常是 2 的 N 次方。范围从 16 到 256 字节不等。当一个特定的数据项

[1] 标准做法是使用多级缓存，包含一个靠近 CPU 的、小容量的一级缓存，该缓存具有单时钟周期的访问时间，还包含一个更大的、访问时间更长的二级缓存，其访问时间大约有 10 个时钟周期。高更高性能的 CPU 通常有三级甚至四级缓存。

初次被 CPU 访问时，它在缓存中还不存在，这称为“缓存缺失”（或者可被更准确地称为“首次缓存缺失”或者“运行时缓存缺失”）。“缓存缺失”意味着在从物理内存中读取数据时，CPU 必须等待（或处于“停顿”状态）数百个 CPU 周期。但是，数据项将被装载入 CPU 缓存，因此后续的访问将在缓存中找到，于是 CPU 可以全速运行。

经过一段时间后，CPU 的缓存将被填满，后续的缓存缺失很可能需要换出缓存中现有的数据，以便为最近的访问项腾出空间。这种“缓存缺失”被称为“容量缺失”，因为它是由于缓存容量限制而造成的。但是，即使此时缓存还没有被填满，大量缓存也可能由于一个新数据而被换出。这是由于大容量缓存是通过硬件哈希表来实现的，这些哈希表有固定长度的哈希桶（或者叫“sets”，CPU 设计者是这样称呼的），如图 C.2。

这个缓存有 16 个“sets”和 2 条“路”，共 32 个“缓存行”，每个节点包含一个 256 字节的“缓存行”，它是一个 256 字节对齐的内存块。对于大容量缓存来说，这个缓存行长度稍微小了一点，但是这使得 16 进制的运行更简单。从硬件的角度来说，这是一个两路组相联缓存，类似于带 16 个桶的软件哈希表，每个桶的哈希链被限制为最多有两个元素。大小（本例中是 32 个缓存行）和相连性（本例中是 2）都被称为缓存的“geometry”。由于缓存是硬件实现的，哈希函数非常简单，从内存地址中取出 4 位作为哈希键值。

如图 C.2，每个方框对应一个缓存项，每个缓存项可以包含一个 256 字节的缓存行。不过，一个缓存项可能为空，在图中标示为空框。其他的块用它所包含的内存行的内存地址标记。由于缓存行必须是 256 字节对齐，因此每一个地址的低 8 位为 0。并且，硬件哈希函数的选择，意味着接下来的高 4 位匹配缓存行中的位置。

	Way 0	Way 1
0x0	0x12345000	
0x1	0x12345100	
0x2	0x12345200	
0x3	0x12345300	
0x4	0x12345400	
0x5	0x12345500	
0x6	0x12345600	
0x7	0x12345700	
0x8	0x12345800	
0x9	0x12345900	
0xA	0x12345A00	
0xB	0x12345B00	
0xC	0x12345C00	
0xD	0x12345D00	
0xE	0x12345E00	0x43210E00
0xF		

图 C.2　CPU 缓存结构

如果程序代码位于地址 0x43210E00 到 0x43210EFF，并且程序依次访问地址 0x12345000 到 0x12345EFF，图中的情况就可能发生。假设程序正准备访问地址 0x12345F00，这个地址会哈希到 0xF 行，该行的两路都是空的，因此可以容纳对应的 256 字节缓存行。如果程序访问地址 0x1233000，将会哈希到第 0 行，相应的 256 字节缓存行可以放到第 1 路。但是，如果程序访问地址 0x1233E00，将会哈希到第 0xE 行，其中一个已经存在于缓存中的缓存行必须被替换出去，以腾出空间给新的缓存行。如果随后访问被替换的行，会产生一次“缓存缺失”，这样的缓存缺失被称为“关联性缺失”。

更进一步说，我们仅仅考虑了某个 CPU 读数据的情况。当写的时候会发生什么呢？由于让所有 CPU 都对特定数据项达成一致，这一点是非常重要的。因此，在一个特定的 CPU 写数据前，它必须首先从其他 CPU 缓存中移除，或者叫“使无效”。一旦“使无效”操作完成，CPU 可以安全的修改数据项。如果数据存在于该 CPU 缓存中，但是是只读的，这个过程称为“写缺失”。一旦某个特定的 CPU 使其他 CPU 完成了对某个数据项的“使无效”操作，该 CPU 可以反复的重新写（或者读）该数据项。

随后，如果另外某个 CPU 试图访问数据项，将会引起一次缓存缺失，此时，由于第一个 CPU 为了写而使得缓存项无效，这种类型的缓存缺失被称为“通信缺失”。因为这通常是由于几个 CPU 使用数据项进行通信造成的（例如，锁就是一个用于在 CPU 之间使用互斥算法进行通信的数据项）。

很明显，必须小心确保，所有 CPU 保持一致性数据视图。可以很容易想到，通过所有取数据、使无效、写操作，它操作的数据可能已经丢失，或者（也许更糟糕）在不同的 CPU 缓存之间拥有冲突的值。这些问题由“缓存一致性协议”来防止，这将在下一节中描述。

C.2 缓存一致性协议

缓存一致性协议管理缓存行的状态[2]，以防止数据不一致或者丢失数据。这些协议可能十分复杂，可能有数十种状态。但是为了我们的目的，我们仅仅需要关心四状态的 MESI 协议。

C.2.1 MESI 状态

MESI 代表“modified”、“exclusive” 、“shared”和“invalid”，特定缓存行可以使用该协议采用的四种状态。因此，使用该协议的缓存，在每一个缓存行中，维护一个两位的状态标记，这个标记附着在缓存行的物理地址和数据后面。

处于“modified”状态的缓存行，已经收到了来自相应 CPU 最近进行的内存存储。并且相应的内存确保没有在其他 CPU 的缓存中出现。因此，处于“modified”状态的缓存行可以被认为被 CPU 所“拥有”。由于该缓存持有“最新”的数据复制，因此缓存最终有责任：要么将数据写回到内存，要么将数据转移给其他缓存，并且必须在重新使用此缓存行以持有其他数据之前完成这些事情。

“exclusive”状态非常类似于“modified”状态，唯一的差别是，该缓存行还没有被相应的 CPU 修改，这也表示缓存行中对内存数据的复制是最新的。但是，由于 CPU 能够在任何时刻将数据存储到该行，而不考虑其他 CPU，因此，处于“exclusive”状态也可以认为被相应的 CPU 所“拥有”。也就是说，由于物理内存中相应的值是最新的，该缓存行可以直接丢弃而不用回写到内存，也不用将该缓存转移给其他 CPU。

处于“shared”状态的缓存行可能被复制到至少一个其他 CPU 的缓存中，这样在没有得到其他 CPU 的许可时，不能向缓存行存储数据。与“exclusive”状态相同，由于内存中的值是最新的，因此可以不用向内存回写值而直接丢弃缓存中的值，也不用将该缓存转移给其他 CPU。

处于“invalid”状态的行是空的，换句话说，它没有持有任何有效数据。当新数据进入缓存时，如果有可能，它就会被放置到一个处于“invalid”状态的缓存行。这个方法是首选的，因为替换其他状态的缓存行将引起开销昂贵的缓存缺失，这些被替换的行在将来会被引用。

由于所有 CPU 必须维护那些已经搬运进缓存行中的数据一致性视图，因此缓存一致性协议提供消息以协调系统中缓存行的动作。

[2] 参见Culler等人[CSG99]分别为SGI Origin2000和Sequent（现为IBM）NUMA-Q制作的9状态和26状态图表。两张图都比实际所用的简单得多。

C.2.2 MESI 协议消息

前面章节中描述的许多事务都需要在 CPU 之间通信。如果 CPU 位于单一共享总线上，只需要如下消息就足够。

- 读消息："读"消息包含要读取的缓存行的物理地址。
- 读响应消息："读响应"消息包含较早前的"读"消息所请求的数据。这个"读响应"消息要么由物理内存提供，要么由某一个其他缓存提供。例如，如果某一个缓存拥有处于"modified"状态的目标数据，那么，该缓存必须提供"读响应"消息。
- 使无效消息："使无效"消息包含要使无效的缓存行的物理地址。所有其他缓存必须从它们的缓存中移除相应的数据并且响应此消息。
- 使无效应答消息：一个接收到"使无效"消息的 CPU 必须在移除指定数据后响应一个"使无效应答"消息。
- 读使无效消息："读使无效"消息包含要被读取的缓存行的物理地址。同时指示其他缓存移除其数据。因此，正如名字所示，它将"读"和"使无效"消息进行合并。"读使无效"消息同时需要一个"读响应"消息及一组"使无效应答"消息进行应答。
- 写回消息："写回"消息包含要回写到物理内存的地址和数据（并且也许会"嗅探"进其他 CPU 的缓存）。这个消息允许缓存在必要时换出处于"modified"状态的数据以便为其他数据腾出空间。

小问题 C.1：回写消息来自于何处，并且将到达什么地方？

很有趣的是，共享内存的多核系统实际上是一个消息传递的计算机。这意味着：使用分布式共享内存的 SMP 机器集群，正在以两种不同级别的系统架构，使用消息传递来实现共享内存。

小问题 C.2：如果两个 CPU 尝试并发使相同的缓存行无效，将会发生什么？

小问题 C.3：在一个大型的多处理器系统中，当一个"使无效"消息出现时，每一个 CPU 必须给出一个"使无效应答"响应。这不会导致"使无效应答"响应的风暴，该风暴将系统总线完全占用？

小问题 C.4：如果 SMP 机器真的使用消息传递机制，为什么我们还要考虑 SMP？

C.2.3 MESI 状态图

由于接收或者发送协议消息，特定的缓存行状态会变化，如图 C.3 所示。

图中的转换弧如下。

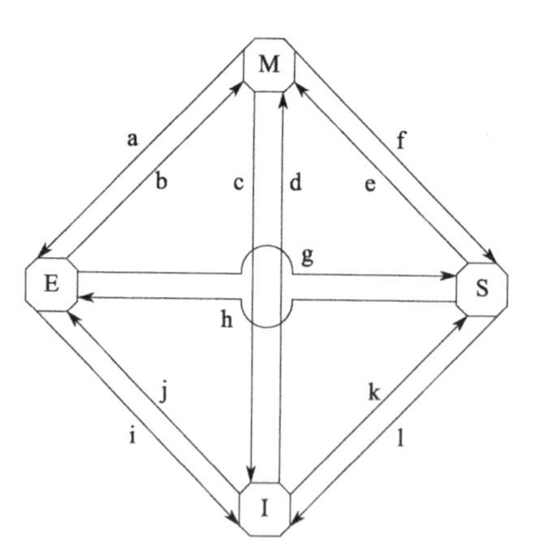

图 C.3 MESI 缓存一致性状态图

- 转换（a）：缓存行被写回到物理内存，但是 CPU 仍然将它保留在缓存中，并进一步的保留修改它的权限。这个转换需要一个"写回"消息。
- 转换（b）：CPU 将数据写到缓存行，该缓存行目前处于排它访问。这个转换不需要发送或者接收任何消息。
- 转换（c）：CPU 收到一个针对某个缓存行的"读使无效"消息，相应的缓存行已经被修改。CPU 必须使无效本地副本，然后同时响应“读响应”和“使无效应答”消息，同时发送数据给请求的 CPU，并且标示它的本地副本不再有效。

- 转换（d）：CPU 对一个数据项进行一个原子读—修改—写操作，相应的数据没有在它的缓存中。它发送一个“读使无效”消息，通过“读响应”消息接收数据。一旦它接收到一个完整的“使无效应答”响应集合，CPU 就完成此转换。
- 转换（e）：CPU 对一个数据项进行一个原子读—修改—写操作，相应的数据在缓存中是只读的。它必须发送一个“使无效”消息，并在完成此转换前，它必须等待一个完整的“使无效应答”响应集合。
- 转换（f）：其他某些 CPU 读取缓存行，其数据由本 CPU 提供，本 CPU 包含一个只读副本，也可能已经将其写回内存。这个转换开始于接收到一个“读”消息，并且本 CPU 响应一个包含了所请求数据的“读响应”消息。
- 转换（g）：其他 CPU 读取位于本缓存行的数据，并且数据要么是从本 CPU 的缓存提供，要么是从物理内存提供。无论哪种情况，本 CPU 都会保留一个只读副本。这个转换开始于接收到一个“读”消息，并且本 CPU 响应一个包含所请求数据的“读响应”消息。
- 转换（h）：当前 CPU 意识到，它很快将要写入一些位于本 CPU 缓存行的数据项，于是发送一个“使无效”消息。直到它接收到完整的“使无效应答”消息集合后，CPU 才完成转换。可选的，所有其他 CPU 通过“写回”消息，从其缓存行将数据换出（可能是为其他缓存行腾出空间）。这样，当前 CPU 就是最后一个缓存该数据的 CPU。
- 转换（i）：其他某些 CPU 对某个数据项进行了一个原子读—修改—写操作，相应的缓存行仅仅被本 CPU 缓存所持有。因此本 CPU 将缓存行变成无效状态。这个转换开始于接收到“读使无效”消息，并且本 CPU 响应一个“读响应”消息及一个“使无效应答”消息。
- 转换（j）：本 CPU 保存一个数据项到缓存行，但是数据还没有在它的缓存行中。因此发送一个“读使无效”消息。直到它接收到“读响应”消息及完整的“使无效应答”消息集合后，才完成转换。缓存行可能会很快转换到“修改”状态，这是在存储完成后由交换（b）完成的。
- 转换（k）：本 CPU 装载一个数据项到缓存中，但是数据项还没有在缓存行中。CPU 发送一个“读”消息，当它接收到相应的“读响应”消息后完成转换。
- 转换（l）：其他 CPU 存储一个位于本 CPU 缓存行的数据项，但是由于其他 CPU 也持有该缓存行的原因，本 CPU 仅仅以只读方式持有该缓存行。这个转换开始于接收到一个“使无效”消息，并且本 CPU 响应一个“使无效应答”消息。

小问题 C.5：硬件如何处理上面描述的被延迟的转换？

C.2.4 MESI 协议示例

现在，让我们从数据缓存行价值的角度来看这一点。最初，数据驻留在地址 0 的物理内存中。在一个 4-CPU 的系统中，它在几个直接映射的单行缓存中移动。表 C.1 展示了数据流向。第一列是操作序号，第二列表示执行操作的 CPU，第三列表示执行的操作，接下来的四列表示每一个 CPU 的缓存行状态（内存地址后紧跟 MESI 状态）。最后两列表示相应的内存内容是否是最新的。“V”表示最新，“I”表示不是最新。

最初，将要驻留数据的 CPU 缓存行处于“invalid”状态，相应的数据在物理内存中是有效的。

当 CPU 0 从地址 0 装载数据时，它在 CPU0 的缓存中进入“shared”状态，并且物理内存中的数据仍是有效的。CPU 3 也从地址 0 装载数据，这样两个 CPU 中的缓存都处于“shared”状态，并且内存中的数据仍然有效。接下来 CPU 0 装载其他缓存行（地址 8），这个操作通过使无效操作强制将地址 0 的数据换出缓存，将缓存中的数据被换成地址 8 的数据。现在，CPU 2 装载地址 0 的数据，但是该 CPU 发现它很快就会存储该数据，因此它使用一个“读使无效”消息以获得一个独享副本，这样，将使 CPU 3 缓存中的数据变成无效（但是内存中的数据仍然是有效的）。按下来 CPU 2 开始预期的存储操作，并将状态改变为“modified”。内存中的数据副本将不再是最新的。CPU 1 开始一个原子递增操作，使用一个“读使无效”消息从 CPU2 的缓存中窥探数据并使之无效，这样 CPU1 的缓存变成“modified”状态，（内存中的数据仍然不是最新的）。最后，CPU1 从地址 8 读取数据，它使用一个“写回”消息将地址 0 的数据回写到内存。

表 C.1 缓存一致性示例

			CPU 缓存				内存	
序号#	CPU #	操作	0	1	2	3	0	8
0		初始状态	-/I	/I	-/I	-/I	V	V
1	0	Load	0/S	/I	-/I	-/I	V	V
2	3	Load	0/S	-/I	-/I	0/S	V	V
3	0	使无效	8/S	-/I	-/I	0/S	V	V
4	2	RMW	8/S	-/I	0/E	-/I	V	V
5	2	存储	8/S	-/I	0/M	-/I	I	V
6	1	原子递增	8/S	0/M	/I	-/I	I	V
7	1	写回	8/S	8/S	/I	-/I	V	V

请注意，我们最终使数据位于某些缓存中。

小问题 C.6：什么样的操作序列将使 CPU 的缓存全部退回到“invalid”状态？

C.3 存储导致不必要的停顿

对于特定的 CPU 反复读写特定数据来说，图 C.1 显示的缓存结构提供了好的性能。但是对于特定缓存行的第一次写来说，其性能是不好的。要理解这点，参考图 C.4，它显示了 CPU0 写数据到一个缓存行的时间线，而这个缓存行被 CPU1 所缓存。在 CPU0 能够写数据前，它必须首先等待缓存行的数据到来。CPU0 不得不停顿额外的时间周期。[3]

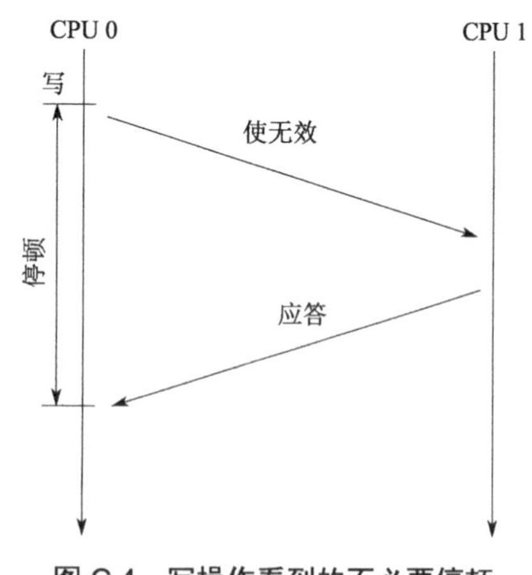

图 C.4 写操作看到的不必要停顿

其实没有理由强制让 CPU0 延迟这么久，毕竟，不管 CPU1 发送给它的缓存数据是什么，CPU0 都会无条件的覆盖它。

[3] 将缓存行从一个 CPU 的缓存传输到另一个 CPU 所需的时间，通常比执行简单的寄存器到寄存器指令所需的时间要多几个数量级。

C.3.1　存储缓冲

避免这种不必要的写停顿的方法之一，是在每个 CPU 和它的缓存之间，增加“存储缓冲”，如图 C.5。通过增加这些存储缓冲区，CPU 0 可以简单地将要保存的数据放到存储缓冲区中，并且继续运行。当缓存行最终从 CPU1 转到 CPU0 时，数据将从存储缓冲区转到缓存行中。

小问题 C7：但是，如果存储缓冲的主要目的，是为了在多核处理器缓存一致性协议中隐藏应答延迟，为什么在单核系统也需要存储缓冲？

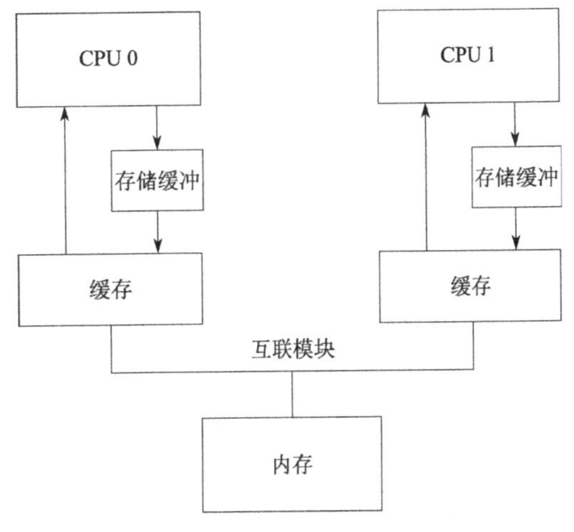

图 C.5　带存储缓冲的缓存

这些存储缓冲对于特定 CPU 来说，是属于本地的。或者在硬件多线程系统中，它对于特定核来说，是属于本地的。无论哪一种情况，一个特定 CPU 仅允许访问分配给它的存储缓冲。例如，在图 C.5 中，CPU 0 不能访问 CPU 1 的存储缓冲，反之亦然。通过将两者关注的点分开，这个限制简化了硬件，存储缓冲提升了连续写的性能，而在 CPU（核或者其他可能的东西）之间的通信责任完全由缓存一致性协议承担。然而，即使有了这个限制，仍然有一些复杂的事情需要处理，将在下面两节中描述。

C.3.2　存储转发

第一个复杂的地方，违反了自身一致性。考虑变量“a”和“b”都初始化为 0，包含变量“a”缓存行，最初被 CPU 1 所拥有，而包含变量“b”的缓存行最初被 CPU0 所拥有。

```
1   a = 1;
2   b = a + 1;
3   assert(b == 2);
```

人们并不期望断言失败。可是，难道有谁足够愚蠢，以至于使用如图 C.5 所示的简单体系结构，这种体系结构是令人惊奇的。这样的系统可能看起来会按以下的事件顺序。

1. CPU 0 开始执行 `a = 1`。
2. CPU 0 在缓存中查找“a”，并且发现缓存缺失。
3. 因此，CPU 0 发送一个“读使无效”消息，以获得包含“a”的独享缓存行。
4. CPU 0 将“a”记录到存储缓冲区。
5. CPU 1 接收到“读使无效”消息，它通过发送缓存行数据，并从它的缓存行中移除数据来响应这个消息。
6. CPU 0 开始执行 `b = a + 1`。
7. CPU 0 从 CPU 1 接收到缓存行，它仍然拥有一个为“0”的“a”值。
8. CPU 0 从它的缓存中读取到“a”的值，发现其值为 0。
9. CPU 0 将存储队列中的条目应用到最近到达的缓存行，设置缓存行中的“a”的值为 1。
10. CPU 0 将前面加载的“a”值 0 加 1，并存储该值到包含“b”的缓存行中（假设已经被

CPU 0 所拥有）。

11. CPU 0 执行 assert(b == 2)，并引起错误。

问题在于我们拥有两个“a”的副本，一个在缓存中，另一个在存储缓冲区中。

这个例子破坏了一个重要的前提：即每一个 CPU 将总是按照编程顺序看到它的操作。没有这个前提，结果将与直觉相反。因此，硬件设计者同情并实现“存储转发”。在此，每个 CPU 在执行加载操作时，将考虑（或者嗅探）它的存储缓冲，如图 C.6。换句话说，一个特定的 CPU 存储操作直接转发给后续的读操作，而并不必然经过其缓存。

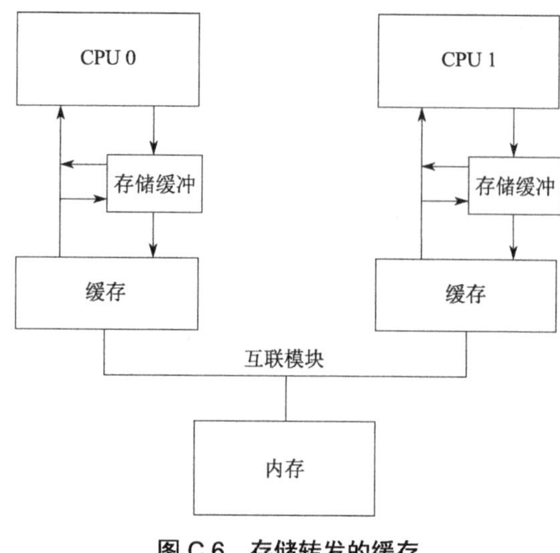

图 C.6 存储转发的缓存

通过就地存储转发，在前面执行顺序的第 8 步，将在存储缓冲区中为“a”找到正确的值 1 ，因此最终的“b”值将是 2，这正是我们期望的。

C.3.3 存储缓冲区及内存屏障

要明白第二个复杂性，违反了全局内存序。考虑如下的代码顺序，其中变量“a”、“b”的初始值是 0。

```
 1 void foo(void)
 2 {
 3   a = 1;
 4   b = 1;
 5 }
 6
 7 void bar(void)
 8 {
 9   while (b == 0) continue;
10   assert(a == 1);
11 }
```

假设 CPU 0 执行 foo()，CPU 1 执行 bar()，再进一步假设包含“a”的缓存行仅仅位于 CPU1 的缓存中，包含“b”的缓存行被 CPU 0 所拥有。那么操作顺序可能如下。

1. CPU 0 执行 a = 1。缓存行不在 CPU0 的缓存中，因此 CPU0 将“a”的新值放到存储缓冲区，并发送一个“读使无效”消息。

2. CPU 1 执行 while (b == 0) continue，但是包含“b”的缓存行不在它的缓存中，因此它发送一个“读”消息。

3. CPU 0 执行 b = 1，它已经拥有了该缓存行（换句话说，缓存行要么已经处于“modified”，要么处于“exclusive”状态），因此它存储新的“b”值到它的缓存行中。

4. CPU 0 接收到“读”消息，并且发送缓存行中的最近更新的“b”的值到 CPU1，同时将缓存行设置为“shared”状态。

5. CPU 1 接收到包含“b”值的缓存行，并将其值写到它的缓存行中。

6. CPU 1 现在结束执行 while (b == 0) continue，因为它发现“b”的值是 1，它开始处理下一条语句。

7. CPU 1 执行 assert(a == 1)，并且，由于 CPU 1 工作在旧的“a”的值，因此断言失败。

8. CPU 1 接收到“读使无效”消息，并且发送包含“a”的缓存行到 CPU 0，同时在它的缓存中，将该缓存行变成无效。但是已经太迟了。

9. CPU 0 接收到包含“a”的缓存行，并且及时将存储缓冲区的数据保存到缓存行中，CPU1 的断言失败受害于该缓存行。

小问题 C.8：在上面的第一步中，为什么 CPU 0 需要生成一个“读使无效”而不是一个简单的“使无效”消息？

在此，硬件设计者不能直接帮助我们，因为 CPU 没有办法识别那些相关联的变量，更不用说它们如何关联。因此，硬件设计者提供内存屏障指令，以允许软件告诉 CPU 这些关系的存在。程序必须修改，以包含内存屏障。

```
 1 void foo(void)
 2 {
 3   a = 1;
 4   smp_mb();
 5   b = 1;
 6 }
 7
 8 void bar(void)
 9 {
10   while (b == 0) continue;
11   assert(a == 1);
12 }
```

内存屏障 smp_mb() 将导致 CPU 在刷新后续的存储到变量的缓冲行之前，前面的存储缓冲被先刷新。在继续处理之前，CPU 可能简单的停顿下来，直到存储缓冲区变成空；也可能是使用存储缓冲区来持有后续的存储操作，直到前面所有的存储缓冲区已经被保存到缓存行中。

后一种情况下，操作序列可能如下所示。

1. CPU 0 执行 a = 1。缓存行不在 CPU0 的缓存中，因此 CPU 0 将“a”的新值放到存储缓冲中，并发送一个“读使无效”消息。

2. CPU 1 执行 while (b == 0) continue，但是包含“b”的缓存行不在它的缓存中，因此它发送一个“读”消息。

3. CPU 0 执行 smp_mb()，并标记当前所有存储缓冲区的条目。(也就是说 a = 1 这个条目)。

4. CPU 0 执行 b = 1。它已经拥有这个缓存行了。(也就是说，缓存行已经处于“modified”或者“exclusive”状态)，但是在存储缓冲区中存在一个标记条目。因此，它不将“b”的新值存放到缓存行，而是存放到存储缓冲区中。(但是“b”不是一个标记条目)。

5. CPU 0 接收“读”消息，随后发送包含原始“b”值的缓存行给 CPU1。它也标记该缓存行的复制为“shared”状态。

6. CPU 1 读取到包含“b”的缓存行，并将它复制到本地缓存中。

7. CPU 1 现在可以装载“b”的值了，但是，由于它发现其值仍然为“0”，因此它重复执行 while 语句。“b”的新值被安全的隐藏在 CPU0 的存储缓冲区中。

8．CPU 1 接收到“读使无效”消息，发送包含“a”的缓存行给 CPU 0，并且使它的缓存行无效。

9．CPU 0 接收到包含“a”的缓存行，使用存储缓冲区的值替换缓存行，将这一行设置为“modified”状态。

10．由于被存储的“a”是存储缓冲区中唯一被 smp_mb() 标记的条目，因此 CPU0 能够存储“b”的新值到缓存行中，除非包含“b”的缓存行当前处于“shared”状态。

11．CPU 0 发送一个“使无效”消息给 CPU 1。

12．CPU 1 接收到“使无效”消息，使包含“b”的缓存行无效，并且发送一个“使无效应答”消息给 CPU 0。

13．CPU 1 执行 while (b == 0) continue，但是包含“b”的缓存行不在它的缓存中，因此它发送一个“读”消息给 CPU 0。

14．CPU 0 接收到“使无效应答”消息，将包含“b”的缓存行设置成“exclusive”状态。CPU 0 现在存储新的“b”值到缓存行。

15．CPU 0 接收到“读”消息，同时发送包含新的“b”值的缓存行给 CPU 1。它也标记该缓存行的复制为“shared”状态。

16．CPU 1 接收到包含“b”的缓存行，并将它复制到本地缓存中。

17．CPU 1 现在能够装载“b”的值了，由于它发现“b”的值为 1，它退出 while 循环并执行下一条语句。

18．CPU 1 执行 assert(a == 1)，但是包含“a”的缓存行不在它的缓存中。一旦它从 CPU 0 获得这个缓存行，它将使用最新的“a”的值，因此断言语句将通过。

正如你看到的那样，这个过程涉及不少工作。即使某些事情从直觉上看是简单的操作，就像“加载 a 的值”这样的操作，都会包含大量复杂的步骤。

C.4 存储序列导致不必要的停顿

不幸的是，每一个存储缓冲区相对而言都比较小，这意味着执行一段较小的存储操作序列的 CPU，就可能填满它的存储缓冲区（例如，当所有的结果都发生了缓存缺失时）。从这一点来看，CPU 在能够继续执行前，必须再次等待刷新操作完成，其目的是为了清空它的存储缓冲。相同的情况可能在内存屏障之后发生，内存屏障之后的所有存储操作指令，都必须等待刷新操作完成，而不管这些后续存储是否存在缓存缺失。

这可以通过使“使无效应答”消息更快到达 CPU 来到得到改善。实现这一点的方法之一是使用每 CPU 的使无效消息队列，或者称为“使无效队列”。

C.4.1 使无效队列

“使无效应答”消息需要如此长的时间，其原因之一是它们必须确保相应的缓存行确实已经变成无效了。如果缓存比较忙的话，这个使无效操作可能被延迟。例如，如果 CPU 密集的装载或者存储数据，并且这些数据都在缓存中。另外，如果在一个较短的时间内，大量的“使无效”消息到达，一个特定的 CPU 会忙于处理它们。这会使得其他 CPU 陷于停顿。

但是，在发送应答前，CPU 不必真正使无效缓存行。它可以将使无效消息排队。并且它明白，在发送更多的关于该缓存行的消息前，需要处理这个消息。

C.4.2　使无效队列及使无效应答

图 C.7 显示一个含有使无效队列的系统。只要将使无效消息放入队列，一个带使无效队列的 CPU 就可以迅速应答使无效消息，而不必等待相应的缓存行真正变成无效状态。当然，CPU 必须在准备发送使无效消息前，引用它的使无效队列。如果一个缓存行相应的条目在使无效队列中，则 CPU 不能立即发送使无效消息，它必须等待无效队列中的条目被处理。

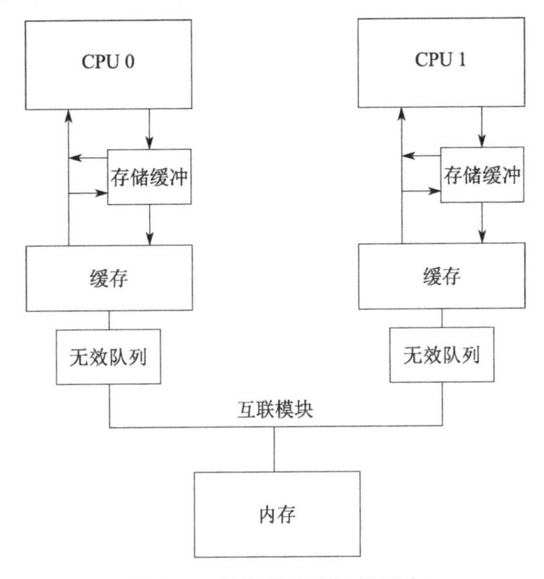

图 C.7　带使无效列队的缓存

将一个条目放进使无效队列，实际上是由 CPU 承诺，在发送任何与该缓存行相关的 MESI 协议消息前，处理该条目。只要相应的数据结构不存在大的竞争，CPU 会很出色地完成此事。

但是，消息能被缓冲在使无效队列中，这个事实带来了额外的内存乱序的机会，这将在下一节讨论。

C.4.3　使无效队列及内存屏障

我们假设 CPU 将使无效请求排队，并立即响应它们。这个方法使得执行存储操作的 CPU 看到的缓存使无效消息的延迟降到最小，但是这会将内存屏障失效，看看如下示例。

假设“a”和“b”被初始化为 0，“a”是只读的（MESI“shared”状态），“b”被 CPU 0 拥有（MESI“exclusive”或者“modified”状态）。然后假设 CPU 0 执行 `foo()` 而 CPU 1 执行 `bar()`，代码片段如下。

```
1 void foo(void)
2 {
3   a = 1;
4   smp_mb();
```

```
 5   b = 1;
 6 }
 7
 8 void bar(void)
 9 {
10   while (b == 0) continue;
11   assert(a == 1);
12 }
```

操作顺序可能如下。

1. CPU 0 执行 `a = 1`。在 CPU0 中，相应的缓存行是只读的，因此 CPU 0 将“a”的新值放入存储缓冲区，并发送一个“使无效”消息，这是为了使 CPU1 的缓存中相应的缓存行失效。

2. CPU 1 执行 `while (b == 0) continue`，但是包含“b”的缓存行不在它的缓存中，因此它发送一个“读”消息。

3. CPU 1 接收到 CPU 0 的“使无效”消息，将它排队，并立即响应该消息。

4. CPU 0 接收到来自于 CPU 1 的响应消息，因此它放心的通过第 4 行的 `smp_mb()`，从存储缓冲区移动“a”的值到缓存行。

5. CPU 0 执行 `b = 1`。它已经拥有这个缓存行（也就是说，缓存行已经处于“modified”或者“exclusive”状态），因此它将“b”的新值存储到缓存行中。

6. CPU 0 接收到“读”消息，并且发送包含“b”的新值的缓存行到 CPU 1，同时在自己的缓存中，标记缓存行为“shared”状态。

7. CPU 1 接收到包含“b”的缓存行并且将其应用到本地缓存。

8. CPU 1 现在可以完成 `while (b == 0) continue`，因为它发现“b”的值为 1，接着处理下一条语句。

9. CPU 1 执行 `assert(a == 1)`，并且，由于旧的“a”值还在 CPU 1 的缓存中，因此陷入错误。

10. 虽然陷入错误，CPU 1 处理已经排队的“使无效”消息，并且（迟到）在自己的缓存中刷新包含“a”值的缓存行。

小问题 C.9：在 C.4.3 节第一种情况的第一步中，为什么发送了“使无效”消息而不是“读使无效”消息？CPU0 不需要与“a”共享缓存行的其他变量的值吗？

如果加速使无效响应会导致内存屏障被忽略，那么它就明显没有什么意义。但是，内存屏障指令能够与使无效队列交互，这样，当一个特定的 CPU 执行一个内存屏障时，它标记无效队列中的所有条目，并强制所有后续的装载操作进行等待，直到所有标记的条目都保存到 CPU 的缓存中。因此，我们可以在 bar 函数中添加一个内存屏障，具体如下。

```
 1 void foo(void)
 2 {
 3   a = 1;
 4   smp_mb();
 5   b = 1;
 6 }
 7
 8 void bar(void)
 9 {
10   while (b == 0) continue;
11   smp_mb();
```

```
12    assert(a == 1);
13  }
```

小问题 C.10：等等，你在说什么？为什么我们需要在这里使用一个内存屏障？直到循环完成后，CPU 才可能执行 assert()，难道不是这样吗？

有了这个变化后，操作顺序可能如下。

1. CPU 0 执行 a = 1。相应的缓存行在 CPU0 的缓存中是只读的，因此 CPU0 将“a”的新值放入它的存储缓冲区，并且发送一个“使无效”消息以刷新 CPU1 相应的缓存行。

2. CPU 1 执行 while (b == 0) continue，但是包含“b”的缓存行不在它的缓存中，因此它发送一个“读”消息。

3. CPU 1 接收到 CPU 0 的“使无效”消息，将它排队，并立即响应它。

4. CPU 0 接收到 CPU1 的响应，因此它放心的通过第 4 行的 smp_mb() 语句，将“a”从它的存储缓冲区移到缓存行。

5. CPU 0 执行 b = 1。它已经拥有该缓存行（换句话说，缓存行已经处于“modified”或者“exclusive”状态），因此它存储“b”的新值到缓存行。

6. CPU 0 接收到“读”消息，并且发送包含新的“b”值的缓存行给 CPU1，同时在自己的缓存中，标记缓存行为“shared”状态。

7. CPU 1 接收到包含“b”的缓存行并更新到它的缓存中。

8. CPU 1 现在结束执行 while (b == 0) continue，因为它发现“b”的值为 1，它处理下一条语句，这是一条内存屏障指令。

9. CPU 1 必须停顿，直到它处理完使无效队列中的所有消息。

10. CPU 1 处理已经入队的“使无效”消息，从它的缓存中使无效包含“a”的缓存行。

11. CPU 1 执行 assert(a == 1)，由于包含“a”的缓存行已经不在它的缓存中，它发送一个“读”消息。

12. CPU 0 以包含新的“a”值的缓存行响应该“读”消息。

13. CPU 1 接收到该缓存行，它包含新的“a”的值 1，因此断言不会被触发。

即使有很多 MESI 消息传递，CPU 最终都会正确的应答。这一节阐述了 CPU 设计者为什么必须格外小心地处理它们的缓存一致性优化操作。

C.5　读和写内存屏障

在前一节，内存屏障用来标记存储缓冲区和使无效队列中的条目。但是在我们的代码片段中，foo() 没有必要做使无效队列相关的任何操作，类似的，bar() 也没有必要做与存储缓冲区相关的任何操作。

因此，很多 CPU 体系结构提供更弱的内存屏障指令，这些指令仅仅做其中一项或者几项工作。不准确的说，一个“读内存屏障”仅仅标记它的使无效队列，一个“写内存屏障”仅仅标记它的存储缓冲区，而完整的内存屏障同时标记无效队列及存储缓冲区。

这样的效果是，读内存屏障仅仅保证执行该指令的 CPU 上面的装载顺序，因此所有在读内存屏障之前的装载，将在所有随后的装载前完成。类似的，写内存屏障仅仅保证写之间的顺序，也是针对执行该指令的 CPU 来说的。同样的，所有在内存屏障之前的存储操作，将在其后的存储操作完成之前完成。完整的内存屏障同时保证写和读之间的顺序，这也仅仅针对执行该内存屏障的CPU来说的。

我们修改 foo 和 bar，以使用读和写内存屏障，显示如下。

```
 1 void foo(void)
 2 {
 3   a = 1;
 4   smp_wmb();
 5   b = 1;
 6 }
 7
 8 void bar(void)
 9 {
10   while (b == 0) continue;
11   smp_rmb();
12   assert(a == 1);
13 }
```

某些计算机甚至有更多的内存屏障，理解这三个屏障通常能让我们更好地理解内存屏障。

C.6 内存屏障示例

本节提供了一些有趣的、但是稍微有点不一样的内存屏障用法。虽然它们能在大多数时候正常工作，但是其中一些只能在特定 CPU 上运行。如果目的是为了产生那些能在所有 CPU 上都能运行的代码，那么这些用法必须要避免。为了更好理解它们之间的微妙差别，我们首先需要关注乱序体系结构。

C.6.1 乱序体系结构

一定数量的乱序计算机系统已经被生产了数十年。不过乱序问题的实质十分微妙，真正理解它需要非常丰富的特定硬件方面的知识。与其针对一个特定的硬件厂商说事，这会把读者带到详细的技术规范中去，不如让我们设计一个虚构的、最大限度的乱序体系结构[4]。

这个硬件必须遵守以下的顺序约束[McK05a，McK05b]。

1．单个 CPU 总是按照编程顺序来感知它自己的内存访问。

2．仅仅在操作不同地址时，CPU 才对给定的存储操作进行重新排序。

3．一个特定 CPU，在内存屏障之前的所有装载操作（smp_rmb()）将在所有读内存屏障后面的操作之前被所有其他 CPU 所感知。

4．一个特定 CPU，所有在写内存屏障之前的写操作（smp_wmb()）都将在所有内存屏障之后的写操作之前，被所有其他 CPU 所感知。

5．一个特定 CPU，所有在内存屏障之前的内存访问（装载和存储）（smp_mb()）都将在所

---

[4] 对于喜欢阅读详细硬件架构手册的读者，鼓励参考 CPU 厂商的手册[SW95，Adv02，Int02b，IBM94，LSH02，SPA94，Int04b，Int04a，Int04c]，Gharachorloo 的论文[Gha95]，Peter Sewell 的作品[Sew]或 Sorin、Hill 和 Wood 所著的优秀的面向硬件入门书籍[SHW11]。

有内存屏障之后的内存访问之前，被所有其他 CPU 所感知。

小问题 C.11：每个 CPU 按序看到它自己的内存访问，这样也能够确保每一个用户线程按序看到它自己对内存的访问吗？为什么能，为什么不能？

假设一个大的非一致性缓存体系（NUCA）系统，为了给特定节点内部的 CPU 提供一个公平的内部访问带宽，在每一个节点的内连接口提供了一个每 CPU 队列，如图 C.8。虽然一个特定 CPU 的访问是由内存屏障排序的，但是，一对相关 CPU 的相关访问顺序将被严重的重排，正如我们将要看到的[5]。

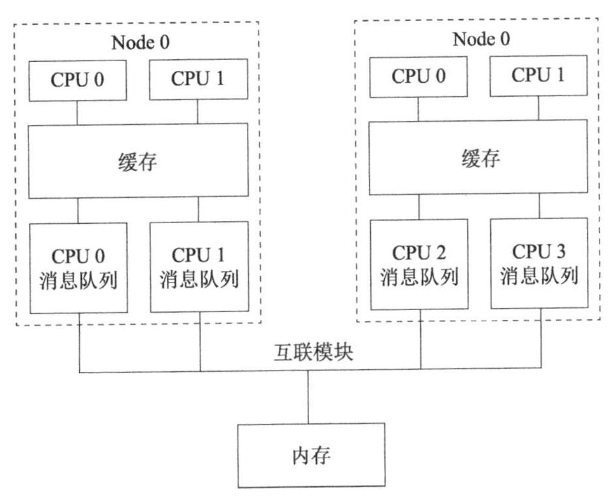

图 C.8　乱序体系结构示例

C.6.2　示例 1

表 C.2 展示了三个代码段，被 CPU 0、1 和 2 并发执行。“a”、“b” 和 “c” 被初始化为 0。

表 C.2　内存屏障示例 1

CPU 0	CPU 1	CPU 2
a = 1;		
smp_wmb();	while (b == 0);	
b = 1;	c = 1;	z = c;
		smp_rmb();
		x = a;
		assert(z == 0 || x == 1);

假设 CPU 0 刚经过很多缓存缺失，因此它的消息队列是满的，但是 CPU 1 在它的缓存中独占性运行，因此它的消息队列是空的。那么 CPU 0 在向 “a” 和 “b” 赋值时，看起来节点 0 的缓存是立即生效的（因此对 CPU 1 来说也是可见的），但是将阻塞于 CPU 0 之前的流量。与之相对的是，CPU 1 向 “c” 赋值时，由于 CPU 1 的消息队列为空，因此可以很快执行。因此，CPU 2 将在看到 CPU0 对 “a” 的赋值前，先看到 CPU 1 对 “c” 的赋值，这导致验证失败，即使有内存屏障也是这样。

可移植的代码不能认为断言不会触发。由于编译器和 CPU 都能够重排代码，因此可能触

[5] 任何真正的硬件架构师或设计师无疑都会非常反对这个例子。因为对于设计出处理两个 CPU 都访问的缓存行这样的队列，他们对这样的前景可能有点不高兴，他们会说这个例子涉及的竞争几乎没有。我所能说的仅仅是 “请给我一个更好的例子”。

发断言。

小问题 C.12：这段代码可以通过在 CPU1 的“while”和对“c”的赋值之间插入一个内存屏障来修复吗？为什么能，为什么不能？

C.6.3 示例 2

表 C.3 展示了代码片段，在 CPU 0，1 和 2 上并行执行。“a”和“b”都初始化为 0。

表 C.3 内存屏障示例 2

CPU 0	CPU 1	CPU 2
a = 1;	while (a == 0);	
	smp_mb();	y = b;
	b = 1;	smp_rmb();
		x = a;
		assert(y == 0 || x == 1);

我们再一次假设 CPU 0 刚遇到很多缓存缺失，因此它的消息队列满了，但是 CPU 1 在它的缓存中独占性运行，因此它的消息是空的。那么，CPU0 给“a”赋值将立即反映在节点 0 上，（因此对于 CPU 1 来说也是立即可见的），但是将阻塞于 CPU 0 之前的流量。相对的，CPU1 对“b”的赋值将基于 CPU1 的空队列进行工作。因此，CPU2 在看到 CPU0 对“a”的赋值前，可以看到 CPU1 对“b”的赋值。这导致断言失败，尽管存在内存屏障。

从原理上来说，编写可移植代码不能用上面的例子，但是，正如前面一样，实际上这段代码可以在大多数主流的计算机正常运行。

C.6.4 示例 3

表 C.4 展示三个代码片段，在 CPU 0、1 和 2 上并行执行。所有变量都初始化为 0。

表 C.4 内存屏障示例 3

	CPU 0	CPU 1	CPU 2
1	a = 1;		
2	smb_wmb();		
3	b = 1;	while (b == 0);	while (b == 0);
4		smp_mb();	smp_mb();
5		c = 1;	d = 1;
6	while (c == 0);		
7	while (d == 0);		
8	smp_mb();		
9	e = 1;		assert(e == 0 || a == 1);

请注意，不管是 CPU 1 还是 CPU 2 都要看到 CPU0 在第三行对“b”的赋值后，才能处理第 5 行。一旦 CPU 1 和 2 已经执行了第 4 行的内存屏障，它们就能够看到 CPU0 在第 2 行的内存屏障前的所有赋值。类似的，CPU0 在第 8 行的内存屏障与 CPU1 和 CPU2 在第 4 行的内存屏障是一对内存屏障，因此 CPU0 将不会执行第 9 行的内存赋值，直到它对“a”的赋值被其他 CPU 可

见。因此，CPU2 在第 9 行的 assert 将不会触发。

小问题 C.13：假设表 C.4 中，对于 CPU1 和 CPU2 来说，第 3 至 5 行是一个中断处理程序，并且对 CPU2 来说，第 9 行运行在进程级别。需要做些什么改动，以使代码正常运行，也就是说，防止断言被触发？

小问题 C.14：如果在表 C.4 的例子中，CPU 2 执行一个断言 `assert(e==0||c==1)`，这个断言会被触发吗？

Linux 内核的 `synchronize_rcu()` 原语使用了类似于本例中的算法。

C.7　特定的内存屏障指令

每个 CPU 都有它自己特定的内存屏障指令，这可能会给我们带来一些移植性方面的挑战，如表 C.5 所示。实际上，很多软件环境，包括 pthreads 和 Java，简单的禁止直接使用内存屏障，强制要求程序员使用互斥原语，这些互斥原语包含内存屏障，对内存屏障进行所需的扩展。在表 C.5 中，前 4 列表示 CPU 是否允许 4 种加载和存储组合进行重排。接下来两列表示 CPU 是否允许加载/存储操作与原子指令一起进行重排。

第 7 列，数据依赖读重排，需要由随后与 Alpha CPU 相关的章节进行解释。简短的讲，Alpha 需要为关联数据之间的读以及更新使用内存屏障。是的，这表示 Alpha 确实可能在它取得指针本身的值之前，取得指针指向的值。这听起来很奇怪，但是确实是真的。如果你认为我是在虚构故事的话，请参考 `http://www.openvms.compaq.com/wizard/wiz_2637.html`。这种极端弱内存序模型的好处是，Alpha 可以使用更简单的缓存硬件，因而允许更高的时钟频率。

最后一列表示特定 CPU 是否拥有一个不一致的指令缓存和流水线。对于自修改代码来说，一些 CPU 需要执行特殊的指令。

带括号的 CPU 名称表示 CPU 允许这样的模式，但是实际上很少被使用。

表 C.5　内存乱序概述

	加载/加载重排	存储/加载重排	存储/存储重排	加载/存储重排	加载/原子指令重排	存储/原子指令重排	依赖加载重排	不一致指令缓存/流水线
Alpha	Y	Y	Y	Y	Y	Y	Y	Y
AMD64				Y				
ARMv7-A/R	Y	Y	Y	Y	Y	Y		Y
IA64	Y	Y	Y	Y	Y	Y		Y
(PA-RISC)	Y	Y	Y	Y				
PA-RISC CPUs								
POWER™	Y	Y	Y	Y	Y	Y		Y
(SPARC RMO)	Y	Y	Y	Y	Y	Y		Y
(SPARC PSO)			Y	Y		Y		Y
SPARC TSO				Y				Y
x86				Y				Y
(x86 OOStore)	Y	Y	Y	Y				Y
zSeries®				Y				Y

不直接使用内存屏障有它的理由。但是，某些环境，如 Linux 内核，需要直接使用内存屏障。

因此，Linux 提供了精心选择的内存屏障原语，具体如下。

1. smp_mb()：同时针对加载、存储进行排序的内存屏障。这表示在内存屏障之前的加载、存储，都将在内存屏障之后的加载、存储之前被提交到内存。

2. smp_rmb()：仅仅对加载进行排序的读内存屏障。

3. smp_wmb()：仅仅对存储进行排序的写内存屏障。

4. smp_read_barrier_depends()：强制将依赖于之前操作的后续操作进行排序。除了 ALPHA 之外，这个原语在其他体系上都是空操作。

5. mmiowb()：强制将那些由全局自旋锁保护的 MMIO 写操作进行排序。在自旋锁已经强制禁止 MMIO 乱序的平台中，这个原语是空操作。mmiowb()非空的平台包括一些（但是不是全部）IA64、FRV、MIPS 和 SH。这个原语比较新，因此很少有驱动获得了它的益处。

smp_mb()、smp_rmb()和 smp_wmb()原语，它们也强制编译器禁止引起穿过屏障的内存重排优化。smp_read_barrier_depends() 有类似的效果，但是仅仅是在 Alpha CPU 上才有用。参见 14.2 节以获得更多的使用这个原语的信息。这些原语仅仅在 SMP 内核上才产生代码。但是，它们都存在一个 UP 版本（分别是 mb()、rmb()、wmb()和 read_barrier_depends()），即使在 UP 内核中，这些原语在也生成代码。smp_版本应当被应用于大多数情况。但是，后面的这些 UP 版本的原语在编写驱动时也是有用的。因为即使在 UP 内核中，MMIO 访问也必须按顺序进行。缺少内存屏障指令时，CPU 和编译器都将顺利重排这些访问。最好的情况下，这些乱序操作会导致设备行为失常，也可能会让内核崩溃。某些情况下，这甚至会损坏你的硬件。

因此，绝大多数内核开发者只要用好这些接口就行了，没有必要考虑每一种 CPU、每一个内存屏障的特性。当然，如果你正对一个特定 CPU 体系结构的代码进行深入工作，就是另外一回事了。

此外，所有的 Linux 内核锁原语（自旋锁、读/写锁、信号量、RCU 等）包含必要的屏障原语。因此，如果你工作于使用这些原语的代码，就不必考虑 Linux 的内存屏障原语。

也就是说，深入了解每种 CPU 的内存一致性模型知识对调试是有用的，更不用说编写特定体系的代码或者同步原语了。

此外，一知半解是非常有害的。想象一下你可以用知识做多少坏事吧！对那些想要深入理解特定 CPU 的内存一致性模型的人来说，下一节描述了那些通用或者特殊的 CPU 一致性模型。虽然没有什么东西能够代替阅读 CPU 文档，但是这些章节是一个良好的概述。

C.7.1 Alpha

对一个已经宣布结束其生命周期的CPU讨论这么多，这看起来有点奇怪。但 Alpha 是有趣的，因为它是一个非常弱序的模型，它尽可能重排内存操作。Linux 内核定义的内存序原语必须在所有 CPU 上运行，因此也包含 Alpha。这些原语必须工作在所有 CPU 上。因此，理解 Alpha 上的原语对于内核开发者来说是非常重要的。

Alpha 和其他 CPU 之间的差异可以用下图 C.9 中的代码来说明。该图第 9 行的 smp_wmb() 保证第 6 至 8 行的节点初始化操作，在第 10 行插入链表操作之前被执行。因此，无锁搜索操作将能够正常运行。这在所有 CPU 上都能正常运行，唯独在 Alpha 上不行。

```
1 struct el *insert(long key, long data)
2 {
3  struct el *p;
```

```
 4   p = kmalloc(sizeof(*p), GFP_ATOMIC);
 5   spin_lock(&mutex);
 6   p->next = head.next;
 7   p->key = key;
 8   p->data = data;
 9   smp_wmb();
10   head.next = p;
11   spin_unlock(&mutex);
12 }
13
14 struct el *search(long key)
15 {
16   struct el *p;
17   p = head.next;
18   while (p != &head) {
19       /* 在 ALPHA 架构上存在 BUG */
20       if (p->key == key) {
21           return (p);
22       }
23       p = p->next;
24   };
25   return (NULL);
26 }
```

图 C.9　插入及无锁搜索

Alpha 是极端弱序的，因此图 C.9 第 20 行能看见第 6 至 8 行初始化之前的旧的值。

图 C.10 显示了这种情况如何在具有分区缓存的强大并行机器上发生，在这些机器上，不同的缓存行被缓存的不同部分所处理。假设链表头节点 head 被缓存带 0 处理，而新节点被缓存带 1 处理。在 Alpha 上，smp_wmb() 将确保第 6 至 8 行的缓存无效操作在在第 10 行之前先到达到互联模块，但是绝不确保新值到达读端 CPU 的顺序。例如，读端 CPU 的缓存带 1 可能非常忙，但是缓存带 0 是空闲的。这可能导致新节点的缓存使无效操作被延迟，因此读端 CPU 获得了指针的新值，但是看到了新节点值旧的缓存值。再说一遍，如果你认为我是在虚构故事的话，可参阅先前提到的 Web 站点以获得更多信息。[6]

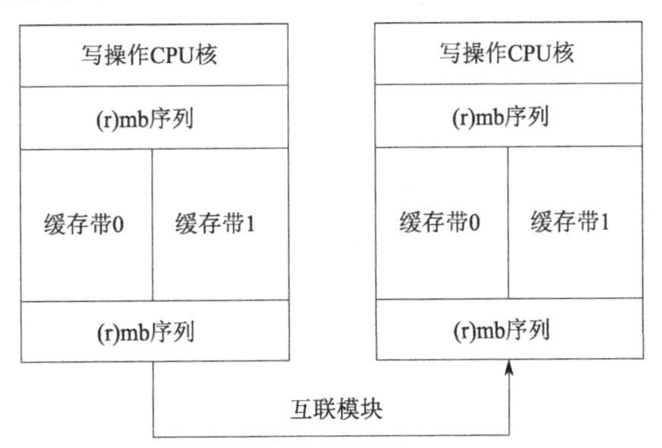

图 C.10　为什么需要 smp_read_barrier_depends()

可以在读取指针及引用指针语句之间加一个 smp_rmb() 原语。但是，这增加了系统的开销

[6]当然，聪明的读者应该已经意识到，Alpha 并不像想象的那么平庸而令人讨厌，在这一点上，C.6.1 节中（感谢）的神话架构就是一个例子。

（在 i386、IA64、PPC 和 SPARC 系统中），其他系统在读端会考虑数据依赖的问题。smp_read_barrier_depends() 原语在 Linux2.6 中被加入，以消除这些系统上的开销。该原语可能如图 C.11 第 19 行这样使用。

也可以实现一个软件屏障，用来替换 smp_wmb()。它确保所有读端 CPU 按照写端 CPU 的写顺序看到数据。但是，这个方法被 Linux 开源社区认为在极端弱序的系统（如 Alpha）会产生严重的开销。这个软件屏障可以通过向其他所有 CPU 发送处理器间中断（IPI）来实现。当收到这样一个 IPI 时，CPU 执行一个内存屏障指令。这样的软件屏障需要额外的逻辑以避免死锁。当然，有数据依赖处理的 CPU 简单将这样的内存屏障定义为 smp_wmb() 就行了。也许这个决定应当在未来进行重新审视，因为 Alpha 已经到了日暮西山的地步。

```
1 struct el *insert(long key, long data)
2 {
3   struct el *p;
4   p = kmalloc(sizeof(*p), GFP_ATOMIC);
5   spin_lock(&mutex);
6   p->next = head.next;
7   p->key = key;
8   p->data = data;
9   smp_wmb();
10  head.next = p;
11  spin_unlock(&mutex);
12 }
13
14 struct el *search(long key)
15 {
16  struct el *p;
17  p = head.next;
18  while (p != &head) {
19      smp_read_barrier_depends();
20      if (p->key == key) {
21          return (p);
22      }
23      p = p->next;
24  };
25  return (NULL);
26 }
```

图 C.11　安全的插入和无锁搜索

Linux 内存屏障原语是根据 Alpha 指令来命名的，因此 smp_mb() 根据 mb 指令命名，smp_rmb() 根据 rmb 指令命名，smp_wmb() 根据 wmb 指令命名。Alpha 是唯一以 smp_mb() 来实现 smp_read_barrier_depends() 的 CPU，其他 CPU 均是空操作。

小问题 C.15：为什么 Alpha 的 smp_read_barrier_depends() 是一个 smp_mb() 而不是 smp_rmb()？

关于 Alpha 的详细情况，请参见其参考手册[SW95]。

C.7.2　AMD64

AMD64 与 x86 是兼容的，而且已经在文档中修改了其内存模型[Adv07]，以执行更强的内存序，实际上这些内存序已经提供一些时间了。Linux smp_mb()原语的 AMD64 实现是 mfence，smp_rmb()原语是 lfence，smp_wmb()原语是 sfence。从原理上来说，这让人心情轻松，但是我们还是必须好好考虑 SSE 和 3DNOW 指令，再决定是否放松心情。

C.7.3　ARMv7-A/R

ARM CPU 族在嵌入式应用中极为流行，特别是在电源受限的应用中，如移动电话。虽然如此，ARM 多核已经存在五年以上的时间了。它的内存模型类似于 Power（参见 C.7.6 节），但是 ARM 使用了不同的内存屏障指令集：

1. DMB（数据内存屏障）导致在屏障前的相同类型的操作，看起来先于屏障后的操作先执行。操作类型可以是所有操作，也可能仅限于写操作（类似于 Alpha wmb 以及 POWER 的 eieio 指令）。另外，ARM 允许三种范围的缓存一致性：单处理器，处理器子集（“inner”）以及全局范围内的一致（“outer”）。

2. DSB（数据同步屏障）导致特定类型的操作，在随后的任何操作被执行前，真的已经完成。操作类型与 DMB 相同。在 ARM 体系早期的版本中，DSB 指令被称为 DWB（清除写缓冲区还是数据写屏障皆可）。

3. ISB（指令同步屏障）刷新 CPU 流水线，这样所有随后的指令仅仅在 ISB 指令完成后才被读取。例如，如果你编写一个自修改的程序（如 JIT），应当在生成代码及执行代码之间执行一个 ISB 指令。

没有哪一个指令与 Linux 的 rmb()语义完全相符。因此必须将 rmb()实现为一个完整的 DMB。DMB 和 DSB 指令具有访问顺序方面的递归定义，其具有类似于 POWER 架构累积性的效果。

ARM 也实现了控制依赖，因此，如果一个条件分支依赖于一个加载操作，那么在条件分支后面的存储操作都在加载操作后执行。但是，并不保证在条件分支后面的加载操作也是有序的，除非在分支和加载之间有一个 ISB 指令。如下例：

```
1 r1 = x;
2 if (r1 == 0)
3   nop();
4 y = 1;
5 r2 = z;
6 ISB();
7 r3 = z;
```

在这个例子中，存储/加载控制依赖导致在第 1 行的加载 x 操作被排序在第 4 行对 Y 的存储操作之前。但是，ARM 并不考虑加载/加载控制依赖，因此，第 1 行的加载也许会在第 5 行的加载操作后面发生。另一方面，第 2 行的条件分支与第 6 行的 ISB 指令确保第 7 行在第 1 行后面发生。注意，在第 3 行和第 4 行之间插入一个 ISB 指令将确保第 1 行和第 5 行之间的顺序。

C.7.4 IA64

IA64 是一个弱的一致性模型。因此，在没有显式的内存屏障指令时，IA64 有权随意重排内存引用[Int02b]。IA64 有一个名为 `mf` 的 memory-fence 指令，但是也有一个“half-memory fence”用于装载、存储及用于一些原子指令[Int02a]。`acq` 防止 `acq` 后面的内存引用指令被重排到 `acq` 前面，但是允许前面的内存引用指令被重排到后面，如图 C.12 所奇怪展示的那样。类似的，`rel` 防止前面的内存指令被重排到 `rel` 后面，但是允许后面的内存指令被重排到 `rel` 之前。

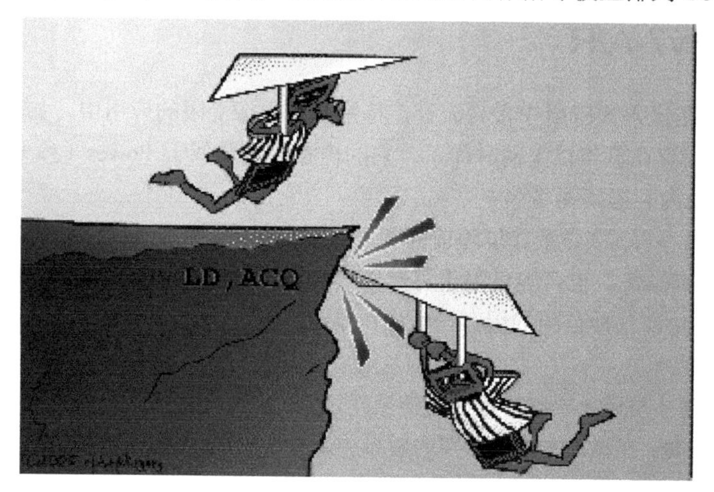

图 C.12 不完整的内存屏障

这些不完整的内存屏障对临界区是有用的，因为它可以安全地将操作放入一个临界区，但是将这些操作溢出到临界区外是致命的。作为拥有此属性的唯一 CPU，IA64 定义 Linux 与锁获取/释放相关联的内存序语义。

在 Linux 内核中，IA64 `mf` 指令被用于 `smp_rmb()`、`smp_mb()`和 `smp_wmb()`原语。尽管与传言相反，“mf” 助记符真的代表“内存栅栏”。

最后，IA64 为“释放”操作提供全局序，包括“mf” 指令。这提供了“可传递性”的概念。如果一个特定代码段已经看见一个访问已经发生，那么随后的代码段将看到更早的内存访问操作。假设所有的相关代码段都正确的使用了内存屏障。

C.7.5 PA-RISC

虽然 PA-RISC 体系允许完全重排所有装载和存储操作，实际上 CPU 是严格按照顺序运行的[Kan96]。这意味着 Linux 的内存屏障原语没有生成任何代码。但是，使用了 GCC 的“`memory`”属性来禁止编译器重排内存屏障前后相关的代码。

C.7.6 POWER / Power PC

POWER 和 PowerPC CPU 族有众多内存屏障指令[IBM94，LSH02]。

1. `sync` 导致所有在它之后的操作开始之前，之前的所有操作看起来都已经完成。因此，这个指令的开销十分大。

2. lwsync（轻量级 sync）将加载操作与随后的加载/存储操作进行排序，同时也将所有存储操作进行排序。但是，它不将存储操作与随后的加载操作进行排序。非常有趣的是，lwsync 指令执行与 zSeries，（非常巧合的是）以及 SPARC TSO 相同的顺序。

3. eieio（强制 I/O 按序执行，正如你所期望的那样）导致之前缓存的存储操作，在随后的所有存储操作之前，看起来已经完成。但是，缓存存储与非缓存存储是分别排序的。这意味着 eieio 不会强制 MMIO 操作一定在自旋锁释放之前完成存储。

4. isync 强制在随后的指令开始执行前，前面的指令已经完成。这意味着之前的指令已经处理得足够久远，这些指令产生的后果要么已经发生，要么确保其并不会发生，这些指令的边际效应（例如，页面改变）完全被随后的指令所看见。

不幸的是，这些指令中，没有哪一个指令与 Linux 的 wmb() 语义相符，这个原语请求将所有存储进行排序，但是不需要 sync 的其他高开销的操作。但是没有选择的余地， ppc64 版本的 wmb() 和 mb() 都定义为重量级的 sync 指令。但是，Linux 的 smp_wmb() 从不用于 MMIO（在 UP 以及 SMP 内核上，驱动必须小心的对 MMIO 进行排序）。因此，它被定义为轻量级的 eieio 指令，这是唯一的拥有 5 个元音的指令。smp_mb() 也被定义为 sync 指令，但是 smp_rmb() 和 rmb() 被定义为 lwsync 指令。

Power 有“cumulativity”属性，用于获得传递性属性。当正确使用它后，任何代码，只要能够看到更早代码的结果，也就能看到这段早期代码所能看到的结果。更多详情请参见 McKenney 和 Silvera 的资料。

Power 也实现了控制依赖。这与 ARM 的方式是非常相似的，不同之处在于 Power isync 指令用于代替 ARM 的 ISB 指令。

很多 POWER 体系的成员有非一致性的指令缓存，因此存储到内存并不必然反映到指令缓存中。可喜的是，很少有人还会写自修改代码。但是 JIT 和编译器每时每刻都会干这件事情。此外，在 CPU 的角度来看，重新编译一个最近运行的程序也是属于自修改代码。icbi 指令（指令缓存块刷新）从指令缓存中刷新特定的缓存行，并且可用于这种情况。

C.7.7 SPARC RMO、PSO 及 TSO

SPARC 上的 Solaris 使用 TSO（total-store order），Linux 在 sparc 32 位体系结构也是如此。但是，64 位 Linux 内核（“sparc64”体系）将 SPARC 运行在 RMO（relaxed-memory order）模式 [SPA94]。SPARC 体系也提供一个介于二者之间的 PSO（partial store order）模式。任何运行在 RMO 的程序都能够运行在 PSO 和 TSO 模式。与此类似，运行在 PSO 的程序也能运行在 TSO。向另外一个方向移植一个共享内存的并行程序需要小心加上内存屏障。虽然如前所述，使用标准的同步原语的程序不必考虑内存屏障。

SPARC 有非常灵活的内存屏障指令[SPA94]，允许对内存进行精细的控制。

1. StoreStore：在随后的存储之前，将之前的存储进行排序（这被用于 Linux smp_wmb() 原语）。

2. LoadStore：在随后的存储之前，将之前的加载进行排序。

3. StoreLoad：在随后的加载之前，将之前的存储进行排序。

4. LoadLoad：在随后的加载之前，将之前的加载进行排序（被用于 Linux smp_rmb() 原语）。

5. Sync：在开始随后的操作前，将之前的所有操作全部完成。

6. MemIssue：在随后的内存操作完成前，完成所有之前的内存操作。对一些内存映射 I/O 来说很重要。

7. Lookaside：与 MemIssue 相同，但是仅仅应用于先写后读的情况。甚至仅仅用于对同一内存位置的先写后读情况。

Linux smp_mb() 原语同时使用前 4 个指令，membar #LoadLoad | #LoadStore | #StoreStore | #StoreLoad，因此将内存操作完全排序。

既然这样，为什么需要 membar #MemIssue? 因为 membar #StoreLoad 允许随后的读操作从存储缓冲区中获取其值，如果这个存储操作是向 MMIO 寄存器写值，而这个写操作对于随后的读操作存在边际效应，那就惨了。相对的，membar #MemIssue 在允许读执行前，需要等待写缓冲区被刷新。因此，这确保装载操作确实是从 MMIO 寄存器读到它的值。驱动可以使用 membar #Sync 代替它，但是，在不需要开销更大的 membar #Sync 指令的额外效果时，轻量级的 membar #MemIssue 更好。

membar #Lookaside 是 membar #MemIssue 的轻量级版本，当向特定 MMIO 写入后，紧跟着需要读取它的值时，这个指令是有用的。但是，当写入的 MMIO 寄存器要影响到其他将要读取的寄存器时，重量级的 membar #MemIssue 是必要的。

不清楚为什么 SPARC 不将 wmb() 定义为 membar #MemIssue，将 smb_wmb() 定义为 membar #StoreStore，当前的定义容易受到某些驱动中的 BUG 的伤害。这是非常有可能的，所有 Linux 运行于其上的 SPARC CPU，实现了比 CPU 架构所允许的、更稳健的内存序模型。

SPARC 在保存指令与执行指令之间需要一个 flush 指令[SPA94]。这用来从 SPARC 的指令缓存中刷新以前的值。请注意，flush 指令需要一个地址，并且仅仅从指令缓存中刷新指定地址的缓存。在 SMP 系统上，所有 CPU 的缓存都将被刷新，但是没有合适的方法确定其他 CPU 何时完成了刷新，虽然有一个实现参考。

C.7.8 x86

由于 x86 CPU 提供“process ordering”，因此所有 CPU 都会一致性的看到某个特定 CPU 对内存的写操作。这样 smp_wmb() 实现为一个空操作[Int04b]。但是，它需要一个编译器指令，以避免编译器进行性能优化，这样的性能优化导致越过 smp_wmb() 前后的指令的重排。

从其他方面来说， x86 CPU 传统上不保证装载顺序，smp_mb() 和 smp_rmb() 被扩展为 lock;addl。这个原子指令实际上是一个同时针对装载和存储的屏障。

Intel 也为 x86 发布了一个内存模型[Int07]。事实证明，Intel 实际的 CPU 执行比前面的规范要求更严的内存序，因此，这个规范事实上只是强制规范早期的行为。更近一段时间，Intel 发布了一个更新内存模型[Int11，8.2 节]。它要求对存储来说，实现全局序。虽然对单个 CPU 来说，仍然允许它看到自己的存储操作，而这些操作早于全局序发生。这个全局序的例外情况，对于允许硬件进行重要的优化，包括存储缓冲区的优化来说，是必要的。另外，内存序遵从“传递性”，因此，如果 CPU0 看到 CPU1 存储的值，那么 CPU0 也能看到，在 CPU 1 的存储操作之前，它所能看到的值。软件可以使用原子操作，来使这些优化无效，这也是原子操作比非原子操作开销更大的原因之一。全局存储序在老的处理器上并不能得到保证。

有一个特别需要注意的是，在一个特定内存位置的原子指令操作应当对齐相同大小的内存[Int11，8.1.2.2 节]。例如，如果你编写一个程序，它在一个 CPU 上对一个字节进行原子递增，而另一个 CPU 对同一个地址执行一个 4 字节原子递增，其后果需要由你自己负责。

但是，请注意某些 SSE 指令是弱序的（`clflush` 及 non-temporal 搬移指令[Int04a]）。有 SSE 指令的 CPU 可以用 `mfence` 实现 `smp_mb()`，`lfence` 实现 `smp_rmb()`，`sfence` 实现 `smp_wmb()`。

某些版本的 x86 CPU 有一个模式位，允许在存储之间乱序，在这些 CPU 上，`smp_wmb()` 必须被定义为 `lock;addl`。

虽然较新的 x86 实现可以适应自修改代码而不需要任何特殊指令，但是为了兼容旧的及以后的 x86 实现，一个特定 CPU 必须在修改代码及执行该代码之间，执行一个跳转指令或者串行化指令（例如 `cpuid` 等）[Int11，8.1.3 节]。

C.7.9 zSeries

zSeries 构成了 IBM TM 大型机系列，以前著名的有 360、370 和 390[Int04c]。对于 zSeries 来说，并行化姗姗来迟，但是既然这些大型机首次发货是在 20 世纪 60 年代中期，我们也不能过于苛求它。`bcr 15,0` 指令用于 Linux `smp_mb()`、`smp_rmb()`和 `smp_wmb()` 原语。它有非常强的内存序语义，如表 C.5。它应当允许 `smp_wmb()`实现为 `nop`（当你看到这一点的时候，Linux 内核可能已经将 `smp_wmb()`修改为 `nop` 了）。表实际上低估了情况，因为 zSeries 内存模型在其他方面是顺序一致的，这意味着，所有 CPU 将对来自于不同 CPU 的不相关联的存储操作达成一致。

对绝大部分 CPU 来说，zSeries 架构不保证缓存一致性的指令流。因此，自修改代码必须在修改指定及执行指令之间，执行一个串行化指令。也就是说，也有某些 zSeries 机器实际上是适应自修改代码的，不需要串行化指令。zSeries 指令集提供很多串行化指令，包含比较并交换指令，某些类型的分支指令（如前述的 `bcr 15,0` 指令）、测试并设置指令，以及其他指令。

C.8 内存屏障是永恒的吗

已经有不少最近的系统，它们对于通常的乱序执行，特别是对乱序内存引用不大积极。这个趋势会继续持续下去，以至将内存屏障变为历史吗？

赞成这个观点的人会拿大规模多线程硬件体系说事，这样每一个线程都必须等待内存就绪，在此期间，可能有数十个、数百个、甚至数千个线程在继续运行。在这样的体系结构中，没有必要再使用内存屏障了。因为一个特定的线程在处理下一条指令前，将简单的等待所有外部操作全部完成。由于可能有数千个其他线程，CPU 将被完全利用，没有 CPU 处理周期会被浪费。

反对者则会说，极少数量的应用有能力扩展到 1000 个线程。除此以外，还有越来越严重的实时响应需求，对某些应用来说，其响应需求是数 10ms。在这种系统中，实时响应需求是难于实现的。而且，对于大规模硬件多线程场景来说，极其低的单线程吞吐量更难于实现。

另一种支持的观点认为，更多的减少延迟的硬件实现技术会给 CPU 一种假象，使得 CPU 觉得是按照全频率、一致性的运行，这几乎提供了与乱序执行一样的性能优势。反对的观点则会认为，对于电池供电的设备及环境责任来说，这带来了更严重的能耗需求。

谁是对的？这可没法下定论，因此咱们还是准备同时接受二者吧。

C.9　对硬件设计者的建议

硬件设计者可以做很多事情，这些事情给软件开发者带来了困难。以下是我们在过去遇到的一些事情，在此列出来，希望能够帮助防止在将来出现以下问题。

✓ I/O 设备忽略了缓存一致性

这个糟糕的特性将导致从内存中进行 DMA 会丢失刚从输出缓冲区中对它进行的修改。同样不好的，也导致输入缓冲区在 DMA 完成后，被 CPU 缓存中的内容覆盖。要使你的系统在这样的情况下正常工作，必须在为 I/O 设备准备 DMA 缓冲区时，小心刷新 CPU 缓存。类似的，在 DMA 操作完成后，你需要刷新所有位于 DMA 缓冲区的缓存。而且，你需要非常小心地避免指针方面的 BUG，因为错误的读取输入缓冲区，可能会导致对输入数据的破坏。

✓ 外部总线错误的发送缓存一致性数据

这个问题是上一个问题更难缠的变种，导致设备组甚至是内存自身不能遵从缓存一致性。我痛苦的责任是通知你：随着嵌入式系统转移到多核体系，不用怀疑，这样的问题将会越来越多。希望这些问题能够在 2015 年得到处理。

✓ 设备中断忽略了缓存一致性

这听起来真的无辜，毕竟，中断不是内存引用，是吧？但是假设一个 CPU 有一个分区的缓存，其中一个缓存带非常忙，因此一直持有输入缓冲的最后一个缓存行。如果相应的 I/O 完成中断到达这个 CPU，在 CPU 中引用这个缓存行的内存引用将返回旧的值，再导致数据被破坏，在随后以异常转储的形式被发现。但是，当系统对引起错误的输入缓冲区进行转储时，DMA 很可能已经完成了。

✓ 核间中断（IPI）忽略了缓存一致性

当位于相应的消息缓冲区的所有缓存行，它们被提交到内存之前，IPI 就已经到达目标 CPU，这可能会有问题。

✓ 上下文切换领先于缓存一致性

如果内存访问可以完全乱序，那么上下文切换就很麻烦。如果任务从一个 CPU 迁移到另一个 CPU，而源 CPU 上的内存访问在目标 CPU 上还不完全可见，那么任务就会发现，它看到的变量还是以前的值，这会扰乱大多数算法。

✓ 过度宽松的模拟器和仿真器

编写模拟器或者仿真器来模拟内存乱序是很困难的。因此在这些环境上面运行得很好的软件，在实际硬件上运行时，将得到令人惊讶的结果。不幸的是，规则仍然是，硬件比模拟器和仿真器更复杂，但是我们这种状况能够改变。

我们再次支持硬件设计者避免这些做法。

附录 D

小问题答案

D.1 如何使用本书

小问题 1.1：哪里可以找到小测验的答案？

答案：从附录 D 开始。嘿，这个问题太容易了！

小问题 1.2：有些小测验的问题看起来更像是从读者而不是作者角度出发的。这是作者有意为之吗？

答案：的确是！如果 Paul E. McKenney 是一位正在阅读本书的新手，这些就是他可能会问的问题。值得注意的是，小问题的内容都是 Paul 从自身的开发经验中提炼而来的，并没有哪个教授教过这些内容。从 Paul 的经验来看，比起并行系统来说，教授更愿意回答问题，Watson 可能不太同意这点[1]。当然，到底是教授还是并行系统能更好地回答问题，我们争论起来可以无休无尽，但是暂时让我们先搁置争议，相信教授和并行系统都能提供有用的答案。

如果你在听关于本书内容的会议和讲座，会听见的听众提问可能就是其中一些小问题。其他的小问题是从作者的角度出发的。

小问题 1.3：我不太喜欢这些小测验。我能拿它们来干什么？

答案：这里有几个可能的策略。

1. 忽略小问题并阅读本书的其余部分。虽然你可能会错过一些小问题中的有趣内容，但是书的其余部分还是非常精彩。如果你的主要目标是获得对本书内容的一般了解，又或者在浏览本书寻找特定问题的解决方案，这将是一个非常合理的方法。

2. 如果你发现小问题分散了注意，但是又无法忽略它们，可以随时克隆本书 LATEX 源的 git 存档。然后可以修改 `Makefile` 和 `qqz.sty` 文件，可以将小问题从生成的 PDF 中删除。又或者，你可以修改这两个文件，让答案紧接着问题。

3. 立即看看答案，而不是投入大量的时间想出自己的答案。如果小问题的答案是你想要解决的特定问题的关键时，这种方法是合理的。又或者当你想要一个深入地理解本书内容，但是你不希望头脑空空就被要求给出一个并行解决方案时，这种方法也是合理的。

---

[1]译者注：Watson 是 IBM 开发的一套人工智能系统。

D.2 简介

小问题 2.1：嘿！在过去的几十年里，并行编程已经被证明是极度困难的。你看起来是在暗示它并不那么难。你用意何在？

答案：如果你确信并行编程非常难，那么就应当准备回答一个问题，为什么并行编程这么难？可以列出很多原因，包括竞争条件造成死锁难于测试覆盖，但是真实的答案是，它并不那么难。最后，如果并行编程真的那么难，为什么大量的开源软件，已经能够轻松驾驭它？这些软件包括从 Apache 到 MySQL，以及 Linux 内核这些著名软件。

更好的问题可能是，为什么并行编程看起来那么难？要回答这个问题，我们需要回到 1991 年。Paul McKenney 扛着 6 个双核 80486 Sequent Symmetry CPU 主板，步行穿过 Sequent 的基准中心，突然，他意识到自己正在搬运几倍于他所购买的房子价值的东西[2]。并行系统的高价值意味着，并行编程被严格限制于那些为雇主工作的人，这些雇主可以为他们提供超过$100,000 的机器——这可是 1991 年的美元。

与之相反，在 2006 年，Paul 发现自己正在双核 x86 笔记本上敲入这些文字。与双核 80486 CPU 单板不一样，这台笔记本包含 2GB 主存、60GB 磁盘、一个显示器、以太网、USB 口、无线和蓝牙。而且，这台笔记本比那些双核 80486 CPU 主板便宜了不止一个数量级。

并行系统已经真正到来。它们不再被极少数领域所私有，而是几乎被所有人可用。

早期并行硬件不被大多数人所用，这是并行编程被认为非常难的真实原因。最终，如果你不能访问哪怕是最简单的机器，那么你就会觉得学习它的编程会很困难。既然并行硬件昂贵并且稀少的时代已经离我们远去，那种认为并行编程极其艰难的观点也该随之消逝[3]。

小问题 2.2：并行编程如何才能变得与串行编程一样简单？

答案：这依赖于编程环境。SQL[Int92]是一个值得感谢的成功示例，它允许那些不懂哪怕一点并行编程的人，都能在一个大型的并行系统产品上工作。我们期望更多这样的方案变得更便宜，更可用。例如，在科学与技术计算领域，一个可能的东西是 MATLAB*P，它试图自动的使一般的矩阵操作并行化。

最后，在 Linux 和 UNIX 系统中，考虑以下的脚本命令。

```
get_input | grep "interesting" | sort
```

这个脚本管道并行运行 `get_input`、`grep` 和 `sort`。它不那么困难吧？

简而言之，并行编程就和顺序编程一样简单——至少在这些为用户隐藏了并行性的环境来说是这样。

小问题 2.3：哦，真的吗？正确性、可维护性和健壮性这些方面呢？

答案：这些也是重要的目标，但是对于串行编程来说，它们同样重要。因此，虽然它们重要，但是它们不是特定于并行编程的。

小问题 2.4：如果正确性、可维护性和健壮性都不在目标里，为什么生产率和通用性列在上面？

答案：既然并行编程被认为比串行编程难得多，生产率就必然不能被忽略。而且，像 SQL 这样高效的并行编程环境有它的特殊目的，那么通用性也就必须加入到列表中。

---

[2]是的，顿悟了这一点后作者走路更加小心了。为什么你要问这个？

[3]在某些层面上，并行编程还是比线行编程困难一些，比如，对并行程序的验证就要复杂一些。但不再是那种让人畏惧的困难。

小问题 2.5：考虑到并行编程更难于证明其正确性，为什么正确性不在目标里？

答案：从工程的观点来说，不论是正式的还是非正式的证明其正确性，都是重要的。这是开发效率的主要目的。因此，正确性证明是重要的，但是它从属于“生产率”。

小问题 2.6：如果只是为了乐趣呢？

答案：获得快乐也是重要的，当然，除非你是一个爱好者，这通常不是主要的目的。从另一个方面来说，如果你是一个爱好者，就随便撒野吧！

小问题 2.7：难道就没有其他不考虑性能的情况吗？

答案：在某些情况下，并行编程是为了解决遗留并行软件的问题。例如，Monte Carlo 方法和一些数值计算。不过即使在这些情况下，也需要点额外工作来确保并行性。

并行性有时是为了可靠性。举一个例子，三度冗余系统拥有三套系统同时运行，并通过投票来选出最终运算结果。在极端情况下，三套系统会分别采用不同的硬件和算法。

小问题 2.8：为什么要提这个非技术问题？而且不是其他的非技术问题，偏偏是生产率？谁会关心它？

答案：如果你是一个纯粹的爱好者，可能不必关心它。但是即使是纯粹的爱好者，也会经常关心他们能够完成多少，完成得多快。最后，最流行的爱好者工具通常最适合用于工作，最适合的定义也包含开发效率。并且，如果某人向你支付薪水来编写并行代码，他们非常关心你的开发效率。

最后，如果你真的不关心效率，那么可以手工做某件事情，而不是使用计算机。

小问题 2.9：现在并行系统的价格这么低，怎么会有人愿意付钱给别人来为这些硬件编程？

答案：对这个问题，有一些答案。

1．对于一个大的并行机器计算集群，集群总的花费可以说明开发费用是合理的，因为开发费用包含大量的计算机。

2．被上千万用户使用的流行软件，可以轻易地证明开发费用的合理性，因为这些费用可以分布到上千万用户头上。这类软件可能包含像内核或系统库这样的软件。

3．如果低廉的并行机器用于控制昂贵的设备，那么这些设备的价值可以说明开发费用的合理性。

4．如果并行软件产生有价值的结果，那么这些结果将说明开发费用的合理性。

5．安全关键的系统保护了生命，这可以说明大量的开发费用是合理的。

6．爱好者、研究者将发现知识、经验、快乐或者荣誉比金钱更重要。

所以，并不是说硬件成本的下降会让软件变得不值一文，而是说除了那种超大规模硬件系统以外，硬件成本的下降使得原本隐藏在硬件成本中的软件成本暴露了出来。

小问题 2.10：这个理想真可笑！为什么不专注于一些实际可行的方面？

答案：这是可行的。移动电话是一台计算机，它能够被用于打电话，发送或接收文本消息，这只需要最终用户很少甚至不需要编程和配置。

乍一看，这像是一个实验性的示例，但是如果你认真思考一下，将会发现它既简单又意义重大。当我们想牺牲通用性时，我们可以大大增加开发效率。那些坚持通用性的人因此将不能得到足够的效率。这种现象甚至有一个英文缩略语 YAGNI（“You Ain't Gonna Needit”）。

小问题 2.11：还有哪些其他的瓶颈会阻碍通过添加 CPU 带来性能提升？

答案：有一定数量的潜在瓶颈。

1．主存。如果一个线程消耗了所有可用内存，其他线程将缺少内存。

2. 缓存。如果一个线程的缓存完全填充了所有共享 CPU 缓存，那么其他线程的缓存就会颠簸。

3. 内存带宽。如果一个线程消耗了所有可用内存带宽，其他线程将在系统互联硬件上排队。

4. I/O 带宽。如果某个线程大量占用 I/O，其他线程将等待 I/O 资源。

特定的硬件系统可能还会有其他瓶颈。事实是每种在多个 CPU 或线程中共享的资源都可能是潜在的瓶颈。

小问题 2.12：除了 CPU 高速缓存容量外，还有哪些其他因素限制着并发线程的个数？

答案：有很多潜在因素限制了线程数量。

1. 主存。每一个线程都会消耗一些内存。这样，过量的线程将耗光内存，导致更多的页面或内存分配失败。

2. I/O 带宽。如果每个线程使用特定数量的存储 I/O 或者网络流量，大量的线程将导致 I/O 队列被延迟，再一次降低性能。某些网络协议可能会由于超时或者其他原因失败。

3. 同步开销。对很多同步协议来说，过量的线程导致过多的自旋，阻塞或者回退，这也会降低性能。

特定应用或平台可能会有更多限制因素。

小问题 2.13：并行编程还有其他障碍吗？

答案：有大量潜在的妨碍并行编程的东西。其中一些如下所示。

1. 特定项目的算法可能有其固有顺序。在这种情况下，要么避免并行编程，要么发明一个新的并行算法。

2. 项目仅仅允许共享地址空间的二进制插件，这样没有哪个开发者有权访问所有源代码。由于许多并行 BUG，包括死锁，实际上是全局性的。这样对二进制插件来说存在一些挑战。将来可能会有所改变，但是需要时间。所有共享特定地址空间的并行代码开发者需要能够看到运行在地址空间中的所有代码。

3. 项目包含大量在设计时没有考虑并行的 API[AGH+11a，CKZ+13]。例如某些 System V 消息队列 API。当然，如果你的项目已经存在数十年，并且开发者没有接触过并行硬件，那么你的项目无疑有一些这样的 API。

4. 项目在实现时没有考虑并行。既然有大量的技术可以很好地运行于串行环境，并行环境是那么令人痛苦，而你的项目在生命周期中只需要运行于串行硬件，那么你的项目无疑有这样的代码。

5. 项目实现时，没有在意好的软件开发规范。而并行环境对于质量较差的代码的容忍性低于串行环境。在尝试并行化前，你可能需要整理这些已经存在的设计和代码。

6. 最初开发项目的人已经离开，留下的人虽然能够维护它，或者能添加一些小功能，但是不能做大的修改。在这种情况下，除非能找到一种办法，以一种非常简单的方法来并行化项目，那么将不得不继续保持串行。据说，有一些简单的方法，可以用来并行化你的项目。包括运行多个实例，使用一些高度并行实现的库函数，或使用像数据库这样的并行项目。

其中一个争论的地方在于，许多这些障碍都不是技术上的。简而言之，并行化可能是一个大的、复杂的任务。对于任何大型且复杂的任务，最好的办法就是提前做好准备。

D.3　硬件和它的习惯

小问题 3.1：为什么并行软件程序员需要如此痛苦地学习硬件的低级属性？如果只学习更高级别的抽象是不是更简单、更好、更通用？

答案：忽略底层硬件当然更容易，但是在绝大部分情况下，这么做是不明智的。如果你认为并行的唯一目的是提升性能，并且认为性能依赖于硬件属性，那么顺理成章的，并行编程者有必要知道一些必要的硬件属性。

大多数工程类学科都适用这点。你想让一个不懂结构学和钢原理的工程师来造桥？如果不想，为什么还想让一个不懂硬件的并行软件工程师来开发并行软件呢？

小问题 3.2：什么样的机器会允许对多个数据元素进行原子操作？

答案：其中一个答案是，可以在一个机器字中打包多个数据元素，这样的机器可以被原子的维护。

你更想要的答案可能是那种支持事务内存的机器[Lom77]。在 2014 年初，许多主流系统都提供了有限的事务内存支持，17.3 节有详细介绍。但是对软件事务内存的应用还未出现[MMW07，PW07，RHP+07，CBM+08，DFGG11，MS12]。更多关于软件事务内存的信息见 17.2 节。

小问题 3.3：CPU 设计者们已经降低缓存未命中带来的开销了吗？

答案：不幸的是，降低的幅度没那么大。对于特定个数的 CPU 有一些降低，但光的有限速度和物质的原子性质限制了降低较大型系统的高速缓存未命中开销的能力。3.3 节讨论了一些未来可能进展的途径。

小问题 3.4：这是一个简化后的事件序列吗？还有可能更复杂吗？

答案：这个事件序列忽略了某些可能的复杂性。

1．其他 CPU 可能试图在相同缓存行上并发的执行 CAS 操作。

2．缓存行可能被只读复制到其他 CPU 的缓存中，这种情况下，有必要刷新它们的缓存。

3．当请求到达时，CPU7 可能已经在缓存上操作，这种情况下，CPU7 必须保留这个请求，直到请求完成。

4．CPU7 可能已经从缓存中排出它的缓存行，这样当请求到达时，缓存行已经写入内存了。

5．在缓存行中可能发生一个可纠正的错误，因此需要在数据被使用前纠正它。

由于这些原因，产品级的缓存一致性机器极其复杂。

小问题 3.5：为什么必须刷新 CPU7 高速缓存中的缓存行？

答案：如果 CPU7 的缓存不刷新它的缓存行，那么 CPU0 和 CPU7 将在相同的缓存行中存在不同的值。这样的不一致性会使并行软件大大复杂化，因此硬件体系需要避免这个问题。

小问题 3.6：硬件设计者肯定被要求过改进这种情况！为什么他们满足于这些单指令操作的糟糕性能呢？

答案：硬件设计者已经在针对这个问题进行工作了，并且在讨论突破物理学家史蒂芬·霍金所说的限制。霍金的观点是，硬件设计者会遇到两个基本的问题。

1．有限的光速。

2．物质的原子特性。

第一问题限制了原始速度，第二个问题限制了最小单位，它们最终限制了频率。甚至我们回避了能源消耗的问题，这使得当前的产品频率低于 10GHz。

但是仍然有一些进展，可以将表 D.1 与表 3.1 进行比较。在单个核中整合多个硬件线程，以及使多个核位于一个管芯上，这极大改善了延迟。不过，这只是改善了两个因素中的一个。不幸的是，不管是光的速度还是物质的原子特性，这两者在近年都没有被改善。

表 D.1 同步机制在 16 核 2.8GHzIntelX550（Nehalem）系统上的性能

操　作	开　销（ns）	比　率
单周期指令	0.4	1.0
最好情况的 CAS	12.2	33.8
最好情况的加锁	25.6	71.2
单次缓存未命中	12.9	35.8
CAS 缓存未命中	7.0	19.4
跨核		
单次缓存未命中	31.2	86.6
CAS 缓存未命中	31.2	86.5
跨 Socket		
单次缓存未命中	92.4	256.7
CAS 缓存未命中	95.9	766.4
光纤通信	4,500	7,500
全球通信	195,000,000	324,000,000

3.3 节描述了其他硬件设计者能够做的一些事情，这样可以把并行编程者从某些困境中解脱出来。

小问题 3.7：这些数字大得让人发疯！我怎么才能记住它们？

答案：拿一卷卫生纸。在美国，每一卷大约有 350～500 层。撕掉一层代表一个时钟。现在撕掉剩下所有的层。

剩下的一叠卫生纸表示一次 CAS 缓存缺失。

开销更大的系统间通信延迟，需要几卷卫生纸来表示。

重要提示，在计算需要多少卷纸的时候，确保留下点你生活所需的卫生纸。

小问题 3.8：但是这些个体电子的移动速度并没有那么快，即使是在导体里也是！在和半导体中类似的低电压条件下，导体中的电子漂移速度每秒只有 1mm。为什么说电子移动得这么快？

答案：电子漂移速度代表单个电子的长期运动。但实际上单个电子的运动相当随机，这使得它们的瞬时速度非常高，但是长期来看，它们移动不了太远。在这里，电子类似于长途通勤者，它们可能花大部分时间在高速公路上，但长期来看又总是回到原地。这些乘客的速度可能是 70mi/h（113km/h），但它们的长期漂移速度相对于行星的表面来说为零。

当设计电路时，电子的瞬时速度通常比它们的漂移速度更重要。当电压施加到导线时，更多的电子进入而不是离开导线，但是进入的电子将导致已经在那里的电子进一步向导线另一端移动，从导致其他电子向前移动，这个过程不停反复。其结果是电场沿着导线快速移动。正如声音在空气中的传播速度远远大于正常的风速，电场沿着导线传播的速度比电子漂移速度高得多。

小问题 3.9：既然分布式系统的通信操作代价如此昂贵，为什么人们还要使用它？

答案：有如下一些原因。

1. 共享内存多处理器系统有严格的尺寸限制。如果你需要数千个 CPU，除了使用分布式外，没有其他选择。

2．极大型的共享内存系统十分昂贵，并且比四核系统的缓存缺失延迟更大。

3．分布式系统通信延迟并不必然会消耗 CPU，在消息发送时，允许并行处理其他计算工作。

4．许多重要的问题是“令人尴尬的并行”。实际上许多大量的处理过程可以通过少量的消息来处理。

有可能出现的情况是：以后在并行应用上的工作，将增加“令人尴尬的并行”应用的数量，这些应用可以在机器间、集群间很好地运行，即使其通信延迟比较大。

小问题 3.10：好吧，既然我们打算把分布式编程的一些技术应用到基于共享内容的并行编程上，为什么不继续用这些技术，把共享内存一脚踢开呢？

答案：因为通常情况下，整个程序中只有一小部分代码对性能敏感。共享内存式的并行性允许我们只需对这小部分施加关注，应用分布式编程技术，并且允许对程序中大量非性能关键代码使用更简单的共享内存技术。

D.4　办事的家伙

小问题 4.1：可是这个愚蠢透顶的 shell 脚本并不是*真正*的并行程序！这么简单的东西有什么用？

答案：最不应当忘记的就是那些简单的东西！请注意本书原书的副标题“Is Parallel Programming Hard, And, If So, WhatCan You Do About It?”。对于并行编程来说，使用最简单的东西往往是最有效的。最后，如果你选择走上并行编程这条艰难的独木桥，就不能抱怨它的艰难。

小问题 4.2：有没有更简单的方法创建并行 shell 脚本？如果有，怎么写？如果没有，为什么？

答案：一个简单的方法是使用管道。

```
grep $pattern1 | sed -e 's/a/b/' | sort
```

对于一个足够大的输入文件来说，`grep` 模式匹配将与 `sed` 编辑和 `sort` 处理并行运行。关于并行脚本和管道的示例，请参考 `parallel.sh`。

小问题 4.3：如果基于脚本的并行编程这么简单，为什么还需要其他的东西呢？

答案：实际上，使用基于脚本的并行软件是很多的。但是，它受到如下一些限制。

1．创建新进程的开销是很大的，它包括代价高昂的 `fork()` 和 `exec()` 系统调用。

2．包括管道这样的共享数据操作，通常会包括代价高昂的文件 I/O。

3．脚本可用的同步原语，通常也包括代价高昂的文件 I/O。

这些限制要求基于脚本的并行软件使用粗粒度的并行技术，每一个并行执行单元至少执行数 10ms，或者更长。

那些需要细粒度并行性的应用程序有必要好好想想手上的问题，是否有可能用粗粒度的并行性来替换。如果不能，还要考虑下是否应该使用其他并行编程环境，如第 4.2 节所述。

小问题 4.4：`wait()` 原语有必要这么复杂吗？为什么不让它像 shell 脚本的 `wait` 一样呢？

答案：当特定子进程退出时，一些并行应用需要采取特殊的动作，因此需要分别等待每一个进程退出。另外，一些并行软件需要检测子进程消亡的原因。正如我们在第 5.3 节中看到的，抛开 `wait()` 函数构建一个 `waitall()` 函数并不困难，反过来就不行了。一旦特定子进程的信息丢失了，就再找不回来了。

小问题 4.5：fork()和 wait()还有什么这里没讲的用法吗？

答案：确实有。本节在未来非常有可能扩展到包括消息功能（如 UNIX 管道，TCP/IP，共享文件 I/O）和内存映射（如 mmap()和 shmget()）等内容。有很多教科书讲述了这些原语的细节，man 指令也有许多有用内容，还有已有的并行软件是如何使用这些原语，最后还可以学习 Linux 内核中的相关实现。

值得注意的是图 4.4 中的父进程一直等待到子进程退出后才调用 printf()。通过不同进程并发地访问 printf()的 I/O 缓冲区并不简单，最好也不要这么做。如果你真的需要并发地访问 I/O 缓冲区，请仔细阅读你使用的 OS 的文档。对于 Unix/Linux 系统来说，StewartWeiss 的课程笔记就提供了很有用的材料[Wei13]。

小问题 4.6：如果图 4.5 中的 mythread()可以直接返回，为什么还要用 pthread_exit()？

答案：在这个简单的例子中，不需要关注。但是，我们可以假设一个更复杂的例子，在 mythread()中调用其他函数，这些函数可能是单独编译的。在这种情况下，pthread_exit()允许这些函数结束线程的执行，而不需要向 mythread()返回任何错误值。

小问题 4.7：如果 C 语言对数据竞争不做任何保证，为什么 Linux 内核还会有那么多数据竞争呢？你是准备告诉我 Linux 内核就是一个破烂玩意吗？

答案：嗯，Linux 内核是由 C 语言的超集所编写的，这些超集经过精心选择，包含特定的 gcc 扩展，例如 gcc 汇编，这些扩展允许在数据竞争时安全的运行。另外，Linux 不允许在某些平台上运行，在这些平台上，数据竞争会造成一些问题。例如，考虑在 32 位指针 16 位总线这样的嵌入式系统。在这样的系统中，数据竞争包括向一个特定指针进行存储和装载，这可能导致加载过程返回指针指向的旧值的低 16 位，以及指针指向的新值的高 16 位。

小问题 4.8：如果我想让多个线程同时获取同一把锁会发生什么？

答案：第一件需要做的事情，就是问问自己为什么需要这样做。如果你的回答是我有大量的数据被很多线程读，仅仅是偶尔修改一下它。那么 POSIX 的读/写锁可能是你所需要的。第 3.2.4 节中将介绍它。

另一个方法是，在持有锁的时间内，使用 pthread_create()创建其他线程。为什么这会是一个好主意？这就留给读者作为练习吧。

小问题 4.9：为什么不直接将第 5 行的 lock_reader()的参数弄成指向 pthread_mutex_t 的指针？

答案：因为我们需要传递 lock_reader()给 pthread_create()。虽然我们可以在将其传入 pthread_create()时对其进行转换（cast），但是转换函数总是比转换指针来得丑陋和复杂一点。

小问题 4.10：每次获取和释放一个 pthread_mutex_t 都要写 4 行代码！有没有什么办法能减少这种折磨呢？

答案：确实！正是这个原因，通常封装 pthread_mutex_lock()和 pthread_mutex_unlock()原语来进行错误检查。我们也在 Linux 内核中这样封装 spin_lock()和 spin_unlock()。

小问题 4.11：“x = 0”是图 4.7 所示代码片段的唯一可能输出吗？如果是，为什么？如果不是，还可能输出什么，为什么？

答案：不是。输出“x = 0”是由于 lock_reader()先获取到锁。如果 lock_writer()先获取到锁，那么输出就是“x = 3”。当然，由于代码开始于 lock_reader()，并且这是运行在多核上，通常可以认为 lock_reader() 会先获取到锁。但是，这也并不是绝对的，尤其是一个非常繁忙的系统中。

小问题 4.12：使用不同的锁可能产生很多混乱，比如线程之间可以看到对方的中间状态。所以是否一个编写很好的并行程序应该限制自身只使用相同的锁，以避免这种混乱？

答案：虽然有时候是有可能编写一个使用单一锁的并行软件，其性能和扩展性都不错。但是这样的程序应该算是例外。通常，要获得良好的性能和扩展性，应当使用多个锁。

一个可能的例外是“事务内存”，这是当前一个研究主题。事务内存可以被视为使用单一的锁进行优化，并允许进行回退[Boe09]。

小问题 4.13：在如图 4.8 所示的代码中，lock_reader() 能保证看见所有 lock_writer() 产生的中间值吗？如果能，为什么？如果不能，为什么？

答案：不一定。在繁忙的系统中，lock_writer() 执行期间，lock_reader() 可能被抢占，这种情况下，它不能看到 lock_writer() 对 x 进行修改的所有中间值。

小问题 4.14：等等！图 4.7 里没有初始化全局变量 x，为什么图 4.8 里要去初始化它？

答案：参考图 4.6 第 3 行。由于图 4.7 中的代码最先运行，它依赖于编译时对 x 的初始化。图 4.8 中的代码后运行，因此必须对它进行重新初始化。

小问题 4.15：如果不使用 ACESS_ONCE()，而是像图 4.9 第 10 行那样将 goflag 声明为 volatile 呢？

答案：在这种特殊情况下，volatile 声明实际上是一个合理的选择。但是使用 ACCESS_ONCE() 有一个好处，就是明确地向读者说明 goflag 需要进行并发读取和更新。但是，当大多数访问有锁保护（因此数值不会改变）而偶尔有几个访问没有锁保护的情况下，ACCESS_ONCE() 尤其有用。在这种情况下使用 volatile 声明将使读者更难以注意到不持有锁的特殊访问，也会使编译器更难为持有锁的情况生成好的代码。

小问题 4.16：ACESS_ONCE() 只影响编译器，不能影响 CPU。我们还需要内存屏障来保证将图 4.9 中对 goflag 值的改变及时地传递到 CPU 上吧？

答案：不，不需要内存屏障，而且用在这里也不会有所帮助。内存障碍只是强制在多个内存引用之间排序，他们绝对没有让数据加速从系统的一个部分传播到另一个部分的功能。这告诉我们一个简单的经验法则，除非你通过多个变量进行线程间通信，否则不需要内存屏障。

那 nreadersrunning 呢？这不是第二个用于通信的变量吗？事实上，是的，并且真的有必要的内存屏障指令埋在__sync_fetch_and_add() 中，这确保线程在启动之间先检查自身是否存在。

小问题 4.17：在访问每线程变量时，有必要使用 ACESS_ONCE() 吗？比如，访问某个使用 gcc_thread 声明的变量。

答案：要看情况。如果只在拥有每线程变量的线程上访问它，从不在信号处理程序中访问，那就不需要。否则，很可能需要 ACCESS_ONCE()。我们将在 5.4.4 节看到这两种情况的例子。

这导致了一个问题，一个线程如何获得访问另一个线程的__thread 变量，答案是第二个线程必须存储一个指向它的__thread 指针的指针，第一线程可以访问这个指针。一种常见方法是维护一个链表，每个线程对应有一个元素，并将每个线程的__thread 变量的地址存储在相应的元素中。

小问题 4.18：用单 CPU 和其他情况比吞吐量，是不是苛刻了点？

答案：不一定。实际上，这样的比较随意了一点。更公平的比较是在单 CPU 上，使用锁原语，然后比较其吞吐量。

小问题 4.19：可是 1000 条指令对于临界区来说已经不算小了。如果我想用一个比这小得多的临界区，比如只有几十条指令的，那么我该怎么做？

答案：如果数据从不被改变，那么在访问它时，可以不持有任何锁。如果数据修改频率一点也不频繁，你可以使用检查点，终止所有线程，修改数据，然后在检查点重新启动线程。

另一个方法是为每一个线程保留一个排它锁。这样，某个线程要读取数据时，获取它自己的锁，要写数据时，获取所有线程的锁。对于读者来说，它干得很不错。但是随着线程数量的增加，写者的开销变大了。

其他处理小临界区的方法在 10.3 节中描述。

小问题 4.20：在图 4.10 中，除了 100M 以外的其他曲线都和理想曲线有相当偏差。相反，100M 曲线在 64 个 CPU 时开始大幅偏离理想曲线。另外，100M 曲线和 10M 曲线之间的间隔远远小于 10M 曲线和 1M 曲线之间的间隔。和其他曲线相比，为什么 100M 曲线如此不同？

答案：第一条线索，64 CPU 正好是机器中 128 CPU 的一半。差异是由于硬件线程。这个系统有 64 个核，每个核有两个硬件线程。在小于 64 个线程运行时，每个线程都可以在自己的核上面运行。一旦超过 64 个线程，其中一些线程必须共享核。由于在任意核上，一对线程必须共享一些硬件资源，共享同一个核的两个线程，其吞吐量远不及两个运行在独立核上的线程。这样，性能并不仅仅受到读/写锁的限制，也受到硬件线程的限制。

这也可以从 10M 看出来，达到 64 个线程时，将从理想曲线产生偏离，然后性能急剧下降。达到 64 个线程时，主要的限制在于读/写锁的扩展性。

小问题 4.21：Power-5 已经是好多年前的机器了，现在的硬件运行得更快。那么还有担心读/写锁缓慢的必要吗？

答案：通常，更新的硬件会提升性能。但是，需要提升两个数量级才能允许读/写锁在 128 CPU 的系统上达到理想的性能。在超过 128 个核的系统中，需要提升更多性能才行。读/写锁的性能问题很有可能还要陪伴我们一段时间。

小问题 4.22：这一套原语真的有必要存在吗？

答案：严格地说，不必要。可以用其中一种原语实现另一种原语。例如，一种原语可能用 `_sync_fetch_and_nand()`实现`_ sync_nand_and_fetch()`，如下。

```
tmp = v;
ret = __sync_fetch_and_nand(p, tmp);
ret = ~ret & tmp;
```

类似的，还可以实现`_sync_fetch_and_add()`，`_sync_fetch_and_sub()`和`_sync_fetch_and_xor()`。

不过，无论是对程序员还是编译器/库函数的实现者来说，这些替代形式都显得十分方便。

小问题 4.23：既然这些原子操作通常都会生成指令集直接支持的单个原子指令，那么它们是不是最快的办法呢？

答案：不幸的是，它们不是。见第 5 章一些明显的反例。

小问题 4.24：Linux 内核中对应 `fork()`和 `join()`的是什么？

答案：实际上没有对应的东西。所有任务在内核中以共享内存的方式运行，除非你想手工做这些内存映射的海量工作。

小问题 4.25：为什么 shell 总是使用 `vfork()`而不是 `fork()`？

答案：这么做是有原因的，但是，探索具体原因将留给读者作为一个练习。另一方面，我希望我们可以同意 `vfork()` 是 `fork()` 的一个变体，所以我们可以使用 `fork()` 作为覆盖这两者的通用术语。

D.5　计数

小问题 5.1：到底是什么让既高效又可扩展的计数这么难？毕竟计算机有专门的硬件只负责计数、加法、减法等，难道没用吗？

答案：正如我们在 5.1 节中看到的一样，像原子操作这样的简单计数算法是很慢的，并且难于扩展。

小问题 5.2：**网络报文计数小问题**。假设你需要收集对接收或者发送的网络报文数目（或者总的字节数）的统计。报文可能被系统中任意一个 CPU 接收或者发送。我们更进一步假设一台大型计算机可以在 1s 处理 100 万个报文，而有一个监控系统报文的程序每 5s 读一次计数。你准备如何实现这个计数？

答案：提示，更新计数器的动作必须非常快，而每五百万次更新中才会读计数器一次，所以读计数器缓慢一些也可以。另外，读取的值不必完全精确——毕竟计数器每毫秒都要被更新几千次，我们可以将几千次更新中的任何一次看作“真实值”，而不用关心“真实值”到底是什么。但是，从计数器中读出的值应该随着时间推移保持相同的绝对误差。例如，如果计数值以百万计，读出的值误差为 1%是可以接受的，但是当计数值上万亿以后，1%的误差就绝对不行了。见 5.2 节。

小问题 5.3：**近似的数据结构分配上限小问题**。假设你需要维护一个已分配数据结构数目的计数，这个计数用来防止该结构分配的数目超出限制（比如 10000 个）。我们更进一步假设这些结构的生命周期很短，很不容易超出限制，有一个“马马虎虎”的限制就可以了。

答案：提示，更新计数器的动作必须非常快，在读取计数值时，其值在不停递增。但是，读取其值时，不需要非常精确的值，除非计数器必须区分位于上限以下的计数和等于或者超过上限的计数。见 5.3 节。

小问题 5.4：**精准的数据结构分配上限小问题**。假设你需要维护一个已分配数据结构数目的计数，这个计数用来防止该结构分配的数目超出限制（比如 10000 个）。我们更进一步假设这些结构的生命周期很短，很不容易超出限制，并且几乎在所有时间都至少有一个结构在使用中。我们再进一步假设我们需要精确地知道何时计数值变成 0，比如，除非还有至少一个结构在使用，否则可以释放一些不再需要的内存。

答案：提示，更新计数器的动作非常快，而每次读取计数器时，计数器都在递增。但是，读取其值不需要太精确，除非需要精确区分其值在上限和 0 之间的大小时，或者其值小于等于 0 或者等于大于上限时，我们才需要准确的值。见 5.4 节。

小问题 5.5：**可移除 I/O 设备的访问计数小问题**。假设你需要维护一个频繁使用的可移除海量存储器的引用计数，这样你就能告诉用户何时可以安全地移除设备。这台设备遵循着通常的移除过程，用户发起移除设备的请求，系统告诉用户何时可以安全地移除。

答案：提示，更新计数器的操作必须很快、可扩展，以避免影响 I/O 操作。但是由于仅仅在用户希望移除设备时才需要读取其值，因此读取操作可以是很慢的。并且，除非用户决定移除设备，否则完全不必要读取其值。另外，读取值不需要是精确的，除非需要精确区分非 0 值和 0 值时，或者在设备正在移除过程中时。一旦其值为 0，就必须保持其值为 0，直到用户在移除设备后采取了某种操作以防止后续线程在设备被移除后继续获得访问。见 5.5 节。

小问题 5.6：++操作符在 x86 上不是会产生一个 add-to-memory 的指令吗？为什么 CPU 高速缓存没有把这个指令当成原子的？

答案：虽然++操作可能是原子的，然而没有强制要求它这样。而且，`ACCESS_ONCE()`原语强制大多数 `gcc` 版本加载值到寄存器，递增寄存器，然后将值存储到内存，可以确切的认为，这不是原子的。

小问题 5.7：误差有 8 位数的精确度，说明作者确实是用心测试了的。但是为什么有必要去测试这么一个小小的程序呢，特别是 BUG 一眼就可以看出？

答案：这个世上没有多少小小的并行程序，同样我也不相信这个世上有多少小小的串行程序。

不要介意程序有多小或是多简单，只要你还没有测试过它，它就可能不会正常运行。即使你测试过它，墨菲定律也可以说至少还会有一些 BUG 潜伏在那里。

而且，即使已经进行了正确性证明，这也不能代替测试，包括这里使用的 `counttorture.h` 测试。毕竟证明是建立在假设正确的基础上的。最后，证明过程也可能有 BUG！

小问题 5.8：为什么 x 轴上的虚线没有在 x=1 时与对角线相交？

答案：这是由于原子操作的开销。x 轴上的虚线表示单个非原子递增的开销。毕竟理想的算法不仅会线性扩展，相较于单线程代码还不会有任何性能惩罚。

这种级别的理想是不是太苛刻了，但是如果 Linus Torvalds 都感到它足够好，那么对你来说，应当也会觉得满意了吧。

小问题 5.9：但是原子计数还是很快啊。在一个紧凑循环中不断增加变量的值对我来说不太现实，毕竟程序是用来执行实际工作的，而不是计算它做了多少事。为什么我要关心让计数变得再快一点？

答案：在很多情况下，原子递增对你来说足够快了。在这种情况下，你可以使用原子递增。这也说明，有很多现实情况，需要更精心处理计数算法。典型的情况是：在高度优化的网络协议栈中，对报文和字节数量进行计数。可以找到更多这样的例子，尤其是在大型多处理器系统中。

而且，计数问题可以让我们很好地审视共享内存并行编程遇到的问题。

小问题 5.10：但是为什么 CPU 设计者不能简单地将加法操作与被操作的数据打包，以免在所有 CPU 间来回传播缓存行的需求，该缓存行包含要递增的全局变量？

答案：在某些情况下，可能确实能够这样做。但是，存在一些复杂性：

1．如果当前（硬件）线程需要获取变量的值，必须等待（缓存中的）数据收到操作指令，之后还需等待操作的结果通知回来。

2．如果原子递增操作必须与其前后的操作按顺序进行，当前线程不仅必须要等待数据收到操作指令，还要等待操作完成的通知返回。

3．在 CPU 间传递指令很可能需要系统互联模块增加更多连线，这将增加 CPU 流片的面积，并且更加耗电。

如果前面两个条件不存在会如何？那么你应当认真考虑 5.2 节的算法，在普通的硬件上，它可以达到近乎理想的性能。

如果前两个条件存在，也有一些改进的希望。其中一种情况，我们可以假设硬件实现一棵合并树，这样来自于多个 CPU 的递增请求被合并成一个请求，最终将这个单一的请求送到硬件。硬件也可以对请求施加特定顺序，将特定于 CPU 的原子递增的返回值发送给 CPU。这将在指令级

别带来 *O*（log*N*）的延迟，其中 N 是 CPU 的个数，如图 D.1 所示。从 2011 年起，就有 CPU 开始实现这种硬件优化了。

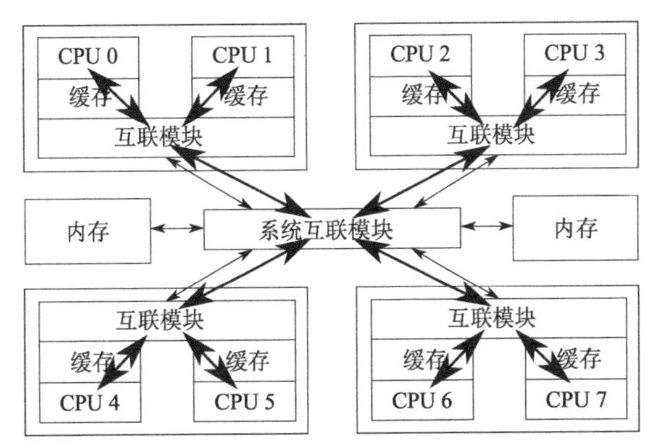

D.1 全局合并树原子自增的数据流图

这对于图 5.4 所示的当前硬件 *O*（*N*）的性能来说是极大的提升，同时如果 3D 集成技术被证明可行，硬件延迟还可以继续下降。不过我们将在一些重要的特例中看到，软件能做到的更多。

小问题 5.11：但是 C 的整型数范围有限，这让问题变得更复杂了吗？

答案：不会。因为加法拥有结合律和交换律。至少对于无符号整数来说是这样。回想 C 标准，有符号整数的溢出是未定义的，当代的硬件一般都是简单将溢出后的值绕回（wrap）。不幸的是，编译器经常在做优化的时候假设有符号整数从不溢出，所以当你的代码允许有符号整数溢出时，可能在使用 2 的补码的机器上遇见大麻烦。

另一方面，当从 32 位的每线程计数器中收集计数总和到 64 位计数器时，又出现了一个额外的复杂性来源。处理这个复杂性的练习就留给读者了，其中本章后面部分将介绍要使用到的有用技术。

小问题 5.12：数组？这会不会限制线程的个数？

答案：确实会。在这个玩具性质的实现中，它会限制线程的个数。但是要让实现允许任意数量的线程并不难，比如使用 `gcc__thread` 指令，见 5.2.4 节。

小问题 5.13：尽管如此，gcc 还有没有其他选择？

答案：根据 C 语言的标准，读取一个可能被其他地方并发修改的变量，这样的结果是不可预知的。这也表示 C 标准其实没有其他选择，因为 C 必须支持 8 位 CPU 体系架构，这些架构不能原子地装载一个"`long`"。即将出台的 C 标准将针对这个问题给出一个方案，但是即使到那时，我们也依赖于 gcc 开发者的良心发现。

除此以外，通过 `ACESS_ONCE()` 做到的 volatile 访问[Cor12]可以帮助限制编译器的优化，至少对于那些可以用一个内存访问指令访问数据的机器上是如此。

小问题 5.14：图 5.6 中的每线程 `counter` 变量是如何被初始化的？

答案：C 标准规范要求全局变量的初始值为 0，除非它们被明确初始化为其他值。因此，所有这些计数器的初始值都是 0。更进一步，一般情况下用户只关心统计计数器的后续读取之间的差值，初始值在这里无关紧要。

小问题 5.15：假设图 5.6 中允许超过一个计数，代码该怎么写？

答案：实际上，这个实验性质的例子不支持超过一个计数器。修改它，使它支持超过一个计数器。这件事情就作为练习交给读者了。

小问题 5.16：读操作需要花时间去将每线程变量的值相加，但是此时计数还是会增长。这就代表图 5.6 中 `read_count()` 返回的值不一定准确。假设计数以每单位时间 r 的速率增长，并且 `read_count()` 的执行消耗 Δ 单位时间。那么返回值预期误差是多少？

答案：首先让我们做对最坏情况的分析，然后是一个不太保守的分析。

在最坏的情况下，读操作立即完成，但是返回前被延迟 Δ 时间单位，在这种情况下最坏情况误差就是 $r\Delta$。

这种最坏情况的行为是不太可能的，所以让我们改为考虑情况来自 N 个计数器的读取，每一个读取在时间段 Δ 上相等地间隔开。在 N 次读取之间，将有 $N+1$ 个间隔，每个间隔持续 $\Delta/N+1$ 时间单位。由于读取最后一个线程的计数器的延迟造成的误差是 $r\Delta/N(N+1)$，读取倒数第二个线程的计数器的误差是 $2r\Delta/N(N+1)$，倒数第三个是 $3r\Delta/N(N+1)$，以此类推。总误差由对每线程计数器的读取误差的总和得出，也就是

$$\frac{r\Delta}{N(N+1)}\sum_{i=1}^{N} i \tag{D.1}$$

对求和进行化简，结果

$$\frac{r\Delta}{N(N+1)}\frac{N(N+1)}{2} \tag{D.2}$$

进一步化简得出了符合直观预期的结果

$$\frac{r\Delta}{2} \tag{D.3}$$

重要的是要记住，当调用者执行使用到读操作返回的计数的代码时，误差持续累积。例如，如果调用者花费时间 t 执行一些计算，而这些计算是基于返回的计数时，最坏情况的误差将增加到 $r(\Delta+t)$。

类似地，期望误差也将增加到

$$r\left(\frac{\Delta}{2}+t\right) \tag{D.4}$$

当然，有时无法接受计数器在读操作期间还继续递增的做法。第 5.5 节讨论了一种处理这种情况的方法。

到目前为止，我们一直在考虑一个只增加，却从不减少的计数器。如果计数器值每单位时间改变 r 个计数，但可能发生在任一方向上，我们应该期望误差减少。然而，最坏的情况没有改变，这是因为虽然计数器可以在任一方向上移动，但最坏的情况是在读取操作立即完成，但是被延迟了 Δ 个时间单位才返回，在此期间计数器值的所有变化使它在相同方向上移动，我们再次得到绝对误差 $r\Delta$。

计算平均误差有多种方法，它们基于各种各样关于增加和减少模式的假设。为了简单起见，让我们假设在操作中有 f 几率为递减，并且误差（errorinterest？）偏离计数器的长期趋势线。在这个假设下，如果 f 小于或等于 0.5，则每个减量将被增量消除，使得 $2f$ 的操作将彼此抵消，留下 $1-2f$ 的操作是未经校正的增量。另一方面，如果 f 大于 0.5，则 $1-f$ 的减量被增量取消，使得计数器以负值方向移动 $-1+2(1-f)$，化简为 $1-2f$，这使得在两种情况下计数器平均每次操作移动 $1-2f$。因此，计数器的长期移动由 $(1-2f)r$ 给出。将其代入公式 D.3 得出

$$\frac{(1-2f)r\Delta}{2} \tag{D.5}$$

除此之外，在大多数统计计数器的使用中，`read_count()` 返回值的误差是不相关的。这种

不相关性是由于相比连续调用 read_count()之间的间隔时间，read_count()执行所需时间通常非常小。

小问题 5.17：为什么图 5.8 中的 inc_count()不需要使用原子指令？要知道，我们现在是用多个线程访问每线程计数。

答案：因为两个线程中有一个是只读，而且因为变量是对齐，和机器字长大小相同，没有任何使用原子指令的必要。也就是说，ACCESS_ONCE()宏用于防止编译器优化，优化可能会让 eventual()无法看见对计数器的更新[Cor12]。

这个算法的旧版本确实使用原子指令，感谢 Ersoy Bayramoglu 指出这一点，实际上它们是不必要的。也就是说，需要原子指令的情况是在每线程"counter"变量小于全局 global_count 的情况。但是请注意，在 32 位系统上每线程"counter"变量可能需要被限制为 32 位，这样才能准确求和，但可以使用 64 位 global_count 变量来避免溢出。在这种情况下，需要周期性地对每个"counter"变量进行归零以避免溢出。非常重要的是，这个归零操作不能延迟太长时间，否则将可能让每线程变量溢出。因此这种方法需要对底层系统施加实时要求，并且需要小心使用。

相反，如果所有变量的大小相同，则任何变量的溢出都是无害的，因为最终的和将会按字长取模。

小问题 5.18：图 5.8 的 eventual()函数中的单个全局线程是否会像全局锁一样成为性能瓶颈？

答案：在这种情况下，不会。会发生的是随着线程数目的增加，read_count()返回的计数也变得更加不精确。

小问题 5.19：图 5.8 的 read_count()返回的估计值是否会在线程数增加时变得越来越不准确？

答案：会的。如果这被证明是一个问题，一个解决办法是提供多个 eventual()线程，每一个线程负责处理线程的子集。在极端情况下，使用如树那样的分级 eventual()线程也是有必要的。

小问题 5.20：既然图 5.8 的最终结果一致性算法在读取端和更新端都具有非常低的开销和优秀的扩展性，为什么我们还需要 5.2.2 节介绍的方法，特别是这种方法在读取端开销极大？

答案：执行 eventual()的线程需要消耗 CPU 时间。随着更多的这些最终一致的计数器被添加，将导致 eventual()线程最终消耗所有可用的 CPU。因此，该实现方式受到另一种可扩展性限制，而这种限制来源于最终一致性计数器的数目，而不是线程或 CPU 的数量。

小问题 5.21：为什么我们需要一个显式的数组来找到其他线程的计数？为什么 gcc 不提供一个像内核 per_cpu()原语一样的 per_thread()接口，让线程可以更容易地访问彼此的每线程变量？

答案：为什么需要这样？

公平地说，gcc 面临一些 Linux 内核所忽略的挑战。当一个用户线程退出时，它的每线程变量全都将消失，这会使每线程变量访问的问题变得复杂。相对来说，在 Linux 内核中，当一个 CPU 离线时，CPU 的每 CPU 变量仍然是可访问的。

类似的，当一个新的用户态线程创建时，它的每线程变量立即可用。相对来说，在 Linux 内核中，所有每 CPU 变量在 Boot 阶段就被初始化了。不管相应的 CPU 是否离线，它都可访问。

一个关键的限制是，Linux 内核在编译时就指定了一个最大 CPU 数量，即 CONFIG_NR_CPUS，同时在运行时还有个更小一些的 CPU 数量限制，nr_cpu_ids。相对来说，在用户态，不能硬编码线程数量的上限。

当然，两种环境都必须处理动态加载代码（用户态的动态库和内核态的模块），这增加了每线程变量的复杂性。

这些复杂的东西，使用户态提供访问每线程变量的方法很困难。不过，这样的接口是非常有用的，希望早晚有一天会出现这样的接口。

小问题 5.22：图 5.9 中第 19 行检查 `NULL` 的语句会增加分支预测的难度吗？为什么不把一个变量赋值为 0，然后将用不上的计数指针指向这个变量而非 `NULL` 呢？

答案：这是一个合理的策略。对性能差异的检查留给读者作为练习。不过，请记住快速路径不是 `read_count()`，而是 `inc_count()`。

小问题 5.23：为什么我们需要用像互斥锁这种重量级的手段来保护图 5.9 的 `read_count()` 函数中的累加总和操作？

答案：请记住，当一个线程退出时，它的每线程变量将会消失。因此，如果我们试图在线程退出后，访问它的每线程变量，将得到一个段错误。这个锁保护求和操作和线程退出以防止出现这种情况。

当然，我们也可以使用读/写锁来代替，但是第 9 章中将引用一种轻量级的机制来实现这个需求。

另一种方法是使用数组而非每线程变量，正如 AlexeyRoytman 注明的，这将消除对 `NULL` 的检查。可是对数组的访问通常慢于每线程变量，同时使用数组也会对线程的上限做出限制。并且，`inc_count()` 快速路径既不需要检查 `NULL` 也不需要锁。

小问题 5.24：为什么我们需要图 5.9 的 `count_register_thread()` 函数获取锁？这只是一个将对齐的机器码存储在一块指定位置的操作，而又没有其他线程修改这个位置，所以这应该是一个原子操作，对吧？

答案：这个锁其实可以删除，但是稳当起见，最好还是用它。特别是这个函数仅仅在线程启动时才执行，因此它不是关键的执行路径。如果我们在数千个 CPU 这样的机器上测试这个程序，我们可能需要忽略这个锁。如果仅仅在一百个左右的 CPU 系统上，则没什么关系。

小问题 5.25：很好，但是 Linux 内核在读取每 CPU 计数的总和值时没有用锁保护。为什么用户态的代码需要这么做？

答案：请记住，Linux 内核的每 CPU 变量总是可访问的，即使在相应的 CPU 离线时也是如此。甚至在相应的 CPU 从未存在也从未离线时，也是如此。

如图 D.2（`count_stat.c`）所示，一个规避办法是确保在所有线程结束以前，每一个线程都被延迟。对代码的分析留给读者作为练习，不过请注意这个代码无法和 `counttorture.h` 的计数估计机制集成起来。（为什么不能呢？）第 9 章将介绍一种处理这种情况的更加优雅的办法。

```
1 long __thread counter = 0;
2 long *counterp[NR_THREADS] = { NULL };
3 int finalthreadcount = 0;
4 DEFINE_SPINLOCK(final_mutex);
5
6 void inc_count(void)
7 {
8   counter++;
9 }
```

```
10
11 long read_count(void)
12 {
13  int t;
14  long sum = 0;
15
16  for_each_thread(t)
17  if (counterp[t] != NULL)
18      sum += *counterp[t];
19  return sum;
20 }
21
22 void count_init(void)
23 {
24 }
25
26 void count_register_thread(void)
27 {
28  counterp[smp_thread_id()] = &counter;
29 }
30
31 void count_unregister_thread(int nthreadsexpected)
32 {
33    spin_lock(&final_mutex);
34    finalthreadcount++;
35    spin_unlock(&final_mutex);
36    while (finalthreadcount < nthreadsexpected)
37      poll(NULL, 0, 1);
38 }
```

图 D.2　使用无锁合计的每线程统计计数器

小问题 5.26：如果每个报文的大小不一，那么统计报文个数和统计报文的总字节数之间到底有什么本质的区别？

答案：在对报文计数时，计数器仅仅递增 1 个计数。另一方面，当对字节数进行计数时，计数器可能被递增一个大的数量。

为什么这一点很重要？因为在递增 1 的情况，自增后返回的值也是计数器在未来某时刻必须采用的值，即使计数器无法说明那一刻何时发生。相反，当统计字节时，两个不同的线程可以因为操作发生的顺序而返回不一致的数值。

为了看出其中的问题，假如线程 0 向它的计数器增加 3，线程 1 增加 5，线程 2、3 对计数器进行求和。如果系统是弱序的，或者编译器进行了优化，线程 2 就可以发现总和为 3，而线程 3 可能发现总和为 5。计数器的全局值序列可能是 0，3，8 或者 0，5，8，两个序列都和获取的结果不一致。

如果你没有意识到这一点，那么你也不是唯一一个没有意识到这一点的人。MichaelScott 就在 Paul McKenney 的博士答辩上用这个问题上难住了 Paul。

小问题 5.27：读者必须累加所有线程的计数，当线程数较多时会花费很长时间。有没有什么办法能让累加操作既快又扩展性良好，同时又能让读者的性能和扩展性很合理呢？

答案：一个办法是维护一个全局的近似值。写者递增它自己的每线程变量，当达到一定限额时，将计数值添加到全局变量中，同时清空每线程变量。

我们也鼓励读者思考其他方法，例如，使用合并树。

小问题 5.28：为什么图 5.12 给出了 add_count()和 sub_count()函数，而 5.2 节里给出的是 inc_count()和 dec_count()函数？

答案：因为结构有不同的大小。当然，对应特定大小的结构的上限计数器可能仍然能够使用 inc_count()和 dec_count()。

小问题 5.29：图 5.12 中第 3 行的判断条件为什么那么奇怪？为什么不用下面这个更直观的形式判断是否进入快速路径？

```
3 if (counter + delta <= countermax){
4   counter += delta;
5   return 1;
6 }
```

答案：简而言之，整型溢出。

假设 counter 等于 10 而 delta 等于 ULONG_MAX，再看看上面的条件。再试一下图 5.12 中的代码。

例子后面的部分，需要读者很好地理解整型溢出。如果以前你没有处理过整型溢出的问题，请认真研究几个例子。某些时候，整型溢出比并行算法还难于对付。

小问题 5.30：为什么在图 5.12 里，globalize_count()将每线程变量设为 0，只是用来留给后面的 balance_count()重新填充它们？为什么不直接让每线程变量的值保持原样？

答案：这实际上是更早版本的代码干的事情。虽然增加和减少计数极其简单，但是处理与此有关的特殊情况却又十分复杂。读者们请自己尝试实现，注意整数的溢出。

小问题 5.31：add_count()中的 globalreserve 越大，对我们来说越是不利，为什么在图 5.12 中的 sub_count()里不是这样？

答案:globalreserve 变量跟踪所有线程的 countermax 变量总和。这些线程的 counter 变量总和可能介于 0 和 globalreserve 之间的任意值。因此我们必须采用一种保守的办法，假设所有线程的 counter 变量全部在 add_count()中操作，而没有在 sub_count()中操作。

但是请记住这个问题，以后我们还会回顾它。

小问题 5.32：假设有一个线程调用了图 5.12 中的 add_count()，另一个线程调用 sub_count()。sub_count()是否会在计数值非零时返回错误？

答案：确实会！在许多情况下，这将是一个问题，如 5.3.3 节所述，在这些情况下，5.4 节的算法可能是更可取的。

小问题 5.33：为什么图 5.12 中要同时有 add_count()和 sub_count()？为什么不简单地给 add_count()传一个负值？

答案：由于 add_count()以 unsigned long 作为它的参数，那么向它传递一个负数就有点困难。除非你有一块反物质内存，否则在统计数据结构的数目时，负数真的排不上用场。

小问题 5.34：为什么图 5.13 中的第 15 行将 counter 赋值为 countermax / 2？直接赋值成 countermax 不是更简单？

答案：首先，它真的是保留 countermax 计数（见第 14 行），但是，因为这种调整使得任意时刻线程只能使用其中的一半。这允许线程在将计数返回给 globalcount 之前，至少执行 countermax/2 个增加或减少计数。

注意，globalcount 中的计数一直保持准确，见第 18 行。

小问题 5.35： 在图 5.14 中，虽然剩余差值中有四分之一分配给了线程 0，但是线程 0 的计数只提升了八分之一，如连接中图和右图的上方的虚线所示。为什么这样？

答案： 发生这种情况的原因是线程 0 的"counter"设置为其 countermax 的一半。因此，在分配给线程 0 的四分之一计数中，有一半（八分之一）来自全局计数，剩下的一半（再一次，八分之一）来自剩余的计数。

采取这种方法有两个目的：（1）允许线程 0 使用快速路径来减少及增加计数，以及（2）如果全部线程都单调递增直到上限，则可以减少不准确程度。想要明白最后一点，请逐步推演算法并观察它的行为。

小问题 5.36: 为什么一定要将线程的 coutner 和 countermax 变量作为一个整体同时改变？分别改变它们不行吗？

答案： 这也许是可能的，但需要非常小心。注意，在没有先归零 countermax 之前删除 counter 可能导致相应的线程在 counter 归零后立即增加 counter，从而完全否定归零 counter 的效果。

顺序反过来，即先归零 countermax 然后删除 counter 也可以导致 counter 非零。要看明白这一点，请考虑以下事件顺序。

1. 线程 A 获取其 countermax，并且确定它不是零。
2. 线程 B 清零线程 A 的 countermax。
3. 线程 B 删除线程 A 的 counter。
4. 线程 A 发现其 countermax 非零，然后将其加入自身的 counter，导致 counter 的值非零。

再次，原子地将 countermax 和 counter 作为单独的变量进行更新是可行的，但很显然需要非常小心。也是很可能这样做会使快速路径变慢。

对这些可能性的探索留给读者作为练习。

小问题 5.37： 图 5.17 中的第 7 行违反了 C 标准的哪一条？

答案： 它假设每个字节是 8 位。这个假设被当前主流多核处理器所支持。但是这并不被所有运行 C 代码的系统所支持。（为了满足 C 标准，你能做些什么？这种做法有哪些缺点？）

小问题 5.38： 既然只有一个 counterandmax 变量，为什么图 5.17 中的第 18 行还要传递一个指针给它？

答案： 对每一个线程来说，都有一个 counterandmax 变量。我们可以看到，需要向 split_counterandmax() 传递其他线程的 counterandmax。

小问题 5.39： 为什么图 5.17 中的 merge_counterandmax() 返回的是 int 而不是直接返回 atomic_t？

答案： 我们在随后将看到，需要将返回的整数传递给 atomic_cmpxchg() 原语。

小问题 5.40: 图 5.18 第 11 行那个丑陋的 goto 是干什么用的？你难道没听说 break 语句吗？

答案： 使用 break 替换 goto 语句将需要使用一个标志，以确保在第 15 行是否需要返回，而这并不是在快速路径上所应当干的事情。如果你实在讨厌 goto 语句，最好将快速路径放到一个单独的函数中。这件事情就留给讨厌 goto 的读者作为练习。

小问题 5.41： 为什么图 5.18 的第 13、14 行的 atomic_cmpxchg() 会失败？我们在第 9 行取出 old 值以后可没改过它。

答案：我们将看到，图 5.20 的 flush_local_count()函数如何与图 5.18 的第 8 至 14 行快速路径代码并发的修改线程的 counterandmax 变量。

小问题 5.42：为什么调用线程在图 5.20 第 14 行的 flush_local_count()清零了 counterandmax 以后，不能马上为 counterandmax 赋值？

答案：在 flush_local_count()的调用者释放 gblcnt_mutex 前，其他线程不能修改 counterandmax。当调用者完成对计数器的使用后，其他线程修改它是没有问题的，这里有个假设是 globalcount 大到足以执行清零操作。

小问题 5.43：当图 5.20 中第 27 行的 flush_local_count()在清零 counterandmax 变量时，是什么阻止了 atomic_add()或者 atomic_sub()的快速路径对 counterandmax 变量的干扰？

答案：什么都没有。考虑以下三种情况。

1．如果 flush_local_count()的 atomic_xchg()在 split_counterandmax()之前执行，那么快速路径将看到计数器和 counterandmax 为 0，因此转向慢速路径。

2．如果 flush_local_count()的 atomic_xchg()在 split_counterandmax()之后执行，但是在快速路径的 atomic_cmpxchg()之前执行，那么 atomic_cmpxchg()将失败，导致快速路径重新运行，这将退化为第 1 种情况。

3．如果 flush_local_count()的 atomic_xchg()在 split_counterandmax()之后执行，快速路径在 flush_local_count()清空线程 counterandmax 变量前，它将成功运行。

不论哪一种情况，竞争条件将被正确解决。

小问题 5.44：既然 atomic_set()原语只是简单地将数据存存放到指定的 atomic_t 中，对于并发的 flush_local_count()，图 5.21 中第 21 行的 balance_count()怎样才能正确地更新变量呢？

答案：调用 balance_count()和 flush_local_count()的函数都会持有锁 gblcnt_mutex，因此在特定时刻只有一个函数能够被执行。

小问题 5.45：但是信号处理函数可能会在运行时迁移到其他 CPU 上执行。难道这种情况就不需要原子操作和内存屏障来保证线程和中断线程的信号处理函数之间通信的可靠性了吗？

答案：不需要。如果信号处理过程被迁移到其他 CPU，那么被中断的线程也会被迁移。

小问题 5.46：在图 5.22 中，为什么 theft 状态“请求” 被涂成红色？

答案：这表示仅仅快速路径才被允许改变 theft 状态，并且如果线程处于这个状态太久，运行慢速路径的线程将重发 POSIX 信号。

小问题 5.47：在图 5.22 中，分别设置 theft 状态“请求”和“确认”的目的是什么？为什么不合并这两种状态来简化状态机？这样无论是哪个信号处理函数还是快速路径，先进入者可以将状态设置为“准备完毕”。

答案：合并这两个状态为一个状态是个非常糟糕的主意，其原因包括以下两点。

1．慢速路径使用“请求”和“确认”状态来确定信号是否应当被重发。如果状态被合并，慢速路径将发送冗余的信号，除此以外别无选择。

2．将可能导致如下竞争。

A．慢速路径设置一个线程的状态为“请求并确认”。

B．线程已经执行完快速路径，并标记“请求并确认”状态。

C．线程收到信号，也标记“请求并确认”状态，因此并没有快速路径会设置状态为“准备完毕”。

D. 慢速路径标记“准备完毕”状态，漏掉计数，并设置状态为“空闲”，并完成。

E. 快速路径设置状态为“准备完毕”，禁止本线程后继的快速路径运行。这里的基本问题在于被组合的“请求并确认”状态可能被信号处理函数和快速路径所引用。

也就是说，你也许能够使一个三阶段状态机正常运行。如果成功完成，请与四阶段状态机比较一下，是否三阶段状态机更完美，为什么？

小问题 5.48： 在图 5.24 的 `flush_local_count_sig()` 中，为什么要用 `ACCESS_ONCE()` 封装对每线程变量 `theft` 的读取？

答案： 第一个（第 11 行）可能被认为是不必要的。后两个（第 14、16 行）是重要的。如果将它们删除，编译将有权限重排第 14 至 17 行，如下所示。

```
14 theft = THEFT_READY;
15 if (counting) {
16  theft = THEFT_ACK;
17 }
```

这可能异常，因为慢速路径可能在瞬间看到 `THEFT_READY` 值。

小问题 5.49： 在图 5.24 中，为什么第 28 行直接访问其他线程的 `countermax` 变量是安全的？

答案： 因为其他线程在没有持有 `gblcnt_mutex` 锁时，不允许改变它的 `countermax` 值。但是调用者已经获得这个锁，因此其他线程不可能持有它，其他线程也就不能修改它的 `countermax` 变量。因此我们可以安全地访问它，但是不能修改它。

小问题 5.50： 在图 5.24 中，为什么第 33 行没有检查当前线程，来给自己发一个信号？

答案： 没必要进行额外的检查。`flush_local_count()` 调用者已经调用了 `globalize_count()`，因此第 28 行的检查会成功。

小问题 5.51： 图 5.24 中的代码可以在 gcc 和 POSIX 下运行。如果要遵守 ISO C 标准，还需要做些什么？

答案： `theft` 变量必须是 `sig_atomic_t` 类型，以确保它能在信号处理函数和被信号打断的代码之间共享。

小问题 5.52： 在图 5.24 中，为什么第 41 行要重新发送信号？

答案： 由于某些操作系统有偶尔丢失信号的情况，这可能是它的一个功能特性或者 BUG。从用户的角度来说，这不是一个内核 BUG，但是用户应用被挂起了。

你的用户应用正在挂起！

小问题 5.53： 不仅 POSIX 信号速度较慢，而且给每个线程发信号的办法也是无法扩展的。假如现在有 10,000 个线程，要求读取端开销小，你会怎么做？

答案： 一种方法是使用 5.2.3 节显示的办法，用一个变量来对整体计数值做一个估计。另一种方法是使用多个线程来执行读取操作，每个线程只读取一部分更新线程的计数。

小问题 5.54： 如果想要一个只考虑精确下限的精确上限计数，该如何实现？

答案： 一个简单的方案是设置其上限为非常大的数值。这种办法会导致上限被设置成计数器变量所能代表的最大值。

小问题 5.55： 当使用带偏差的计数时，还有什么需要做的？

答案： 最好设置上限为一个足够大的值，以包含偏差、期望的最大访问次数，使得计数器可以在访问数目到达最大值时仍然可以有效工作。

小问题 5.56：简直太荒谬了！用读锁来更新计数，你在玩什么把戏？

答案：奇怪吗？也许有点吧，但是这却是真的！你开始认为读/写锁的名字选择得不好，对吗？

小问题 5.57：如果是真实的系统，还需要考虑哪些问题？

答案：太多了！

下面是一些例子。

1．设备的数量可能不固定，这样全局变量是不适合的，因为像 `do_io()`这样的函数不接受参数。

2．在实时系统中，轮询循环是有问题的。在很多情况下，更好的办法是在 I/O 完成时唤醒设备移除线程。

3．I/O 可能失败，这样 `do_io()`需要一个返回值。

4．如果设备故障，最后一次的 I/O 操作可能不能完成。某些情况下，可能需要一些超时处理。

5．`add_count()`和 `sub_count()`都可能失败，但是没有检查其返回值。

6．读/写锁扩展性不好，一种避免申请读锁开销的方法请参见第 7 章和第 9 章。

7．轮询循环无法有效节能。事件驱动的设计更好一些。

小问题 5.58：在表 5.1 的 `count_stat.c` 一行中，我们可以看到，读延迟随着线程数增加而线性扩展。这怎么可能？毕竟线程越多，要加的每线程计数也越多。

答案：读端代码必须扫描整个固定长度的数组，而不管线程数量的多少，这样在性能上就没有差异。相对来说，在后两种算法中，当有更多线程时，读端将做更多事情。另外，后两种算法做了更多工作，因为它们需要映射整数线程 ID 到相应的`_thread` 变量。

小问题 5.59：即使是表 5.1 上的最后一种算法，统计计数的读端性能也惨不忍睹，它们到底有什么用？

答案：“为任务使用正确的工具”。

如图 5.3 所示，单个变量的原子递增不需要使用包括并行更新这样的手段。相对来说，表 5.1 中的算法对于处理频繁写这种情形来说是不错的。当然，如果是频繁读，这种情形需要其他方法，比如，最终一致性的设计使得可以用一条加载指令读取原子自增的变量，和 5.2.3 节的方法类似。

小问题 5.60：根据表 5.2 的性能数据可以看出，我们应该尽量用信号而不是原子操作，对吗？

答案：这依赖于工作负载。请注意在 64 核系统上，你需要超过一百条非原子操作（差不多 40ns 的性能提升）才能和信号的开销（差不多 5ms 的性能损失）相当。虽然读侧重的工作负载非常常见，你还是需要仔细考虑应用要面临的负载。

此外，虽然在历史上内存屏障相比于其他指令开销巨大，但是你可以检查要运行的硬件。计算机硬件的属性随时间改变，算法也应用随之变化。

小问题 5.61：能不能采用一些高级技术解决表 5.2 中的锁竞争问题？

答案：一种方法是舍弃一些更新侧的性能，如同可扩展非零标志（scalablenon-zeroindicator）[ELLM07]一样。还有很多其他的办法可以解决问题，这留给读者做练习了。很多方法都使用锁的层次，用获取层级较低的本地锁来替换频繁获取全局锁，这些方法性能也不错。

小问题 5.62：++操作符在 1,000 位的数字上工作得很好！你没听过操作符重载吗？

答案：在 C++语言中，如果使用一些经典实现的话，你可以对 1000 位的数字使用++。但是直到 2010 年，C 语言还不允许操作符重载。

小问题 5.63：但是如果我们能分割任何事物，为什么还要被共享内存的多线程所困扰？为什么不完全分割问题，然后像多进程一样运行，每个子问题都有自己的地址空间？

答案：的确，对于并行处理来说，多个进程各自处理自己的数据是很好的方法。但是共享内存并行处理也有一些优势。

1. 只有对性能最关键的应用部分才必须分割，这些需要分割的部分通常是应用的一小部分。

2. 虽然与寄存器指针相比，缓存缺失非常慢，但是它比进程间通信原语快得多，也比 TCP/IP 网络通信快得多。

3. 共享内存多处理器不算贵，与 20 世纪 90 年代相比，基于共享内存的并行技术，其费用仅仅是那时的九牛一毛。

总之，使用正确的工具做正确的事情没错。

D.6　对分割和同步的设计

小问题 6.1：哲学家就餐问题还有更好的解法吗？

答案：这样的优化方案请参见图 D.3，简单点给哲学家提供额外的 5 个叉子。所有 5 个哲学家现在可以同时进餐，每个人都不必等待另外的人。另外，这个方法对于卫生管理来说，也是有意义的。

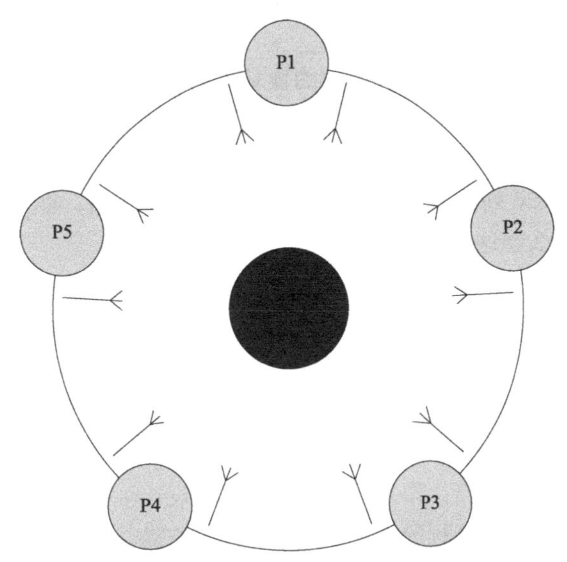

D.3　完全分割后的哲学家就餐小问题

这样的解决办法有点像是一种欺骗，但是这样的“欺骗”对于许多并发问题来说，是好的方法。

小问题 6.2：那么“水平并行化”里的“水平”是什么意思呢？

答案：假设看门人正在干协议栈的活，其应用在最上层，硬件位于底层。数据在这个栈中上下流动。“水平并行”并行处理来自于不同网络连接的报文，而“垂直并行”并行处理一个报文的不同阶段。

“垂直并行”也被称为“流水线”。

小问题 6.3：在复合双端队列实现中，如果队列在释放和获取锁时变得不为空，那么该怎么办？

答案：在这种情况下，简单从非空队列中摘除一个节点，释放两个锁，并返回。

小问题 6.4：哈希过的双端队列是一种好的解决方法吗？如果对，为什么对？如果不对，为什么不对？

答案：最好的答案是在不同的多核系统中运行 `lockhdeq.c`，你应该尽其所能多尝试。一个需要担心的地方是，在这个实现的每一个操作中，都必须获得两个而不是一个锁。

这里引用了最早的设计良好的性能研究[4]。别忘了与串行实现做对比。

小问题 6.5：让所有元素进入空的队列？这种糟糕的方法是哪门子最优方案啊？

答案：当数据流很少切换方向时，这是比较好的方法。如果需要并发地从两端清空队列，这当然是不好的方法。这又引出了另一个问题，在哪种情况下并发地从两端清空队列是合理的做法？Work-stealing 队列是一个可能的答案。

小问题 6.6：为什么复合并行双端队列的实现不能是对称的？

答案：因为需要避免死锁，所以采用了不对称的锁的层次结构，就像哲学家就餐问题中的给叉子编号解法一样（见 6.1.1 节）。

小问题 6.7：为什么图 6.12 中第 28 行的重试右出列操作是必需的？

答案：这是因为从第 25 行线程释放锁 `d->rlock` 到第 27 行重新获得该锁的过程中，其他线程可能已经向队列中加入了元素。

小问题 6.8：可以肯定的是，左手锁必须在某些时刻是可用的！那么，为什么认为图 6.12 中第 25 行的无条件释放右手锁是必需的？

答案：使用 spin_trylock()来试图获得左边的锁是可能的。但是，获取失败的情况下，仍然有必要释放右边的锁，然后重新按顺序获得两个锁。这就留给读者做练习了（同时判断这种改变是否值得）。

小问题 6.9：串联双端队列的运行速度比哈希双端队列快 2 倍，即使我将哈希表的大小增加到很大也还是这样。为什么会这样？

答案：哈希表的队列在设计锁时，仅仅允许一个线程对其进行操作，而且每次操作需要获取两个锁。而串联双端队列仅仅需要获取一个锁。因此，队列的预期性能是哈希表的两倍。

你能构建一个队列，以允许多个并发操作吗？如果能，怎么实现它。如果不能，为什么不能？

小问题 6.10：有没有一种更好的方法，能并发地处理双端队列？

答案：我们把问题换成并行地使用多个队列，以允许更简单地使用单锁队列。不用这样的“水平扩展”，其速度提升上限为 2 倍。作为对比，水平扩展设计可以大大提升速度，尤其是有多个线程同时操作队列时，因为在多线程的情况下出队操作无法提供强顺序保证。毕竟一个线程首先删除某个元素并不代表它会首先处理这个元素[HKLP12]。如果没有这样的保证，我们就可以从不提供这种保证中获取额外的性能加成。

不管问题能否转换成使用多个队列的形式，都值得先考虑一下任务是否能批处理完成，这样每个入队和出队操作都可以操作更大数量的任务。批处理方法减少了对队列数据结构的竞争，因此也提升了性能和可扩展性，如 6.3 节所示。毕竟，如果高同步开销不可避免，你至少要确保花费有所值。

其他研究者还研究了利用队列的有限顺序保证特点的方法[KLP12]。

小问题 6.11：所有这些情况都提到了临界区，这是不是意味着我们应该尽量使用非阻塞同步[Her90]，这样可以避免使用临界区？

---

[4] Dalessandro 等人的研究[DCW+11]和 Dice 等人的研究[DLM+10]都是不错的出发点。

答案：虽然非阻塞同步在某些情况下可能非常有用，但是没有万灵药。此外，JoshTriplett 指出，非阻塞同步仍然有临界区。例如，在基于比较并交换操作的非阻塞算法中，代码从初始加载开始一直到比较并交换操作的部分在许多方面都类似于基于锁的临界区。

小问题 6.12：当结构的锁被获取时，如何防止结构被释放呢？

答案：对于这种存在性保证问题，有一些可能的解决办法。

1．使用静态分配的锁，比如层次锁（见 6.4.2 节）。当然，为这个目的使用一个全局锁，将导致高度的锁冲突，戏剧性地降低性能和扩展性。

2．使用静态分配的锁数组，将数据结构的地址进行哈希，以选择要获取的锁，见第 7 章。由于哈希函数足够高效，这避免了单个全局锁的扩展性问题。但是对于多数据情况下只读的情形来说，锁请求的开销将降低性能。

3．使用垃圾回收器，这样，在数据结构被引用时，它不能被释放。这个办法运行得很好，它消除了存在性保证的负担，但是加重了垃圾回收的负担。虽然在过去数十年中，多建议使用垃圾回收机制技术，但是对某些应用来说，它的开销是不可接受的。另外，某些应用要求开发者控制数据结构的布局和位置，这就不允许垃圾回收机制的存在。

4．作为垃圾回收机制的特例，使用一个全局的引用计数，或者一个全局的引用计数数组。

5．使用冒险指针，它可以被视为一种 inside-out 引用计数。基于冒险指针的算法，维护一个每线程的指针列表，这样，在这些列表中的特定指针就是相应结构的引用。冒险指针是一个有趣的研究方向，但是仍然没有发现在产品中有所使用（2008 年）。

6．使用事务内存(TM)[HM93, Lom77, ST95]。这样每一次对数据结构的引用和修改都被自动执行。虽然事务内存在近年引起了人们的兴趣，并且看起来在产品软件中会被应用，但是开发者应当谨慎[BLM05, BLM06, MMW07]，尤其是在性能关键的代码中更是如此。特别地，存在保证要求事务涵盖从全局引用到更新数据的整个流程。

7．使用 RCU，它可以被视一种极其轻量级的、类似垃圾回收器的东西。写者不允许释放那些仍然被读者所引用的数据结构。对于那些大量用于读取的数据结构来说，RCU 被大量使用，将在第 9 章中讨论它。

对于更多关于存在性保证的讨论，请参见第 7 章和第 9 章。

小问题 6.13: 单线程 64 x 64 矩阵多线程如何能够具有小于 1.0 的效率？当仅在一个线程上运行时，图 6.23 中的所有曲线不应该都具有精确的 1.0 的效率吗？

答案：`matmul.c` 程序创建指定数量的工作线程，因此即使是单工作线程情况也会产生线程创建开销。在单工作线程的情况下对线程创建开销的优化留给读者做练习。

小问题 6.14：数据并行技术如何帮助矩阵乘法？它已经是数据并行了吧！

答案：我很高兴你关注到这点！这个例子是用来表明，虽然数据并行性是个好东西，但是它不是魔术棒，能够自动解决所有的低效率源头。能够在高性能情况下线性扩展，甚至“只在”64 个线程上线行扩展，都需要在设计和实现等阶段付诸努力。

特别的一点是，你需要注意分割的大小。例如，如果你在 64 个线程上分割一个 64 乘 64 的矩阵，每个线程只进行 64 个浮点乘法。与线程创建的开销相比，浮点乘法的代价是微不足道的。

职业道德：如果你有一个具有可变输入的并行程序，请始终检查输入的数据大小是否太小到不值得并行化。当并行化对程序没有帮助时，创建额外的线程需要的开销是不值得的，不是吗？

小问题 6.15：哪种情况下使用层次锁最好？

答案：如果将图 6.26 第 31 行的比较操作替换为重负载的操作，那么释放 `bp->bucket_lock`

可能会减少锁冲突，因为抵消了对 cur->node_lock 的额外获取释放开销。

小问题 6.16：图 6.32 中存在一个模式：每三个样本为一组，增加同一组内每个样本运行长度，性能会提升，比如 10、11 和 12。这是为什么？

答案：这是因为每 CPU 的目标值为 3。运行长度为 12 的样本需要获取全局池的锁两次，而运行长度为 13 的样本则需要获取三次锁。

小问题 6.17：当运行长度为 19 或更大时，双线程测试开始出现分配失败。如果全局缓存池的大小为 40，每线程缓存池的大小 s 为 3，线程个数 n 为 2，假设每线程缓存池最开始为空，也就是说当前没有处于正在使用中的内存，那么可以出现分配失败的最小分配运行长度是多少？（回想之前的做法，每个线程先分配 m 个内存块，然后释放 m 个内存块，不断重复。）而在另一种情况，如果 n 个线程，每个线程的缓存池大小为 s，并且每个线程首先分配 m 个内存块，然后释放 m 个内存块，不断重复，那么全局缓存池应该为多大？注意，想要得出正确的答案，需要读者仔细阅读 smpalloc.c 的源代码。一行一行仔细读，我已经警告你了！

答案：本解法来自 AlexeyRoytman 的答案。它基于以下定义。

g 全局可用的内存块数目。

i 正在初始化的线程的每线程池剩余的内存块（这也是你需要仔细看代码的原因之一）。

m 分配/释放运行长度。

n 线程数，不包括初始化线程。

p 每线程的最大内存块消耗，包括已分配的和仍然留在内存池的内存块。

g、m 和 n 的值已经给出。P 的值是 m 向最近的 s 倍数取整所得。

$$p = s\left\lfloor \frac{m+s-1}{s} \right\rfloor \quad \text{(D.6)}$$

i 的值如下所示。

$$i = \begin{cases} g \pmod{2s} = 0 : 2s \\ g \pmod{2s} \neq 0 : g \pmod{2s} \end{cases} \quad \text{(D.7)}$$

这些变量之间的关系如图 D.4 所示。全局池如图上部所示，额外初始化线程的每线程池和每线程的分配如图中最左方的黑框表示。初始化线程不分配内存块，但是其内存池持有 i 个内存块。最右方的两对黑框持有最大可能数目的内存块的线程对应的内存池和已分配内存块。左起第二对黑框代表线程目前尝试分配的内存块数目。

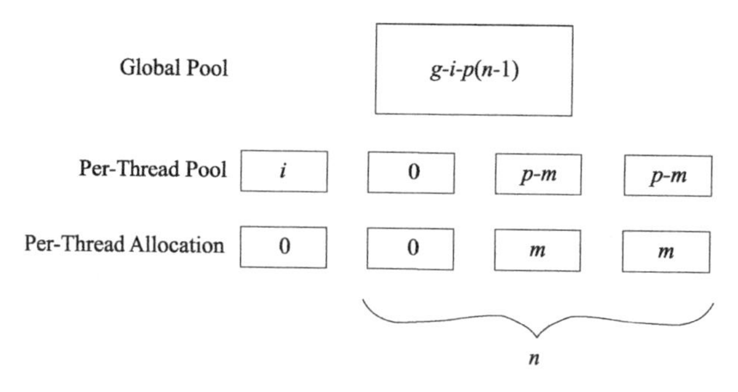

图 D.4 分配器缓存运行长度分析

所有内存块的数目为 g，减去每线程分配的内存块和内存池中的内存块，我们可以得出全局内存池拥有 $g-i-p(n-1)$ 个内存块。如果线程想要分配成功，全局内存池至少要有 m 个内存块。

$$g-i-p(n-1) \geqslant m \quad \text{(D.8)}$$

问题中 $g=40$，$s=3$，$n=2$。方程 D.7 中的 i 为 4，方程 D.6 中当 $m=18$ 时，$p=18$，当 $m=21$ 时，$p=19$。将上述值带入方程 D.8，当 $m=18$ 时结果不会溢出，但是 $m=19$ 时则会发生溢出。

i 的存在可以视为一个 BUG。毕竟，为什么要一定要把分配的内存放入初始化线程的缓存里呢？一种修正的办法是提供了一个 memblock_flush() 函数，将当前线程的缓存池冲刷到全局缓存池。初始化线程在释放了所有内存块之后调用该函数。

D.7　锁

小问题 7.1： 为什么当一个坏小子还能被认为是光荣的事情？

答案： 锁作为研究论文里坏小子角色的原因，是因为实践中大量使用锁。相反，如果没有人使用或关心锁，大多数研究论文甚至不会提到它。

小问题 7.2： 但是死锁的定义只说了每个线程持有至少一把锁，然后等待同样的线程释放持有的另一把锁。你怎么知道这里有一个循环？

答案： 如果在图中没有形成连环锁。我们就能得到一个非循环的图（DirectedAcyclic Graph），并且至少存在一个叶子节点。

如果这个叶子节点是锁，那么，就存在一个线程正在等待该锁，而锁并没有被任何线程持有，这违反了定义。（这种情况下，线程将立即获得锁。）

另一方面，如果这个叶子节点是线程，那么存在某个线程，它没有等待任何锁，这也违反了定义。（这种情况下，该线程要么正在运行，要么阻塞在其他并不是锁的事务上。）

因此，对于死锁的定义，在相应的图中，必然存在一个连环锁。

小问题 7.3： 这个规则有例外吗？比如即使库函数永远不会调用调用者的代码，但是还是会出现库函数与调用者代码相互持锁的死锁循环。

答案： 确实有！这里有几个例子。

1．如果库函数的参数之一是指向库函数将要获取的锁的指针，并且如果库函数在获取调用者的锁的同时还持有自身的锁，那么我们可能有一个涉及调用者和库函数的锁的死锁循环。

2．如果其中一个库函数返回一个指向锁的指针，调用者获取了该锁，如果调用者在持有库的锁的同时获得自身的锁，我们可以再次有一个涉及调用者和库函数的锁的死锁循环。

3．如果其中一个库函数获取锁，然后在返回仍然持有该锁，如果调用者获取了自身的锁，我们又发明了一种产生死锁循环的好办法。

4．如果调用者有一个获取锁的信号处理程序，那么死锁循环就会涉及调用者和库函数的锁。不过在这种情况下，库函数的锁是死锁循环中无辜的旁观者。也就是说，在大多数环境中从信号处理程序内获取锁的想法是个馊主意，它不只是一个坏主意，它也是不受支持的用法。

小问题 7.4： 但是如果 qsort() 在调用比较函数之前释放了所有锁，它怎么保护其他 qsort() 线程也可能访问的数据？

答案： 通过私有化将要比较的数据元素（如第 8 章所述）或通过使用延迟处理机制，如引用计数（如第 9 章所述）。

小问题 7.5： 请列举出一个例子，说明将指向锁的指针传给另一个函数的合理性。

答案： 当然是加锁原语。

小问题 7.6： 难道 pthread_cond_wait() 不是先释放锁然后再去获取锁，来避免死锁的可能性吗？

答案：绝对不行。

考虑一个程序先获取 mutex_a，再获取 mutex_b，然后将 mutex_a 传递给 pthread_cond_wait。现在，pthread_cond_wait 将释放 mutex_a，但会在返回之前重新获取该锁。如果有其他线程在此期间获取 mutex_a，然后在 mutex_b 上阻塞，程序将会死锁。

小问题 7.7：图 7.9 到 7.10 的转变能否推广到其他场景？

答案：不能。

这种转换有一个前提，就是假设 layer_2_processing() 函数是幂等的（idempotent），因为当 layer_1() 的路由决定改变时，对同一个数据包可能执行多遍 layer_2_processing() 函数。实际上，转换过程会更复杂一些。

小问题 7.8：为了避免死锁，图 7.10 带来的复杂性也是值得的吧？

答案：也许。

如果 layer_1() 中的路由决定频繁改变，代码将总是重试，而不继续向前运行。如果没有线程能够往前进，又或者某些线程能够前进而另一些不能（见 7.1.2 节），这就会形成“活锁”。

小问题 7.9：当使用 7.1.1.6 节中所说的“先获取必需的锁”策略时，如何避免出现活锁呢？

答案：提供一个额外的全局锁。如果给定的线程已反复尝试并且无法获取所需的锁，那么先让该线程无条件地获取新的全局锁，然后再无条件地获取任何所需的锁。（由 Doug Lea 提供）

小问题 7.10：如果锁 A 在信号处理函数之外被持有，锁 B 在信号处理函数之内被持有，为什么在不阻塞信号并且持有锁 B 的情况下去获取锁 A 是非法的？

答案：因为这会导致死锁。假定锁 A 在信号处理函数之外被持有，并且在持有时没有阻塞该信号，那么有可能在持有锁时处理该信号。相应的信号处理函数可能再去获取锁 B，从而同时持有锁 A 和锁 B。因此，如果我们还想在持有锁 B 的同时获取锁 A，将有一个死锁循环等着我们。

因此，在不阻塞信号的情况下，如已经持有了从信号处理函数内获取的锁，从信号处理程序外部获取另一把锁是非法的。

小问题 7.11：在信号处理函数里怎样才能合法地阻塞信号？

答案：最简单和最快速的方法之一是在设置信号时将 sa_mask 字段传递给 sigaction() 的 struct sigaction。

小问题 7.12：如果在信号处理函数里获取锁是一个糟糕透顶的主意，为什么这里又要讨论如何使之安全呢？

答案：因为相同的规则同样适用于操作系统内核中使用的中断处理程序和某些嵌入式应用程序。

在许多应用环境中，获取信号处理程序中的锁的请求将被拒绝[Ope97]。然而，这并不能阻止聪明的开发者（通常不明智地）用原子操作自造一把锁。许多情况下，在信号处理程序中使用原子操作是完全合法的。

小问题 7.13：假如有个面向对象的应用程序，它可以自由地在大量对象中传递参数，而这些对象并没有明显的锁层次[5]、分级或者其他什么划分，这样的程序如何并行化？

答案：有如下几种方法。

[5] 又称“面向对象的意大利面条式代码”。

1．在通过仿真进行参数搜索的例子中，将运行大量的仿真以便找出（例如）对于对某种机械或者电气设备的良好设计，每个仿真以单线程运行，同一时刻将并行运行多个仿真实例。这种方法保留了面向对象的设计并在更高级别获得并行性，并且可能还避免同步开销。

2．将对象分成组，使得一次不会操作多于一组的对象。然后将锁与每个组关联。这是一个“一次只用一把锁”设计的例子，详细讨论见 7.1.1.7 节。

3．将所有对象分割成不同组，使得不同的线程可以按照一定顺序同时操作不同组的所有对象。然后将锁与每个组相关联，在各组上建立锁的层次结构。

4．对全部锁建立任意选择的层次结构，然后在有必要乱序获取锁时使用条件锁，如在 7.1.1.5 节中所讨论的。

5．在执行给定的一组操作之前，预测将要获取哪些锁，并尝试在实际执行任何更新之前获取这些锁。如果预测结果不正确的，释放所有的锁，根据上次失败的原因重新预测。7.1.1.6 节讨论了这种方法。

6．使用事务内存。将在 17.2 节中讨论，这种方法有利有弊。

7．重构应用程序以获得更好的并发性。这也可能让使应用程序在单线程环境运行得更快，但是使得后续对应用程序的修改更加困难。

8．除了锁之外，使用后续章节中提到的技术。

小问题 7.14：图 7.11 中的活锁该如何避免？

答案：图 7.10 给出了一些有益的提示。很多情况下，活锁表示应当重新审视你的设计。或者重新思考最初为什么会产生使用锁的想法。

DougLea 认为一种足够好的方法是使用 7.1.1.5 节介绍的条件锁，同时结合在修改共享数据之前，首先获取所有需要的锁的策略，见 7.1.1.6 节。如果给定的临界区重试次数过多，则无条件地获取一个全局锁，然后无条件地获取所有需要的锁。这既避免了活锁也避免了死锁，如果全局锁的竞争程度不高，扩展性也不错。

小问题 7.15：你能在图 7.12 的代码中看出什么问题吗？

答案：这里有几个问题。

1．1s 的等待对于大多数调用来说太长了。等待间隔应该从执行临界区所需的时间开始，这通常会在微秒或毫秒范围内。

2．代码不检查溢出。另一方面，这个 BUG 被之前的 BUG 遮掩住了，32 位整数代表的秒数超过 50 年。

小问题 7.16：如果使用良好的并行设计，使得锁竞争程度下降从而避免了不公平性，这样是不是更好？

答案：在某种意义上，这是更好的设计，但在有些情况下，采用会导致高度锁竞争的设计也是合理的。

例如，假设有一个系统，其中可能会出现一种罕见的错误条件。可能最好的设计是用简单的错误处理设计来处理这种罕见错误条件，即使性能和可扩展性差也无所谓，而不是用一个复杂的难以调试的设计，并且只在罕见错误条件发生时才起效。

话又说回来，通常来说值得花费些时间找出一种在错误条件下既简单又有效的设计，例如通过分割问题的方法。

小问题 7.17：锁的持有者怎么样才会受到干扰？

答案：如果受锁保护的数据与锁本身处于同一高速缓存行中，那么其他 CPU 获取锁的尝试将导致持有锁的 CPU 产生昂贵的高速缓存未命中。这是假共享的一种特殊情况，如果由不同锁保护的一对变量共享高速缓存行，也会出现这种情况。相反，如果锁和与它保护的数据处于不同的高速缓存行中，则持有锁的 CPU 通常只会在第一次访问给定的变量时遇到缓存未命中。

当然，将锁和数据放入单独的缓存行也有缺点，代码将产生两次高速缓存未命中，而不是在无竞争时的一次高速缓存未命中。

小问题 7.18：如果获取互斥锁后马上释放，也就是说，临界区是空的，这种做法有意义吗？

答案：这种用法是罕见的，但是偶尔会有使用。这里的关键是互斥锁的语义有两个组成部分：（1）大家比较熟悉的数据保护语义和（2）消息语义，释放给定的锁将通知等待获取那个锁的线程。空临界区的做法使用了消息传递的语义，而非数据保护语义。

本回答的其余部分提供了空临界区的一些示例用法，然而，这些例子应该被认为是“灰色魔法”[6]。因为空临界区的做法几乎不用于实践中。不过，让我们走进这个灰色区域……

对空临界区的一个历史使用出现在 2.4 Linux 内核的网络栈中。这种使用模式可以被认为是一种近似读取复制更新（RCU）的方法，这将在 9.3 节中讨论。

加锁-空临界区-解锁的用法也可以用于减少一些情况下的锁竞争。例如，假设有一个多线程的用户空间应用程序，每个线程处理在每线程链表中维护的工作单元，其中线程禁止接触彼此的链表。更新操作可能需要所有先前安排的工作单元完成后才能进行。一种处理这种情况的方法是在每个线程上安排一个特殊工作单元，这样当所有这些的工作单元完成后，更新才能继续。

在一些应用程序中，线程随时创建或销毁。例如，每个线程可能对应于应用的一个用户，当用户登出或者连接断开时销毁对应线程。在许多应用中，线程不能原子地销毁：它们必须明确地按照特定的顺序从应用程序的各个部分断开。其中典型的一步是拒绝接受从其他线程发来的请求，另一步则是丢弃任务链表上剩余的工作单位，例如，将这些工作单元放在一个全局的丢弃任务链表，交由其余线程处理。（为什么不让将要销毁的线程执行任务链表中的剩余项目呢？因为每个工作项目可能会生成更多工作项，从而无法及时清理任务链表。）

想要应用程序执行效率和扩展性良好，需要良好的锁设计。一个常见的解决方案是用一个全局锁（称为 G）保护整个进程的退出过程（也可以用于其他事情），用更细粒度的锁保护单独线程的销毁操作。

从现在开始，即将销毁的线程必须在将任务放置在丢弃任务链表之前，明确拒绝接受其他访问请求，否则新的任务可能在清空任务链表后到达，这将使清理任务链表操作无效。所以简化后的线程销毁的伪代码如下。

1. 获取锁 G。
2. 获取保护访问请求的锁。
3. 拒绝来自其他线程的请求。
4. 释放保护访问请求的锁。
5. 获取保护全局丢弃任务链表的锁。
6. 将所有挂起的任务移动到全局丢弃任务链表。
7. 释放保护全局丢弃任务链表的锁。
8. 释放锁 G。

当然，如果有线程需要等待之前所有任务完成，也需要考虑那些即将退出的线程。要看到这

[6]感谢 AlexeyRoytman 提供了这种说法。

一点，假设这个线程开始等待所有线程完成现有任务，在此之后马上有即将退出的线程开始拒绝从其他线程发来的访问请求。等待线程如何等待即将退出线程的任务完成？请记住，线程不允许访问彼此的任务链表。

直接的解决方法是让等待线程获取全局锁 G，然后获取保护全局丢弃任务链表的锁，之后将任务移动到自己的链表中。再然后释放这两个锁，将任务放在它自己的任务链表的末尾，然后等待放置在各个线程任务链表（包括它自己的）上的所有任务完成。

这种方法在许多情况下工作良好，但如果从全局丢弃任务链表中取出任务的操作需要特殊处理时，可能导致对锁 G 的过度竞争。避免竞争的一种方法是获得锁 G，然后立即释放它。然后等待之前所有任务完成的过程如下所示。

1. 将全局计数器设置为 1，并将条件变量初始化为 0。
2. 向所有线程发送消息，使它们原子地递增全局计数器，然后将任务排入队列。每个任务将原子地递减全局计数器，如果计数器结果为零，则将条件变量设置为 1。
3. 获取锁 G，它将等待任何当前正在退出的线程以完成销毁过程。因为一次只有一个线程可以退出，所有剩余的线程将已经接收到上一步骤中发送的消息。
4. 释放锁 G。
5. 获取保护全局丢弃任务链表的锁。
6. 将全局丢弃任务链表中的所有任务移动到此线程的任务链表中，根据需要处理它们。
7. 释放保护全局丢弃任务链表的锁。
8. 将一个附加任务放入该线程的任务链表中。（和前面一样，这项任务将原子地递减全局计数器，并且如果结果为零，则将条件变量设置为 1）。
9. 等待条件变量取值为 1。

一旦此过程完成，所有预先存在的任务都保证已经完成。空临界区用于对消息加锁和保护数据两种目的。

小问题 7.19： VAX/VMS 分布式锁管理器还有其他模拟读/写锁的方法吗？

答案： 事实上还有好几个。一种方法是使用空状态、受保护读和互斥访问模式。另一种方法是使用空状态、受保护读和并发写模式。第三种方式是使用空状态、并发读和互斥访问模式。

小问题 7.20： 图 7.15 中的代码真是很复杂！为什么我们不有条件地获取单个全局锁？

答案： 只有在 CPU 数量相对较小时，有条件地获取单个全局锁才能工作得很好。想要知道为什么有成百上千 CPU 的系统会出现问题，看看图 5.3，并推断一下从 8 个增加到 1,000 个 CPU 之后所产生的延迟。

小问题 7.21： 等一下！如果我们在图 7.15 的第 16 行“赢得”比赛，我们将得以执行 `do_force_quiescent_state()` 的所有工作。说真的，这究竟这是怎么一场胜利？

答案： 怎样赢得比赛？这只是表明，在并发世界就像在真实生活中一样，玩家应该在玩游戏之前准确地了解如何才能获胜。

小问题 7.22： 为什么不依赖 C 语言的默认初始化为零，而是使用图 7.16 中第 2 行所示的显式初始化代码？

答案： 因为此默认初始化对这种在函数的范围定义的自动变量不适用。

小问题 7.23： 为什么需要图 7.16 中第 7、8 行的内循环呢？为什么不是简单地重复做第 6 行的原子交换操作？

答案： 假设锁已被一个线程持有，并且有其他几个线程尝试获取该锁。在这种情况下，如果这些线程都循环地使用原子交换操作，它们会让包含锁的高速缓存行在它们之间“乒乓”，使得芯片互联模块不堪重负。相反，如果这些线程在第 7、8 行上的内循环中自旋，它们将只在自己的高速缓存中自旋，对互连模块几乎没有影响。

小问题 7.24：为什么不简单地在图 7.16 第 14 行的加锁语句中，将变量赋值为 0？

答案：这也是一个合法的实现，但只有当这个赋值操作之前有一个内存屏障并使用 ACCESS_ONCE()时才可行。若使用 xchg()操作就不需要内存屏障，因为此操作将返回一个值，这意味着它是一个完整的内存屏障。

小问题 7.25：当计数器溢出的时候，你怎么知道一个计数是否大于另一个计数？

答案：在 C 语言中，以下宏可以正确处理这个问题。

```
#define ULONG_CMP_LT(a, b)\
        (ULONG_MAX / 2 <(a)-(b))
```

虽然简单地减去两个有符号整数是诱人的，但是这种做法应该避免，因为在 C 语言中未定义有符号溢出。例如，如果是编译器知道其中一个值是正数，另一个是负数，编译器会在它的权利范围之内简单地假设正数大于负数，尽管用正数减去负数可能会溢出，导致结果为负数。

编译器如何知道这两个数字的符号？它可能能够基于先前的赋值和比较来推断。在这种情况下，如果每个 CPU 计数器都是有符号数，编译器可以推断它们的值总是增加，然后假设它们永远不会为负数。这个假设可以引诱编译器生成不幸的代码[McK12d，Reg10]。

小问题 7.26：计数器方法或 flag 方法，哪个更好？

答案：flag 方法通常会带来更少的高速缓存未命中，但更好的答案是尝试并且看看哪种方式最适合你的特定工作负载。

小问题 7.27：依赖隐式存在保证怎样才会导致故障？

答案：这里有一些因使用隐式存在保证不当而导致的错误。

1. 程序将全局变量的地址写入文件，然后后续相同程序的更大实例读取该地址并尝试解引用。这可能因为每个进程的地址空间随机化而失败，更不用说程序重新编译了。

2. 模块可以将其中一个变量的地址记录在位于其他模块的指针中，然后尝试在模块被卸载之后对指针解引用。

3. 函数可以将它的一个堆栈变量的地址记录到全局指针中，其他函数可能会在该函数返回之后尝试解引用。

我相信你可以想出更多的可能性。

小问题 7.28：如果图 7.17 第 8 行中我们需要删除的元素不是链表的第一个元素该怎么办？

答案：这是一个非常简单的，没有哈希链的哈希表，因此，在特定的桶中，只有一个元素，那就是第一个元素。我们请读者修改这个例子，以适应一般的哈希表。

小问题 7.29：图 7.17 中可能发生什么竞态条件？

答案：考虑以下的事件序列。

1. 线程 0 调用 delete(0)，运行到图中第 10 行，获取锁。

2. 线程 1 并发的调用 delete(0)，并且运行到第 10 行，由于线程 0 持有了该锁，因此它在此自旋。

3. 线程 0 执行第 11 至 14 行，从哈希表中删除元素，释放锁，然后释放元素。

4. 线程 0 继续运行，分配内存，分配的内存正好是它刚才释放的内存。

5. 线程 0 初始化内存块为其他类型的数据结构。

6. 由于线程 1 认为 p->lock 不再是一个自旋锁，因此 spin_lock() 操作失败。

由于没有存在性保证，数据元素的标识可以在另外一个线程在第 10 行试图获取锁的时候，被线程修改。

D.8 数据所有权

小问题 8.1：在用 C 或者 C++创建共享内存的并行程序（例如使用 pthread）时，哪种形式的数据所有权是很难避免的？

答案：在函数中使用自动变量。默认情况下，对于正在执行函数的线程来说，这些变量是线程私有的。

小问题 8.2：8.1 节中的示例中使用什么同步？

答案：通过 sh&操作符创建线程，通过 shwait 命令加入线程。

当然，如果进程显式地共享内存，例如，使用 shmget() 或 mmap() 系统调用，在访问和更新共享内存时可能需要显式同步。这些进程还可以使用如下任何一个同步机制进行进程间通信。

1. 系统 V 信号量。
2. 系统 V 消息队列。
3. UNIX 域套接字。
4. 网络协议，包括 TCP / IP，UDP。
5. 对文件加锁。
6. 使用 O_CREAT 和 O_EXCL 标志的 open() 系统调用。
7. 使用 rename() 系统调用。

列出所有可能的同步机制，将作为练习留给读者，首先警告你，这将是一个非常长的清单。有很多系统调用可以用作同步机制。

小问题 8.3：8.1 节中的示例中是否有共享数据？

答案：这是一个哲学问题。

那些希望答案为“否”的人可能会认为，根据定义进程不会共享内存。

那些希望回答“是”的人可能会列出大量不需要共享内存的同步机制，比如内核会有一些共享状态，甚至可能认为进程 ID（PID）的分配也是共享数据。

这种辩论是不错的智力练习，这也是一种表现小聪明的好办法，对倒霉的同学或同事的论点嗤之以鼻，同时（特别是！）绝不亲自动手验证。

小问题 8.4：如果线程只读取其自身的每线程变量的实例，但是写入其他线程的实例，这时使用部分数据所有权还有意义吗？

答案：当然有。举个例子，一个简单的消息传递系统，线程发布消息到其他线程的邮箱，每个线程都负责用于在发出的消息被处理后删除消息。这样的算法的实现留给读者作为练习，识别其他类似所有权模式的算法也留给读者做练习。

小问题 8.5：除了 POSIX 信号以外，还有什么机制可以输送函数？

答案：有很多这样的机制，包括：

1. 系统 V 消息队列。
2. 共享内存出队（见 6.1.2 节）。

3．共享内存邮箱。

4．UNIX 域套接字。

5．TCP / IP 或 UDP，以及任何更高级的协议，包括 RPC、HTTP、XML、SOAP 等。

列出完整的列表将作为练习留给一心一意的读者，首先警告你，这个名单将非常长。

小问题 8.6：但在图 5.8 的第 15 至 32 行中，eventual()函数中的数据实际上并不由 eventual()线程拥有，这怎么能说是数据所有权？

答案：关键词是“拥有数据的权利”。在这种情况下，所涉及的权利是访问图中第 1 行定义的每线程计数器变量的权利。这种情况类似于第 8.2 节中描述的情况。

然而，eventual()线程真的拥有数据，即定义图中第 17 和 18 行的 t 和 sum 变量。

有关指定线程的其他范例，请查看 Linux 内核中的内核线程，例如，由 kthread_create()和 kthread_run()创建的内核。

小问题 8.7：能否在保持每个线程的数据隐私的同时，获得更大的准确性？

答案：是。一种方法是让 read_count()自己增加每线程变量的值。这保证了完整的数据所有权和不错的性能，但只对精度有轻微改进，特别是在有大量线程的系统上。

另一种方法是对 read_count()使用函数输送，比如，以每线程信号的形式。这大大提高了精度，但是显著提升了 read_count()的性能开销。

然而，在更新计数器的常见情况下，这两种方法都具有消除高速缓存行“乒乓”的优点。

D.9 延迟处理

小问题 9.1：为什么不用简单的比较并交换操作来实现引用获取呢？这样可以只在引用计数不为 0 时获取引用。

答案：在最后一次引用被释放，以及获取一次新的引用之间，这种办法是能够解决冲突的，但是，对于防止数据结构被释放、重分配来说，这样做毫无作用。这十分类似“简化的比较并交换操作”应用于不同类型的数据结构将得到不确定的结果。

简而言之，使用类似于比较并交换这样的原子操作绝对需要类型安全、存在性保证这样的东西。

小问题 9.2：为什么这种情况不需要保护，一个 CPU 释放了最后一个引用后，另一个 CPU 获取对象的引用？

答案：因为一个 CPU 必然已经获得一个引用，以合法的获得另一个引用。因此，如果某个 CPU 释放了最后一次引用，那么不可能有任何 CPU 被允许获得一个新的引用。同样的事实允许图 8.2 第 22 行进行非原子的检查。

小问题 9.3：假设在图 9.2 的第 22 行中，在调用 atomic_sub_and_test()之后，其他 CPU 调用了 kref_get()。这会不会导致这个 CPU 拥有一个指向已释放对象的非法引用？

答案：如果正确使用这些函数，则不会发生这种情况。除非你已经持有一个引用，调用 kref_get()是非法的，在这种情况下 kref_sub()不能将计数器递减到零。

小问题 9.4：假设 kref_sub()返回零，表示没有调用 release()函数。那么在什么条件下，调用者可以认为引用计数对应的对象持续存在？

答案：除非调用者知道至少有一个引用将继续存在，否则它不能保证对象的持续存在。通常来说，调用者没有办法知道这一点，因此必须小心避免在调用 kref_sub()之后引用对象。

小问题 9.5：为什么检查引用计数是否为 0 的操作不能是一个简答的“if-then”语句呢，在“then”部分使用原子增加？

答案：假设 if 条件语句完成，发现引用计数值为 1。同时假设一个释放操作被执行，递减引用计数为 0 并开始执行清除操作。此时，then 分支可能将引用计数递增为 1，这样就会允许对象在被清除后被重新使用。

小问题 9.6：为什么图 9.5 中的 hp_store()采用指向指针的指针来引用数据元素？为什么不 void *而不是 void **？

答案：因为 hp_record()必须检查并发修改。为了这个工作，它需要一个指向该元素的指针的指针，以便可以检查对指向元素的指针的任何修改。

小问题 9.7：为什么 hp_store()的调用者在出现问题时需要重新开始遍历？对于较大的数据结构，这是不是很低效？

答案：它在某种意义上可能是低效的，但事实上为了正确性这种重新启动是绝对需要的。为了看到这一点，考虑一个由危险指针保护的链表包含元素 A、B 和 C，按照以下事件序列控制：

1．线程 0 存储一个指向元素 B 的危险指针（可能从元素 A 遍历到元素 B）。

2．线程 1 从列表中删除元素 B，它将指针从元素 B 到元素 C 设置到从元素 B 到特殊的 HAZPTR_POISON 值，以标记为删除。因为线程 0 具有指向元素 B 的危险指针，所以它还不能被释放。

3．线程 1 从列表中删除元素 C。因为没有危险指针引用元素 C，它将立即被释放。

4．线程 0 尝试获取一个指向已经删除的元素 B 的后继元素的危险指针，但是它看到的是 HAZPTR_POISON 值，因此返回零，强制让调用者从列表开始处重新启动遍历。

这是一件很好的事情，否则线程 0 将会访问已被释放的元素 C，这可能导致可怕的任意内存损坏，特别是如果元素 C 的内存此后被重新分配用于其他目的。

小问题 9.8：鉴于发明危险指针的文章使用每个指针的最低位来标记已删除的元素，HAZPTR_POISON 是干什么用的？

答案：已发表的危险指针实现使用非阻塞同步技术来进行插入和删除。这些技术需要读者遍历数据结构来“帮助”更新者完成其更新，这反过来意味着读者需要查看被删除元素的后继元素。

相比之下，我们将使用锁来同步更新，这使得读者不需要帮助更新者完成更新，这反过来又允许我们只留下指针的最低位。这种方法让读取端代码变得更简单且更快。

小问题 9.9：但是这些对危险指针的限制是不是也适用于其他形式的引用计数？

答案：这些限制仅适用于引用计数机制，其中获取引用操作可能会失败。

小问题 9.10：atomic_read()和 atomic_set()不是原子操作？你是在讲笑话吗？

答案：似乎是的，但是在没有其他 CPU 访问原子变量的情况下，原子指令的开销实际上是浪费。有两种当前没有其他 CPU 访问的情况，一个是初始化期间，另一个是退出清理时。

小问题 9.11：但是危险指针并不更新数据结构啊？

答案：是的，它们并不更新。然而，它们会将自己写入危险指针，更重要的是，要求对所有 hp_store()调用的错误处理，每个调用都可能会失败。因此尽管危险指针是非常有用的，但是仍然值得寻找其他改进的机制。

小问题 9.12：为什么第 7 章没有讨论这个顺序锁，要知道这也是一种锁？

答案：顺序锁机制实际上是两个单独的同步机制的组合，顺序计数和锁。事实上，顺序计数机制是由 Linux 内核单独提供的 write_seqcount_begin()和 write_seqcount_end()原语提供。

然而，write_seqlock()和 write_sequnlock()的组合在 Linux 内核中使用得更多。更重要的是，当你说“顺序锁”时，会比“顺序计数”更容易让人们明白你的意思。

所以这一节题为“顺序锁”，让人们从标题明白这节讲什么，本节安排在“延迟处理”一章，是因为（1）强调“顺序锁”的“顺序计数”方面和（2）因为“顺序锁”不仅仅是一个锁。

小问题 9.13：能不能只使用顺序锁来保护一个支持并发添加、删除和搜索的链表？

答案：实现这一点的一种简单方式是用 write_seqlock()和 write_sequnlock()将所有访问包围起来，包括只读访问。当然，这个解决方案还禁止所有读取侧的并行性，此外还可以很容易地使用简单的锁来实现。

如果你想出一个使用 read_seqbegin()和 read_seqretry()来保护读端访问的解决方案，确保你正确处理以下事件序列。

1．CPU 0 正在遍历链表，并获取指向列表元素 A 的指针。

2．CPU 1 从链表中删除元素 A 并释放它。

3．CPU 2 分配无关的数据结构，并且获得先前由元素 A 占据的内存。在这个不相关的数据结构中，先前用于元素 A 的内存的->next 指针现在被一个浮点数所占用。

4．CPU 0 获取以前是元素 A 的->next 指针，读出了随机值，因此导致段错误。

防止这种问题的一种方法需要使用“类型安全内存”，这将在 9.3.3.6 节中讨论。但在这种情况下，你会使用除顺序锁以外的其他一些同步机制。

小问题 9.14：在图 9.9 中，为什么要在 read_seqbegin()的第 19 行检查？新的写者可以在任意时间出现，为什么不简单将检查放入 read_seqretry()的第 31 行？

答案：这也是一个合法的实现。但是，将检查放入 read_seqretry()并不节省什么：两种实现会有大致相同的指令数。此外，来自读端临界区的读者访问可能对写者带来高速缓存未命中的开销。我们可以通过将检查放在 read_seqbegin()中来避免这些高速缓存未命中，如图 9.9 的第 19 行所示。

小问题 9.15：为什么需要图 9.9 第 29 行的 smp_mb()？

答案：如果省略，编译器和 CPU 都有可能将 read_seqretry()之前的临界区移到该函数之后。这使得顺序锁无法保护临界区。smp_mb()原语防止了这种重排序。

小问题 9.16：在图 9.9 的代码中可以使用更弱的内存屏障吗？

答案：在旧版本的 Linux 内核中，没有。

在非常新版本的 Linux 内核中，第 17 行可以使用 smp_load_acquire()而不是 ACCESS_ONCE()，这反过来将允许我们删除第 18 行上的 smp_mb()。类似地，第 44 行可以使用 smp_store_release()，例如如下代码。

```
smp_store_release(&slp->seq, ACCESS_ONCE(slp-> seq)+ 1);
```

这样我们可以删除第 43 行上的 smp_mb()。

小问题 9.17：为什么顺序锁的写者不会让读者饥饿？

答案：其实读者会饥饿。这也是顺序锁定的弱点之一，因此，你应该在只读的情况下使用顺序锁。当然如果在你的程序中可以接受读取侧的饥饿，这种情况下，大胆地用顺序锁去写吧！

小问题 9.18：如果有别的什么东西来保证写者顺序执行，是不是就不需要锁了？

答案：在这种情况下，可以省略->lock 字段，因为它在 Linux 内核中是 seqcount_t 类型。

小问题 9.19：为什么图 9.9 第 2 行的 seq 不是 unsigned，而是 unsigned long？毕竟，如果 unsigned 对于 Linux 内核来说已经足够了，这对大家来说不是更好？

答案：一点也不是。Linux 内核具有许多特殊属性，允许它忽略以下事件序列。

1. 线程 0 执行 read_seqbegin()，在第 17 行中获取->seq，注意值是偶数，然后返回给调用者。

2. 线程 0 开始执行其读取侧临界区，但是被长时间抢占。

3. 其他线程反复调用 write_seqlock()和 write_sequnlock()，直到->seq 的值溢出回线程 0 获取的值。

4. 线程 0 恢复执行，用不一致的数据完成其读取侧临界区。

5. 线程 0 调用 read_seqretry()，它错误地断定线程 0 已经看到了由顺序锁保护的数据的一致视图。

Linux 内核只对很少更新的事件才使用顺序锁，日期信息就是一个例子。此信息每毫秒更新一次，因此需要 7 周时间才会溢出。

如果内核线程被抢占 7 周，Linux 内核的软死锁检测代码将会以每两分钟的频率发出警告。

相比之下，如果使用 64 位计数器，即使每纳秒更新一次，也需要超过 50 个世纪才会溢出。因此，本实现使用 64 位系统上 64 位->seq 类型。

小问题 9.20：但是 9.2 节的 seqlock 不也可以让读者和写者并发执行吗？

答案：这么说既对，又不对。虽然顺序锁的读者能够与写者并发运行，无论何时，当这种情况发生时，read_seqretry()原语将强制读者重试。这意味着顺序锁读者与写者并发运行时，已经完成的工作将被丢弃，并重新运行。

相对来说，RCU 读者能够与 RCU 写者有效地并发运行。

小问题 9.21：如果 list_for_each_entry_rcu()刚好与 list_add_rcu()并发执行时，list_for_each_entry_rcu()为什么没有出现段错误？

答案：在所有运行 Linux 的系统中，从指针中装载及向指针中存储数据，都是原子的。也就是说，在从一个指针装载数据的同时向指针存储数据，加载操作要么返回原始的值，要么返回存储的新值。另外，list_for_each_entry_rcu()总是向前推进链表，而不会回退。因此，list_for_each_entry_rcu()要么看到 list_add_rcu()添加的元素，要么看不到。不论哪一种情况，它将看到一个有效的、正确的链表。

小问题 9.22：为什么我们要给 hlist_for_each_entry_rcu()传递两个指针？list_for_each_entry_rcu()都只需要一个。

答案：因为在 hlist 中，有必要检查头是否为 NULL。（如果你有一个好的解决办法，可以试着编写一个单指针的 list_for_each_entry_rcu()，这将是一个非常棒的事情。）

小问题 9.23：如果要修改删除的例子，允许多于两个版本的链表被激活，该怎么做呢？

答案：一种方法如图 D.5 所示。

```
1 spin_lock(&mylock);
2 p = search(head, key);
3 if (p == NULL)
4   spin_unlock(&mylock);
5 else {
6   list_del_rcu(&p->list);
7   spin_unlock(&mylock);
```

```
8    synchronize_rcu();
9    kfree(p);
10 }
```

图 D.5　并发 RCU 删除示例

请注意，这意味着多个并发删除操作可能在 synchronize_rcu() 上等待。

小问题 9.24：在任意时刻一个链表能有多少个 RCU 版本可用？

答案：这依赖于同步设计。如果保护更新操作的信号量保护范围跨越了优雅周期，那么将可能至多两个版本，新链表和旧链表。

但是，假设仅仅搜索、更新及 list_replace_rcu() 操作被锁所保护，并且 synchronize_rcu() 在锁的范围之外，类似于图 D.5 所示。进一步假设同时还有大量线程正在进行 RCU 替换操作，并且读者正在遍历数据结构。

那么将会发生下列事件序列，从图 9.22 的结束状态开始。

1. 线程 A 遍历链表，获取对元素 5、2、3 的引用。
2. 线程 B 用新的 5、2、4 元素替换 5、2、3 元素，然后等待它的 synchronize_rcu() 调用返回。
3. 线程 C 遍历链表，获取对元素 5、2、4 的引用。
4. 线程 D 用新的 5、2、5 元素替换 5、2、4 元素，然后等待它的 synchronize_rcu() 调用返回。
5. 线程 E 遍历链表，获取对元素 5、2、5 的引用。
6. 线程 F 用新的 5、2、6 元素替换 5、2、5 元素，然后等待它的 synchronize_rcu() 调用返回。
7. 线程 G 遍历链表，获取对元素 5、2、6 的引用。
8. 快速重复之前两个步骤，这样所有上述步骤都在任何 synchronize_rcu() 调用返回前发生。

因此，此时可能有任意多个活跃的版本，其数目只收内存和一个优雅周期能完成的更新次数影响。但是请注意的是频繁更新的数据结构不是 RCU 的最佳应用场所。RCU 只在必需的情况才处理高频的更新请求。

小问题 9.25：rcu_read_lock() 和 rcu_read_unlock() 既没有自旋也没有阻塞，RCU 的更新者怎么会让 RCU 读者等待？

答案：由给定 RCU 更新者进行的修改，将导致相应的 CPU 将包含数据的高速缓存行无效化，迫使运行并发 RCU 读者的 CPU 产生代价昂贵的高速缓存未命中。（你能设计一个算法来改变数据结构，从而不会在并发读者上产生代价昂贵的缓存未命中吗？同样，在后续的读者上呢？）

小问题 9.26：你想让我相信 RCU 在 3GHz 的时钟周期也就是超过 300ps（译者注：百亿分之一秒，10 的负 12 次方）时只有 100fs（译者注：百兆分之一秒，10 的负 15 次方）的开销？

答案：首先，考虑如下用于计量的循环。

```
1 for (i = 0; i < CSCOUNT_SCALE; i++) {
2   rcu_read_lock();
3   rcu_read_unlock();
4 }
```

其次，考虑 rcu_read_lock() 和 rcu_read_unlock() 的定义。

```
1 #define rcu_read_lock() do { } while (0)
2 #define rcu_read_unlock() do { } while (0)
```

也考虑编译器会进行简单的优化，允许将循环替换为

```
i = CSCOUNT_SCALE;
```

这样，100fs 的测量值来自于总计时除以调用 rcu_read_lock() 和 rcu_read_ unlock() 的内循环执行次数。因此，这个统计过程实际上是错误的。正如你所看到的，上述 rcu_read_lock() 和 rcu_read_unlock 的实际开销为 0。

即使是 100fs 的开销对 RCU 都是高估了，这可了不起。

小问题 9.27： 为什么 rwlock 的开销和变化率随着临界区开销的增长而下降？

答案： 因为在临界区开销增加时，读/写锁的开销减小了。不过，在单核上，由于缓存颠簸的原因，读/写锁的开销不会完全消失。

小问题 9.28： RCU 读端原语免于死锁的能力有例外吗？如果有，哪种事件序列会造成死锁？

答案： 其中一个包含 RCU 读端原语而导致死锁的途径如下。

```
idx = srcu_read_lock(&srcucb);
synchronize_srcu(&srcucb);
srcu_read_unlock(&srcucb, idx);
```

synchronize_srcu() 直到所有已经存在的 SRCU 读端临界区都完成后，才会返回。但是它被包含在一个读端临界区中，该临界区只有等到 synchronize_srcu() 完成后才会结束。产生的结果就是形成了经典的死锁，这与你在持有读锁时，试图获得一个写锁的效果是一样的。

请注意，这种死锁情形不会发生在经典 RCU 中，因为在 synchronize_rcu() 中执行的上下文切换将形成一次静止状态，这将完成一次优雅周期。但是，这会使事情变得更糟糕，因为被 RCU 读端临界区使用的数据，可能会由于优雅周期的结束而被释放。

简而言之，在 RCU 读端临界区中，不要调用 RCU 写端同步原语。

小问题 9.29： 不会死锁，也不会优先级反转？实在让人有点不敢相信。凭什么让我相信这是真的？

答案： 这是真的。毕竟，如果它不工作，Linux 内核就不会运行。

小问题 9.30： 但是等等！这和之前思考 RCU 是一种读/写锁的替代者的代码完全一样！发生了什么事？

答案： 这是 Toy 示例的效果，关键是代码片断看起来是相同的。唯一的差异在于我们如何看待这些代码。但是，这个差异非常重要。举一个重要性的例子，我们考虑一下，如果我们将 RCU 视为一种严格的引用计数方案，我们将绝不会让人认为写端需要移除 RCU 读端临界区。

尽管如此，RCU 也常常被人们视为读/写锁的替代方案。例如，当你使用 RCU 替代读/写锁时。

小问题 9.31： 为什么引用计数的开销在 6 个 CPU 左右时有一点下降？

答案： 很像是 NUMA 的影响。但是，在衡量引用计数曲线时取值浮动较大，事实上，在某些情况下测量值的标准差甚至超过了 10%。开销的下降更像是由统计因素引入的。

小问题 9.32： 如果图 9.32 中第 9 行链表中的第一个元素不是我们想要删除的元素，那该怎么办？

答案： 如图 7.17，这是一个非常简单的哈希表，没有哈希链，因此，在特定桶里面，唯一的元素就是第一个元素。我们再次邀请你修正这个例子，以适应有哈希链的哈希表。

小问题 9.33： 为什么图 9.32 第 15 行可以在第 17 行释放锁之前就退出 RCU 读端临界区？

答案：首先，请注意第 14 行的第二个检查是有必要的，因为在我们等待获得锁的时候，其他 CPU 已经将元素移除了。但是，当我们获取锁时，我们处于 RCU 读端临界区中，元素不可能被重新分配并重新插入到哈希表中。而且，一旦我们获得锁，该锁将保证元素的存在性，因此，我们不再需要处于 RCU 读端临界区中。

是否有必要重新检查元素的 key，这个问题留给读者作为练习。

小问题 9.34：为什么图 9.32 第 23 行不能在第 22 行释放锁之前就退出 RCU 读端临界区？

答案：假如我们颠倒这两行的顺序，那么代码面对以下事件时，将变得有问题，

1. CPU0 调用 `delete()`，并且找到要被删除的元素，执行第 15 行。它还没有实际删除这个元素，但是马上将要删除它。

2. CPU1 并发的调用 `delete()`，试图删除相同的元素。但是，CPU0 仍然持有锁，因此 CPU1 在第 13 行等待锁。

3. CPU0 执行第 16、17 行，并且阻塞在第 18 行以等待 CPU1 退出 RCU 读端临界区。

4. 现在，CPU1 获得锁，但是它在第 14 行测试失败，因为 CPU0 已经移除了元素。这样，CPU1 执行第 22 行并退出 RCU 读端临界区。

5. CPU0 可以从 `synchronize_rcu()` 返回了，因此它执行第 19 行，将元素发送到空闲链表。

6. CPU1 试图释放锁，元素也已经被释放。更糟糕的是，可能重新分配一些其他类型的数据结构。这是一个严重的内存破坏错误。

小问题 9.35：如果在多个线程中，每个线程都有任意长的 RCU 读端临界区，那么在任何时刻系统中至少有一个线程正处于 RCU 读端临界区吗？这不会阻止数据从带有 `SLAB_DESTROY_BY_RCU` 标记的 slab 回到系统内存吗？不会造成 OOM 吗？

答案：确实，在非常长的时间，会至少有一个线程总是处于 RCU 读端临界区。但是，在 9.3.3.6 节中描述的关键词是“使用中”和“预先存在的”。请注意，一个特定 RCU 读端临界区，从原理上讲仅仅允许获得对数据元素的引用，这些元素开始于读临界区。而且，直到 SLAB 的所有数据元素已经被释放后，SLAB 才会被返回给系统。事实上，直到它们被全部被释放后，RCU 优雅周期才能启动。

因此，SLAB 缓存仅仅需要等待那些在 SLAB 最后一个元素被释放前启动的 RCU 读端临界区。这又意味着任何在最后一个元素被释放后才开始的 RCU 优雅周期会让 SLAB 在优雅周期结束以后返回系统内存。

小问题 9.36：假设 `nmi_profile()` 函数可以被抢占。那么怎么做才能让我们的例子正常工作？

答案：一个办法是在 `nmi_profile()` 中使用 `rcu_read_lock()` 和 `rcu_read_unlock()`。并且将 `synchronize_sched()` 替换为 `synchronize_rcu()`。如图 D.6 所示。

```
1 struct profile_buffer {
2   long size;
3   atomic_t entry[0];
4 };
5 static struct profile_buffer *buf = NULL;
6
7 void nmi_profile(unsigned long pcvalue)
8 {
9   struct profile_buffer *p;
```

```
10
11  rcu_read_lock();
12  p = rcu_dereference(buf);
13  if (p == NULL) {
14      rcu_read_unlock();
15      return;
16  }
17  if (pcvalue >= p->size) {
18      rcu_read_unlock();
19      return;
20  }
21  atomic_inc(&p->entry[pcvalue]);
22  rcu_read_unlock();
23 }
24
25 void nmi_stop(void)
26 {
27  struct profile_buffer *p = buf;
28
29  if (p == NULL)
30      return;
31  rcu_assign_pointer(buf, NULL);
32  synchronize_rcu();
33  kfree(p);
34 }
```

D.6 使用 RCU 来等待神秘的可抢占 NMI 结束

小问题 9.37：为什么表 9.4 的有些格子里带有一个惊叹号？

答案：带有惊叹号的 API（rcu_read_lock()、rcu_read_unlock()、call_rcu()）是 PaulMcKenney 在 20 世纪 90 年代时唯一知道的 Linux RCU API。在那时，他有一种错误的印象，感觉自己已经精通了 RCU 的所有方面。

小问题 9.38：如何防止大量的 RCU 读端临界区永远阻塞 synchronize _rcu()请求？

答案：不必做任何事情来防止 RCU 读端临界区永远阻塞 synchronize _rcu()请求，因为 synchronize _rcu()请求仅仅等待已经存在的 RCU 读临界区。因此，只要每一个 RCU 读临界区不死循环，就没有问题。

小问题 9.39：synchronize_rcu() API 等待所有已经存在的中断处理函数完成，对吗？

答案：绝不是这样！尤其是使用可抢占 RCU 时，不会是这样。相反的，此时你需要调用 synchronize_irq()。作为可选的方法，你可以在特定的中断处理程序中调用 rcu_read_lock()和 rcu_read_unlock()，这样 synchronize_rcu()就会等待它了。

小问题 9.40：如果混合使用原语会发生什么？比如用 rcu_read_lock()和 rcu_read_unlock()划分出 RCU 读端临界区，但是之后又用 call_rcu_bh()来发起 RCU 回调？

答案：如果这样的事情发生了，在 call_rcu_bh()被调用的时候，将不存在被 rcu_read_lock_bh()和 rcu_read_unlock_bh()限制的 RCU 读临界区，RCU 将在其职责范围内立即调用回调，这可能会释放一个仍然被 RCU 读临界区使用的数据结构。这不仅仅是理论上的可能性，一个长时间运行的，被 rcu_read_lock()和 rcu_read_unlock()所限制的 RCU 读临界区，极有可能进入这种异常模式。

但是，rcu_dereference()族函数适用于所有 RCU 变种。（曾经有过尝试让每种 RCU 变种都有自己的 rcu_dereference()函数，但是太难了。）

小问题 9.41：硬件中断处理函数可以看成是在隐式的 rcu_read_lock_bh()保护之下，对吗？

答案：绝不是这样！尤其是在使用可抢占 RCU 时。如果你需要在中断处理过程中使用“rcu_bh”保护数据结构，需要显式调用 rcu_read_lock_bh()和 rcu_read_unlock_bh()。

小问题 9.42：如果混合使用经典 RCU 和 RCU Sched 会发生什么？

答案：在不可抢占内核和可抢占内核中，“偶然”的混杂使用这两种方式，因为在这些内核中，经典 RCU 和 Sched RCU 的实现是相同的。但是，在实时可抢占内核中这样做是不行的，因为实时 RCU 的读端临界区可能被抢占，这允许 synchronize_sched()在 RCU 读端临界区在运行到 rcu_read_unlock()前返回。进一步的，这会导致在读端临界区结束前，数据结构被释放，这又会造成内核承担的实际风险大幅提高。

实际上，在可抢占 RCU 读端临界区中，分开经典 RCU 和 Sched RCU 是有必要的。

小问题 9.43：总体来说，你不能依靠 synchronize_sched()来等待所有已有的中断处理函数结束，对吗？

答案：完全正确！因为实时 Linux 使用线程化中断处理程序，在中断处理过程中，可能进行上下文切换。而 synchronize_sched()仅仅等待每一个 CPU 都经历一次上下文切换，它可能在一个特定中断处理过程完成前返回。

如果你需要等待一个特定的中断处理程序完成，应当使用 synchronize_irq()，或者明确的在中断处理过程中放置 RCU 读端临界区。

小问题 9.44：为什么 SRCU 和 QRCU 缺少异步的 call_srcu()或者 call_qrcu()接口？

答案：对于特定的异步接口，任务可以注册任意数量的 SRCU 或 QRCU 回调，也就能够耗费大量的内存。相对来说，对于当前的同步接口 synchronize_srcu()和 synchronize_qrcu()来说，在它能够继续下一次调用这些接口前，它必须等待当前优雅周期结束。

小问题 9.45：在哪种情况下可以在 SRCU 读端临界区中安全地使用 synchronize_srcu()？

答案：从原理上讲，你可以在一个 SRCU 读端临界区中使用 synchronize_srcu()，只要读端临界区的 srcu_struct 结构与 synchronize_srcu()的 srcu_struct 不一样即可。但是，这样做确实是一个馊主意。如图 D.7 的代码，它可能导致死锁。

```
1 idx = srcu_read_lock(&ssa);
2 synchronize_srcu(&ssb);
3 srcu_read_unlock(&ssa, idx);
4
5 /* . . . */
6
7 idx = srcu_read_lock(&ssb);
8 synchronize_srcu(&ssa);
9 srcu_read_unlock(&ssb, idx);
```

图 D.7　多阶段的 SRCU 死锁

小问题 9.46：为什么 list_del_rcu()没有同时毒化 next 和 prev 指针？

答案：毒化 next 指针将影响到并发 RCU 读者，这些读者将使用这个指针。但是，RCU 读者禁止使用 prev 指针，因此，它可以被安全地进行毒化。

小问题 9.47：通常来说，任何属于 rcu_dereference() 的指针必须一直用 rcu_assign_pointer() 更新。这个规则有例外吗？

答案：其中一个例外是：初始化一个多元素的链表数据结构时将视为一个整体，其他 CPU 不能访问它，那么通过使用 rcu_assign_pointer() 可以分配一个指向该数据结构的全局指针。初始化时的指针分配无需使用 rcu_assign_pointer()，不过在数据结构已经全局可见以后的指针赋值必须使用 rcu_assign_pointer()。

当然，除非这个初始化代码实在是热点运行路径，否则应该尽可能明智在任何地方都使用 rcu_assign_pointer()，即使从原理上讲它并不需要。因为很有可能一个“小小”的代码变动就使你对初始化过程的假设失效。

小问题 9.48：这些遍历和更新原语可以在所有 RCU API 家族成员中使用，这有什么负面影响吗？

答案：有时，对于像“sparse”这样的自动代码检查工具难于识别一个特定的 RCU 遍历原语属于哪一种 RCU 读端临界区。例如，考虑图 D.8 中的代码。

```
1 rcu_read_lock();
2 preempt_disable();
3 p = rcu_dereference(global_pointer);
4
5 /* . . . */
6
7 preempt_enable();
8 rcu_read_unlock();
```

D.8　各种 RCU 读端嵌套

rcu_dereference() 原语是位于经典 RCU 还是 Sched RCU 临界区？你是怎么区分出来的？

小问题 9.49：为什么图 9.36 的 RCU 实现里的死锁情景不会出现其他 RCU 实现中？

答案：假设图 D.9 中的 foo() 和 bar() 函数被不同 CPU 并发的调用。foo() 将在第 3 行获取 my_lock()，而 bar() 将在第 13 行获取 rcu_gp_lock。当 foo() 前进到第 4 行时，它将试图获取 rcu_gp_lock，而它被 bar() 获取。当 bar() 前进到第 14 行时，它将试图获取 my_lock，而它被 foo() 所获取。

每一个函数都试图等待其他函数持有的锁，这是典型的死锁。

```
1 void foo(void)
2 {
3   spin_lock(&my_lock);
4   rcu_read_lock();
5   do_something();
6   rcu_read_unlock();
7   do_something_else();
8   spin_unlock(&my_lock);
9 }
10
11 void bar(void)
12 {
13  rcu_read_lock();
14  spin_lock(&my_lock);
15  do_some_other_thing();
```

```
16  spin_unlock(&my_lock);
17  do_whatever();
18  rcu_read_unlock();
19 }
```

D.9 基于锁的 RCU 实现中的死锁

其他 RCU 实现在 rcu_read_lock() 中既不自旋，也不阻塞，因此避免了死锁。

小问题 9.50：为什么图 9.36 的 RCU 实现不直接用读/写锁？这样 RCU 读者就可以处理并发了。

答案：实际上可以使用这种形式的读/写锁。但是教科书式的读/写锁要受到内存竞争的影响，而 RCU 读端临界区将更利于并行执行[Mck03]。

从另一个方面来说，在 rcu_read_lock() 中获取读/写锁的读锁也可以避免上图描述的死锁条件。

小问题 9.51：如果在图 9.37 的第 15 至 18 行里，先获取所有锁，然后再释放所有锁，这样是不是更清晰一点呢？毕竟如果这样的话，在没有读者的时刻里代码流程会简化很多。

答案：这样修改以后，将重新引入死锁，它并不会更清晰。

小问题 9.52：图 9.37 中的实现能够避免死锁吗？如果能，为什么能？如果不能，为什么不能？

答案：其中一种死锁产生的情况是，某个锁在 synchronize_rcu() 期间持有，并且相同的锁被 RCU 读端临界区所持有。然而，即使是正确设计的 RCU 都会在这种情况下死锁。最后，synchronize_rcu() 原语必须等待所有已经存在的 RCU 读端原语完成，但是，如果其中任何一个临界区在一个锁上自旋，并且该锁被正在执行 synchronize_rcu() 的线程所持有，将形成一个死锁。

另外一种死锁将在这种情况下产生，当试图嵌套 RCU 读端临界区时。这种死锁是这种实现所特有的，可以通过递归锁来避免，也可以在 rcu_read_lock() 中使用读锁，而在 synchronize_rcu() 中使用写锁来避免。

但是，如果我们排除上面两种情况，这种 RCU 实现将不会引入其他死锁。这是因为只有在执行 synchronize_rcu() 时才有可能获取其他线程的锁，而且在这种情况，锁会被立即释放，这就避免了第一种情况描述的在 synchronize_rcu() 过程中持有锁而导致的死锁循环。

小问题 9.53：假如图 9.37 中的 RCU 算法只使用广泛应用的原语，比如 POSIX 线程，会不会更好呢？

答案：这的确是一个优势，但是别忘了仍然需要 rcu_dereference() 和 rcu_assign_pointer()，这也意味着 rcu_dereference() 需要 volatile 关键字，rcu_assign_pointer() 需要内存屏障。当然在某些 AlphaCPU 上两个原语都需要内存屏障。

小问题 9.54：但是如果你在调用 synchronize_rcu() 时持有一把锁，然后又在 RCU 读端临界区中获取同一把锁，会发生什么呢？

答案：确实，这将使任何 RCU 实现陷入死锁。但是，真的是 rcu_read_lock() 造成死锁吗？如果你真的相信这一点，那么请在查看 9.3.5.9 节的 RCU 实现时，扪心自问一下这个问题。

小问题 9.55：假如 synchronize_rcu() 包含了一个 10ms 的延时，优雅周期怎么可能只要 40ns 呢？

答案：在没有读者在运行，运行写者测试，这样 poll() 系统调用将不会被调用。另外，真实的代码注释掉了 poll() 系统调用，这更利于评估真实的写者代码的开销。任何使用这段代码的产品，最好还是使用 poll() 系统调用，但是我们再次说明，产品最好使用本章后面的其他实现。

小问题 9.56： 在图 9.38 里，为什么当 synchronize_rcu() 等待时间过长了以后，不能简单地让 rcu_read_lock() 暂停一会儿呢？这种做法不能防止 synchronize_rcu() 饥饿吗？

答案： 虽然这确实会防止饥饿发生，但是这样也使 rcu_read_lock() 将自旋或阻塞以等待写者，也会等待读者。如果其中一个读者试图获取一个被 rcu_read_lock() 持有的锁，就会形成死锁。

简而言之，这个药方比疾病更糟糕。参考第 9.3.5.4 节获得正确的药方。

小问题 9.57： 为什么图 9.41 中 synchronize_rcu()在获取自旋锁之前还要在第 5 行加一个内存屏障？

答案： 获取锁仅仅确保 spin-lock 临界区不会乱序到锁之前。但是它并不保证 spin-lock 锁之前的代码不会乱序到临界区中。这样的乱序可能导致被 RCU 所保护的链表被乱序到后面的 rcu_idx 操作，而 rcu_idx 会允许最近启动的 RCU 读临界区看到被删除的数据元素。

留给读者的练习：使用类似于 Promela/spin 这样的工具来确定出图 9.41 中的哪些内存屏障是真正需要的。请参见第 12 章关于使用这些工具的信息。我会将第一个提出正确和完整答案的读者的名字列在这里。

小问题 9.58： 为什么图 9.41 的计数要检查两次？难道检查一次还不够吗？

答案： 两次检查是绝对需要的。要明白这一点，考虑以下的事件序列。

1. 在图 9.40 中，rcu_read_lock() 第 8 行获得 rcu_idx，发现它的值为 0。

2. 在图 9.41 中，synchronize_rcu() 的第 8 行修改 rcu_idx 的值，设置其值为 1。

3. synchronize_rcu() 的第 10 至 13 行发现 rcu_refcnt[0] 值为 0，并因此返回。（回忆如果第 14 至 20 行被省略后会发生什么。）

4. rcu_read_lock() 的第 9、10 行将 0 存储到该线程的 rcu_read_idx 中，并递增 rcu_refcnt[0]。然后执行 RCU 读端临界区。

5. 另外一个 synchronize_rcu() 实例再次修改 rcu_idx，这次将其设置为 0。由于 rcu_refcnt[1] 为 0，synchronize_rcu() 立即返回。（回忆 rcu_read_lock() 增加了 rcu_refcnt[0]，而不是 rcu_refcnt[1]。）

6. 第 5 步中启动的优雅周期已经能够结束，而事实上在第 4 步中启动的读端临界区还没有完成。这违反了 RCU 的语义，并允许写者释放一个读端临界区仍然在引用的数据元素。

留给读者的练习：如果 rcu_read_lock() 在第 8 行以后被抢占足够长的时间（几小时），将发生什么？在这种情况下，这个实现会正确的运行吗？为什么？我会将第一个提出正确和完整答案的读者名字列在这里。

小问题 9.59： 既然原子自增和原子自减的开销巨大，为什么不在图 9.40 的第 10 行使用非原子自增，在第 25 行使用非原子自减呢？

答案： 使用非原子操作将导致递增和递减被丢失，进而导致实现错误。在 rcu_read_lock() 和 rcu_read_unlock() 中使用非原子操作的安全方法，请参见第 9.3.5.5 节。

小问题 9.60： 别忽悠了！我在 rcu_read_lock() 里看见 atomic_read() 原语了！为什么你想假装 rcu_read_lock() 里没有原子操作？

答案： atomic_read() 原语并不真正执行原子指令，而是从 atomic_t 中装载数据。它唯一的作用是通过编译器类型检查。如果 Linux 内核运行在 8 位 CPU 中，它也防止“store tearing”，也就是在 8 位 CPU 上将一个存储 16 位数的操作分成两个 8 位数操作。但是庆幸的是，没有人真的运行 Linux 的 8 位系统。

小问题 9.61：好极了，如果我有 N 个线程，那么我要等待 2N*10ms（每个 `flip_counter_and_wait()` 调用消耗的时间，假设我们每个线程只等待一次）。我们难道不能让优雅周期再快一点完成吗？

答案：请注意，当线程还处于预先存在的 RCU 读端临界区时，我们仅仅需要等待一个特定的线程，并且对这个特定线程的等待也给其他线程一个机会，使它们可以完成其可能正在执行的预先存在的读端临界区。除非每一个线程都要等待前一个线程完成它的读端临界区，我们才会等待 2N*10ms。简言之，这个实现并不必要。

但是，如果你对使用 RCU 的代码进行压力测试，可能会注释掉 `poll()` 语句，以更好地捕获任何在 RCU 读端临界区以外区域对受 RCU 保护数据的引用的错误获取。

小问题 9.62：所有这些玩具式的 RCU 实现都要么在 `rcu_read_lock()` 和 `rcu_read_unlock()` 中使用了原子操作，要么让 `synchronize_rcu()` 的开销与线程数线性增长。那么究竟在哪种环境下，RCU 的实现既可以让上述三个原语的实现简单，又能拥有 `O(1)` 的开销和延迟呢？

答案：特定情况下的单处理 RCU 实现能达到这个目标[Mck09a]。

小问题 9.63：如果任何偶数值都可以让 `synchronize_rcu()` 忽略对应的任务，那么图 9.49 的第 10 行为什么不直接给 `rcu_reader_gp` 赋值为 0？

答案：赋为 0（或者其他偶数值）其实也可以，但是将 `rcu_gp_ctr` 赋给它可以提供有价值的调试信息，因为这告诉了开发者对应线程何时退出 RCU 读端临界区。

小问题 9.64：为什么需要图 9.49 中第 17 和第 29 行的内存屏障？难道第 18 行和第 28 行的锁原语自带的内存屏障还不够吗？

答案：这些内存屏障是必要的，因此锁原语仅仅能限制临界区。但是它绝没有义务去确保临界区外的代码乱序到临界区内。这一对内存屏障用来防止这样的代码乱序，这些乱序可能是由编译器或者 CPU 引起的。

小问题 9.65：9.3.5.6 节的更新端优化不能用于图 9.49 的实现中吗？

答案：其实是可以的，仅仅需要一点修改。这个事情就作为练习留给读者吧。

小问题 9.66：图 9.49 第 3 行提到的读者被抢占问题是一个真实问题吗？换句话说，这种导致问题的事件序列可能发生吗？如果不能，为什么不能？如果能，事件序列是什么样的，我们该怎样处理这个问题？

答案：这确实是一个问题。存在这样的一个事件序列导致错误，并且有几个办法来处理它。更多的详情，请参见 9.3.5.8 节后面的问题。请您自己去查找这个问题的原因是：1. 给你更多时间来思考它。2. 这一节中的内容可以给你更多的支持。

小问题 9.67：为什么不像上一节那样，直接用一个单独的每线程变量来表示嵌套深度，反而用复杂的位运算来表示？

答案：为每一个线程设置一个单独的变量，明显是一个障眼法。这个方法会带来大量复杂性，尤其是信号处理函数中允许包含读端临界区。但是不要考虑我说的话，编码实现它，并看看结果怎么样

小问题 9.68：对于图 9.51 的算法，怎样才能将全局变量 `rcu_gp_ctr` 溢出的时间延长一倍？

答案：其中一个方法是将第 33、34 行修改一下，将每线程变量 `rcu_reader_gp` 与 `rcu_gp_ctr + RCU_GP_BOTTOM_BIT` 进行比较。

小问题 9.69：对于图 9.51 的算法，溢出是致命的吗？为什么？为什么不是？如果是致命的，

有什么办法可以解决它？

答案：它确实存在问题。要明白这一点，考虑以下的事件序列。

1. 线程 0 进入 rcu_read_lock()，它没有嵌套，因此修改 rcu_gp_ctr 的值。接着，线程 0 被抢占一个极其长的时间（在保存 rcu_reader_gp 线程变量前）。

2. 其他线程反复的调用 synchronize_rcu()，这样，全局 rcu_gp_ctr 的新值为 RCU_GP_CTR_BOTTOM_BIT，其值比线程 0 修改该值前要小。

3. 线程 0 重新开始运行，并保存它的 rcu_reader_gp 每线程变量。其值为 RCU_GP_CTR_BOTTOM_BIT+1，比全局 rcu_gp_ctr 大。

4. 线程 0 获得一个被 RCU 保护的元素 A 的引用。

5. 线程 1 现在删除元素 A，而此时线程 0 正在引用它。

6. 线程 1 调用 synchronize_rcu()，它使用 RCU_GP_CTR_BOTTOM_BIT 递增全局 rcu_gp_ctr。然后检查所有每线程 rcu_reader_gp 变量，但是线程 0 的值（错误的值）表明它开始于线程 1 调用 synchronize_rcu()之后，因此线程 1 不再等待线程 0 结束它的 RCU 读端临界区。

7. 线程 1 因此释放元素 A，而线程 0 仍然在引用它。

注意这种情况也在第 9.3.5.7 节的实现中存在。

一个巧妙的解决办法是使用 64 位计数器，这样溢出周期将远远超过计算机系统的生命周期。请注意，不是那么太古董的 32 位 x86 CPU 族允许通过 cmpxchg64 指令来原子的维护 64 位计数器。

另一个巧妙的解决办法是限制优雅周期发生的速度，以达到类似的效果。例如，让 synchronize_rcu()记录下最后一次被调用的时间，随后的调用将检查这个时间，适当的情况下将自己阻塞起来。举个例子，如果计数器的低 4 位保留用于嵌套计数，并且每秒钟最多允许 10 次优雅周期，那么计数器溢出的周期将超过 300 天。但是，这种方法对于这种系统来说是无用的，高优先级的实时线程满负荷运行 300 天以上。

第三个方法是从管理的角度来禁止在系统运行实时线程。这种情况下，被强占的进程会积累优先级，然后在计数器溢出之前得到长时间执行的机会。当然，这个方法对实时线程来说是无益的。

最后一个办法，可能是在 rcu_read_lock()中，在保存它的每线程 rcu_reader_gp 计数器后，重新检查全局 rcu_gp_ctr 的值。如果全局 rcu_gp_ctr 不再正确，就重试。这个办法可行，但是在 rcu_read_lock()中引入了不确定的执行时间。从另一个角度来说，如果应用被抢占了足够长的时间，以至于计数器溢出，你可能并不期望有确定性的执行时间。

小问题 9.70：图 9.53 中第 14 行多余的内存屏障会不会显著增加 rcu_quiescent_state()的开销？

答案：它确实会。因此，使用这种 RCU 实现的应用，应当谨慎的调用 rcu_quiescent_state。在这种情况下，应当更多地调用 rcu_read_lock()和 rcu_read_unlock()。

但是，这个内存屏障是必要的。有了这个屏障，其他线程将在随后的 RCU 读端临界区之前，看到第 12、13 行存储的值。

小问题 9.71：为什么需要图 9.53 第 19 行和第 22 行的内存屏障？

答案：第 19 行的内存屏障防止 rcu_thread_offline()之前的 RCU 读临界区不会被编译和 CPU 乱序到第 20、21 行的赋值操作之后。严格来说，第 22 行的内存屏障是不必要的。因为，在调用 rcu_thread_offline()之后的任何 RCU 读临界区是不合法的。

小问题 9.72：可以确定的是，ca-2008 Power 系统的时钟频率相当高，可是即使是 5GHz 的时钟频率，也不足以让读端原语在 50ps 执行完毕。这里究竟发生了什么？

答案：由于计量循环包含一对空函数，因此编译器将它优化掉了。在每一次调用 rcu_quiescent_state() 时，循环要经历 1,000 步，因此，可以粗略认为单次 rcu_quiescent_state() 的开销是 1000。

小问题 9.73：为什么在库中实现代码要比图 9.53 和图 9.54 中的 RCU 实现更困难？

答案：库函数绝不会向上控制调用者，因此不能强制调用者周期性的调用 rcu_quiescent_state()。从另一个方面来说，如果库函数引用了特定的数据结构，这些数据结构受 RCU 保护，那么库函数就能够调用 rcu_thread_online()，rcu_quiescent_state()，rcu_thread_offline()。

小问题 9.74：但是如果你在调用 synchronize_rcu() 期间持有一把锁，并且在一个读端临界区里去获取同一把锁，会发生什么？应该是死锁，但是一个没有任何代码的原语是怎么参与进死锁循环的呢？

答案：请注意，RCU 读端临界区可以扩展到 rcu_read_lock() 和 rcu_read_unlock() 之外，直到前一次和下一次对 rcu_quiescent_state() 的调用。rcu_quiescent_state() 可以被认为是紧跟在 rcu_read_lock() 之后的 rcu_read_unlock() 调用。

死锁牵涉到在 RCU 读临界区和 synchronize_rcu() 时获取锁，但是不牵涉 rcu_quiescent_state()。

小问题 9.75：既然在 RCU 读端临界区中禁止开始优雅周期，那么如何才能在 RCU 读端临界区中更新一个受 RCU 保护的数据结构？

答案：这就是为什么存在像 call_rcu() 这样的异步优雅周期原语的原因。这个原语可以在一个 RCU 读端临界区中被调用，在随后的时间中，经历一次优雅周期后，特殊的 RCU 回调函数将被调用。

在一个 RCU 读端临界区中，能够进行 RCU 更新操作的能力，是极其方便的，这与将读/写锁升级到写锁有点类似。

小问题 9.76：图 5.9（count_end.c）中实现的统计计数用一把全局锁来保护 read_count() 中的累加过程，这对性能和可扩展性影响很大。该如何用 RCU 改造 read_count()，让其拥有良好的性能和极佳的可扩展性呢？（请注意，read_count() 的可扩展性受到统计计数需要扫描所有线程计数的限制。）

答案：提示，将全局变量 finalcount 和数组 counterp[] 放到一个单一的受 RCU 保护的结构中。在初始化时，这个结构将被动态分配，并被设置为全 0 和 NULL。

inc_count() 函数不用修改。

read_count() 函数将使用 rcu_read_lock() 而不是获取 final_mutex，并且需要使用 rcu_dereference() 来获得到当前数据结构的引用。

count_register_thread() 函数将设置与新创建线程对应的数组元素为线程的每线程 counter 变量。

count_unregister_thread() 函数需要分配一个新结构，获取 final_mutex 锁，复制旧数据结构到新结构中，添加即将退出线程的 counter 变量到总和中，将相同的 counter 变量设置为 NULL 指针，使用 rcu_assign_pointer() 设置新数据结构以代码旧的数据结构，释放 final_mutex，等待一个优雅周期，并最终释放旧的数据结构。

这样真的行吗？为什么？

请见 13.2.1 节对该问题的描述。

小问题 9.77：5.5 节给出了一段奇怪的代码，用于统计在可移除设备上发生的 I/O 访问次数。这段代码的快速路径（启动一次 I/O）开销较大，因为需要获取一把读/写锁。该如何用 RCU 来改造这个例子，让其拥有良好的性能和极佳的可扩展性呢？（请注意，一般情况下，I/O 访问代码的性能要比设备移除代码的性能重要。）

答案：提示，使用 RCU 读端临界区代替读锁，并调整设备移除代码来适应它。

参考 13.2.2 节对此问题的解决办法。

小问题 9.78：但是为什么引用计数和危险指针不能以恒定开销获取对多个数据元素的引用？单个引用计数就可以覆盖多个数据元素，对吧？

答案：几乎正确。正如我们将在"无条件获取"列中看到的，引用计数和危险指针都不能无条件地获取引用，因此在更新存在时获取引用的开销可能是非恒定的。

此外，使用单个引用计数来覆盖多个数据元素可能会产生严重后果，例如，你在所有数据元素的所有引用都被释放之前无法删除任何数据。这可以导致更复杂的数据元素清理代码，并且相较于 RCU，还可能增加内存占用。换句话说，增加的内存占用量不是 RCU 带来的结果，而是批量获取引用计数带来的结果。

D.10 数据结构

小问题 10.1：但是有很多类型的哈希表，其中这里描述的链表式哈希表只是一种类型。为什么这样重视链表式哈希表？

答案：链表式哈希表是完全可分割的，因此非常适合于并发使用。还有其他完全可分割的哈希表，例如拆序链表式（split-orderedlist）哈希表[SS06]，但它们相当复杂。因此，我们从链接式哈希表开始。

小问题 10.2：但是假如键不能放入 unsigned long，那么图 10.4 第 15 至 18 行的双重比较是不是效率低下？

答案：的确是这样。然而，哈希表经常频繁地存储诸如字符串之类无法放入 unsignedlong 的键。将哈希表的实现简化成键永远适合 unsignedlong 的工作，就作为练习留给读者了。

小问题 10.3：相比于简单地增加哈希桶的数量，让哈希桶之间缓存对齐是不是更好？

答案：答案取决于很多因素。如果哈希表的每个桶都具有大量元素，那么增加哈希桶的数量明显更好。

另一方面，如果哈希表中的数据不多，则答案取决于硬件、哈希函数的有效性和工作负载。这里鼓励有兴趣的读者自己进行实验。

小问题 10.4：鉴于薛定谔的动物园这个应用程序的负可扩展性，为什么不通过运行应用程序的多个副本来并行化，每个副本拥有动物们的部分子集，并确保每个副本运行在一个 CPU 插槽里？

答案：你可以做到这一点。实际上，你可以将此构思扩展到大型集群系统，在集群的每个节点上运行应用程序的一个副本。这种做法被称为"分片"（sharding），大型电商的生产实践中大量使用这种做法[DHJ + 07]。

但是，如果要在多插槽系统中按照每个 CPU 插槽分片，那么为什么不购买单独的更小、更便宜的单插槽系统，然后在每个系统上运行一个数据库分片？

小问题 10.5：如果哈希表中的元素可以在查找的同时被并发删除，这是不是意味着查找返回的指针指向的数据元素也可以被删除？

答案：是的，可以。这就是为什么 hashtab_lookup()必须在 RCU 读取临界区内调用的原因，这也是为什么 hashtab_add()和 hashtab_del()必须使用基于 RCU 的链表操作原语的原因。最后，这也是为什么 hashtab_del()的调用者必须等待一个优雅周期（例如，通过调用 synchronize_rcu()），然后才能释放被删除的元素的原因。

小问题 10.6：在 10.2.3 节中明确提出了从 8 个 CPU 外推到 60 个 CPU 的危险。但是为什么从 60 个 CPU 来推断结果却要安全一些？

答案：其实这也不安全，最好是在较大的系统上运行这些程序。有测试表明，RCU 读端原语能在至少 1024 个 CPU 的系统上提供一致的性能和可扩展性。

小问题 10.7：图 10.25 中的代码计算了两次哈希值。这样做明显效率低下，为什么？

答案：原因是旧的和新的哈希表可能具有完全不同的哈希函数，使得为旧表计算的哈希可能与新表完全不相关。

小问题 10.8：图 10.25 中的代码如何防止调整大小的进度超过选定的桶？

答案：代码并不提供任何这样的保护。这是下面描述的更新侧并发控制功能所要做的工作。

小问题 10.9：图 10.25 和 10.26 中的代码为更新操作计算了两次哈希和桶选择逻辑。这样做明显效率低下，为什么？

答案：这种方法允许重用 hashtorture.h 测试基础架构的代码。不过，用于生产环境的可调整大小的哈希表可能会进行优化，以避免这种双重计算。这个优化将留给读者作为练习。

小问题 10.10：在调整大小过程中，假设某个线程向新表中插入元素。由于后续的调整大小操作可能在插入操作之前完成，从而导致插入丢失，是什么防止了这种情况的出现？

答案：由于插入操作持有着新哈希表（例子中三个哈希表中的第二个）中一个哈希桶的锁，所以第二个调整大小操作无法将桶移动到正在进行插入的桶之后。此外，插入操作发生在 RCU 读取侧临界区内。正如我们在分析 hashtab_resize()函数时看到的，这意味着第一个调整大小操作将使用 synchronize_rcu()来等待插入的读取临界区完成。

小问题 10.11：在图 10.27 中的 hashtab_lookup()函数中，如果要查找的元素已经由并发的调整大小操作移走，此处代码非常小心地在新表中寻找正确的桶。这似乎是对受 RCU 保护的查找的一种浪费。为什么在这种情况下不坚持使用旧表？

答案：假设现在调整大小操作开始，并将旧表的一半桶分配给新表。进一步假设某个线程将一个新元素添加入其中一个已经分配的桶里，并且这个线程现在开始查找这个新添加的元素。如果查找只无条件地遍历旧的哈希表，这个线程会无法找到它刚刚添加的元素，从而导致查找失败，对我来说这听起来像一个 BUG。

小问题 10.12：图 10.27 中的 hashtab_del()函数并不总是从旧的哈希表中删除该元素。这意味着在元素被释放后 RCU 读者仍可能访问这个新删除的元素。

答案：不是这样的。如果调整大小操作已经超过了包含刚刚删除的元素的桶，hashtab_del()函数将忽略旧哈希表，不删除该元素。但这意味着新的 hashtab_lookup()操作将在查找该元素时使用新的哈希表。因此，只有在 hashtab_del()之前启动的旧 hashtab_lookup()操作才可能会遇到新删除的元素。这意味着 hashtab_del()只需要等待一个 RCU 优雅周期，从而避免对 hashtab_lookup()操作造成不便。

小问题 10.13： 在图 10.27 的 hashtab_resize()函数中，从 hashtab_lookup()、hashtab_add()和 hashtab_del()的角度来看，是什么保证了第 29 行对->ht_new 的更新一定会发生在第 36 行对->ht_resize_cur 的更新之前？

答案： 图 10.27 的第 30 行的 synchronize_rcu()确保所有已经存在的 RCU 读者在第 29 行赋值新的哈希表引用和第 36 行更新->ht_resize_cur 之间完成。这意味着任何看到->ht_resize_cur 的非负值的读者不能在->ht_new 被赋值之前启动，因此保证这些读者能够看到对新的哈希表的引用。

小问题 10.14： 能不能修改一下 hashtorture.h 代码，让 hashtab_lock_mod()包含 ht_get_bucket()的功能？

答案： 也许可能，并且这样做将有益于本章中提出的“每桶一把锁”实现的哈希表。这个修改将留给读者作为练习。

小问题 10.15： 这些实例化节省了多少时间？他们真的值得吗？

答案： 第一个问题的答案留给读者作为练习。请读者们试试调整可调整大小的哈希表，并查看性能改进的结果。第二个问题无法宽泛地回答，我需要针对特定的用例来回答。一些用例对性能和可扩展性极为敏感，而其他用例则不那么敏感。

D.11 验证

小问题 11.1： 仔细权衡一下，在什么时候，遵从局部性计划显得尤其重要？

答案： 有很多这样的情形。但是，最重要的情形可能是，当没有任何人曾经创建过与将要开发的程序类似的任何东西时。在这种情况下，创建一个可信计划的唯一方法就是实现程序、创建计划，并且再次实现它。但是无论是谁首次实现该程序，除了遵循局部性计划外都没有其他选择。因为在无知的情况下创建的任何详细计划，都不能在初次面对真实世界时得以幸存。

也许，这也是如下事实的原因之一，为什么那些疯狂乐观的人，也是那些喜欢遵循局部性计划的人。

小问题 11.2： 如果你正在写一个脚本来处理“time”命令的输出，这些输出看起来像下面的格式。

```
real 0m0.132s
user 0m0.040s
sys 0m0.008s
```

要求脚本检查错误的输入，如果找到 time 输出错误，还要给出相应的诊断结果。您应当向这个程序提供什么样的测试输入？这些输入与单线程程序生成的 time 输出一致。

答案：

1. 你有这样一个测试用例，它的所有时间都被一个 CPU 绑定的程序消耗于用户态模式吗？
2. 你有这样一个测试用例，它的所有时间都被一个 CPU 绑定的程序消耗于系统模式吗？
3. 你有这样一个测试用例，它的三种类型的时间都是 0 吗？
4. 你有这样一个测试用例，它的“user”和“sys”时间加起来超过“real”时间（对于多线程程序来说，这当然完全合法）吗？
5. 你有这样一个测试用例集，其中一个用例的时间超过 1s 吗？

6．你有这样一个测试用例集，其中一个用例的时间超过 10s 吗？

7．你有这样一个测试用例集，其中一个用例的时间超过 1min（例如“15m36.342s”）吗？

8．你有这样一个测试用例集，其中一个用例的时间拥有一个超过 60s 的值吗？

9．你有这样一个测试用例集，其中一个用例的时间拥有一个超过 32 位的毫秒值吗？

10．你有这样一个测试用例集，其中一个用例的时间是负值吗？

11．你有这样一个测试用例集，其中一个用例的时间拥有正数的分钟值，但是拥有一个负数的秒值吗？

12．你有这样一个测试用例集，其中一个用例的时间忽略“m”或者“s”吗？

13．你有这样一个测试用例集，其中一个用例的时间是非数字（例如“Go Fish”）吗？

14．你有这样一个测试用例集，其中某一行被省略（例如存在“real”值和“sys”值，但是没有“user”值）吗？

15．你有这样一个测试用例集，其中某一行被重复，或者重复了，但是对于重复行来说，有一个不同的时间值吗？

16．你有这样一个测试用例集，其中一个特定行拥有超过一个时间值（例如“real 0m0.132s 0m0.008s”）吗？

17．你有这样一个测试用例集：它包含随机字符吗？

18．当所有测试用例都包含无效输入时，你输出了表头吗？

19．对于每一个测试用例，你拥有一个该用例的预期输出吗？

如果没有生成上述情况的大量测试数据，你就需要培养更具破坏性的态度，这样才有机会生成更高质量的测试。

当然，在破坏性方面节省资源的一种方式，是适当的针对被测试源代码生成其测试用例，这被称为白盒测试（与之相对的是黑盒测试）。但是，这不是灵丹妙药，你将会发现，你的思想太容易局限于程序可以处理什么东西，因此不能生成真正具有破坏性的输入。

小问题 11.3：什么，你竟然要求我在开始编码前，做完所有的验证工作？这听起来像是永远不会开始的任务！

答案：如果那是你自己的项目，例如，一个爱好性质的项目，做你喜欢的事情就行了。浪费的任何时间都是你自己的，你不必就此向任何人解释什么。并且很有可能花费的时间也不是完全被浪费了。例如，如果你正在从事一个新类型的项目，从某种意义上来说，其需求也是不明确的。在这种情况下，最好的方法可能是快速地原型化一些粗略的方案，尽力将它们搞出来，然后看看哪些方案能最优的运行。

小问题 11.4：你可以怎样实现 `WARN_ON_ONCE()`？

答案：如果你不介意 `WARN_ON_ONCE()` 有时警告两次或者三次，简单的维护一个初始化为 0 的静态变量就行了。如果警告条件被触发了，就检查静态变量值，如果它不为 0 则返回。否则，将其设置为 1，打印消息然后返回。

如果真的必须让消息绝不出现超过一次，也许是因为消息太大了，你可以使用一个原子交换操作来替换上面的“将其设置为 1”。仅仅在原子交换操作返回 0 时，才打印警告消息。

小问题 11.5：为什么谁都不喜欢在用笔在纸张上面复制现有代码？这不是增加抄写错误的可能性吗？

答案：如果你担心抄写错误，请允许我首先介绍一款实在酷的工具，名为 `diff`。另外，复制工作可能十分有价值。

1．如果你正在抄写大量代码，那么你可能是没有获得抽象的好处。抄写代码的工作可以为你提供极大的抽象动机。

2．抄写代码的工作，给予你一个机会来思考代码在新的设置环境中是否真的能正常运行。是否有一个不明显的约束，例如需要禁止中断或者持有某些锁？

3．抄写代码的工作，也给你一些时间来考虑是否有更好的途径来完成任务。

因此，抄写代码吧！

小问题 11.6：这个过程是荒谬的过度设计！你怎么能够期望通过这种方式得到合理数量的软件？

答案：事实上，反复的手工抄写代码是费力而且缓慢的。但是，当将重载压力和正确性证明结合起来时，对于那些复杂的，并且其最终性能和可靠性是必要的，而难于调试的并行代码来说，这种方法是极其有效的。Linux 内核 RCU 实现就是一个例子。

另一方面，如果你正在写一个简单的单线程 shell 脚本来维护一些数据，那你最好使用其他方法。例如，你可以一次一个地，将每一条命令及测试数据集输入到一个交互式 shell，以确保它执行了你期望的动作，然后将这些成功的命令复制并粘贴到脚本中。最后整体测试脚本。

如果你有一个朋友或者同事愿意帮助，结对编程可以很好地工作，因为这可以有任意数量的正式设计及代码复查过程。

如果你正在以兴趣的方式编写代码，那么做你想做的事情吧。

简而言之，不同类型的软件需要不同的开发方法。

小问题 11.7：假如在你的权限范围内，能够支配大量的系统。例如，以目前的云系统价格，你能够以合理的低价购买大量的 CPU 时间。为什么不使用这种方法，来为所有现实目标获得其足够的确定性？

答案：这个方法可能是你的验证武器库中一个有价值的补充。但是它有一些限制。

1．某些 BUG 有极其低的发生概率。但是仍然需要修复。例如，假设 Linux 内核的 RCU 实现有一个 BUG，它在一台机器上平均一个世纪才出现一次。即使在最便宜的云平台上，一个世纪的时间也是十分昂贵的。但是我们可以预期，截止 2011 年，世界上超过 1 亿份 Linux 实例中，这个 BUG 会导致超过 2000 次错误。

2．BUG 可能在你的测试设置中，发生概率为 0，这意味着无论你花费多少机器时间来测试它，都不会看到 BUG 发生。

当然，如果你的代码足够小，形式验证可能是有用的。正如在第 12 章所讨论的一样。但是请注意，对于如下错误，你的前提假设、对需求的误解、对所用软件/硬件原语的误解，或者认为不需要进行证明的错误，形式验证将不能发现它们。

小问题 11.8：你说什么？当我将前面例子中的 5 次测试，每次 10%的失败率放到公式中，得到 59.050%的结果，这说不通！

答案：你是对的，这根本没有意义。

请记得，概率是一个介于 0 和 1 之间的数字，因此你需要将其除以 100 得到一个概率。因此 10%是 0.1 的概率，它得到一个 0.4095 的概率，舍入后得到 41%，这与早先的结果很匹配。

小问题 11.9：在公式 11.6 中，对数运算的基数是 10、是 2，还是 e?

答案：没关系。无论使用哪个基数的对数，你将得到相同的结果。因为结果是纯粹的对数比例。唯一的限制是，你在分子和分母中都使用同样的基数。

小问题 11.10：假设某个 BUG 导致某个测试每小时平均失败 3 次。必须要运行多长时间的无错误测试，才能提供99.9%的信心，来确保修复措施已经显著减小了失败的可能性？

答案：在表达式11.28中，我们将 n 设置3，P 设置为99.9，得到

$$T=-\frac{1}{3}\log\frac{100-99.9}{100}=2.3 \tag{D.9}$$

如果运行测试用例2.3小时而没有错误，我们就有99.9%的信心确认：相应的修复措施减小了失败的概率。

小问题 11.11：进行阶乘及指数求和真是一件苦差事。就没有更简单的办法吗？

答案：一个方法是使用名为“maxima”的开源符号操作程序。这是许多基于Debian的Linux发行版的一部分，一旦你安装了这个程序，就可以运行它并给它 `load(distrib);`命令后跟随任意数量的 `bfloat(cdf_poisson(m,l));`其中m由期望的m值替换，l由期望的λ代替。

特别的，`bfloat(cdf_poisson(2,24))`命令的结果是 `1.181617112359357b-8`，与表达式11.30给出的值匹配。

或者，你也可以使用11.6.2节中描述的粗略的方法。

小问题 11.12：稍等！既然必须有一定数量的错误（包含零错误），当表达式11.30中的 m 趋向无限大的时候，表达式的总和不会接近于1吗？

答案：实际上它应该这样，并且确实是这样。

要明白这一点，请注意 $e^{-\lambda}$ 不依赖于 i，这意味着可以如下这样得到总和。

$$e^{-\lambda}\sum_{i=0}^{\infty}\frac{\lambda^i}{i!} \tag{D.10}$$

余下的总和正好是 $e^{-\lambda}$ 的泰勒级数，得到

$$e^{-\lambda}e^{\lambda} \tag{D.10}$$

两个指数互为倒数，因此被约掉，导致结果正好为1，这正是所需的结果。

小问题 11.13：如果破坏行为影响了一些不相关的指针，继而导致其他破坏行为，这种情况下，应该怎么办？

答案：实际上，这是可能发生的。许多CPU有硬件调试功能，这可以帮助你定位不相关的指针。另外，如果你有核心转储，可以在核心转储中搜索引用被破坏区域的指针。你也可以查看被破坏的数据布局，并检查与布局相匹配的指针。

你还可以退一步，密集的测试组成你程序的模块，这很可能会将破坏行为限制到相应模块。如果这使得破坏行为消失，就可以考虑对每个模块导出的函数添加额外的参数检查。

然而，这是一个困难的问题，这就是为什么我使用“有点黑暗的艺术”这个词的原因。

小问题 11.14：但是我在进行二分法查找时，最终发现有一个太大的提交。我该怎么办呢？

答案：太大的提交？太无耻了！这就是为何你应该保持小提交的原因。

这就是你的答案：将提交分拆成大小适合的块，并对块进行二分查找。根据我的经验，将提交进行拆分的动作，足以使得BUG变得明显。

小问题 11.15：为什么已经存在的条件锁原语不提供这种伪失败功能？

答案：有一些锁原语，它们依赖于条件锁原语告知它们结果。例如，如果失败的条件锁触发某些已经在特定任务上运行的线程，则伪失败可能导致任务永不会完成，进而导致挂起。

小问题 11.16：真是荒唐！毕竟，延后得到正确的答案，总比得到不正确的答案更好，难道不是吗？

答案：这个问题没有考虑完全不计算答案的选项，并且，如果这样做的话，也没有考虑计算

答案的成本。例如，考虑短期天气预报，其精确模型是存在的，但是这要求大型（并且昂贵）超级计算机集群，至少在你希望这个模型运行得比天气更快时是这样。

并且，在这种情况下，任何阻止模型比实际天气运行得更快的性能 BUG，都会使得预报失去意义。既然花钱购买大型超级计算机集群的目的就是预测天气，而你不能使其模型运行得比天气更快，那最好完全不运行这个模型。

更严重的例子可以在安全相关的实时计算领域找到。

小问题 11.17：但是，如果你正在将所有辛勤努力都放到并行软件上，为什么不正确的做这件事情？为什么要解决那些不是最佳性能和线性扩展性的问题？

答案：虽然我由衷佩服你的精神和抱负，但是你忽略了一个事实：由于项目延期完成，可能导致高额成本。举一个极端的例子，假如一个单线程应用带来的 40%性能不足导致每天有一个人死亡。再进一步假设某一天你可以对一个快速但是不那么优雅的并行程序进行改造，这个并行程序在一个八核系统上，可以比串行版本快 50%，但是一个优化的并行程序需要 4 个月的痛苦设计、编码、调试以及调优过程，该怎么办？

可以肯定的是，超过 100 个人会喜欢快速但是不那么优雅的版本。

小问题 11.18：其他误差源呢？例如，由于缓存及内存布局之间的相互影响？

答案：内存布局确实会导致执行时间的减少。例如，如果一个特定的应用几乎总是超过 L0 缓存关联大小，但是通过正确的内存布局，它完全与缓存匹配。如果这确实是一个要顾虑的问题，可以考虑使用巨页（在内核或者裸机上）来运行你的微基准，以完全的控制你的内存布局。

小问题 11.19：这些建议用于隔离测试代码的技术，难道不会影响代码的性能吗？尤其是这些技术与一项更大型应用一起运行时。

答案：实际上它会影响。虽然在大多数微基准中，你会从封装的应用中分拆出测试用的代码。然而，由于某些原因，你必须在应用中保持测试用的代码，很可能需要使用第 11.7.6 节中讨论的技术。

小问题 11.20：这种做法真的有点怪异。为什么不像统计学课程讲的那样，使用均值和方差？

答案：因为均值和方差不是为这个任务而设计的。要明白这一点，请试着将均值和方差应用到如下数据集中，假设测量误差为 1%：

49,548.4 49,549.4 49,550.2 49,550.9 49,550.9 49,551.0 49,551.5 49,552.1

49,899.0 49,899.3 49,899.7 49,899.8 49,900.1 49,900.4 52,244.9 53,333.3

53,333.3 53,706.3 53,706.3 54,084.5

其问题是，均值和方差并不取决于任何类型的测量误差，因此它们会看到接近 49,500 的值与接近 49,900 的值之间的差异，认为它们是明显的统计差异，而实际上它处于统计误差范围之内。

当然，创建一个类似于图 11.7 的脚本，它使用方差而不是绝对值的差异来得到类似效果，这也是可以的。并且这留给有兴趣的读者作为练习。请小心避免由相同数据值引起的除 0 错误。

小问题 11.21：如果可信数据集合中的所有 y 值都完全为 0，会怎么样？这不会导致脚本将所有非 0 值都剔除吗？

答案：确实会！但是如果你的性能测量值通常生成刚好为 0 的值，也许就需要看一下你的性能测量代码。

注意很多基于均值和方差的方法都有这种数据集类似的问题。

D.12 形式验证

小问题 12.1：为什么在 locker 里面有一个不可到达的语句？最终，这不是一个全状态空间的搜索吗？

答案：locker 过程是一个无限循环，因此控制永远不会到达过程的结尾处。但是，由于这里没有单调递增的变量，因此 Promela 可以用少量状态来模仿这个无限循环。

小问题 12.2：这个例子中有什么样的 Promela 代码样式问题？

答案：有以下几个问题。

1. `sum` 的定义应当移进 init 块，因为它并不在其他任何地方使用。

2. 断言代码应当被移出初始化循环。然后初始化循环可以被放到原子块里面，极大地减小状态空间（减小多少？）。

3. 包含断言的原子块应当扩展，以包含对 `sum` 和 `j` 的初始化，并且也涵盖断言。这也减小了状态空间（再一次问，减小多少？）。

小问题 12.3：有更直接的方法编写 do-od 语句吗？

答案：有的。将它替换为 `if-fi`，并且删除两个 `break` 语句。

小问题 12.4：为什么在第 12 至 21 行和第 44 至 56 行有原子块，在这些原子块中的操作并没有在任何已有微处理器上实现？

答案：因为这些操作仅仅对断言有用，它们不是算法本身的一部分。因此将它们标记为原子并没有害处，并且这样做能够大大减少 Promela 模型搜索操作需要的状态空间。

小问题 12.5：第 24 至 27 行真的有必要对计数器重新求和吗？

答案：有。要明白这一点，请删除这些行并运行模型。

也可以考虑下面的步骤。

1. 一个进程处于它的 RCU 读临界区，这样 `ctr[0]`的值是 0，而 `ctr[1]` 的值是 2。

2. 一个写者开始运行，看到计数器的和是 2，这样不能执行快速流程。因此它需要获得锁。

3. 第二个写者开始运行，并且得到 `ctr[0]`的值为 0。

4. 第一个写者对 `ctr[0]`加 1，翻转索引（现在变成 0），然后从 `ctr[1]`减 1（现在变成 1）。

5. 第二个写者获得 ctr[1]的值，其值是 1。

6. 第二个写者错误地认为它可以通过快速路径运行，但是事实上最初的读者还没有完成。

小问题 12.6：既然我们有两个独立的，针对这里描述的 QRCU 算法的正确性证明，并且正确性证明很可能包含不同的算法，为什么还有怀疑的余地？

答案：总是有怀疑的余地。在这种情况下，重要的是记住，这两个正确性证明早于真实内存模型的形式化验证，这增大了两个证明基于不正确内存序的可能性。而且，由于这两个证明都是由同一个人构建的，那么就十分有可能包含一个共同的错误。再强调一次，总是有怀疑的余地。

小问题 12.7：那太大了！现在，假如我没有 40G 主存的机器，该怎么办？

答案：放心，针对这个问题有很多合理的答案。

1. 进一步优化模型，减少它的内存消耗。

2. 进行 pencil-and-paper 证明，这也许开始于 Linux 内核代码中的注释。

3. 小心设计压力测试，尽管它们不能证明代码的正确性，但是能够找到隐藏的 BUG。

4. 有一些工具，能在小型计算机集群上进行模型检查。但是，请注意我们还没有亲自使用这些工具，Paul 可以临时访问一些大型计算机。

5．等待实惠的系统扩展内存空间，以适合你的问题。

6．使用某种云计算服务，以短期租用一个大型系统。

小问题 12.8：如果 `rcu_update_flag` 的旧值为 0，为什么不简单地递增 `rcu_update_flag`，然后仅仅递增 `dynticks_progress_counter`？

答案：当有 NMI 时，这会产生错误。要明白这一点，我们假设刚好在 `rcu_irq_enter()` 递增 `rcu_update_flag` 后，并且在递增 `dynticks_progress_counter` 前接收到 NMI。被 NMI 调用的 `rcu_irq_enter()`实例将看到 `rcu_update_flag` 的原始值不为 0，因此将不会递增 `dynticks_progress_counter`。这将使 RCU 优雅周期机制无法为本 CPU 上运行的 NMI 处理程序提供线索，这样在 NMI 处理程序中的 RCU 读临界区将失去 RCU 的保护。

根据定义，NMI 处理程序的这种可能性不能被排除，这使得代码复杂化。

小问题 12.9：但是如果第 7 行发现已经处于最外层的中断，我们不总是需要递增 `dynticks_progress_counter` 吗？

答案：如果我们中断一个正在运行的任务就不能这样！在这种情况下，`dynticks_progress_counter` 已经被 `rcu_exit_nohz()`递增了，因此不能再次递增它。

小问题 12.10：你能找到本节代码中的任何 BUG 吗？

答案：阅读下一节，看看是否正确。

小问题 12.11：为什么在 `rcu_exit_nohz()`和 `rcu_enter_nohz()`中的内存屏障没有在 Promela 模型中出现？

答案：Promela 假设顺序一致性，因此它不必模拟内存屏障。实际上，必须明确模拟没有内存屏障的情况。例如，第 256 页图 12.13 所示。

小问题 12.12：难道不奇怪吗？在模拟 `rcu_exit_nohz()`后模拟 `rcu_enter_nohz()`？先进入再退出，建立这样的模型不是更好理解吗？

答案：这也许更容易理解一些，但是由于随后增加的活性检查，我们也需要这种特殊的顺序。

小问题 12.13：等一等！在 Linux 内核中，`dynticks_progress_counter` 和 `rcu_dyntick_snapshot` 都是每 CPU 变量。因此要问一问，它们为什么被模拟为单个全局变量？

答案：因为优雅周期代码分别处理每一个 CPU 的 `dynticks_progress_counter` 和 `rcu_dyntick_snapshot` 变量，我们可以将状态缩减到单 CPU。如果优雅周期代码针对特定 CPU 的特定值做特定的事情，那么我们真的有必要模拟多 CPU。不过幸运的是，我们可以放心地限制为两个 CPU，其中一个运行优雅周期处理，另外一个进入和退出 dynticks-idle 模式。

小问题 12.14：既然在第 25、26 行有一对连续的、对 `gp_state` 的修改操作，如何确保第 25 行的修改不会丢失？

答案：还记得 Promela 和 Spin 会跟踪每一种可能的状态变化序列吧？因此，这没有关系，Promela/Spin 将非常棒地在两条语句之间塞上所有应该模拟的东西，除非一些状态变量明确的禁止这样做。

小问题 12.15：如果在单个 `EXECUTE_MAINLINE()`组中，你需要某些语句非原子的执行，该怎么做？

答案：最容易的方法是将每一个这样的语句放到它自己的 `EXECUTE_MAINLINE()` 语句中。

小问题 12.16：如果 `dynticks_nohz()`过程在条件中有“if”或者“do”语句，该怎么办？这些语句体需要非原子执行。

答案：第一个方法，正如我们后面的章节中将会看到的一样，是使用标签语句和“goto”语句。例如

```
if
:: i == 0 -> a = -1;
:: else -> a = -2;
fi;
```

可以被模拟为下面这样。

```
EXECUTE_MAINLINE(stmt1,
  if
  :: i == 0 -> goto stmt1_then;
  :: else -> goto stmt1_else;
  fi)
stmt1_then: skip;
EXECUTE_MAINLINE(stmt1_then1, a = -1; goto stmt1_end)
stmt1_else: skip;
EXECUTE_MAINLINE(stmt1_then1, a = -2)
stmt1_end: skip;
```

但是，不太清楚在“if”语句的情形下，宏可以给予我们多大帮助。因此，这类情况将在随后的章节中公布源代码。

小问题 12.17：为什么第 45、46 行（`in_dyntick_irq = 0;`以及 `i++;`）原子的执行？

答案：这些代码行是用于控制模拟过程的，不是被模拟的代码，因此没有必要将其模拟为非原子性执行。将其模拟为原子性执行是为了减少状态空间的大小。

小问题 12.18：什么样的中断属性是 `dynticks_irq()`过程所不能模拟的？

答案：其中一个属性是嵌套中断，在随后的章节中处理它。

小问题 12.19：Paul 总是以这种痛苦的增量编码风格来编写他的代码吗？

答案：并不总是这样，但越来越频繁了。这种情况下，Paul 以最小的代码段开始，这些代码段包含中断处理，因为他不确信在 Promela 中如何最好地模拟中断。一旦他使代码可以运行，他就添加其他功能（但是如果他重新开始，它将以一个“toy”处理程序开始。例如，可能让处理程序递增变量两次，并让主程序代码验证它的值总是偶数）。

为什么是递增的方法？考虑下面的内容，归因于 Brian W. Kernighan。

首先，调试的困难程度是编写代码的困难程度的两倍。因此，如果你尽可能精巧地编写代码，那么根据定义，你不能很好地调试它。

这意味着任何试图优化代码的努力都应当将至少 66%的精力放到优化调试过程上，即使增加编写代码的时间和精力也在所不惜。渐进编码和测试是一种优化调试过程的方法，这以增加编码精力为代价。Paul 使用这个方法，是因为他很少能够奢侈地将一整天（更不用说一周了）全部投入到编码和调试中去。

小问题 12.20：但是如果在中断处理程序完成前，开始了 NMI 处理将发生什么？并且，如果 NMI 处理持续运行直到下一个中断开始时？

答案：这在单个 CPU 范围内不可能发生。直到 NMI 处理返回后，第一个中断才可能完成。因此，如果每一个 `dynticks` 和 `dynticks_nmi` 变量在一个特定时间段内，都有一个偶数值，那么相应的 CPU 在该时段内就真的处于静止状态。

小问题 12.21：这仍然十分复杂。为什么不用一个 `cpumask_t` 来表示每一个 CPU 是否处于

dyntick-idle 模式，当进入中断或者 NMI 处理程序时清除位，退出时设置位？

答案： 虽然这种方法在功能上是正确的，但是在大型机器上，它会导致进入、退出中断时过大的开销。作为对比，本节中的方法允许每一个 CPU 在进入退出中断和 NMI 时，仅仅操作每 CPU 数据，这大大降低了中断进入退出时的开销，特别是在大型系统中。

小问题 12.22： 但是 x86 是强序的。为什么你需要将它的内存模式形式化？

答案： 实际上，理论界认为 x86 内存模型是弱序的，因为它允许将存储和随后的加载进行重排。从学术的观点来看，一个强序内存模型绝不允许任何重排，这样所有的线程都将对它看到的所有操作顺序达成完全一致。

小问题 12.23： 为什么在图 12.25 第 8 行初始化寄存器？为什么不在第 4、5 行初始化它们？

答案： 两种方法都可以。但是，通常情况下，使用初始化操作比使用显式的指令更好。在本例中，显式指令用于展示他们的用法。另外，在工具网站（`http://www.cl.cam.ac.uk/~pes20/ppcmem/`）上许多可用的 Litmus 测试是自动生成的，它们生成显式的初始化指令。

小问题 12.24： 但是图 12.25 的第 17 行是 `Fail:`标号，会在此处发生什么？

答案： 当 `stwcx` 指令失败，Powerpc 版本的 `atomic_add_return()` 实现将会循环，该循环通过设置条件码寄存器中的非 0 位来通信，该位又通过 bne 指令来测试。由于真实模拟循环将导致状态空间急剧增加，因此我们转而跳到 Fail 标签分支，以线程 1 的 `r3` 寄存器的初始值 2 来终止模拟过程，这不会触发退出断言。

关于这个技巧是否普遍适用，存在一些争论。但是我没有看到它失败的例子。

小问题 12.25： ARM Linux 内核有类似问题吗？

答案： ARM 没有这个特定的错误，因为它在 `atomic_add_return()` 函数的汇编实现前后放置了 `smp_mb()`。PowerPC 不再有这个错误：它很早就被修复了。找到 Linux 内核可能存在的其他错误，这件事情就留给读者作为练习了。

小问题 12.26： 鉴于 L4 微内核的完整验证，这种形式验证受限的观点是不是有点过时了？

答案： 不幸的是，答案为否。

对 L4 微内核进行完整的验证是由大量博士生参与完成的杰作。学生们以非常低效的方式手工验证代码。这种级别的付出不能用于大多数软件工程，因为变化速度太快了。而且，虽然从形式验证的观点来说，L4 微内核是大型软件，但是与大量项目，包括 LLVM、gcc、Linux 内核、Hadoop、MongoDB，以及许多其他项目相比，它还是太小了。

虽然形式验证最终显示出一些希望，但是在可预见的未来，它还是没有机会完全代替测试。虽然在这一点上面，我真的很想被证明是错误的，但是请注意，这样的证明应当是真正的工具形式，这样的工具将验证真实的软件，而不是夸夸其谈的辞藻的形式。

D.13　综合应用

小问题 13.1： 究竟为什么我们首先需要那把全局锁？

答案： 一个特定线程的`__thread` 变量会在线程退出时消失。因此有必要将线程退出过程和访问线程的`__thread` 变量过程进行同步。没有这样的同步，访问一个正在恰好退出的线程的`__thread` 变量将会导致段错误。

小问题 13.2： 究竟什么是 `read_count()`的精确性？

答案:参考第 47 页的图 5.9。很明显，如果没有对 inc_count() 的并发调用，read_count() 将返回一个确定的值。但是，如果有对 inc_count() 的并发调用，那么总和实际上会在 read_count() 执行求和计算时发生变化。也就是说，由于线程的创建和退出被 final_mutex 排除，指针 counterp 保持不变。

让我们想象一个奇特的机器，它能获得其内存的瞬时快照。如果这个机器在 read_count() 开始执行时获得这样的一个快照，在结束执行时获得另外一个快照。然后 read_count() 将在两次快照之间访问每一个线程的计数器，因此也会获得一个介于这两个快照之间的结果。因而，最终的总和将介于两个已经获得的两个快照总和值之间。

因此，预期的误差将是这一对总和值差异的一半。也就是，预期的 read_count() 执行时间的一半乘以单位时间预期调用 inc_count() 的次数。

或者，对于那些喜欢方程的人来说

$$\varepsilon = \frac{T_r R_i}{2} \tag{D.12}$$

这里，ε 是预期的 read_count() 返回值误差，T_r 是 read_count() 执行的时间，R_i 是单位时间调用 inc_count() 的次数。（当然，T_r 和 R_i 应当使用相同的时间单位，毫秒及每毫秒调用次数，秒及每秒调用次数，以及其他单位，只要它们的单位相同。）

小问题 13.3: 图 13.1 第 45 行修改了已经存在的 countarray 数据结构中的值，你不是说过，这个数据结构一旦对 read_count() 可用，就保持常量不变吗？

答案: 我确实这样说过。并且有可能让 count_register_thread() 分配一个新结构，就像 count_unregister_thread() 所做的那样。

但是这并不是必要的。回想一下基于内存快照的 read_count() 误差边界推导过程。由于新线程开始时，将 counter 初始化为 0，因此即使我们在 read_count() 执行过程中添加一个新线程，推导过程也是成立的。因此，足够有趣的是，当我们添加一个新线程时，我们得到了这样一个效果：分配了一个新结构，但是实际上并没有真正产生影响。

小问题 13.4: 图 13.1 包含 69 行代码，而图 5.9 仅仅包含 42 行。这些额外的复杂性真的值得吗？

答案: 这当然需要视情况而定。如果你需要线性扩展的 read_count() 版本，那么如图 5.9 所示的、基于锁的简单实现将不适合于你。另一方面，如果对 count_read() 的调用非常少，那么基于锁的版本更简单，因此也更好。虽然大量代码差异是由于数据结构定义、内存分配及 NULL 返回检查造成。

当然，一个更好的问题是，为什么语言不实现跨线程访问__thread 变量？毕竟，这样的实现使得对锁及对 RCU 的使用都变得没有必要。这反而能够找到一种实现，它比图 5.9 所示的算法更简单，并且有图 13.1 所示的实现算法的扩展性和性能优势。

小问题 13.5: 图 13.5 中的方法不会导致额外的缓存缺失，然后导致额外的读端开销吗？

答案: 实际上它确实会。

一个避免缓存缺失开销的方法如图 D.10 所示，简单地将名为 meas 的 measurement 结构实例嵌入到 animal 结构中，并且将-mp 字段指向这个->meas 字段。

```
1 struct measurement {
2   double meas_1;
3   double meas_2;
4   double meas_3;
5 };
```

```
6
7 struct animal {
8   char name[40];
9   double age;
10  struct measurement *mp;
11  struct measurement meas;
12  char photo[0]; /* 大位图 */
13 };
```

图 D.10　局部相关测量字段

然后可以按如下方式进行测量更新操作。

1. 分配一个新的 measurement 结构并将其放到结构中。
2. 使用 rcu_assign_pointer()将->mp 指向这个新结构。
3. 等待一个优雅周期过去，例如使用 synchronize_rcu()或者 call_rcu()。
4. 从 measurement 结构复制测量值到嵌入的->meas 字段。
5. 使用 rcu_assign_pointer()将->mp 指回到旧的内嵌->meas 字段。
6. 另一个优雅周期过去后，释放新的 measurement 字段。

这个方法使用重量级更新过程，来消除通常情况下的缓存缺失。额外的缓存缺失仅仅在更新实际被处理时才产生。

小问题 13.6：当可变大小的哈希表正在改变大小时，应当怎么进行扫描过程？这种情况下，不管是旧哈希表，还是新哈希表，都不确保包含哈希表中的所有元素。

答案：是的。第 10.4 节中描述的可变大小哈希表，在其改变大小时不能完整的扫描。针对此问题的一个简单方法，是在扫描时获得 hashtab 结构的->ht_lock 锁，但是这会阻止多个扫描过程并发运行。

另一个方法是，在更新大小时，立即改变旧的哈希表以及新哈希表。这允许扫描过程找到旧哈希表中所有元素。其实现留给读者作为练习。

D.14　高级同步

小问题 14.1：图 14.3 中第 21 行的断言，到底是怎样失败的？

答案：关键的一点是，直觉分析没有注意到，没有什么能够防止对 C 的赋值在对 A 的赋值之前，到达 thread2()。这与直觉上的感知有一点不符。这在该节后面的部分有所解释。

小问题 14.2：这样的话该如何修正它？

答案：最简单的修正方法是将第 12 行和第 20 行的 barrier()，都替换成 smp_mb()。

当然，某些硬件比其他硬件更宽松一点。例如，在 x86 中，第 306 页图 14.3 第 21 行的断言不会被触发。在 PowerPC 中，仅仅第 20 行的 barrier()需要被替换为 smp_mb 以防止断言被触发。

小问题 14.3：是什么假定条件使得图 14.4 中的代码片断在实际的硬件中不再正确？

答案：代码假设，某个指定的 CPU 只要看不到自己的值，它将立即看到最后的新值。在实际的硬件中，某些 CPU 可能在收敛到最终的值以前，会看到几个中间的结果。

小问题 14.4：为什么多个 CPU 可能在同一时刻看到同一个变量的不同值？

答案：许多 CPU 都有写缓冲区，用来记录最近写入的值，一旦相应的缓存行对 CPU 可用，它就将其应用到缓存行中。因此，在同一时刻，每一个 CPU 看到一个特定的变量的不同的值是很有可能的，并且，对于主存来说，它拥有另外一个不同的值。发明内存屏障的一个原因就是允许软件优雅地处理这样的情况。

小问题 14.5：为什么 CPU 2 和 3 这么快就看到了一致性的数据，而 CPU 1 和 4 需要如此长的时间才达到和 CPU2、3 一致？

答案：CPU2 和 3 是同一 CPU 核上的一对硬件线程，它们共享同一级缓存，因此通信延迟很低。这是 NUMA（更准确地说是 NUCA）产生的效果。

这带来一个问题，为什么 CPU2 和 3 也会完全不一致？一个可能的原因是，它们在大的共享缓存之外，可能有一个小容量的私有缓存。另一个可能的原因是指令乱序，这带来了 10ns 长的不一致时间，并且在代码中完全缺少了内存屏障。

小问题 14.6：但是如果内存屏障不是绝对的强序，驱动开发者怎么样才能可靠地按序执行 MMIO 寄存器的加载和存储？

答案：MMIO 寄存器是特殊情况，因为它们看起来是无缓存的物理内存区域。内存屏障在无缓存的内存上是无条件地按强序进行加载和存储的。正如第 14.2.8 节所讨论的那样。

小问题 14.7：在多次加载 VS 多次存储的情况下，我们怎么知道：现代硬件确保至少某一个加载将看到由其他线程存储的值？

答案：该情形如下所示，A 和 B 都初始化为 0。

CPU 0：A=1;smp_mb();r1=B;

CPU 1：B=1;smp_mb();r2=A;

如果没有一个加载看到相应的存储，当两个 CPU 都结束时，r1 和 r2 都等于 0。让我们假设 r1 等于 0。那么我们知道，CPU 0 对 B 的加载发生在 CPU 1 对 B 的存储之前。最后，我们将得到一个结果，r1 等于一个其他值。但是既然 CPU 0 对 B 的加载发生在 CPU 1 对 B 的存储之前，那么内存屏障对确保 CPU 0 对 A 的存储发生在 CPU 1 对 A 的加载之前，因而这将确保 r2 将等于 1，而不是 0。

因此，至少 r1 和 r2 中的某一个必然不是 0，这意味着至少有一个加载将看到相应存储的值，正如我们宣称的那样。

小问题 14.8：表 14.1 中，其他的“仅一次存储”如何被使用？

答案：对于组合 2，如果 CPU 1 对 B 的装载看到 CPU 2 对 B 的存储之前的值，那么我们知道 CPU 2 对 A 的装载将返回 CPU 1 对 A 的装载相同的值，或者随后的值。

对于组合 4，如果 CPU 2 对于 B 的装载看到 CPU 1 对 B 的存储，那么我们知道 CPU 2 对 A 的装载将返回 CPU 1 对 A 的装载相同的值，或者随后的值。

对于组合 8，如果 CPU 2 对于 A 的装载看到 CPU 1 对于 A 的存储，那么我们知道 CPU 1 对于 B 的加载将返回 CPU 2 对 A 的加载同样的值，或者随后的值。

小问题 14.9：第 312 页中的断言 b==2 是怎么被触发的？

答案：如果 CPU 不必然完全按顺序看到它的所有加载和存储操作，那么 b=1+a 可能看到变量“a”的旧版本。

这就是为什么每一个 CPU 和硬件线程按编程顺序看到它自己的装载和存储操作是如此重要的原因。

小问题 14.10：第 312 页的代码是如何造成内存泄漏的？

答案：临界区仅仅应当在第一次运行时看到 p==NUL。但是，对 mylock 来说，如果临界区没有全局序，那么又如何能够保证哪一次是第一次呢？如果临界区在几次执行过程中，都认为它是第一次，那么它们都将看到 p==NULL，并且它们都将分配内存。这么多次的分配，除了其中的某次分配外，其余的内存分配都泄漏了。

这就是为什么一个特定的互斥锁保护的所有临界区按某种正确的顺序执行是如此重要的原因了。

小问题 14.11：第 312 页中的代码是如何造成计数值倒退的？

答案：假设计数以 0 值开始，并且临界区运行 3 次，因此将其值变为 3。如果不强制让临界区的第 4 次执行看到最近对这个值的存储，它完全可能看到其原来的值 0，因此计数器被设置为 1，这将造成计数器倒退。

这就是在一个临界区内对特定变量的加载看到最近一次临界区对它的存储是如此重要的原因。

小问题 14.12：下面对变量"a"和"b"的存储顺序有什么效果？

```
a = 1;
b = 1;
<write barrier>
```

答案：绝对没有影响。这个屏障将确保对"a"和"b"的赋值早于后面的赋值，但是不会确保对"a"和"b"本身的赋值顺序。

小问题 14.13：什么样的 LOCK-UNLOCK 操作序列才能是一个全内存屏障？

答案：两个连续的 LOCK-UNLOCK 操作序列，或者（稍微有违常规），一个 UNLOCK 操作后面跟随一个 LOCK 操作。

小问题 14.14：什么样的 CPU 由这些 semi-permeable 锁原语来构造内存屏障指令？

答案：Itanium 是其中一个例子。对其他 CPU 的鉴别作为一个练习留给读者。

小问题 14.15：假设大括号中的操作并发执行，表 14.2 中哪些行对变量"A"到"F"的赋值和 LOCK/UNLOCK 操作进行乱序是合法的（代码顺序是 A、B、LOCK、C、D、UNLOCK、E、F）？为什么是，为什么不是？

答案：

1. 合法的，按序执行。
2. 合法的，获取锁与前面的临界区中最后的赋值操作并发执行。
3. 非法的，对"F"的赋值必须跟随在 LOCK 操作之后。
4. 非法的，LOCK 必须在任何临界区操作之前完成。但是，UNLOCK 可能合法的与后续的操作并发执行。
5. 合法的，对"A"的赋值在 UNLOCK 之前，正如所需的那样。并且其他所有操作是按顺序完成的。
6. 非法的，对"C"的赋值必须跟随在 LOCK 之后。
7. 非法的，对"D"的赋值必须在 UNLOCK 之前。
8. 合法的，所有的赋值都遵守了 LOCK 和 UNLOCK 操作的规则。
9. 非法的，对"A"的赋值必须在 UNLOCK 之前。

小问题 14.16：表 14.3 有什么样的约束？

答案：所有 CPU 必然看到以下的顺序约束。

1．LOCK M 在 B、C 和 D 之前。

2．UNLOCK M 在 A、B 和 C 之后。

3．LOCK Q 在 F、G 和 H 之前。

4．UNLOCK Q 在 E、F 和 G 之后。

D.15 并行实时计算

小问题 15.1：但是电池供电的系统会怎样？这样的系统作为一个整体，并不需要输入系统的能源。

答案：或早或迟，电池都需要充电，这需要能量被输入系统，否则系统将停止运行。

小问题 15.2：但是根据排队理论的结果，低利用率不过仅仅提升平均响应时间，而不是提升最坏响应时间吗？而最坏响应时间是大多数实时系统所唯一关心的？

答案：这取决于具体情况。一种情况是，最坏响应时间通过低利用率来改善，此时，所有线程都使用所讨论的设备，但是仅仅只有一个实时线程使用它。将该设备的使用限制到单个实时线程，消除了排除延迟，至少假设实时线程不过度使用设备是这样。

小问题 15.3：得益于几十年来的深入研究，形式验证已经很不错了。真的需要更多的改进，还是说这仅仅是业界想继续偷懒的借口，并且忽视了形式验证的威力？

答案：或者这种情况仅仅是理论家的借口，以避免陷入到现实软件的糟糕境地中？也许更具建设性的说，以下改进是需要的。

1．形式验证需要处理更大的软件体。已经进行的最大的形式验证，仅仅是大约 10,000 行代码，并且这是对实时延迟简单得多的属性进行验证。

2．硬件厂商需要发布正式的时序保证。当硬件更简单时，这是通常的做法。但是目前的复杂硬件导致最坏性能的表现形式极其复杂。不幸的是，能效关注正推动厂商往更复杂的方向发展。

3．时序分析需要集成到开发方法和 IDE 中。

总的来说，这是我们的期望，因为最近的工作将真实计算机系统中的内存模型形式化了[AMP+11，AKNT13]。

小问题 15.4：基于“什么能够被非实时系统及其应用所直接实现”这样的问题，来区分实时和非实时，这是不对的，这样的区分绝没有理论基础。我们不能做得更好一点吗？

答案：从严格的理论观点来看，这种区分是不能令人满意的。但是从另一方面来说，正是开发者需要什么，才能决定应用是否能够被开发者使用标准的非实时方法，来廉价并容易地开发出来，或者是否需要更困难、并且更昂贵的实时方法。换句话说，理论十分重要，但是，对于我们这些干活的人来说，理论要支持实践，而不是相反。

小问题 15.5：不过，如果你仅仅允许在同一时刻只有一个读者获得一个读/写锁的读锁，这不就与互斥锁相同了吗？

答案：除了 API 接口外，确实是这样。并且 API 是重要的，因为它允许 Linux 内核提供实时能力，而不用将-rt 补丁集增加到太大。

但是，这种方法明显严重限制了读端扩展性。由于几个原因，Linux 内核的-rt 补丁集已经能够与这个限制共存：（1）实时系统传统上都相对较小；（2）实时系统通常关注过程控制，因此不受 I/O 子系统扩展性的影响；（3）许多 Linux 内核的读/写锁已经被转换为 RCU 了。

除此之外，很有可能某一天 Linux 内核会允许有限的读/写锁读端并行遵循优先级提升。

小问题 15.6：如果抢占刚好发生在图 15.15 第 17 行加载 `t->rcu_read_unlock_special.s` 之后，难道不会导致任务错误的调用 `rcu_read_unlock_special()`，因此错误地将自己从阻塞当前优雅周期的任务链表中移除，这不会导致优雅周期被无限期延长吗？

答案：这确实是一个问题，并且在 RCU 的调度器钩子中被解决了。如果调度器钩子发现 `t->rcu_read_lock_nesting` 的值为负，如果有必要，它就在允许调度切换前调用 `rcu_read_unlock_special()`。

小问题 15.7：不考虑错误终止这样有用的容错属性，它不是正确的行为？

答案：是，也不是。

当面对错误终止 BUG 时，非阻塞算法可以提供故障容错属性，但是对于实际的容错属性来说，这是严重不足的。例如，假设你有一个无等待队列，并且进一步假设一个线程已经摘除了其中一个元素。如果这个线程出现致命的错误终止故障，刚刚摘除的元素实际上丢失了。真正的故障容错方法不仅仅是非阻塞属性，并且已经超出了本书的范围。

小问题 15.8：在这个列表之前，我不得不曲解“包括”这个词。还有其他约束吗？

答案：确实有，并且还很多。但是，它们都倾向于特定情况，并且很多都可以认为是上面列出的现有约束的改进。例如，对数据结构选择方面的约束，将有助于满足“消耗在任何特定临界区上的有限时间”约束。

D.16 易于使用

小问题 16.1：当删除元素时，能使用类似的算法吗？

答案：是的。但是，由于每个线程必须持有三个连续元素的锁，以删除中间元素。因此，如果有 *N* 个线程，就必须有 2*N*+1 个元素（而不仅仅是 *N*+1）以避免死锁。

小问题 16.2：多疯狂的人啊，要弄出这样的算法，值得像上述做法那样，对其进行修整？

答案：这是 Paul 干的。

他在考虑哲学家就餐问题，这个问题涉及由 5 个哲学家参与的不太卫生的意大利面条晚餐。有 5 个盘子以及 5 个叉子，同时考虑到每一个哲学家每次就餐需要两个叉子。因此应该想出一个叉子分配算法以避免死锁。Paul 的答复是：“ Sheesh！只需要 5 个叉子！”。

这本身是没有问题的，但是 Paul 随后将这个解决方案应用到循环链表中。

这也没那么坏，但是他不得不去向别人作解释。

小问题 16.3：给出该规则的一个例外。

答案：一个例外是一种困难和复杂的算法，这种算法是在特定情况下唯一已知的算法。另一个例外也是一种困难和复杂的算法，然而它是在特定情况下，已知算法中最简单的一种。毕竟，如果你设法发明第一个算法来完成某些工作，也就不难继续发明一个更简单的算法。

D.17 未来的冲突

小问题 17.1：由 `mmap()` 内存区域的数据结构来表示非持久性原语将会怎样？在这样的原语

保护的临界区中有一个 exec()将会发生什么？

答案：如果 exec()过的程序映射这些相同的内存区域，那么从原理上讲，程序将简单释放锁。这个方法是否听起来像是一个软件工程师的观点？这个问题留给作者作为练习。

小问题 17.2：经常写的变量与锁变量共享缓存，会有什么问题？

答案：如果锁与它保护的变量共享相同的缓存行，那么某个 CPU 向这些变量进行写操作，将刷新所有其他 CPU 的缓存行。这些刷新将产生大量的冲突和重试，与锁相比，这也许会极端降低性能和可扩展性。

小问题 17.3：为什么相对少的更新对 HTM 性能和扩展性来说相当重要？

答案：大量的更新，可能带来大量的冲突，因此可能产生大量的重试，这会降低性能。

小问题 17.4：不考虑同步机制的问题，红黑树怎么能够有效枚举树中的所有元素？

答案：很多情况下，不需要严格枚举所有元素。此时，冒险指针或者 RCU 可以用于保护读者，这些读者与插入和删除之间的冲突概率比较低。

小问题 17.5：为什么调试者不能通过在事务内的连续行设置断点的方式，依赖于反复单步跟踪，来回溯事务早期实例的每一步？

答案：

这个方案有较高的可能性能够工作，但是对大多数用户来说，它可能失败，这显得有点令人吃惊。要明白这点，考虑以下的事务。

```
1 begin_trans();
2 if (a) {
3   do_one_thing();
4   do_another_thing();
5 } else {
6   do_a_third_thing();
7   do_a_fourth_thing();
8 }
9 end_trans();
```

如果用户在第 3 行设置断点，并且触发了断点，中止事务并进入调试。如果在断点被触发后，调试器停止所有线程前，其他线程设置 a 值为 0。当可怜的用户试图单步运行程序时，奇怪的事情发生了！程序进入了 else 分支，而不是 then 分支。

所以我们说，这不是一个易于使用的调试器。

小问题 17.6：但是为什么有人需要一个空的使用锁的临界区？

答案：参见 7.2.1 节中小问题的答案。

但是，有必要声明一下，对于没有前向保证的强原子 HTM 实现，任何基于空临界段的内存锁设计，在忽略事务锁定的情况下，将会正确运行。虽然我没有看到这个论点的理论证明，但是从直观上来讲，我们可以这样说。主要的想法是：在强原子 HTM 实现中，在事务完全成功完成前，特定事务的结果是不可见的。因此，如果你能看到事务已经开始了，就能够保证它已经结束了。这意味着随后的空临界区将成功在它上面"等待"，最后，需要说明的是，没有等待的必要。

上面的推理不能应用于弱原子系统(包括很多 STM 实现)，并且也不能用于那些除了内存外，还用了其他方式进行通信、基于锁的应用程序。其中一种情况就是利用时间流逝（例如，在硬实时系统中）或者优先级流（例如，在软实时系统中）。

依赖于优先级提升的锁设计尤其有趣。

小问题 17.7：通过简单选择不忽略空的基于锁的临界区，事务锁不能细致处理锁的基于时间的消息语义吗？

答案：可以这么做，但是这既没必要，也不充分。

由于条件编译的情况下，空临界区是不必要的。此时，锁的唯一目的是为了保护数据，因此完全忽略它是正确的。实际上，保留空的临界区会降低性能和扩展性。

另一方面，对非空的、基于锁的临界区来说，它可能隐含了数据保护和时间基线和锁的消息语义。在这种情况下，忽略事务锁是不正确的，并且会导致 BUG。

小问题 17.8：对于现代硬件来说[MOZ09]，人们怎样才能期望并行软件依赖于时序运行？

答案：简而言之，对常见的商业硬件来说，基于任何细粒度时序的同步设计是不明智的，不能期望它能在所有条件下正确运行。

也就是说，那些设计用于硬实时的系统，它们更具有确定性。当你使用这样的系统（很有可能）时，这里有一个小的例子展示了基于时间基线的同步是如何运行的。再一次提醒你，不要在普通的微处理器中尝试这个例子，因为它们有高度非确定性特征。

这个例子使用多个工作线程及一个控制线程。每个工作线程与外发数据相关，当完成了它的工作后，线程记录当前时间（例如，通过 clock_gettime()系统调用）到每线程变量 my_timestamp 变量中。这个例子的实时性特征导致以下约束。

1. 特定线程超过 MAX_LOOP_TIME 个时间周期都不能更新它的时间戳时，就是一个致命的错误。

2. 锁被谨慎地用于访问、更新全局状态。根据特定的线程优先级，严格的以 FIFO 顺序将锁授予这些线程。

当工作线程完成其工作后，它们必须与应用余下的部分区分开，并将当前状态设置到 my_status 每线程变量中，这个变量初始值是-1。线程并不会退出，而是放到线程池中等待后续的处理请求。控制线程在必要时为这些工作线程分派（以及重新分派）任务。控制线程以实时优先级运行，其优先级不高于工作线程。

工作线程的代码如下。

```
1  int my_status = -1;  /* 本地线程变量 */
2
3  while (continue_working()) {
4    enqueue_any_new_work();
5    wp = dequeue_work();
6    do_work(wp);
7    my_timestamp = clock_gettime(...);
8  }
9
10 acquire_lock(&departing_thread_lock);
11
12 /*
13  * 与应用无关，可能获取其他锁
14  * 与最大循环时间相比，需要
15  * 花费更多的时间，尤其是如果
16  * 很多线程同时退出时
17  */
18 my_status = get_return_status();
19 release_lock(&departing_thread_lock);
```

```
20
21   /* 线程等被重新利用 */
```

控制线程的代码如下。

```
1  for (;;) {
2    for_each_thread(t) {
3      ct = clock_gettime(...);
4      d = ct - per_thread(my_timestamp, t);
5      if (d >= MAX_LOOP_TIME) {
6        /* 线程退出 */
7        acquire_lock(&departing_thread_lock);
8        release_lock(&departing_thread_lock);
9        i = per_thread(my_status, t);
10       status_hist[i]++; /* BUG if TLE! */
11     }
12   }
13   /* 根据需要重新调整线程 */
14 }
```

第5行使用经历的时间来推断线程是否退出。如果是这样，就执行第6至10行。第7、8行的空临界区确定任务正在退出的线程完全退出（请注意锁的授予顺序是FIFO的!)。

再次提醒，不要在普通的微处理器上运行这个用例。毕竟，在为硬实时而特殊设计的系统中，要得到正确的结果也是足够困难的。

小问题17.9：但是图17.2中的`boostee()`函数交替获得两个锁中的某一个锁，这不会引起死锁吗？

答案：不会引起死锁。要进入死锁状态，两个不同的线程必须按相反的顺序获得两个锁，在这个例子中不会发生这种情况。但是，像lockdep这样的死锁检测工具[Cor06a]会将它标记为错误。

D.18 重要问题

小问题A.1：在这些例子中，你能发现哪些SMP编码错误？完整的代码请参见`time.c`。

答案：

1. 在紧凑循环中没有barrier()或者易变变量。
2. 在更新端没有内存屏障。
3. 在生产者和消费者之间缺少了同步。

小问题A.2：在连续的消费者读之间，为什么有那么大的间隙？完整代码请参见`timelocked.c`。

答案：

1. 消费者可能被抢占一段较长的时间。
2. 一个长时间运行的中断可能延迟了消费者。
3. 生产者也可能运行在一个比消费者更快的CPU上（例如，其中一个CPU由于散热或者能源消耗限制的原因降低了它的时钟频率）。

小问题A.3：假如程序的一部分使用RCU读端原语作为它唯一的同步机制，这算是并行或者并发吗？

答案：算。

小问题 A.4：基于第二个（基于调度器）角度的哪一部分，哪些基于锁的单线程每 CPU 工作负载可以被认为是“并发”的？

答案：那些喜欢将工作负载任意细分并进行交叉的人。当然，任意细分负载可能最终将获取锁与释放锁分开，这将阻止其他线程获取锁。如果锁是纯粹的自旋锁，这可能导致死锁。

D.19　同步原语

小问题 B.1：请给出一个并行编程的例子，它能够不用同步原语进行编写。

答案：有很多这样的例子。其中最简单的一个是使用单个独立变量的学习示例。如果程序 `run_study` 只有一个参数，那么我们可以使用下面的 bash 脚本来并行运行两个实例，它适合于运行在两个 CPU 的系统上。

```
run_study 1 > 1.out& run_study 2 > 2.out; wait
```

当然，bash 脚本的“&”符号和 wait 原语实际上也是同步原语，这确实值得商榷。如果要这么说的话，也可以考虑将这个脚本放在两个独立的命令窗口中手动执行，这样唯一的同步就是由用户自己提供了。

小问题 B.2：如果计数变量在没有 `mutex` 保护的情况下进行递增，将会发生什么？

答案：在加载-存储体系结构的 CPU 系统中，递增 `counter` 操作可能被编译成如下形式。

```
LOAD counter,r0
INC r0
STORE r0,counter
```

在这样的机器上，两个线程可能并发地加载计数器的值，分别递增并存储它。计数器的新值将仅仅被增加 1 次，尽管两个线程都递增了计数。

小问题 B.3：在没有提供每线程 API 的系统中，你面对每线程 API 缺失的情况，该怎么办？

答案：一种方法是创建一个以 `smp_thread_id()` 为索引的数组，而另一种方法使用哈希表映射到数组索引，用 `smp_thread_id()` 进行映射。事实上，pthread 环境的 API 集合就是这么做的。

另一个办法是由父线程分配一个包含每线程变量字段的数据结构，然后将它传递给创建的子线程。但是，在大型系统中，这个方法给软件工程师带来了大量的工作量。要明白这点，想象一下在一个大型系统中，所有全局变量必须定义在单个文件中，而不管它们到底是不是 C 静态变量。

D.20　为什么需要内存屏障

小问题 C.1：回写消息来自于何处，并且将到达什么地方？

答案：回写消息来自于特定 CPU，或者说，在某些设计中，它来自于特定 CPU 缓存的特定层，甚至可能来自于几个 CPU 共享的缓存。关键的一点在于，某个缓存没有足够的空间容纳特定的数据项，所以某些其他的数据项必须从缓存中移出以腾出空间。如果这些数据在内存或者其他某些地方存在副本，那么可以简单丢弃这些数据，而不需要回写消息。

另一方面，如果其他要被移出的数据已经被修改，导致它在自己的缓存中是最新的，那么这些数据就必须被复制到其他某些地方中去。这个复制操作就一定会使用一个“回写”消息。

回写消息的目的地，必须是能够用来存储新值的地方。这可能是主存储器，但是也可能是其他某个缓存。如果要存储到其他缓存中，它通常是同一个 CPU 的更高一级的缓存，例如，一级缓存可能被回写到二级缓存。但是，某些硬件设计成可以跨 CPU 回写，这样 CPU0 的缓存可能发送一个回写消息给 CPU1。通常，如果 CPU1 曾经以某种方式表明它对这个数据有兴趣，那么一般会这么做。例如，当 CPU1 最近发出了一个对这个数据的读请求时，就可能发生这种情况。

简而言之，回写消息来自于缺少缓存空间的部件，到达系统的其他一些部件，这些部件能够容纳这些数据。

小问题 C.2：如果两个 CPU 尝试并发使相同的缓存行无效，将会发生什么？

答案：其中一个 CPU 首先获得对共享总线的访问，因此该 CPU 成为胜利者。其他的 CPU 必须将它的缓存行中的副本失效，并发送一个“使无效应答”消息给其他 CPU。

当然，失败的 CPU 可能预期会立即产生一个“读使无效”事务，这样胜利的 CPU 的成果将很短暂。

小问题 C.3：在一个大型的多处理器系统中，当一个“使无效”消息出现时，每一个 CPU 必须给出一个“使无效应答”响应。这不会导致“使无效应答”响应的风暴，该风暴将系统总线完全占用？

答案：如果大型多处理器系统真的按照这样的方式实现的话，真有可能产生这种结果。大型多处理器系统（特别是 NUMA 机器），更倾向于使用“基于目录”的缓存一致性协议以避免这个问题，以及其他问题。

小问题 C.4：如果 SMP 机器真的使用消息传递机制，为什么我们还要考虑 SMP？

答案：在过去的数十年中，关于这一点确实存在一些争论。其中一个答案是缓存一致性协议十分简单，因此能够被硬件直接实现，它获得了软件消息传递所不能达到的带宽和延迟。另外一个答案是经济学方面的，这与大型 SMP 机器及更小型 SMP 机器集群的价格有关系。第三个答案是 SMP 编程模型比分布式系统更易于使用。但是反驳者注意到 HPC 集群和 MPI 的出现。因此，争论还会继续。

小问题 C.5：硬件如何处理上面描述的被延迟的转换？

答案：通常是通过增加额外状态的办法，虽然这些额外状态不必实际与缓存行一起存储，因为在某个时刻仅仅一部分行将被传送。在现实世界中，缓存一致性协议比本附录中描述的简化的 MESI 协议更复杂，对延迟转换的需要仅仅是其中一个因素。Hennessy 和 Patterson 对计算机体系结构的经典介绍[HP95]包含了很多这方面的问题。

小问题 C.6：什么样的操作序列将使 CPU 的缓存全部退回到“invalid”状态？

答案：没有这样的操作序列，至少在没有特殊的“刷新我的缓存”这种指令的系统中是这样。不过，很多 CPU 都有这样的指令。

小问题 C7：但是，如果存储缓冲的主要目的，是为了在多核处理器缓存一致性协议中隐藏应答延迟，为什么在单核系统也需要存储缓冲？

答案：因为存储缓冲的目的，并不仅仅是为了在多核系统缓存一致性协议中隐藏应答消息延迟，也是为了隐藏内存延迟。因为在单核系统中，与缓存相比，内存要慢得多，存储缓冲有助于隐藏写缺失延迟。

小问题 C.8：在上面的第一步中，为什么 CPU 0 需要生成一个“读使无效”而不是一个简单的“使无效”消息？

答案：因为要查询的缓存行中包含的不仅仅是变量 a。

小问题 C.9：在 C.4.3 节第一种情况的第一步中，为什么发送了“使无效”消息而不是“读使无效”消息？CPU0 不需要与“a”共享缓存行的其他变量的值吗？

答案：CPU 0 已经有这些变量的值了，因为它拥有包含“a”的缓存行的只读复制。因此，CPU 0 需要做的仅仅是使其他 CPU 丢弃其缓存行中的复制。一个“使无效”消息就足够了。

小问题 C.10：等等，你在说什么？为什么我们需要在这里使用一个内存屏障？直到循环完成后，CPU 才可能执行 assert()，难道不是这样吗？

答案：CPU 可以随意向后探测性运行，这就可能达到这样的效果，循环完成后，就执行断言。而且，编译器通常假定只有当前正在运行的线程才会更新变量，这个假设允许编译器在循环之前加载 a 的值。

实际上，某些编译器会将循环转换为一个分支后跟随一个循环。

```
 1 void foo(void)
 2 {
 3   a = 1;
 4   smp_mb();
 5   b = 1;
 6 }
 7
 8 void bar(void)
 9 {
10   if (b == 0)
11     for (;;)
12       continue;
13   smp_mb();
14   assert(a == 1);
15 }
```

对于这个优化，断言无疑会被触发。你应当使用 volatile 转换或者 C++原子操作来防止编译器来优化并行代码。

简而言之，编译器和 CPU 在优化方面是非常激进的，所以你必须明确地将约束传递给它们。可以使用编译指示或者内存屏障来实现这个目的。

小问题 C.11：每个 CPU 按序看到它自己的内存访问，这样能够确保每一个用户线程按序看到它自己对内存的访问吗？为什么能，为什么不能？

答案：不能。考虑这样一种情况，一个线程从一个 CPU 迁移到另外一个 CPU，目标 CPU 感知到源 CPU 最近对内存的访问是乱序的。为了保证用户态的安全，内核黑客必须在进程切换时使用内存屏障。但是，在进程切换时要求使用的锁操作，已经自动提供了必要的内存屏障，这导致用户态任务将按序看到自己对内存的访问。也就是说，如果你正在设计一个非常优化的调度器，不管是在内核态还是用户态，请注意这种情形。

小问题 C.12：这段代码可以通过在 CPU1 的“while”和对“c”的赋值之间插入一个内存屏障来修复吗？为什么能，为什么不能？

答案：不能。这样的内存屏障仅仅强制 CPU1 本地的内存顺序。它对 CPU0 和 CPU1 之间的关联顺序没有效果，因此断言仍然会失败。但是，所有主流计算机系统提供一种“可传递”机制，这将提供一种直观感觉上的顺序，如果 B 看见 A 的操作，并且 C 看见 B 的操作，那么 C 必定也看见 A 的操作。简而言之，硬件设计者对软件设计者至少还有那么一点点同情心。

小问题 C.13：假设表 C.4 中，对于 CPU1 和 CPU2 来说，第 3 至 5 行是一个中断处理程序，并且对 CPU2 来说，第 9 行运行在进程级别。需要做些什么改动，以使代码正常运行，也就是说，防止断言被触发？

答案：需要将断言写成确保对“e”的加载发生在对“a”的加载之前。在 Linux 内核中，barrier() 原语可以用来完成这件事，这与上一个例子中用在断言中的内存屏障的方式是一样的。

小问题 C.14：如果在表 C.4 的例子中，CPU 2 执行一个断言 `assert(e==0||c==1)`，这个断言会被触发吗？

答案：结果依赖于 CPU 是否支持“可传递性”。换句话说，通过在 CPU 0 对“c”的加载和对“e”的存储之间的内存屏障，CPU 0 在看到 CPU 1 对“c”的存储之后，才对“e”进行存储。如果其他 CPU 看到 CPU 0 对“e”的存储，那么是否能够保证看到 CPU 1 的存储？

所有我关注到的 CPU 都声称提供可传递性。

小问题 C.15：为什么 Alpha 的 `smp_read_barrier_depends()` 是一个 `smp_mb()` 而不是 `smp_rmb()`？

答案：首先，Alpha 仅仅有 `mb` 和 `wmb` 指令，因此 `smp_rmb()` 将由 Alpha `mb` 指令实现。

更重要的是，`smp_read_barrier_depends()` 需要对后续的存储操作进行排序。例如，考虑以下的代码。

```
1 p = global_pointer;
2 smp_read_barrier_depends();
3 if (do_something_with(p->a, p->b) == 0)
4   p->hey_look = 1;
```

这里对 `p->hey_look` 的存储操作必须被排序，而不仅仅将 `p->a` 和 `p->b` 加载进行排序。

附录 E 术语

关联性（Associativity）

在特定缓存行中，当所有缓存行被同时哈希到缓存时，能够同时被持有的缓存行数量。如果对于每一个哈希值，能够同时为其持有四个缓存行，那么我们称其为“四路组相联”缓存。如果某个缓存，只能为同一个哈希值持有一个缓存行，那么我们称其为“直接映射”缓存。如果某个缓存能够关联的数量，与它的缓存容量相同，那么我们称其为“全相联”缓存。全相联缓存的优势是：可以消除“关联缺失”，但是，由于硬件限制，全相联缓存的大小通常是受限的。在现代多核处理器中，大容量缓存的关联性通常是 2 路到 8 路。

关联缺失（Associativity Miss）

由于相应的 CPU 访问的数据较多，经过哈希后，超过了缓存关联性所能容纳的路数，此时，由于缓存空间不足导致的缓存缺失，被称为关联缺失。全相联缓存不受关联缺失的影响（或者说，在全相联缓存中，关联缺失和容量缺失是同一个意思）。

原子（Atomic）

如果某个操作不可能出现某种中间状态，我们就称这个操作为原子的。例如，在大多数 CPU 中，向一个对齐的地址进行存储，这样的操作是原子的。因为其他 CPU 要么看到旧值，要么看到新值，保证不会看到由旧值和新值的某些部分混杂在一起的值。

缓存（Cache）

在现代计算机系统中，CPU 都拥有缓存，它被用来持有频繁使用的数据。这些缓存可以被认为是硬件哈希表，它的哈希函数非常简单。但是在每一个哈希桶（或者从硬件的角度，我们称它为“组”）仅仅能够持有很少量的数据项。每一个缓存哈希桶能够持有的数据项，被称为缓存的“关联性”。这些数据项通常被称为“缓存行”，我们可以认为，“缓存行”就是在 CPU 和内存之间流动的，固定长度的数据块。

缓存一致性（Cache Coherence）

大多数现代 SMP 机器的一个属性，其中所有 CPU 将看到特定变量的一个值序列，该序列至少与该变量的某个全局值顺序一致。缓存一致性也保证对一个变量的一组存储操作，所有 CPU 将对该变量的最终值达成一致。请注意，缓存一致性仅仅应用到对单个变量所取得的值序列。与之相对的是，特定机器内存一致性模型描述的顺序加载和存储操作。参见 14.2.4.2 节以得到更多的信息。

缓存一致性协议（Cache Coherence Protocol）

这是一个通信协议，通常由硬件实现，它强制内存一致性及排序，防止不同的 CPU 看到其缓存中持有的数据存在不一致的视图。

缓存几何（Cache Geometry）

缓存的大小及关联性，称为它的几何属性。每一个缓存都可以被认为是一个二维数组，缓存行所在的行（“组”）拥有相同的哈希值，缓存行所在的列（“路”）拥有不同的哈希值。特定缓存的关联性是它列的数量（因此被称为“路”，2 路组相联缓存有 2 “路”），缓存的大小是它的行数乘以它的列数。

缓存行（Cache Line）

1．在 CPU 和内存之间流动的数据单位，通常，其长度是 2 的 N 次方。典型的缓存行大小是 16 到 256 字节。

2．CPU 缓存的某个位置，它有能力持有一个缓存行的数据。

3．物理内存的某个位置，它也有能力持有一个缓存行的数据，其位置总是与缓存行边界对齐的。例如，在一个缓存行大小为 256 字节的系统中，物理内存中一个缓存的首字节地址总是以 0x00 结尾。

缓存缺失（Cache Miss）

当 CPU 需要的数据没有在 CPU 的缓存中时，我们称这是发生了缓存缺失。缓存缺失的原因有几种，包括：（1）在这之前，CPU 从没有访问过该数据（“初次”或“运行时”缓存缺失）；（2）CPU 最近访问了太多数据，超过了缓存容纳能力，因此必须移除一些旧的数据（“容量”缺失）；（3）CPU 最近访问了同一组[1]内太多数据，超过了组的能力（“关联”缺失）；（4）自从 CPU 访问了数据以来（“通信”缺失），其他 CPU 已经修改了这些数据（或者修改了同一缓存行内的其他数据）；（5）CPU 试图修改只读缓存行中的数据，这也许是由于这些数据已经被复制到其他 CPU 的缓存中了。

容量缺失（Capacity Miss）

由于相应的 CPU 最近访问了太多数据，超过了缓存所能容纳的范围，此时产生的缺失称为容量缺失。

代码锁（Code Locking）

一种简单的锁设计，它是一种“全局锁”，用于保护一组临界区。这样，是允许还是拒绝一个线程对这组临界区的访问，是基于当前正在访问这些临界区的线程集合，而不是基于线程想要访问的那些数据。基于代码锁的程序，其扩展性是受制于代码，增加数据集的大小通常不会增加扩展性（实际上，这常常会由于“锁冲突”的原因降低扩展性）。与之相对的是“数据锁”。

通信缺失（Communication Miss）

自从本 CPU 最后一次访问数据以来，其他 CPU 已经向相应的缓存行写入了数据，由此产生

[1]在硬件高速缓存术语中，单词“组”与讨论软件高速缓存时使用的单词“桶”，二者以相同的方式被使用。

的缓存缺失被称为通信缺失。

临界区（Critical Section）

由同步机制所保护的一段代码，其执行过程受同步原语的约束。例如，如果一组临界区受同一个全局锁的保护，那么在同一时刻，仅仅有一个临界区能被执行。如果某个线程正在这样的一个临界区中执行，那么其他线程在执行临界区之前，必须等待第一个线程执行完临界区。

数据锁（Data Locking）

一种可扩展的锁设计，对于特定的数据结构，它的每一个实例都有自己的锁。如果每一个线程使用该数据结构的不同实例，那么这些线程可以在临界区中并发执行。其优势是，只要数据实例增长，就能自动扩展到增加的 CPU 中。与之相对的是“代码锁”。

直接映射缓存（Direct-Mapped Cache）

只有一路的缓存，这样，同一个哈希桶只能容纳一个缓存行。

尴尬的并行（Embarrassingly Parallel）

是指这样的一种问题或者算法，增加线程并不能大大提高计算量，也就不能随着线程的增加而线性地提升处理速度（假设有充足 CPU 可用）。

互斥锁（Exclusive Lock）

互斥锁是一种互斥机制，在同一时刻，它仅仅允许一个线程进入被锁保护的临界区运行。

错误的共享（False Sharing）

如果两个 CPU 都频繁向一对数据中的其中一个数据进行写入操作，而这一对数据位于相同的缓存行中，那么相应的缓存行将被反复刷新，在两个 CPU 缓存之间来回。这是一种常见的“缓存抖动”，也称为“缓存行颠簸”（后者通常被 Linux 社区引用）。错误共享将显著降低性能和扩展性。

碎片（Fragmentation）

一个内存池，它拥有大量的无用内存，但是其布局不能满足相对较小的内存请求，我们称它碎片化。在这些已经分配的内存块之间，空间被分割进小的碎片，我们称之为产生了外碎片。当实际分配的内存超过请求的内存时，我们称之为产生了内碎片。

全相联缓存（Fully Associative Cache）

全相联缓存只有一个“组”，因此它可以容纳适合它容量的内存子集。

优雅周期（Grace Period）

优雅周期是任何连续的时间段，任何在此时间段以前开始的 RCU 读端临界区，在该时间段结束之前已经完成。很多 RCU 实现将优雅周期定义为一个时间段，在此时间段内，每一个线程都至少经历了一次静止状态。根据定义，RCU 读临界区不能包含静止状态，所以我们可以认为，RCU 读临界区和静止状态的定义是可互换的。

海森堡 BUG（HeisenBUG）

对时间敏感的 BUG，当你添加打印语句或者跟踪手段试图跟踪它时，它就消失了。

热点（Hot Spot）

热点是这样的数据结构，由于大量被使用，导致相应的锁竞争异常激烈。一个例子是这样的哈希表：它拥有非常糟糕的哈希函数。

可耻的并行（Humiliatingly Parallel）

它是这样的问题或算法，在拥有足量 CPU 的系统中，通过增加足量的线程，非但不能线性地提升性能，反正降低了总的计算量。

使无效（Invalidation）

当一个 CPU 想要写入数据，它必须首先确保该数据没有存在于其他 CPU 缓存中。如果有必要，需要从写数据的 CPU 向拥有该缓存复制的 CPU 发送“使无效”消息，将其从其他 CPU 缓存中移除。

核间中断（IPI）

处理器间的中断，这些中断从一个 CPU 向其他 CPU 发送。IPI 被大量用于 Linux 内核中，例如，在调度器中，用于通知 CPU 有更高优先级的线程就绪，可以运行了。

中断请求（IRQ）

中断请求，在 Linux 内核社区中，通常用作“中断”的缩写，如“中断请求”。

Linearizable，线性化

如果一个操作序列至少有一个全局顺序，并且所有 CPU 和硬件线程都看到一致性的顺序，我们就称这个操作序列是“线性化”的。

锁（LOCK）

锁是软件抽象概念，被用于保护临界区，一个例子是“互斥机制”。一个“互斥锁”仅仅允许同一时刻只有一个线程进入由锁保护的临界区，而“读/写锁”允许任意数量的读线程，但是仅仅允许一个写线程并发进入由读/写锁保护的临界区。（更明白的说，在读/写锁保护的临界区中，只要有一个写线程，就将阻止其他所有的读线程进入临界区，反之亦然）。

锁竞争（Lock Contention）

当一个锁被大量使用，以至于经常有一个 CPU 等待它的时候，我们称这个遭受了锁竞争。当设计并行算法，以及实现并行程序时，减少锁竞争常常是需要考虑的问题。

内存一致性（Memory Consistency）

一组属性，当访问一组变量时，对看起来出现的变量顺序所附加的约束集合。内存一致性模型包含顺序一致性、一个在学术界非常流行的严格受限模型、处理器一致性、宽松一致性和弱一致性。

MESI 协议（MESI Protocal）

具有修改、独占、共享、无效（MESI）4 种状态的缓存一致性协议，因此这个协议以特定缓存行能够拥有的 4 种状态来命名。一个修改状态的缓存行，最近被该 CPU 修改过，因此它是相应内存在缓存中的唯一表示。独占状态的行没有被修改，但是该 CPU 有权限在任何时刻修改它，因为可以保证它没有被复制到其他 CPU 的缓存中（因此主存中相应位置的值是最新的）。共享状态的缓存行（可能）被复制到其他 CPU 的缓存中，这也意味着在写该行前，需要与其他 CPU 进行交互。无效状态的行不包含有效的值，相应的位置是空的，可用于装载内存中的值。

互斥机制（Mutual-Exclusion Mechanism）

这是一个软件抽象概念，它用于管理线程对“临界区”及相应数据的访问。

不可屏蔽中断（NMI）

不可屏蔽中断。正如它的名称所示，这是非常高优先级的中断，并且不能被屏蔽。它被用于如剖析这样的硬件特定目的。使用NMI进行剖析的优势是，它允许你剖析那些关中断状态下运行的代码。

非一致访问缓存架构（NUCA）

非一致访问缓存架构，其中的CPU组共享缓存。与其他组中的CPU相比，同一组中的CPU可以更快地相互交换缓存行。包含硬件线程的CPU系统通常拥有NUCA架构。

非一致性访问内存架构（NUMA）

非一致性访问内存架构，其内存被分开放到不同的带中，每一个带与一组CPU更接近，相应的CPU组被称为“NUMA节点”。一个NUMA机器的例子是Sequent的NUMA-Q系统，每4个CPU为一组，有一个与之接近的内存带。与其他节点的内存相比，特定组内的CPU能够以快得多的速度访问本节点内的内存。

NUMA节点（NUMA Node）

在一个大型的NUMA机器中，一组相互靠近的CPU及其相应的内存。请注意：NUMA节点也很有可能拥有NUCA架构。

流水线CPU（Pipelined CPU）

拥有流水线的CPU，其内部的指令流有点类似于流水线。与流水线相比，它有很多相同的优势和劣势。从20世纪60年代到20世纪80年代早期，流水线还属于超级计算机的范畴，但是在1980年代的后期，它开始出现在微处理器中（如80486）。

处理器一致性（Process Consistency）

一种内存一致性模型，其中每一个CPU的存储看起来以编程顺序出现。但是不同的CPU可能以不同的顺序看到来自多个CPU的访问顺序。

编程顺序（Program Order）

特定线程的指令顺序将由一个“现代神话”的“按序”CPU执行，该CPU将在执行下一条指令前，完全执行每一条指令(这样的CPU被称为古老神话和传说的原因是，它们运行得极其慢。这些恐龙是摩尔定律驱动的时钟频率增加所引起的受害者。一些人声称这些恐龙将再次回到地球，其他人则强烈的不同意。)

静止状态（Quiescent State）

在RCU中，那些不再引用RCU所保护的数据结构的代码点，它通常是RCU读临界区之外的任意位置。当所有线程都经历了至少一次静止状态，这期间的时间间隔被称为“优雅周期”。

读-复制-更新（RCU）（Read-Copy Update（RCU））

一种同步机制，可以认为是读/写锁和引用计数的替代品。RCU提供了极低的读端负载。为了让已经存在的读端获得其优势，写端为了已有读端的利益，需要额外的负载来维护读端的旧版本数据。读端既不阻塞也不自旋，因此不会形成死锁。而且，它们也会看到过时的数据，并能与写端并发运行。因此，RCU 非常适合用在大量读的情形，其过时的数据可以被容忍（如路由表）或避免（正如 Linux 内核的 System V IPC 实现那样）。

读端临界区（Read-Side Critical Section）

被读写同步机制的读锁所保护的代码段。例如，如果一个临界区被某个全局读/写锁的读锁保护，另一个临界区被同一个读/写锁的写锁保护，那么第一个临界区就是该锁的读端临界区。任意数量的线程可以并发地在读端临界区中运行，但是仅仅是在没有写端临界区正在运行时，读端临界区才能并发运行。

读/写锁（Reader-Writer Lock）

读/写锁是一种互斥机制，它允许任意数量的读线程，但是仅仅允许一个写线程进入由锁保护的临界区。试图写的线程必须等待所有已经存在的读线程释放锁，类似的，如果有一个已经存在的写线程，任何试图写的线程也必须等待写者释放锁。读/写锁最关键之处在于“公平性”，不停止的读者将饿死写者，反之亦然。

顺序一致性（Sequential Consistency）

一种内存一致性模型，其所有内存引用看起来以一种全局一致性顺序发生。每一个 CPU 的内存引用，对其他 CPU 来说，看起来都是按照编程顺序发生的。

存储缓冲（Store Buffer）

小的内部寄存器集合，在相应的缓存行为 CPU 腾出空间时，CPU 利用存储缓冲来记录挂起的存储操作。因此也称为“存储队列”。

存储转发（Store Forwarding）

一种机制，CPU 既参考它的存储缓冲，也参考它的缓存，这样，可以确保软件以编程顺序看到它自己的内存操作。

超标量 CPU（Super-Scalar CPU）

标量 CPU 能够并发执行多条指令。这是由于流水线 CPU 以流水线的方式执行多条指令而实现的。在超标量 CPU 中，流水线的每一步骤都能够处理多条指令。例如，在条件完全具备时，1990 年代中期的 Intel Pentium Pro CPU 能够在每个时钟周期处理 2 条（有时是 3 条）指令。因此，一个可以退役的 200MHz 的 Pentium Pro CPU，1s 能够执行高达 400M 条指令。

可教导的（Teachable）

一种老师能够完全理解，并因此能够容易讲授的主题、概念、方法或机制。

事务内存（Transactional Memory (TM)）

具有“事务”特征的共享内存同步方案，每一个事务都是一个原子的、一致的、独立的原子操作序列，但是，与传统事务相比，其差异是不提供持久性。事务内存可以以硬件实现（硬件事务内存，HTM），也可以以软件实现（软件事务内存，STM），或者以软硬件结合的形式实现（UTM）。

不可教导的（Unteachable）

一种老师不能够完全理解，因此也就不容易讲授的主题、概念、方法或机制。

向量 CPU（Vector CPU）

这种 CPU 可以在一条指令中同时操作多条数据。从 1960 年代到 1980 年代，只有超级计算机拥有向量能力，但是 x86 CPU MMX 和 PowerPC CPU VMX 的出现，将向量处理能力带向了普通大众。

写缺失（Write Miss）

由于相应的 CPU 试图向只读的缓存行进行写入而产生的缓存缺失。大多数情况下，只读缓存是由于其数据被复制到了其他 CPU 的缓存中。

写临界区（Write-Side Critical Section）

被某些读写同步机抽的写锁保护的代码段。例如，如果某个临界区被一个全局读/写锁的写锁保护，而另一个临界区被同一个锁的读锁保护，那么第一个临界区就是这个锁的写临界区。在同一时刻，仅仅只能有一个线程运行在写临界区中，并且此时不能有任何线程运行在读临界区中。

附录 F

感　　谢

F.1 评审者

- Alan Stern（14.2 节）
- Andy Whitcroft（9.3.2 节，9.3.4 节）
- Artem Bityutskiy（14.2 节，附录 C）
- Dave Keck（附录 C）
- David S. Horner（12.1.5 节）
- Gautham Shenoy（9.3.2 节，9.3.4 节）
- “jarkao2”，AKA LWN guest #41960（9.3.4 节）
- Jonathan Walpole（9.3.4 节）
- Josh Triplett（第 12 章）
- Michael Factor（17.2 节）
- Mike Fulton（9.3.2 节）
- Peter Zijlstra（9.3.3 节）
- Richard Woodruff（附录 C）
- Suparna Bhattacharya（第 12 章）
- Vara Prasad（12.1.5 节）

欢迎读者以补丁形式提交评审，以补丁形式提交评审的评审者将在 gitlog 里提及。

F.2 硬件提供者

首先十分感谢 MartinBligh，他设计并建造了 IBM Linux 技术中心的先进构建和测试（AdvancedBuildandTest）系统，同样感谢 AndyWhitcroft 和 DustinKirkland 等其他扩展了该系统的人们。

十分感谢以下硬件提供者：Andrew Theurer、AndyWhitcroft、Anton Blanchard、Chris McDermott、

Cody Schaefer, Darrick Wong, David “Shaggy” Kleikamp、Jon M. Tollefson、Jose R. Santos、Marvin Heffler、Nathan Lynch、Nishanth Aravamudan、Tim Pepper 和 Tony Breeds。

F.3 原始出处

1．2.4 节（“是什么使并行编程变得复杂”）最初来源于一份波特兰州立大学技术报告[MGM+09]。

2．6.5 节（“事后再考虑并行性，绝不是最优办法”）最初来自第四届 USENIX Workshop 中关于并行性的热烈讨论[McK12c]。

3．9.3.2 节（“RCU 基础”）首先发表在 Linux Weekly News [MW07]。

4．9.3.3 节（“RCU 用法”）首先发表在 Linux Weekly News [McK08c]。

5．9.3.4 节（“Linux 内核中的 RCU API”）首先发表在 Linux Weekly News [McK08b]。

6．第 12 章（“形式验证”）首先发表在 Linux Weekly News [McK07e，MR08，McK11c]。

7．12.3 节（“公理方法”）首先发表在 Linux Weekly News [MS14]。

8．附录 C.7（“特定 CPU 的内存屏障指令”）首先发表在 Linux Journal [McK05a，McK05b]。

F.4 图表作者

1．图 3.1，Melissa Broussard
2．图 3.2，Melissa Broussard
3．图 3.3，Melissa Broussard
4．图 3.4，Melissa Broussard
5．图 3.5，Melissa Broussard
6．图 3.6，Melissa Broussard
7．图 3.7，Melissa Broussard
8．图 3.8，Melissa Broussard
9．图 3.10，Melissa Broussard
10．图 5.5，Melissa Broussard
11．图 6.1，Kornilios Kourtis
12．图 6.2，Melissa Broussard
13．图 6.3，Kornilios Kourtis
14．图 6.4，Kornilios Kourtis
15．图 6.18，Melissa Broussard
16．图 6.20，Melissa Broussard
17．图 6.21，Melissa Broussard
18．图 7.1，Melissa Broussard
19．图 7.2，Melissa Broussard
20．图 10.18，Melissa Broussard

21．图 10.19，Melissa Broussard
22．图 11.1，Melissa Broussard
23．图 11.2，Melissa Broussard
24．图 11.3，Melissa Broussard
25．图 11.8，Melissa Broussard
26．图 14.2，Melissa Broussard
27．图 14.6，David Howells
28．图 14.7，David Howells
29．图 14.8，David Howells
30．图 14.9，David Howells
31．图 14.10，David Howells
32．图 14.11，David Howells
33．图 14.12，David Howells
34．图 14.13，David Howells
35．图 14.14，David Howells
36．图 14.15，David Howells
37．图 14.16，David Howells
38．图 14.17，David Howells
39．图 14.18，David Howells
40．图 15.1，Melissa Broussard
41．图 15.2，Melissa Broussard
42．图 15.3，Melissa Broussard
43．图 15.10，Melissa Broussard
44．图 15.11，Melissa Broussard
45．图 15.14，Melissa Broussard
46．图 15.18，Sarah McKenney
47．图 15.19，Sarah McKenney
48．图 16.2，Melissa Broussard
49．图 17.1，Melissa Broussard
50．图 17.2，Melissa Broussard
51．图 17.3，Melissa Broussard
52．图 17.4，Melissa Broussard
53．图 17.8，Melissa Broussard
54．图 17.9，Melissa Broussard
55．图 17.10，Melissa Broussard
56．图 17.11，Melissa Broussard
57．图 A.4，Melissa Broussard
58．图 C.12，Melissa Brossard
59．图 D.3，Kornilios Kourtis

F.5 其他帮助

十分感谢许多 CPU 设计师对我们耐心地解释 CPU 中的各种指令和内存重排序特性，特别要提到 Wayne Cardoza、Ed Silha、Anton Blanchard、Tim Slegel、Juergen Probst、Ingo Adlung 和 Ravi Arimilli。我特别感谢 Wayne 的耐心教导，使 Paul 学习了很多关于 Alpha CPU 的依赖加载重排序的知识。

本书的部分材料源于 NSF 基金 CNS-0719851 的赞助。